BERENS/SOMMER (HRSG.)

FLACKE/KRAFT/TRISKA

Grundlagen des betriebswirtschaftlichen Rechnungswesens

(14., überarbeitete Auflage)

Impressum

ISBN 3-00-015978-9

Herausgeber:

Prof. Dr. Wolfgang Berens
Lehrstuhl für Betriebswirtschaftslehre, insbesondere Controlling
Westfälische Wilhelms-Universität Münster

Prof. Dr. Friedrich Sommer
Lehrstuhl BWL XII: Controlling
Universität Bayreuth

Autoren:

Dr. Klaus Flacke
Prof. Dr. Mirko Kraft
Professur für Versicherungsbetriebslehre und wirtschaftswissenschaftliche Grundlagenfächer
Hochschule für angewandte Wissenschaften Coburg
Dr. Thomas Triska

Lehrstuhl für Betriebswirtschaftslehre, insbesondere Controlling
Westfälische Wilhelms-Universität Münster
Universitätsstr. 14 - 16
48143 Münster
Tel.: 0 2 51 / 83 - 22 0 17
Fax: 0 2 51 / 83 - 22 0 18
www.wiwi.uni-muenster.de/ctrl
controlling@wiwi.uni-muenster.de

1. Auflage 2004
2. Auflage 2005
3. Auflage 2006
4. Auflage 2007
5. Auflage 2008
6. Auflage 2009
7. Auflage 2010
8. Auflage 2011
9. Auflage 2012
10. Auflage 2013
11. Auflage 2014
12. Auflage 2015
13. Auflage 2016
14. Auflage 2018

Vorwort zur 14. Auflage

Das betriebswirtschaftliche Rechnungswesen bildet traditionell ein Kernelement einer betriebswirtschaftlichen Ausbildung. Darüber hinaus werden diese Inhalte typischerweise auch in interdisziplinären Studiengängen unterrichtet. Die Grundlagen des betriebswirtschaftlichen Rechnungswesens werden an der Westfälischen Wilhelms-Universität in der gleichnamigen Vorlesung jeweils im Sommersemester gelehrt.

Der Aufbau des Buches folgt dieser Veranstaltung, indem zunächst die Grundlagen des internen Rechnungswesens und anschließend die Grundlagen des externen Rechnungswesens erläutert werden. Eine durchgehende Fallstudiengeschichte soll die wesentlichen theoretischen Inhalte beispielhaft erläutern, veranschaulichen und möglichst greifbar machen.

Der Fokus der Neuauflage lag auf einer gezielten Weiterentwicklung des Buches. Insbesondere wurden dabei aktuelle Gesetztesänderungen eingearbeitet. Daneben wurden die im vergangenen Jahr eingegangenen Rückmeldungen unserer Leserinnen und Leser berücksichtigt und das Buch durchgehend überprüft, aktualisiert und redaktionell optimiert.

Erfreulich ist, dass das Buch mittlerweile auch an anderen Hochschulen über Münster hinaus in der Lehre zum Einsatz kommt. Beispielhaft sei auf die Universität Duisburg-Essen, die Universität Bayreuth sowie die Hochschule für angewandte Wissenschaften Coburg verwiesen.

Ein Anliegen ist es uns, allen an dieser Auflage beteiligten Personen unseren herzlichen Dank auszusprechen. Daher gilt unser besonderer Dank für die Überarbeitung dieses Buches und die redaktionelle Betreuung den wissenschaftlichen Mitarbeitern des Lehrstuhls Martin Becker, M.Sc. und Christian Rose, M.Sc. Danken möchten wir darüber hinaus unserer studentischen Hilfskräften Miriam Matzenmiller, B.Sc. und Erich Daniel, B.Sc. für Ihre Mithilfe bei der Überarbeitung des Buches.

Um die Qualität des Buches auch in den kommenden Jahren und für zukünftige Studierende weiter verbessern zu können, sind konstruktive Rückmeldungen aller Art (z. B. per E-Mail: controlling@wiwi.uni-muenster.de) wie in den Vorjahren ausdrücklich erwünscht.

Münster, im April 2018

Prof. Dr. Wolfgang Berens
Prof. Dr. Friedrich Sommer
Dr. Klaus Flacke
Prof. Dr. Mirko Kraft
Dr. Thomas Triska

Vorwort zur 1. Auflage

Dieses Buch behandelt Grundlagen des betriebswirtschaftlichen Rechnungswesens. Es basiert auf der gleichnamigen Vorlesung, die von Prof. Dr. Wolfgang Berens im Sommersemester an der Westfälischen Wilhelms-Universität in Münster für Studierende im Grundstudium (in der Regel im 2. Semester) gehalten wird. Die Veranstaltung und die zugehörigen Tutorien mit anschließender Klausur (BWL 2) werden vom Lehrstuhl für Betriebswirtschaftslehre, insbesondere Controlling betreut.

Der Gliederung der Vorlesung folgend, teilt sich das Buch in die beiden Hauptkapitel internes Rechnungswesen (Kosten- und Leistungsrechnung) und externes Rechnungswesen (Jahresabschluss). Diese Hauptteile sind bereits mit dem Titel des Buches vorgegeben: Bewusst werden die Grundlagen des *betriebswirtschaftlichen* Rechnungswesens behandelt und nicht die Grundlagen des *betrieblichen* Rechnungswesens. Während unter dem Begriff des betrieblichen Rechnungswesens nur die Kosten- und Leistungsrechnung, also das interne Rechnungswesen, subsumiert werden könnte, umfasst das betriebswirtschaftliche Rechnungswesen auch das externe Rechnungswesen, das gerade nicht betriebsbezogen, sondern unternehmensbezogen ist.

Internes und externes Rechnungswesen bilden die unternehmerischen Aktivitäten aus zwei verschiedenen Blickwinkeln ab, die sich ergänzen: In der betriebswirtschaftlichen Realität stimmen die betrachteten rechtlichen Einheiten (z. B. Unternehmen als juristische Personen) gerade nicht mit den betrieblichen Einheiten (z. B. Betriebe als Teile von Unternehmen) überein. Beide Sichtweisen bildet das hier behandelte betriebswirtschaftliche Rechnungswesen ab. Es ist für langfristig wirkende Entscheidungszwecke um die Investitionsrechnung zu ergänzen.

Im 2. Kapitel werden zentral die Grundlagen der Kosten- und Leistungsrechnung eingeführt. Kostenarten-, Kostenstellen- und Kostenträgerrechnung sowie ausgewählte Kostenrechnungsverfahren werden vorgestellt.

Im 3. Kapitel wird der Jahresabschluss nach HGB behandelt. Dabei werden Buchführungskenntnisse vorausgesetzt.

In dem integrierten, die Kapitel durchziehenden Fallbeispiel werden die Konzepte des internen und externen Rechnungswesens aufgegriffen und vertieft. Exemplarisch wird dabei die fiktive Brot & Brötchen AG herangezogen.

Der Aufbau des Buches ergibt sich also wie folgt:

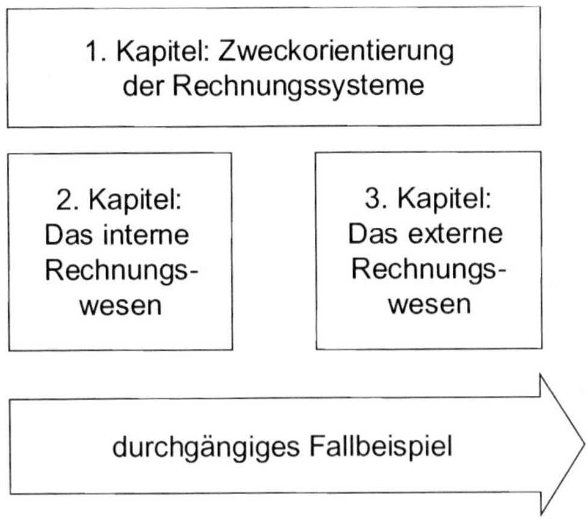

Von der Idee bis zum fertigen Druck eines Buches sind viele beteiligt.

Besonderer Dank gilt den beiden wissenschaftlichen Assistenten des Lehrstuhls, Dr. Andreas Hoffjan und Dr. Walter Schmitting, für das übernommene Lektorat.

Danken möchten wir darüber hinaus unseren studentischen Hilfskräften Kirstin Derenthal, Philipp Köppen, Dorothea Krause, Thomas Kroker, Julia Nottbeck und Alexandra Rohlmann für deren Mithilfe bei der Erstellung des Buches.

Rückmeldungen aller Art – ob entdeckte Fehler, Kritik, Ergänzungen, Anmerkungen oder Lob – sind ausdrücklich erwünscht (E-Mail: controlling@wiwi.uni-muenster.de).

Münster, Mai 2004

Prof. Dr. Wolfgang Berens
Dr. Klaus Flacke
Dr. Mirko Kraft
Dr. Thomas Triska

Inhaltsverzeichnis

Vorwort zur 14. Auflage ... V
Vorwort zur 1. Auflage ... VI
Abkürzungs- und Symbolverzeichnis ... XV
Abbildungsverzeichnis ... XVIII
Abbildungsverzeichnis des Fallbeispiels ... XX
Tabellenverzeichnis ... XXI
Tabellenverzeichnis des Fallbeispiels ... XXI
1 Zweckorientierung der Rechnungssysteme ... 1

1.1 Untergliederung des betriebswirtschaftlichen Rechnungswesens ... 1
Lernfragen zu 1.1 ... 3
Literaturhinweise zu 1.1 ... 3

1.2 Zwecke des betriebswirtschaftlichen Rechnungswesens ... 5
Lernfragen zu 1.2 ... 7
Literaturhinweise zu 1.2 ... 7

Fallbeispiel Teil I: Einleitung ... 9

1.3 Begriffsabgrenzungen ... 15
1.3.1 Auszahlung/Einzahlung ... 17
1.3.2 Ausgabe/Einnahme ... 18
1.3.3 Aufwand/Ertrag ... 21
1.3.4 Kosten/Leistung ... 24
1.3.5 Beispiele für die Begriffsabgrenzungen ... 26
Lernfragen zu 1.3 ... 31
Literaturhinweise zu 1.3 ... 31
2 Das interne Rechnungswesen ... 33

2.1 Aufgaben der Kosten- und Leistungsrechnung ... 33
Lernfragen zu 2.1 ... 41
Literaturhinweise zu 2.1 ... 41

Fallbeispiel Teil II: Produktionsprogrammplanung ... 43

2.2 Aufbau der Kosten- und Leistungsrechnung ... 51
Lernfragen zu 2.2 ... 57
Literaturhinweise zu 2.2 ... 57

2.3 Kostenrechnungssysteme ... 59

2.3.1 Kostenrechnungssysteme nach dem Sachumfang der Rechnung ... 59
2.3.1.1 Vollkostenrechnung ... 59
2.3.1.2 Teilkostenrechnung ... 59
2.3.2 Kostenrechnungssysteme nach dem Zeitbezug ... 60
2.3.2.1 Ist-Kostenrechnung ... 60
2.3.2.2 Normal-Kostenrechnung ... 60
2.3.2.3 Plan-Kostenrechnung ... 60
2.3.3 Kostenrechnungssysteme im Überblick ... 61
Lernfragen zu 2.3 ... 62
Literaturhinweise zu 2.3 ... 62

2.4 Kostenartenrechnung ... 63
2.4.1 Einordnung der Kostenartenrechnung in die Systematik der Kostenrechnung ... 63
2.4.2 Zurechnungsprinzipien ... 68
2.4.2.1 Verursachungsprinzip ... 68
2.4.2.2 Durchschnittsprinzip ... 69
2.4.3 Differenzierung von Kostenarten ... 72
2.4.3.1 Differenzierung nach Art der verbrauchten Güter und Dienstleistungen ... 73
2.4.3.2 Differenzierung nach der Zurechenbarkeit zu einem Bezugsobjekt ... 74
2.4.3.3 Differenzierung nach dem Verhalten bei der Variation eines Kosteneinflussfaktors ... 77
2.4.3.4 Differenzierung nach Herkunft der Kostendaten ... 81
2.4.4 Kostenauflösung ... 82
2.4.4.1 Buchtechnische Methode ... 83
2.4.4.2 Mathematische Methode ... 83
Statistische Methode ... 85
2.4.5 Kalkulatorische Kosten ... 86
2.4.5.1 Kalkulatorische Abschreibungen ... 88

Fallbeispiel Teil III: Abschreibungen ... 96
2.4.5.2 Kalkulatorische Zinsen ... 102
2.4.5.3 Kalkulatorische Wagnisse ... 113
2.4.5.4 Kalkulatorische Mieten ... 115
2.4.5.5 Kalkulatorische Löhne ... 115
Lernfragen zu 2.4 ... 116
Literaturhinweise zu 2.4 ... 116

2.5 Kostenstellenrechnung ... 119
2.5.1 Aufgaben der Kostenstellenrechnung ... 119
2.5.2 Festlegung von Kostenstellen ... 120
2.5.2.1 Differenzierung nach betrieblichen Funktionen ... 122
2.5.2.2 Differenzierung nach produktionstechnischen Gesichtspunkten ... 122

2.5.2.3 Differenzierung nach rechentechnischen Gesichtspunkten 123
2.5.3 Kostenverrechnung im Betriebsabrechnungsbogen 123
2.5.3.1 Primärkostenverrechnung 125
2.5.3.2 Sekundärkostenverrechnung 126
2.5.3.2.1 Anbauverfahren 130
2.5.3.2.2 Stufenleiterverfahren 131
2.5.3.2.3 Gleichungsverfahren 133
2.5.3.3 Ermittlung der Zuschlagssätze 135
Lernfragen zu 2.5 137
Literaturhinweise zu 2.5 138

Fallbeispiel Teil IV: Betriebsabrechnungsbogen 139

2.6 Kostenträgerrechnung 147
2.6.1 Kostenträgerstückrechnung 148
2.6.1.1 Divisionskalkulation 151
2.6.1.2 Äquivalenzziffernkalkulation 154
2.6.1.3 Zuschlagskalkulation 156
2.6.1.4 Kuppelkalkulation 158
2.6.1.4.1 Kuppelkalkulation nach der Restwertmethode 159
2.6.1.4.2 Kuppelkalkulation nach der Marktpreismethode 161

Fallbeispiel Teil V: Zuschlagskalkulation 165
2.6.2 Kostenträgerzeitrechnung (kurzfristige Erfolgsrechnung) 173
2.6.2.1 Umsatzkostenverfahren 174
2.6.2.2 Gesamtkostenverfahren 175
Lernfragen zu 2.6 178
Literaturhinweise zu 2.6 178

2.7 Ausgewählte Kostenrechnungsverfahren 180
2.7.1 Plankostenrechnung 181
2.7.1.1 Starre Plankostenrechnung 182
2.7.1.2 Flexible Plankostenrechnung 186
2.7.1.2.1 Flexible Plankostenrechnung auf Vollkostenbasis 186
2.7.1.2.2 Flexible Plankostenrechnung auf Grenzkostenbasis 191
Lernfragen zu 2.7.1 195
Literaturhinweise zu 2.7.1 195

Fallbeispiel Teil VI: Flexible Plankostenrechnung auf Vollkostenbasis 197
2.7.2 Break-even-Analyse 204
Lernfragen zu 2.7.2 209
Literaturhinweise zu 2.7.2 209
2.7.3 Stufenweise Fixkostendeckungsrechnung 210

Lernfragen zu 2.7.3 ... 213
Literaturhinweise zu 2.7.3 ... 213
3 Das externe Rechnungswesen ... 215

3.1 Grundlagen des Jahresabschlusses ... 215
3.1.1 Intention und Adressaten des Jahresabschlusses ... 215
3.1.2 Buchführung und Jahresabschluss ... 219
3.1.3 Theorien des Jahresabschlusses ... 220
3.1.4 Rechtliche Grundlagen ... 221
3.1.5 Grundsätze ordnungsmäßiger Buchführung (GoB) ... 224
3.1.5.1 Begriff und Sinn der GoB ... 224
3.1.5.2 Gewinnung von GoB ... 225
3.1.5.3 Bestandteile der GoB ... 227
3.1.5.4 Auswirkungen der GoB ... 235
Lernfragen zu 3.1 ... 237
Literaturhinweise zu 3.1 ... 237

Fallbeispiel Teil VII: Problemübersicht in der Großbrot AG ... 239

3.2 Bilanzierung ... 244
3.2.1 Aufbau der Bilanz ... 244
3.2.2 Allgemeine Ansatzregeln ... 247
3.2.2.1 Ablauf der Bilanzierungsentscheidung ... 247
3.2.2.2 Aktivierungsgrundsatz ... 248
3.2.2.3 Passivierungsgrundsatz ... 249
3.2.3 Konkrete Ansatzregeln ... 250
3.2.4 Bilanzierung von Vermögensgegenständen ... 251
3.2.4.1 Anlagevermögen ... 252
3.2.4.2 Umlaufvermögen ... 257

Fallbeispiel Teil VIII: Anlagengitter ... 259
3.2.5 Bilanzierung von Schulden ... 266
3.2.5.1 Verbindlichkeiten ... 266
3.2.5.2 Rückstellungen ... 267

Fallbeispiel Teil IX: Rückstellungen ... 272
3.2.6 Bilanzierung von Eigenkapital ... 277
3.2.7 Zeitliche Abgrenzung von Jahresabschlüssen ... 280
3.2.7.1 Rechnungsabgrenzungsposten ... 281
3.2.7.2 Abgrenzung über Forderungen und Verbindlichkeiten ... 283
Lernfragen zu 3.2 ... 284
Literaturhinweise zu 3.2 ... 284

3.3 Bewertung 285
3.3.1 Allgemeine Bewertungsgrundsätze 285
3.3.1.1 Bilanzidentität 286
3.3.1.2 Unternehmensfortführung 286
3.3.1.3 Einzelbewertung und Stichtagsbezogenheit 286
3.3.1.4 Kapitalerhaltungsgrundsätze und Realisationsprinzip 287
3.3.1.5 Periodenabgrenzung und Pagatorik 288
3.3.1.6 Bewertungsstetigkeit 288
3.3.2 Zugangsbewertung von Vermögensgegenständen 289
3.3.2.1 Anschaffungs- und Herstellungskosten 289
3.3.2.2 Ermittlung der Anschaffungskosten 289
3.3.2.3 Ermittlung der Herstellungskosten 291
3.3.3 Zugangsbewertung von Schulden 294
3.3.4 Bewertungsverfahren 295
3.3.4.1 Einzel- vs. Sammelbewertung 295
3.3.4.2 Bewertung mit Sammelbewertungsverfahren 295
3.3.5 Ab- und Zuschreibungen 297
3.3.5.1 Überblick 297
3.3.5.2 Planmäßige Abschreibungen 298
3.3.5.3 Außerplanmäßige Abschreibungen 303
3.3.5.4 Zuschreibungen und Beibehaltungswahlrechte 304
3.3.5.5 Wertberichtigung von Forderungen 305
3.3.6 Bilanzpolitische Freiräume 309
Lernfragen zu 3.3 312
Literaturhinweise zu 3.3 312

Fallbeispiel Teil X: Forderungen und Verbrauchsfolgeverfahren 314

3.4 Gewinn- und Verlustrechnung 320
3.4.1 Aufgabe der GuV 320
3.4.2 Gesamtkosten- vs. Umsatzkostenverfahren 320
3.4.3 Verwendung des Jahresüberschusses 323
Lernfragen zu 3.4 325
Literaturhinweise zu 3.4 325

Fallbeispiel Teil XI: Umsatzkostenverfahren vs. Gesamtkostenverfahren 326

3.5 Zusätzliche Aufstellungspflichten von Kapitalgesellschaften 336
3.5.1 Der Anhang 336
3.5.2 Der Lagebericht 338
Lernfragen zu 3.5 340
Literaturhinweise zu 3.5 und zum Fallbeispiel Teil XI 340

3.6 Prüfung des Jahresabschlusses 341
Lernfragen zu 3.6 351
Literaturhinweise zu 3.6 351

3.7 Jahresabschlussanalyse 352
3.7.1 Erkenntnisziel und Vorgehen der Abschlussanalyse 352
3.7.2 Finanzwirtschaftliche Analyse 354
3.7.3 Erfolgswirtschaftliche Analyse 360
3.7.4 Grenzen der Jahresabschlussanalyse 365
Lernfragen zu 3.7 367
Literaturhinweise zu 3.7 367

Fallbeispiel Teil XII: Abschlussanalyse 368
Literaturverzeichnis 374
Stichwortverzeichnis 380

Abkürzungs- und Symbolverzeichnis

a	Abschreibungsbetrag
A	Anschaffungsausgabe
AG	Aktiengesellschaft
AK	Anschaffungskosten
AktG	Aktiengesetz
APT	Arbitrage Pricing Theorie
ARAP	aktiver Rechnungsabgrenzungsposten
BA	Beschäftigungsabweichung
BAB	Betriebsabrechnungsbogen
BaFin	Bundesanstalt für Finanzdienstleistungsaufsicht
BB	Betriebs-Berater *(Zeitschrift)*
BFH	Bundesfinanzhof
BGB	Bürgerliches Gesetzbuch
BilMoG	Bilanzrechtsmodernisierungsgesetz
BilRUG	Bilanzrichtlinie-Umsetzungsgesetz
BWL 2	*Kurzbezeichnung für die Vorlesung* „Grundlagen des betriebswirtschaftlichen Rechnungswesens“
CAPM	Capital Asset Pricing Model
db	Stück-Deckungsbeitrag
DB	(Gesamt-)Deckungsbeitrag
DB_{plan}	geplanter Deckungsbeitrag
DB_{real}	realer Deckungsbeitrag
DStR	Deutsches Steuerrecht *(Zeitschrift)*
EBIT	Earnings Before Interest and Taxes
EBITDA	Earnings Before Interest, Taxes, Depreciation and Amortisation
EK	Einzelkosten *oder* Eigenkapital
EKQ	Eigenkapitalquote
EKR	Eigenkapitalrentabilität
EStG	Einkommensteuergesetz
EStR	Einkommensteuer-Richtlinie
EVA	Economic Value Added
FE	Faktoreinheit(en)
FGK	Fertigungsgemeinkosten
FiBu	Finanzbuchhaltung
FiFo	First in - First out *(Verbrauchsfolgeverfahren)*
FK	Fremdkapital
FKQ	Fremdkapitalquote
G	Gewinn

GA	Gesamtabweichung
GE	Geldeinheit(en)
GenG	Genossenschaftsgesetz
GK	Gemeinkosten *oder* Gesamtkapital
GKR	Gesamtkapitalrentabilität
GKV	Gesamtkostenverfahren
GmbH	Gesellschaft mit beschränkter Haftung
GoB	Grundsätze ordnungsmäßiger Buchführung
GoF	Geschäfts- oder Firmenwert
GuV	Gewinn- und Verlustrechnung
H	Hauptprodukt
HGB	Handelsgesetzbuch
HK	Herstellkosten *oder* Herstellungskosten
i	Kalkulationszinssatz
i. d. R.	in der Regel
IAS	International Accounting Standards
i_{EK}	Zinssatz auf Eigenkapital
i_{FK}	Zinssatz auf Fremdkapital
IFRS	International Financial Reporting Standards
k	Stückkosten
K	(Gesamt-)Kosten
K_A	Absatzkosten
KapAEG	Kapitalaufnahmeerleichterungsgesetz
K_f	fixe Kosten
KG	Kommanditgesellschaft
KGaA	Kommanditgesellschaft auf Aktien
K_i	Ist-Kosten
KonTraG	Gesetz zur Kontrolle und Transparenz im Unternehmensbereich
k_p	Plan-Kosten pro Stück
K_p	Plan-Kosten
K_P	Produktionskosten
krp	Kostenrechnungspraxis *(Zeitschrift)*
K_S	Soll-Kosten
k_v	variable Stückkosten
K_v	variable Kosten
K_{ver}	verrechnete Plan-Kosten
k_W	Weiterverarbeitungskosten
kWh	Kilowattstunde
L & L	Lieferungen und Leistungen
LiFo	Last in - First out *(Verbrauchsfolgeverfahren)*
max.	Maximal

ME	Mengeneinheit(en)
MGK	Materialgemeinkosten
MWh	Megawattstunde
MwSt.	Mehrwertsteuer
n	Anzahl der Perioden
N	Nebenprodukt
OHG	Offene Handelsgesellschaft
p	Preis bzw. Prozentsatz
PKR	Plankostenrechnung
PRAP	passiver Rechnungsabgrenzungsposten
R	Restbuchwert
RE	Recheneinheit(en)
RAP	Rechnungsabgrenzungsposten
ROI	Return on Investment
SAP	Systeme Anwendungen Produkte in der Datenverarbeitung *(Firmen- und Softwarename)*
SAS	*Statistikprogramm*
SK	Selbstkosten
SPSS	Statistical Package of Social Sciences *(Firmen- und Softwarename)*
SR	Status:Recht *(Zeitschrift)*
t	Zeit
U	Umsatz
UKV	Umsatzkostenverfahren
US-GAAP	United States - Generally Accepted Accounting Principles
VA	Verbrauchsabweichung
VEG	Vertriebsgemeinkosten
VFE-Lage	Vermögens-, Finanz- und Ertragslage
VVK	Vertriebs- und Verwaltungskosten
VWK	Verwaltungsgemeinkosten
WACC	Weighted Average Cost of Capital
WiSt	Wirtschaftswissenschaftliches Studium *(Zeitschrift)*
WISU	Das Wirtschaftsstudium *(Zeitschrift)*
x	Ausbringungsmenge, Beschäftigung(sgrad)
x_A	Absatzmenge
x_H	Ausbringungsmenge Hauptprodukt
x_i	Ist-Menge, Ist-Beschäftigung(sgrad)
x_N	Ausbringungsmenge Nebenprodukt
x_p	Plan-Menge, Plan-Beschäftigung(sgrad)
x_P	Produktionsmenge
ZfB	Zeitschrift für Betriebswirtschaft
ZfCM	Zeitschrift für Controlling und Management

Abbildungsverzeichnis

Abb. 1-1: Zweckorientierte Gliederung des betriebswirtschaftlichen Rechnungswesens....... 1
Abb. 1-2: Zwecke des betriebswirtschaftlichen Rechnungswesens 5
Abb. 1-3: Vereinfachtes Bilanzschema 16
Abb. 1-4: Veränderung des Fonds „Liquide Mittel“ 18
Abb. 1-5: Veränderung des Fonds „Geldvermögen“... 19
Abb. 1-6: Veränderung des Fonds „Reinvermögen“ 22
Abb. 1-7: Abgrenzungen zwischen Auszahlung/Ausgabe/Aufwand/Kosten 26
Abb. 1-8: Abgrenzungen zwischen Einzahlung/Einnahme/Ertrag/Leistung......................... 27
Abb. 1-9: Abgrenzung Aufwand und Kosten 28
Abb. 1-10: Aufspaltung des Aufwands in neutralen Aufwand und Kosten 29
Abb. 1-11: Abgrenzung Ertrag und Leistung 30
Abb. 1-12: Aufspaltung des Ertrags in neutralen Ertrag und Leistung 30
Abb. 2-1: Aufgaben der Kosten- und Leistungsrechnung 33
Abb. 2-2: Kostenerfassung und -verrechnung als Teile des Kostenrechnungsprozesses 51
Abb. 2-3: Fragestellungen im Kostenrechnungsprozess 51
Abb. 2-4: Systematik der Kostenrechnung... 52
Abb. 2-5: Beispiel einer Hierarchie von Bezugsobjekten der Erfolgsrechnung eines Versicherungsunternehmens 54
Abb. 2-6: Ausprägungen von Kostenrechnungssystemen 61
Abb. 2-7: Zusammenhänge zwischen Einzel- und Gemeinkosten nach Bezugsobjekten (Perioden, Kostenträger, Kostenstellen)... 76
Abb. 2-8: Kostenverläufe bei Variation der Beschäftigung 78
Abb. 2-9: Kostenverläufe in Abhängigkeit von der Beschäftigung 79
Abb. 2-10: Berücksichtigung des relevanten Bereichs... 80
Abb. 2-11: Zusammenhang zwischen Gemein-/Einzelkosten und fixen/variablen Kosten 81
Abb. 2-12: Mathematische Methode der Kostenauflösung (K = Kosten, x = Beschäftigung) 84
Abb. 2-13: Statistische Methode der Kostenauflösung 85
Abb. 2-14: Systematik der Abschreibungen.. 89
Abb. 2-15: Verläufe der Abschreibungsbeträge und der Restbuchwerte sowie deren Berechnung bei ausgewählten Abschreibungsmethoden 92
Abb. 2-16: Restbuchwertverlauf bei linearer Abschreibungsmethode mit der Differenz aus Anschaffungswert und Restwert als Abschreibungsausgangsbetrag 106
Abb. 2-17: Kalkulatorische Zinsen im Zeitablauf a) nach der Restwertmethode und b) nach der Durchschnittsmethode.. 106
Abb. 2-18: Vier Schritte zur Ermittlung des betriebsnotwendigen Kapitals 108
Abb. 2-19: (Bilanzielle) Ermittlung des betriebsnotwendigen Kapitals................................. 108
Abb. 2-20: Systematisierung von Wagnissen 113
Abb. 2-21: Systematik der Kostenrechnung – Einordnung der Kostenstellenrechnung 120
Abb. 2-22: Hierarchisierung von Kostenstellen 121

Abb. 2-23: Einordnung der Kostenstellenrechnung und Betriebsabrechnungsbogen............124
Abb. 2-24: Schema der Kostenstellenrechnung 125
Abb. 2-25: Innerbetriebliche Leistungen und ihre Verrechnung 126
Abb. 2-26: Leistungsverflechtungen bei der innerbetrieblichen Leistungsverrechnung 129
Abb. 2-27: Berücksichtigung von Leistungsbeziehungen beim Anbauverfahren............130
Abb. 2-28: Berücksichtigung von Leistungsbeziehungen beim Stufenleiterverfahren..........131
Abb. 2-29: (Beispielhafte) Reihenfolge der Bestimmung von Verrechnungspreisen beim Stufenleiterverfahren............132
Abb. 2-30: Berücksichtigung von Leistungsbeziehungen beim Gleichungsverfahren 134
Abb. 2-31: Zwecke der Kostenträgerrechnung 148
Abb. 2-32: Zeitpunkt der Durchführung der Kalkulation 149
Abb. 2-33: Kalkulationsverfahren und deren typische Anwendungsfelder 150
Abb. 2-34: Schema der mehrstufigen Zuschlagskalkulation............156
Abb. 2-35: Berechnungsschema für die Selbstkostenermittlung nach der mehrstufigen Zuschlagskalkulation 157
Abb. 2-36: Anwendungsvoraussetzungen der Restwertmethode............159
Abb. 2-37: Anwendungsvoraussetzungen der Marktpreismethode 162
Abb. 2-38: Einordnung der kurzfristigen Erfolgsrechnung in die Systematik der Kosten- und Leistungsrechnung 173
Abb. 2-39: Betriebsergebnisrechnungen (kurzfristige Erfolgsrechnung) 174
Abb. 2-40: Betriebsergebniskonto nach dem Umsatzkostenverfahren in Kontoform 175
Abb. 2-41: Betriebsergebniskonto nach dem Umsatzkostenverfahren in Staffelform...........175
Abb. 2-42: Betriebsergebniskonto nach dem Gesamtkostenverfahren in Kontoform 176
Abb. 2-43: Betriebsergebniskonto nach dem Gesamtkostenverfahren in Staffelform...........177
Abb. 2-44: Ausgewählte Kostenrechnungsverfahren............180
Abb. 2-45: Systematisierung der Formen der Plankostenrechnung............182
Abb. 2-46: Starre Plankostenrechnung............182
Abb. 2-47: Flexible Plankostenrechnung auf Vollkostenbasis 187
Abb. 2-48: Zusammenhänge Gesamt-, Beschäftigungs- und Verbrauchsabweichung 191
Abb. 2-49: Flexible Plankostenrechnung auf Grenzkostenbasis............192
Abb. 2-50: Break-even-Menge im Umsatz-Gesamtkosten-Modell 206
Abb. 2-51: Break-even-Menge im Deckungsbeitrags-Modell............206
Abb. 2-52: Ansatzpunkte für Maßnahmen im Deckungsbeitrags-Modell 208
Abb. 2-53: Einordnung der stufenweisen Fixkostendeckungsrechnung in Kostenrechnungsverfahren der kurzfristigen Erfolgsrechnung 210
Abb. 2-54: Mögliche Hierarchie von Bezugsobjekten für eine stufenweise Fixkostendeckungsrechnung............211
Abb. 2-55: Schema einer stufenweisen Fixkostendeckungsrechnung 211
Abb. 3-1: Zwecksystem des Jahresabschlusses............218
Abb. 3-2: Bestandteile des GoB-Systems 227
Abb. 3-3: Aufbausystematik der Bilanz............246
Abb. 3-4: Ablauf der Bilanzierungsentscheidung 248

Abb. 3-5: Der Passivierungsgrundsatz ... 249
Abb. 3-6: Bestandteile des derivativen Geschäfts- oder Firmenwertes ... 253
Abb. 3-7: Bestandteile des Finanzanlagevermögens ... 254
Abb. 3-8: Anlagengitter gem. § 284 III HGB ... 255
Abb. 3-9: Ermittlung der historischen AK/HK ... 255
Abb. 3-10: Ermittlung des Restbuchwerts ... 256
Abb. 3-11: Systematisierung von Rückstellungen ... 269
Abb. 3-12: Bestandteile des Eigenkapitals ... 277
Abb. 3-13: Bestandteile der Anschaffungskosten ... 291
Abb. 3-14: Bestandteile der Herstellungskosten nach Handels- und Steuerrecht ... 293
Abb. 3-15: Zulässige Sammelbewertungsverfahren ... 296
Abb. 3-16: Entwicklung der jährlichen Abschreibungsraten ... 302
Abb. 3-17: Verlauf des Restbuchwerts ... 302
Abb. 3-18: Fallunterscheidung außerplanmäßiger Abschreibungen ... 304
Abb. 3-19: Materielle bilanzpolitische Instrumente ... 309
Abb. 3-20: Erfolgsermittlung nach dem Gesamtkostenverfahren ... 322
Abb. 3-21: Erfolgsermittlung nach dem Umsatzkostenverfahren ... 322
Abb. 3-22: Vergleich der Ermittlung des Betriebsergebnisses nach GKV und UKV ... 323
Abb. 3-23: Ablauf der Gewinnverwendungsentscheidung ... 324
Abb. 3-24: Erkenntnisziele der Jahresabschlussanalyse ... 353
Abb. 3-25: Berechnung Cash-Flow ... 359
Abb. 3-26: Ergebnisspaltung ... 361
Abb. 3-27: Berechnung des ROI ... 364

Abbildungsverzeichnis des Fallbeispiels

Abb. FB 1: Grundriss der Großbrot AG ... 140
Abb. FB 2: Flexible Plankostenrechnung auf Vollkostenbasis des Produkts 3Pfund ... 199
Abb. FB 3: Wahrscheinlichkeitsbaum der Zahlungen an Frau Schmitz ... 273

Tabellenverzeichnis

Tab. 1-1: Rechnungssysteme im Überblick (Tendenzaussagen) ... 6
Tab. 2-1: Kalkulationsmöglichkeiten auf Basis Kugeln bzw. Eis ... 37
Tab. 2-2: (Relative) Stück-Deckungsbeiträge je Produkt ... 38
Tab. 2-3: Kostenschlüssel für die Kostenzurechnung ... 70
Tab. 2-4: Klassifikation der Kosten in Kostenarten ... 72
Tab. 2-5: Beispiel lineare Abschreibung ... 94
Tab. 2-6: Beispiel leistungsabhängige Abschreibung ... 94
Tab. 2-7: Beispiel kalk. Zinsen nach der Durchschnitts- bzw. Restwertmethode ... 107
Tab. 2-8: Kostenstellenkategorien mit Beispielen ... 122
Tab. 2-9: Beispiel Äquivalenzziffernkalkulation ... 155
Tab. 2-10: Unterschiede und Gemeinsamkeiten der Formen der Plankostenrechnung ... 194
Tab. 2-11: Beispiel einer stufenweisen Fixkostendeckungsrechnung ... 212
Tab. 3-1: Übersicht und Klassifizierung der GoB ... 237
Tab. 3-2: Gliederung der Bilanz nach § 266 HGB ... 245
Tab. 3-3: Allgemeine Bewertungsgrundsätze ... 285
Tab. 3-4: Übersicht über verschiedene bilanzpolitische Freiräume ... 312
Tab. 3-5: Auslegung verwendeter Termini der Angabenausprägung ... 338
Tab. 3-6: Gegenstand und Umfang der Jahresabschlussprüfung ... 343

Tabellenverzeichnis des Fallbeispiels

Tab. FB 1: Aufstellung der benötigten Informationen der jeweiligen Produkte ... 46
Tab. FB 2: Stück-Deckungsbeiträge der einzelnen Produkte ... 47
Tab. FB 3: Bestimmung der relativen Stück-Deckungsbeiträge und ihrer Rangfolge ... 48
Tab. FB 4: Optimales Produktions- und Absatzprogramm ... 48
Tab. FB 5: Handelsrechtlicher Abschreibungsplan der Bedientheke ... 98
Tab. FB 6: Vorläufige Version des Anlagengitters der Backstube zum 31.12.2011 ... 98
Tab. FB 7: Überarbeitetes Anlagengitter für die Kostenrechnung ... 100
Tab. FB 8: Gegenüberstellung der Abschreibungsbeträge pro Monat ... 100
Tab. FB 9: Betriebsabrechnungsbogen (BAB) auf Vollkostenbasis ... 143
Tab. FB 10: Übersicht über innerbetriebliche Leistungen ... 144
Tab. FB 11: Innerbetriebliche Leistungsverrechnung ... 145
Tab. FB 12: Zuschlagssätze der Endkostenstellen ... 146
Tab. FB 13: Auszug aus der Produktpalette der Großbrot AG ... 165
Tab. FB 14: Aufstellung der jeweiligen Einzelkosten ... 166
Tab. FB 15: Ergebnisse der pauschalen Zuschlagskalkulation ... 167
Tab. FB 16: Selbstkosten nach differenzierter Zuschlagskalkulation ... 167
Tab. FB 17: Veraltete Version des Betriebsabrechnungsbogens (BAB) ... 169

Tab. FB 18: Erhöhung der Gemeinkostensätze im Zeitablauf 169
Tab. FB 19: Bilanz der Großbrot AG zum 31.12.2010 242
Tab. FB 20: Gewinn- und Verlustrechnung der Großbrot AG für das Jahr 2010 243
Tab. FB 21: Anlagengitter der Großbrot AG des Jahres 2010 243
Tab. FB 22: Ausschnitt 1 aus dem Anlagengitter von Herrn Kandal des Jahres 2010 259
Tab. FB 23: Ausschnitt 2 aus dem Anlagengitter von Herrn Kandal des Jahres 2010 260
Tab. FB 24: Vorläufiges Anlagengitter des Jahres 2011 263
Tab. FB 25: Nebenrechnung zur Abschreibung der Hubkneter 264
Tab. FB 26: Vervollständigtes Anlagengitter des Jahres 2011 264
Tab. FB 27: Unvorhergesehene Forderungsausfälle der Jahre 2007 - 2011 316
Tab. FB 28: Ausfallsätze der einwandfreien Forderungen der Jahre 2007 - 2011 316
Tab. FB 29: Zugänge und Abgänge des Backmittels bei Achtkant 317
Tab. FB 30: Endbestand des Backmittels nach der LiFo- und FiFo-Methode 318
Tab. FB 31: Anlagengitter der Großbrot AG für das Jahr 2011 327
Tab. FB 32: Bilanz der Großbrot AG zum 31.12.2011 327
Tab. FB 33: Gewinn- und Verlustrechnung der Großbrot AG des Jahres 2011 328
Tab. FB 34: Betriebsabrechnungsbogen der Knetmeister AG 329
Tab. FB 35: Gesamtkostenverfahren und Herstellungskostenuntergrenze 330
Tab. FB 36: Gesamtkostenverfahren und Herstellungskostenobergrenze 331
Tab. FB 37: Umsatzkostenverfahren und Herstellungkostenuntergrenze 331
Tab. FB 38: Umsatzkostenverfahren und Herstellungskostenobergrenze 332
Tab. FB 39: Vorläufige Gewinn- und Verlustrechnung der Knetmeister AG 332
Tab. FB 40: Gegenüberstellung Ergebnis der gew. Geschäftstätigkeit und Betriebsergebnis 333
Tab. FB 41: Verrechneter Aufwand in der Knetmeister AG 334
Tab. FB 42: Übersicht der gebildeten Kennzahlen 372

1 Zweckorientierung der Rechnungssysteme

Das Kapitel 1 ist der Zweckorientierung der Rechnungssysteme gewidmet. Aufbauend auf der Untergliederung des betriebswirtschaftlichen Rechnungswesens (1.1) erfolgt eine Darstellung der Zwecke des betriebswirtschaftlichen Rechnungswesens (1.2). Anschließend werden die Grundbegriffe der Teilgebiete des betriebswirtschaftlichen Rechnungswesens definiert und voneinander abgegrenzt (1.3).

1.1 Untergliederung des betriebswirtschaftlichen Rechnungswesens

Aufgrund verschiedener Zwecke, die noch zu spezifizieren sind (vgl. 1.2), lässt sich das betriebswirtschaftliche Rechnungswesen, als vornehmlich *quantitative Abbildung eines betriebswirtschaftlichen Betrachtungsobjekts*, in drei Teilbereiche gliedern (vgl. Abb. 1-1).[1] Die Teilbereiche *externes Rechnungswesen*, *internes Rechnungswesen* und *Investitionsrechnung* können als sog. *Rechnungssysteme* bezeichnet werden.

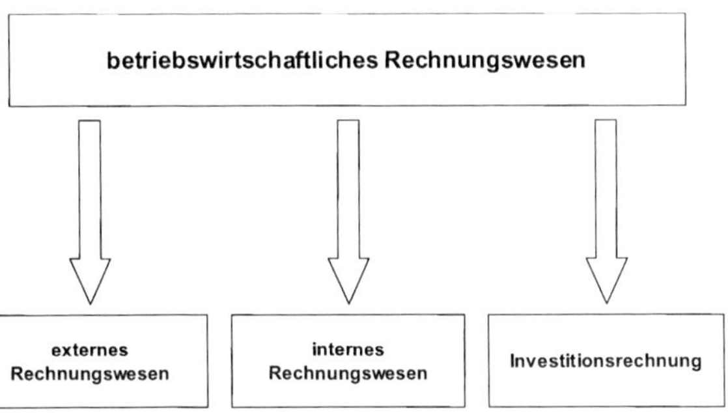

Abb. 1-1: Zweckorientierte Gliederung des betriebswirtschaftlichen Rechnungswesens

Diese Gliederung kann aus der Zweckorientierung der Rechnungssysteme hergeleitet werden – eine andere Untergliederung ist jeweils zu begründen.[2] Auch wenn in der Praxis z. B. eine organisatorische Trennung der Aufgaben innerhalb des betriebswirtschaftlichen Rechnungswesens in Abteilungen für internes und externes Rechnungswesen üblich ist, kann das betriebswirtschaftliche Rechnungswesen in einem Unternehmen oder Teilunternehmen anders untergliedert sein

[1] Zu einer ähnlichen Gliederung vgl. Schweitzer, M./Küpper, H.-U. [2016], S. 31 bzw. Haberstock, L. [2008], S. 7.

[2] Vgl. im Gegensatz dazu Heinhold, M. [2010], S. 5 f. Als weiterer Teilbereich des betriebswirtschaftlichen Rechnungswesens wird z. B. auch oft die Betriebsstatistik oder die Finanzrechnung genannt.

und muss es auch sein, wenn es die Zwecke erfordern. Beispielhaft genannt sei die Zusammenfassung der Teilbereiche internes und externes Rechnungswesen in einer Abteilung „Finanzen/Controlling" in kleinen Unternehmen oder in Unternehmen, in denen das externe Rechnungswesen auch vornehmlich zu Steuerungszwecken eingesetzt wird.[3]

In den einfachsten betriebswirtschaftlichen Modellwelten fallen die drei Rechnungssysteme zusammen. In Betrachtungen, bei denen nur Zahlungen als relevant erachtet werden, bei denen als Betrachtungszeitraum nur eine Periode unterstellt wird sowie keine Differenzierung zwischen in- und externer Sicht als nötig empfunden wird, lassen sich Wirtschaftlichkeitsbetrachtungen im Sinne der Beurteilung der Vorteilhaftigkeit von Entscheidungen als zu allen drei Rechnungssystemen zugehörig annehmen, d. h., ein einziges Rechnungssystem würde genügen. Da die betriebswirtschaftliche Realität jedoch komplexer ist, ergibt sich die Notwendigkeit einer zweckorientierten Differenzierung in die genannten Rechnungssysteme.

Das externe Rechnungswesen, das insbesondere an den Informationsbedürfnissen außenstehender Parteien (z. B. Eigentümer, Gläubiger, Staat, Arbeitnehmer) ausgerichtet ist,[4] kann dabei grob als Jahresabschlussrechnung bezeichnet werden. Auf Grundlage der Buchführung und der Inventur wird der Jahresabschluss erstellt. Er umfasst die Bilanz und die Gewinn- und Verlustrechnung sowie einen Anhang, falls dieser vorgeschriebenen ist.[5] Ein evtl. zu erstellender Lagebericht wird nicht dem Jahresabschluss zugerechnet. Dessen Erstellung ist aber eine Teilaufgabe des externen Rechnungswesens. Unterschieden werden muss der Einzelabschluss eines (einzelnen) Unternehmens und der Konzernabschluss, z. B. für über gewisse Beteiligungen beherrschte Unternehmen. Betrachtet wird hier im externen Rechnungswesen nur der handelsrechtliche Einzelabschluss nach dem Handelsgesetzbuch (HGB). Der handelsrechtliche Konzernabschluss nach HGB und jegliche Abschlüsse nach anderen Rechnungslegungsnormen wie auch die steuerliche Erfolgsrechnung bleiben unberücksichtigt.

Das interne Rechnungswesen, das sich überwiegend an die betrieblichen Entscheidungsträger richtet,[6] umfasst die Kosten- und die Leistungsrechnung. Kosten- und Leistungsrechnung sind dabei untrennbar verbunden. Die Differenz aus Leistungen und Kosten ergibt das *Betriebsergebnis*, welches den betrieblichen Erfolg widerspiegelt. Die Kosten- und Leistungsrechnung dient also der Unterstützung der erfolgsorientierten Steuerung des betrieblichen Leistungsprozesses.[7] Dies ist sowohl in privaten als auch in öffentlichen Betrieben und Verwaltungen von Interesse. Wie beim externen Rechnungswesen werden hier beim internen Rechnungswesen Aspekte von Konzernen, wie eine Konzernrechnungslegung, nicht berücksichtigt.[8]

---

[3] So z. B. im Beiersdorf Konzern, bei dem (externes) Konzern-Rechnungswesen und Konzern-Controlling organisatorisch zusammengefasst wurden. Vgl. Eberenz, R. [2005], S. 41.
[4] Vgl. Coenenberg, A. G./Haller, A./Schultze, W. [2016], S. 17.
[5] Zu den rechtlichen Grundlagen der Bestandteile des Jahresabschlusses vgl. 3.1.2.
[6] Vgl. Nerger, M. [2003], S. 13.
[7] Vgl. Schmidt, A. [2017], S. 5.
[8] Zur Konzernkostenrechnung vgl. beispielsweise Wullenkord, A. [1995], S. 53 ff.

Unter *Kostenrechnung* soll immer die Kosten- und Leistungsrechnung verstanden werden.[9] Damit wird nicht eine Geringschätzung der Leistungsrechnung ausgedrückt, sondern dem herrschenden Sprachgebrauch und der vorrangigen Zweckorientierung gefolgt.[10]

Dem internen Rechnungswesen wäre eigentlich auch die Investitionsrechnung unterzuordnen, wenn nur auf die Informationsrichtung als Gliederungskriterium abgestellt werden würde, da die Investitionsrechnung ebenfalls an interne Adressaten gerichtet ist. Hier wird der Begriff des internen Rechnungswesens aber enger gefasst. Die Investitionsrechnung wird aufgrund des Charakters der dort durchgeführten Überlegungen an dieser Stelle nicht unter dem internen Rechnungswesen subsumiert.[11]

Lernfragen zu 1.1

1. Nennen Sie drei Rechnungssysteme des betriebswirtschaftlichen Rechnungswesens.

2. Geben Sie Beispiele für Informationsbedürfnisse außenstehender Parteien (sog. Stakeholder).

Literaturhinweise zu 1.1

Adam, D. [2000], Investitionscontrolling, 3. Aufl., München/Wien 2000.

Coenenberg, A. G./Fischer, T. M./Günther, T. [2016], Kostenrechnung und Kostenanalyse, 9. Aufl., Stuttgart 2016.

Coenenberg, A. G./Haller, A./Schultze, W. [2016], Jahresabschluss und Jahresabschlussanalyse, 24. Aufl., Stuttgart 2016.

Eberenz, R. [2005], Die Harmonisierung der externen und internen Rechnungslegung am Beispiel des Beiersdorf Konzerns, in: ControllerNews – Die Zeitschrift für Controlling und Unternehmensführung, Heft 1/2005, 2005, S. 40 - 42.

Grob, H. L. [2002], Leistungs- und Kostenrechnung, 4. Aufl., Münster (Westfalen) 2002.

---

9 Vgl. Coenenberg, A. G./Fischer, T. M./Günther, T. [2016], S. 3.

10 Siehe dazu im Kontrast das Lehrbuch Grob, H. L. [2002] (vgl. auch Grob, H. L./Bensberg, F. [2005]) sowie Möller, H. P./Zimmermann, J./Hüfner, B. [2005], Erlös- und Kostenrechnung, München 2005.

11 Zu einer Einführung in die Investitionsrechnung vgl. z. B. Adam, D. [2000], Grob, H. L. [2006].

Grob, H. L./Bensberg, F. [2005], Kosten- und Leistungsrechnung – Theorie und SAP®-Praxis, München 2005.

Grob, H. L. [2006], Einführung in die Investitionsrechnung – Eine Fallstudiengeschichte, 5. Aufl., München 2006.

Haberstock, L. [2008], Kostenrechnung I – Eine Einführung mit Fragen, Aufgaben und Lösungen, bearbeitet von Breithecker, V., 13. Aufl., Berlin 2008, S. 5 - 15.

Heinhold, M. [2010], Kosten- und Erfolgsrechnung in Fallbeispielen, 5. Aufl., Stuttgart 2010, S. 1 - 9.

Möller, H. P./Zimmermann, J./Hüfner, B. [2005], Erlös- und Kostenrechnung, München 2005, S. 15 - 18.

Nerger, M. [2003], Kosten- und Leistungsrechnung im Fokus zeitorientierter Wettbewerbsstrategien, Hamburg 2004, zugl.: Diss., Universität Münster (Westfalen), 2004, S. 11 - 15.

Schweitzer, M./Küpper, H.-U. [2016], Systeme der Kosten- und Erlösrechnung, 11. Aufl., München 2016, S. 30 - 33.

Wullenkord, A. [1995], Kosten- und Erfolgs-Controlling im Konzern, München 1995, zugl.: Diss., Universität Dortmund 1994/1995.

1.2 Zwecke des betriebswirtschaftlichen Rechnungswesens

Die Zwecke des betriebswirtschaftlichen Rechnungswesens können in Planungs-, Kontroll- und Dokumentationszwecke systematisiert werden.[12] Auch wenn diese vorerst abstrakt bleiben (was ist genau zu planen, zu kontrollieren oder zu dokumentieren?), ist unmittelbar einsichtig, dass die Planung, die Kontrolle und die Dokumentation betriebswirtschaftlicher Aktivitäten zur Steuerung von Unternehmen oder von Betrieben notwendig sind. Planung, Kontrolle und Dokumentation können dabei nicht isoliert voneinander betrachtet werden, sondern bedingen sich gegenseitig (vgl. Abb. 1-2).

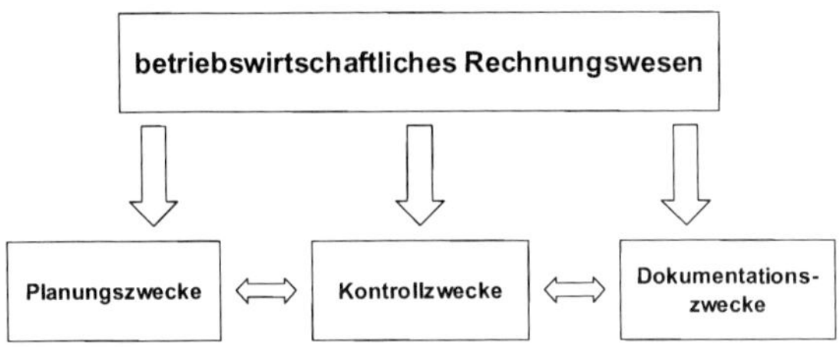

Abb. 1-2: Zwecke des betriebswirtschaftlichen Rechnungswesens[13]

Der Hauptzweck des betriebswirtschaftlichen Rechnungswesens kann in der *Planung* gesehen werden, da sich zukünftiges Handeln an ihr ausrichten sollte.[14] Planungen dienen der Entscheidungsfindung der internen Adressaten des betriebswirtschaftlichen Rechnungswesens. Für externe Adressaten könnten zwar die Kontrolle und die Dokumentation vorrangige Zwecke sein, sie sind jedoch vergangenheitsorientiert und somit nur eingeschränkt entscheidungsrelevant. Letztlich können Kontrolle und Dokumentation als Hilfszwecke der Planung aufgefasst werden.

Planungen können kurzfristiger oder langfristiger Natur sein. Fragen können dabei z. B. die kurzfristige Wirtschaftlichkeit eines Produktes (lohnt sich der Verkauf eines Produktes noch?) oder die langfristige Wirtschaftlichkeit eines Projektes (soll in eine neue Produktionsanlage im Ausland investiert werden?) sein. Während die Aufgabe der Projektbeurteilung tendenziell der Investitionsrechnung zukommt (insbesondere bei mehrperiodiger Betrachtung), ist die Produktbeurteilung im Zuge einer kurzfristigen Betrachtung Aufgabe der Kosten- und Leistungsrechnung. Kontrolle basiert auf Planung – nur so sind Soll-Ist-Vergleiche möglich.[15] Letztlich entscheidend

[12] Vgl. dazu und im Folgenden Coenenberg, A. G./Fischer, T. M./Günther, T. [2016], S. 5 f. Zu Rechnungszwecken vgl. auch Weber, J. [2005], S. 38 ff. Anstatt von (Rechnungs-)Zwecken wird auch von Rechnungszielen gesprochen, vgl. Schweitzer, M./Küpper, H.-U. [2016], S. 49. Zum Zweckpluralismus der Kostenrechnung vgl. auch Bungenstock, C. [1995], S. 6 ff.

[13] In Anlehnung an Coenenberg, A. G./Fischer, T./Günther, T. [2016], S. 5 5.

[14] Vgl. Berens, W./Schmitting, W. [2000], S. 56. Zum Begriff der Planung vgl. Adam, D. [1996], S. 1 ff.

[15] Vgl. auch Berens, W./Schmitting, W. [2000], S. 56.

ist die Analyse der Abweichungen zwischen geplanten und tatsächlichen Werten. Hieraus resultieren dann Ansätze zur Steuerung betrieblicher Aktivitäten. Die *Dokumentation* unterstützt zum einen den Planungsprozess, der auf vergangenheitsbezogene Daten aufsetzen kann. Zum anderen ist die Dokumentation der Planung Voraussetzung für Kontrolle. Des Weiteren sind gewisse Dokumentationsrechnungen durchzuführen, weil sie gesetzlich oder vertraglich gefordert werden. Gesetzliche Verpflichtungen ergeben sich beispielsweise aus dem Handels- und Steuerrecht sowie bei beaufsichtigten Unternehmen aus dem Aufsichtsrecht. Aus Kredit-, Liefer- oder Lizenzverträgen können vertragliche Pflichten resultieren, bei denen den Vertragspartnern Geschäftspläne, Finanzierungs- und Ergebnisrechnungen oder ähnliche Kenndaten zur Verfügung zu stellen sind.

Die Dokumentation kann sich auf die Liquidität, die Erfolgslage oder das Erfolgspotenzial beziehen. Da Liquidität eine notwendige Voraussetzung für das Weiterbestehen eines Unternehmens darstellt, ist sie dementsprechend aktuell zu dokumentieren. Die Dokumentation der Erfolgslage ist eine eher rückwärts gerichtete und die der Erfolgspotenziale eine eher vorwärts gerichtete Betrachtung, sodass jeweils andere Anforderungen bzgl. der Dokumentation bestehen.[16]

Kriterium	**Investitionsrechnung**	**internes Rechnungswesen**	**externes Rechnungswesen**
Zweckrichtung	Planung (und Kontrolle)	vornehmlich Kontrolle, auch Planung, nur teilweise Dokumentation	Dokumentation
Zeithorizont	langfristige Betrachtungen, zeitraumbezogen, Gesamtlebensdauer	eher kurzfristig, teilweise monatlich, zeitraumbezogen	jährliche Erstellung von Jahresabschlüssen, eher zeitpunktbezogen
Wiederholungscharakter	fallweise	kontinuierlich und fallweise	regelmäßig bzw. zu Sonderanlässen
Sachlicher Bezugsrahmen	Teilbereiche	meist bis auf Produktebene	Gesamtunternehmen
Informationsrichtung	intern	intern	extern
Zielrichtung	Sicherung der Erfolgspotenziale	Sicherung der Wirtschaftlichkeit	Sicherung der Liquidität und der Erfolgslage
erfasste Wertkategorien	Einzahlung/Auszahlung	Leistung/Kosten	Ertrag/Aufwand

Tab. 1-1: Rechnungssysteme im Überblick (Tendenzaussagen)[17]

[16] Zu den Zusammenhängen von Erfolgspotenzial, Erfolg und Liquidität vgl. vertiefend Coenenberg, A. G./Haller, A./Schultze, W. [2016], S. 1021 - 1024.

[17] Zu Charakterisierungen von Rechnungssystemen vgl. z. B. Haberstock, L. [2008], S. 12, Kilger, W. [1987], S. 10 und Schweitzer, M./Küpper, H.-U. [2016], S. 31 sowie S. 63 ff.

Im Gegensatz zu den hier genannten drei Rechnungswecken Planung, Kontrolle und Dokumentation werden in der angelsächsischen Literatur häufig die *Entscheidungsunterstützung* und die *Entscheidungsbeeinflussung* als nur zwei Rechnungszwecke unterschieden.[18] Die Planung dient vor allem der Entscheidungsunterstützung; eine Entscheidungsbeeinflussung folgt im Wesentlichen aus der Kontrolle.

Zusammenfassend lassen sich die drei Teilgebiete des Rechnungswesens anhand der Kriterien Zweckrichtung, Zeithorizont, Wiederholungscharakter, sachlicher Bezugsrahmen, Informationsrichtung, Zielrichtung und erfasste Wertkategorien mit *Tendenzaussagen* belegen (vgl. Tab. 1-1). Zu betonen ist, dass es sich jeweils nur um pauschale Urteile handelt, die diskussionswürdig sind.[19] In der Kürze soll mit ihnen lediglich ein Überblick über mögliche Charakterisierungen der Teilbereiche des betriebswirtschaftlichen Rechnungswesens gegeben werden. Auf die erfassten Wertkategorien wird im nächsten Abschnitt (1.3) näher eingegangen.

Lernfragen zu 1.2

1. Nennen Sie die drei Zwecke des betriebswirtschaftlichen Rechnungswesens.

2. Wie stehen die Zwecke des betriebswirtschaftlichen Rechnungswesens zueinander in Relation?

3. Welcher Zweck könnte bei beaufsichtigten Unternehmen (wie beispielsweise Banken oder Versicherungsunternehmen) eine höhere Bedeutung haben als bei Unternehmen, die nicht so stark reguliert sind?

Literaturhinweise zu 1.2

Adam, D. [1996], Planung und Entscheidung: Modelle - Ziele - Methoden, mit Fallstudien, 4. Aufl., Wiesbaden 1996.

Bungenstock, C. [1995], Entscheidungsorientierte Kostenrechnungssysteme - Eine entwicklungsgeschichtliche Analyse, Wiesbaden 1995, zugl.: Koblenz, Univ., Diss., 1994.

---

[18] Vgl. Friedl, G./Hofmann, C./Pedell, B. [2017], S. 3.

[19] Ist z. B. der Zeithorizont im externen Rechnungswesen wirklich nur zeitpunktbezogen? Für Bilanzen mag dies zutreffend sein, Gewinn- und Verlustrechnungen sind jedoch eindeutig zeitraumbezogene Rechnungen. Ist damit das externe Rechnungswesen vom Charakter her aber genauso zeitraumbezogen wie das interne Rechnungswesen oder die Investitionsrechnung?

Coenenberg, A. G./Fischer, T. M./Günther, T. [2016], Kostenrechnung und Kostenanalyse, 9. Aufl., Stuttgart 2016, S. 4 - 30.

Coenenberg, A. G./Haller, A./Schultze, W. [2016], Jahresabschluss und Jahresabschlussanalyse, 24. Aufl., Stuttgart 2016.

Ewert, R./Wagenhofer, A. [2014]: Interne Unternehmensrechnung, 8. Aufl., Berlin 2014.

Friedl, G./Hofmann, C./Pedell, B. [2017], Kostenrechnung – Eine entscheidungsorientierte Einführung, 3. Aufl., München 2017.

Grob, H. L. [2002], Leistungs- und Kostenrechnung, 4. Aufl., Münster (Westfalen) 2002, S. 2 - 5, S. 19 - 23.

Grob, H. L./Bensberg, F. [2005], Kosten- und Leistungsrechnung - Theorie und SAP®-Praxis, München 2005, S. 26 - 29.

Haberstock, L. [2008], Kostenrechnung I - Eine Einführung mit Fragen, Aufgaben und Lösungen, bearbeitet von Breithecker, V., 13. Aufl., Berlin 2008, S. 1 - 15.

Kilger, W. [1987], Einführung in die Kostenrechnung, 3. Aufl., Wiesbaden 1987, S. 6 - 19.

Schweitzer, M./Küpper, H.-U. [2016], Systeme der Kosten- und Erlösrechnung, 11. Aufl., München 2016, S. 46 - 58.

Weber, J. [2005], Gestaltung der Kostenrechnung - Notwendigkeit, Optionen und Konsequenzen, Wiesbaden 2005 (aus der Reihe: Weber, J. (Hrsg.), Schriften des Center for Controlling & Management (CCM), Bd. 21).

Weber, J./Weißenberger, B. E. [2015], Einführung in das Rechnungswesen: Bilanzierung und Kostenrechnung, 9. Aufl., Stuttgart 2015, S. 279 - 285.

Fallbeispiel

Dieses Buch enthält eine durchgehende Geschichte, die Teile des vermittelten Stoffes vertieft. Die dem Fallbeispiel zu Grunde gelegte Unternehmung aus dem Bäckereihandwerk ist rein fiktiver Natur. Selbiges gilt für die vorkommenden Personen. Da mit dem Lehrbuch Grundlagen des betriebswirtschaftlichen Rechnungswesens vermittelt werden, sind teilweise Rahmenbedingungen vorgegeben, die für das Beispielunternehmen zutreffen, aber ansonsten in dieser Art und Weise dem Bäckerhandwerk nicht immer genau entsprechen. Diese Eingrenzung ist notwendig, da der vermittelte Stoff ansonsten weit mehr als die Grundlagen des betriebswirtschaftlichen Rechnungswesens behandeln würde. Die Aufgaben in dem Fallbeispiel eignen sich nur zum Teil zum selbständigen Lösen. Vielmehr soll die Vorgehensweise nachvollzogen und verstanden werden. Das Lösen konkreter Aufgaben ist Gegenstand der „Tutorien zu den Grundlagen des betriebswirtschaftlichen Rechnungswesens".

Fallbeispiel Teil I: Einleitung

Schon seit ein paar Minuten versucht der Wecker an diesem Morgen im Mai vergeblich, Christian zum Aufstehen zu bewegen. Dann rappelt Christian sich schließlich auf, geht durch den Raum, um dieses grässliche Piepen zu beenden. Seit einigen Tagen hat er den Wecker am anderen Ende des Raumes aufgestellt, da er in diesem Semester schon viermal eine Vorlesung verschlafen hat. Er stolpert fast über seinen Freund Peter, der in seinem Schlafsack den direkten Weg blockiert. Mit Peter hat er letzte Nacht die Szene in Münster unsicher gemacht. Seinem Atem nach zu urteilen sind sie wohl auf dem Heimweg noch im Nordstern gewesen.

So langsam kommen seine Erinnerungen zurück. Bei einer Flasche Wasser, die er fast vollständig in einem Zug leert, denkt er noch einmal an das gestrige JuWi-Fest. Die Stimmung war mal wieder gnadenlos gut. Ansonsten war es auch wie immer: viel zu wenige Toiletten, viel zu viele Frauen auf der Männertoilette, sowieso viel zu viele Menschen, viel zu gute Musik und viel zu viel Alkohol. Vor allem die Cocktailbar hatte bei den beiden tiefe Spuren hinterlassen...

„Moin, gib mal Wasser rüber!", hört man Peter leise murmeln. Peter ist Psychologie-Student aus Bochum und hatte erst keine Lust, mit Christian auf diese BWLer-Party zu gehen. Im Nachhinein war es aber Christian gewesen, der Peter um 3.30 Uhr morgens überreden musste, nach Hause zu fahren. Da die beiden noch im Nordstern eingekehrt waren, erreichten sie Christians Wohnung erst um 5 Uhr. Jetzt ist es mittlerweile 10.30 Uhr und keiner von den beiden kann sich erklären, warum Christian überhaupt den Wecker gestellt hat. Die BWL 2-Vorlesung an diesem Morgen endet in diesen Minuten. Irgendwie beschleicht Christian das ungute Gefühl, dass er doch mal besser die Vorlesung besucht hätte. Als er Peter davon erzählt, schüttelt dieser allerdings nur den Kopf. Seiner Meinung nach hätte das an diesem Tage wohl rein gar nichts außer den Unmut der Kommilitonen eingebracht.

Christian schließt sich Peters Meinung an. Am heutigen Tag wäre er wohl kaum aufnahmefähig gewesen. Er ist froh, dass er das ausführliche Skript mit den Vorlesungsfolien erworben hat.

Zunächst würde er versuchen, sich den Stoff anhand der Folien selbst anzueignen. Anschließend würde er schon einmal die Aufgaben für das Tutorium der nächsten Woche durchrechnen und mit der Musterlösung vergleichen. Offene Fragen würde er im Diskussionsforum stellen. Er fasst den Entschluss, sich gleich heute Nachmittag an die Arbeit zu machen. Zunächst einmal würde er mit Peter aber noch ausgiebig frühstücken.

Eine knappe Stunde später sind die beiden geduscht und sitzen am Frühstückstisch. Peter, der sich trotz seines Psychologiestudiums auch für betriebswirtschaftliche Fragestellungen interessiert, fragt Christian nach den Unterschieden zwischen dem internen und dem externen Rechnungswesen. Außerdem ist ihm die Abgrenzung zur Investitionsrechnung nicht wirklich klar. Bei den zwanglosen, aber durchaus interessanten Unterhaltungen am gestrigen Abend hörte er verschiedene Meinungen zu diesem Thema. Christian versucht, ihm anhand eines einfachen Beispiels die Zusammenhänge zu verdeutlichen.

„Angenommen, wir hätten folgende Situation: Ein ehemaliger Bäckerlehrling beabsichtigt, ein Brot mit speziellen, geheimen Zutaten selbst zu verkaufen. Sie hat mit ihrem ehemaligen Ausbildungsbetrieb vereinbart, dass sie die handgefertigten Brote bei nicht ausgelasteter Kapazität zu einem Preis von 50 Cent pro Brot in dem dort vorhandenen Etagenofen backen kann. Darüber hinaus stehen ihr folgende Informationen zur Verfügung:

Absatzmenge Brote in den nächsten 8 Jahren	30.000 Stück
Preis pro Brot	4,00 €
Zutaten pro Brot	2,00 €
Verpackung/Tüte pro Brot	0,10 €

Weitere Zahlungen mögen nicht anfallen. Mit diesen Daten kann sie nun ihr Ergebnis berechnen. Dieses erhält sie wie folgt:

Erlöse aus dem Brotverkauf	+ 120.000 €
Zutaten der Brote	- 60.000 €
Verpackung der Brote	- 3.000 €
Gebühr für Ofennutzung	- 15.000 €
Ergebnis	+ 42.000 €

Auf den ersten Blick erscheint es für den ehemaligen Bäckerlehrling also ratsam, die Brote zu verkaufen, da sie ein positives Ergebnis erzielt." Peter nickt zustimmend. „Davon abgesehen, dass sie ihre Arbeitskraft bei dieser Berechnung nicht mit einbezieht, können wir doch Folgendes feststellen. Wir betrachten an dieser Stelle die gesamte „Lebensdauer" des Projekts Brotproduktion. Insofern müssen wir bei unseren Berechnungen Rechengrößen verwenden, die diese langfristige Betrachtung wiedergeben. Diese Vorgehensweise entspricht derjenigen der Investitionsrechnung, wobei an dieser Stelle aber aus Vereinfachungsgründen weder Zinsen noch Steuern berücksichtigt werden. Die Rechengrößen sind Einzahlungen und Auszahlungen." Christians Erläuterungen kann Peter bis zu diesem Zeitpunkt gut nachvollziehen. Die Abgrenzung zu den Begriffen internes und externes Rechnungswesen ist damit allerdings noch nicht erläutert.

Bevor er Christian diese Frage stellen kann, fährt dieser fort. „Dem internen und dem externen Rechnungswesen liegt immer eine periodenbezogene Betrachtung zu Grunde. Stell dir vor, das Ergebnis von 42.000 € verteilt sich insgesamt auf acht Jahre. In den ersten beiden Jahren möge ein Ergebnis von je 6.300 €, in den restlichen Jahren möge jeweils ein Resultat in Höhe von 4.900 € erzielt werden. Zu Beginn des dritten Jahres überlegt der ehemalige Bäckerlehrling, ob sie für die Herstellung der Brote einen eigenen, gebrauchten Etagenofen beschaffen soll, da ihr die 50 Cent je Brot für die Nutzung des Etagenofens in ihrem ehemaligen Ausbildungsbetrieb zu teuer sind. Ohne Berücksichtigung der Gebühr für die Ofennutzung erwirtschaftet sie im dritten Jahr einen Überschuss in Höhe von 6.650 €. Ihr liegt ein Angebot vor, einen gebrauchten Ofen zu einem Preis von 4.200 € zu erwerben. Diesen könnte sie dann voraussichtlich noch 3 Jahre nutzen. Was hätte dies für Auswirkungen auf das Ergebnis?"

Peter überlegt kurz und antwortet: „Im dritten Jahr würde das Ergebnis auf 2.450 € sinken, vorausgesetzt es fallen keine zusätzlichen Energie- und sonstige Kosten an. In den beiden nächsten Jahren, vorausgesetzt die Rahmenbedingungen ändern sich nicht, erzielt sie jeweils einen Überschuss in Höhe von 6.650 €." „Genau dort liegt das Problem", erwidert Christian. „Genau so darf es nämlich nicht sein. Hierdurch wird ein den wirtschaftlichen Verhältnissen nicht entsprechendes Bild vermittelt, da der ehemalige Bäckerlehrling den Ofen nicht nur ein Jahr nutzt. Aus diesem Grund gibt es die Abschreibungen. Betrachtet man den Werteverzehr in diesem Fall, so ergibt sich bei einer gleichmäßigen Nutzung des gebrauchten Etagenofens in den nächsten drei Jahren ein jährlicher Wertverlust in Höhe von 1.400 €. Der Gesetzgeber hat daher eine Regelung getroffen, nach der die Anschaffungsauszahlung des Ofens zunächst nicht ergebniswirksam ist, sondern über seine Nutzungsdauer verteilt wird. Hierbei ist dann nur der jeweilige Wertverlust des Etagenofens ergebniswirksam. Die Folge ist, dass der ehemalige Bäckerlehrling in den Jahren drei bis fünf jeweils ein Ergebnis von 5.250 € erwirtschaftet. Von den 6.650 € werden jeweils 1.400 € Wertverlust pro Jahr abgezogen. Gegenüber der Anmietung erhält der ehemalige Bäckerlehrling ein um 350 € höheres Ergebnis in den Jahren drei bis fünf. Aus Vereinfachungsgründen wird dabei – wie du bereits vorgeschlagen hast – auf eine Berücksichtigung von Energiekosten und eventuell sonstigen, anfallenden Kosten verzichtet. Durch die Abschreibungen wird ein den wirtschaftlichen Verhältnissen entsprechendes Bild vermittelt. Bei dieser Periodenbetrachtung können wir folglich nicht mehr mit Einzahlungen und Auszahlungen rechnen, da zumindest die Abschreibungen in den einzelnen Perioden keine Auszahlungen darstellen. Aus diesem Grund benutzt man an dieser Stelle das Begriffspaar Aufwand bzw. Ertrag. Da diese Regelungen von außen vorgegeben werden, spricht man auch vom externen Rechnungswesen. Auszahlungen können also auch Aufwand darstellen, müssen sie aber nicht."

„Das leuchtet mir ein. Periodenbezogene Größen sind ja auch als Informationsbasis für den ehemaligen Bäckerlehrling sinnvoll. Aber wozu braucht man noch das interne Rechnungswesen?", fragt Peter. „Für interne Steuerungszwecke sind die Daten des externen Rechnungswesens nicht immer geeignet. Die Sinnhaftigkeit des internen Rechnungswesens möchte ich dir an folgendem Beispiel kurz erklären. Der ehemalige Bäckerlehrling möchte auch nach den ersten fünf Jahren weiterhin ihre Brote herstellen. Allerdings muss sie dann zu diesem Zeitpunkt den alten Etagenofen ersetzen. Ihre Recherchen haben nun ergeben, dass sie nach Ablauf der Nutzungsdauer am Ende des fünften Jahres einen vergleichbaren Ofen für 4.800 € erwerben kann, den sie dann die letzten drei Jahre nutzen kann. Nach dem Handelsgesetzbuch darf der ehemalige Bäckerlehrling auf Basis der Anschaffung (4.200 €) in den Jahren drei bis fünf bei gleichmäßiger Abschreibung nur 1.400 € pro Jahr ansetzen. Um die Substanz zu erhalten, könnte sie allerdings intern berücksichtigen, dass sie am Ende des fünften Jahres nicht erneut 4.200 €, sondern 4.800 € für einen vergleichbaren Ofen aufbringen muss. Da sie diese 4.800 € vorher erwirtschaften sollte, bietet es sich an, in einer separaten Rechnung anstelle eines Abschreibungsbetrags in Höhe von 1.400 € mit Abschreibungen in Höhe von jährlich 1.600 € (= 4.800/3) zu rechnen. Da diese Berechnungen nur zur Steuerung dienen, und somit gesetzliche Vorschriften nicht beachtet werden müssen, spricht man vom internen Rechnungswesen. Die Rechengrößen im internen Rechnungswesen sind Kosten und Leistungen. In meinem Beispiel bietet es sich also an, 1.400 € Aufwand und 1.600 € Kosten in den jeweiligen Rechnungssystemen anzusetzen."

Endlich hat Peter die Unterschiede verstanden. Gestern hat er noch gedacht, dass die Begriffe ein und dasselbe bedeuten. Nun ist er aber von der Notwendigkeit der alternativen Rechengrößen überzeugt. Ihm ist nur nicht ganz klar, warum Christian ihm den Sachverhalt ausgerechnet am Beispiel eines ehemaligen Bäckerlehrlings erklärt hat. Christian antwortet ihm, dass sein Onkel Bäcker sei und ihn schon als Kind das Bäckerhandwerk faszinierte.

Nach einer Weile stößt Christian einen nachdenklichen Seufzer aus. Seit Beginn des Studiums wird ihm von allen Seiten mahnend empfohlen, viele Praktika zu absolvieren, um sich neben dem oftmals sehr theoretisch orientierten Studium weitere Kenntnisse anzueignen. Er selbst fühlt sich für die Praxis allerdings noch nicht reif genug. Auf Peters Frage, wie viel Stoff seines Bachelorstudiums er nach dem zweiten Semester denn abgedeckt habe, antwortet er: „Nun ja, wenn dieses Semester alles glatt geht, habe ich zumindest aus dem betriebswirtschaftlichen Bereich BWL 1 und BWL 2. Dort fehlt mir dann nur noch BWL 3." Selbstverständlich ist es von Vorteil, alle Grundlagen vor Beginn eines ersten Praktikums bereits einmal gehört zu haben. Peter erkennt aber, dass Christian wohl nur auf seinen Zuspruch wartet, um sich alsbald zu einer Bewerbung für ein Praktikum zu entschließen. „Irgendwann musst du nun einmal ins kalte Wasser springen", gibt ihm Peter als Rat mit auf den Weg.

Einige Stunden später fährt Christian mit dem Fahrrad Richtung Juridicum, um mit einigen Kommilitonen die Vorlesung nachzubereiten. Am schwarzen Brett eines Lehrstuhls entdeckt er allerdings die auf der nächsten Seite abgebildete Anzeige. Er erinnert sich an sein Gespräch mit Peter. Genau auf so eine Chance hat er gewartet. Sofort dreht er um und vervollständigt noch am gleichen Tage seine Bewerbungsunterlagen. Diese bringt er umgehend zur Post. Die Nachbereitung der Vorlesung verschiebt er auf den nächsten Morgen.

Keine zwei Wochen später erhält Christian eine Einladung zum Vorstellungsgespräch bei der Brot & Brötchen AG. Um sich optimal auf das Treffen vorzubereiten, besorgt er sich den aktuellen Geschäftsbericht. Er informiert sich über die Umsatzentwicklung der vergangenen Geschäftsjahre. Die Mitarbeiterzahl konnte er bereits der Anzeige entnehmen. Darüber hinaus geht er noch einmal die Positionen seines eigenen Lebenslaufes durch. Während der Zugfahrt zum Vorstellungsgespräch beschäftigt er sich noch intensiv mit der Frage, welche Schwächen und Stärken er habe. Diese Frage hatte er noch am Vortag in einem Buch über Vorstellungsgespräche gelesen. Außerdem kauft er sich am Bahnhofskiosk eine Tageszeitung, um sich über den aktuellen Aktienkurs der Brot & Brötchen AG zu informieren. Die Fahrt nach Balve gestaltet sich aufwändiger als erwartet. Im Sauerland scheinen nur Regionalbahnen unterwegs zu sein, die zu allem Überfluss auch noch in jeder 700-Seelen-Gemeinde einen Zwischenstopp einlegen. Für die ca. 100 km benötigt er zweieinhalb Stunden.

BROT & BRÖTCHEN AG

MÜNSTER * ESSEN * BALVE * MELLEN

Wir sind eine börsennotierte Aktiengesellschaft mit rund 900 Mitarbeitern und Hauptsitz in Balve im Märkischen Kreis (Sauerland). Seit 1912 sind wir im Bäckereigeschäft aktiv. Im Laufe der Jahre haben wir unser Know-how permanent weiterentwickelt. Wir zeichnen uns durch ausgesprochen starkes Wachstum, unternehmerisches Erfolgsstreben sowie Verbundenheit zu unseren Mitarbeitern aus. In den letzten Jahren haben wir mehrere kleinere Bäckereiketten aufgekauft.

Wir suchen zum August des Jahres 2007 für einen Zeitraum von zwei Monaten eine/n qualifizierte/n

PRAKTIKANT/IN IM RECHNUNGSWESEN

Ihre Aufgaben lassen sich u.a. wie folgt beschreiben:

- Mitarbeit bei kurzfristigen Fragestellungen im Produktionsbereich,
- Betriebswirtschaftliche Beratung interner Entscheidungsträger,
- Unterstützung bei der Jahresabschlusserstellung.
- Das Aufgabenfeld wird durch interessante betriebswirtschaftliche und organisatorische Projekte abgerundet.

Als ideale/r Kandidat/in befinden Sie sich gegen Ende eines wirtschaftswissenschaftlichen Grundstudiums. Wünschenswert wären Kenntnisse oder Erfahrungen bezüglich der Strukturen und Abläufe in Bäckereien. Idealerweise besitzen Sie auch gute Kenntnisse im Bereich der modernen EDV-Systeme. Begeisterungsfähigkeit für neue Entwicklungen und eine ausgeprägte Kommunikationsfähigkeit setzen wir voraus. Ihr Einsatzort ist Münster.

Wir bieten Ihnen eine angemessene Vergütung. Bei erfolgreicher Zusammenarbeit ist eine Einstellung nach Ende des Studiums nicht ausgeschlossen. Wir behandeln Ihre Bewerbung selbstverständlich absolut vertraulich.

Wenn Sie sich angesprochen fühlen, senden Sie Ihre aussagekräftigen Unterlagen bitte an: Brot & Brötchen AG, In der Bäckereigasse 12, 58803 Balve.

Das Vorstellungsgespräch in Balve verläuft in einer sehr angenehmen Atmosphäre. Von Seiten der Brot & Brötchen AG führt Herr Wiedeke das Gespräch. Ausführlich diskutieren sie gemeinsam Christians bisherigen Lebenslauf. Anschließend stellt der Mitarbeiter der Brot & Brötchen AG ihm ausführlich das Unternehmen vor. Beide sind sich ziemlich schnell einig darüber, dass ein abgeschlossenes Bachelorstudium natürlich weitere Vorteile mit sich bringen würde. Christians offene Art hinterlässt bei Herrn Wiedeke allerdings einen bleibenden positiven Eindruck. Am Ende des Vorstellungsgesprächs teilt dieser ihm daher mit, dass er gerne ein Praktikum in den Sommersemesterferien absolvieren könne. Zunächst handele es sich um ein sechswöchiges Praktikum im internen Rechnungswesen in verschiedenen Niederlassungen. Wenn die Zusammenarbeit von beiden Seiten aus positiv beurteilt werde, so könne man auch über ein erneutes Praktikum in den darauf folgenden Semesterferien nachdenken. Dann wären sicherlich aufgrund des abgeschlossenen Bachelorstudium auch andere Einsatzbereiche für Christian denkbar. Als Herr Wiedeke ihm auch noch eine Praktikumsvergütung in Höhe von 800 € pro Monat und freie Backwaren für die Praktikumszeit offeriert, sind sich beide sofort einig.

Auf dem Weg zum Bahnhof ruft Christian sofort Peter an und teilt ihm die freudige Nachricht mit. Sie beschließen, das erste erfolgreich geführte Bewerbungsgespräch am Abend auf jeden Fall gebührend zu feiern.

1.3 Begriffsabgrenzungen

In den verschiedenen Teilgebieten des betriebswirtschaftlichen Rechnungswesens werden jeweils unterschiedliche Wertkategorien und Erfolgsgrößen betrachtet, auf die nun näher eingegangen wird.[20] Wie bereits im vorangegangenen Fallbeispiel angeklungen, erklären sich die Abgrenzungen zwischen den Begriffspaaren Einzahlungen/Auszahlungen, Einnahmen/Ausgaben, Ertrag/Aufwand und Kosten/Leistungen aus verschiedenen Informationsbedürfnissen. Das fiktive Beispiel des Bäckerlehrlings mit der Brotproduktion vor Augen lassen sich die evtl. sehr abstrakt erscheinenden Ausführungen zu den Begriffsabgrenzungen leichter nachvollziehen. Ein tieferes Verständnis wird sich jedoch vermutlich erst nach einer intensiven Beschäftigung mit den Rechnungssystemen einstellen. Hilfreich ist es, sich auch später daran zu erinnern, *warum* die Begriffsunterscheidungen getroffen werden und sich den unterschiedlichen Aussagegehalt der verschiedenen Erfolgsgrößen, die sich bezüglich der vier Kategorien ergeben, zu vergegenwärtigen.

Wirtschaftlichkeitsüberlegungen können auf Grundlage von Zahlungen durchgeführt werden. Die Einzahlungen abzüglich der Auszahlungen ergeben eine Erfolgsgröße – einen Zahlungssaldo – für eine Periode. Wenn die Zahlungszeitpunkte als irrelevant erachtet werden, sind hingegen andere Erfolgsgrößen zu betrachten. Falls darauf abgestellt wird, welcher Periode die Beschaffung von Gütern und Dienstleistungen bzw. deren Erstellung oder Absatz zuzurechnen ist (unabhängig von den Zahlungszeitpunkten!), kann als Erfolgsgröße die Differenz aus Einnahmen und Ausgaben betrachtet werden. Will man den Güterverzehr bzw. die Gütererstellung periodisieren, ist als Erfolgsgröße die Differenz aus Ertrag und Aufwand zu bilden. Wenn eine Differenzierung zwischen unternehmens- und betriebsbezogenem Güterverzehr bzw. analog bei der Gütererstellung vorgenommen werden soll, gelangt man zur Differenz aus Leistung und Kosten.

Die hier gerade überblickartig eingeführten Begriffe werden im Folgenden systematisch erläutert und mit Beispielen (1.3.5) veranschaulicht. Die genannten Erfolgsgrößen und die zugehörigen Wertkategorien lassen sich mit Hilfe von vier Fonds[21] beschreiben:

I. Fonds „Liquide Mittel“ (auch: Zahlungsmittelbestand/Kasse)
= Bargeld + Sichteinlagen

[20] Vgl. im Folgenden Coenenberg, A. G./Fischer, T. M./Günther, T. [2016], S. 8 ff.

[21] Während unter „Fonds“ (mit -s!) Geldmittel, ein Geldvorrat bzw. ein Bestand gemeint ist, bezeichnet „Fond“ (ohne -s!) Hintergrund, den Rücksitz im Wagen oder ausgebratenen oder -gekochten Fleischsaft. Bei der (franz.) Aussprache ergibt sich kein Unterschied. Vgl. Duden - Die deutsche Rechtschreibung [Bd. 1 der Reihe: Der Duden in zwölf Bänden], 24. Aufl., Mannheim 2006.

II. Fonds „Geldvermögen“[22]
= I. + Forderungen - Verbindlichkeiten

III. Fonds „Reinvermögen“
= II. + Sachvermögen (wie Bilanz)

Da bei diesem Fonds das Sachvermögen (Anlagevermögen und Umlaufvermögen ohne Forderungen und liquide Mittel) bilanziell, also nach den handelsrechtlichen Vorschriften, bewertet wird, kann auch vom „bilanziellen Reinvermögen“ gesprochen werden.[23] Da im internen Rechnungswesen keine gesetzlichen Vorschriften zu beachten sind, kann in der Kostenrechnung auch bei der Bewertung von Vermögensgegenständen von den handelsrechtlichen Vorschriften abgewichen werden. Der Fonds „Reinvermögen“ lässt sich kostenrechnerisch anders bewerten. Mit einer solchen Bewertung gelangt man dann zum Fonds „Betriebsnotwendiges Vermögen“.

IV. Fonds „Betriebsnotwendiges Vermögen“
= III. (kostenrechnerisch bewertet) - nicht betriebsnotwendiges Vermögen ("neutrales Vermögen")

Zu Grunde liegt den Fonds ein vereinfachtes Bilanzschema, das auf der rechten Seite der Bilanz (Passivseite) nach Eigenkapital und Verbindlichkeiten unterscheidet, und auf der linken Seite (Aktivseite) nach Sachvermögen, Forderungen und liquiden Mitteln (vgl. Abb. 1-3).[24]

Abb. 1-3: Vereinfachtes Bilanzschema

Bei der Mittelherkunft, die sich in der Passivseite widerspiegelt, wird unterschieden, ob die Mittel von den Eigentümern (den Eigenkapitalgebern) oder von Unternehmensfremden in Form von

[22] Der Fonds „Geldvermögen“ wird auch mit „Nettogeldvermögen“ oder „Nettogeldposition“ bezeichnet. Vgl. z. B. Weber, J./Weißenberger, B. E. [2015], S. 39 ff.

[23] Vgl. Schmidt, A. [2017], S. 15 f.

[24] Zum handelsrechtlichen Bilanzschema vgl. 3.2.1.

Verbindlichkeiten stammen. Bei der Mittelverwendung, die die Aktivseite widergibt, wird grob nach materiellem Vermögen (dem Sachvermögen) und monetärem Vermögen (Forderungen und liquiden Mitteln) differenziert. Genauer ergibt sich das Sachvermögen als Restgröße aus den Aktiva (Anlage- und Umlaufvermögen) ohne die Forderungen und ohne die liquiden Mittel. Aus den Bilanzpositionen dieses vereinfachten Bilanzschemas lassen sich die gerade eingeführten Fonds zusammensetzen. Für eine weitergehende Diskussion des handelsrechtlichen Bilanzschemas sei auf Abschnitt 3.2.1 verwiesen.

1.3.1 Auszahlung/Einzahlung

Von einer Einzahlung bzw. Auszahlung spricht man, wenn sich die *Höhe* des Fonds „Liquide Mittel“ ändert. Dies kann dadurch geschehen, dass sich der Bargeldbestand (die „Kasse“) oder der Buchgeldbestand (Sichteinlagen, z. B. Girokonten, Tagesgeldkonten) ändern.

Auszahlung
= negative Veränderung des Fonds „Liquide Mittel“ (Abgang von Bar- oder Buchgeld)

Einzahlung
= positive Veränderung des Fonds „Liquide Mittel“ (Zugang von Bar- oder Buchgeld)

Die Differenz aus Ein- und Auszahlungen wird als *Ein-/Auszahlungsüberschuss* oder auch als *Liquiditätssaldo* bezeichnet.[25] Grafisch lassen sich Ein- und Auszahlungen anhand des vereinfachten Bilanzschemas veranschaulichen (vgl. Abb. 1-4): Ein- und Auszahlungen verändern die Höhe des Fonds „Liquide Mittel“, was durch den vertikalen Pfeil in beide Richtungen angedeutet wird. Durch einen Geschäftsvorfall kann sich ein Fonds immer nur in eine Richtung (positiv oder negativ) verändern, d. h. entweder Einzahlung oder Auszahlung, aber nicht beides.

Der Austausch von Bargeld führt offensichtlich immer zu einer Ein- bzw. Auszahlung. Gleiches gilt aber auch für den bargeldlosen Zahlungsverkehr, also insbesondere Überweisungen auf ein fremdes Konto. Der Eingang bzw. Ausgang einer Rechnung und deren Verbuchung stellt hingegen keinen zahlungswirksamen Geschäftsvorfall dar. Erst bei Begleichung der Rechnung durch Überweisung des Rechnungsbetrages durch den Rechnungsempfänger liegt eine Ein- bzw. Auszahlung vor. Die Einzahlung des Kassenbestandes auf das Firmenkonto bei einer Bank am Ende eines Tages, ist jedoch keine Einzahlung in dem hier gebrauchten Begriffsverständnis, weil Kasse und Firmenkonto *beide* Bestandteile des Fonds „Liquide Mittel“ sind und die Umschichtung innerhalb dieses Fonds zu keiner Veränderung seiner Höhe führt.

---

[25] Ein solcher Liquiditätssaldo könnte auch als Cash-Flow bezeichnet werden. Zur Berechnung des Cash-Flows mittels einer finanzwirtschaftlichen Jahresabschlussanalyse vgl. 3.7.2.

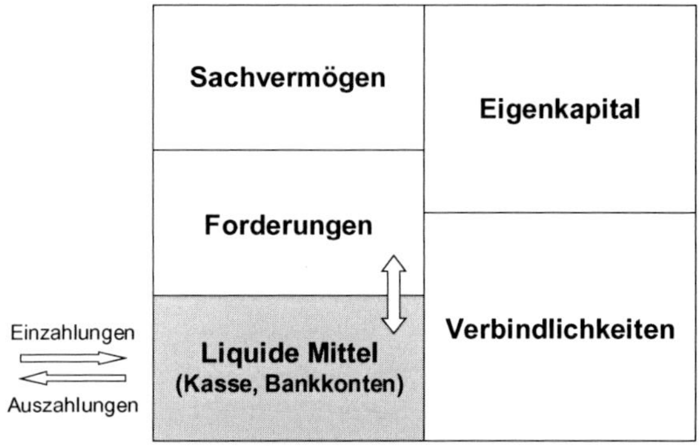

Abb. 1-4: Veränderung des Fonds „Liquide Mittel"

1.3.2 Ausgabe/Einnahme

Ausgaben und Einnahmen stellen den Wert der in einer Periode beschafften bzw. abgesetzten Güter und Dienstleistungen[26] dar.

Ausgabe = Wert der in einer Periode beschafften Güter und Dienstleistungen
(kurz „Beschaffungswert"[27])

Einnahme = Wert der in einer Periode abgesetzten Güter und Dienstleistungen

Mit Hilfe des Fonds „Geldvermögen", der den Fonds „Liquide Mittel" um den Kreditbestand (Forderungen und Verbindlichkeiten) erweitert, lassen sich Ausgaben und Einnahmen auch wie folgt definieren:

Ausgabe = negative Veränderung des Fonds „Geldvermögen"
(Auszahlung, Forderungsabgang, Verbindlichkeitenzugang)

Einnahme = positive Veränderung des Fonds „Geldvermögen"
(Einzahlung, Forderungszugang, Verbindlichkeitenabgang)

---

[26] Die Differenzierung zwischen Gütern und Dienstleistungen ist nicht trennscharf möglich: Beide stellen *Wirtschaftsgüter* dar, wobei Dienstleistungen im Gegensatz zu (Sach-)Gütern einen (überwiegend) immateriellen Charakter aufweisen.

[27] Vgl. Kilger, W. [1987], S. 7. Der von KILGER für Ausgaben vorgeschlagene Begriff „Beschaffungswert" hat sich weder in der Literatur noch in der Praxis durchsetzen können, obwohl er die Abgrenzung zwischen Auszahlungen und Ausgaben vereinfacht.

Die Differenz aus Einnahmen und Ausgaben wird als *Einnahmen-/Ausgabenüberschuss* bezeichnet. Grafisch lassen sich Einnahmen und Ausgaben auch wiederum mit Hilfe des vereinfachten Bilanzschemas veranschaulichen (vgl. Abb. 1-5). Die Veränderung des Fonds „Geldvermögen" kann an der durch die Klammer angedeuteten Differenz aus liquiden Mitteln und Forderungen und den Verbindlichkeiten (jeweils grau hinterlegt) abgelesen werden.

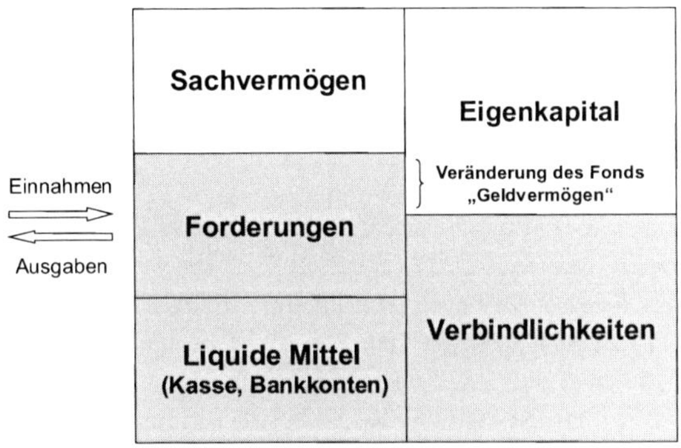

Abb. 1-5: Veränderung des Fonds „Geldvermögen"

Diese Sichtweise entspricht damit der Definition von Ausgaben als Wert, der in einer Periode beschafften Güter und Dienstleistungen („Beschaffungswert"), da der Fonds „Geldvermögen" nur bei Beschaffung eines Gutes oder einer Dienstleistung mit einem Wert > 0 sinkt. Wenn z. B. Rohstoffe beschafft werden, dann werden diese direkt (d. h. bar oder per Überweisung) bezahlt (Sinken der liquiden Mittel) oder auf Ziel gekauft (Steigen der Verbindlichkeiten). Beides führt zu einer negativen Veränderung des Fonds „Geldvermögen". Zum gleichen Ergebnis würde auch der eher seltene Fall der direkten Verrechnung einer bereits bestehenden Forderung gegenüber dem Lieferanten mit den Verbindlichkeiten aus den beschafften Rohstoffen führen (Sinken der Forderungen).

Bei den Ausgaben und Einnahmen werden die Auszahlungen und Einzahlungen um Verbindlichkeiten bzw. Forderungen rechnerisch berichtigt. Langfristig stimmen Ausgaben und Auszahlungen bzw. Einnahmen und Einzahlungen überein. Die Differenzen resultieren aus der Betrachtung unterschiedlicher Perioden.

Sofern z. B. Rohstoffe in einer Periode t = 0 beschafft werden, ist davon auszugehen, dass dies auch zu einer Auszahlung führt. Die Auszahlung kann in derselben Periode wie die Beschaffung erfolgen (z. B. bei einem Barkauf). Für t = 0 stimmen dann Ausgabe und Auszahlung überein. Die Auszahlung kann aber auch erst in einer späteren Periode erfolgen (Kauf auf Ziel). In der Periode t = 0 steht dann der Ausgabe (Zunahme der Verbindlichkeiten) keine Auszahlung gegenüber. Umgekehrt ist dies der Fall in der Periode, in der die Verbindlichkeit beglichen wird.

Wenn z. B. in t = 1 die Verbindlichkeit bezahlt wird, ergibt sich für t = 1 nur eine Auszahlung und in dieser Periode keine Ausgabe, weil sich der Verbindlichkeitenabgang und das Sinken der liquiden Mittel durch den Zahlungsabgang im Saldo aufheben.

Denkbar ist noch der Fall einer Anzahlung für die Rohstoffe. Dabei erfolgt die Auszahlung vor der Lieferung, mit der der Beschaffungsvorgang abgeschlossen wird, also vor der Ausgabe in t = 0. Die Anzahlung in einer früheren Periode wird dabei als Forderung aufgefasst, sodass sich Forderungszugang und Zahlungsabgang kompensieren und keine Veränderung des Fonds „Geldvermögen" eintritt.

Analog kann auch für die Einnahmen gezeigt werden, dass sie mit den Einzahlungen der Höhe nach übereinstimmen, jedoch in verschiedenen Perioden liegen können. Nach dieser Feststellung ist die Frage berechtigt, warum überhaupt zwischen Ein- und Auszahlungen bzw. Einnahmen und Ausgaben unterschieden wird – auch im Fallbeispiel erfolgte keine dementsprechende Differenzierung. Dazu ist zu sagen, dass der Einnahme-/Ausgabenüberschuss tatsächlich zur Beurteilung der Wirtschaftlichkeit nur bedingt aussagekräftig ist, da er z. B. den Verbrauch von Gütern nicht berücksichtigt. Die Beschaffung von Rohstoffen, die nur gelagert, aber nicht in den Produktionsprozess einfließen, senkt den Einnahme-/Ausgabeüberschuss, ohne dass sich das Reinvermögen des Unternehmens geändert hätte. Die Entwicklung der Einnahmen stellt jedoch oft einen guten Indikator für die Geschäftsentwicklung dar. Bei Einnahmen ist allerdings zu beachten, dass Forderungszuwächse enthalten sind, die einem Forderungsausfallrisiko unterliegen und evtl. nicht zu Einzahlungen führen.

Die Abgrenzung von Ein- und Auszahlungen von Einnahmen und Ausgaben gestaltet sich teilweise etwas schwieriger. Betrachtet werden soll als Beispiel der folgende Geschäftsvorfall:

- Es werden gelieferte Waren direkt bezahlt. Die beiliegende Rechnung weist einen Betrag von 11.900 € aus, der eine gesetzliche Umsatzsteuer in Höhe von 19 % enthält.

Aus der Formulierung „direkt bezahlt", die eine Barzahlung bzw. eine umgehende Überweisung bedeuten könnte, ergibt sich, dass bei dem Geschäftsvorfall eine Auszahlung in Höhe des Rechnungsbetrages von 11.900 € vorliegt. Der Wert der beschafften Waren beläuft sich auf 10.000 €. Auf diese 10.000 € ist die Umsatzsteuer zu berechnen gewesen (1.900 €), sodass sich der angegebene Rechnungsbetrag von 11.900 € ergibt. Nach Definition handelt es sich nun also um eine Ausgabe von (nur) 10.000 € – im Gegensatz zur Auszahlung von 11.900 €. Bei der Betrachtung des Fonds „Geldvermögen" ergeben sich genauso 10.000 €, wenn das Unternehmen die in Rechnung gestellte Umsatzsteuer als Vorsteuer gegenüber dem Finanzamt geltend machen kann (Sinken der liquiden Mittel um 11.900 €, Steigen der Forderungen um 1.900 €). Sofern das Unternehmen jedoch nicht vorsteuerabzugsberechtigt ist, entfällt diese Möglichkeit und es verbleibt eine Ausgabe in Höhe von 11.900 €.

Maßgeblich für die handelsrechtliche Aktivierung von Vermögensgegenständen in der Bilanz ist auch jeweils die Anschaffungsausgabe (unabhängig davon, ob eine Auszahlung schon erfolgt ist oder nicht).

1.3.3 Aufwand/Ertrag

Aufwand und Ertrag beschreiben den periodisierten Verbrauch bzw. die periodisierte Erstellung von Gütern und Dienstleistungen. Die Unterscheidung von Einnahmen und Ausgaben von Ertrag und Aufwand resultiert aus der Notwendigkeit periodenbezogener Rechnungen (aufgrund rechtlicher Vorgaben). Der Gesetzgeber verlangt die Ermittlung des Erfolgs der Geschäftsvorfälle einer Periode. Aufzustellen ist eine Gewinn- und Verlustrechnung, die alle erfolgswirksamen Geschäftsvorfälle einer Periode (i. d. R. eines Geschäftsjahres) erfassen soll. Dabei lässt sich der Gesetzgeber weniger von internen Steuerungszwecken als von anderen Zwecken, wie z. B. dem Gläubigerschutz, leiten.

Aufwand = bewerteter Verzehr von Gütern und Dienstleistungen einer Periode
(kurz: Werteverzehr einer Periode)

Ertrag = bewertete Entstehung von Gütern und Dienstleistungen einer Periode
(kurz: Werteentstehung einer Periode)

Mit Hilfe der Höhe des Fonds „Reinvermögen“ lassen sich Aufwand und Ertrag wie folgt definieren:

Aufwand = negative Veränderung des Fonds „Reinvermögen“

Ertrag = positive Veränderung des Fonds „Reinvermögen“

Die Bewertung des Verzehrs oder der Entstehung von Gütern und Dienstleistungen einer Periode ist abhängig von dem gewählten Bewertungsschema im Sinne von (rechtlichen) Regelungen zur Durchführung solcher Bewertungen. Maßgeblich ist dabei das zu Grunde liegende Rechnungslegungssystem. Hier soll jeweils von dem deutschen handelsrechtlichen Rechnungslegungssystem ausgegangen werden, das im HGB kodifiziert ist und im 3. Kapitel eingehender behandelt wird. Grundsätzlich könnten jedoch auch andere (internationale) Rechnungslegungssysteme (oft auch mit *Rechnungslegungsstandards* bezeichnet) zu Grunde gelegt werden, z. B. US-GAAP (United States – Generally Accepted Accounting Principles) oder IFRS (International Financial Reporting Standards)[28] sowie steuerrechtliche Konzeptionen. Je nach Rechnungslegungsstandard ergeben sich deutlich abweichende Ergebnisse, die aus unterschiedlichen Zwecken, denen

[28] Ältere Standards werden als IAS (International Accounting Standards) bezeichnet.

die Rechnungslegungsstandards dienen sollen, heraus erklärbar sind.[29] Die Differenz zwischen Erträgen und Aufwendungen wird hier (dem zu Grunde liegenden Rechnungslegungsstandard entsprechend) als Jahresüberschuss bzw. Jahresfehlbetrag bezeichnet. Diese Begriffe entsprechen denen, die sich aus der handelsrechtlichen Gliederung nach § 275 (2) bzw. (3) HGB ergeben.

Die Bezeichnung „FiBu-Erfolg" für die Differenz zwischen Erträgen und Aufwendungen ist ebenfalls gebräuchlich,[30] auch wenn es sich selbstverständlich nicht um den Erfolg der Finanzbuchhaltung (= FiBu) handelt, sondern um den Erfolg, der sich aus den Buchungen der Finanzbuchhaltung ergibt. Treffender ist die Bezeichnung „Unternehmenserfolg" in Abgrenzung zu einem „Betriebserfolg". Wichtig ist auch, die jeweils betrachtete Periode zu spezifizieren. Üblich sind als Perioden ein Monat, ein Quartal oder ein Jahr. Abhängig vom Rechnungslegungsstandard kann als Periode auch das *Geschäftsjahr* gewählt werden, welches nicht mit dem *Kalenderjahr* übereinstimmen muss.

Abb. 1-6 veranschaulicht Aufwand und Ertrag mit Hilfe des vereinfachten Bilanzschemas. Es bestehen mehrere Möglichkeiten, die im Saldo dazu führen können, dass der Fonds „Reinvermögen" steigt (dessen Bestandteile sind grau hinterlegt):

- die liquiden Mittel steigen
- die Forderungen nehmen zu
- das Sachvermögen erhöht sich
- die Verbindlichkeiten sinken.

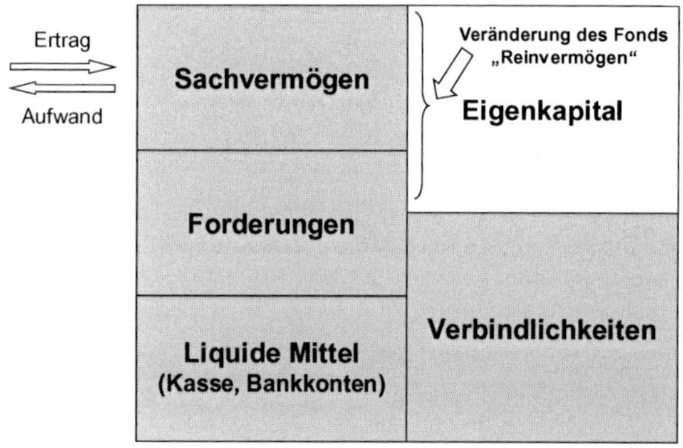

Abb. 1-6: Veränderung des Fonds „Reinvermögen"

[29] Zur Konzeption des HGB vgl. 3.1.1.
[30] Vgl. z. B. Schmidt, A. [2017], S. 16.

Wichtig ist jeweils die Betrachtung im Saldo. So ist z. B. das Steigen der Forderungen nicht hinreichend für eine Veränderung des Fonds „Reinvermögen". Nur sofern liquide Mittel, Sachvermögen und Verbindlichkeiten konstant bleiben, führt eine solche Forderungszunahme zu einer Veränderung des Fonds „Reinvermögen" (ablesbar am in Abb. 1-6 mit der Klammer gekennzeichneten Saldo). Eine Forderung für eine erbrachte Dienstleistung kann also einen Ertrag (Steigen des Fonds „Reinvermögens") darstellen. Analog ließe sich auch ein Sinken des Fonds „Reinvermögen" charakterisieren.

Aus Abb. 1-6 wird auch eine andere Interpretation von Aufwand und Ertrag deutlich. Der Fonds „Reinvermögen" entspricht dem Eigenkapital, d. h. Veränderungen des Fonds „Reinvermögen" entsprechen Eigenkapitalveränderungen. Geschäftsvorfälle, die zu solchen Veränderungen führen, werden auch als erfolgswirksam bezeichnet, korrekterweise sollte hinzugefügt werden, dass es sich um *bilanziell* erfolgswirksame Geschäftsvorfälle einer Periode (in Bezug auf einen bestimmten Rechnungslegungsstandard) handelt. Zur handelsrechtlichen Bilanzierung des Eigenkapitals und insbesondere zu den Bestandteilen des Eigenkapitals siehe Abschnitt 3.2.6. Eigenkapitalveränderungen können sich noch auf anderem Weg ergeben: Neben der güterwirtschaftlichen Betrachtungsweise ist auch eine finanzwirtschaftliche Betrachtungsweise möglich, die z. B. auch Eigenkapitalveränderungen durch Ausgabe neuer Aktien umfasst. Unabhängig von der Betrachtung der Fonds werden als Sonderfall solche Eigenkapitalveränderungen, wie etwa Dividenden/Gewinnentnahmen oder Einzahlungen des Unternehmers zur Erhöhung des Kapitalanteils, ausschließlich als zahlungswirksam erachtet. Sie gelten weder als Einnahmen/Ausgaben noch als erfolgswirksam (Ertrag/Aufwand oder Leistung/Kosten), um die finanzwirtschaftliche Sichtweise von der güterwirtschaftlichen abzugrenzen.

Die (bilanzielle) Erfolgswirksamkeit von Geschäftsvorfällen ist in ihrer Höhe im Hinblick auf die jeweils vorgeschriebenen Bilanzansätze zu sehen. Zur Illustration dieser Aussage dient der folgende Geschäftsvorfall:

- Aus dem Wertpapierbestand wurden in der laufenden Abrechnungsperiode Aktien verkauft. Der Anschaffungswert der Aktien betrug 5.500 €, ihr Buchwert am Periodenanfang 4.000 €. Verkauft wurden die Aktien zu 4.750 €, die dem Depotkonto gutgeschrieben wurden.

Der Verkauf der Aktien ist erfolgswirksam und zwar – bezogen auf die betrachtete Periode – mit einem Ertrag von 750 €, der sich aus der Differenz von Verkaufspreis (4.750 €) und Buchwert (4.000 €) ergibt. Bezogen auf den ursprünglichen Wert von 5.500 € ist hingegen ein Verlust von 750 € realisiert worden. Der Ertrag von 750 € in der laufenden Periode ist also vor dem Hintergrund der in der Vergangenheit erfolgten Abschreibungen (von insgesamt 1.500 €) auf den gesunkenen Wert der Aktien zu sehen. Der Geschäftsvorfall zeigt auch, dass Einzahlungen bzw. Einnahmen (hier jeweils 4.750 €) in der Höhe nicht mit Erträgen übereinstimmen müssen.

1.3.4 Kosten/Leistung

Das letzte Begriffspaar, das noch zu klären ist, bezieht sich auf Geschäftsvorfälle, die den Zweck des Unternehmens, den sog. Betriebszweck, betreffen. Während „*Unternehmen*" i. Allg. die rechtliche Einheit (die juristische Person) bezeichnet, ist der *Betrieb* oft nur ein Teil des Unternehmens. Als Betrieb kann aber auch eine betriebswirtschaftliche Einheit bezeichnet werden, die rechtlich selbständige Unternehmen bzw. Teile von diesen umfasst. Dies ist oft bei Konzernen der Fall, die zwar betriebswirtschaftlich unter einheitlicher Leitung stehen, aber aus rechtlich selbständigen Unternehmen bestehen können.

Der Betriebszweck ist dabei vor allem güterwirtschaftlich von allgemeinen Unternehmenszwecken abzugrenzen. Während ein *Unternehmenszweck* darin bestehen kann, eine Wertsteigerung des von den Eigentümern eingesetzten Eigenkapitals zu bewirken, kann dieses Ziel bspw. durch den *Betriebszweck* Produktion und Verkauf von Fahrrädern verwirklicht werden (*Sachziel*). Wenn Werkshallen gelegentlich für Partys vermietet werden, kann dies zwar dem allgemeinen Unternehmenszweck dienlich sein, ist aber nicht dem eigentlichen Betriebszweck eines Fahrrad-Herstellers zuzurechnen. Wenn zur Herstellung von Fahrrädern Tochterunternehmen mit Produktionsstätten im Ausland gegründet werden, können alle Produktionsstätten zusammen als ein Betrieb „Fahrradproduktion" aufgefasst werden, auch wenn es sich bei den Tochterunternehmen um rechtlich selbständige Unternehmen handelt.

Wenn der Betriebszweck spezifiziert worden ist, lassen sich Kosten und Leistung definieren:

Kosten
= betrieblich bedingter, bewerteter Verzehr von Gütern und Dienstleistungen einer Periode (auch kurz: betriebszweckbezogener Werteverzehr einer Periode)[31]

Leistung
= betrieblich bedingte, bewertete Entstehung von Gütern und Dienstleistungen einer Periode (auch kurz: betriebszweckbezogene Werteentstehung einer Periode)[32]

Leistungen ergeben sich also aus der Bewertung des betrieblich bedingten Outputs.[33]

---

31 Vgl. auch Kilger, W. [1987], S. 8. Zu einer ähnlichen Kostendefinition vgl. auch Berens, W./Schmitting, W. [2000], S. 55 und die dort genannten Quellen.

32 Man beachte, dass der Begriff „Erlöse" oftmals ähnlich definiert wird, vgl. z. B. Schweitzer, M./Küpper, H.-U. [2016], S. 45. Dann wird *Leistungs*rechnung auch im Sinne eines „performance measurement" verstanden (vgl. z. B. Weber, J./Schäffer, U. [2016], S. 171, Klingebiel, N. [1996], S. 77 ff). Betriebliche Leistungsprozesse werden dabei in Form von Mengen-, Zeit- und Qualitätsinformationen ohne monetäre Bewertung abgebildet. Zu einer Abgrenzung von Leistungsrechnung, performance measurement und Kennzahlen(systemen) vgl. Sandt, J. [2004], S. 18 f. Erlöse - im Sinne von Absatzpreis · Absatzmenge - sind jedoch nicht zwangsläufig mit Erträgen oder Leistungen gleichzusetzen. Daher wird hier der Begriff Leistung vorgezogen.

33 Vgl. dazu auch Grob, H. L./Bensberg, F. [2005], S. 4 f.

Die hier gewählte Definition für Kosten beinhaltet als konstituierende Merkmale den mengenmäßigen Güterverbrauch, dessen Sachzielbezogenheit sowie dessen Bewertung.[34]

Mit Hilfe des Fonds „betriebsnotwendiges Vermögen" lassen sich Kosten und Leistung auch wie folgt charakterisieren:

Kosten = negative Veränderung des Fonds „betriebsnotwendiges Vermögen"

Leistung = positive Veränderung des Fonds „betriebsnotwendiges Vermögen"

Grafisch veranschaulichen ließen sich diese Veränderungen des „betriebsnotwendigen Vermögens" analog den Veränderungen des „Reinvermögens" (vgl. Abb. 1-6), wobei das Sachvermögen anstatt bilanziell, kostenrechnerisch zu bewerten wäre. Relativ leicht gelangt man von Aufwand zu Kosten, indem man prüft, ob der Aufwand als betrieblich bedingt einer Periode zuzurechnen ist (vgl. 1.3.5).[35] Analoges gilt für Ertrag und Leistung (vgl. 1.3.5). Die Differenz zwischen Leistungen und Kosten wird als *Betriebsergebnis* bezeichnet. Ein anderer gebräuchlicher Begriff ist Betriebsgewinn (für ein positives Betriebsergebnis) bzw. Betriebsverlust (für ein negatives Betriebsergebnis).

Während bei Aufwendungen und Erträgen ein gesetzliches Bewertungsschema zu Grunde liegt, kann bei der Bewertung in der Kostenrechnung ein Schema frei festgelegt werden. So lassen sich, anders als beim handelsrechtlichen Bewertungsschema nach dem HGB, Bewertungen unabhängig von historischen Beschaffungspreisen vornehmen und z. B. auch Tages- und Wiederbeschaffungswerte ansetzen. Dadurch können sich die als Aufwand angesetzten bilanziellen Abschreibungen von denen als Kosten in der Kostenrechnung verrechneten, dann kalkulatorisch genannten Abschreibungen, unterscheiden. Sofern bei den abzuschreibenden Gütern Teile nicht dem Betriebszweck entsprechend genutzt werden, ergeben sich auch dadurch Abweichungen zu den handelsrechtlichen Abschreibungen. Falls Gebäude des Unternehmens zu 20 % (wertmäßiger Anteil) rein privat genutzt werden (Mitarbeiterwohnungen), so sind nur die Abschreibungen auf den restlichen Anteil als Kosten zu verbuchen.

---

[34] Vgl. vertiefend z. B. Berens, W./Schmitting, W. [2000], S. 56 ff., Nerger, M. [2003], S. 16 ff.

[35] Weiter eingeengt wird der Kostenbegriff dadurch, dass beim betrieblich bedingten Werteverzehr einer Periode von einem „normalen" Geschäftsverlauf ausgegangen wird und außerordentliche Werteverzehre nur als Aufwand, nicht aber als Kosten angesehen werden. Vgl. dazu 1.3.5.

1.3.5 Beispiele für die Begriffsabgrenzungen

Die Begriffspaare lassen sich nun jeweils gegeneinander abgrenzen.[36] Die möglichen 18 Fälle lassen sich anhand der folgenden zwei Treppendarstellungen (Stufenschema[37]) zeigen (Abb. 1-7 und Abb. 1-8). Die römischen Ziffern (vgl. S. 15-16) geben jeweils an, welcher Fonds als Bestandsgröße angesprochen wird.

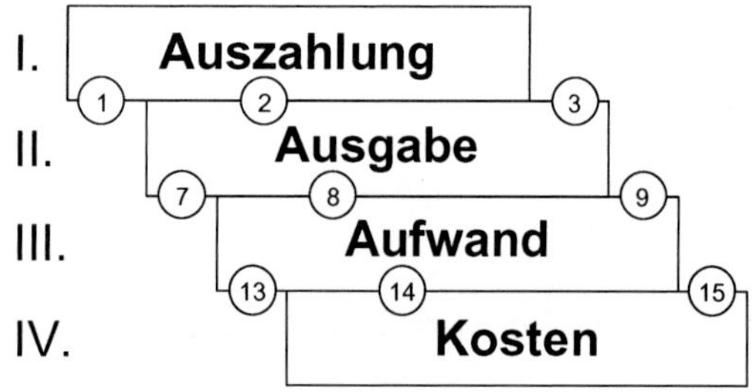

Abb. 1-7: Abgrenzungen zwischen Auszahlung/Ausgabe/Aufwand/Kosten

1. Auszahlung, aber nicht Ausgabe in der gleichen Periode:
   Voraus-/Anzahlung oder spätere Bezahlung
2. Auszahlung und Ausgabe in der gleichen Periode:
   Anlieferung und Bezahlung eines beschafften Kopierers
3. Ausgabe, aber nicht Auszahlung in der gleichen Periode:
   Gegenstand wird angeliefert, aber noch keine Bezahlung oder schon früher bezahlt

7. Ausgabe, aber nicht Aufwand: Beschaffung eines Kopierers (nur die Abschreibungen auf den Kopierer sind Aufwand!)
8. Ausgabe und Aufwand: Beschaffung und unmittelbarer Verbrauch von Rohstoffen (Just-in-time-Lieferung)
9. Aufwand, aber nicht Ausgabe: Abschreibungen eines in der letzten Periode gekauften Kopierers

13. Aufwand, aber keine Kosten: Tropfender Wasserhahn in der Werkswohnung (betriebsfremd), Brand, nicht versichert (außerordentlich), nachträgliche Aufwandssteuern (aperiodisch)
14. Aufwand und Kosten: Wareneinsatz, Löhne und Gehälter (wenn intern und extern gleicher Betrag)
15. Kosten, aber kein Aufwand: Abschreibungen auf Basis von höheren Wiederbeschaffungswerten

---

[36] Vgl. dazu und im Folgenden z. B. Kilger, W. [1987], S. 19 ff. und Haberstock, L. [2008], S. 15 ff.

[37] So z. B. die Bezeichnung bei Schmidt, A. [2017], S. 16 ff.

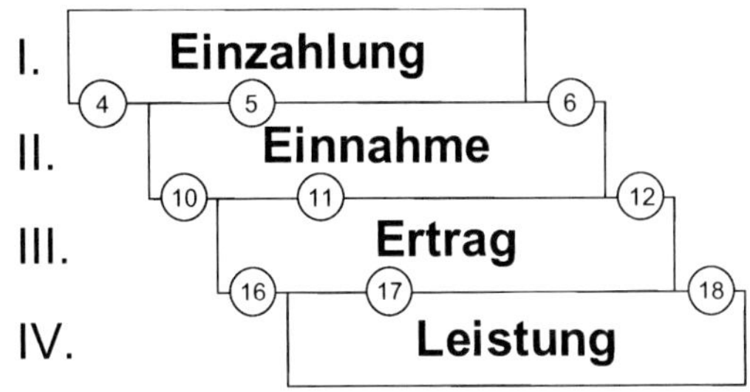

Abb. 1-8: Abgrenzungen zwischen Einzahlung/Einnahme/Ertrag/Leistung

4. Einzahlung, aber keine Einnahme: Kunde bezahlt Lieferung einer früheren Periode
5. Einzahlung und Einnahme: Verkauf und Lieferung von Waren gegen Barzahlung
6. Einnahme, aber keine Einzahlung: Verkauf und Lieferung von Waren auf Ziel

10. Einnahme, aber kein Ertrag: Anzahlung für Erzeugnisse einer künftigen Periode.
11. Einnahme und Ertrag: Das Unternehmen verkauft und liefert Produkte.
12. Ertrag, aber keine Einnahme: Zuschreibung auf eine Maschine im Anlagevermögen

16. Ertrag, aber keine Leistung: Erträge aus der Vermietung von Werkswohnungen
17. Ertrag und Leistung: Erzeugnisse werden produziert und verkauft (Ertrag und Leistung in gleicher Höhe = Grundleistung).
18. Leistung, aber kein Ertrag: Bewertung von fertigen und unfertigen Erzeugnissen, in der Kostenrechnung mit den Herstellkosten unter Einbeziehung kalkulatorischer Kosten

An dieser Stelle sei darauf hingewiesen, dass die Einordnung von Geschäftsvorfällen und die Quantifizierung im Hinblick auf die Begriffe keineswegs eindeutig sein müssen. Insbesondere ist oft nicht klar, ob eine „Netto-Betrachtung" vorzunehmen ist. Bspw. ist beim Verkauf zu fragen, ob eine Leistung nur in Höhe der Differenz zwischen Verkaufspreis und Herstellkosten vorliegt. Eine andere Betrachtung wäre eine „Brutto-Betrachtung", bei der einmal die Kosten in Höhe der Herstellkosten und zum anderen eine Leistung in Höhe des Verkaufspreises ausgewiesen werden. Weiterhin ergeben sich selbst bei relativ trivialen Sachverhalten Abgrenzungsschwierigkeiten. Ist die Auflösung einer Rückstellung als Einnahme zu werten und sollte eine Kapitaleinlage des Unternehmers einer Personengesellschaft wirklich nicht als erfolgswirksam angesehen werden?

Die Treppendarstellung in Abb. 1-7 kann um eine differenziertere Betrachtung des Übergangs zwischen den Ebenen III. und IV. erweitert werden.[38] Zum einen gibt es Aufwand, dem keine

[38] Vgl. Kilger, W. [1987], S. 25.

Kosten gegenüberstehen. Diesen Aufwand nennt man „neutralen Aufwand“. Dieser neutrale Aufwand lässt sich weiter in drei Kategorien unterteilen:

- nicht betriebsbedingt (betriebsfremd),
- periodenfremd (aperiodisch),
- außerordentlich (außergewöhnlich).

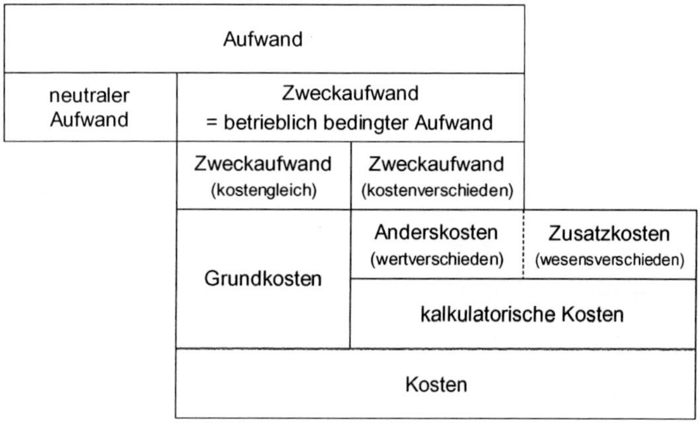

Abb. 1-9: Abgrenzung Aufwand und Kosten

Für diese Kategorien soll nun jeweils ein Beispiel angegeben werden:

Beispiel für nicht betriebsbedingten Aufwand: Die Reparaturaufwendungen für eine Werkswohnung eines Automobil-Produktionsunternehmens sind Aufwendungen, aber keine Kosten, weil sie nicht betriebsbedingt anfallen. Die Unterhaltung von Werkswohnungen ist bei einem Automobil-Produktionsunternehmen nicht der eigentliche Betriebszweck.

Beispiel für periodenfremden Aufwand: Die unerwarteten Steuernachzahlungen eines Unternehmens sind Aufwand in der Periode, in der sie bekannt werden. Sie sind aber keine Kosten dieser Periode, da sie eigentlich den vorhergehenden Perioden zuzurechnen wären. Handelsrechtlich sind die Steuernachzahlungen aufwandswirksam in der Periode anzusetzen, in der sie bekannt werden. In der Kostenrechnung kann auf eine erfolgswirksame Berücksichtigung in dieser Periode verzichtet werden.[39]

Beispiel für außerordentlichen Aufwand: Die außerordentlichen Abschreibungen auf eine abgebrannte Fabrikhalle sind Aufwand der Periode, aber keine Kosten. Wenn diese Abschreibun-

[39] Genau genommen gilt das Beispiel nur, wenn es sich um als Aufwand ansetzbare Steuern handelt.

gen auch in der Kostenrechnung als Kosten angesetzt werden würden, würden sie das Betriebsergebnis der Periode verfälschen und Ergebnisse einer kurzfristigen Erfolgsrechnung unbrauchbar machen.

Die Aufspaltung des Aufwandes in neutralen Aufwand und Kosten zeigt Abb. 1-10. Ausgehend von einer Aufwandsposition wird dadurch ein mögliches Vorgehen bei der Prüfung, ob diese auch eine Kostenposition darstellt, angegeben.

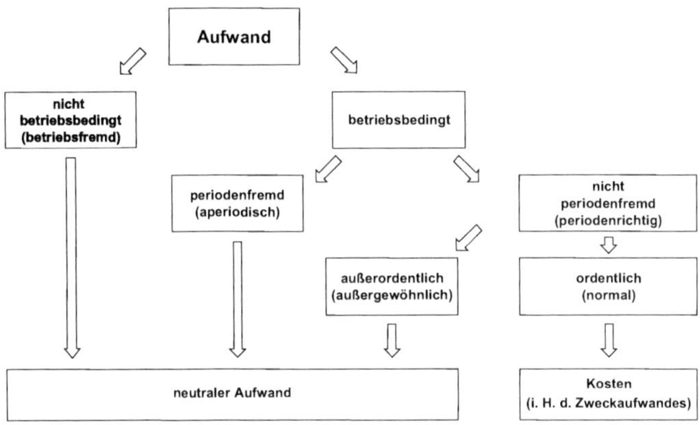

Abb. 1-10: Aufspaltung des Aufwands in neutralen Aufwand und Kosten[40]

Neben dem neutralen Aufwand gibt es zum zweiten Aufwendungen, denen Kosten gegenüberstehen. Dieser Aufwand wird als Zweckaufwand bezeichnet, weil er betriebszweckbezogen ist. Dieser Zweckaufwand kann als kostengleich oder kostenverschieden klassifiziert werden. Kostengleiche Zweckaufwendungen lassen sich auch als Grundkosten bezeichnen, wobei der Begriff weniger gebräuchlich ist. Der Begriff Anderskosten ist dagegen üblicher. Als Anderskosten bezeichnet man Kosten, denen Aufwand in anderer Höhe gegenübersteht. Zuletzt gibt es Kosten, denen kein Aufwand gegenübersteht, die sog. Zusatzkosten.[41]

Analog können auch Ertrag und Leistung voneinander abgegrenzt werden (s. Abb. 1-11). Die Begriffe Grundleistung bzw. Andersleistung werden jedoch selten gebraucht.

[40] In Anlehnung an Haberstock, L. [2008], S. 22.
[41] Beispiele für solche Kosten werden in 2.4.5 angegeben.

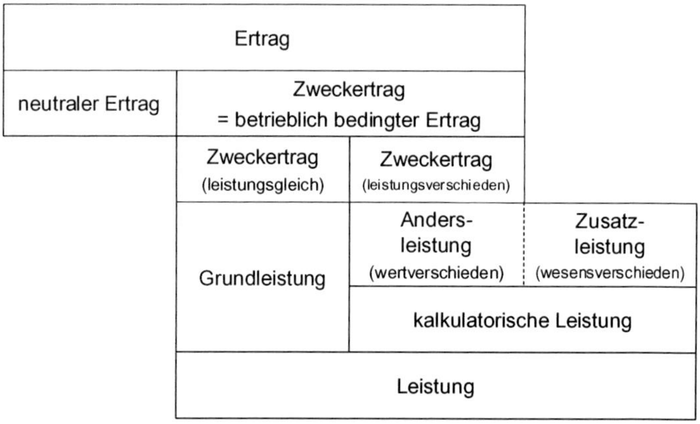

Abb. 1-11: Abgrenzung Ertrag und Leistung

Neutrale Erträge, also Erträge, denen keine Leistung gegenübersteht, lassen sich in nicht betriebsbedingte (betriebsfremde), periodenfremde (aperiodische) und außerordentliche (außergewöhnliche) Erträge nach dem in Abb. 1-12 gezeigten Schema aufspalten.

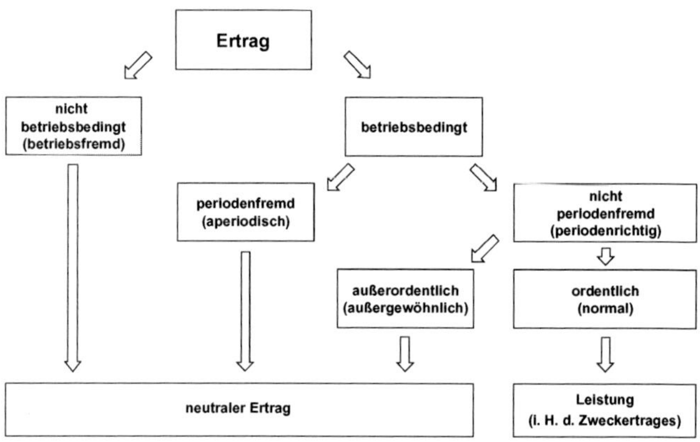

Abb. 1-12: Aufspaltung des Ertrags in neutralen Ertrag und Leistung

In der Praxis wird eine Unterscheidung von Einzahlungen und Einnahmen sowie Auszahlungen und Ausgaben oft nicht vorgenommen. Auch in der betriebswirtschaftlichen Literatur werden die Begriffe teilweise synonym verwandt. Tendenziell ist die Unterscheidung in Bezug auf die anderen Ebenen bedeutsamer, wobei damit die Unterscheidung zwischen Veränderungen des Fonds „liquide Mittel“ und des Fonds „Geldvermögen“ nicht als irrelevant eingestuft werden soll. Beim

Insolvenzgrund Illiquidität kommt es einzig und allein auf den unzureichenden Geldbestand eines Unternehmens an.[42]

Lernfragen zu 1.3

1. Nennen Sie die vier verschiedenen Fonds, mit denen sich die vier Begriffspaare Ein-/Auszahlung, Einnahme/Ausgabe, Ertrag/Aufwand, Leistung/Kosten definieren lassen.

2. Entwickeln Sie verschiedene Beispiele für Geschäftsvorfälle, welche die verschiedenen Fonds in unterschiedlichem Ausmaß verändern.

3. Aus welcher Differenz ergibt sich der HGB-Jahresüberschuss bzw. -fehlbetrag?

4. Wodurch sind kalkulatorische Kosten gekennzeichnet?

Literaturhinweise zu 1.3

Berens, W./Schmitting, W. [2000], Möglichkeiten der entscheidungsorientierten Kostenbewertung - beschaffungs- und absatzmarkorientierte Fundierung, in: Fischer, T. M. (Hrsg.), Kosten-Controlling - Neue Methoden und Inhalte, Stuttgart 2000, S. 53 - 77.

Coenenberg, A. G./Fischer, T. M./Günther, T. [2007], Kostenrechnung und Kostenanalyse, 6. Aufl., Stuttgart 2007, S. 11 - 21.

Däumler, K.-D./Grabe, J. [2003], Kostenrechnung 1, Grundlagen mit Fragen und Aufgaben, Antworten und Lösungen, Testklausuren, 9. Aufl., Herne/Berlin 2003, S. 18 - 58.

Friedl, G./ Hofmann, C.; Pedell, B. [2017]: Kostenrechnung, 3. Aufl., München 2017.

Grob, H. L. [2002], Leistungs- und Kostenrechnung, 4. Aufl., Münster (Westfalen) 2002, S. 5 - 16.

Grob, H. L./Bensberg, F. [2005], Kosten- und Leistungsrechnung - Theorie und SAP®-Praxis, München 2005, S. 13 - 21.

Haberstock, L. [2008], Kostenrechnung I - Eine Einführung mit Fragen, Aufgaben und Lösungen, bearbeitet von Breithecker, V., 13. Aufl., Berlin 2008, S. 15 - 25.

---

[42] Vgl. Schmidt, A. [2017], S. 17.

Heinhold, M. [2010], Kosten- und Erfolgsrechnung in Fallbeispielen, 5. Aufl., Stuttgart 2010, S. 10 - 24.

Kilger, W. [1987], Einführung in die Kostenrechnung, 3. Aufl., Wiesbaden 1987, S. 1 - 34.

Klingebiel, N. [1996], Leistungsrechnung/Performance Measurement als bedeutsamer Bestandteil des internen Rechnungswesens, in: krp, Heft 2, 1996, S. 77 - 84.

Nerger, M. [2003], Kosten- und Leistungsrechnung im Fokus zeitorientierter Wettbewerbsstrategien, Hamburg 2004, zugl.: Münster (Westfalen), Univ., Diss., 2004, S. 16 - 37.

Sandt, J. [2004], Management mit Kennzahlen und Kennzahlensystemen - Bestandsaufnahme, Determinanten und Erfolgsauswirkungen, Wiesbaden 2004, zugl.: Vallendar, Wissenschaftliche Hochschule für Unternehmensführung, Diss., 2003 (aus der Reihe: Weber, J. (Hrsg.), Schriften des Center for Controlling & Management (CCM), Bd. 14).

Schmidt, A. [2017], Kostenrechnung: Grundlagen der Vollkosten-, Deckungsbeitrags- und Plankostenrechnung sowie des Kostenmanagements, 8. Aufl., Stuttgart 2017, S. 15 - 21.

Schweitzer, M./Küpper, H.-U. [2016], Systeme der Kosten- und Erlösrechnung, 11. Aufl., München 2016, S. 34 - 48.

Weber, J./Schäffer, U. [2016], Einführung in das Controlling, 15. Aufl., Stuttgart 2016.

Weber, J./Weißenberger, B. E. [2015], Einführung in das Rechnungswesen: Bilanzierung und Kostenrechnung, 9. Aufl., Stuttgart 2015, S. 37 - 47.

2 Das interne Rechnungswesen

Dieses Kapitel behandelt das interne Rechnungswesen als Teilgebiet des betriebswirtschaftlichen Rechnungswesens. Zunächst wird, ausgehend von den Aufgaben der Kosten- und Leistungsrechnung (2.1), der Aufbau einer Kosten- und Leistungsrechnung beschrieben (2.2). Dieser wird in den Abschnitten zu Kostenrechnungssystemen (2.3), zur Kostenartenrechnung (2.4), Kostenstellenrechnung (2.5) und Kostenträgerrechnung (2.6) sowie zu ausgewählten Kostenrechnungsverfahren (2.7) weiter konkretisiert.

2.1 Aufgaben der Kosten- und Leistungsrechnung

Nachdem in Kapitel 1 die grundlegenden Zwecke des betriebswirtschaftlichen Rechnungswesens thematisiert wurden (vgl. Abschnitt 1.2), sollen diese Zwecke nun bezogen auf die Kosten- und Leistungsrechnung präzisiert werden. Die näher zu erläuternden Aufgaben der Kosten- und Leistungsrechnung und deren Differenzierung zeigt Abb. 2-1.

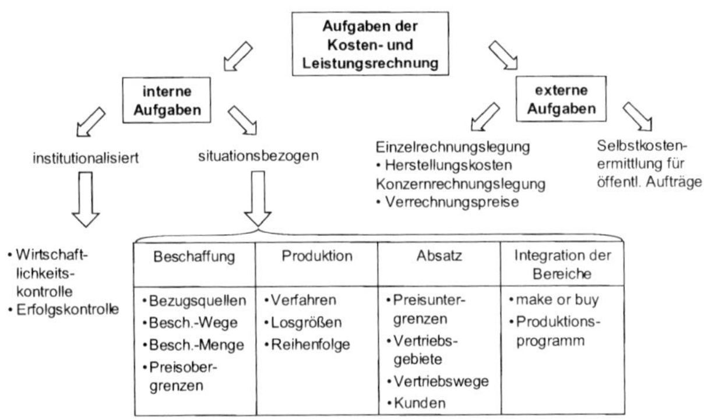

Abb. 2-1: Aufgaben der Kosten- und Leistungsrechnung[43]

Aus den Zwecken Planung, Kontrolle und Dokumentation ergeben sich Aufgaben, die die Kosten- und Leistungsrechnung zu einem Kerninstrument des Controlling machen.[44] Unter Controlling kann die Beschaffung, Aufbereitung und Analyse von Daten zur Vorbereitung zielsetzungsgerechter Entscheidungen verstanden werden.[45] Enthalten ist in dieser Definition insbesondere

[43] In Anlehnung an Coenenberg, A. G./Fischer, T. M./Günther, T. [2016], S. 24.
[44] Vgl. Coenenberg, A. G./Fischer, T./Günther, T. [2016], S. 43.
[45] Zu dieser Definition und der Einordnung anderer Controlling-Konzeptionen vgl. Berens, W./Bertelsmann, R. [2002], Sp. 280-288. Vgl. auch Kraft, M. [2008], S. 13 ff.

auch die Kommunikation dieser, zu Informationen gewordenen Daten zur Entscheidungsunterstützung. Diese Entscheidungen betreffen bei der Kostenrechnung den betrieblichen Bereich. Die Kosten- und Leistungsrechnung kann daher als internes (institutionalisiertes) Informations- und Kommunikationsinstrument verstanden werden. Des Weiteren ist sie ein Steuerungsinstrument für das Mitarbeiterverhalten.

Die Aufgaben der Kosten- und Leistungsrechnung lassen sich in Aufgaben mit interner oder externer Orientierung aufspalten (vgl. Abb. 2-1), wobei die „externen" Aufgaben nicht der Hauptfokus sind, sondern durch rechtliche Vorgaben in die Kosten- und Leistungsrechnung hineingetragen werden.[46] Von diesen externen Aufgaben ist am ehesten noch die Kalkulation öffentlicher Aufträge[47] eine Aufgabe der Kostenrechnung. Die Ermittlung von Werten zur Bestandsbewertung bzw. zur Aktivierung von Eigenleistungen nach handels- bzw. steuerrechtlichen Vorschriften sind Aufgaben des externen Rechnungswesens, wobei aber auf Daten des internen Rechnungswesens zurückgegriffen werden kann. Speziell ist die Ermittlung der Her-stellungskosten nach § 255 Abs. 2 HGB bzw. R 6.3 EStR bei der Erstellung des Einzeljahresabschlusses zu nennen. Außerdem ist bei der Konzernrechnungslegung die Ermittlung von Konzernverrechnungspreisen bedeutsam, bei der Rückgriff auf Daten der Kosten- und Leistungsrechnung genommen werden kann.[48]

Die „internen" Aufgaben lassen sich als institutionalisiert und als situationsbezogen klassifizieren. Während die institutionalisierten Aufgaben vor allem dem Zweck der Kontrolle zugeordnet werden können, sind die situationsbezogenen Aufgaben eher Planungszwecken, vor allem im Hinblick auf Entscheidungsunterstützung (= Vorbereitung zielsetzungsgerechter Entscheidungen) und Verhaltenssteuerung, zuzuordnen.[49] Unter den institutionalisierten Aufgaben lässt sich ganz allgemein die Wirtschaftlichkeitskontrolle subsumieren. Dabei können bei Soll-Ist-Vergleichen z. B. Prozesse, Produkte, Kunden und strategische Geschäftsfelder Kontrollobjekte sein.[50] Eine mengenmäßige Wirtschaftlichkeitskontrolle ist durch eine wertmäßige Wirtschaftlichkeitskontrolle zu ergänzen. Diese ließe sich allgemein als Erfolgskontrolle bezeichnen.

Die Generierung der zur Kontrolle notwendigen Informationen erfolgt i. d. R. durch Informationssysteme regelmäßig, standardisiert und automatisch. In konkreten Entscheidungssituationen müssen diese standardisierten Informationen aus Informationssystemen durch fallweise und situationsbezogene Informationen ergänzt werden. Die situationsbezogenen Aufgaben lassen sich

[46] WEBER spricht von „aufgezwungenen" (im Gegensatz zu „fakultativen") Rechnungszwecken. Vgl. Weber, J. [2005], S. 41 f.

[47] Z. B. auf Grundlage der Vorschriften der Verordnung über Preise bei öffentlichen Aufträgen (VO Produkt) oder der Leitsätze über die Preisermittlung aufgrund von Selbstkosten (LSP). Vgl. vertiefend Coenenberg, A. G./Fischer, T. M./Günther, T. [2016], S. 158.

[48] Die Konzernrechnungslegung und die Konzernkostenrechnung werden in diesem Buch nicht weiter thematisiert.

[49] Inwieweit Planung und Kontrolle jeweils institutionalisiert *und* situationsbezogen durchgeführt werden müssen, soll an dieser Stelle nicht eingehender diskutiert werden.

[50] Vgl. Coenenberg, A. G./Fischer, T. M./Günther, T. [2016], S. 23.

nach betrieblichen Funktionen aufteilen. Grob sind diese den betrieblichen Teilbereichen Beschaffung, Produktion und Absatz zuzuzählen.[51]

Für den Bereich Beschaffung lassen sich exemplarisch folgende Aufgaben nennen:
- Wahl der Bezugsquellen für Güter und Dienstleistungen
- Wahl des Beschaffungsweges
- Ermittlung der (optimalen) Bestellmengen
- Ermittlung von Preisobergrenzen für Einsatzfaktoren

Im Produktionsbereich sind z. B. folgende Entscheidungssituationen denkbar:
- Wahl des Produktionsverfahrens
- Festlegung von Los- bzw. Seriengrößen
- Festlegung von Fertigungsreihenfolgen

Für den Absatzbereich lassen sich wiederum beispielhaft folgende Aufgaben nennen:
- Ermittlung von Preisuntergrenzen für erstellte Güter und Dienstleistungen[52]
- Beurteilung von Vertriebsgebieten und -wegen
- Beurteilung von Kunden(gruppen)

Neben Aufgaben, die den einzelnen Bereichen isoliert zuzurechnen sind, lassen sich auch bereichsübergreifende und integrative Aufgaben identifizieren, z. B.:
- Entscheidung zwischen Eigenfertigung und Fremdbezug (make or buy)
- Festlegung des (kurzfristigen) optimalen Produktions- und Absatzprogramms

Neben den genannten Aufgaben können weitere Faktoren Aufgaben der Kosten- und Leistungsrechnung bestimmen. Ein Beispiel könnte die Unterstützung bei der Ermittlung von Versicherungswerten (zur Vermeidung von Unter- bzw. Überversicherung) sein. Spezielle Aufgaben ergeben sich, wenn die Kostenrechnung als ein Steuerungsinstrument in öffentlichen Verwaltungen oder Non-Profit-Organisationen zum Einsatz kommt.[53]

Herausgegriffen und an einem einfachen Beispiel vertieft wird an dieser Stelle die Aufgabe der Bestimmung eines (kurzfristigen) optimalen Produktions- und Absatzprogramms. Bei dem Beispiel kommt das Konzept der relativen Deckungsbeiträge zur Anwendung, mit dem sich einige Aspekte einer entscheidungsorientierten Kostenrechnung verdeutlichen lassen.[54]

---

[51] Vgl. dazu und auch im Folgenden Coenenberg, A. G./Fischer, T. M./Günther, T. [2016], S. 23 ff.

[52] Zur Definition und Systematik betriebswirtschaftlicher Preisuntergrenzen vgl. Steinrücke, M. [2003], S. 728 ff.

[53] Vgl. z. B. die Dissertationen von Junga, C. [2000], Entwicklung einer Controlling-Konzeption für Staatsanwaltschaften, Aachen 2000, und von Mertes, M. [2000], Controlling in der Kirche: Aufgaben, Instrumente und Organisation, Gütersloh 2000, für Aufgaben der Kosten- und Leistungsrechnung in der Justiz bzw. in der Kirche.

[54] Das leicht abgewandelte Beispiel wurde entnommen aus Berens, W./Schmitting, W. [1996], S. 4 - 7.

Eisbeispiel

Es sei ein Eisverkäufer angenommen, der zwei Produkte anbietet: Eis A und Eis B. Die Produkte unterscheiden sich in der Portionierung: Beim Eis A handelt es sich um Eis mit einer Kugel, beim Eis B um ein Eis mit zwei Kugeln. Die Materialkosten für das Eis betragen pro Eiskugel 0,05 €. Weil an dieser Stelle von der Verwendung von Eiswaffeln (oder Eisbechern) abstrahiert wird, handelt es sich dabei um die einzigen variablen Kosten. Mit variablen Kosten werden allgemein Kosten bezeichnet, die abhängig von der Ausbringungsmenge (hier: Anzahl der Eiskugeln) sind. Demgegenüber ist die Ladenmiete in Höhe von 1.000 € im Monat, die der Eisverkäufer für seine Geschäftsräume zahlt, unabhängig von der Anzahl der Eiskugeln. Solche Kosten werden als fixe Kosten bezeichnet. Der Absatz schwankt witterungsbedingt erheblich zwischen 10.000 und 20.000 Kugeln. Er liegt, in Anzahl verkaufter Eis(portionen) mit einer oder zwei Kugeln (Eis A und Eis B) ausgedrückt, zwischen 6.667 und 14.286 Eis, was einem Verhältnis von Eis A zu Eis B von 1 : 1 bzw. 3 : 2 entspricht.[55]

Die Frage ist nun, wie viel die beiden Produkte Eis A und Eis B kosten? Hintergrund der Frage ist, ob und welche Produkte, evtl. in welchem Verhältnis zueinander, angeboten werden sollten, wenn der Preis für die beiden Eis vom Markt her vorgegeben ist. Es handelt sich also um die Bestimmung eines optimalen Produktions- und Absatzprogramms, das mit Hilfe der Kostenrechnung festgelegt werden soll.

Um sich dem Problem zu nähern, könnte die Ladenmiete auf die beiden Produkte umgelegt werden. In Abhängigkeit davon, ob ein guter oder schlechter Monat zu Grunde gelegt und ob eine Kostenverteilung auf Basis der verkauften Kugeln oder Portionen bevorzugt wird, ergeben sich als Antwort auf die gestellte Frage die in Tab. 2-1 widergegebenen Werte.

Für die beiden Produkte ergeben sich jeweils vier unterschiedliche Werte (mit einer Bandbreite von 0,10 bis 0,20 € für Eis A und 0,17 bis 0,30 € für Eis B), die die Kosten je Eis darstellen könnten. Eine eindeutige Antwort auf die Frage, was ein Eis kostet, kann also nicht gegeben werden.

Aufgrund der lokalen Konkurrenzsituation betrage der erzielbare Preis für Eis A 0,20 € und für Eis B 0,30 €. Zu Beginn eines Monats steht vor dem Verkäufer ein Kunde, der pauschal „ein Eis“ kaufen möchte. Soll ihm ein Eis mit einer oder mit zwei Kugeln angeboten werden?

Wenn der Verkäufer sicherheitshalber auf Basis eines verkaufsarmen Monats kalkuliert und eine Umlage der Fixkosten (hier ausschließlich der Ladenmiete) auf Basis der Kugeln für sinnvoll hält, präferiert er Eis A, das ihm bei einem Verkaufspreis von 0,20 € und Kosten von 0,15 € einen

[55] 3.334 Eis A à einer Kugel und 3.333 Eis B à zwei Kugeln ergeben zusammen insgesamt 10.000 Kugeln und 6.667 Eis (Verhältnis von Eis A zu Eis B von 1:1), 8.572 Eis A à einer Kugel und 5.714 Eis B à zwei Kugeln ergeben insgesamt 20.000 Kugeln und 14.286 Eis (Verhältnis Eis A zu Eis B von 3 : 2).

Gewinn verspricht. Eis B hingegen weist - ebenso kalkuliert - Kosten in Höhe des Verkaufspreises von 0,30 € auf. Kalkuliert der Verkäufer dagegen eine Umlage der Fixkosten auf Basis der Anzahl der Eis, so kehrt sich die Vorziehenswürdigkeit um: Nun verdient er an Eis B 0,05 €, während der Verkaufspreis für Eis A gerade die Kosten deckt.

			Eis A				**Eis B**			
Materialeinzelkosten			1 · 0,05 = 0,05 €				2 · 0,05 = 0,10 €			
anteilige Ladenmiete	auf Basis der Kugeln	max. Menge: 1.000 € / 20.000 Kugeln = 0,05 € / Kugel	0,05				0,10			
		min. Menge: 1.000 € / 10.000 Kugeln = 0,10 € / Kugel		0,10				0,20		
	auf Basis der Eis	max. Menge: 1.000 € / 14.286 Eis = 0,07 € / Eis			0,07				0,07	
		min. Menge: 1.000 € / 6.667 Eis = 0,15 € / Eis				0,15				0,15
Summe			0,10	0,15	0,12	0,20	0,20	0,30	0,17	0,25

Tab. 2-1: Kalkulationsmöglichkeiten auf Basis Kugeln bzw. Eis

Die ermittelten Kosten mit den enthaltenen fixen Kosten erfüllen offensichtlich nicht die Anforderungen, die an Größen einer entscheidungsorientierten Kostenrechnung gestellt werden. Die hier durchgeführte Kalkulation wird als *Kalkulation auf Vollkostenbasis* bezeichnet, weil auch die fixen Kosten miteinbezogen wurden. Eine Kalkulation, die nur variable Kosten miteinbezieht, wird als *Kalkulation auf Teilkostenbasis* bezeichnet.

Nachdem mit Hilfe der Kalkulation auf Vollkostenbasis keine optimale Entscheidung getroffen werden konnte, soll nun auf Teilkostenbasis, also nur auf Basis der variablen Kosten, eine Entscheidung begründet werden. Auf eine willkürliche Wahl eines Schlüssels zur Verteilung der fixen Kosten, die sich nicht einem der beiden Produkte zurechnen lassen, kann dann verzichtet werden. Kosten, die nicht *einem* Produkt direkt zugerechnet werden können, werden Gemeinkosten genannt. Demgegenüber werden Kosten, die einem Produkt direkt im Sinne, dass sie durch das Produkt verursacht werden, zugerechnet werden können, als Einzelkosten bezeichnet. Bei der Ladenmiete in diesem Beispiel handelt es sich um Gemeinkosten in Bezug auf die beiden Produkte Eis A und Eis B, während die Materialkosten Einzelkosten für die beiden Produkte darstellen (Kosten je Kugel multipliziert mit der jeweiligen Anzahl der benötigten Kugeln).

Entscheidungsrelevant sind nur die einem Produkt verursachungsgerecht zurechenbaren, variablen Kosten. Betrachtet man den Stück-Deckungsbeitrag (auch Deckungsspanne genannt[56]) als Differenz aus Preis und den variablen Kosten für die beiden Produkte, so ist der Verkauf des Eis B dem Verkauf des Eis A vorzuziehen, weil der Stück-Deckungsbeitrag des Eis B mit 0,20 € den Stück-Deckungsbeitrag des Eis A von 0,15 € übersteigt (vgl. Tab. 2-2).

		Eis A	Eis B
(1)	Preis [€/Eis]	0,20	0,30
(2)	Produktionskoeffizient [Kugeln/Eis]	1	2
(3)	variable Kosten [€/Eis]	0,05	0,10
(4) = (1) - (3)	Stück-Deckungsbeitrag (Deckungsspanne) [€/Eis]	0,15	0,20
(5) = (4)/(2)	relativer Stück-Deckungsbeitrag [€/Kugel]	0,15	0,10

Tab. 2-2: (Relative) Stück-Deckungsbeiträge je Produkt

Begründen lässt sich die Entscheidung für Eis B auf Grundlage der Rangfolge der Stück-Deckungsbeiträge so: Wenn die fixen Kosten für die betrachtete Periode als nicht beeinflussbar angesehen werden (wovon hier bei der monatlichen Ladenmiete auszugehen ist), dann kann der Gewinn durch den Absatz des Produktes maximiert werden, dessen Stück-Deckungsbeitrag am höchsten ist. Der Stück-Deckungsbeitrag stellt den Betrag dar, der über die variablen Kosten hinaus zur Deckung der fixen Kosten dient. In der Bezeichnung „Deckungsbeitrag“ spiegelt sich die Interpretation der *Deckung* von fixen Kosten bereits wider.

Wenn jedoch ein Engpass vorliegt, kommt das Konzept *relativer* Stück-Deckungsbeiträge zur Anwendung. Bei diesem Konzept werden die Stück-Deckungsbeiträge auf einen Engpass bezogen betrachtet, sodass man auch von *engpassbezogenen* Stück-Deckungsbeiträgen sprechen könnte (Stück-Deckungsbeitrag *je* Engpasseinheit). Die relativen Stück-Deckungsbeiträge stellen also in gewisser Weise ein Maß für die „Ergiebigkeit“ einer Engpassfaktoreinheit dar.[57]

In einer Modifikation des vorgestellten Beispiels kann man sich den Eisverkäufer mit einem Bauchladen auf einem Fußballplatz vorstellen. Er verfüge noch über Eismasse für 100 Eiskugeln. Aufgrund der herrschenden Hitze wird er diese bis Spielende mit Sicherheit verkaufen. Welches Produkt soll er nun vorzugsweise verkaufen, wenn von der Möglichkeit einer Preiserhöhung abgesehen wird?

Der Stück-Deckungsbeitrag der Produkte wird auf die zur Herstellung benötigte Inputmenge des Engpassfaktors bezogen (hier auf die Anzahl der Kugeln). Die Anzahl der Kugeln je Eis kann als *Produktionskoeffizient* aufgefasst werden (vgl. Tab. 2-2).[58] Der relative Stück-Deckungsbei-

56 Vgl. so z. B. in Berens, W./Delfmann, W./Schmitting, W. [2004], S. 158.
57 Vgl. Männel, W. [1990], S. 195.
58 Im Allgemeinen beschreiben Produktionskoeffizienten den Faktorverbrauch (in Faktoreinheiten [FE]) je Mengeneinheit ([ME]) eines Erzeugnisses (Dimension: [FE/ME]).

trag ergibt sich als Quotient aus Stück-Deckungsbeitrag und Produktionskoeffizient. Der resultierende relative Stück-Deckungsbeitrag von 0,15 € (= 0,15/1) bei Eis A versus 0,10 € (= 0,20/2) bei Eis B zeigt an, dass nun A vorzuziehen ist, weil Eis A bezogen auf den Engpass der Anzahl der Kugeln einen höheren Deckungsbeitrag generiert. Der höhere relative Stück-Deckungsbeitrag führt dazu, dass bei der maximalen Anzahl von 100 Eiskugeln durch den ausschließlichen Verkauf von Produkt Eis A ein höherer Gesamt-Deckungsbeitrag erzielt wird als beim Verkauf des Produktes Eis B (100 · 0,15 = 15 € bei Eis A gegenüber 100 · 0,10 = 10 € bei Eis B).

Allgemein kann die *Rangfolge* der relativen Stück-Deckungsbeiträge als Rangfolge der Vorziehungswürdigkeit der einzelnen Produkte bei einem Engpass herangezogen werden, um das optimale Produktions- und Absatzprogramm zu ermitteln. Dazu sei auf den folgenden Teil II des Fallbeispiels verwiesen.

Die Entscheidung über die Aufnahme von Produkten in ein kurzfristiges Absatz- und Produktionsprogramm kann alternativ auf Basis der wertmäßigen Kosten erfolgen. Die wertmäßigen Kosten setzen sich - bei der Zielsetzung „Gewinnmaximierung" - aus Grenzausgabe und Grenzgewinn zusammen:[59]

wertmäßige Kosten = Grenzausgabe + Grenzgewinn

Die wertmäßigen Kosten stellen die Bewertung eines Inputfaktors dar, d. h. sie haben die Dimension Geldeinheit je Faktoreinheit [GE/FE]. Als Grenzausgabe ist der Betrag anzusetzen, der für eine zusätzliche Einheit des Faktors tatsächlich bezahlt werden muss (pagatorische Kosten).[60] Der Grenzgewinn ist der Gewinn, den man erzielen könnte, wenn man eine Faktoreinheit mehr besäße.[61] Diesen Grenzgewinn bezeichnet man auch als *Opportunitätskosten*.[62] Für das hier betrachtete Beispiel mit Engpass ergeben sich die wertmäßigen Kosten einer Kugel Eis aus den Materialkosten von 0,05 € je Kugel und dem relativen Stück-Deckungsbeitrag für eine Kugel bei Eis A von 0,15 €. Insgesamt ergeben sich also wertmäßige Kosten von 0,20 € je Kugel. Für die Ermittlung der wertmäßigen Kosten je Kugel sind die Opportunitätskosten je Kugel zu bestimmen. Im Sinne des Grenzgewinns, der mit einer zusätzlichen Kugel zu erzielen wäre, ist im Beispiel der Verkauf eines weiteren Eis A anzusetzen, da mit Eis A ein höherer relativer Stück-Deckungsbeitrag je Kugel erzielt wird als mit Eis B. Als zusätzlicher Gewinn, bezogen auf die eine Kugel, ergibt sich dadurch genau der Betrag von 0,15 €.

[59] Vgl. Adam, D. [1998], S. 268.
[60] Zur pagatorisch orientierten Kostenbewertung vgl. vertiefend Berens, W./Schmitting, W. [2000], S. 59 f.
[61] Grenzausgabe ist hier als Begriff bewusst gewählt worden, letztlich handelt es sich um eine zahlungsorientierte Betrachtung. Würde man aber zur Definition der wertmäßigen Kosten Grenzauszahlung + Grenzgewinn wählen, wäre die Höhe der wertmäßigen Kosten von dem Zahlungszeitpunkt abhängig, was tendenziell nicht sinnvoll erscheint.
[62] Zu Opportunitätskosten vgl. vertiefend Berens, W./Schmitting, W. [2000], S. 63 ff.

Allgemein entsprechen die Opportunitätskosten dem relativen Stück-Deckungsbeitrag des Grenzprodukts, also dem Produkt, das nach der Rangfolge der relativen Stück-Deckungsbeiträge gerade noch in das optimale Produktions- und Absatzprogramm aufgenommen wird. Sofern der (relative) Deckungsbeitrag positiv ist, sollte ein Produkt in das Produktions- und Absatzprogramm aufgenommen werden, weil dann der Gesamtdeckungsbeitrag und – bei gegebenen fixen Kosten – auch der Gewinn erhöht werden kann. Wenn aber zusätzliche Restriktionen vorliegen, z. B. Absatzhöchstmengen, sollten evtl. auch Produkte mit positivem Deckungsbeitrag nicht produziert werden.[63]

Analog zu dem Deckungsbeitrag lässt sich auch ein wertmäßiger Deckungsbeitrag je Produkt ermitteln: Wenn man vom Preis jeweils die wertmäßigen Kosten je Kugel multipliziert mit der Anzahl der benötigten Kugeln abzieht, erhält man als wertmäßigen Stück-Deckungsbeitrag für Eis A 0,00 € und für Eis B -0,10 €. Allgemein lassen sich wertmäßige Stück-Deckungsbeiträge ermitteln, indem von dem Preis die Kosten abgezogen werden, die sich ergeben, wenn die eingesetzten Einheiten des Engpassfaktors mit den wertmäßigen Kosten bewertet werden.

Anhand des wertmäßigen Deckungsbeitrags lässt sich ablesen, welches Produkt in das kurzfristige Produktions- und Absatzprogramm aufgenommen werden sollte: Produkte mit einem positiven wertmäßigen Deckungsbeitrag (≥ 0) werden aufgenommen, Produkte mit negativem wertmäßigem Deckungsbeitrag (< 0) hingegen nicht. Bei einem wertmäßigen Deckungsbeitrag von 0 wird das Produkt evtl. nur teilweise in das optimale Produktions- und Absatzprogramm aufgenommen (Grenzprodukt). Das *Dilemma der wertmäßigen Kosten* besteht aber darin, dass zwar in Kenntnis der wertmäßigen Kosten das optimale Produktionsprogramm direkt bestimmt werden kann, die wertmäßigen Kosten sich jedoch erst aus dem optimalen Produktionsprogramm ergeben.[64] Den wertmäßigen Kosten scheint daher auf den ersten Blick nur eine theoretische Bedeutung zuzukommen.[65] Eine Lösung dieser Dilemmasituation kann jedoch in der Schätzung von wertmäßigen Kosten gesehen werden.[66]

---

[63] Zu dem strukturierten Vorgehen bei der Bestimmung eines optimalen Produktions- und Absatzprogramms vgl. Fallbeispiel Teil II.

[64] Vgl. z. B. Berens, W./Schmitting, W. [2000], S. 72, Fandel, G. et al. [2009], S. 246. ADAM kennzeichnet das Problem dadurch, dass die wertmäßigen Kosten „erst dann bekannt [sind], wenn man sie nicht mehr benötigt" (Adam, D. [1970], S. 165). Zur betriebswirtschaftlichen Bedeutung der wertmäßigen Kosten vgl. Adam, D. [1970], S. 167 ff., Berens, W./Schmitting, W. [2000], S. 73 f.

[65] Vgl. Adam, D. [1998], S. 272.

[66] Vgl. Krönung, H.-D. [1988], S. 104.

Lernfragen zu 2.1

1. Erläutern Sie eine institutionalisierte Teilaufgabe der Kosten- und Leistungsrechnung, die laufend durchgeführt werden kann.

2. Erläutern Sie die Preisuntergrenzenbestimmung.

3. Aus den Aufgaben des externen Rechnungswesens ergeben sich Implikationen für die Kosten- und Leistungsrechnung. Erläutern Sie den Zusammenhang und gegen Sie ein Beispiel.

4. Erläutern Sie schrittweise das Vorgehen bei der (kurzfristigen) Produktionsprogrammplanung als eine betriebliche, funktionsübergreifende Teilaufgabe der Kosten- und Leistungsrechnung.

Literaturhinweise zu 2.1

Adam, D. [1970], Entscheidungsorientierte Kostenbewertung, Wiesbaden 1970.

Adam, D. [1998], Produktions-Management, 9. Aufl., Wiesbaden 1998.

Berens, W./Bertelsmann, R. [2002], Stichwort "Controlling", in: Küpper, H.-U./Wagenhofer, A. (Hrsg.): Handwörterbuch Unternehmensrechnung und Controlling, 4. Aufl., Enzyklopädie der Betriebswirtschaftslehre Band III, Stuttgart 2002, Sp. 280 - 288.

Berens, W./Delfmann, W./Schmitting, W. [2004], Quantitative Planung – Grundlagen, Fallstudien, Lösungen, 4. Aufl., Stuttgart 2004.

Berens, W./Schmitting, W. [1996], Neuere Entwicklungen im industriellen Rechnungswesen: Produktionsprogrammplanung im Spannungsfeld zwischen Theorie und Praxis, in: Rieper, B./ Witte, T./Berens, W. (Hrsg.), Betriebswirtschaftliches Controlling: Planung - Entscheidung - Organisation, Festschrift für Univ.-Prof. Dr. Dietrich Adam zum 60. Geburtstag, Wiesbaden 1996, S. 1 - 29.

Berens, W./Schmitting, W. [2000], Möglichkeiten der entscheidungsorientierten Kostenbewertung - beschaffungs- und absatzmarkorientierte Fundierung, in: Fischer, T. M. (Hrsg.), Kosten-Controlling - Neue Methoden und Inhalte, Stuttgart 2000, S. 53 - 77.

Coenenberg, A. G./Fischer, T. M./Günther, T. [2016], Kostenrechnung und Kostenanalyse, 9. Aufl., Stuttgart 2016, S. 3 - 68, S. 137 - 206.

Fandel, G./Fey, A./Heuft, B./Pitz, T. [2009], Kostenrechnung, 3. Aufl., Berlin, u. a. 2009.

Grob, H. L. [2002], Leistungs- und Kostenrechnung, 4. Aufl., Münster (Westfalen) 2002, S. 1 - 5.

Haberstock, L. [2008], Kostenrechnung I - Eine Einführung mit Fragen, Aufgaben und Lösungen, bearbeitet von Breithecker, V., 13. Aufl., Berlin 2008, S. 1 - 5.

Kraft, M. [2008], Kostentransparenz in Versicherungsunternehmen durch Deckungsbeitragsrechnungen - Controlling als informatorische Basis der Steuerung von Komposit-Versicherungsunternehmen, Karlsruhe 2008, zugl.: Münster (Westfalen), Univ., Diss., 2008, S. 13 - 19.

Krönung, H.-D. [1988], Kostenrechnung und Unsicherheit - ein entscheidungstheoretischer Beitrag zu einer Theorie der Kostenrechnung, Wiesbaden 1988, zugl.: Frankfurt (Main), Univ., Diss., 1987, S. 103 - 105.

Männel, W. [1990], Leistungsrechnung, in: krp, Heft 3, 1990, S. 194 - 195.

Schweitzer, M./Küpper, H.-U. [2016], Systeme der Kosten- und Erlösrechnung, 11. Aufl., München 2016, S. 493 - 509.

Steinrücke, M. [2003], Preisuntergrenzen aus betriebswirtschaftlicher Sicht - Ein Überblick, in: WiSt, Heft 12, 2003, S. 728 - 730.

Fallbeispiel Teil II: Produktionsprogrammplanung

Das Semester verging sehr schnell. Die Klausurphase war nun vorbei. Die BWL 2-Klausur hatte den erwarteten Anspruch. Die letzte Vorlesungsabschlussklausur wurde wie in den letzten Semestern auch wieder gebührend gefeiert. Auch die obligatorischen Besuche im Nordstern standen dabei auf dem Programm. Jetzt, da die Feierlichkeiten für beendet erklärt worden sind und ein Großteil der Kommilitonen in heimatliche Gefilde aufgebrochen ist, wächst bei Christian die Vorfreude auf sein Praktikum. Wie fast alle anderen hat auch er bei dem Gedanken an die BWL 2-Klausur ein nicht allzu gutes Gefühl. Da jedoch alle stöhnen und er nur vergleichsweise wenig jammert, hofft er zumindest auf eine 2,7.

Am darauf folgenden Montag beginnt er sein Praktikum bei der Brot & Brötchen AG. Den Vormittag des ersten Tages verbringt er in der Zentrale in Balve, in der er auch sein Vorstellungsgespräch absolviert hatte. Dort werden er und zwei weitere Praktikanten von Herrn Wiedeke begrüßt. Zur besseren Orientierung steht zunächst eine Unternehmenspräsentation auf dem Programm. Gegen Ende des Vormittags werden dann die einzelnen Praktikanten den jeweiligen Niederlassungen zugeteilt.

Jede Niederlassung hat mindestens einen Bäckermeister, einen Produktionsleiter und andere mit der Produktion der Backwaren beauftragte Einsatzkräfte. Teilweise werden die Aufgaben des Bäckermeisters und des Produktionsleiters von einer Person wahrgenommen. Christian erfährt, dass ein einheitliches Kostenrechnungssystem auf Basis einer durchgängigen EDV-Lösung in der Brot & Brötchen AG noch nicht vorhanden ist. Begründet wird dies durch den erst kürzlich erfolgten Zukauf eines Großteils der Bäckereien. „Über kurz oder lang soll allerdings eine Integration in das EDV-System der Konzernmutter erfolgen", teilt Herr Wiedeke ihnen mit, „jeder backt so ziemlich seine eigenen Brötchen", fügt er lächelnd hinzu. Christians Einsatzgebiet ist zunächst die Niederlassung Viertelpfünder.

Diese Niederlassung hat ihren Sitz in einem kleinen Vorort von Münster. Am Nachmittag steht dort eine erste Betriebsbesichtigung auf dem Programm. Christian wird während des Rundgangs allen Mitarbeitern vorgestellt. Erleichtert stellt er fest, dass wohl niemand viel Wert auf irgendeinen Dresscode legt. Selbst die gut aussehende Produktionsleiterin, Frau Patzlaw, ist relativ leger gekleidet, was ihr aber in Christians Augen durchaus sehr gut steht. Nachdem die Vorstellungsrunde und der Rundgang abgeschlossen sind, bittet Frau Patzlaw Christian noch zu einem kurzen Gespräch unter vier Augen in ihr Büro. Dort erfährt er, dass sie eigentlich gelernte Bäckermeisterin ist. Nach der Übernahme der Viertelpfünder durch die Brot & Brötchen AG wurde kurzerhand eine Stelle „Produktionsleitung" geschaffen, die seitdem von Frau Patzlaw besetzt wird. Christian erkennt sofort die Sorgenfalten auf ihrer Stirn. „Wissen Sie, ich will ganz ehrlich sein. Momentan bin ich fast schon ein wenig überfordert. Vor der Übernahme musste ich nur kleine Brötchen backen. Der ehemalige Eigentümer hat sich um den Rest gekümmert. Heute bin ich dafür zuständig, dass der Laden läuft. Hier geht momentan alles drunter und drüber. Von daher habe ich eigentlich gar keine Zeit. Dieses blöde Backmittel!"

Auf seine Anfrage, was denn mit dem Backmittel wäre und was das überhaupt sei, erhält er folgende Antwort. „Ach wissen Sie, dank der verschiedensten Backmittel werden Brot- und Brötchenteige maschinentauglicher und viel Handarbeit kann entfallen. Sie gewährleisten optimale und immer gleichbleibende Ergebnisse. Wir bekommen unser Backmittel TP2712 von der Würger AG. Kurz vor der Übernahme unserer Niederlassung hat der frühere Eigentümer noch einen rechtsgültigen Vertrag mit diesen Verbrechern abgeschlossen. Dieser Vertrag legt fest, dass unsere Niederlassung einzig und allein das Backmittel TP2712 von der Würger AG beziehen darf. Bei Verstoß gegen diesen Vertrag drohen saftige Strafen. Jetzt ist die Situation aber folgende: Unser Backmittellager wird Ende August komplett leer sein. Letzten Freitag wurde mir mitgeteilt, dass wir für den nächsten Monat September aufgrund eines angeblichen Lieferantenengpasses damit rechnen müssten, dass wir nur 14 t Backmittel geliefert bekämen. Wir können auf jeden Fall mehr gebrauchen. Allerdings dürfen wir keinen anderen Anbieter zusätzlich mit der Lieferung des Backmittels beauftragen, da ja sonst die bereits angesprochene empfindliche Strafe drohe."

Christian schüttelt ungläubig den Kopf. Zunächst hält er die Ausführungen für einen Willkommensscherz. Da aber niemand lacht, verwirft er diese Idee recht schnell wieder. Christian hat in seinem Leben schon viele aberwitzige Geschichten gehört, aber dass in der heutigen Zeit derartige Verträge abgeschlossen werden, übersteigt sein Vorstellungsvermögen. Immerhin scheint die Option zu existieren, das Backmittel auch über andere Anbieter zu besorgen. Allerdings kann in diesem Fall nicht davon ausgegangen werden, dass die Qualität identisch ist. Frau Patzlaw meint, es könne zu geschmacklichen Veränderungen kommen. Er fragt sich, wie hoch wohl die Strafe sei, wenn man das Backmittel von einem anderen Lieferanten beziehen würde. Auf diese Frage weiß Frau Patzlaw auch keine Antwort.

Christian interessiert sich dafür, wie sich unter den gegebenen Umständen das optimale Produktions- und Absatzprogramm zusammensetzt. Der Vorschlag von Frau Patzlaw, dann halt von allem etwas weniger zu produzieren und auf jeden Fall nicht gegen den Vertrag zu verstoßen, stößt bei Christian auf Unbehagen. Mit Einwilligung von Frau Patzlaw nimmt er sich dieser Sache an. Diese ist erstaunt und erleichtert zugleich. So viel Engagement hat sie ihrem Praktikanten gar nicht zugetraut. Ein Lächeln zieht sich über ihr Gesicht. Dieses zeigt bei Christian Wirkung. Er fragt sich, wie alt denn Frau Patzlaw wohl sei.

Nach einer Tasse Kaffee, die er trotz allem selber gekocht hat, beschließt Christian zunächst einmal, alle Produkte der Niederlassung vollständig zu erfassen. „In der Bäckerei gibt es im Vergleich zur Konkurrenz relativ wenig Artikel. Wir beschränken uns auf Produkte, die während des Frühstücks oder des Abendessens verzehrt werden. Dies hat zur Folge, dass wir fast nichts anbieten, was man zum nachmittäglichen Kaffee und Kuchen essen kann." Diese Auskunft erhält Christian von Frau Heinrich. Frau Heinrich ist schon seit knapp sechs Jahren in der Viertelpfünder beschäftigt und freut sich sichtlich darüber, dass sie dem Praktikanten Auskünfte geben darf. Insgesamt findet Christian bei seinem Rundgang durch die Bäckerei neun Artikel vor. „Wir verkaufen zwar auch noch andere Produkte, wie Schokoriegel oder gekühlte Getränke. Die produzieren wir aber nicht selbst, sondern bekommen diese von ‚Pepe' geliefert und verkaufen sie nur weiter." Diese Auskunft von Frau Heinrich hilft Christian dahingehend, dass er nun ausschließen kann, dass diese zusätzlichen Produkte bei der Ermittlung des optimalen Produktions- und Absatzprogramms eine Rolle spielen würden, da sie nicht den Engpassfaktor Backmittel benötigen. Sofern diese Produkte einen positiven Stück-Deckungsbeitrag erwirtschaften, sollen sie weiterhin angeboten werden.

Den Preistafeln kann er die Namen und die Preise der einzelnen Backwaren entnehmen. Als erstes entdeckt er „Br0815" für 23 Cent. Hierbei handelt es sich um normale Weizenbrötchen. Direkt daneben befinden sich „Korni" für 34 Cent. Diese Brötchen sind aufgrund eines geringen Malzanteils etwas dunkler und enthalten viele Körner, eben ganz normale Mehrkornbrötchen. Als Nächstes liegen dort „Laugi" für 28 Cent. Die Laugenbrötchen scheinen vergleichsweise gut bei der Kundschaft anzukommen, da nur noch vier Brötchen in dem entsprechenden Fach liegen. Als letzte Brötchenart gibt es die Milchbrötchen „Milchi" für 27 Cent. Neben diesen vier Sorten Brötchen kann man in der Bäckerei noch die Croissants „BigHorn" für 87 Cent erwerben. Zusätzlich existiert noch ein vier Sorten umfassendes Brotsortiment. Auch für die Brotsorten sammelt Christian zunächst möglichst viele Informationen. Dort gibt es das Bauernbrot „Stuti" für 2,02 €, das mit fünf verschiedenen Körnern durchzogene Mehrkornbrot „5DeLuxe" für 3,07 € und den absoluten Verkaufsschlager „3Pfund" für 3,84 €. Dieser mächtige Koloss wiegt 1,5 kg und enthält wie das Mehrkornbrot eine Vielzahl an Körnern. Darüber hinaus, und dies macht es zum Verkaufsschlager, enthält das Brot einen ausgewogenen Anteil an Quark und Omega-3-Fettsäuren, so dass das Brot leicht saftig schmeckt. So steht es jedenfalls auf einem kleinen Schildchen, das auf die Besonderheiten des Brotes hinweist. Das Biobrot „Bio03" kann Christian leider nicht entdecken, da es bereits ausverkauft ist. Es kostet 2,95 €. Laut Frau Heinrich wird das Brot sowieso nur in einer geringen Stückzahl produziert und ist daher tendenziell immer schnell ausverkauft.

Diese neun - teilweise doch recht unterschiedlichen - Produkte bestehen aus den unterschiedlichsten Zutaten. In allen Produkten sind Wasser, Hefe, Salz, Weizenmehl und natürlich Backmittel enthalten. Einige Produkte, wie Bio03 oder 3Pfund, beinhalten zudem auch Joghurt, Quark oder Malz. In diesem Augenblick entscheidend ist aber die Tatsache, dass alle Produkte den hier voraussichtlich knappen Einsatzfaktor Backmittel benötigen.

Frau Patzlaw bietet Christian an, mit ihr gemeinsam in ihrem Büro zu arbeiten. Da sie allerdings zumeist in der Produktion unterwegs ist, hat Christian de facto ein Büro für sich allein. Mit ihrer Einwilligung darf er sich ein wenig umschauen und eigenmächtig mehrere Ordner durchstöbern. Nach einer Weile findet er eine Übersicht, die die variablen Kosten - aufgeschlüsselt nach Wareneinsatzkosten (Zutaten pro Produkt ohne Backmittel) - ausweist. Obwohl die Übersicht schon knapp ein Jahr alt ist, sind alle Preise in diesem Zeitraum laut Auskunft von Frau Patzlaw konstant geblieben. Vor zwei Jahren hatte ein Preisanstieg bei Getreide noch zu stark gestiegenen Wareneinsatzkosten geführt. Seitdem seien die Wareneinsätze unverändert. Vom Bäckermeister erhält Christian zudem die Auskunft, dass sich die Rezepturen in den vergangenen Monaten auch nicht geändert haben. Ein Zentner Backmittel kostet mittlerweile bei der Würger AG allerdings 64,50 € (ohne MwSt.).

Zusätzlich zu den Wareneinsatzkosten ist interessanterweise auch ein großer Teil der Personalkosten variabel. In der Viertelpfünder wird zur Zeit - zunächst für ein Jahr - ein neues Vergütungsmodell getestet, das in dieser Form im Bäckerhandwerk bislang nicht existiert. Hierbei erfolgt die Bezahlung eines Großteils der Gesellen und Maschinenführer im Akkord. Eine ähnliche Vergütungsform soll laut Auskunft von Frau Patzlaw auch schon einmal in einem anderen zum Konzern gehörenden Unternehmen ausprobiert worden sein. Nicht alle Mitarbeiter werden dabei aber variabel vergütet. Zum Beispiel erhalten die Lehrlinge, die Produktionsleitung und das Verkaufspersonal ihre Vergütung wie bisher. Diese und die anderen nicht im Akkord tätigen Mitarbeiter verursachen in dieser Niederlassung fixe Personalkosten in Höhe von 16.500 € im Monat. Die Fuhrpark- und Energiekosten für das Heizen des Ofens und die Energieversorgung der Verkaufsfläche belaufen sich zusammen auf 15.150 €/Monat. Zudem werden im Jahr handelsrechtlich Anlagen zu 43.200 € abgeschrieben. Mangels besserer Informationen entschließt sich Christian zunächst, diese Aufwendungen als Grundkosten bei der Ermittlung des Betriebsergebnisses zu verwenden und in gleichen Anteilen auf die Monate zu verteilen. Alle weiteren Kosten umfassen zusammen 22.300 € im Monat.

In den vorhandenen Unterlagen findet er zudem eine Übersicht mit den Absatzmengen des Monats Juli. Laut Auskunft von Frau Heinrich sind diese Verkaufszahlen in allen Monaten nahezu identisch. Selbst in den klassischen Urlaubsmonaten kann von einer stabilen Nachfrage ausgegangen werden. Auf Basis dieser Informationen überträgt Christian die ex post erhobenen Daten unverändert in die ex ante Bestimmung des Produktionsprogramms.

Anschließend bereitet Christian die bisherigen Informationen übersichtlich in einer Tabelle auf.

Produkt	**Br0815**	**Kornmix**	**Laugi**	**Milchi**	**Big-Horn**	**Stuti**	**5De-Luxe**	**3Pfund**	**Bio03**
Preis (in Cent inkl. MwSt.)	23	34	28	27	87	202	307	384	295
Absatz Juli (in ME)	81.700	51.210	22.125	28.510	31.250	9.860	16.390	18.790	6.120
Var. Wareneinsatz ohne Backmittel (Cent/ME)	6	12	9	8	28	51	84	97	109
Var. Personalkosten (Cent/ME)	7	8	7	7	21	35	38	42	58
Bedarf Backmittel (in g/ME)	13	15	18	14	41	297	258	312	254

Tab. FB 1: Aufstellung der benötigten Informationen der jeweiligen Produkte

Bei der Bestimmung des optimalen Produktionsprogramms wählt Christian die üblichen Schritte bei der Existenz eines Engpasses:

1. Ermittlung und Bewertung der Stück-Deckungsbeiträge der Produkte

Zunächst sind die Stück-Deckungsbeiträge der einzelnen Produkte zu ermitteln. Diese lassen sich durch Subtraktion der variablen Kosten vom Preis ermitteln. Bei den Wareneinsatzkosten werden immer die Nettowerte, d. h. ohne 7 % Mehrwertsteuer, angesetzt. Um die variablen

Kosten des Backmittels pro Einheit zu ermitteln, muss zunächst der Preis für ein Gramm ermittelt werden. Dieser beträgt 0,129 Cent. Dieser Wert ist mit der benötigten Grammanzahl zu multiplizieren. Christian erhält folgendes Ergebnis:

Produkt	Br0815	Korn-mix	Laugi	Milchi	Big-Horn	Stuti	5De-Luxe	3Pfund	Bio03
Preis (Cent/ME exkl. MwSt.)	21,50	31,78	26,17	25,23	81,31	188,79	286,92	358,88	275,70
Var. Wareneinsatz ohne Backmittel (Cent/ME)	6	12	9	8	28	51	84	97	109
Var. Personalkosten (Cent/ME)	7	8	7	7	21	35	38	42	58
Var. Kosten Backmittel je Mengeneinheit (Cent/ME)	1,68	1,94	2,32	1,81	5,29	38,31	33,28	40,25	32,77
Stück-DB (Cent/ME)	6,82	9,84	7,85	8,42	27,02	64,48	131,64	179,63	75,93

Tab. FB 2: Stück-Deckungsbeiträge der einzelnen Produkte[67]

Alle Produkte weisen einen positiven Stück-Deckungsbeitrag auf. Aus diesem Grund ist die Produktion aller Produkte ökonomisch sinnvoll.

Unter der Annahme, dass im September nahezu identische Mengen abgesetzt werden können, ermittelt Christian zunächst den Gesamtbedarf an Backmittel für den betreffenden Monat.

2. Überprüfung potenzieller Engpässe

Bedarf Backmittel = 81.700 · 13 + 51.210 · 15 + ... + 6.120 · 254 = 18,48289 Tonnen

Frau Patzlaw hat recht. Ihre Befürchtung, dass die für den Monat September fest zugesagten 14 t Backmittel nicht ausreichen, bestätigt sich. Um die gesamte Nachfrage zu erfüllen, bräuchte die Bäckerei fast 18,5 t Backmittel TP2712.

3. Ermittlung der relativen Stück-Deckungsbeiträge und Bildung einer Rangfolge

Um das gewinnmaximierende Produktionsprogramm zu ermitteln, interessiert sich Christian anschließend für die Frage, wie stark der Deckungsbeitrag der Niederlassung in Abhängigkeit des Backmittels steigt. Hierzu ermittelt er die relativen Stück-Deckungsbeiträge der einzelnen Produkte und bringt diese in eine Rangfolge. Das Croissant BigHorn erwirtschaftet laut Tab. FB 3 den höchsten relativen Stück-Deckungsbeitrag. Pro Gramm Backmittel können 0,659 Cent Deckungsbeitrag bei Produktion von BigHorn erzielt werden. Pro Kilo Backmittel ergibt sich somit umgerechnet ein zusätzlicher Deckungsbeitrag von 6,59 €. BigHorn sollte demnach auf jeden Fall produziert werden. Anschließend ist zu überprüfen, ob die verbleibenden Backmittel für die

[67] Die Berechnungen in der Tabelle FB-2 basieren auf zwei Nachkommastellen gerundete Werte für den Preis in Cent (ohne MwSt.) sowie die variablen Kosten Backmittel je Mengeneinheit in Cent. Die Stück-Deckungsbeiträge auf Basis der gerundeten Werte dienen als Ausgangsbasis der weiteren Berechnungen.

Produktion weiterer Produkte ausreichen. Zunächst wird daher das Produkt Kornmix, das sich auf Rang 2 hinsichtlich der relativen Stück-Deckungsbeiträge befindet, ins Produktionsprogramm aufgenommen.

Produkt	**Br0815**	**Korn-mix**	**Laugi**	**Milchi**	**Big-Horn**	**Stuti**	**5De-Luxe**	**3Pfund**	**Bio03**
Preis in Cent (exkl. MwSt.)	21,50	31,78	26,17	25,23	81,31	188,79	286,92	358,88	275,70
Var. Kosten gesamt (in Cent)	14,68	21,94	18,32	16,81	54,29	124,31	155,28	179,25	199,77
Stück-DB (in Cent)	6,82	9,84	7,85	8,42	27,02	64,48	131,64	179,63	75,93
Produktionskoeffizient (Backmittel in g/ME)	13	15	18	14	41	297	258	312	254
Rel. Stück-DB in Cent (pro g Backmittel)	0,525	0,656	0,436	0,601	0,659	0,217	0,510	0,576	0,299
Rang	5	2	7	3	1	9	6	4	8

Tab. FB 3: Bestimmung der relativen Stück-Deckungsbeiträge und ihrer Rangfolge

Nach dessen Produktion erfolgt abermals eine Überprüfung der Restkapazität. Sofern noch Backmittel vorhanden sind, wird das auf dem nachfolgenden Rang platzierte Produkt in das Produktionsprogramm aufgenommen. Dieser Vorgang wird solange wiederholt bis das Backmittel aufgebraucht ist. Mit Hilfe dieser Erkenntnisse entwickelt Christian nun das optimale Produktions- und Absatzprogramm.

4. Bestimmung des optimalen Produktions- und Absatzprogramms

Produkt	**Menge**	**Deckungs-beitrag [€]**	**Bedarf Backmittel [kg]**	**Restkapazität Backmittel [kg]**
BigHorn	31.250	8.443,75	1.281,25	12.718,75
Kornmix	51.210	5.039,06	768,15	11.950,60
Milchi	28.510	2.400,54	399,14	11.551,46
3Pfund	18.790	33.752,48	5.862,48	5.688,98
Br0815	81.700	5.571,94	1.062,10	4.626,88
5DeLuxe	16.390	21.575,80	4.228,62	398,26
Laugi	22.125	1.736,81	398,25	0,01
Summe		78.520,38		

Tab. FB 4: Optimales Produktions- und Absatzprogramm

Rein rechnerisch verbleibt bei der vorliegenden Datensituation ein Restbestand von 10 g Backmittel. Im Folgenden kann davon ausgegangen werden, dass nach der Produktion der sieben Produkte das Backmittel vollständig aufgebraucht ist und somit für die Produktion von Bio3 nicht mehr zur Verfügung steht.

Nachdem es Christian nun gelungen ist, den Deckungsbeitrag für den betreffenden Monat zu ermitteln, interessiert ihn nun das Betriebsergebnis für diesen Zeitraum. Die Niederlassung erwirtschaftet ein positives Betriebsergebnis in Höhe von 20.970,38 €. Von den 78.520,38 € Deckungsbeitrag sind sämtliche fixe Kosten abzuziehen. Neben den Energiekosten, den fixen Personalkosten und den sonstigen Kosten werden hierbei Abschreibungen in Höhe von 3.600 €

angesetzt. Dieser Wert ergibt sich, indem man die jährlichen Abschreibungsbeträge von 43.200 € durch 12 dividiert. Hinzu kommen noch positive Ergebnisbeiträge durch den Verkauf der Süßwaren und der gekühlten Getränke, die in der obigen Rechnung bislang keine Berücksichtigung gefunden haben und somit das Betriebsergebnis weiter steigern sollten.

Trotz begründbarer Zweifel vertritt Christian zunächst die Auffassung, dass die angestrebte Gewinnmaximierung in diesem Zusammenhang zielführend sei. Darüber hinaus interessiert er sich für die Fragestellung, ob es sinnvoll sein kann, die Strafgebühr wegen Vertragsbruches in Kauf zu nehmen und trotzdem bei einem anderen Anbieter das Backmittel einzukaufen. In den Unterlagen findet er den Hinweis, dass bei Bezug von Backmittel über einen anderen Anbieter 10.000 € pro Monat an die Würger AG zu entrichten sind. Hierbei spielt es keine Rolle, wann das Backmittel beschafft wurde. Vielmehr ist von Interesse, zu welchem Zeitpunkt das Backmittel in der Produktion eingesetzt wird. Zudem findet er einen Passus, nach dem das von der Würger AG gelieferte Backmittel TP2712 auf jeden Fall höchste Priorität bei der Lagerentnahme für die Produktion besitzt. Bei seinen Recherchen im Internet findet Christian einen Anbieter, der ein inhaltlich identisches Backmittel für ebenfalls 64,50 € pro Zentner (ohne MwSt.) frei Haus liefert. Dies entspricht einem Preis pro Kilogramm von umgerechnet 1,29 €/kg.

Christian stellt folgende Überlegung an. Mit einem Kilogramm zusätzlichem Backmittel könnte man die Produktion von Bio03 wieder aufnehmen. Damit könnte man knapp 4 Brote der Sorte Bio3 herstellen und würde einen zusätzlichen Deckungsbeitrag in Höhe von ca. 3 € erwirtschaften. Der exakte zusätzliche Deckungsbeitrag liegt nach Tab. FB 3 bei 2,99 € je zusätzlichem Kilogramm Backmittel. Zudem könnte man die Produktion von Stuti wieder aufnehmen. Mit einem Kilogramm Backmittel könnte bei der Produktion von Stuti laut Tab. FB 3 zusätzlich ein Deckungsbeitrag von 2,17 € erzielt werden.

Zur Produktion aller Produkte fehlen 4,4829 t Backmittel. Mit dem zusätzlich angeschafften Backmittel würde sowohl die Produktion von Bio3 als auch von Stuti wieder aufgenommen. Die wertmäßigen Kosten, die sich aus den pagatorischen Kosten und den Opportunitätskosten additiv zusammensetzen, betragen demnach für ein Kilogramm Backmittel mindestens:

Wertmäßige Kosten = Grenzausgabe + Grenzgewinn oder
Wertmäßige Kosten = Pagatorische Kosten + Opportunitätskosten

Wertmäßige Kosten = 1,29 + 2,17 = 3,46 €/kg[68]

Eine zusätzliche Beschaffung des Rohstoffes Backmittel ist somit bis zu einem Preis von 3,46 €/kg auf jeden Fall lohnend. Der angebotene Preis liegt deutlich darunter. Fraglich ist nur, ob dadurch der zusätzlich erwirtschaftete Deckungsbeitrag die Strafzahlung übersteigt oder nicht. Der zusätzliche Deckungsbeitrag ergibt sich aus:

---

[68] Genau genommen liegen die wertmäßigen Kosten über dem angegebenen Wert von 3,46 €/kg. Die ersten 1.554,48 kg Backmittel würden für die Produktion von Bio3 eingesetzt. Die restlichen 2.928,42 kg würden für die Produktion von Stuti verwendet. Zur Ermittlung der genauen Opportunitätskosten sind die Anteile der Backmittel mit den jeweiligen relativen Stück-Deckungsbeiträgen je Kilogramm zu gewichten. Die gewichteten Opportunitätskosten betragen 2,45 €/kg. Die wertmäßigen Kosten betragen demnach 3,74 €/kg. Insofern kann der Wert von 3,46 €/kg als Untergrenze der wertmäßigen Kosten angesehen werden.

Zusätzlicher DB = 6.120 · 0,7593 + 9.860 · 0,6448 = 11.004,64 €
Mit diesem zusätzlichen Deckungsbeitrag kann die Vertragsstrafe überkompensiert werden. Der Überschuss in Höhe von 1.004,64 € erhöht das Betriebsergebnis. Dieses beträgt nunmehr 21.975,02 €. Ein weiterer Vorteil dieser Maßnahme ist, dass das Personal, welches im Akkord arbeitet, keine Lohneinbußen hinnehmen muss, da weiterhin genauso viel produziert wird wie bisher. Mit diesem Ergebnis ist Christian sehr zufrieden. Einerseits hat er es geschafft, dass die Viertelpfünder ein höheres Betriebsergebnis erwirtschaftet. Andererseits hat er gezeigt, dass die Inkaufnahme der Strafzahlung unter den gegebenen Umständen ökonomisch sinnvoll ist. Zudem hat er auch Lohneinbußen bei den Akkordarbeitern vermieden.

Ein Blick auf die Uhr lässt Christian aufschrecken. Er bemerkt, dass es schon 20.00 Uhr ist und er mittlerweile ganz allein in seinem Büro sitzt. Er beschließt, Frau Patzlaw die Unterlagen auf den Schreibtisch zu legen und den Heimweg anzutreten. Kritisch betrachtet er den Schreibtisch von Frau Patzlaw. Fotos von eventuellen Partnern kann er dabei jedoch nirgendwo entdecken. Schmunzelnd beschließt er, sich heute Abend noch ein bis zwei Bierchen zu gönnen. Auf jeden Fall ist er mit seinem Tageswerk mehr als zufrieden.

2.2 Aufbau der Kosten- und Leistungsrechnung

Der Aufbau der Kostenrechnung hat zweckorientiert zu erfolgen. Es gibt aber einen als klassisch zu bezeichnenden Aufbau, der weitgehend unabhängig z. B. von Branchenspezifika oder der Größe des Unternehmens ist. U. a. bestimmen Branchenspezifika die konkrete Ausgestaltung der Kostenrechnung in einem Unternehmen.[69] Die Größe des Unternehmens wirkt z. B. stark auf die Detaillierung der Kostenrechnung.

Die kriteriengeleitete Klassifizierung und Systematisierung von Kosten nach zu spezifizierenden Bezugsobjekten kann als ein Prozess aufgefasst werden. In diesem *Kostenrechnungsprozess* kann zwischen der Kostenerfassung und der Kostenverrechnung unterschieden werden (vgl. Abb. 2-2). Die Kostenerfassung geschieht vor allem in der Kostenartenrechnung. Die Kostenverrechnung erfolgt dagegen hauptsächlich in der Kostenstellen- und Kostenträgerrechnung.

Abb. 2-2: Kostenerfassung und -verrechnung als Teile des Kostenrechnungsprozesses

Drei Fragen stellen sich:[70]

1. Welche Kosten sind angefallen?
2. Wo sind die Kosten entstanden?
3. Wofür sind die Kosten angefallen?

Bei der Kostenerfassung steht die Frage im Vordergrund, welche Kosten angefallen sind. Bei der Kostenverrechnung sind die beiden anderen Fragen von Belang. Die Pfeile in Abb. 2-3 deuten an, dass die Fragestellungen im Kostenrechnungsprozess aufeinander aufbauen können.

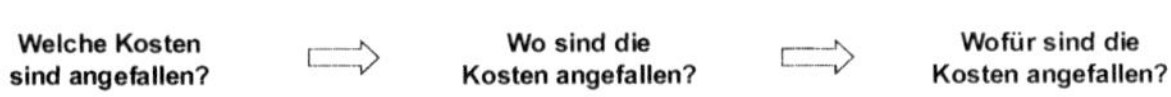

Abb. 2-3: Fragestellungen im Kostenrechnungsprozess

Nachdem zuerst nach Kostenerfassung und Kostenverrechnung unterschieden wurde, ist darüber hinaus nach Erfassungs- bzw. Verrechnungskriterien zu fragen. Erfassungskriterien werden bei der Kostenartenrechnung diskutiert. Als Kriterium für die Verrechnung wird an dieser Stelle auf

[69] Vgl. beispielhaft zur Ausgestaltung eines Kostenrechnungssystems für den Verpflegungsbereich von Studentenwerken Triska, T. [2005], S. 223 ff.
[70] Vgl. Horváth, P. [2011], S. 415.

die Unterscheidung in Kostenträger-Einzelkosten und Kostenträger-Gemeinkosten zurückgegriffen.[71] Aus den drei Fragestellungen ergibt sich eine Dreigliederung, die sich auch als zweckmäßige allgemeine Gliederung von Kostenrechnungssystemen betrachten lässt:[72]

1. Kostenartenrechnung
2. Kostenstellenrechnung
3. Kostenträgerrechnung

„Zweckmäßig" bedeutet hier, dass in den drei Teilsystemen jeweils Kosten unter einem speziellen Blickwinkel betrachtet werden.[73] Eine Antwort auf die Frage nach der Art der angefallenen Kosten gibt die *Kostenartenrechnung*. Die *Kostenstellenrechnung* beantwortet die Frage nach dem Ort des Anfalls der Kosten und die *Kostenträgerrechnung* die nach dem Objekt, für das Kosten angefallen sind. Zusammen ergibt sich eine multidimensionale Zuordnung der Kosten (nach Art, Ort und Objekt), die verschiedene Auswertungen erlaubt. Hinzu kann noch eine zeitliche Zuordnung kommen, da die Kosten für jeweils unterschiedliche Abrechnungsperioden betrachtet werden können.

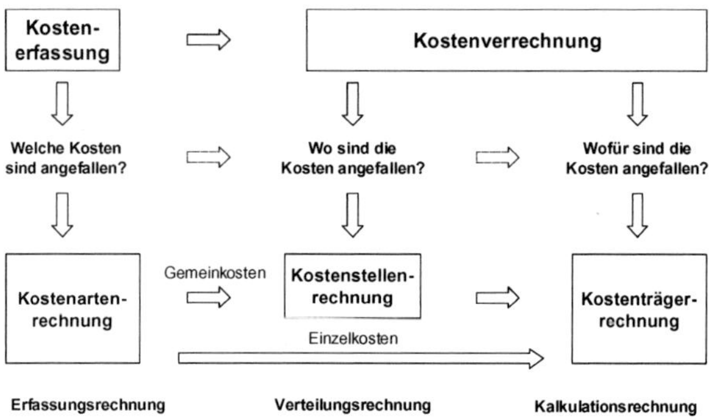

Abb. 2-4: Systematik der Kostenrechnung[74]

Für die Verrechnung der Kosten wird bei dieser Einteilung eine Zweiteilung des Verrechnungsweges gewählt (vgl. zu diesem Kostenflussschema den unteren Teil der Abb. 2-4). Während man (Kostenträger-)Einzelkosten direkt auf die Kostenträger verrechnet, werden (Kostenträger-)Gemeinkosten durch die Kostenstellenrechnung geleitet und dann evtl. (d. h. nicht unbedingt alle

[71] Je nach Zurechnungsprinzip können andere Unterscheidungen relevant sein. Zu Zurechnungsprinzipien vgl. 2.4.2.

[72] Vgl. Coenenberg, A. G./Fischer, T. M./Günther, T. [2016], S. 69 ff. Teilweise werden diese drei Teilgebiete sogar in Bezug auf Kostenrechnungssysteme als systemunabhängige Ausprägungen angesehen, vgl. Grob, H. L. [2002], S. 48.

[73] Vgl. Coenenberg, A. G./Fischer, T. M./Günther, T. [2016], S. 71.

[74] Quelle: Coenenberg, A. G./Fischer, T. M./Günther, T. [2016], S. 70, Horváth, P. [2011], S. 418. Ähnlich auch Abb. 1-15 in Schweitzer, M./Küpper, H.-U. [2016], S. 50.

Gemeinkosten) in die Kostenträgerrechnung übernommen. Abb. 2-4 visualisiert zusammenfassend die Systematik der Kostenrechnung.

Wenn die Zweckorientierung die Ausgestaltung der Kostenrechnung bestimmt, ist von den mit der Kostenrechnung jeweils verfolgten Zwecken auszugehen (z. B. welche konkreten Entscheidungen sind von wem zu treffen?). Ein Zweck der Kostenrechnung ist die kurzfristige Erfolgsrechnung. Der Erfolg bestimmt sich aus der Differenz zwischen Leistungen und Kosten, die einem Objekt zugerechnet werden können. Aus der Erfolgsrechnung lassen sich dann Entscheidungen ableiten, z. B., ob zur Erhöhung des Erfolgs Personal abgebaut werden sollte. Letztlich ist vor allem die Kostenträgerrechnung als Kalkulationsrechnung Ziel innerhalb der Systematik der Kostenrechnung: Erfassungs- und Verteilungsrechnung dienen als Grundlage, um in der kurzfristigen Erfolgsrechnung die Kosten zu ermitteln, die für ein betrachtetes Objekt angefallen sind (*Kalkulation*).

Außerhalb der Betrachtung ist bisher die Zurechnung von Leistungen geblieben. Wie festgestellt wurde, ist aber für die Erfolgsmessung die Gegenüberstellung von Kosten und Leistungen erforderlich. Während in der Literatur oft auch von Kosten- und Erlösrechnung gesprochen wird,[75] wird hier bewusst der Begriff Kosten- und Leistungsrechnung bevorzugt. Die Wahl des Begriffs Erlöse impliziert nach der hier vertretenen Auffassung, dass Produkte am Markt abgesetzt werden. Leistungen können jedoch auch innerhalb eines Betriebes erbracht werden. Warum für innerbetriebliche Leistungen dann der Begriff Erlös verwendet werden sollte, ist unklar. Die Tatsache, dass das Wort „Leistungen" in verschiedenen Bedeutungen gebraucht wird, spricht nicht generell gegen die hier fachspezifische Verwendung.[76] Richtig ist, dass Leistungen schließlich in *Markt*leistungen resultieren sollten. Daher ist Erfolg letztlich auch als Markterfolg zu sehen. Dieser lässt sich bezüglich verschiedener Ebenen definieren:

- Unternehmen
- Kunden
- Produkte

Diese Dimensionen lassen sich noch weiter unterteilen:

- Unternehmen nach Unternehmensteilen, Vertriebswegen oder Filialen
- Kunden nach Kundengruppen oder Regionen
- Produkte nach Produktgruppen oder Märkten

[75] Was sich auch schon in den Titeln widerspiegelt, vgl. unter vielen Schweitzer, M./Küpper, H.-U. [2016] („Systeme der Kosten- und Erlösrechnung"), Hoitsch, H.-J./Lingnau, V. [2007] („Kosten- und Erlösrechnung - Eine controllingorientierte Einführung") oder Deimel, K./Iseman, R./Müller, S. [2006] („Kosten- und Erlösrechnung - Grundlagen, Managementaspekte und Integrationsmöglichkeiten der IFRS").

[76] Anderer Meinung Schweitzer, M./Küpper, H.-U. [2016], S. 43. In der Umgangssprache werden Begriffe immer noch andere Bedeutungen haben können oder in anderem Sinne gebraucht. Die Frage beim Bäcker „Was kostet ein Brötchen?" wird schwerlich der korrekten Frage nach der notwendigen Anschaffungsauszahlung weichen ...

Diese Dimensionen mit ihren Ausprägungen lassen sich kombinieren und in Hierarchien einbinden. Abb. 2-5 zeigt ein Beispiel für eine solche Hierarchie in einem Versicherungsunternehmen.[77] Unterschieden wird auf einer Kundenebene nach Privat- und Firmenkunden. Darunter erfolgt auf einer 2. Ebene die Trennung nach den Sparten Sachversicherung und Lebensversicherung, was einer Differenzierung nach Produkten entspricht. Produkte für Privatkunden in der Sparte Sachversicherung sind z. B. Feuer-, Gebäude- und Hausratsversicherungen und Risiko-, Kapitallebens- und Rentenversicherungen in der Sparte Lebensversicherung. Bei den Firmenkunden umfasst die Sachversicherung bspw. die industrielle Feuerversicherung oder Betriebsunterbrechungsversicherungen, im Bereich Lebensversicherung ist etwa an Vereinbarungen zur betrieblichen Altersvorsorge zu denken.

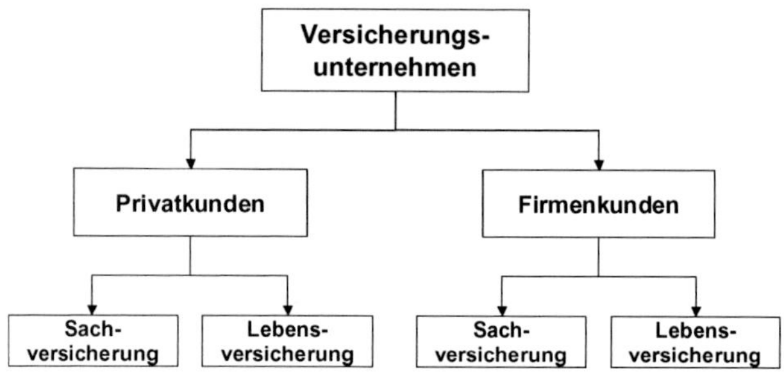

Abb. 2-5: Beispiel einer Hierarchie von Bezugsobjekten der Erfolgsrechnung eines Versicherungsunternehmens[78]

Eine kurzfristige Erfolgsrechnung kann nach verschiedenen Dimensionen erfolgen, wobei diese kombiniert werden können. Wenn man diese Dimensionen nun abstrakt als *Kostenträger* definiert, ist allein die Kostenträgerrechnung ein unverzichtbarer Bestandteil der Kostenrechnung, während Kostenarten- und Kostenstellenrechnung nicht Bestandteil eines Kostenrechnungssystems sein müssen. Im obigen Beispiel würde die Kombination Privatkunden/Sachversicherung einen solchen Kostenträger darstellen.

Genauso gut könnte man die sich aus den Dimensionen ergebenden Bezugsobjekte auch *Leistungsträger* nennen, schließlich sollen diesen nicht nur die Kosten, sondern auch die Leistungen zugerechnet werden können. Bei der Kombination Privatkunden/Sachversicherung wären dies vor allem die Prämien aus den abgeschlossenen Versicherungsverträgen. Aus der Zurechnung von Leistungen und Kosten ergeben sich dann zugerechnete Erfolge als Differenz der Leistungen und Kosten je Bezugsobjekt. Damit erst kann dem Zweck einer Erfolgsrechnung genüge getan werden. Zu Steuerungszwecken hat die Zurechnung von Leistungen und Kosten zeitnah zu erfolgen. Über die Betrachtung von Leistungen und Kosten ist nur eine kurzfristige Steuerung

[77] Vgl. vertiefend zur Hierarchisierung der Bezugsobjekte in Versicherungsunternehmen Kraft, M. [2008], S. 211 ff.

[78] Für weitere Beispiele siehe Kraft, M. [2008], S. 213.

möglich - für langfristige Betrachtungen ist hingegen nur die Investitionsrechnung adäquat. Die genannten Dimensionen für Bezugsobjekte müssen nicht unbedingt mit den Betrachtungsobjekten der Investitionsrechnung übereinstimmen. Klassischerweise wird in der Investitionsrechnung nur teilweise auf die oben genannten Dimensionen zurückgegriffen. Natürlich kann aber z. B. eine spezielle Kundengruppe mit einer Produkt-Markt-Kombination als Investitionsobjekt betrachtet werden.

Um Planung und Kontrolle zu verbinden, sind die geplanten Investitionsobjekte zum einen langfristig zu überwachen, zum anderen aber auch kurzfristig im Hinblick auf die langfristigen Perspektiven zu steuern. Aus Steuerungsgesichtspunkten können die Betrachtungsobjekte jedoch unterschiedlich gewählt werden. Insbesondere ist bei Planungen eine andere Detailliertheit nötig bzw. möglich als bei einer Steuerung, die letztlich nur über Menschen erfolgen kann. Anreize und Verantwortungsbereiche sind dabei determinierende Kriterien für eine zweckorientierte Auswahl der betrachteten Objekte.

Während also Kostenartenrechnung und Kostenstellenrechnung im Hinblick auf den Zweck der kurzfristigen Erfolgsrechnung vorerst nicht notwendig erscheinen, so erfüllen sie jedoch wichtige Hilfsfunktionen für die Kostenträgerrechnung, auf die noch eingegangen wird. Während Kostenträger und Leistungsträger gemäß Definition über die betrachteten Objekte identisch sind, können sich Leistungsarten und Kostenarten unterscheiden, ebenso wie sich Leistungsstellen und Kostenstellen unterscheiden können und auch sollten. Auf die Begriffe Kosten- bzw. Leistungsart und Kosten- bzw. Leistungsstelle soll im Folgenden eingegangen werden.

Wenn Kosten als bewerteter, betriebszweckbezogener Güterverbrauch einer Periode definiert werden, können *Kostenarten* im weiten Sinne nach bestimmten Kriterien zusammengefasste Klassen von Güterverbräuchen sein. Eine Klassifikation von Gütern könnte z. B. als Grundlage für die Klassifikation der Kosten gewählt werden. Wenn z. B. die gängige volkswirtschaftliche Definition von Wirtschaftsgütern in Arbeit, Boden (Sachmittel) und Kapital zu Grunde gelegt wird, ist eine mögliche Klassifikation diejenige, welche die Kosten in Personal-, Sach- und Kapitalkosten einteilt.

In Abschnitt 2.4.3 werden verschiedene Differenzierungsmöglichkeiten von Kosten vorgestellt. Letztlich hat eine Klassifikation wiederum nach Zweckmäßigkeitsgesichtspunkten zu erfolgen. Die Vorbereitung zielsetzungsgerechter Entscheidungen ist dabei der Grundzweck, der je nach Entscheidung und Zielsetzung spezifiziert werden muss. Wie das Beispiel zur Produktions- und Absatzprogrammplanung (vgl. S. 36 ff.) zeigte, war dort die Einteilung in fixe und variable Kosten relevant. Analog den Kostenarten können auch Leistungsarten definiert werden. Ob für Leistungs- und Kostenarten eine gleichartige Klassifikation gewählt werden sollte, ist ebenfalls eine Zweckmäßigkeitsfrage. Leistungsarten könnten z. B. nach Markterlösen klassifiziert werden, wobei sich ein Markt jeweils über eine Kunden-Produkt-Kombination definiert. Eine Klassifikation von Kosten nach Kundengruppen ist bei Entstehung der Kosten zwar möglich, aber vorläufig irrelevant. Bei der Zusammenführung von Kostenträgern zugerechneten Leistungen und Kosten ist sie dagegen wieder von Belang.

Wenn man Kosten nach dem Ort ihres Entstehens klassifiziert, erhält man eine spezielle Einteilung in Kostenarten. Die Orte der Kostenentstehung werden als *Kostenstellen* bezeichnet. Genauso können wiederum Leistungen nach dem Ort des Anfalls der Leistungen klassifiziert werden. Durch diese speziellen Leistungsarten erhält man *Leistungsstellen* als Orte des Anfalls von Leistungen. Der Begriff der Leistungsstelle ist im Vergleich zum Begriff der Kostenstelle in der Praxis jedoch unüblich.

Der Ort des Entstehens von Kosten kann dabei sowohl als tatsächlich *physischer* Ort aufgefasst werden (z. B. ein Gebäudeteil, in dem eine Abteilung sitzt) als auch als ein *virtueller* Ort (z. B. der Zusammenfassung von Verantwortungsbereichen, die räumlich nicht einen Ort darstellen). Kostenstellen können daher funktional, organisatorisch oder räumlich abgegrenzte Betriebsbereiche sein, für die Kosten gesondert geplant, erfasst, verrechnet und kontrolliert werden. Die allgemeine Diskussion über die Wahl der Klassifikation bei Leistungen und Kosten zu Leistungs- bzw. Kostenarten gilt speziell auch für Leistungs- und Kostenstellen. Später wird der allgemeine Kosten- bzw. Leistungsartenbegriff eingeengt, sodass auch die Abgrenzung zum Kosten- bzw. Leistungsstellenbegriff deutlicher wird.

Zusammenfassend bleibt festzuhalten:

- Ein Zweck der Kostenrechnung ist die kurzfristige Erfolgsrechnung, bei der der Erfolg als Differenz von Leistungen und Kosten einem Bezugsobjekt zugerechnet wird, das als Kosten- bzw. Leistungsträger bezeichnet werden kann.

- Eine Untergliederung des Kostenrechnungsprozesses erfolgt unter Beachtung der Zweckorientierung in die Kostenarten-, die Kostenstellen- und die Kostenträgerrechnung.

- Notwendig unter dem Aspekt der kurzfristigen Erfolgsrechnung ist nur die Kostenträgerrechnung, während die Kostenarten- und die Kostenstellenrechnung eine Hilfsfunktion für die Kostenträgerrechnung erfüllen.

Nicht vernachlässigt werden sollten Verhaltensaspekte der Kostenrechnung. Eine Kostenrechnung erfüllt immer auch eine Kommunikationsfunktion – als Abbildung des Betriebsgeschehens. Mit Hilfe von Kosteninformationen können und sollen betriebliche Abläufe gesteuert werden. Kosteninformationen sind dabei als Verhaltensanreize aufzufassen, die adressatenbezogen variiert werden müssen und zur Koordination eingesetzt werden können.[79] Kosteninformationen sind

[79] Zu Arten der Informationsverwendung und insbesondere Nutzungsarten von Kostenrechnungsinformationen vgl. Weber, J./Schäffer, U. [2016], S. 87 ff.

als positiv anzusehen, auch wenn die durch sie zu erreichende Transparenz von den Mitarbeitern teilweise nicht erwünscht ist.[80]

Lernfragen zu 2.2

1. Welche Phasen beinhaltet der Kostenrechnungsprozess?

2. Skizzieren Sie die (klassische) Systematik der Kostenrechnung in einer Zeichnung.

3. Welche Teilsysteme erfüllen nur Hilfsfunktionen?

4. Nach *Coenenberg et al.* werden „zum Ausweis aller Kosten auch die Einzelkosten [teilweise] den Kostenstellen zugewiesen und dann weiter auf Produkte und Aufgaben verteilt" (s. Coenenberg, A. G./Fischer, T. M./Günther, T. [2016], S. 58 f.). Warum werden Kostenträger-Einzelkosten jedoch in der Regel nicht in der Kostenstellenrechnung betrachtet?

Literaturhinweise zu 2.2

Coenenberg, A. G./Fischer, T. M./Günther, T. [2016], Kostenrechnung und Kostenanalyse, 89. Aufl., Stuttgart 2016, S. 69 - 115.

Deimel, K./Iseman, R./Müller, S. [2006], Kosten- und Erlösrechnung - Grundlagen, Managementaspekte und Integrationsmöglichkeiten der IFRS, München 2006.

Grob, H. L. [2002], Leistungs- und Kostenrechnung, 4. Aufl., Münster (Westfalen) 2002, S. 48 - 50.

Haberstock, L. [2008], Kostenrechnung I - Eine Einführung mit Fragen, Aufgaben und Lösungen, bearbeitet von Breithecker, V., 13. Aufl., Berlin 2008, S. 8 - 11.

Hoitsch, H.-J./Lingnau, V. [2007], Kosten- und Erlösrechnung - Eine controllingorientierte Einführung, 6. Aufl., Berlin, u. a. 2007.

Horváth, P. [2011], Controlling, 12. Aufl., München 2011, S. 408 - 421.

[80] Zum Konstrukt der Kostentransparenz vgl. vertiefend Kraft, M. [2008], S. 35 ff.

Kraft, M. [2008], Kostentransparenz in Versicherungsunternehmen durch Deckungsbeitragsrechnungen - Controlling als informatorische Basis der Steuerung von Komposit-Versicherungsunternehmen, Karlsruhe 2008, zugl.: Münster (Westfalen), Univ., Diss., 2008, S. 35 - 82, S. 211 - 218.

Schweitzer, M./Küpper, H.-U. [2016], Systeme der Kosten- und Erlösrechnung, 11. Aufl., München 2016, S. 67 - 74.

Triska, T. [2005], Ausgestaltung einer Controlling-Konzeption für Studentenwerke unter besonderer Berücksichtigung der instrumentellen Umsetzung, Münster (Westfalen) 2005, zugl.: Münster (Westfalen), Univ., Diss., 2005, S. 223 - 230.

Weber, J./Schäffer, U. [2016], Einführung in das Controlling, 15. Aufl., Stuttgart 2016.

2.3 Kostenrechnungssysteme

Unter *Kostenrechnungssystemen* sollen Formen der Ausgestaltung einer Kosten- und Leistungsrechnung verstanden werden. Kostenrechnungssysteme können nach dem Sachumfang der Rechnung und nach dem Zeitbezug unterschieden werden.[81]

2.3.1 Kostenrechnungssysteme nach dem Sachumfang der Rechnung

Beim Sachumfang der Rechnung differenziert man zwischen der *Vollkostenrechnung* und der *Teilkostenrechnung*. Diese beiden Kostenrechnungssysteme unterscheiden sich durch den Sachumfang der auf die Kostenträger verrechneten Kosten.[82]

2.3.1.1 Vollkostenrechnung

Bei der Vollkostenrechnung werden *alle* Kosten, die in einer Periode angefallen sind, direkt oder über die Kostenstellen auf die einzelnen Produkte (= Kostenträger) verteilt. Die Verteilung der Ladenmiete auf die beiden Produkte nach Anzahl der Kugeln oder nach Anzahl der Eis im Beispiel zur Produktions- und Absatzprogrammplanung (vgl. S. 36 ff.) sind Beispiele für eine (Divisions-)Kalkulation auf *Vollkostenbasis* als *Vollkostenrechnung*.

2.3.1.2 Teilkostenrechnung

Bei der Teilkostenrechnung wird nur *ein Teil* der Kosten einer Periode den Kostenträgern zugeordnet.[83] So werden z. B. nur die variablen Kosten Kostenträgern zugeordnet, während die Fixkosten im Block oder stufenweise in das Betriebsergebnis oder in Deckungsbeiträge[84] eingehen. Als eine einfache Form einer Teilkostenrechnung ist z. B. das (einfach) Direct Costing zu nennen, bei dem die Leistungen um die variablen Kosten vermindert werden und alle fixen Kosten

[81] Vgl. dazu und im Folgenden Coenenberg, A. G./Fischer, T. M./Günther, T. [2016], S. 72 ff. Neben Sachumfang und Zeitbezug sind eine Vielzahl weiterer Kriterien zur Unterscheidung von Kostenrechnungssystemen denkbar. Vgl. vertiefend zur Gliederung von Kosten- und Leistungsrechnungssystemen (dort: Erlös~) Schweitzer, M./Küpper, H.-U. [2016], S. 80 ff.

[82] Vgl. Haberstock, L. [2008], S. 172.

[83] Vereinfachende Aussagen, dass bei der Teilkostenrechnung nur ein Teil der Kosten betrachtet wird, sind dahingehend falsch, dass auch in der Teilkostenrechnung alle Kosten betrachtet werden – aber in unterschiedlicher Weise.

[84] Vgl. dazu als Beispiel die stufenweise Fixkostendeckungsrechnung (2.7.3).

in einer Position gesammelt werden.[85] In der Vollkostenrechnung wie in der Teilkostenrechnung werden immer *alle* Kosten betrachtet, bei der Teilkostenrechnung werden also keine Kosten weggelassen; es werden nur bestimmte Kosten nicht auf Kostenträger verrechnet. Insofern ist *Teil*kostenrechnung ein nicht glücklich gewählter Begriff, weil er falsche Assoziationen weckt.[86]

2.3.2 Kostenrechnungssysteme nach dem Zeitbezug

Nach dem Zeitbezug unterscheidet man Ist-, Normal- und Plan-Kostenrechnung.

2.3.2.1 Ist-Kostenrechnung

In der Ist-Kostenrechnung werden die Kosten betrachtet, die in der Vergangenheit tatsächlich angefallen sind. Wenn bei der Bewertung von Güterverbräuchen auf eine Mengen- und eine Preiskomponente zurückgegriffen wird, bedeutet dies, dass die Ist-Mengen zu Ist-Preisen bewertet werden.

2.3.2.2 Normal-Kostenrechnung

Die Kosten, die in der Vergangenheit *durchschnittlich* angefallen sind, werden (auf Basis der Ist-Mengen) verteilt. So ergeben sich *„normale"* bzw. *„normalisierte"* Verrechnungspreise z. B. dadurch, dass (bereinigte) Durchschnittswerte aus Vormonaten oder Vorjahren gebildet werden. Schwankungen können so eliminiert werden, was die Aussagekraft und die Vergleichbarkeit von Auswertungen erhöhen kann. Die Normalisierung von Kosten bzw. Kostenzuschlägen hilft evtl. auch, schneller aktuelle Werte für eine Ist-Kostenrechnung zu erhalten.

2.3.2.3 Plan-Kostenrechnung

Bei der Plan-Kostenrechnung werden die *geplanten* Kosten verteilt.[87] Dabei liegen aber i. d. R. ebenfalls die Ist-Mengen zu Grunde, die dann mit Plan-(Verrechnungs-)preisen bewertet werden. I. d. R. wird bei geplanten Kosten von einem wirtschaftlichen Verhalten ausgegangen. Dadurch ergeben sich Möglichkeiten der Wirtschaftlichkeitskontrolle.

---

85 Ausführliche Ausführungen zum Direct Costing finden sich z. B. in Weber, J./Weißenberger, B. E. [2015], S. 394 ff.

86 Vgl. Weber, J./Weißenberger, B. E. [2015], S. 391.

87 Eine weitere Unterscheidung in geplante und prognostizierte Kosten erscheint willkürlich, da geplante Kosten oft auf Basis von prognostizierten Kosten festgelegt werden und die Prognose von Kosten prinzipiell eine spezielle Planungssituation impliziert.

2.3.3 Kostenrechnungssysteme im Überblick

Die beiden Sichtweisen der Unterscheidung von Kostenrechnungssystemen nach dem Sachumfang und nach dem Zeitbezug können jeweils kombiniert werden (vgl. Abb. 2-6). Einer Einführung in die Kostenrechnung entsprechend wird im Folgenden hauptsächlich die Kombination einer Ist-Kostenrechnung als Vollkostenrechnung zu Grunde gelegt, teilweise werden aber auch Aspekte einer Plan-Kostenrechnung bzw. Teilkostenrechnung miteinbezogen.

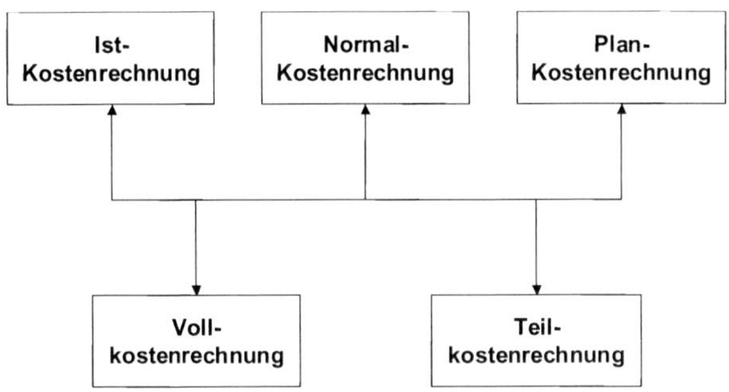

Abb. 2-6: Ausprägungen von Kostenrechnungssystemen[88]

Die Systematik der Kostenrechnung (vgl. Abb. 2-4) mit der Dreiteilung in Kostenarten-, Kostenstellen- und Kostenträgerrechnung kann jeweils in den dargestellten Kostenrechnungssystemen eingebunden sein, d. h., dass bspw. eine Kostenträgerrechnung sowohl als Ist-Kostenrechnung als auch als Plan-Kostenrechnung durchgeführt werden kann.

[88] Zu einer ähnlichen Darstellung zur Systematisierung der Kostenrechnungssysteme vgl. z. B. Haberstock, L. [2008], S. 173.

Lernfragen zu 2.3

1. Wonach lassen sich Kostenrechnungssysteme unterscheiden?

2. Nennen Sie jeweils ein Beispiel für ein Kostenrechnungsverfahren auf Vollkosten- bzw. Teilkostenbasis.

3. Welche Kostenrechnungssysteme werden nach dem Zeitbezug unterschieden?

4. Welche Kombination von Kostenrechnungssystemen nach dem Zeitbezug und nach dem Sachumfang der Rechnung kommt in kleinen und mittelgroßen Unternehmen häufig zur Anwendung?

Literaturhinweise zu 2.3

Coenenberg, A. G./Fischer, T. M./Günther, T. [2016], Kostenrechnung und Kostenanalyse, 9. Aufl., Stuttgart 2062, S. 69 - 115.

Grob, H. L. [2002], Leistungs- und Kostenrechnung, 4. Aufl., Münster (Westfalen) 2002, S. 44 - 47.

Haberstock, L. [2008], Kostenrechnung I - Einführung mit Fragen, Aufgaben, einer Fallstudie und Lösungen, bearb. von Breithecker, V., 13. Aufl., Berlin 2008, S. 171 - 184.

Schweitzer, M./Küpper, H.-U. [2016], Systeme der Kosten- und Erlösrechnung, 11. Aufl., München 2016, S. 79 - 94.

Weber, J./Weißenberger, B. E. [2015], Einführung in das Rechnungswesen: Bilanzierung und Kostenrechnung, 9. Aufl., Stuttgart 2015, S. 377 - 406.

2.4 Kostenartenrechnung

Im folgenden Abschnitt 2.4 erfolgt eine Einordnung der Kostenartenrechnung in die Systematik der Kostenrechnung (2.4.1). Danach werden kurz Zurechnungsprinzipien dargestellt (2.4.2). Die verschiedenen Möglichkeiten, Kosten nach Kostenarten zu differenzieren, zeigt Abschnitt 2.4.3.

2.4.1 Einordnung der Kostenartenrechnung in die Systematik der Kostenrechnung

Die Kostenartenrechnung dient dazu, den bewerteten betriebsbedingten Güterverzehrs einer Periode zu erfassen.[89] Dies hat als Schritt vor der Verrechnung zeitnah zu erfolgen (vgl. Abb. 2-4). Wenn eine kurzfristige Erfolgsrechnung durchgeführt werden soll, müssen neben den Leistungen (i. d. R. in Form von Markterlösen) auch die Kosten der jeweils betrachteten Periode bekannt sein. Mit oder nach der Erfassung kann auch noch eine Bewertung des betrieblich bedingten Güterverzehrs notwendig sein. Der mengenmäßig erfasste Güterverzehr ist jeweils zu bewerten, wobei z. B. die Verbrauchsfolgeverfahren angewendet werden können (vgl. 3.3.4).

Die Kostenartenrechnung kann auch als erste Stufe der Kosten- und Leistungsrechnung verstanden werden. Wenngleich eine Differenzierung der Kosten in Kostenarten nach Art der verbrauchten Güter und Leistungen nicht zwingend erforderlich ist, insbesondere nicht in allen möglichen Entscheidungssituationen, so ist die Erfassung der Kosten nach solchen Kostenarten sowohl Grundlage für die Voll- als auch für die Teilkostenrechnung. Evtl. ist die Kostenartenrechnung auch nur als eine von drei (im Verbund mit der Kostenstellen- und Kostenträgerrechnung) oder von anderen, auch noch möglichen Auswertungsstufen[90] zu verstehen.

Die Kostenartenerfassung erfolgt vergangenheitsbezogen, ist also Teil der Ist-Kostenrechnung. Andererseits wird auch in der Normal-Kostenrechnung auf Basis der Kostenarten „gerechnet". Ebenso wird in der Plan-Kostenrechnung auf die Kostenarteneinteilung zurückgegriffen: Kosten werden nach Kostenarten geplant. Üblich ist es z. B. bei der *Budgetierung* einer Kostenstelle, d. h. der Festlegung der Kostenstellen-Kosten für eine kommende Periode, nach Kostenarten getrennt zu planen. Dies spiegelt die Erfahrung wider, dass Kostenentwicklungen meist auf bestimmte Kostenarten beschränkt sind. So sind bspw. tariflich bedingte Steigerungen bei den Personalkosten unabhängig von evtl. Veränderungen bei EDV-Kosten.

---

[89] Vgl. Coenenberg, A. G./Fischer, T. M./Günther, T. [2016], S. 69.
[90] Vgl. Coenenberg, A. G./Fischer, T. M./Günther, T. [2016], S. 69.

Da mit der Kostenerfassung die Daten für die gesamte Kostenrechnung bereitgestellt werden, ist deren Detaillierung auch im Hinblick darauf festzulegen. Da in der Finanzbuchhaltung kostengleicher Aufwand erfasst wird, erfolgt die Kostenerfassung organisatorisch auch in der Finanzbuchhaltung.

Bei der *Kontierung* von Belegen zur Buchung sind neben einer Aufwandsart ein Kostenträger oder eine Kostenstelle und eine Kostenart anzugeben. Eine Zuordnung von Aufwand auf Einheiten innerhalb des Unternehmens, wie etwa auf Geschäftsbereiche, ist nicht notwendig, sofern nicht gesetzliche Anforderungen bestehen, die dies erfordern (bspw. in Form einer Segmentberichterstattungspflicht). Zumindest in der Detailliertheit, wie dies für Zwecke der Kostenrechnung notwendig sein kann, ist eine solche Zuordnung i. d. R. nicht erforderlich.

Da die Erfassung von Aufwand und Kosten eng miteinander verflochten sind, macht eine simultane Erfassung Sinn. Beim Erfassen ist jeweils ein Kennzeichen zu setzen, ob es sich um Aufwand und/oder Kosten handelt. Aufwand, der keine Kosten darstellt, ergibt sich z. B., wenn der Güterverzehr als außerordentlich, periodenfremd oder nicht betriebsbedingt zu klassifizieren ist (vgl. 1.3.5).

Organisatorisch kann dies durch Buchungen innerhalb eines Kontenrahmens erfolgen, wobei – ausgehend vom Zahlenmaterial der Finanzbuchhaltung, das eindeutig bestimmten Aufwands- oder Ertragsarten zugeordnet ist – Korrekturbuchungen zum Übergang ins interne Rechnungswesen, also zu Kosten- und Leistungsarten, vorgenommen werden.[91]

Aufwand wie Kosten werden basierend auf Auszahlungsbelegen (z. B. Kontoauszüge), Eingangsrechnungen und Verbrauchsmeldungen erfasst. Die Klassifizierung von Aufwand in Aufwandsarten folgt dabei den gesetzlichen Vorgaben der Jahresabschlusserstellung. Dabei sind insbesondere die Gliederung der Gewinn- und Verlustrechnung bzw. der Bilanz relevant.[92] Im internen Rechnungswesen ist es dem Unternehmen jedoch unbenommen, von diesen Schemata abzuweichen. Grundsätzlich macht es Sinn, die dortige Klassifizierung unter Beachtung der Wirtschaftlichkeit und des zusätzlichen Informationsnutzens zu verfeinern. Eine Kostenklassifizierung ist zweckorientiert je nach Informationsbedarf vorzunehmen, sodass auch eine Zusammenfassung von Positionen angebracht sein kann. Über eine solche ist dann nachzudenken, wenn es zu einer Kostenart einen genau identifizierbaren Kosteneinflussfaktor gibt, mit dem sich das Verhalten der Kosten erklären lässt. Ansonsten kann eine Einteilung in Kostenarten auch unter dem Gesichtspunkt mehrerer, verschiedener Kosteneinflussfaktoren gesehen werden, was auch zu einer Hierarchisierung innerhalb des Kostenartenplans führen kann.

---

[91] Zur Vertiefung der Integration von Rechnungskreisen in einem Kontenrahmen vgl. z. B. Coenenberg, A. G./Fischer, T. M./Günther, T. [2016], S. 108 - 111.

[92] Zur Gliederung der Bilanz vgl. 3.2.1 bzw. zur Gliederung der Gewinn- und Verlustrechnung vgl. 3.4.2.

Alle Kosten, die im Unternehmen auftreten, sollten jeweils einer Kostenart zuzuordnen sein. Diese idealtypische Vorstellung ist in der Praxis jedoch kaum zu verwirklichen – zumindest nicht, ohne dabei eine Vielzahl von Kostenarten zu erhalten. Damit der Kostenartenplan als Auflistung der Kostenarten überschaubar bleibt, sollten entweder sehr „seltene" Kosten grob zusammengefasst oder Sammelpositionen („Sonstige Kosten") eingerichtet werden. Die Höhe der Kosten, die unter solchen Bezeichnungen erfasst wird, sollte ein gewisses wertmäßiges Volumen nicht überschreiten. Bei der Definition von Kostenarten ist also auch die Wesentlichkeit zu beachten, die besagt, dass bei einem geringen Kostenvolumen eine grobe Aufteilung genügen kann, während bei einem hohen Kostenvolumen eine weitere Differenzierung notwendig sein kann.

Unter einem *Kostenartenplan* ist die strukturierte Aufstellung aller Kostenarten zu verstehen.[93] Mit der Strukturierung kann auch eine Hierarchisierung verbunden sein, bei der z. B. einzelne Kostenarten zu einer Kostenartengruppe zusammengefasst werden. Wenn Kostenarten festzulegen sind, stellt die Frage nach der optimalen Gliederungstiefe also ein zentrales Problem dar.[94] In einem Kostenartenplan werden die Bezeichnung der Kostenart, die darunter zu fassenden Kosten und - aus buchungstechnischen Gründen - eine eindeutige Kennziffer (z. B. vierstellig) für die jeweilige Kostenart vergeben. Eine Festlegung von Verantwortlichen für Kostenarten wie bei Kostenstellen ist selten sinnvoll, da gleiche Kostenarten in sehr verschiedenen Bereichen eines Betriebes auftreten können, so dass es i. d. R. mehrere Verantwortliche für eine Kostenart gibt. Evtl. sind spezielle Kostenarten jedoch auch funktionsgebunden, sodass das Festlegen eines Verantwortlichen sinnvoll ist (z. B. bei internen Leistungsverrechnungen).

Ein Kostenartenplan sollte zumindest auf einer Hierarchiestufe eine Entsprechung zu den Aufwandsarten haben. Die Gruppierung der Aufwandsarten aus der Finanzbuchhaltung für den Jahresabschluss ist nicht immer sinnvoll für Zielsetzungen der Kostenrechnung. Eine Entsprechung auf einer Hierarchiestufe erleichtert aber eine notwendige Umgruppierung für Zwecke der Kosten- und Leistungsrechnung.

Beispiel für eine Hierarchisierung:

<u>10 Personalkosten</u>
1001 Fertigungslöhne
1002 Hilfslöhne
1003 Gehälter
1004 Provisionen
1005 gesetzliche und freiwillige soziale Abgaben
1006 Erfolgsbeteiligungen
1007 kalkulatorischer Unternehmerlohn

---

93 Vgl. Coenenberg, A. G./Fischer, T. M./Günther, T. [2016], S. 108.
94 Vgl. Bertelsmann, R. [2005], S. 145.

Ein Kostenartenplan kann immer nur unternehmensindividuell erstellt werden. Selbst in sehr ähnlichen Unternehmen (z. B. derselben Branche) können Kostenartenpläne deutlich voneinander abweichen. Eine gewisse Standardisierung ist aber im Zuge der durch Software vorgegebenen Strukturen, durch Branchenrichtlinien und der Anlehnung an die Vorschriften des externen Rechnungswesens zu vermuten.[95]

Zu erfüllende Anforderungen für einen zweckgerechten Kostenartenplan ergeben sich zwangsläufig aus der Zweckorientierung und den Aufgaben der Kosten- und Leistungsrechnung:[96]

1) Kriterium der Vollständigkeit
2) Kriterium der Eindeutigkeit
3) Kriterium der Stetigkeit
4) Kriterium der Flexibilität

ad 1) Kriterium der Vollständigkeit: Alle erfassten Kosten und Leistungen sollten einer Kostenart zugeordnet werden können. Wie bereits oben ausgeführt, ist dabei keine absolute Vollständigkeit im Sinne, dass jeder Verbrauchsart auch genau eine Kostenart gegenübersteht, nötig. Es genügt, wenn die Vollständigkeit durch gewisse Sammelpositionen gewährleistet wird.

ad 2) Kriterium der Eindeutigkeit: Die Kostenarten sind eindeutig zu definieren.[97] Die Festlegung der Kosten, die unter einer Kostenart zu erfassen sind, hat also so zu erfolgen, dass eine überschneidungsfreie Zuordnung aller Kosten möglich ist. Eine Doppelzuordnung ist strikt zu vermeiden. Über eine Hierarchisierung steht bei Zweifelsfällen eine andere Auswertungsmöglichkeit zur Verfügung, um die gleichen Kosten unter verschiedenen Kostenarten(gruppen) darzustellen. Dabei handelt es sich aber nur um eine andere Darstellungsmöglichkeit: Die Summe der Kosten bleibt gleich. Bspw. lassen sich Personalkosten eines IT-Mitarbeiters einmal unter den IT-Kosten oder zum anderen unter den Personalkosten ausweisen.

Zweifel bei der Eindeutigkeit kann es auch bei der Zuordnung der Kosten zu einer Periode geben. Hier ist bislang davon ausgegangen worden, dass diese Zuordnung zu einer Periode schon erfolgt ist (Kosten = bewerteter, betriebsbedingter Verzehr von Güter und Dienstleistungen *einer Periode*). Kosten kann es nach dieser Definition also immer nur in Bezug auf eine festgelegte Periode geben. Insofern ist eine Doppelerfassung bei gleichem zu Grunde liegendem Sachverhalt in verschiedenen Perioden nicht erlaubt.

Durch die Verrechnung von *innerbetrieblichen Leistungen*, also von Leistungen die von einer Abteilung für eine andere Abteilung innerhalb des Betriebes erbracht werden, entsteht eine zusätzliche Schwierigkeit. Kosten könnten einmal als *primäre* (in der leistenden Abteilung) und

---

95 Zu einem Referenz-Kostenartenplan für Unfallversicherungsträger vgl. Bertelsmann, R. [2005], S. 144. Die Spezifizität von Kostenartenplänen (hier exemplarisch für die öffentliche Verwaltung) wird dort sehr deutlich.
96 Vgl. Coenenberg, A. G./Fischer, T. M./Günther, T. [2016], S. 108.
97 Vgl. Coenenberg, A. G./Fischer, T. M./Günther, T. [2016], S. 108.

dann erneut als *sekundäre* (in der empfangenden Abteilung) Kosten erfasst werden. Problematisch wird dies jedoch nur, wenn die verrechneten Kosten nicht auch als Leistungen erfasst worden sind. Im Ergebnis gleichen sich die verrechneten Kosten für innerbetriebliche Leistungen und die empfangenen sekundären Kosten aus. Sinnvoll erscheint es daher, den Kostenartenplan in primäre und sekundäre Kostenarten zu unterteilen, was dann auch bei der Kostenstellenrechnung[98] ein Splitten der Kosten nach primären und sekundären Kosten der Kostenstelle erlaubt.

ad 3) Kriterium der Stetigkeit: Stetigkeit bedeutet, dass ein einmal gewählter Kostenartenplan mit seinen spezifizierten Kostenarten auch in folgenden Perioden gewählt wird. Nur so lassen sich verschiedene Perioden kostenartenweise vergleichen. Die Stetigkeit ist wiederum nicht absolut zu definieren, sondern bedeutet, dass nur begründet von dem alten Kostenartenplan abgewichen werden sollte. Wenn tatsächlich die Notwendigkeit besteht, neue Kostenarten zu ergänzen bzw. bereits vorhandene Kostenarten in ihrem Umfang der enthaltenen Kosten zu modifizieren, dann sollte auf eine Kompatibilität zu vorangegangenen Perioden geachtet werden (z. B. dadurch, dass eine bestehende Kostenart weiter differenziert wird, aber eine Aggregation auf einer Hierarchiestufe noch möglich oder durch Umgruppierung zu erreichen ist). Die Forderung, dass auch in der Kosten- und Leistungsrechnung bei Erfassung (und genauso bei der Bewertung) des Güter- und Dienstleistungsverzehrs auf Stetigkeit zu achten ist, ist durchaus berechtigt,[99] wird aber durch das folgende Kriterium eingeschränkt.

ad 4) Kriterium der Flexibilität: Der Kostenartenplan muss anpassungsfähig sein,[100] weil organisatorische Entwicklungen und verfahrenstechnische Änderungen in der Produktion eine Modifikation des Kostenartenplans oder der Spezifizierung einzelner Kostenarten notwendig machen können.

Nach diesen grundsätzlichen Hinweisen zur Einordnung der Kostenartenrechnung und den Anforderungen an einen zweckgerechten Kostenartenplan sollen nun Zurechnungsprinzipien erläutert werden, weil diese bereits bei der Kostenerfassung zu beachten sind. In welcher Form dies geschehen kann, wird dann in Abschnitt 2.4.3 thematisiert.

[98] Im Betriebsabrechnungsbogen, der in den Ausführungen zur Kostenstellenrechnung (2.5.3) erläutert wird, sind jeweils verschiedene Zeilen(blöcke) für primäre und sekundäre Kosten vorgesehen.

[99] Vgl. Coenenberg, A. G./Fischer, T. M./Günther, T. [2016], S. 108. Siehe zum Vergleich auch die Anmerkungen zum Grundsatz der Vergleichbarkeit im externen Rechnungswesen in Abschnitt 3.1.5.3.

[100] Vgl. Coenenberg, A. G./Fischer, T. M./Günther, T. [2016], S. 108.

2.4.2 Zurechnungsprinzipien

Obwohl sich die Frage nach der *richtigen* Zurechnung von Kosten auf Bezugsobjekte auch in der Kostenstellen- und Kostenträgerrechnung stellt, wird sie bereits hier allgemein erörtert. Unter „richtig" kann erneut nur zweckmäßig im Sinne des betrachteten Entscheidungsproblems verstanden werden. Es ist davor zu warnen, von *dem* „richtigen" Zurechnungsprinzip zu sprechen. Unter einem *Zurechnungsprinzip* soll dabei ein allgemein formuliertes Kriterium für die Zurechnung von Kosten (und Leistungen) auf Bezugsobjekte, wie z. B. Kostenstellen, Kostenträger oder Perioden verstanden werden.

Der teilweise erbitterte Streit über Zurechnungsprinzipien in der älteren Kostenrechnungsliteratur soll hier nicht wiedergegeben werden. Stattdessen werden nur das Verursachungs- und das Durchschnittsprinzip behandelt. Der Versuchung, noch verschiedenste andere Zurechnungsprinzipien mit evtl. weiteren Unterausprägungen zu behandeln, soll an dieser Stelle widerstanden werden: Die Beschränkung auf die zwei genannten elementaren Zurechnungsprinzipien für alle Stufen der Kostenrechnung möge genügen, da sich nach der vertretenen Auffassung praktisch alle anderen Zurechnungsprinzipien auf diese zurückführen lassen.[101]

2.4.2.1 Verursachungsprinzip

Nach dem *Verursachungsprinzip* sollen Kosten, soweit dies möglich ist, jeweils genau einer Kostenstelle, genau einem Kostenträger oder genau einer Periode zugerechnet werden. Voraussetzung dafür ist, dass die Kostenstelle, der Kostenträger bzw. die Periode als ursächlich für die Kostenentstehung betrachtet werden können. In enger Auslegung ist dabei von einem Kausalzusammenhang (Ursache-Wirkungs-Zusammenhang) auszugehen. Ein Finalzusammenhang im Sinne von Mittel-Zweck-Zusammenhängen erscheint als operationale Zurechnungsvorgabe nicht ausreichend.[102] Einem Produkt sind nach dem Verursachungsprinzip in enger Auslegung nur die Kosten zuzurechnen, die bei der Erstellung einer zusätzlichen Mengeneinheit des Produktes zusätzlich anfallen. In der Kostentheorie würden solche Kosten (insbesondere bei infinitesimal kleinen Mengenänderungen) als Grenzkosten bezeichnet.[103]

Offensichtlich lassen sich jedoch nicht alle Kosten verursachungsgerecht zurechnen. So lassen sich z. B. Mietkosten eines Unternehmens nicht ohne weiteres einem einzelnen Produkt zurechnen, wenn es sich nicht um ein Einproduktunternehmen handelt – und selbst in diesem Fall lassen

[101] Vgl. ebenso Coenenberg, A. G./Fischer, T. M./Günther, T. [2016], S. 71 f.
[102] Vgl. Coenenberg, A. G./Fischer, T. M./Günther, T. [2016], S. 71 f.
[103] Vgl. Grob, H. L. [2002], S. 38.

sie sich i. d. R. nicht einer einzelnen Produkteinheit zurechnen. In der Praxis ist von Mehrproduktunternehmen auszugehen.[104] Oft lassen sich dann nur Aussagen über eine evtl. geschätzte Höhe der Beanspruchung von Ressourcen durch einzelne Produkte treffen.[105] Selbst wenn die Verursachungsgerechtigkeit zu einer solchen Beanspruchungsgerechtigkeit aufgeweicht wird (z. B. im Hinblick auf die Inanspruchnahme von Prozessen), ist eine Schlüsselung von Kosten nicht zu vermeiden. Theoretisch ist jedoch immer eine verursachungsgerechte Kostenzurechnung anzustreben, weil sie den Anspruch der Willkürfreiheit erfüllt.

Beim Identitätsprinzip nach RIEBEL wird als Ursache auf eine Entscheidung abgestellt. Nach diesem Zurechnungsprinzip sind Kosten und Leistungen gegenüberzustellen, die aus einer identischen Entscheidung resultieren.[106] Es kann als ein Prinzip klassifiziert werden, das auf dem Verursachungsgedanken basiert.[107]

2.4.2.2 Durchschnittsprinzip

Beim *Durchschnittsprinzip* werden Kosten nach einem Schlüssel auf mehrere Kostenstellen, mehrere Kostenträger oder mehrere Perioden verteilt. Dabei ist dies immer nur als eine hilfsweise Proportionalisierung von Kosten anhand bestimmter Bezugsgrößen, aus denen der Schlüssel generiert wird, anzusehen. Einige Beispiele von Kostenschlüsseln sind in Tab. 2-3 aufgeführt.

Deutlich wird dies insbesondere bei der Verteilung von Anschaffungsausgaben für Güter auf die Perioden der Nutzung des Gutes (Abschreibungen als Periodisierung der Anschaffungsausgaben). Die Abschreibungen, die in die Kostenrechnung als Kosten einer Periode eingehen, sind abhängig von der gewählten Abschreibungsmethode und damit willkürlich. Verursachungsgerecht sind die Anschaffungsausgaben nur der gesamten Nutzungszeit als einer Totalperiode zurechenbar. Weitere Aufteilungen auf Teilperioden können damit nur in gewissem Maße plausibel und zweckmäßig erscheinen.

Beim *Tragfähigkeitsprinzip* (auch Kostentragfähigkeitsprinzip) erfolgt die Zurechnung anhand von Wertschlüsseln. Als Basis für die Verrechnung werden dabei z. B. die (erwarteten) Absatzpreise herangezogen, sodass Produkte mit hohen Absatzpreisen auch hohe Kostenanteile zugewiesen bekommen. Das Tragfähigkeitsprinzip kann demnach auch als ein (spezielles) Durchschnittsprinzip aufgefasst werden.

---

[104] Beim Beispiel zur Produktions- und Absatzplanung (vgl. S. 35 ff.) wurde bereits deutlich, dass fixe Kosten nicht willkürfrei auf Produkte (dort: Ladenmiete auf Eis A und B) verteilt werden können und eine solche Verteilung auch nicht zur Entscheidungsfindung geeignet sein kann.

[105] So lässt sich z. B. bei mehreren Produkten, die auf einer Fertigungsanlage erstellt werden, vermuten, dass Produkte mit längeren Fertigungszeiten auf dieser Maschine diese Ressource Fertigungsanlage auch stärker in Anspruch nehmen. Beanspruchungsgerecht (nicht verursachungsgerecht!) wäre es dann, diese Produkte mit höheren Kosten für die Abschreibungen der Fertigungsanlage zu belasten als Produkte mit kürzeren Fertigungszeiten.

[106] Man beachte, dass sich der hier verwendete Kostenbegriff von dem von RIEBEL verwendeten unterscheidet. Das Identitätsprinzip ist für Zahlungen (*pagatorischer Kostenbegriff*) formuliert worden, vgl. Riebel, P. [1994].

[107] Vgl. Coenenberg, A. G./Fischer, T. M./Günther, T. [2016], S. 72.

Mengenschlüssel	Wertschlüssel
Zählgröße (z.B. Zahl der eingesetzten, hergestellten oder abgesetzten Stücke, Zahl der Buchungen)	**Kostengrößen** (z.B. Fertigungslohnkosten, Fertigungskosten, Herstellkosten)
Zeitgrößen (z.B. Kalenderzeit, Fertigungszeit, Maschinenstunden, Rüstzeit, Meisterstunden)	**Einstandsgrößen** (z.B. Wareneingangswert, Lagerzugangswert)
Raumgrößen (z.B. Länge, Fläche, Rauminhalt)	**Absatzgrößen** (z.B. Warenumsatz, Kreditumsatz)
Gewichtsgrößen (z.B. Einsatzgewichte, Transportgewichte, Produktmengen in Gewichtseinheiten)	**Bestandsgrößen** (z.B. Bestandswert an Stoffen, Zwischen- oder Endprodukten, Anlagenbestandswert)
Technische Maßgrößen (z.B. kWh, PS, km, Kalorien)	**Verrechnungsgrößen** (z.B. Verrechnungspreis)

Tab. 2-3: Kostenschlüssel für die Kostenzurechnung[108]

Vorgeschlagen wird auch ein „*Akzeptanzprinzip*".[109] Danach sollen nicht verursachungsgerecht zurechenbare Kosten in der Form zugerechnet werden, dass dies von den „Betroffenen" als *gerecht* im Sinne von akzeptabel empfunden wird. Als Beispiel dafür wird angeführt, dass bei der Kalkulation von öffentlichen Aufträgen nach gesetzlichen Regelungen auch anteilige fixe Kosten in die Berechnung miteinbezogen werden dürfen. Im Ergebnis könnte es sich um eine Kostenverteilung nach dem Durchschnittsprinzip handeln. Kritisch erscheint, dass eine Zurechnung von Kosten von der Verhandlungsmacht der Verhandlungspartner abhängt und eine objektive Zurechnung nicht gegeben ist, sondern jeweils von der Akzeptanz der Verhandlungspartner abhängt. Für gleiche Sachverhalte können sich so je nach Verhandlung unterschiedliche Kostenverteilungen ergeben.[110]

Dass die Zurechnung auch von nicht verursachungsgerecht zurechenbaren Kosten von *praktischer* Relevanz ist, wird nicht bestritten. Zu hoffen ist aber, dass es dann nicht um die Akzeptanz der *zugerechneten Kosten* geht, sondern vor allem um die Akzeptanz *der Zurechnungsmethode.* Dieser kleine Unterschied erscheint gewichtig, weil über Zurechnungsmethoden (z. B. einen bestimmten Schlüssel) nach Zweckmäßigkeitsgesichtspunkten durchaus diskutiert werden kann, während dies über das Ergebnis einer Kostenzurechnung nur noch bedingt möglich ist.

[108] Vgl. Schweitzer, M./Küpper, H.-U. [2016], S. 149.
[109] Vgl. dazu und im Folgenden Grob, H. L. [2002], S. 40 f. bzw. Grob, H. L./Bensberg, F. [2005], S. 45 f.
[110] Eine ähnliche Problematik ergibt sich bei ausgehandelten Verrechnungspreisen. Vgl. z. B. Küpper, H.-U. [2013], S. 673 f.

Die Kostenrechnungssysteme basieren i. d. R. auf einer Gewichtung der beiden elementaren Zurechnungsprinzipien.[111] Während es theoretisch denkbar ist, dass Kostenrechnungssysteme ausschließlich auf dem Verursachungsprinzip aufbauen,[112] ist in der Praxis die Kombination mit dem Durchschnittsprinzip vorherrschend. Zu beachten ist in solchen Kostenrechnungssystemen dann jeweils, ob die zugerechneten Kosten relevant für eine Entscheidung sind.

In der Praxis scheitert eine verursachungsgerechte Zurechnung auch an dem Grundsatz der Wirtschaftlichkeit, nach dem Kosten und Nutzen der Information in einem angemessenen Verhältnis stehen sollten.[113] Als Beispiel sei der Energieverbrauch in einer Werkshalle genannt, in der eine Vielzahl von Maschinen steht, die jeweils ein Produkt herstellen. Durch getrennte Stromzähler an den Maschinen ließe sich der Energieverbrauch verursachungsgerecht bestimmen; der Nutzen aus dieser Information dürfte aber in keinem vernünftigen Verhältnis zu den Kosten der Stromzähler (und dem Ablesen dieser) stehen, insbesondere wenn man bedenkt, dass aufgrund technischer Daten der Maschinen und der jeweiligen Betriebszeiten eine gute *Schätzung* der einzelnen Energieverbräuche möglich sein sollte.

[111] Vgl. Coenenberg. A. G./Fischer, T. M./Günther, T. [2012], S. 71 f.

[112] Gedacht ist insbesondere an die relative Einzelkosten- und Deckungsbeitragsrechnung nach RIEBEL, die aber nicht weiter thematisiert wird, s. dazu Riebel, P. [1994].

[113] Vgl. Coenenberg, A. G./Fischer, T. M./Günther, T. [2016], S. 72.

2.4.3 Differenzierung von Kostenarten

Unter einer *Kostenart* im weiteren Sinne wird hier eine Klasse von Kosten verstanden, die hinsichtlich eines zu Grunde gelegten Kriteriums die gleichen Merkmalsausprägungen besitzen.[114] Denkbar sind viele Kriterien zur Differenzierung, diskutiert werden in den kommenden Abschnitten jedoch nur die folgenden:

- Differenzierung nach Art der verbrauchten Güter und Dienstleistungen (Kostenarten im engeren Sinne)
- Differenzierung nach der Zurechenbarkeit zu einem Bezugsobjekt (Einzel- und Gemeinkosten)
- Differenzierung nach dem Verhalten bei der Variation eines Kosteneinflussfaktors (variable und fixe Kosten)
- Differenzierung nach Herkunft der Kostendaten (primäre und sekundäre Kosten)

Die Differenzierung nach dem Ort der Kostenentstehung wird in Abschnitt 2.5 und die Differenzierung nach dem Verwendungszweck in Abschnitt 2.6 ausführlich dargestellt. Bevor auf die einzelnen Differenzierungsmöglichkeiten eingegangen wird, werden Klassifikationsmerkmale in einer Übersicht mit deren möglichen Ausprägungen bzw. durch Beispiele veranschaulicht (Tab. 2-4).

Klassifikationsmerkmal	Ausprägung/Beispiel
verbrauchte Güter und Dienstleistungen	Materialkosten
Zurechenbarkeit zu einem Bezugsobjekt	Einzel- und Gemeinkosten
Verhalten bei Variation eines Kosteneinflussfaktors	variable und fixe Kosten
Herkunft der Kostendaten	primäre und sekundäre Kosten
Ort der Kostenentstehung	Kosten des Fertigungsbereichs (Kostenstellenkosten)
Verwendungszweck	Kosten des Produktes A (Kostenträgerkosten)
Beeinflussbarkeit	beeinflussbare und nicht beeinflussbare Kosten sowie relevante und irrelevante Kosten
Zahlungswirksamkeit	auszahlungswirksame und auszahlungsunwirksame Kosten
Zeitbezug	Ist-, Normal- und Plan-Kosten
Umfang der verrechneten Kosten	Vollkosten und Teilkosten

Tab. 2-4: Klassifikation der Kosten in Kostenarten[115]

[114] Vgl. Schweitzer, M./Küpper, H.-U. [2016], S. 98.
[115] In Anlehnung an Schmidt, A. [2017], S. 22.

2.4.3.1 Differenzierung nach Art der verbrauchten Güter und Dienstleistungen

Die Differenzierung nach Art der verbrauchten Güter und Dienstleistungen bildet i. d. R. den Ausgangspunkt und das Grundgerüst bei der Kostenerfassung in der Praxis. Kriterium ist dabei die Art der Einsatzgüter. Entgegen vieler Darstellungen wird hier nicht vertiefend auf einzelne Kostenarten eingegangen, sondern nur wichtige Kostenartenhauptgruppen aufgezählt und Beispiele für die sie umfassenden Kosten angegeben.

- Personal- und Sozialkosten („Arbeitskosten"):
  - Fertigungslöhne, Hilfslöhne, Gehälter, Provisionen, gesetzliche und freiwillige Sozialabgaben, Erfolgsbeteiligungen, kalkulatorische Löhne (insbesondere kalkulatorischer Unternehmerlohn)
- Sachkosten („Stoffkosten", „Materialkosten"):
  - Anlagen und Betriebsmittel, Betriebs- und Geschäftsausstattung
  - Roh-, Hilfs- und Betriebsstoffe[116]
  - Energiekosten
  - Verpackungsmaterial
- Kapitalkosten
  - Fremdkapitalzinsen
  - kalkulatorische Abschreibungen
  - kalkulatorische Zinsen
- Kosten für bezogene Dienstleistungen
  - Instandsetzung, Prüfung, Beratung, Post und Frachten
- Kosten für Fremdrechte
  - Lizenzen, Patente, Konzessionen, Leasing
- öffentliche Abgaben und Steuern („Gemeinschafts- und Umweltkosten")
  - Kostensteuern,[117] Abgaben, Gebühren und Beiträge
- Versicherungskosten und kalkulatorische Wagnisse

Diese Kostenarten sind in vielen Unternehmen mit unterschiedlichen Differenzierungen und Gruppierungen in den jeweils gebräuchlichen Kostenartenplänen zu finden. Die Abgrenzung einzelner Kostenarten kann im Zweifel schwierig sein, wichtig ist daher die Konsistenz bei der Einordnung und Kontierung nach Kostenarten bei der Kostenerfassung.

---

[116] Zur Unterscheidung: *Roh- und Hilfsstoffe* gehen im Gegensatz zu *Betriebsstoffen* (substanziell) in das Produkt ein. Bei der Produktion eines Tisches handelt es sich beim verwandten Holz um Rohstoffe, beim Leim um einen Hilfsstoff und bei dem Schmiermittel für die Sägemaschine um einen Betriebsstoff. Die Produktionsfaktoren Roh-, Hilfs- und Betriebsstoffe werden auch unter dem Begriff „*Werkstoffe*" subsumiert. Vgl. Gutenberg, E. [1958], S. 49.

[117] Z. B. Kraftfahrzeug-, Versicherungs- und Grundsteuern. Abzugrenzen sind diese von *Ertragsteuern,* wie der Körperschaft- oder der Einkommensteuer. Zu einer differenzierten Diskussion des Kostencharakters der Gewerbesteuer vgl. Grob, H. L./Bensberg, F. [2005], S. 83 ff.

2.4.3.2 Differenzierung nach der Zurechenbarkeit zu einem Bezugsobjekt

Wenn man Kosten nach der Zurechenbarkeit zu einem Bezugsobjekt differenziert, unterscheidet man in Einzel- und Gemeinkosten. Die Frage ist, ob Kosten entweder in einer direkten oder einer indirekten Beziehung zu einem speziellen Bezugsobjekt (Kostenobjekt) stehen.[118]

Einzelkosten

Einzelkosten sind Kosten, die dem betrachteten Bezugsobjekt *direkt zurechenbar* sind. Direkt zurechenbar ist im Sinne des Verursachungsprinzips (vgl. 2.4.2.1) zu verstehen. Kosten, die durch *ein* Bezugsobjekt verursacht werden, sind Einzelkosten hinsichtlich dieses Bezugsobjektes. Dabei ist ein strenger Maßstab anzulegen: Einzelkosten müssen in hohem Maße dem Verursachungsprinzip genügen.

Einzelkosten werden, wenn sie einem Kostenträger als Bezugsobjekt direkt zurechenbar sind, aus der Kostenartenrechnung ohne Durchlaufen der Kostenstellenrechnung auf die Kostenträger verrechnet („Kostenträger-Einzelkosten"). Beispiele für solche Kostenträger-Einzelkosten sind bei Produkten als Kostenträgern die Materialkosten (z. B. Stuhlbeine für einen Stuhl).

Gemeinkosten

Gemeinkosten sind Kosten, die einem betrachteten Bezugsobjekt nur *indirekt zugerechnet* werden können. Bezug nehmend auf die diskutierten Zurechnungsprinzipien ist festzuhalten, dass bei Gemeinkosten das Verursachungsprinzip theoretisch nicht eingehalten werden kann, da Gemeinkosten nicht von einer Bezugsobjekteinheit allein verursacht werden, sondern von *mehreren gemeinsam*.

Gemeinkosten lassen sich also einzelnen Bezugsobjekten nur nach dem Durchschnittsprinzip zurechnen. Dies können Perioden, Kostenträger oder Kostenstellen sein. Als Beispiel für Kostenstellen-Gemeinkosten könnte das Gehalt des Hauptabteilungsleiters dienen, wenn die Kostenstellen mit mehreren Abteilungen innerhalb dieser Hauptabteilung identisch sind. Kostenstellen-Gemeinkosten sind zum einen von der Differenzierung der Bezugsobjekte abhängig (im gerade genannten Beispiel könnte man auch eine zusätzliche Kostenstelle für den Hauptabteilungsleiter einführen), zum anderen erfolgt aus Wirtschaftlichkeitsgründen oft keine direkte Zurechnung, obwohl diese möglich wäre.

---

[118] Vgl. Horngren, C. T. et al. [2015], S. 35. Der Begriff eines Kostenobjektes, als einem Objekt, dem Kosten zugerechnet werden, ist evtl. etwas anschaulicher als der abstrakte Begriff des Bezugsobjektes. Kosten- bzw. Bezugsobjekte können z. B. Produkte, Dienstleistungen, Projekte, Kunden, Marken, Prozesse oder Abteilungen sein. Vgl. Horngren, C. T. et al. [2015], S. 34.

Bei Einzelkosten, die aus Wirtschaftlichkeitsgründen oder Vereinfachungsgründen wie Gemeinkosten behandelt werden, spricht man von *unechten* Gemeinkosten. Die Begriffswahl ist nicht besonders glücklich, weil es sich ja eigentlich um Einzelkosten handelt.[119] Die Behandlung von unechten Gemeinkosten erfolgt analog der von echten Gemeinkosten. Als Beispiel für unechte Gemeinkosten in Bezug auf einen Kostenträger können z. B. Kosten des Leims bei der Erstellung von Stühlen genannt werden. Obwohl sich der Leimverbrauch und damit die Kosten für einen einzelnen Stuhl ermitteln ließen, werden die Leimkosten als unechte Gemeinkosten nur pauschal erfasst und dann durchschnittlich den einzelnen Stühlen zugerechnet. Bei dem geringen Materialwert erscheint ein solches Vorgehen durchaus akzeptabel.

Die tatsächliche Klassifikation in Einzel- oder Gemeinkosten wird also von bestimmten Faktoren beeinflusst. Solche Faktoren können die Höhe der fraglichen Kosten (wie im obigen Beispiel), die organisatorische Struktur (bspw. in Form einer zusätzlichen Hauptabteilungsleiter-Kostenstelle), die verfügbaren Informationen über die Kostenentstehung oder auch vertragliche Vereinbarungen sein.

Abrechnungstechnisch werden die Kostenträger-Gemeinkosten über die Kostenstellen geleitet und mit Hilfe von Schlüsseln auf die Kostenträger verteilt. So lassen sich Kostenträger-Gemeinkosten wie Versicherungsprämien oder Vorstandsgehälter einzelnen Produkten zurechnen, z. B. als pauschaler Zuschlag auf die Kostenträger-Einzelkosten der Produkte.[120]

Die genauen Bezugsobjekte in der Bezugsobjekthierarchie müssen zur korrekten Klassifikation angegeben werden. So ist z. B. jeweils die Angabe notwendig, ob es sich um Einzel- oder Gemeinkosten in Bezug auf Perioden, Kostenstellen oder Kostenträger handelt. Die Klassifizierung in Einzel- oder Gemeinkosten ist in diesem Sinne jeweils relativ. Die Zusammenhänge bei der Differenzierung von Kosten nach der Zurechenbarkeit zeigt Abb. 2-7. Die Kombinationen Kostenträger-Einzelkosten und Kostenstellen-Einzelkosten bzw. Kostenstellen-Gemeinkosten sind theoretisch denkbar, aber praktisch nicht von Bedeutung, weil nur Kostenträger-Gemeinkosten über Kostenstellen geleitet werden. Kostenträger-Einzelkosten werden nicht auch noch Kostenstellen zugerechnet, sodass die linke untere Lücke in Abb. 2-7 gerechtfertigt erscheint. Die Zurechnung auf Perioden, Kostenträger oder Kostenstellen lässt sich an einigen Geschäftsvorfällen verdeutlichen.

---

119 HORNGREN et al. definieren „direct costs" bzw. „indirect costs" als „costs that are related to the particular cost object and that can/cannot traced to it in a feasible (cost-effective) way" (Horngren, C. T. et al. [2015], S. 35). Damit wird also weniger auf die (evtl. nur theoretische) Möglichkeit einer direkten Zuordnung abgestellt, sondern auf die ökonomisch sinnvolle Zuordnung, sodass unechte Gemeinkosten im obigen Sinne als „indirect costs" anzusehen sind. Die Begriffe Einzel- und Gemeinkosten können somit von „direct costs" bzw. „indirect costs", die jeweils als Übersetzung erscheinen, abweichen.

120 Zur (differenzierten) Zuschlagskalkulation vgl. 2.6.1.3.

Abb. 2-7: Zusammenhänge zwischen Einzel- und Gemeinkosten nach Bezugsobjekten (Perioden, Kostenträger, Kostenstellen)[121]

- Kosten für Stuhlbeine bei der Produktion eines Stuhls stellen Einzelkosten bezogen auf den Kostenträger Stuhl dar.
- Die Kosten des Stromverbrauchs für Maschinen, die verschiedene Möbel verarbeiten, sind als Kostenträger-Gemeinkosten anzusehen, wenn die verschiedenen Möbel jeweils als Kostenträger gewählt werden.
- Bei Vorstandsgehältern einer Möbelfabrik in der Rechtsform einer Aktiengesellschaft handelt es sich um Kostenträger-Gemeinkosten in Bezug auf die Möbel. Sie können aber als Einzelkosten einer Kostenstelle „Vorstand“ aufgefasst werden.
- Personalkosten für Mitarbeiter in der Abteilung Fertigung sind Kostenstellen-Einzelkosten der Fertigungskostenstelle. Über eine Zuordnung zu Kostenträgern lässt sich keine Aussage treffen.
- Zeitabhängige Abschreibungen auf die Produktionsanlage, auf der im letzten Geschäftsjahr ausschließlich ein Tisch einer bestimmten Sorte hergestellt wurde, können als Einzelkosten des letzten Geschäftsjahres sowie als Kostenträger-Einzelkosten hinsichtlich der produzierten Sorte des Tisches klassifiziert werden.
- Personalkosten für den Vertriebsmanager, der gleichzeitig drei Vertriebskostenstellen leitet, sind Kostenstellen-Gemeinkosten für die von ihm geleiteten Vertriebskostenstellen. Falls eine extra Kostenstelle „Vertriebsleitung“ bestehen würde, wären die Personalkosten dieser direkt zurechenbar und somit Kostenstellen-Einzelkosten.

Wenn man nur von Einzel- oder Gemeinkosten spricht, sind i. d. R. Kostenträger-Einzel- bzw. Kostenträger-Gemeinkosten gemeint. Mit *Sondereinzelkosten* werden Kosten bezeichnet, die zwar einem Produkt (einer Produktart) insgesamt, aber nicht einer einzelnen Produkteinheit zugerechnet werden können.[122] Sondereinzelkosten der Fertigung sind u. a. bestimmte Betriebsmittel wie Spezialwerkzeuge, Modellzeichnungen oder Lizenzgebühren für den Einsatz eines fremden Fertigungsverfahrens. Diese Kosten fallen für die Produktart, aber nicht für jedes einzelne erstellte Produkt an – in Bezug auf das einzelne Produkt handelt es sich also um Gemeinkosten. Außerdem kann es auch Sondereinzelkosten aus dem Anlagevermögen geben, etwa, wenn ein

[121] Quelle: Coenenberg, A. G./Fischer, T. M./Günther, T. [2016], S. 77.
[122] Vgl. dazu und im Folgenden Coenenberg, A. G./Fischer, T. M./Günther, T. [2016], S. 76.

Produkt auf einer Spezialmaschine hergestellt wird oder spezielle Lizenzen oder Patente für die Herstellung des Produktes nötig sind. Darüber hinaus können noch sonstige Sondereinzelkosten wie Entwicklungs- und Versuchskosten anfallen. Analog zu Sondereinzelkosten der Fertigung treten auch Sondereinzelkosten des Vertriebs auf, z. B. für Verpackung oder Frachten.

Bei Sondereinzelkosten handelt es sich um fixe Kosten, während Einzelkosten sonst in aller Regel variabel sind. Auch hier ist wieder die Angabe des genauen Bezugsobjektes von Bedeutung (Produkt(art) oder Produkteinheit). Die jetzt schon angesprochene Differenzierung in fixe und variable Kosten ist Thema des nächsten Abschnitts.

2.4.3.3 Differenzierung nach dem Verhalten bei der Variation eines Kosteneinflussfaktors

Kosten können nach dem Verhalten bei Variation eines Kosteneinflussfaktors differenziert werden.[123] *Kosteneinflussfaktoren* sind ganz allgemein Faktoren, die die Höhe von Kosten beeinflussen können. Beispiele für Kosteneinflussfaktoren sind:

- Beschäftigung (Ausbringung, Leistungsintensität)
- Los-, Serien- und Auftragsgrößen
- Preise der Produktionsfaktoren
- Qualität der Produktionsfaktoren
- Unternehmensgröße, Produktionskapazitäten
- Produktionsprogramm

Auch abstrakte Konstrukte wie (technische) Komplexität können als Kosteneinflussfaktoren herangezogen werden. Klassischerweise ist die Produktionsmenge ein Kosteneinflussfaktor. Da nicht alle betrieblichen Leistungen als Menge im Sinne einer Stückzahl beschreibbar sind, verwendet man den Begriff der Beschäftigung. Die Beschäftigung kann auch als Prozentzahl angegeben werden, wenn z. B. die Leistungsintensität einer Maschine gemeint ist (x % der max. Kapazität). Nach ihrem Verhalten bei der Variation der Beschäftigung kann man Kosten als fix bzw. variabel klassifizieren. *Fixe Kosten* ändern sich bei einer Variation der Beschäftigung nicht. Sie sind evtl. zwar kapazitätsabhängig oder zeitproportional, fallen aber unabhängig von Anzahl der produzierten Einheiten eines Produktes an. Bspw. sind zeitbedingte Abschreibungen oder kalkulatorische Zinsen fixe Kosten in diesem Sinne.

[123] Vgl. dazu und im Folgenden Coenenberg, A. G./Fischer, T. M./Günther, T. [2016], S. 77 - 80.

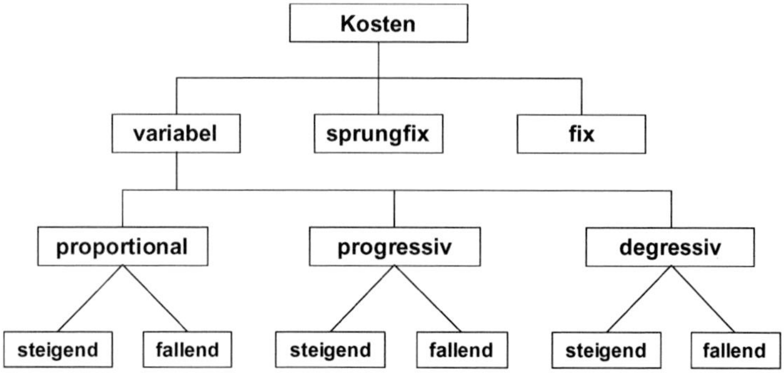

Abb. 2-8: Kostenverläufe bei Variation der Beschäftigung[124]

Variable Kosten ändern sich mit der Beschäftigung. Grundsätzlich sind dabei neben einem proportionalen Verlauf auch überproportionale (progressive) und unterproportionale (degressive) Kostenverläufe denkbar (jeweils steigend oder fallend, vgl. Abb. 2-8). Diese Kostenverläufe spiegeln den Grad und die Art der Abhängigkeit der Kosten von der Beschäftigung wider. In der Praxis werden für variable Kosten aber in aller Regel lineare (d. h. proportional steigende) Kostenverläufe unterstellt. Lineare Kostenverläufe zeigen an, dass sich die Kosten proportional zur Beschäftigung oder zu einem anderen Kosteneinflussfaktor verhalten (was z. B. bei konstanten Stückkosten der Fall ist). Diese Annahme ist zumindest in gewissen Intervallen oft gerechtfertigt, weil damit der wahre Kostenverlauf näherungsweise beschrieben werden kann.

Zur korrekten Klassifizierung sind die Angabe der Kosteneinflussgröße (i. d. R. die Beschäftigung), aber auch des Bezugszeitraumes unabdingbar,[125] denn mit wachsendem Zeithorizont werden aus fixen Kosten zunehmend variable Kosten. Letztlich sind alle Kosten variabel in dem Sinne, dass über sie Dispositionen getroffen werden können, die ihre Höhe beeinflussen. Langfristig existieren also keine fixen Kosten. Zu beachten ist, dass die Abbaubarkeit von Kosten eine andere zeitliche Struktur aufweisen kann als der Aufbau von Kostenpositionen.[126] So ist beispielsweise die Erhöhung von Personalkosten durch Einstellung neuer Mitarbeiter schnell möglich, die Senkung aber nur deutlich verzögert, weil die Kündigung von Mitarbeitern nur unter Einhaltung der gesetzlichen bzw. vertraglichen Kündigungsfristen erfolgen kann.

Als theoretischer Sonderfall sind noch sog. *sprungfixe Kosten* zu betrachten. Ab bestimmten Ausbringungsmengen bzw. Beschäftigungsgraden steigen die Kosten dabei sprunghaft an (vgl. Abb. 2-9, 8.). Wegen der Sprünge im Kostenverlauf lassen sich sprungfixe Kosten nicht als fixe Kosten auffassen, gelten jedoch ebenfalls nicht als variable Kosten im eigentlichen Sinne.

---

124 In Anlehnung an Haberstock, L. [2008], S. 32.

125 Vgl. Coenenberg, A. G./Fischer, T./Günther, T. [201], S. 80.

126 Vgl. Coenenberg, A. G./Fischer, T. M./Günther, T. [2016], S. 78. Zu weiteren Aspekten des auch unter dem Stichwort „*Kostenremanenz*" bekannten Phänomens vgl. Schmidt, A. [2017], S. 27.

Neben diesen Sprüngen im Kostenverlauf erweisen sich die Kosten zwischen diesen Sprüngen als unabhängig von der Beschäftigung. Daher werden diese sprungfixen Kosten auch als *intervallfixe Kosten* bezeichnet.[127] An den Grenzen dieser Intervalle steigen die Kosten sprunghaft auf ein höheres Fixkostenniveau. Beispiel für sprungfixe Kosten sind die Beleuchtungskosten bei einer Betriebshalle bei Einführung einer zusätzlichen Schicht. Aus dem Beispiel wird deutlich, dass sprungfixe Kosten darauf zurückzuführen sind, dass Ressourcen nicht beliebig teilbar sind (hier: Schichten). Auch Anlagen oder Mitarbeiter sind nicht beliebig teilbar, sondern nur in ganzen „Einheiten“ veränderbar, wenn die Produktion ausgedehnt werden soll.[128]

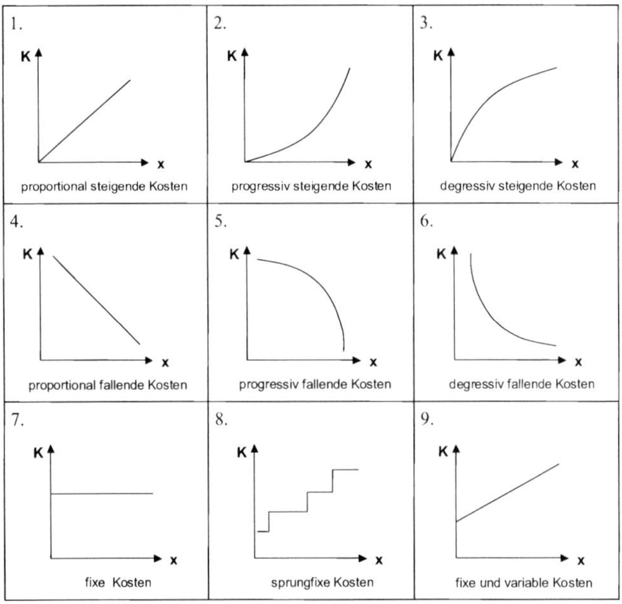

Abb. 2-9: Kostenverläufe in Abhängigkeit von der Beschäftigung

Zusammenfassend stellt Abb. 2-9 die Kostenverläufe in Abhängigkeit von der Beschäftigung (oder dem Beschäftigungsgrad) grafisch dar (K = Kosten, x = Beschäftigung). Eher selten in der Praxis sind die regressiven Kostenverläufe (Abb. 2-9, 4. - 6.): Jede relative Beschäftigungsänderung führt zu einer relativen Kostenänderung mit umgekehrten Vorzeichen; wenn die Beschäftigung steigt, dann sinken die Gesamtkosten absolut und umgekehrt. Der Verlauf der Regression kann linear (4. proportional fallende Kosten), überproportional (5. progressiv fallende Kosten)

[127] Vgl. Coenenberg, A. G./Fischer, T. M./Günther, T. [2016], S. 78.

[128] Natürlich können Mitarbeiter auch als Teilzeitkräfte eingestellt werden. Z. B. sind aber Schulungskosten für neue Mitarbeiter unabhängig davon, ob Vollzeit oder Teilzeit gearbeitet wird.

und unterproportional (6. degressiv fallende Kosten) sein. Beispiele für solche Kosten sind Heizkosten in einem Kino (oder Hörsaal), Warmhaltekosten in Gießereien („Nachtwächterkosten"), Kühlkosten für offene Kühltruhen im Supermarkt bei steigender Füllmenge oder Bewachungskosten, die sich beim Übergang von 1-Schicht- auf 2- oder 3-Schicht-Betrieb verringern. Die Grafik unten rechts (9.) in Abb. 2-9 zeigt einen „klassischen" Kostenverlauf für die Produktion eines Produktes. Neben einem Fixkostenblock fallen variable Kosten (z. B. Materialkosten) an, die proportional zur Anzahl der erstellten Produkte sind (= konstante Stückkosten).

Hinzuweisen ist darauf, dass die Kostenverläufe auch auf anderen Kosteneinflussfaktoren als der Beschäftigung basieren können. Eine Gültigkeit der Kostenverläufe wird außerdem immer nur für den *relevanten* Bereich benötigt (vgl. Abb. 2-10), also für die Spannbreite, für die zwischen Kosten und Kosteneinflussfaktor eine feste Beziehung angenommen werden soll.[129] Der relevante Bereich kann auch durch technische Vorgaben (Mindestproduktionsmengen, Kapazitätsgrenzen, etc.) oder andere Restriktionen (Lieferengpässe, Absatzhöchstmengen, usw.) vorgegeben sein. Fixe Kosten sind z. B. nur konstant innerhalb eines (i. d. R. breiten) Intervalls des Kosteneinflussfaktors und für eine gegebene Zeitspanne (gewöhnlich eine Budgetierungsperiode).

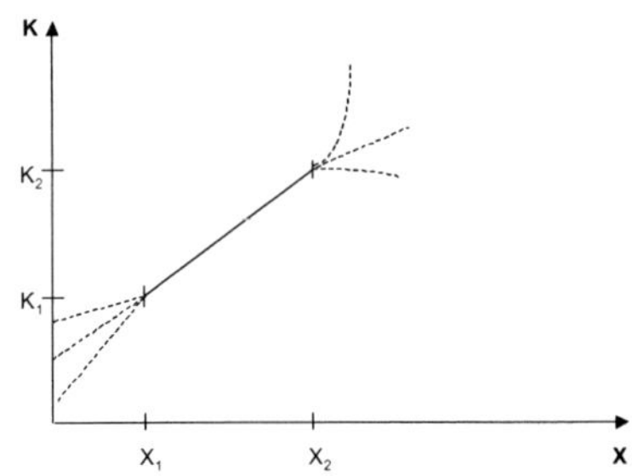

Abb. 2-10: Berücksichtigung des relevanten Bereichs

Bevor zum Abschluss der Vorstellung der Differenzierung nach Kostenarten im weiteren Sinne noch die Differenzierung nach Herkunft der Kostendaten vorgestellt wird, werden die Zusammenhänge zwischen Gemein-/Einzelkosten und fixen/variablen Kosten herausgestellt (Abb. 2-11). Kostenträger-Einzelkosten sind typischerweise auch variable Kosten, also zusätzlich noch von der Beschäftigung abhängig. Hingegen können Gemeinkosten sowohl variabel als auch fix sein. Letzterer Fall ist für den überwiegenden Teil der Gemeinkosten die Regel. Es gibt jedoch auch Gemeinkosten, die von der Beschäftigung abhängen, z. B. Energiekosten für Maschinen, auf denen mehrere Produkte hergestellt werden. Wenn sich die Energiekosten nicht den einzelnen Produkten zurechnen lassen (oder im Fall von unechten Gemeinkosten auf die Zurechnung verzichtet wird), dann sind diese variable Gemeinkosten.

[129] Vgl. Horngren, C. T. et al. [2015], S. 39.

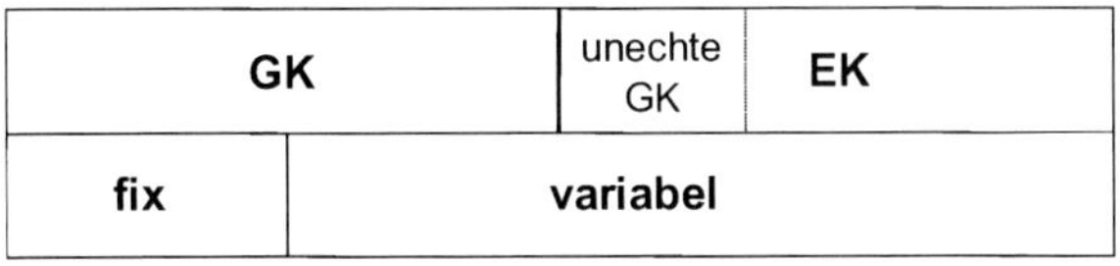

Abb. 2-11: Zusammenhang zwischen Gemein-/Einzelkosten und fixen/variablen Kosten[130]

Grundsätzlich sind die Unterscheidungen in Gemein-/Einzelkosten und fixe/variable Kosten zwei unterschiedliche Differenzierungsmöglichkeiten von Kosten, die jeweils eine andere Sichtweise widerspiegeln. Bezüglich Gemein-/Einzelkosten soll die Frage beantwortet werden, ob die Kosten von einem Bezugsobjekt oder von mehreren Bezugsobjekten verursacht werden; mit fix/variabel soll geklärt werden, ob die Kosten von der Beschäftigung abhängig sind.

In beiden Fällen ist die Betrachtung jedoch relativ, insbesondere abhängig vom betrachteten Bezugsobjekt. Ein Beispiel für fixe Einzelkosten, das auf der impliziten Betrachtung von verschiedenen Bezugsobjekten beruht, ist das Gehalt eines Key-Account-Managers. In Bezug auf das Produkt, das von diesem Key-Account-Manager betreut wird, handelt es sich definitiv um Einzelkosten, während das Gehalt natürlich fix bezogen auf die Produktionsmenge ist. Unterstützend kommt hinzu, dass der Begriff „Produkt" die Bedeutung im Sinne der Gesamtheit aller Produkteinheiten haben kann, aber auch eine einzelne Produkteinheit bezeichnen kann. Bei den Sonderkosten der Fertigung oder den Sonderkosten des Vertriebs können sich somit auch fixe Einzelkosten ergeben.[131] Fixe Einzelkosten kann es jedoch nicht geben, wenn man darauf besteht, dass die Bezugsobjekte kongruent sein müssen (Prämisse: identische Bezugsobjekte).

2.4.3.4 Differenzierung nach Herkunft der Kostendaten

Man unterscheidet bei der Differenzierung nach Herkunft der Kostendaten zwischen *primären* und *sekundären* Kosten. Werden Güter und Dienstleistungen von außerhalb des Unternehmens bezogen (externer Bezug), so spricht man bei betriebsbedingtem Werteverzehr von *primären Kosten* (auch Außenkosten genannt).[132] *Sekundäre Kosten* sind Kosten, die aus der innerbetrieblichen Leistungsverrechnung stammen. Eine *innerbetriebliche Leistungsverrechnung* wird notwendig, wenn Güter und Dienstleistungen, die von einer Stelle im Unternehmen einer anderen Stelle im Unternehmen zur Verfügung gestellt werden, bewertet werden sollen. Der empfangenden Stelle werden diese Güter und Dienstleistungen als Kosten belastet, während der leistenden

[130] In Anlehnung an Coenenberg. A. G./Fischer, T. M./Günther, T. [2012], S. 79.

[131] Die Kosten für eine Modellzeichnung eines Tisches, die für die Herstellung mehrerer Tische verwendet wird, sind bspw. solche fixen Einzelkosten. In Bezug auf den Tischtyp handelt es sich um Einzelkosten, während die Kosten jedoch nicht variabel in Bezug auf die Anzahl der hergestellten Tische sind. Darüber hinaus könnte man die Kosten für die Modellzeichnung noch als variabel bezogen auf die Tischtypen klassifizieren.

[132] Vgl. Schmidt, A. [2017], S. 23.

Stelle der gleiche Betrag gutgeschrieben wird.[133] Sekundäre Kosten werden auch Innenkosten genannt.[134] Die Gesamtkosten ergeben sich immer als Summe der primären Kosten. Die sekundären Kosten werden von den Gutschriften kompensiert – die Kosten werden nur umverteilt.

Wenn von Kostenarten ohne nähere Erläuterung, welche Differenzierungsmöglichkeit gewählt wurde, gesprochen wird, ist die Differenzierung nach Art der verbrauchten Güter und Dienstleistungen gemeint (= Kostenarten i. e. S.).

Wie bereits an einigen Stellen deutlich gemacht wurde, ist die Abgrenzung von Kostenarten nicht immer so trennscharf möglich, wie dies den Anschein haben könnte. Sogar innerhalb der als Gegensätze formulierten Begriffspaare Gemein-/Einzelkosten und fixen/variablen Kosten sind Ausnahmen, Zweifelsfälle und Überschneidungen durchaus möglich und auch vorhanden. Als Beispiele können dabei die unechten Gemeinkosten bzw. die sprungfixen Kosten dienen. Dass dieses Problem nicht nur von theoretischem Interesse ist, wird in Kostenrechnungssystemen der Teilkostenrechnung deutlich. Wenn dabei auf die Differenzierung nach dem Verhalten bei Variation von Kosteneinflussfaktoren abgestellt wird, ist eine saubere Trennung in variable und fixe Kosten von hohem Interesse (da Basis für das weitere Vorgehen). Im nächsten Abschnitt 2.4.4 wird daher eine solche Kostenauflösung erörtert.

2.4.4 Kostenauflösung

Unter *Kostenauflösung* versteht man die Aufspaltung von Kosten in fixe und variable Kostenanteile.[135] Bezogen auf einen gewählten Kosteneinflussfaktor ist zu klären, ob die betrachteten Kosten abhängig oder unabhängig von diesem sind. Es hat sich als zweckmäßig erwiesen, diese Kostenauflösung nach Kostenarten (i. e. S.) und bezogen auf die Beschäftigung vorzunehmen. Kostenarten, die „klassische" variable Einzelkosten sind, wie z. B. Fertigungsmaterialkosten, bereiten dabei kaum Schwierigkeiten. Bei den Gemeinkostenarten ist eine eindeutige Zuordnung zu variablen oder fixen Kosten jedoch nicht immer möglich. Vielmehr müssen jeweils die Anteile variabler oder fixer Kosten bestimmt werden. Diese Quoten können sich auch innerhalb eines Betriebes ändern. Die Zuordnung kann im Allgemeinen nur je Kostenstelle und je Kostenart bezogen auf den gewählten Kosteneinflussfaktor erfolgen. So müssten die Zuordnungen situations- bzw. verfahrensspezifisch, d. h. bezogen auf einen ganz bestimmten Produktionsvorgang und dessen Eigenarten, variiert werden. Aus Wirtschaftlichkeitsgründen können sie aber auch pauschal vorgenommen werden. Die sich daraus ergebenden Abweichungen müssen dabei in Kauf genommen werden.

---

[133] Die Möglichkeit, dass Entlastung und Belastung nicht übereinstimmen („duale Verrechnungspreise") soll hier nicht thematisiert werden, vgl. dazu Coenenberg, A. G./Fischer, T. M./Günther, T. [2016], S. 722 ff.

[134] Vgl. Schmidt, A. [2017], S. 23.

[135] Vgl. dazu und im Folgenden Coenenberg, A. G./Fischer, T. M./Günther, T. [2016], S. 80 - 84.

Im Folgenden werden drei Methoden vorgestellt, um diese Kostenauflösung vorzunehmen. Angesichts der Komplexität der betrieblichen Realität handelt es sich um eines der zentralen Probleme der (Teil-)Kostenrechnung.

2.4.4.1 Buchtechnische Methode

Bei der *buchtechnischen Methode* erfolgt eine „buchtechnische" Trennung der variablen und fixen Kosten nach Kostenarten, d. h. anhand von Erfahrungswerten bzw. bekannten Verbrauchs- und Kostenfunktionen. Bei Kostenarten mit variablem und fixem Anteil wird je nach überwiegendem Charakter eine Aufteilung vorgenommen. Ansonsten erfolgt die Aufteilung nach einer (groben) Schätzung.[136]

Als Ergebnis erhält man eine Summe fixer Kosten (K_f) und als weitere Summe die gesamten variablen Kosten (K_v), die dann zur Ermittlung variabler Stückkosten in der Form $K_v / x = k_v$ (mit x = Ausbringungsmenge) Verwendung finden können.

2.4.4.2 Mathematische Methode

Die *mathematische Methode* basiert auf dem sog. „Zwei-Punkt-Verfahren", bei dem anhand von zwei gegebenen Punkten eine Gerade bestimmt wird. Unterstellt wird damit ein linearer Kostenverlauf. Notwendig zur Durchführung sind also Informationen über die entstandenen Gesamtkosten zu zwei verschiedenen Beschäftigungsgraden ($i = 0, 1$).[137]

Zum Vorgehen (vgl. Abb. 2-12): Es wird zuerst die Steigung der Geraden bestimmt, die sich aus den zwei Punkten (x_0, K_0) und (x_1, K_1) ergibt. Die Steigung entspricht den variablen Stückkosten, wenn von einem linearen Kostenverlauf ausgegangen werden kann. Dann wird der y-Achsenabschnitt der Gerade ermittelt. Der y-Achsenabschnitt entspricht den Kosten bei einem Beschäftigungsgrad von 0 (Ausbringungsmenge = 0). Insofern handelt es sich um die fixen Kosten (K_f).

---

[136] Die Bezeichnung „buchtechnisch" ergibt sich wohl daraus, dass der Kostenrechner früher anhand der kostenrechnerischen Unterlagen der vergangenen Perioden (den „Büchern") die Kosten bei Änderungen der Beschäftigung untersucht hat, vgl. Däumler, K.-J./Grabe, J. [2015], S. 109 f.. Die Methode wird auch als *synthetische Kostenauflösung* bezeichnet, vgl. Michel, R./Torspecken, H.-D./Jandt, J. [2004], S. 69.

[137] Vgl. Michel, R./Torspecken, H.-D./Jandt, J. [2004], S. 65.

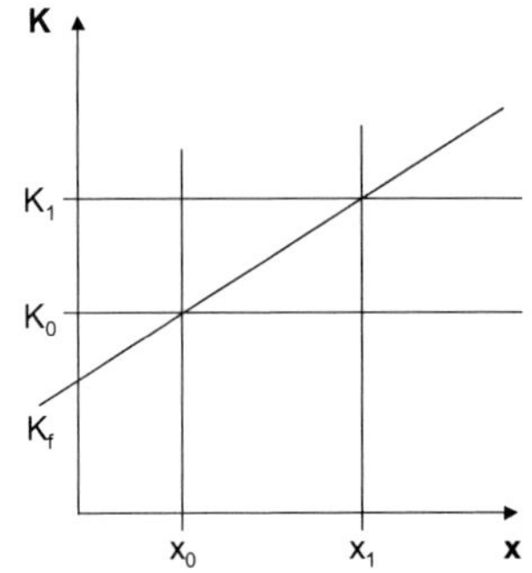

Abb. 2-12: Mathematische Methode der Kostenauflösung (K = Kosten, x = Beschäftigung)

Formal lässt sich das anzuwendende Verfahren wie folgt darstellen:

$K_i = K_f + k_v \cdot x_i$
x_i = Ausbringungsmenge i
k_v = variable (proportionale) Stückkosten
K_f = fixe Kosten
K_i = Kosten bei der Ausbringungsmenge i

Gesucht sind die Variablen K_f und k_v. Bekannt sind die beiden Punkte K_0 und K_1 zu den jeweiligen Ausbringungsmengen x_0 und x_1. Daraus lassen sich die gesuchten Variablen wie folgt berechnen:

$k_v = (K_1 - K_0) / (x_1 - x_0)$ (in Worten: die variablen Stückkosten ergeben sich als Quotient aus der Kostenänderung und der Beschäftigungsänderung)

$K_f = K_0 - k_V \cdot x_0 = K_1 - k_V \cdot x_1$

Sicherlich handelt es sich bei dem Vorgehen nur um eine *heuristische* Lösung (Näherungslösung) des Problems der Kostenauflösung. Zu beachten ist, dass die Informationsgrundlage mit nur zwei Beobachtungen als dürftig zu bezeichnen ist, um den Verlauf einer Kostenfunktion über größere Intervalle zu approximieren. Bei einer schematischen Anwendung des Verfahrens kann es z. B. zu *negativen* fixen Kosten kommen, was ein Indiz dafür sein könnte, dass der Abstand zwischen den beiden Beschäftigungsgraden zu groß ist, um noch einen linearen Kostenverlauf erwarten zu können.[138] Die beiden Wertepaare sollten daher repräsentativ sein, d. h. keinesfalls Ausreißer darstellen. Sobald mehr Beobachtungen vorliegen, ist ein Wechsel zur statistischen Methode anzuraten.

[138] Vgl. Michel, R./Torspecken, H.-D./Jandt, J. [2004], S. 67 f.

Statistische Methode

Bei der *statistischen Methode* wird eine Regressionsgerade bestimmt. Dies kann mit Hilfe eines Streupunktdiagramms erfolgen, in dem die bekannten (evtl. bereinigten) Kosten-/Beschäftigungskombinationen eingezeichnet werden. Näherungsweise kann dann eine Ausgleichsgerade als Regressionsgerade durch diese Punktwolke gezogen werden, die dem Trend der Punkte entspricht und die Abstände zu den Punkten minimiert werden. Exakt kann die Regressionsgerade aber z. B. mit Hilfe der Kleinste-Quadrate-Methode bestimmt werden. Wenn jeweils ein zur Beschäftigung proportionaler Kostenverlauf unterstellt wird, können die in Abb. 2-13 widergegebenen Fälle auftreten (K = Kosten, x = Beschäftigung).

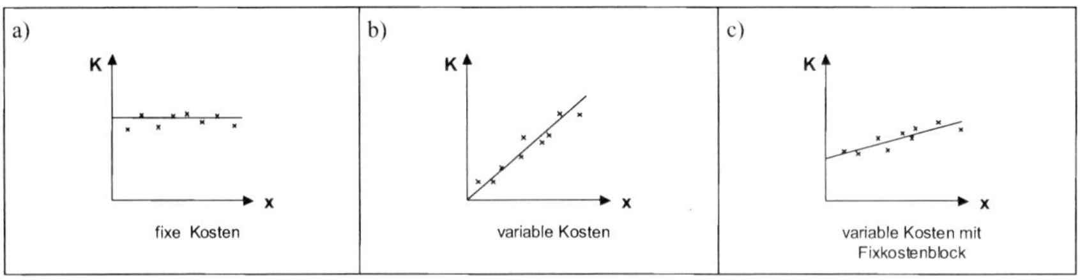

Abb. 2-13: Statistische Methode der Kostenauflösung[139]

Verläuft die Regressionsgerade parallel zur x-Achse, so ist anzunehmen, dass es sich um fixe Kosten handelt (vgl. Abb. 2-13 a)). Handelt es sich um eine Ursprungsgerade, ist die Kostenart als vollständig variabel zu klassifizieren (vgl. Abb. 2-13 b)). Schneidet die Regressionsgerade die y-Achse nicht im Nullpunkt, so handelt es sich um variable Kosten mit einem Fixkostenblock (vgl. Abb. 2-13 c)). Solche Kosten könnten auch als *semivariabel* bezeichnet werden.[140] Die Ergebnisse der statistischen Methode müssen jeweils auf ihre ökonomische Richtigkeit bzw. Sinnhaftigkeit überprüft werden. Bei einem negativen y-Achsenabschnitt bei der statistischen Kostenauflösung im Fall semivariabler Kosten ist z. B. zu hinterfragen, ob diese als negative Fixkosten zu interpretieren sind oder ob nicht die erhaltene Kostenfunktion auf ein Intervall einzuschränken ist, in dem die Funktionswerte nur positive Werte annehmen.[141]

Falls die Kostenauflösung für Plan-Kosten verwendet werden soll, ist die Übertragbarkeit in die Zukunft zumindest plausibel zu begründen. Die Fortschreibbarkeit ist unter der Prämisse, dass keine Änderung der relevanten Rahmenbedingungen eintritt, gewährleistet. Die drei vorgestellten Verfahren basieren auf Vergangenheitsdaten, die an sich keine Relevanz für Prognosen haben müssen. Die Werte der Vergangenheit können evtl. nicht unverändert übernommen werden, sondern müssen zuvor um außergewöhnliche und in der Zukunft nicht zu erwartende Einflüsse (z.

[139] In Anlehnung an Coenenberg. A. G./Fischer, T. M./Günther, T. [2012], S. 82.
[140] Vgl. Coenenberg, A. G. [2003], S. 38.
[141] Vgl. die Ausführungen zum relevanten Bereich bei Kostenverläufen S. 76.

B. Großreparaturen, Falschkontierungen) korrigiert werden.[142] Insbesondere müssen zusätzliche, zukünftig wirksame Kosteneinflussfaktoren neben der Beschäftigung (z. B. sich abzeichnende Preisänderungen, Unwirtschaftlichkeiten) erkannt und in ihrer Wirkung, soweit möglich, isoliert werden. Ansonsten ist eine planmäßige Kostenauflösung in analytischer Form durchzuführen, die hier aber nicht weiter behandelt wird.[143]

Allgemein setzt die statistische Methode die Anwendbarkeit einer Regressionsanalyse voraus. Im Hinblick auf die statistische Validität muss z. B. die Stichprobe hinreichend groß sein.[144] Der Beschäftigungsgrad muss außerdem in ausreichendem Maße variieren (keine Ballung von Diagrammpunkten), da sonst keine sinnvollen Ergebnisse erzielbar sind. Bei der Interpretation sind wiederum die aus einer statistischen Analyse heraus resultierenden Einschränkungen zu berücksichtigen.

Nachdem nun drei Differenzierungsmöglichkeiten für Kostenarten i. w. S. und Kostenauflösungsmethoden als Hilfsmittel zur Abgrenzung vorgestellt wurden, wird nun auf einzelne Kostenarten nach Art der verbrauchten Güter und Dienstleistungen eingegangen. Speziell werden dabei nur einige kalkulatorische Kostenarten aufgegriffen, weil diese von besonderem Interesse in der Kosten- und Leistungsrechnung sind. Bei den anderen Kostenarten kann auf die Daten der Finanzbuchhaltung zurückgegriffen werden.

2.4.5 Kalkulatorische Kosten

Kalkulatorischen Kosten steht nach Definition kein Aufwand (Zusatzkosten) bzw. kein Aufwand in gleicher Höhe (Anderskosten) gegenüber (vgl. 1.3.5). Sie resultieren aus einem Nutzenkalkül.[145] Für den Ansatz solcher Kosten und die Höhe des Ansatzes sind zum einen Opportunitäts- als auch Alternativkosten ausschlaggebend.

Unter *Opportunitätskosten* werden die Kosten der nächstgünstigeren Verwendungsalternative oder der entgangene Nutzen verstanden.[146] Bspw. lässt sich der Ansatz kalkulatorischer Zinsen auf das Eigenkapital damit begründen, dass dieses Geld auch anderweitig angelegt werden und eine (evtl. sogar sichere) Verzinsung erzielen könnte. Obwohl Eigenkapital zinslos zur Verfü-

---

[142] Vgl. Michel, R./Torspecken, H.-D./Jandt, J. [2004], S. 71.

[143] Vgl. vertiefend Coenenberg, A. G./Fischer, T. M./Günther, T. [2016], S. 83 f. oder Däumler, K.-J./Grabe, J. [2015], S. 124 ff.

[144] Bei dem Einsatz von Statistikprogrammen, wie z. B. SPSS oder SAS, werden oft Maße der Güte der Schätzung direkt mitgeliefert.

[145] Vgl. dazu und im Folgenden Coenenberg, A. G./Fischer, T. M./Günther, T. [2016], S. 90.

[146] Zu Opportunitätskosten vgl. vertiefend Berens, W./Schmitting, W. [2000], S. 63 ff.

gung gestellt wird, können diese entgangenen Zinsen als Opportunitätskosten in die Kostenrechnung aufgenommen werden.[147] Erinnert sei an das Beispiel zur Produktions- und Absatzprogrammplanung (S. 36 ff.), bei dem der zusätzliche Gewinn einer weiteren Eiskugel mit Hilfe der relativen Stück-Deckungsbeiträge berechnet wurde. Dieser Grenzgewinn entspricht den Opportunitätskosten, weil damit der entgangene Nutzen in Form eines zusätzlichen Deckungsbeitrages beziffert wird.

Unter *Alternativkosten* werden die Kosten verstanden, die für alternative Faktoren hätten aufgebraucht werden müssen, wenn auf den Einsatz der gewählten Faktorart verzichtet worden wäre. Dies führt dazu, dass z. B. für eine eigene Immobilie, die betrieblich genutzt wird, die Mietkosten angesetzt werden, die sich ergeben würden, wenn eine entsprechende Immobilie fremd gemietet werden würde. Durch den Ansatz von Alternativkosten wird insbesondere der Vergleich von verschiedenen Unternehmen möglich. Außerdem lassen sich Perioden besser bei wechselnden Bedingungen vergleichen.

Unter dem *Nutzenkalkül* ist somit die Beurteilung der Vorteilhaftigkeit der wirtschaftlichen Betätigung unter Berücksichtigung alternativer Verwendungsmöglichkeiten für eingesetzte Ressourcen zu verstehen.

Bei den kalkulatorischen Kosten sind vor allem die kalkulatorischen Abschreibungen, die kalkulatorischen Löhne und die kalkulatorischen Zinsen aufgrund ihrer praktischen Relevanz hervorzuheben. Des Weiteren gibt es noch die Kategorien der kalkulatorischen Mieten und der kalkulatorischen Wagnisse. Je nach Kategorie handelt es sich um Anderskosten oder auch um Zusatzkosten:[148]

(1) kalkulatorische Kosten im Sinne von Anderskosten:
- kalkulatorische Abschreibungen (zeitlich und abnutzungsbedingt)
- kalkulatorische Löhne
- kalkulatorische Zinsen auf Fremdkapital
- kalkulatorische Wagnisse

(2) kalkulatorische Kosten im Sinne von Zusatzkosten:
- kalkulatorischer Unternehmerlohn
- kalkulatorische Miete
- kalkulatorische Zinsen auf Eigenkapital

Einzelne kalkulatorische Kosten werden im Folgenden detaillierter behandelt.

---

[147] Da die Kostenrechnung keinerlei gesetzlichen Regelungen unterworfen ist, besteht auch keine Pflicht, diese tatsächlich miteinzubeziehen. Je nach Entscheidungssituation ist die Einbeziehung solcher Kosten jedoch zweckmäßig, weil auch Opportunitätskosten entscheidungsrelevant sein können.
[148] Vgl. Coenenberg, A. G./Fischer, T. M./Günther, T. [2016], S. 91.

2.4.5.1 Kalkulatorische Abschreibungen

Abschreibungen dienen dazu, den Werteverzehr eines mehrere Perioden genutzten Gutes auf diese Perioden zu verteilen. Eine alleinige Berücksichtigung, z. B. in der Periode der Anschaffung, würde die Betriebsergebnisse in dieser negativ und in den folgenden Perioden positiv verfälschen. Eine Verteilung der Anschaffungsausgabe auf die Perioden der Nutzung ist daher anzustreben. Die Art und Weise der Verteilung richtet sich auch danach, ob sie für das externe oder interne Rechnungswesen bestimmt werden soll.[149] Wenn von den handelsrechtlichen Abschreibungen abgewichen wird, sind kalkulatorische Abschreibungen Anderskosten, da dem handelsrechtlichen Aufwand keine Kosten in gleicher Höhe gegenüberstehen.[150] Es sind auch Fälle denkbar, in denen kalkulatorische Abschreibungen Zusatzkosten darstellen, wenn z. B. nach Handelsrecht nicht aktivierbare selbst erstellte immaterielle Vermögensgegenstände in der Kostenrechnung aktiviert und abgeschrieben werden.

Die Problematik von kalkulatorischen Abschreibungen soll anhand eines Beispiels diskutiert werden.

- Eine Maschine (Anlagevermögen) im Wert von 1.100 GE wird zu Produktionszwecken angeschafft, d. h. die Anschaffungsausgabe beträgt 1.100 GE.
- wirtschaftliche Nutzungsdauer: 10 Jahre
- Leistungsabgabe über die Nutzungsdauer: 200 ME
- Restwert (nach 10 Jahren Nutzung): 100 GE
- Wiederbeschaffungswert (in 10 Jahren): 1.600 GE

Wie sind nun die Kosten als der bewertete, betriebszweckbezogene Güterverzehr einer Periode für diese Maschine zu bestimmen? Für die Nutzungsdauer ist der Güterverzehr die Differenz zwischen einem Wert zu Beginn der Nutzung und einem Wert am Ende der Nutzungsdauer. Die Differenz dieser beiden Werte kann als *Abschreibungsausgangsbetrag* bezeichnet werden, weil von ihr ausgehend die Abschreibungen berechnet werden können.

Die Wertbestimmung ist dabei im Allgemeinen jeweils nicht trivial;[151] durch die Betrachtung von Teilperioden ergeben sich jedoch noch weitere Probleme. Periodenspezifisch sind dabei Abschreibungsbeträge zu bestimmen, um die Kosten aus der Nutzung auf die Nutzungsdauer zu verteilen. Die Festlegung der periodischen Abschreibungsbeträge nach einem bestimmten Rechenmodus kann als Wahl einer *Abschreibungsmethode* aufgefasst werden. Aus der Abschreibungsmethode ergibt sich dann der *Abschreibungsplan*, in dem die Abschreibungsbeträge aufgeführt sind.

[149] Vgl. Däumler, K.-D./Grabe, J. [2013], S. 130.
[150] Zur Ermittlung der handelsrechtlichen Abschreibungen vgl. 3.3.5.
[151] Man denke an die Einbeziehung von Anschaffungsnebenkosten bei der Wertbestimmung zu Beginn der Nutzung bzw. an die Unsicherheit der Prognose eines zukünftigen Wertes am Ende der Nutzung.

Folgende Fragen sind also zur Erstellung des Abschreibungsplans zu klären:

- Von welchem Abschreibungsausgangsbetrag soll ausgegangen werden?
- Wie lange soll abgeschrieben werden bzw. welcher gesamte Leistungsvorrat soll angenommen werden?
- Wie/nach welcher Methode soll abgeschrieben werden?
- Soll ggfs. ein Restwert berücksichtigt werden?

Vor allem ist aber vorab die Frage zu klären:

- Zu welchem Zweck soll abgeschrieben werden?

In Abhängigkeit des Zweckes sind die vorangegangenen Fragen evtl. unterschiedlich zu beantworten. Hinzu kommt, dass es sehr vielfältige Zwecke geben kann, zu denen Abschreibungen ermittelt werden müssen (vgl. Abb. 2-14) und die nun näher erläutert werden.

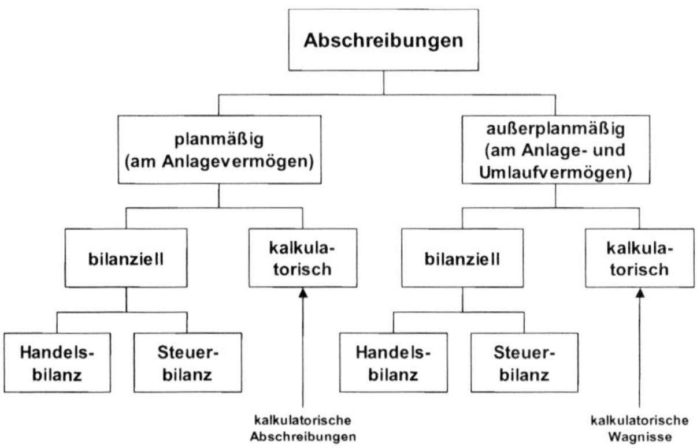

Abb. 2-14: Systematik der Abschreibungen[152]

Zu unterscheiden ist zwischen *planmäßigen* und *außerplanmäßigen* Abschreibungen. Wie die Begriffe schon besagen, handelt es sich bei planmäßigen Abschreibungen um vorhersehbare („geplante") Wertminderungen, während außerplanmäßige Abschreibungen bei unvorhergesehenen Wertminderungen vorgenommen werden müssen, um nicht einen zu hohen Wert eines Vermögensgegenstandes auszuweisen. Außerplanmäßig kann z. B. eine Abschreibung bei einer Maschine notwendig werden, wenn diese defekt ist und nicht mehr repariert werden kann, sofern es sich dabei um ein nicht vorhersehbares Ereignis handelt. Diese Maschine ist dann auf einen Wert von Null (oder einen evtl. Schrottwert) außerplanmäßig abzuschreiben.

[152] Quelle: Haberstock, L. [2008], S. 82.

Außerplanmäßige Abschreibungen sind sowohl beim *Anlagevermögen*, also Vermögensgegenständen, die dem Unternehmen längerfristig dienen sollen, als auch beim *Umlaufvermögen*, den Vermögensgegenständen, die nicht dem Anlagevermögen zuzurechnen sind, möglich. Ein Beispiel für außerplanmäßige Abschreibungen im Umlaufvermögen können Abschreibungen auf fertige Erzeugnisse sein, die wegen technischer Innovationen bei Konkurrenzprodukten keinen Absatz mehr finden. Planmäßige Abschreibungen auf Vermögensgegenstände des Umlaufvermögens sind hingegen i. Allg. nicht anzusetzen, da diese nach Definition nicht längerfristig im Unternehmen verbleiben sollen.

Planmäßige und außerplanmäßige Abschreibungen können jeweils bilanziell im externen Rechnungswesen oder kalkulatorisch im internen Rechnungswesen - kostenrechnerisch - vorgenommen werden. Bei den bilanziellen Abschreibungen kann noch nach handels- oder steuerrechtlichen Abschreibungen unterschieden werden. Die Berechnungen der Abschreibungen in der Steuerbilanz, folgen sog. AfA-Tabellen (AfA = Absetzung für Abnutzung, steuer(recht) licher Begriff für Abschreibungen). In diesen Tabellen werden für Vermögensgegenstände Abschreibungsdauern vorgegeben. Die Berechnung der Abschreibungen wird dadurch in eine steuerpolitisch gewünschte Richtung gelenkt. Ein steuerpolitischer Zweck kann dabei z. B. die Förderung bestimmter Investitionen durch Sonderabschreibungsmöglichkeiten sein. Solche Sonderabschreibungen entsprechen nicht unbedingt den Zwecken handelsrechtlicher oder kalkulatorischer Abschreibungen. Außerplanmäßige Abschreibungen können im internen Rechnungswesen durch sog. kalkulatorische Wagnisse abgebildet werden; es erfolgt ein Ansatz als eine Selbstversicherungsprämie (vgl. Abschnitt 2.4.5.3).

Handelsrechtliche Abschreibungen dienen oft dem Zweck einer vorsichtigen Bilanzierung.[153] Dieses Ziel impliziert, möglichst früh Aufwand zu produzieren. Dies kann bspw. dadurch geschehen, dass die Abschreibungen zu Beginn der Nutzungsdauer eher höher angesetzt werden als zum Ende der Nutzungsdauer. Längere Abschreibungsdauern verbessern grundsätzlich zwar den Jahresüberschuss bzw. verringern den Jahresfehlbetrag (jeweils als Differenz aus Erträgen und Aufwendungen, vgl. 1.3.3), werden aber mit einem erhöhten bilanziellen Ausweis und der Gefahr außerplanmäßiger Abschreibungen erkauft.[154] Sie widersprechen somit einer vorsichtigen Bilanzierung. Handelsrechtlich besteht also eine Tendenz des Bilanzierenden zur Wahl kürzerer Abschreibungsdauern. Die tatsächliche (wirtschaftliche) Nutzungsdauer wird dabei evtl. bewusst unterschätzt und als Abschreibungsdauer gewählt.

In der Kostenrechnung hingegen werden die Abschreibungen meist über die tatsächliche Nutzungsdauer berechnet. Die *wirtschaftliche Nutzungsdauer* ist durch die *technische Nutzungsdauer* begrenzt. Betriebsindividuell kann die wirtschaftliche Nutzungsdauer jedoch auch deutlich

[153] Vgl. zum Vorsichtsprinzip 3.1.5.3. Eine vorsichtige Bilanzierung kann zur Bildung *stiller Reserven* führen: Der in der Bilanz ausgewiesene Wert liegt dann z. B. unter einem aktuellen Marktpreis.

[154] Die Gefahr resultiert aus dem Niederstwertprinzip, vgl. 3.1.5.3.

unter dieser liegen (unabhängig von handels- und steuerrechtlichen Vorschriften!). Falls die tatsächliche Nutzungsdauer doch über die Abschreibungsdauer hinaus geht,[155] wird teilweise sogar „unter Null" abgeschrieben, um z. B. eine Vergleichbarkeit verschiedener Perioden zu gewährleisten. Durch den Wegfall der Abschreibungen ergäbe sich sonst ein verfälschtes Bild: Obwohl sich vielleicht keine weiteren Änderungen ergeben haben, würde sich die Kostensituation verbessern. Darüber hinaus kann bei der Bestimmung kalkulatorischer Abschreibungen über den Ansatz eines möglichen Restwertes am Ende der Nutzungsdauer nachgedacht werden. Während ein Wert am Ende der Nutzungsdauer bei handels- oder steuerrechtlichen Abschreibungsberechnungen oft nicht berücksichtigt wird, sollte in der Kostenrechnung ein solcher Restwert angesetzt werden. Voraussetzung ist jedoch, dass ein solcher Restwert, z. B. als vermuteter Liquidationserlös oder Schrottwert, hinreichend sicher und genau prognostiziert werden kann, was sich oftmals als schwierig erweist.

Wenn als Wert zu Beginn der Nutzung die Anschaffungsausgabe in Höhe von 1.100 GE und als Wert zum Ende der Nutzung der angegebene Restwert von 100 GE angesetzt werden, berechnet sich der Abschreibungsausgangsbetrag im obigen Beispiel also wie folgt:

Abschreibungsausgangsbetrag = 1.100 GE – 100 GE = 1.000 GE

Auf den in der Kostenrechnung möglichen Ansatz des Wiederbeschaffungswertes (in Höhe von 1.600 GE) wurde hier verzichtet, denn eine Pflicht zum Ansatz des Wiederbeschaffungswertes besteht in der Kostenrechnung nicht. Der Ansatz eines Wiederbeschaffungswertes wäre also zweckabhängig zu diskutieren. Ohne weitere Informationen zu Zwecken, die mit der Ermittlung der Abschreibung im Beispiel verfolgt werden, ist das Problem hier nicht lösbar. Basisinformation wäre z. B. ein Entscheidungszweck, der die Abschreibungsberechnung erfordert.

Bei den Abschreibungsverfahren sind u. a. folgende zu nennen:

- linear (ohne Restwert, vgl. Abb. 2-15 a), und mit Restwert, vgl. Abb. 2-15 b))
- degressiv (in den Varianten geometrisch- bzw. arithmetisch-degressiv, vgl. Abb. 2-15 c))
- progressiv (in den Varianten geometrisch- bzw. arithmetisch-progressiv, vgl. Abb. 2-15 d))
- leistungsabhängig

In Abb. 2-15 werden der Verlauf der Abschreibungsbeträge und Restbuchwerte bei verschiedenen Abschreibungsverfahren grafisch dargestellt sowie deren Berechnung knapp erläutert. Die leistungsabhängige Abschreibung ist in Abb. 2-15 nicht aufgeführt, weil die Abschreibungsbeträge (und damit auch die Restwerte) von den jeweiligen Leistungsmengen abhängen und demnach stark variieren können. Zur Illustration der möglichen Vorgehensweise bei der Berechnung leistungsabhängiger Abschreibungen diene das noch folgende fortgeführte Anfangsbeispiel (vgl. Tab. 2-6).

---

[155] Dies kann aus Fehlschätzungen bei der erwarteten wirtschaftlichen Nutzungsdauer resultieren oder auch bedeuten, dass ein Gut über die wirtschaftliche Nutzungsdauer hinaus weiterhin genutzt wird.

<table>
<tr><th>Abschreibungsbeträge (a)</th><th>Restbuchwerte (R)</th><th>Berechnung</th></tr>
<tr><td colspan="3">a) lineare Abschreibung</td></tr>
<tr><td>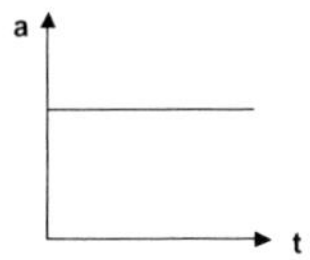
</td><td>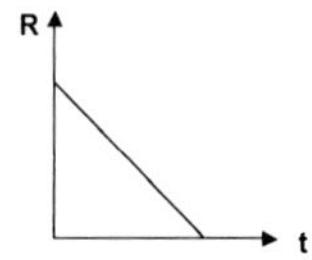
</td><td>$a = \frac{A}{n}$
A = Anschaffungsausgabe
n = Anzahl der Perioden

($a = a_1 = ... = a_n$)</td></tr>
<tr><td colspan="3">b) lineare Abschreibung mit Restwert (L)</td></tr>
<tr><td>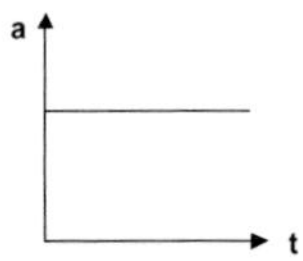
</td><td>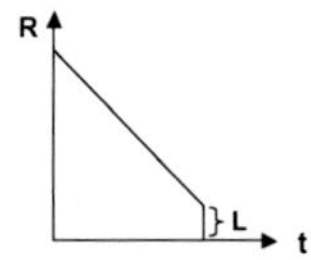
</td><td>$a = \frac{A - L}{n}$
A = Anschaffungsausgabe
L = Restwert
n = Anzahl der Perioden

($a = a_1 = ... = a_n$)</td></tr>
<tr><td colspan="3">c) geometrische und arithmetisch-degressive Abschreibung</td></tr>
<tr><td>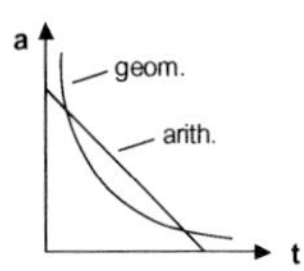
</td><td>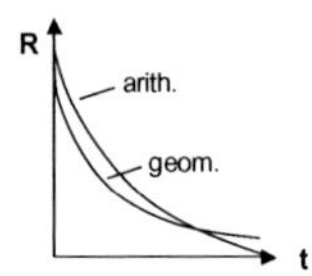
</td><td>geometrisch-degressiv:
$a_t = d \cdot R_{t-1}$
d = Abschreibungssatz[156]
R_{t-1} = Restbuchwert
der Vorperiode t - 1
arithmetisch-degressiv:
$a_t = D \cdot (n - t + 1)$
mit
$D = \frac{A}{1 + \Lambda + n} = \frac{2 \cdot A}{n \cdot (n+1)}$
A = Anschaffungsausgabe
n = Anzahl der Perioden</td></tr>
<tr><td colspan="3">d) geometrische und arithmetisch-progressive Abschreibung</td></tr>
<tr><td>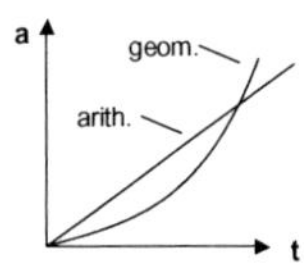
</td><td>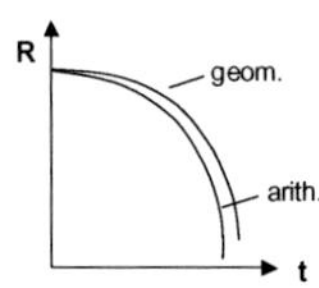
</td><td>geometrisch-progressiv:
$a_t \uparrow$ mit
$\frac{a_t}{a_{t-1}} = \text{const.} > 1$
arithmetisch-progressiv:
$a_t = D \cdot t$
mit
$D = \frac{A}{1 + \Lambda + n} = \frac{2 \cdot A}{n \cdot (n+1)}$</td></tr>
</table>

Abb. 2-15: Verläufe der Abschreibungsbeträge und der Restbuchwerte sowie deren Berechnung bei ausgewählten Abschreibungsmethoden[157]

[156] Hierbei handelt es sich um eine vereinfachte Darstellung des Abschreibungssatzes. Für die Berechnung im Falle eines Restwertes vgl. Thommen, J.-P./Achleitner, A.-K. [2012], S. 444.

[157] Vgl. Heinhold, M. [2010], S. 122 ff.

Die in Abb. 2-15 c) erläuterte arithmetisch-degressive Abschreibung wird auch als *digitale* Abschreibung bezeichnet. Es handelt sich bei ihr um einen Spezialfall der arithmetisch-degressiven Abschreibung. Kennzeichnend für arithmetisch-degressive Abschreibungen ist die konstante Differenz von zwei Abschreibungsbeträgen (a_t - a_{t-1}), während für geometrisch-degressive Abschreibungen der Quotient aus zwei Abschreibungsbeträgen (a_t / a_{t-1}) konstant ist.[158] Von praktischer Relevanz sind in der Kostenrechnung vor allem die lineare und die leistungsabhängige Abschreibungsmethode.[159]

Degressive Abschreibungsmethoden (evtl. mit Übergang zur linearen Abschreibungsmethode) werden oft aus handels- oder steuerrechtlichen Überlegungen heraus in die Kostenrechnung hineingetragen. Die lineare Abschreibungsmethode erlaubt den direkten Vergleich von Perioden, während mit der leistungsabhängigen Abschreibung am ehesten eine Beanspruchungsgerechtigkeit erreicht werden kann.[160] Als Ursachen für Abschreibungen kann nach dem *Zeitverschleiß* und dem *Gebrauchsverschleiß* unterschieden werden. Der Zeitverschleiß beinhaltet die Wertminderung durch die Zeit; der Gebrauchsverschleiß die Wertminderung durch die Nutzung. Der Wert eines Autos nimmt mit seinem Alter ab (auch wenn es nur in einer Garage geparkt wird), was dem Zeitverschleiß entspricht. Die km-Leistung bestimmt u. a. darüber hinaus den Wert des Autos (Gebrauchsverschleiß). Zur Erfassung des Zeit- und des Gebrauchsverschleißes können lineare und leistungsabhängige Abschreibung kombiniert werden (sog. *gespaltene* oder *gebrochene* Abschreibung).[161]

Für das obige Beispiel werden die lineare Abschreibung (mit Berücksichtigung des Restwertes, vgl. Tab. 2-5) und die leistungsabhängige Abschreibung (vgl. Tab. 2-6) berechnet. Es wird jeweils vereinfachend die Anschaffung der Maschine zu Beginn des Jahres 1 unterstellt (01.01.). Am Ende der Nutzungsdauer entspricht der tatsächliche genau dem prognostizierten Restwert.

Der Wert, von dem die Abschreibung im ersten Jahr vorgenommen wird, ist die Anschaffungsausgabe von 1.100 GE (nicht der *Abschreibungsausgangsbetrag* in Höhe von 1.000 GE!). Die Summe der Abschreibungen entspricht jedoch dem Abschreibungsausgangsbetrag, wenn bei der linearen Abschreibung die tatsächliche Nutzungsdauer der prognostizierten Nutzungsdauer bzw. bei der leistungsabhängigen Abschreibung die Leistungsabgabe der prognostizierten Leistungsabgabe entspricht. Der Abschreibungsausgangsbetrag ist also der Betrag, von dem bei der *Berechnung der gesamten Abschreibungen* ausgegangen wird (vgl. dazu die Berechnungen der Abschreibungsbeträge je Jahr bzw. je Mengeneinheit).

---

[158] Die Sprechweise folgt der allgemeinen Definition arithmetischer bzw. geometrischer Folgen. Vgl. Precht, M./Voit, K./Kraft, R [2005], S. 95.

[159] Vgl. Däumler, K.-D./Grabe, J. [2013], S. 142.

[160] Abschreibungen können nicht verursachungsgerecht sein, da die zu Grunde liegende Anschaffungsausgabe bzw. der Wiederbeschaffungswert nicht einer Periode zurechenbar ist.

[161] Vgl. z. B. Däumler, K.-D./Grabe, J. [2013], S. 138.

Jahr	1	2	3	4	5	6	7	8	9	10
Abschreibungsbetrag (1.000/10 = 100 GE)	100	100	100	100	100	100	100	100	100	100
Restwert am Jahresende (31.12.)	1.000	900	800	700	600	500	400	300	200	100

Tab. 2-5: Beispiel lineare Abschreibung

Jahr	1	2	3	4	5	6	7	8	9	10
Leistungsabgabe (insgesamt 200 ME)	25	20	12	15	28	20	7	16	24	33
Abschreibungsbetrag (1.000/200 = 5 GE/ME)	125	100	60	75	140	100	35	80	120	165
Restwert am Jahresende (31.12.)	975	875	815	740	600	500	465	385	265	100

Tab. 2-6: Beispiel leistungsabhängige Abschreibung

Kalkulatorische Abschreibungen können fixer oder variabler Natur sein.[162] Zu widersprechen wäre einer Auffassung, dass zeitbedingte Abschreibungen automatisch fixe Kosten und leistungsabhängige Abschreibungen immer variable Kosten darstellen.[163] Die Wahl einer Abschreibungsmethode legt per se nicht den Charakter der Kosten fest: Nur durch die Wahl einer leistungsabhängigen Abschreibungsmethode werden Kosten nicht plötzlich variabel. Andererseits können zeitbedingte Abschreibungen durchaus variable Kostenanteile beinhalten, die aber aufgrund der Unmöglichkeit einer sinnvollen Aufschlüsselung in fixe oder variable Anteile der Kosten nicht ausgewiesen werden.[164]

Die Frage, von welchem Abschreibungsausgangsbetrag im Allgemeinen ausgegangen werden sollte, wird an dieser Stelle nicht vertieft. In der Literatur werden neben dem Ansatz auf Basis der Anschaffungswerte Ansätze auf Basis von Wiederbeschaffungswerten diskutiert. Dabei ist die Frage umstritten gewesen, ob der Wiederbeschaffungswert am Bewertungsstichtag (Tageswert) oder zum Wiederbeschaffungsstichtag (Zukunftswert) den richtigen Ansatz darstellt.[165]

Auch wenn dieser Hinweis bereits mehrfach angebracht wurde: Der Ansatz eines Wertes für die Berechnung der Abschreibungen hat nach Zweckmäßigkeitsgesichtspunkten zu erfolgen. Dies bedeutet insbesondere, dass der Ansatz je nach Entscheidungssituation (!) variieren kann. Der kategorische Ansatz von Wiederbeschaffungswerten in der Kostenrechnung, der teilweise propagiert wird, ist abzulehnen; er bedarf der Begründung. Implizit wird z. B. beim Ansatz von

[162] Vgl. Coenenberg, A. G./Fischer, T. M./Günther, T. [2016], S. 99.
[163] So z. B. anklingend in Coenenberg, A. G./Fischer, T. M./Günther, T. [2016], S. 99.
[164] Vgl. Coenenberg, A. G./Fischer, T. M./Günther, T. [2016], S. 99.
[165] Vgl. zum Problem des Abschreibungsausgangsbetrages Hoberg, P. [2005], S. 165 - 171.

Wiederbeschaffungswerten unterstellt, dass der Vermögensgegenstand tatsächlich in der gleichen oder zumindest ähnlicher Form wiederbeschafft werden wird, was oft gar nicht geplant ist. Zweck des Ansatzes von Wiederbeschaffungswerten zum Wiederbeschaffungsstichtag kann also eine reale Substanzerhaltung sein: Die Abschreibungen sollen nicht nur ausreichen, eine nominale Substanzerhaltung zu gewährleisten (z. B. in der Form: Summe der Abschreibungen = Anschaffungsausgabe), sondern darüber hinaus auch eine reale Substanzerhaltung (Summe der Abschreibungen = voraussichtlicher, z. B. inflationsbedingt gestiegener Wiederbeschaffungswert). Aus welchen Gründen auch immer, erfolgt der Ansatz in der Praxis regelmäßig zu den handelsrechtlichen Anschaffungs- und Herstellungskosten, also nach einem Ansatz, in dem Wiederbeschaffungswerte nicht berücksichtigt werden. Für ein solches Vorgehen lassen sich auch gute Gründe finden (Objektivität des Ansatzes, Vorsichtsprinzip, etc.), die auch im Kontext des internen Rechnungswesens nicht per se ihre Relevanz einbüßen. Andererseits kann ein Ansatz von Wiederbeschaffungswerten auch als ein Ergebnis eines „kostenrechnerischen Vorsichtsprinzips" verstanden werden, nach dem eine reale Substanzerhaltung anzustreben ist.

Fallbeispiel Teil III: Abschreibungen

Da es ein schöner Sommertag zu werden scheint und die Bäckerei nur ca. acht Kilometer von seiner Wohnung entfernt liegt, fasst Christian den Entschluss, mit dem Fahrrad dorthin zu fahren. Christian erreicht die Bäckerei gegen 9 Uhr. Um diese Uhrzeit tritt im Allgemeinen etwas Ruhe ein, da der Hauptteil der Tagesproduktion schon gelaufen ist und die Produkte frisch zubereitet in den Regalen stehen.

Frau Patzlaw ist begeistert von den Tabellen, die Christian ihr auf den Schreibtisch gelegt hat. Bislang hat sie den Unterlagen nur die fett umrandete Zahl entnommen, die das voraussichtliche Betriebsergebnis zeigt. Alles Weitere lässt sie sich in aller Ruhe von Christian erklären. Dieser schildert ihr detailliert seine Vorgehensweise. Dabei schmückt er seine Erläuterungen sehr aus, um die Besprechung in der Nähe von Frau Patzlaw in die Länge zu ziehen. Frau Patzlaw scheint von Christians Wissen und Vorgehensweise sehr beeindruckt.

Er findet in ihr eine sehr aufgeschlossene Zuhörerin, die, obgleich sie keine betriebswirtschaftliche Ausbildung genossen hat, doch über eine Menge betriebswirtschaftlichen Sachverstand verfügt. Christians Erläuterungen kann sie bis auf eine Ausnahme sehr gut folgen. Lediglich die Höhe der Abschreibungen kann sie nicht nachvollziehen. „Bei dem ganzen Zeug, dass wir hier rumstehen haben, müssten wir doch bestimmt mehr Abschreibungen haben. Gut, der Computer ist mittlerweile fünf Jahre alt, aber wir haben doch den neuen Rundwirker, die neue Bedientheke und den neuen kleinen Spiralkneter." Christian kann sich in etwa vorstellen, welche Maschinen gemeint sind, zieht es aber vor, zur Sicherheit noch einmal nachzufragen. Frau Patzlaw antwortet lächelnd: „In unserer Bäckerei haben wir ja einerseits die Backstube, den kleinen Büroraum hier und letztendlich den Verkaufsraum, der direkt nebenan zu finden ist. Mir ist die Zusammensetzung der knapp 3.600 € Abschreibungen [Anmerkung: Vgl. zur genauen Zahl Tab. FB 8], die wir bei der Ermittlung des Betriebsergebnisses angesetzt haben, nicht so ganz klar, auch wenn der Betrag vergleichsweise gering erscheint. Hier im Büro sind wir zugegebenermaßen schlecht ausgestattet. Der Computer und die Möbel sind schon ziemlich alt und voll abgeschrieben. Kleinmaterial schreiben wir laut unserer Buchführungsabteilung immer direkt ab, da der Wert der einzelnen Wirtschaftsgüter einen Betrag von 150 € nicht übersteigt und schon in den 22.300 € sonstigen Kosten enthalten ist. Im Verkaufsraum haben wir im Januar des Jahres 2006 eine neue Bedientheke bekommen. Vor 2013 werden wir wohl auch keine neue erhalten. Die Theke wurde uns damals zum Rechnungsbetrag von 31.320 € geliefert und montiert. Auf meine Nachfrage, mit welchem Betrag denn abgeschrieben würde, erhielt ich nur die Antwort, dass der maximale Steuerstundungseffekt realisiert werde und der Jahresabschreibungsbetrag gleichmäßig auf die einzelnen Monate verteilt werde. Kannst du, Entschuldigung, können Sie mir erklären, was das bedeutet?"

Christian schmunzelt, wertet er doch die persönliche Anrede als ein Zeichen der Sympathie. „Mal sehen. Erst einmal muss man ja mal feststellen, dass die handelsrechtlichen Abschreibungsbeträge im internen Rechnungswesen nicht zwingend angesetzt werden müssen. Bislang haben wir zur Ermittlung des Betriebsergebnisses die handelsrechtlichen Abschreibungsbeträge ins Betriebsergebnis übernommen. Dies muss aber nicht unbedingt sinnvoll sein." Er erklärt Frau Patzlaw anschließend kurz das Beispiel, das er vor einigen Monaten auch seinem Freund Peter erklärt hat. Frau Patzlaw kann Christians Ausführungen gut folgen, zumal er als Beispiel abermals den ehemaligen Bäckerlehrling anführt. „Vielleicht ist es in diesem Fall besser, auch den Computer im internen Rechnungswesen quasi ´unter Null´ abzuschreiben. Nun gut, auf jeden Fall erreicht man im externen Rechnungswesen den maximalen Steuerstundungseffekt, indem man in den ersten Nutzungsjahren versucht, möglichst viel abzuschreiben. Abschreibungen fließen aus dem Unternehmen zwar nicht in Form von liquiden Mitteln ab, mindern aber den Unternehmensgewinn. Die Gewinnminderung in Höhe der Abschreibungen bewirkt nun eine verminderte Steuerzahlung. Die eingesparten Steuerzahlungen können dann vorerst wiederum Gewinn bringend im Unternehmen investiert werden. Viele Unternehmen sind daher bemüht, dem Fiskus möglichst wenig Gewinne anzuzeigen und Steuerzahlungen somit in die Zukunft zu verschieben."

„Interessant", entgegnet Frau Patzlaw, „aber sind diese Daten für uns denn nützlich? Wir befinden uns hier doch eher im internen Rechnungswesen. Außerdem verstehe ich nicht, wie man dann die Abschreibungen pro Monat errechnet." „Zunächst einmal muss ich Ihnen zustimmen", erwidert Christian, der das Interesse von Frau Patzlaw sichtlich genießt, „wir sollten zuerst überprüfen, ob die auf Handelsrecht basierende Abschreibung Informationen für unsere interne Steuerung liefert. Dazu ist es aber zunächst wichtig, die Abschreibungsmodalitäten im externen Rechnungswesen zu verstehen. Mal sehen, die Anschaffungsausgaben der Bedientheke betrugen also 27.000 €. Der Rechnungsbetrag beinhaltet ja auch noch die Umsatzsteuer von damals noch 16%. Den maximalen Steuerstundungseffekt realisiert man im Regelfall durch den auch im Handelsrecht erlaubten Übergang von der geometrisch-degressiven zur linearen Abschreibung. Bis zum Jahr 2000 war es möglich, im ersten Jahr bis zu 30 % abzuschreiben, von Anfang des Jahres 2001 waren laut § 7 II 2 EStG aber nur noch maximal 20 % zulässig. Dies hatte natürlich zur Folge, dass der Übergang von der geometrisch-degressiven zur linearen Abschreibung nur noch für diejenigen Vermögensgegenstände interessant war, deren Abschreibungsdauer mehr als fünf Jahre beträgt. Ansonsten erhielt man über die lineare Abschreibung mindestens gleich hohe Abschreibungsbeträge. Ausnahmsweise wurde durch § 7 II 3 EStG jedoch für bewegliche Wirtschaftsgüter, die in 2006 oder 2007 angeschafft wurden, wieder der früher gültige Höchstsatz von 30% zugelassen. Im Zuge der Unternehmenssteuerreform wurde der § 7 II EStG jedoch abgeschafft. Für Vermögensgegenstände, deren Beschaffungszeitpunkt nach dem 01.01.2008 liegt ist eine degressive Abschreibung somit nicht mehr rechtens. Allerdings wurde die Abschaffung für das Jahr 2009 wieder zurückgenommen. Bewegliche Güter des Anlagevermögens, deren Anschaffungs- bzw. Herstellungsdatum sich im Zeitraum zwischen 01.01.2009 und 31.12.2010 befindet, dürfen mit dem zweieinhalbfachen linearen AfA-Satz abgeschrieben werden. Dieser darf jedoch nicht 25% überschreiten. Für eine Anschaffung oder Herstellung nach dem 31.12.2010 kommt eine degressive Abschreibung demnach nur noch im internen Rechnungswesen in Frage.

In unserem Fall soll die Beschaffung einer neuen Bedientheke nicht vor Beginn 2013 stattfinden. Die Nutzungsdauer der bereits beschafften Theke beträgt also sieben Jahre. Aufgrund der Anschaffung in 2006 sind maximal 30% degressiver Abschreibungssatz steuerlich zulässig." Nach einigen Minuten legt Christian Frau Patzlaw folgende ausgedruckte Tabelle vor:

Ende Jahr	Abschreibung geometrisch-degressiv [€]	Abschreibung linear [€]	Restbuch-wert [€]
			27.000
2006	8.100	(3.857)	18.900
2007	5.670	(3.150)	13.230
2008	3.969	(2.646)	9.261
2009	2.778	(2.315)	6.483
2010	(1.945)	2.161	4.322
2011	(1.297)	2.161	2.161
2012	(648)	2.161	0

Tab. FB 5: Handelsrechtlicher Abschreibungsplan der Bedientheke

„Wie man sieht, erfolgte bei der Bedientheke im Jahr 2010 der Übergang von der geometrisch-degressiven zur linearen Abschreibungsmethode. Im ersten Jahr dürften 8.100 € abgeschrieben worden sein, da dieser Betrag höher ist als derjenige bei linearer Abschreibung. Im zweiten Jahr der Nutzung, sprich in diesem Jahr, ist der geometrisch-degressive Abschreibungsbetrag mit 5.670 € wiederum größer als der lineare Abschreibungsbetrag mit 3.150 €. Wichtig ist, und das habe ich leider in der letzten Klausur falsch gemacht, dass man bei der Ermittlung potenzieller linearer Abschreibungsbeträge die verbleibende Nutzungsdauer nur auf den tatsächlich verbleibenden Restbuchwert beziehen darf. Wenn man von Anfang an linear abgeschrieben hätte, würde in jedem Jahr 3.857 € abgeschrieben. Auf deine Nachfrage bekamst du, bekamen Sie, die Antwort, dass der Abschreibungsbetrag gleichmäßig auf die Monate verteilt wird. Wenn man folglich 5.670 € durch 12 dividiert, erhält man rund 472,50 €. Dies müsste ein Bestandteil der 3.595 € pro Monat sein." „Sollen wir nicht „Du" sagen?", erwidert Frau Patzlaw plötzlich, „immerhin haben wir uns beide schon geduzt." Christian nickt. Nach einer kurzen Pause sagt Frau Patzlaw dann: „Ich bin die Gaby!" Anschließend machen sich die beiden daran, auch die restlichen Anlagen und Maschinen intensiver zu betrachten. In der untersten Schublade des Schreibtisches finden sie kurz darauf folgende Tabelle:

Anlage-vermögen	Historische AK/HK	Zugänge/ Abgänge	Zuschrei-bungen	Abschreibun-gen (kumuliert)	RBW am 31.12.11	Abschreibun-gen 31.12.11
Etagenofen	123.500			66.500	57.000	9.500
Stikkenofen	95.000			59.375	35.625	11.875
Rundwirker	55.650			37.415	18.235	4.559
Spiralkneter	30.050			3.756	26.294	3.756
Hubkneter	42.222			7.917	34.305	5.278
Ausrollmaschine	19.560			9.545	10.015	2.504
Summe Maschinen	**365.982**			**184.508**	**181.474**	**37.472**

Tab. FB 6: Vorläufige Version des Anlagengitters der Backstube zum 31.12.2011

„Siehst du, hier hat sich schon jemand die Mühe gemacht und für die Backstube das Anlagengitter zum 31.12.2011 aufgestellt. Wenn du die als Summe angegebene Zahl 37.472 € durch 12 dividierst, erhältst du einen Abschreibungsbetrag von knapp 3.123 €. Zusammen mit den anderen 472,50 € erhalten wir unseren handelsrechtlichen Abschreibungsbetrag von rund 3.595

€ monatlich." In den Unterlagen findet Christian zudem die Anmerkung, dass der Rundwirker im 5. Nutzungsjahr ist und geometrisch-degressiv mit 20 % und anschließend linear abgeschrieben wurde. Dabei wird eine Nutzungsdauer von 9 Jahren unterstellt. Der Etagenofen hat eine Nutzungsdauer von 13 Jahren und wird ebenso wie der Stikkenofen, der eine Nutzungsdauer von 8 Jahren aufweist, linear abgeschrieben. Die Ausrollmaschine wurde hingegen Anfang 2005 beschafft und wird ebenfalls geometrisch-degressiv (20%!) abgeschrieben, bei einer Nutzungsdauer von 10 Jahren. Spiral- und Hubkneter werden linear über 8 Jahre abgeschrieben.

„Nun ja", erwidert Gaby, „das sieht ja schon mal ganz gut aus. Allerdings sind mir noch zwei Dinge unklar. Wie es scheint, werden der Rundwirker, die Bedientheke und die Ausrollmaschine aus steuerlichen Gründen geometrisch-degressiv abgeschrieben. Aus meiner Sicht erfolgt allerdings eine gleichmäßige Leistungsabgabe über die einzelnen Jahre hinweg. Daher sollten wir intern eventuell andere Abschreibungsbeträge ansetzen. Die Nutzungsdauern scheinen in meinen Augen gerechtfertigt." „Momentchen, könntest du mir vielleicht kurz erklären, was die einzelnen Maschinen eigentlich machen. Nach wie vor habe ich nur eine grobe Vorstellung." Gaby merkt, dass sie nicht zu viel voraussetzen darf, und erklärt in wenigen Worten: „Also, was ein Ofen ist, brauche ich dir wohl nicht zu erklären. Unsere Öfen unterscheiden sich in den Produkten, die in ihnen gebacken werden. Im Stikkenofen werden Brötchen gebacken, im Etagenofen die Brote und die Croissants. Der Spiralkneter ist, vereinfachend gesagt, die Teigmaschine für die Brötchen und alle hellen Produkte, z. B. entsteht im Spiralkneter auch die Teigmasse für die Croissants. Der Hubkneter wiederum ist für die Teigerstellung bei den Broten im Einsatz. Die Ausrollmaschine ist für die Herstellung der Croissants angeschafft worden. Mit ihrer Hilfe wird das Fett einturiert. Dies gibt den Croissants ihren tollen Geschmack. Der Rundwirker ist eine Maschine, die benutzt wird, um den Brötchen ihre Form zu geben, damit wir diese nicht mit der Hand formen müssen. Einen Kugelrundwirker für die Brote haben wir allerdings nicht. Die formen wir noch mit der Hand. Alles klar?"

Christian nickt und wiederholt vor seinem inneren Auge Gabys Ausführungen. „OK. Die zweite Sache, die mich neben der gleichmäßigen Inanspruchnahme der Maschinen im Zeitablauf stört, ist folgende: Wir haben bislang die Backstube und den Verkaufsraum in die Betrachtung mit einbezogen. Wir sitzen aber gerade vor dem veralteten, aber noch funktionierenden Computer. Dieser und die schon vergilbten Möbel sind doch irgendwann auch zu ersetzen. Ich habe sogar aus der Zentrale schon einen Katalog bekommen, aus dem ich mir neue Möbel aussuchen soll. Ich habe mich auch schon für eine Kombination aus Schreibtisch und Stuhl entschieden. Die Gegenstände kosten zusammen 1.550 €. Außerdem kriege ich demnächst ein Notebook, das diesen Rechner hier ersetzen soll. Ich glaube, das Notebook hat einen Wert von 2.050 €. Können wir das irgendwie berücksichtigen?" „Handelsrechtlich hätten wir mit der Berücksichtigung ein Problem. Innerhalb der Kostenrechnung kann ich die kalkulatorischen Abschreibungen aber im Folgenden in deinem Sinne anpassen." Nach etwa 10 Minuten präsentiert Christian Gaby folgende Abbildung:

Anlage-vermögen	Historische AK/HK [€]	Nutzungs-dauer [Jahre]	Abschreibungen pro Jahr [€]	Abschreibungen pro Monat [€]
Etagenofen	123.500	13	9.500	792
Stikkenofen	95.000	8	11.875	990
Rundwirker	55.650	9	6.183	515
Spiralkneter	30.050	8	3.756	313
Hubkneter	42.222	8	5.278	440
Ausrollmaschine	19.560	10	1.956	163
Bedientheke	27.000	7	3.857	321
Notebook (geplant)	*2.050*	*3*	*683*	*57*
Möbel (geplant)	*1.550*	*5*	*310*	*26*
Summe Maschinen	**396.582**		**43.399**	**3.617**

Tab. FB 7: Überarbeitetes Anlagengitter für die Kostenrechnung

Erleichtert schaut Gaby auf die unten angegebene Zahl. Die ermittelten kalkulatorischen Abschreibungen weichen im betrachteten Monat nur wenig von den handelsrechtlichen Abschreibungsaufwendungen ab. Es werden lediglich 21 € mehr Kosten pro Monat verrechnet. Auf der einen Seite fallen zwar die kalkulatorischen Abschreibungen für die Möbel und das Notebook an. Hinzu kommt, dass auch der Rundwirker kalkulatorisch um 135 € pro Monat mehr abgeschrieben wird. Dies wird allerdings durch die Bedientheke und die Ausrollmaschine kompensiert. Da im Zeitablauf ein kontinuierlicher Wertverlust angenommen wird, führt die geometrisch-degressive Abschreibung bei den erst kürzlich angeschafften Anlagen zu Abschreibungsbeträgen, die (weit) über dem „wahren" Wertverlust liegen. Unter Berücksichtigung der neuen kalkulatorischen Abschreibungen ergibt sich somit ein um lediglich 21,43 € gesunkenes Betriebsergebnis.

Bilanzposten	Abschreibungen extern pro Monat [€]	Abschreibungen intern pro Monat [€]	Differenz [€]
Etagenofen	791,67	791,67	-
Stikkenofen	989,58	989,58	-
Rundwirker	379,92	515,28	-135,36
Spiralkneter	313,02	313,02	-
Hubkneter	439,81	439,81	-
Ausrollmaschine	208,64	163,00	45,36
Bedientheke	472,50	321,43	38,57
Notebook	-	56,94	-56,94
Möbel	-	25,83	-25,83
Summe Maschinen	**3.595,14**	**3.616,56**	**-21,43**

Tab. FB 8: Gegenüberstellung der Abschreibungsbeträge pro Monat

Gaby freut sich sehr. Ihre Befürchtung, dass die Abschreibungen intern eigentlich viel höher angesetzt werden müssten, bestätigt sich nicht. Vorsichtshalber holt sie noch einige Angebote für die angeführten Maschinen ein. Seit deren Kauf haben sich die Preise nicht verändert. Auch zukünftig werden konstant bleibende Preise seitens der Hersteller angestrebt. Voller Stolz ruft sie Herrn Wiedeke an, um ihm die Neuigkeiten zu übermitteln. Sie referiert ausführlich über die Ergebnisse, die sie mit Christian erarbeitet hat. Dabei lässt sie keine Möglichkeit aus, um Christian überschwänglich zu loben. Gegen Ende des Telefonats bittet sie Herrn Wiedeke noch um die Erlaubnis, das für die Produktion noch notwendige Backmittel zu bestellen. Herr Wiedeke hat keine Einwände, bittet jedoch darum, vorab die Würger AG informieren zu dürfen, um nachträglichen Ärger zu vermeiden.

Glücklich und geschafft geht Christian an diesem Abend nach Hause. Dort klingelt kurz darauf das Telefon und Christian vernimmt Herrn Wiedekes Stimme am anderen Ende der Leitung. „Wir haben in einer unserer Großbäckereien ein Riesenproblem. Die Produktion läuft auf Hochtouren, aber die Betriebsergebnisse sinken fast kontinuierlich. Ich habe heute mit einem Verantwortlichen der Großbrot AG gesprochen, der nicht mehr weiter weiß. Ich habe ihm gesagt, dass Sie ab nächster Woche zumindest für ein paar Tage mal dort vorbeischauen und sich die Unterlagen ansehen. Am besten ist, wir treffen uns Montagmorgen bei der Viertelpfünder und fahren dann gemeinsam zur Großbrot AG nach Mellen." „Klar, ich freue mich schon auf Montagmorgen", erwidert Christian spontan. Innerlich verschafft es ihm viel Genugtuung, dass er innerhalb einer Woche vom Praktikanten zum „internen Berater" befördert worden ist. Ein wenig bedauerlich findet er lediglich, dass er ab der nächsten Woche auf Gaby verzichten muss. Aber die Tage würden wohl schon schnell vorbeigehen und außerdem will er schließlich etwas lernen. Immerhin hat er noch den Rest der Woche Zeit, Gaby bei der Lösung weiterer Probleme etwas behilflich zu sein.

2.4.5.2 Kalkulatorische Zinsen

Dem *Opportunitätsgedanken* entspringt der Ansatz von *kalkulatorischen Zinsen* in der Kostenrechnung: Kapital könnte auch anders, zinsbringend investiert werden. Diese entgangenen Zinsen können dann als Opportunitätskosten in der Kostenrechnung angesetzt werden. Insbesondere angesetzte kalkulatorische Zinsen auf das (betriebsnotwendige) Eigenkapital sind Kosten, denen kein Aufwand gegenübersteht. Bei den kalkulatorischen Zinsen handelt es sich um Kapitalkosten für das in betrieblich genutzten Vermögensgegenständen gebundene Kapital.[166] Daraus folgt die Beschränkung auf das betriebsnotwendige Kapital: Kalkulatorische Zinsen auf Kapital, das in nicht betriebsnotwendigem Anlage- und Umlaufvermögen gebunden ist, sind in der Kostenrechnung nicht anzusetzen, da sie nicht der Kostendefinition als betriebszweckbezogenem Güterverzehr entsprächen. Eine andere Begründung für den Ansatz von kalkulatorischen Zinsen kann ein Vergleich von unterschiedlich finanzierten Betrieben sein, bei dem der Einfluss der Finanzierungsstruktur (Eigenkapital zu Fremdkapital) eliminiert werden soll. Insofern sind dann also auch für Eigenkapital (kalkulatorische) Zinsen anzusetzen.

Kalkulatorische Zinsen auf *Eigenkapital* sind Zusatzkosten, während Zinsen auf *Fremdkapital* oft Anderskosten darstellen.[167] Es handelt sich i. d. R. um Anderskosten, weil der gewählte kalkulatorische Zinssatz, der *Kalkulationszinssatz*,[168] in den seltensten Fällen mit dem tatsächlichen Fremdkapitalzinssatz übereinstimmt und damit der bilanzielle Zinsaufwand und kalkulatorische Zinsen auf Fremdkapitalpositionen in der Höhe verschieden sein können. Kalkulatorische Zinsen werden auf das *durchschnittlich* gebundene betriebsnotwendige Kapital einer Periode berechnet. Durch die Durchschnittsbildung werden die Schwankungen des betriebsnotwendigen Kapitals innerhalb einer Periode eliminiert. Unabhängig von der tatsächlichen Finanzierung einzelner Betriebsteile kann von einem *einheitlichen* Kalkulationszinssatz ausgegangen werden, der auf betriebsnotwendiges Eigen- wie Fremdkapital angesetzt wird. Die kalkulatorischen Zinsen lassen sich dann folgendermaßen berechnen:[169]

$$\text{kalkulatorische Zinsen} = \text{betriebsnotwendiges Kapital} \cdot \text{Kalkulationszinssatz}$$

Durchzuführen sind dabei 1. die Ermittlung des betriebsnotwendigen Kapitals und 2. die Festlegung des Kalkulationszinssatzes.

166 Vgl. Schmidt, A. [2017], S. 78 f.
167 Zu den Begriffen Anders- bzw. Zusatzkosten vgl. 1.3.5.
168 Der Begriff „Kalkulationszins*fuß*" wird hier bewusst vermieden, weil er in der Investitionsrechnung den einheitlichen Soll- und Habenzinssatz bezeichnet, der aus einem vollkommenen Kapitalmarkt (ohne finanzielle Beschränkungen) resultiert. Vgl. z. B. Grob, H. L. [2006], S. 49 f.
169 Vgl. z. B. Haberstock, L. [2008], S. 97.

ad 1) Ermittlung des betriebsnotwendigen Kapitals

Anhand der Bilanzpositionen auf der Passivseite der handelsrechtlichen (oder steuerrechtlichen) Bilanz kann nicht geklärt werden, ob es sich jeweils um betriebsnotwendiges oder nicht betriebsnotwendiges Kapital handelt.[170] Daher wird zur Ermittlung des betriebsnotwendigen Kapitals zuerst das betriebsnotwendige Anlage- und Umlaufvermögen aus der Aktivseite der Bilanz abgeleitet.

Zur Ermittlung des betriebsnotwendigen Anlage- und Umlaufvermögens kann ein vierschrittiges Vorgehen gewählt werden:

(1) Eliminierung der nicht betriebsnotwendigen Teile des
bilanziellen Anlage- und Umlaufvermögens

Zum nicht betriebsnotwendigen Teil des bilanziellen Anlagevermögens können z. B. ungenutzte bzw. fremdgenutzte Grundstücke und Gebäude (z. B. Werkswohnungen) sowie nicht betriebsnotwendige Beteiligungen gezählt werden. Beim Umlaufvermögen sind bspw. zu Spekulationszwecken erworbene Wertpapiere zu eliminieren.

Weiterhin überprüft und ggf. ebenfalls rechnerisch eliminiert werden sollten z. B. folgende Bilanzpositionen:[171]

- aktivierter Geschäftswert
- ausstehende Einlagen auf das gezeichnete Kapital
- Finanzanlagen
- vermietete und verpachtete Anlagen
- Anlagen im Bau
- stillgelegte Anlagen
- unbrauchbare oder überhöhte Bestände
- eigene Aktien, Aktien von Obergesellschaften
- überhöhte liquide Mittel
- Rechnungsabgrenzungsposten.

(2) Hinzurechnung von betriebsnotwendigen Vermögensgegenständen,
die nicht der Bilanz zu entnehmen sind

Als Beispiel seien hier bilanziell voll abgeschriebene, aber noch genutzte Vermögensgegenstände, zu denen auch die geringwertigen Wirtschaftsgüter zählen, genannt.[172] Darüber hinaus

[170] Vgl. Schmidt, A. [2017], S. 78 und Haberstock, L. [2008], S. 94.
[171] Vgl. Coenenberg. A. G./Fischer, T. M./Günther, T. [2016], S. 101.
[172] Vgl. Coenenberg. A. G./Fischer, T. M./Günther, T. [2016], S. 101.

können auch handelsrechtlich nicht zwingend zu aktivierende immaterielle Vermögensgegenstände des Anlagevermögens Teil des betriebsnotwendigen Vermögens sein.

(3) Bewertung der betriebsnotwendigen Vermögensgegenstände

Vermögensgegenstände des Anlagevermögens können zu kalkulatorischen Restbuchwerten bewertet werden. Das Umlaufvermögen kann zu kalkulatorischen Durchschnittswerten der Rechnungsperiode bewertet werden. Durch eine solche kostenrechnerische Bewertung können bilanzielle Wertansätze z. B. durch Tageswerte ersetzt werden und somit stille Reserven aufgedeckt werden. *Eine* Möglichkeit, einen kalkulatorischen Restbuchwert eines Vermögensgegenstandes des Anlagevermögens zu ermitteln, besteht in dem folgenden Vorgehen:

kalkulatorischer Restbuchwert
= Wiederbeschaffungswert – kumulierte kalkulatorische Abschreibungen der Vorperioden

Die Bewertung hat jedoch zweckorientiert zu erfolgen. Je nach Zweck können als kalkulatorische Restbuchwerte neben den um kalkulatorische Abschreibungen verminderten Wiederbeschaffungswerten auch aktuelle Tages-/Marktwerte, Liquidationswerte oder aber auch fortgeschriebene historische Anschaffungs- und Herstellungskosten (nach HGB) angesetzt werden.[173] In Abhängigkeit der Bewertung haben dann jeweils auch die Ermittlung und die Festlegung des Kalkulationszinssatzes zu erfolgen.

(4) Ermittlung des während der Abrechnungsperiode durchschnittlich gebundenen betriebsnotwendigen Anlage- und Umlaufvermögens

Aus den kalkulatorischen Restbuchwerten des betriebsnotwendigen Anlage- und Umlaufvermögens zu Beginn einer Periode und am Ende der Periode kann das durchschnittlich gebundene betriebsnotwendige Anlage- und Umlaufvermögen durch Durchschnittsbildung ermittelt werden:

durchschnittlich gebundenes betriebsnotwendiges Anlage- und Umlaufvermögen
= ½ · (Anfangsbestand des betriebsnotwendigen Anlage- und Umlaufvermögens zu kalkulatorischen Restbuchwerten + Endbestand des betriebsnotwendigen Anlage- und Umlaufvermögens zu kalkulatorischen Restbuchwerten)

Falls für Vermögensgegenstände des nicht abnutzbaren Anlagevermögens bei den kalkulatorischen Restwerten von den historischen Anschaffungswerten ausgegangen wird, entsprechen sich Anfangs- und Endwert, sodass auch die durchschnittliche Kapitalbindung dem Anschaffungswert entspricht.

---

173 In der Kostenrechnung müssen die Bilanzwerte nicht mit dem aktuellen Zeitwert angesetzt werden, wie teilweise in der Literatur behauptet, vgl. so z. B. Heinhold, M. [2010], S. 142.

Falls das betriebsnotwendige Anlage- und Umlaufvermögen im Laufe einer Periode stärker geschwankt hat, kann auch ein verfeinerter Durchschnitt gebildet werden. Im Falle eines Geschäftsjahres kann der Durchschnitt aus dem monatlich ermittelten betriebsnotwendigen Anlage- und Umlaufvermögen gebildet werden:[174]

durchschnittlich gebundenes betriebsnotwendiges Anlage- und Umlaufvermögen
= Summe der Monatsendbestände des betriebsnotwendigen Anlage- und Umlaufvermögens zu kalkulatorischen Restbuchwerten/12

In der Literatur wird auch folgende Berechnungsformel vorgeschlagen:[175]

durchschnittlich gebundenes betriebsnotwendiges Anlage- und Umlaufvermögen
= (Jahresanfangsbestand + Summe der Monatsendbestände des betriebsnotwendigen Anlage- und Umlaufvermögens zu kalkulatorischen Restbuchwerten)/13

Neben der gerade vorgestellten *Restwertmethode* (auch Restbuchwertverfahren[176] genannt) gibt es auch noch die *Durchschnittsmethode* (auch: Verfahren der Durchschnittsverzinsung[177]).[178] Bei der *Durchschnittsmethode* wird für abnutzbare Vermögensgegenstände des Anlagevermögens der Durchschnittswert verzinst. Der *Durchschnittswert* ist dabei der halbe Anschaffungswert bzw. das Mittel aus Anschaffungswert und dem Wert, der bei einer Veräußerung nach der Nutzungsdauer des Vermögensgegenstandes noch als Verkaufserlös erzielt werden kann („Restwert" oder auch „Resterlös").[179]

Hierbei wird implizit ein linearer Verlauf der kalkulatorischen Restbuchwerte angenommen. Im Gegensatz zur Restwertmethode ergeben sich unabhängig von der gerade betrachteten Periode, d. h. in jeder Periode, die gleichen kalkulatorischen Zinsen auf einen solchen Vermögensgegenstand (vgl. Abb. 2-17 b)). Die Periodenvergleichbarkeit ist damit besser gewährleistet als durch die Restwertmethode, bei der die kalkulatorischen Zinsen bezogen auf den einzelnen Vermögensgegenstand im Zeitablauf sinken (vgl. Abb. 2-17 a)).[180]

Bei einer gemischten Altersstruktur innerhalb des betriebsnotwendigen Anlagevermögens ist anzunehmen, dass sich dennoch auch bei der Restwertmethode eine kostenrechnerisch evtl. gewünschte gleichmäßige Periodenbelastung aus kalkulatorischen Zinsen ergibt. Aus dem in Abb.

---

[174] Vgl. Coenenberg, A. G./Fischer, T. M./Günther, T. [2016], S. 101.
[175] Vgl. Schmidt, A. [2017], S. 79.
[176] Vgl. Grob, H. L. [2002], S. 110.
[177] Vgl. Kilger, W. [1987], S. 136.
[178] Natürlich wird auch bei der Restwertmethode ein Durchschnitt gebildet. Insofern ist die Terminologie vielleicht nicht ganz glücklich. Bei der Durchschnittsmethode wird dagegen keine Ermittlung von kalkulatorischen Restbuchwerten für Zwischenperioden nötig. Vgl. zu den beiden Methoden im Folgenden Haberstock, L. [2008], S. 96 ff.
[179] Anschaffungswert und Resterlös sind dabei zu addieren, während zur Bildung des Abschreibungsausgangsbetrages der Resterlös vom Anschaffungswert zu subtrahieren ist.
[180] Vgl. Schmidt, A. [2017], S. 78 ff.

2-16 gezeigten Restbuchwertverlauf ergibt sich nach der Restwertmethode bzw. der Durchschnittsmethode folgender Verlauf der Höhe der kalkulatorischen Zinsen (Abb. 2-17).

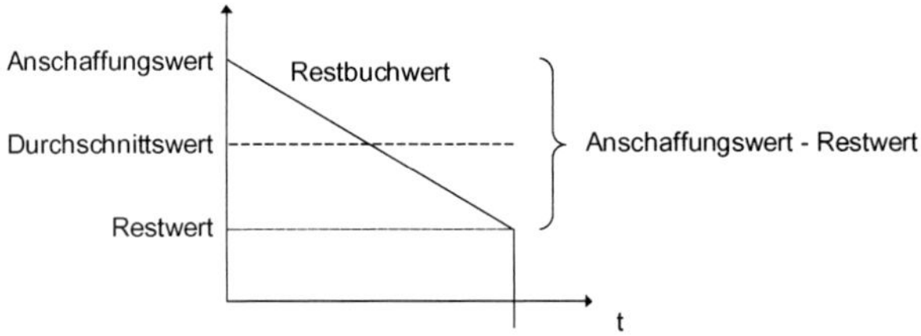

Abb. 2-16: Restbuchwertverlauf bei linearer Abschreibungsmethode mit der Differenz aus Anschaffungswert und Restwert als Abschreibungsausgangsbetrag

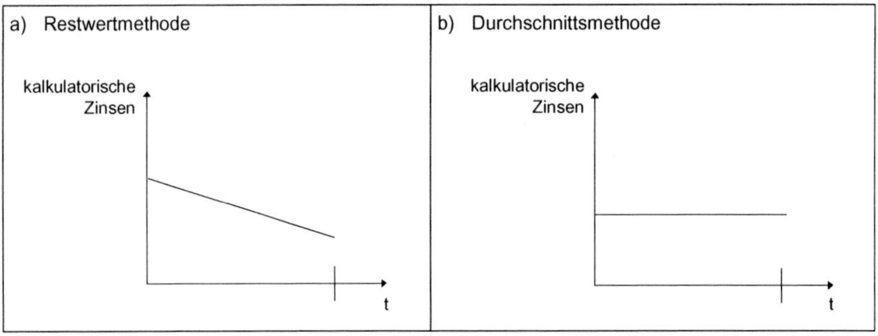

Abb. 2-17: Kalkulatorische Zinsen im Zeitablauf a) nach der Restwertmethode und b) nach der Durchschnittsmethode

Bei der Durchschnittsmethode liegen die kalkulatorischen Zinsen pro Periode genau zwischen den maximalen und minimalen Kapitalkosten, die sich nach der Restwertmethode ergeben.

Zur Veranschaulichung soll folgendes Beispiel dienen: Für eine Maschine des Anlagevermögens, die zu Beginn der Periode angeschafft wurde, sollen die kalkulatorischen Zinsen berechnet werden. Der Anschaffungswert betrug 700.000 €. Die wirtschaftliche Nutzungsdauer wird auf 6 Jahre geschätzt; am Ende dieser Nutzungsdauer wird mit einem Restwert von 100.000 € gerechnet. Abgeschrieben wird linear auf den Restwert. Der auf die hier verwendeten Werte abgestimmte kalkulatorische Zinssatz beträgt 10 %.

Nach der Durchschnittsmethode ist zunächst der Durchschnittswert zu berechnen, der sich aus der Hälfte der Summe von Anschaffungswert (700.000 €) und Restwert (100.000 €) ergibt: (700.000 + 100.000)/2 = 400.000 €. Dieser Durchschnittswert ist jeweils mit 10 % zu verzinsen, sodass sich als kalkulatorische Zinsen pro Periode 400.000 · 0,10 = 40.000 € ergeben.

Nach der Restwertmethode ist zuerst der jährliche Abschreibungsbetrag zu berechnen, der sich aus der Differenz von Anschaffungswert und Restwert geteilt durch die Nutzungsdauer ergibt: (700.000 - 100.000)/6 = 100.000 €. Für die 1. Periode beträgt der durchschnittliche Wert der Maschine als Mittel der Restbuchwerte zu Beginn (700.000 €) und zum Ende der Periode (Restbuchwert zu Beginn der Periode - Abschreibungsbetrag = 700.000 – 100.000 = 600.000 €) dann: (700.000 + 600.000)/2 = 650.000 €. Als kalkulatorische Zinsen der 1. Periode lassen sich damit 650.000 · 0,10 = 65.000 € ermitteln. Analog können für die weiteren Perioden die kalkulatorischen Zinsen berechnet werden. Da der durchschnittliche Wert jährlich um den Abschreibungsbetrag von 100.000 € sinkt, fallen die kalkulatorischen Zinsen jeweils um 100.000 · 0,10 = 10.000 €.

Jahr	kalkulatorische Zinsen nach der Durchschnittsmethode [€]	kalkulatorische Zinsen nach der Restwertmethode [€]
1	40.000	65.000
2	40.000	55.000
3	40.000	45.000
4	40.000	35.000
5	40.000	25.000
6	40.000	15.000
Summe	**240.000**	**240.000**

Tab. 2-7: Beispiel kalk. Zinsen nach der Durchschnitts- bzw. Restwertmethode

Die Ergebnisse der beiden Methoden sind in Tab. 2-7 zu finden. Bei der Durchschnittsmethode wird das Betriebsergebnis über alle (sechs) Perioden gleich belastet. Bei der Restwertmethode fallen hingegen die kalkulatorischen Zinsen, sodass in den ersten drei Perioden das Betriebsergebnis stärker und dann in den letzten drei Perioden weniger belastet wird als bei der Durchschnittsmethode. Über alle Perioden betrachtet, ergibt sich jedoch in Summe eine identische Kostenbelastung.

Um vom durchschnittlich gebundenen betriebsnotwendigen Anlage- und Umlaufvermögen zum betriebsnotwendigen Kapital zu gelangen, ist dieses noch um das sog. *Abzugskapital* zu bereinigen. Die Idee dieser Bereinigung ist, dass in dem bisher ermittelten durchschnittlich gebundenen betriebsnotwendigen Anlage- und Umlaufvermögen auch zinslos zur Verfügung gestelltes Kapital enthalten sein kann. Als Abzugskapital werden in diesem Sinne oft Kundenanzahlungen und Lieferantenverbindlichkeiten gewertet. Diese werden i. d. R. tatsächlich nicht verzinst. Indirekt können Zinsen jedoch auch versteckt anfallen, z. B. sofern diese in der jeweiligen Preiskalkulation (in Form von Preisnachlässen) berücksichtigt wurden. Daher wird der Abzug von Kundenanzahlungen und Lieferantenverbindlichkeiten auch von einigen Autoren bemängelt.[181] Insbesondere bei der Inanspruchnahme von Zahlungszielen bei Lieferungen verfällt die Möglichkeit des Skontoabzugs. Preisnachlässe und Skontoverluste sind insofern versteckte Fremdkapitalkos-

[181] Vgl. z. B. Seicht, G. [2001], S. 116 - 118.

ten. Auch Rückstellungen stellen Kapital dar, das teilweise nicht verzinst werden muss. Pensionsrückstellungen, eine bei Unternehmen teilweise nicht unbedeutende Passivposition, werden jedoch mit einem Rechnungszinsfuß von bis zu 6 % belastet.[182]

Die geschilderten Probleme zeigen nur, dass sehr sorgfältig zu prüfen ist, welches Fremdkapital als Abzugskapital zu berücksichtigen ist. Wenn vereinfachend das betriebsnotwendige Kapital unmittelbar mit dem betriebsnotwendigen Anlage- und Umlaufvermögen gleichgesetzt wird, wird dieser Forderung nicht Rechnung getragen. Abb. 2-18 zeigt die vier Schritte zur Ermittlung des betriebsnotwendigen Kapitals zusammengefasst; die Ermittlung anhand der Bilanz stellt Abb. 2-19 dar.

	bilanzielles Anlage- und Umlaufvermögen
-	nicht betriebsnotwendige Teile des bilanziellen Anlage- und Umlaufvermögens (1)
+	betriebsnotwendige Vermögensgegenstände, die nicht der Bilanz zu entnehmen sind (2)
+/-	Bewertungsdifferenzen (3)
=	**betriebsnotwendiges Anlage- und Umlaufvermögen**
-	Abzugskapital (4)
=	**betriebsnotwendiges Kapital**

Abb. 2-18: Vier Schritte zur Ermittlung des betriebsnotwendigen Kapitals

Abb. 2-19: (Bilanzielle) Ermittlung des betriebsnotwendigen Kapitals

ad 2) Festlegung des Kalkulationszinssatzes

Als Kalkulationszinssatz ist theoretisch, dem Opportunitätskostengedanken folgend, der Zinssatz der günstigsten Anlagealternative zu wählen.[183] Da dieser Zinssatz objektiv kaum zu ermitteln ist, wird auf alternative Zinssätze zurückgegriffen, die sich z. B. aus dem Kapitalmarkt ableiten

182 Vgl. Schmidt, A. [2017], S. 79.
183 Vgl. Schmidt, A. [2017], S. 78.

oder eine branchenübliche Rendite widerspiegeln. Möglich ist auch der Zinssatz des teuersten Kredits, als eine Art „Grenzzins".[184] Eigentlich sollte dieser Grenzzinssatz die Kosten repräsentieren, die bei einer weiteren Erhöhung des betriebsnotwendigen Kapitals vermutlich für neue Fremdmittel aufzuwenden wären oder die bei einer Reduzierung zunächst einsparbare Zinsbelastung.[185] Dies kann, abhängig von den vertraglichen Gestaltungsspielräumen, auch nicht der Kredit mit dem höchsten Zinssatz sein.

Wenn bspw. der Zinssatz für festverzinsliche Wertpapiere (z. B. Staatsanleihen) gewählt wird, ist dieser noch mit einem unternehmensspezifischen Risikoaufschlag zu versehen. Je nach Unternehmensbereich kann dieser Risikoaufschlag weiter differenziert werden, weil die Risiken in den einzelnen Unternehmensbereichen differieren können und somit unterschiedliche Risikoaufschläge als sinnvoll erscheinen lassen. I. d. R. wird man aber einen unternehmenseinheitlichen Zinssatz wählen, da damit auch der Vergleich verschiedener Unternehmensbereiche möglich bleibt. Außerdem kann die Zuweisung der knappen Ressource Kapital auf Investitionsvorhaben auf Basis dieses Zinssatzes erfolgen, wobei die Investitionen eine höhere Verzinsung als den vorgegebenen Zinssatz erzielen sollten.

Eine weitere Möglichkeit besteht in der Wahl des Eigenkapitalzinssatzes in Höhe der Renditeforderung der Eigenkapitalgeber. Oft wird dagegen argumentiert, dass eine solche Renditeforderung bei mehreren Eigenkapitalgebern nicht einheitlich sein kann (wegen individueller, alternativer Anlagemöglichkeiten) und ein solcher Wert in hohem Maße subjektiv wäre. Aus Steuerungsgesichtspunkten kann es aber unter Umständen sinnvoll sein, einen solchen Zinssatz zu wählen. Praktisch wird sich ein Wert ergeben, der vielfältige Einflüsse beinhaltet. Insbesondere sollte man jedoch den einmal gewählten Wert (relativ) konstant halten, damit Perioden im Zeitablauf vergleichbar bleiben. Gerade kurzfristige Zinsänderungen auf dem Kapitalmarkt sollten daher nicht direkt zu Änderungen des gewählten Zinssatzes führen.

Der kalkulatorische Zinssatz lässt sich z. B. wie folgt ermitteln:

$$i = \frac{EK \cdot i_{EK} + FK \cdot i_{FK}}{GK}$$

mit

i = Kalkulationszinssatz
EK = Eigenkapital
FK = Fremdkapital
GK = Gesamtkapital
i_{EK} = Zinssatz auf Eigenkapital
i_{FK} = Zinssatz auf Fremdkapital

---

184 Vgl. Coenenberg, A. G./Fischer, T. M./Günther, T. [2016], S. 102 f.
185 Vgl. Coenenberg, A. G./Fischer, T. M./Günther, T. [2016], S. 100.

Vereinfacht ergibt sich mit den Symbolen wie oben und

EKQ = Eigenkapitalquote (= Eigenkapital/Gesamtkapital)
FKQ = Fremdkapitalquote (= Fremdkapital/Gesamtkapital)

$$i = EKQ \cdot i_{EK} + FKQ \cdot i_{FK}$$

Der Kalkulationszinssatz ist also gleich der Summe der mit der Eigenkapitalquote bzw. Fremdkapitalquote gewichteten Zinssätze für Eigen- bzw. Fremdkapital. Die Formel ähnelt jener für den Gesamtkapitalkostensatz bei der Berechnung des Economic Value Added (EVA). Dort wird der ermittelte Zinssatz als Weighted Average Cost of Capital (WACC) bezeichnet. Zu beachten ist aber, dass dort eine andere Definition des Eigen- bzw. Fremdkapitals zu Grunde liegt. Zur Bestimmung des Eigenkapitalzinssatzes werden dabei auch kapitalmarkttheoretische Modelle wie das Capital Asset Pricing Model (CAPM) oder die Arbitrage Pricing Theorie (APT) verwendet – trotz teilweise unrealistischer Prämissen und Schwierigkeiten bei der praktischen Umsetzung.

Bisher ist noch nicht weiter spezifiziert worden, wie das Eigen- und das Fremdkapital zu definieren sind. Nach den vorangegangenen Erläuterungen ist jeweils nur das betriebsnotwendige Eigen- bzw. Fremdkapital zu verzinsen. Sofern nicht betriebsnotwendiges Anlage- und Umlaufvermögen vorhanden ist, sind Annahmen darüber zu treffen, wie dieses finanziert ist. Im Allgemeinen ist diese Zuordnung unmöglich. Eine Annahme könnte jedoch sein, dass das gesamte Eigenkapital ausschließlich betriebsnotwendigen Zwecken diene und damit nur nicht betriebsnotwendiges Anlage- und Umlaufvermögen fremd finanziert werde.[186] Das oben genannte Gesamtkapital entspricht dem betriebsnotwendigen Kapital. Die Höhe der Fremdkapitalzinsen kann der Gewinn- und Verlustrechnung des externen Rechnungswesens entnommen werden: Es handelt sich um die Position „Zinsen und ähnliche Aufwendungen“ (§ 275 Abs. 2 bzw. Abs. 3 HGB). Evtl. ist eine Korrektur von Zinsen vorzunehmen, wenn auch für nicht betriebsnotwendiges Kapital Zinsen gezahlt worden sind.

Bisher ist davon ausgegangen worden, dass kalkulatorische Zinsen im Nachhinein im Sinne einer Ist-Kostenrechnung ermittelt werden. Natürlich müssen diese Zinskosten auch in eine Plan-Kostenrechnung mit aufgenommen werden.

Bei der Periodisierung der kalkulatorischen Zinsen ist zu beachten, dass sich aus den beiden unterschiedlichen Verfahren (Restwert- vs. Durchschnittsmethode) zwar über die Totalperiode die gleiche Höhe an kalkulatorischen Zinsen ergibt,[187] die kalkulatorischen Zinsen aber in den

186 Vgl. Grob, H. L. [2002], S. 109.

187 Dies gilt natürlich allgemein nur für den Fall eines konstanten Kalkulationszinssatzes und für die Wahl identischer Wertansätze als Ausgangslage.

einzelnen Perioden voneinander abweichen (vgl. obiges Beispiel). In der Literatur wird konträr für bzw. gegen die Verfahren argumentiert.[188]

Die ermittelten kalkulatorischen Zinsen sind fast ausschließlich (Kostenträger-)Gemeinkosten, da sie i. d. R. nicht direkt den Kostenträgern zurechenbar sind. Daher fließen sie in die Kostenstellenrechnung mit ein. Theoretisch handelt es sich bei den kalkulatorischen Zinsen auch zumindest zum Teil um (Kostenstellen-)Gemeinkosten.[189] Neben diesen theoretischen Schwierigkeiten wird praktisch eine Aufteilung der Zinskosten entsprechend des Anteils am betriebsnotwendigen Kapital auf Kostenstellen vorgenommen:[190]

- Zinsen auf Anlagevermögen gemäß Anlagenkartei:
    - Gebäude nach m^2
    - Maschinen, Werkzeuge und Anlagen zur jeweiligen Fertigungskostenstelle im Herstellungsbereich
- Zinsen auf Konzessionen, Patente, Lizenzen zum Forschungs- und Entwicklungsbereich
- Zinsen auf Marken und ähnliche Rechte zum Vertriebsbereich
- Zinsen auf Materialien (evtl. korrigiert um Lieferantenkredite) zum Materialbereich
- Zinsen auf Bestände an Halbfabrikaten (evtl. korrigiert um Kundenanzahlungen) zum Fertigungsbereich
- Zinsen auf Bestände an Fertigfabrikaten (evtl. korrigiert um Kundenanzahlungen) zum Vertriebsbereich
- Zinsen auf liquide Mittel zum Verwaltungsbereich

Zum Ende des Abschnitts zu den kalkulatorischen Zinsen soll noch auf den Zusammenhang zwischen zweckadäquater Wahl der kalkulatorischen Restwerte und des kalkulatorischen Zinssatzes eingegangen werden. Eine Frage ist bspw., ob der Zinssatz in Höhe des Nominalzinses oder in Höhe des um einen Inflationsabschlag bereinigten Realzinses anzusetzen ist.[191] Wenn nun der Wertansatz zu Zeitwerten erfolgt und ein Nominalzinssatz verwendet wird, führt dies im Ergebnis zu einem doppelten Inflationsausgleich. Unter Substanzerhaltungsgesichtspunkten ist deshalb entweder die Kombination „Nominalzinssatz und Bewertung zu historischen Anschaffungs- und Herstellungskosten" oder die Kombination „Realzins und Ansatz zu Zeitwerten" zu empfehlen.[192]

---

188 So z. B. Kilger, W. [1987], S. 137 gegen die Durchschnittsmethode, hingegen z. B. Haberstock, L. [2008], S. 97 f. für die Durchschnittsmethode, vgl. auch Grob, H. L. [2002], S. 110 f.

189 Ein weiteres Problem ergibt sich daraus, dass sich z. B. durch die Bündelung des Finanzierungsbedarfes andere Kreditkonditionen verhandeln lassen. Solche Verbundvorteile lassen sich nicht verursachungsgerecht auf einzelne Kostenstellen verteilen.

190 Vgl. auch Coenenberg, A. G./Fischer, T. M./Günther, T. [2016], S. 104.

191 Vgl. Coenenberg, A. G./Fischer, T. M./Günther, T. [2016], S. 102 f.

192 Vgl. Coenenberg, A. G./Fischer, T. M./Günther, T. [2016], S. 103 f.

Bei einem *Wertansatz zu historischen Anschaffungs- und Herstellungskosten* (lt. HGB) wird davon ausgegangen, dass tatsächlich investiertes Kapital verzinst werden muss. Der Investitionszeitpunkt ist dabei irrelevant. Bei einem *Wertansatz zu Tageswerten* wird hingegen davon ausgegangen, dass der aktuelle Wert des Eigenkapitals zu verzinsen ist. Das in stillen Reserven versteckte Kapital ist damit z. B. auch zu verzinsen. Als implizite Annahme wird bei diesem Wertansatz unterstellt, dass der Betrieb am Bewertungsstichtag neu errichtet wird und die dann anfallenden Zinsen dem aktuellen Betriebsergebnis belastet werden. Wenn jedoch ein Desinvestment und eine Alternativanlage möglich sind, können als Wertansatz auch Liquidationswerte (Liquidationserlöse – (Transaktions-)Kosten der Liquidation) mit der durch die Alternativanlage erzielbaren Verzinsung angesetzt werden. Differenziert werden kann dabei noch in die Liquidation des Gesamtunternehmens (evtl. auch nur in Form eines Verkaufs) oder der Liquidation einzelner Teile (z. B. Fertigungsanlagen). Bei einem *Wertansatz zu Wiederbeschaffungswerten* wiederum wird davon ausgegangen, dass das zukünftige zu investierende Kapital heute schon zu verzinsen wäre, was im Kalkulationszinssatz Berücksichtigung finden müsste und tendenziell weniger sinnvoll erscheint. Andere Bemessungsgrundlagen für das Eigenkapital können sich auch aus aufsichtsrechtlichen Eigenkapitalanforderungen (z. B. bei Banken und Versicherungsunternehmen) oder aufgrund anderer zukunftsorientierter Verfahren ergeben.[193]

Zusammenfassend sei betont, dass Kalkulationszinssatz und das zu verzinsende durchschnittliche betriebsnotwendige Kapital nicht unabhängig voneinander zu ermitteln sind und die Wahl des Kalkulationszinssatzes und die Bewertung der betriebsnotwendigen Vermögensgegenstände zweckorientiert zu erfolgen haben. Die folgenden Fragestellungen verdeutlichen, dass die Ermittlung von kalkulatorischen Zinsen keineswegs trivial ist:

1. Wie sind steuerbedingte Einflüsse auf die Kapitalkosten der Fremd- bzw. Eigenfinanzierung bei der Bestimmung eines kalkulatorischen Zinssatzes zu berücksichtigen?
2. Wie kann das betriebsnotwendige Kapital bei einem Versicherungsunternehmen ermittelt werden, wenn es sich um sog. Risikokapital handeln soll?
3. Sollen bei einem Gebäude im Besitz eines Unternehmens, das mietfrei zur Verfügung steht, für das aber kalkulatorische Mieten angesetzt werden, auch noch kalkulatorische Zinsen auf das im Gebäude gebundene Kapital verrechnet werden?

Eine intensive Behandlung dieser oder ähnlicher Probleme würde in einem Buch, das die *Grundlagen* des betriebswirtschaftlichen Rechnungswesens darstellen soll, jedoch zu weit führen.

[193] Zum Beispiel wird bei dem Discounted Cash-Flow-Verfahren in der Variante der Equity-Methode das Eigenkapital aus den zukünftig den Eigentümern zustehenden freien Cash-Flows, die auf den aktuellen Zeitpunkt abdiskontiert werden, ermittelt.

2.4.5.3 Kalkulatorische Wagnisse

Für den Begriff des *Wagnisses* würde man heutzutage evtl. eher den Begriff Risiko wählen. Da dieser jedoch auch bisher nicht einheitlich definiert wird, ist hier zu erörtern, was unter kalkulatorischen Wagnissen und damit verbundenen kalkulatorischen Wagniskosten verstanden werden soll. Abb. 2-20 zeigt eine Systematisierung von Wagnissen.[194]

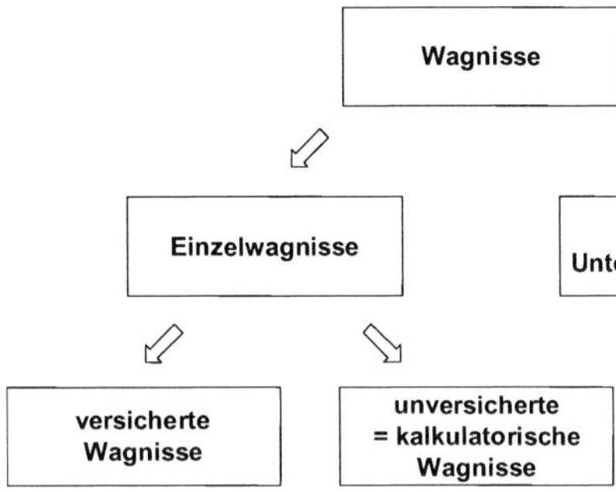

Abb. 2-20: Systematisierung von Wagnissen[195]

Der Ansatz kalkulatorischer Wagniskosten lässt sich als Ansatz einer *Selbstversicherungsprämie* gegen betriebliche Risiken auffassen (*Eigenversicherung* im Gegensatz zur *Fremdversicherung* über ein Versicherungsunternehmen). Dabei ist das *allgemeine Unternehmenswagnis* (auch: Unternehm*er*wagnis) durch den Gewinn abzugelten,[196] während Einzelwagnisse spezielle, i. d. R. leistungsbedingte und versicherbare Risiken darstellen. Wenn diese Einzelwagnisse betrieblich bedingt sind, sollten sie in der Kostenrechnung in Form einer Durchschnittsbildung Berücksichtigung finden. Dies entspräche im Ergebnis der Fremdversicherung solcher Risiken (Tausch zufällig schwankender Schadenkosten gegen eine konstante Prämie). Im externen Rechnungswesen hingegen sind die eintretenden Risiken durch außerplanmäßige (bilanzielle) Abschreibungen abzubilden (vgl. Abb. 2-14).

Das allgemeine Unternehmenswagnis hat seine Ursachen zumeist in der außerbetrieblichen Sphäre. Zu nennen sind vor allem *Marktrisiken* ohne gewisse Regelmäßigkeit, die sich in Konjunktureinbrüchen, Geldentwertung, technischem Fortschritt und Nachfrageverschiebungen äußern können. Das allgemeine Unternehmenswagnis ist dadurch - auch bei langfristiger Betrachtung - letztlich nicht messbar und somit weder kalkulierbar noch versicherbar.[197]

---

[194] Vgl. dazu und im Folgenden Coenenberg. A. G./Fischer, T. M./Günther, T. [2016], S. 104 f. und auch Grob, H. L. [2002], S. 113 f.

[195] In Anlehnung an Coenenberg. A. G./Fischer, T. M./Günther, T. [2016], S. 104 f.

[196] Vgl. Grob, H. L. [2002], S. 113.

[197] Vgl. Brachmann, H. [2001], S. 34 und Grob, H. L. [2002], S. 113.

Die leistungsbezogenen Einzelwagnissen lassen sich hingegen zumindest bei langfristiger Beobachtung hinlänglich genau bestimmen. Die Risiken treten zwar im Zeitablauf unregelmäßig auf, eine hinreichende Regelmäßigkeit ist langfristig aber feststellbar, sodass sie in ihren Auswirkungen messbar und damit kalkulierbar werden. Eine Rest-Ungenauigkeit verbleibt jedoch.[198]

Zu solchen Einzelwagnissen zählen z. B.:

- Beständewagnisse (Schwund, Veralten, Verderben, etc.)
- Anlagewagnisse (Störungen, technisches und wirtschaftliches Veralten, etc.)
- Entwicklungswagnisse (erfolglose Forschungen und Eigenentwicklungen, u. ä.)
- Gewährleistungswagnisse (Kulanzen, Preisnachlässe, Haftung, etc.)
- Vertriebswagnisse (Forderungsausfälle[199], Kursverluste, Konventionalstrafen, etc.)

Daneben lässt sich noch eine Vielzahl weiterer Wagnisse identifizieren, wobei diese unternehmensspezifisch sein können. Natürlich sind nur kalkulatorische Wagniskosten für solche Wagnisse anzusetzen, die nicht ver- oder abgesichert sind. Die Versicherungsprämien für versicherte Wagnisse gehen direkt als Grundkosten in die Kostenrechnung ein. Die Höhe des Ansatzes von Wagniskosten ergibt sich aus den Erfahrungswerten bei Schadenfällen der Vergangenheit, die in die Zukunft fortgeschrieben werden.

Generell ist aus betriebswirtschaftlicher Sicht der Ansatz solcher Wagniskosten bedenklich: Es besteht kein Ansporn, die *Schadenanzahl* zu verringern oder die *Schadenhöhe* zu begrenzen, sondern ein Anreiz zu nachlässigem Verhalten. Insbesondere werden nicht die Ursachen der Risiken angegangen, um Schadenfälle überhaupt zu vermeiden. Dies wäre eine Aufgabe des *Risikomanagements* (und nicht der Kostenrechnung). Zur Vereinheitlichung von internem und externem Rechnungswesen wird ebenfalls ein Verzicht auf die Kostenart „kalkulatorische Wagnisse" vorgeschlagen.[200]

---

[198] Vgl. Brachmann, H. [2001], S. 35.

[199] Im externen Rechnungswesen können Forderungsausfälle auch in Form von Pauschalwertberichtigungen berücksichtigt werden, vgl. S. 300 f.

[200] Vgl. Grob, H. L./Bensberg, F. [2005], S. 213.

2.4.5.4 Kalkulatorische Mieten

Bei betrieblicher Nutzung unentgeltlich zur Verfügung gestellter Vermögensgegenstände (z. B. aus dem Privatvermögen des Einzelunternehmers) können, dem Opportunitätsgedanken entspringend, in der Kosten- und Leistungsrechnung Kosten angesetzt werden, die im externen Rechnungswesen keine Entsprechung haben (Zusatzkosten). Insbesondere können dabei Kosten für die Nutzung von Grundstücken, Gebäuden, Maschinen oder Rechten Eingang in die Kostenrechnung finden: In Bezug auf Rechte ist der Begriff der Miete vielleicht etwas unüblich. Das Beispiel macht aber deutlich, dass auch für immaterielle Vermögensgegenstände kalkulatorische Kosten verrechnet werden können. Angesetzt werden könnten die Kosten, die z. B. für die Anmietung eines dem genutzten Gebäude ähnlichen marktüblich wären. Angesetzt werden könnten aber auch Kosten in Höhe der erzielbaren Miete für das Gebäude, wenn dieses nicht selbst genutzt, sondern fremd vermietet werden würde (Opportunitätskosten für einen entgangenen Nutzen).

Es ist offensichtlich, dass die beiden Wertansätze nicht ohne weiteres objektiv ermittelbar sind und auch noch voneinander differieren können. Welcher Wert dann angesetzt werden sollte, ist wiederum Gegenstand von Zweckmäßigkeitsüberlegungen.

2.4.5.5 Kalkulatorische Löhne

Unter die kalkulatorischen Löhne fällt als kalkulatorische Zusatzkostenart der kalkulatorische Unternehmerlohn. Bei Einzelunternehmen ist die Arbeitsleistung der Inhaber, z. B. in Form der Geschäftsleitung, aus dem Gewinn zu decken.[201] Sie darf nicht durch ein Gehalt vergütet werden,[202] sodass handels- als auch steuerrechtlich kein Aufwand zu verbuchen ist. Bei Personen- oder Kapitalgesellschaften kommt der Ansatz eines kalkulatorischen Unternehmerlohns in Frage, wenn die Gesellschafter ihre Arbeitsleistung aus dem Gewinn gedeckt erhalten und kein oder nur ein sehr niedriges Gehalt für diese vereinbart ist.

Aus dem Opportunitätsgedanken heraus sind solche Geschäftsführerbezüge jedoch als Kosten anzusetzen. Damit ist z. B. die Vergleichbarkeit von Unternehmen (verschiedener Rechtsformen) gewährleistet. Nur so ist auch die Frage zu beantworten, ob das betriebene Geschäft noch lohnend wäre, wenn ein „echter“ Geschäftsführer eingestellt werden würde. Für den Inhaber des Unternehmens kann sich auch ergeben, dass er seine Arbeitskraft anderweitig einsetzen sollte. Als Höhe für den kalkulatorischen Unternehmerlohn kann ein marktübliches Gehalt (abhängig von Region, Branche und den vergleichbaren Tätigkeiten) oder das entgangene Gehalt angesetzt werden.

---

[201] Vgl. dazu und im Folgenden Haberstock, L. [2008], S. 22 f. bzw. S. 98 f.

[202] Das Verbot dazu basiert auf dem Selbstkontrahierungsverbot (Verbot der In-sich-Geschäfte, § 181 BGB).

Eine andere - wohl relevantere[203] - Variante kalkulatorischer Löhne ergibt sich u. a. in öffentlichen Verwaltungen. Personalkosten für einzelne Mitarbeiter sind oft auch von sozialen Komponenten abhängig. Neben dem erreichten Alter hängen die Bezüge z. B. auch von dem Familienstand ab. Zu Kalkulationszwecken kann es daher sinnvoll sein, nicht die tatsächlichen Personalkosten, sondern durchschnittliche oder bereinigte Personalkosten anzusetzen. Kostenvergleiche zwischen Abteilungen werden dann nicht mehr durch derartige Effekte verzerrt. Bei solchen kalkulatorischen Löhnen handelt es sich um Anderskosten, auch wenn der Aufwandsbegriff in öffentlichen Verwaltungen nicht in der Form wie in privatwirtschaftlichen Unternehmen zu finden ist. Zur Abgrenzung kann auf die Personalausgaben zurückgegriffen werden, sodass es gerechtfertigt erscheint, solche Kosten als Anderskosten zu bezeichnen.

Lernfragen zu 2.4

1. Wie kann der Begriff „Kostenart" definiert werden?

2. Nennen Sie vier verschiedene Differenzierungsmöglichkeiten für Kostenarten!

3. Nennen Sie zwei wesentliche Kostenzurechnungsprinzipien.

4. Warum werden Kostenträger-Einzelkosten nicht weiter in Kostenstellen-Gemeinkosten und Kostenstellen-Einzelkosten unterschieden?

5. Erklären Sie, was man unter „unechten Gemeinkosten" versteht und wie sie bei der Kostenzurechnung behandelt werden.

Literaturhinweise zu 2.4

Berens, W./Schmitting, W. [2000], Möglichkeiten der entscheidungsorientierten Kostenbewertung - beschaffungs- und absatzmarkorientierte Fundierung, in: Fischer, T. M. (Hrsg.), Kosten-Controlling - Neue Methoden und Inhalte, Stuttgart 2000, S. 53 - 77.

Bertelsmann, R. [2005], Entwicklung einer Controlling-Konzeption im verallgemeinerten Neuen Steuerungsmodell für Trägerorganisationen der gesetzlichen Unfallversicherung, Frankfurt a. M. 2005, zugl.: Münster (Westfalen), Univ., Diss., 2004.

Brachmann, H. [2001], Kostenrechnung des Kompositversicherers, Karlsruhe 2001.

[203] Vgl. z. B. kritisch zur Notwendigkeit einer Zusatzkostenart „kalkulatorischer Unternehmerlohn" Grob, H. L./ Bensberg, F. [2005], S. 213.

Coenenberg, A. G. [2003], Kostenrechnung und Kostenanalyse, 5. Aufl., Stuttgart 2003, S. 29 - 51.

Coenenberg, A. G./Fischer, T. M./Günther, T. [2016], Kostenrechnung und Kostenanalyse, 9. Aufl., Stuttgart 2016, S. 69 - 115, S. 705 - 769.

Däumler, K.-D./Grabe, J. [2015], Kostenrechnung 3, Plankostenrechnung mit Fragen und Aufgaben, Antworten und Lösungen, Testklausur, 9. Aufl., Herne/Berlin 2015, S. 108 - 131.

Däumler, K.-D./Grabe, J. [2013], Kostenrechnung 1, Grundlagen mit Fragen und Aufgaben, Antworten und Lösungen, Testklausuren, 11. Aufl., Herne/Berlin 2013, S. 105 - 169.

Deimel, K./Iseman, R./Müller, S. [2006], Kosten- und Erlösrechnung - Grundlagen, Managementaspekte und Integrationsmöglichkeiten der IFRS, München 2006, S. 87 - 151.

Grob, H. L. [2002], Leistungs- und Kostenrechnung, 4. Aufl., Münster (Westfalen) 2002, S. 68 - 114.

Grob, H. L./Bensberg, F. [2005], Kosten- und Leistungsrechnung - Theorie und SAP®-Praxis, München 2005.

Haberstock, L. [2008], Kostenrechnung I - Einführung mit Fragen, Aufgaben, einer Fallstudie und Lösungen, bearb. von Breithecker, V., 13. Aufl., Berlin 2008, S. 55 - 102.

Hoberg, P. [2005], Das Problem des richtigen AfA-Ausgangsbetrags - Ein allgemeines Modell zur Inflationserfassung, in: ZfCM, Heft 2, 2005, S. 165 - 171.

Hoitsch, H.-J./Lingnau, V. [2007], Kosten- und Erlösrechnung - Eine controllingorientierte Einführung, 6. Aufl., Berlin, u. a. 2007, S. 37 - 75.

Horngren, C. T./Bhimani, A./Datar, S. M./Rajan, M. V. [2015], Management and Cost Accounting, 6. Aufl., Harlow 2015, S. 33 - 51.

Kilger, W. [1987], Einführung in die Kostenrechnung, 3. Aufl., Wiesbaden 1987.

Kümpel, T. [2002a], Die Kostenartenrechnung in der Vollkostenrechnung, in: WISU, Heft 1, 2002, S. 59 - 61.

Küpper, H.-U. [2013], Controlling - Konzeption, Aufgaben und Instrumente, 6. Aufl., Stuttgart 2013.

Michel, R./Torspecken, H.-D./Jandt, J. [2004], Neuere Formen der Kostenrechnung mit Prozesskostenrechnung, Kostenrechnung 2, 5. Aufl., München/Wien 2004.

Schmidt, A. [2017], Kostenrechnung: Grundlagen der Vollkosten-, Deckungsbeitrags- und Plankostenrechnung sowie des Kostenmanagements, 8. Aufl., Stuttgart 2017, S. 41 - 87.

Schweitzer, M./Küpper, H.-U. [2016], Systeme der Kosten- und Erlösrechnung, 11. Aufl., München 2016, S. 95 - 141.

Seicht, G. [2001], Moderne Kosten- und Leistungsrechnung - Grundlagen und praktische Gestaltung, 11. Aufl., Wien 2001.

Thommen, J.-P./Achleitner, A.K. [2012], Allgemeine Betriebswirtschaftslehre, 7. Aufl., Wiesbaden 2012, S. 429-462.

Weber, J./Weißenberger, B. E. [2015], Einführung in das Rechnungswesen: Bilanzierung und Kostenrechnung, 9. Aufl., Stuttgart 2015, S. 313 - 337.

2.5 Kostenstellenrechnung

Nach der Kostenartenrechnung wird nun die Kostenstellenrechnung als zweiter Schritt innerhalb der Kostenrechnung thematisiert. Zunächst werden die Aufgaben der Kostenstellenrechnung dargestellt (2.5.1). Anschließend folgt eine Diskussion von Grundsätzen und Differenzierungsmerkmalen der Festlegung von Kostenstellen (2.5.2). Kern des Abschnitts ist jedoch vor allem die Kostenverrechnung im Betriebsabrechnungsbogen (2.5.3).

2.5.1 Aufgaben der Kostenstellenrechnung

Die *Kostenstellenrechnung* soll vorrangig die Frage beantworten, wo Kosten angefallen sind. In der Kostenstellenrechnung werden die Kosten einer Kostenstelle zugeordnet. Durch diese Zuordnung dient die Kostenstellenrechnung den beiden folgenden Zwecken:[204]

1. der Wirtschaftlichkeitskontrolle (Kontrollfunktion der Kostenstellenrechnung)
2. der Kalkulation (Hilfsfunktion für die Kostenträgerrechnung).

Nach KILGER erfordert die Bildung von Kalkulationssätzen und die Durchführung einer wirksamen Kostenkontrolle die Einteilung eines Unternehmens in Kostenstellen.[205] Der Kostenstellenrechnung kommt damit eine wichtige Funktion innerhalb der Kostenrechnung und in Unternehmen zu.

Oft erfolgt in Unternehmen die Festlegung der geplanten Gemeinkosten auf Kostenstellenbasis (*bottom-up-Ansatz*) oder sie wird auf Kostenstellen heruntergebrochen (*top-down-Ansatz*). Beim bottom-up-Ansatz werden die Kosten für die einzelnen Kostenstellen geplant und dann zu den Gesamtkosten aggregiert. Beim top-down-Ansatz bestimmt man umgekehrt, von den Gesamtkosten ausgehend, die Budgets für die Kostenstellen. Diese geplanten Kosten können somit mit den tatsächlichen Kosten, jeweils bezogen auf die Kostenstellen, verglichen werden. Da jeder Kostenstelle ein Verantwortlicher zugeordnet ist, muss dieser Kostenstellenleiter oder diese Kostenstellenleiterin für Abweichungen Rechenschaft ablegen.

Die Kostenstellenrechnung ist das Bindeglied zwischen Kostenartenrechnung und Kostenträgerrechnung: Um zu ermitteln, für welche Kostenträger (wofür?) die in der Kostenartenrechnung (welche?) ermittelten Gemeinkosten angefallen sind, ist zu untersuchen, an welchen Stellen (wo?) im Unternehmen Kosten entstanden sind, da verschiedene Produkte die betrieblichen Produktionsfaktoren in unterschiedlichem Maße beanspruchen. Zurückgegriffen wird dabei auf die

[204] Vgl. dazu und im Folgenden Coenenberg, A. G./Fischer, T. M./Günther, T. [2016], S. 117 ff.
[205] Vgl. Kilger, W. [1987], S. 154.

Einteilung der Kosten nach Kostenarten. Sowohl die Zuordnung auf Kostenstellen als auch die Budgetierung von Kosten erfolgt i. d. R. separat nach Kostenarten.

Zur Einordnung der Kostenstellenrechnung sei an dieser Stelle an die Systematik der Kostenrechnung erinnert. Die Kostenstellenrechnung als Bindeglied zwischen Kostenarten- und Kostenträgerrechnung ist in Abb. 2-21 markiert (vgl. Abb. 2-4). Deutlich wird, dass in der Kostenstellenrechnung vornehmlich Gemeinkosten von Interesse sind.

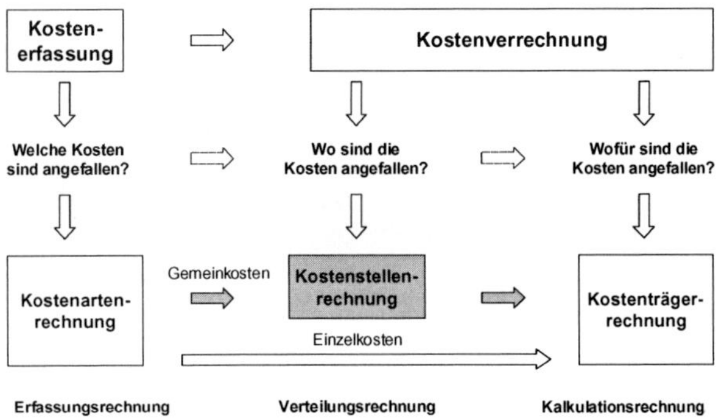

Abb. 2-21: Systematik der Kostenrechnung – Einordnung der Kostenstellenrechnung[206]

2.5.2 Festlegung von Kostenstellen

Eine *Kostenstelle* kann als Abrechnungseinheit aufgefasst werden, für die Kosten gesondert geplant, erfasst und kontrolliert werden.[207] Kostenstellen sind somit nicht unbedingt identisch mit räumlich abgegrenzten Bereichen.[208] Vielmehr entscheidend ist die Unterteilung nach Verantwortungsbereichen. Jeder Kostenstelle ist ein Verantwortlicher zuzuordnen.

Der *Kostenstellenplan* enthält damit als Übersicht über die Kostenstellen auch eine Zuordnung von Verantwortungsbereichen. Eine Kostenstelle hat dabei jeweils nur einen Verantwortlichen; demgegenüber können einem Verantwortlichen auch mehrere Kostenstellen zugeordnet sein. Trotz der Möglichkeit „virtueller" Kostenstellen entspricht der Kostenstellenplan oft auch einer räumlichen Aufteilung. Nicht zuletzt ergibt sich aus dem Organigramm des Unternehmens, also der Leitungshierarchie/der Aufbauorganisation des Unternehmens, meist auch der Kostenstellenplan. Die einbezogenen Kostenstellen müssen sich jedoch nicht auf eine rechtliche Einheit

[206] In Anlehnung an Coenenberg. A. G./Fischer, T. M./Günther, T. [2016], S. 70.
[207] Vgl. dazu und im Folgenden Coenenberg, A. G./Fischer, T. M./Günther, T. [2016], S. 119.
[208] Vgl. Kilger, W. [1987], S. 154: „Als Kostenstellen werden Betriebsabteilungen oder betriebliche Teilbereiche bezeichnet, die in der Kostenrechnung als selbständige Kontierungseinheiten abgerechnet werden."

(ein Unternehmen) beschränken. Maßgeblich ist die betriebswirtschaftliche Einheit, in der rechtlich selbständige Unternehmen (z. B. als ein Konzern) zusammengefasst sein können.

Bei der Einteilung in Kostenstellen lassen sich drei Grundsätze formulieren:

1. Jede Kostenstelle soll nur *einen* Kostenstellenleiter oder nur *eine* Kostenstellenleiterin haben (selbständiger Verantwortungsbereich). Für eine Kostenstelle sollten nie mehrere Kostenstellenleitende gleichzeitig verantwortlich sein. Der umgekehrte Fall, dass ein Kostenstellenleiter oder eine Kostenstellenleiterin mehrere Kostenstellen verantwortet, ist sowohl durchaus sinnvoll als auch in der Praxis üblich.

2. Einer Kostenstelle soll *eine Bezugsgröße* als Maßgröße der Kostenverursachung zugeordnet werden können. Dies würde jedoch eine sehr differenzierte Kostenstellenbildung bedingen, z. B. bis auf homogene Maschinengruppen und Arbeitsplätze hinab.

3. Kontierungsschwierigkeiten sind zu vermeiden. Kosten müssen jeweils den Kostenstellen direkt zugeordnet werden können. Die Abgrenzung der Kostenstellen darf daher nicht zu differenziert sein. Dies bedingt eine relativ grobe Kostenstellenbildung, bei der z. B. alle Maschinen, die einem Meister oder einer Meisterin unterstellt sind, in einer Kostenstelle zusammengefasst werden.

Da sich die Befolgung des 2. und des 3. Grundsatzes in der Zielrichtung widersprechen können (mehr vs. weniger Kostenstellen), ist ein Mittelweg zu finden. Wenn Kostenstellen festgelegt werden, muss dies demnach zweckorientiert unter Beachtung des Wirtschaftlichkeitsprinzips erfolgen. Gerade in großen Unternehmen ist eine *Hierarchisierung* der Kostenstellen sinnvoll. So können Kostenstellen z. B. zu Kostenstellengruppen oder Kostenbereichen zusammengefasst werden (vgl. Abb. 2-22). Bei Auswertungen kann dann auf diese Hierarchisierung zurückgegriffen werden, indem eine Verdichtung der Kosten auf verschiedenen Hierarchieebenen erfolgt.

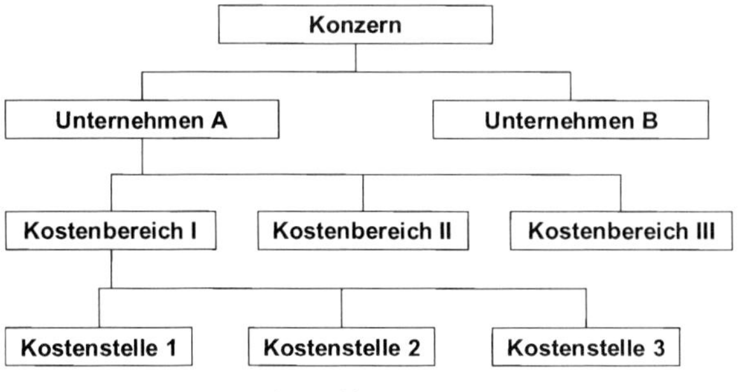

Abb. 2-22: Hierarchisierung von Kostenstellen

Kostenstellen lassen sich nach verschiedenen Kriterien differenzieren. Diskutiert werden sollen hier die folgenden Möglichkeiten:[209]

- Differenzierung nach betrieblichen Funktionen,
- Differenzierung nach produktionstechnischen Gesichtspunkten,
- Differenzierung nach rechentechnischen Gesichtspunkten.

2.5.2.1 Differenzierung nach betrieblichen Funktionen

Wenn Kostenstellen nach betrieblichen Funktionen differenziert werden, lassen sich die Kostenstellen in einem typischen Industriebetrieb wie folgt kategorisieren:

Kostenstellenkategorie	Beispiele
Fertigungsstellen	Dreherei, Montage, Schreinerei
Fertigungshilfsstellen	Instandhaltung, Fertigungssteuerung, Werkzeugmacherei
Materialstellen	Einkauf, Materialeingangsprüfung, Materialausgabe
Verwaltungsstellen	Unternehmensleitung, allgemeine Verwaltung, Controlling
Vertriebsstellen	Kundendienst, Marketing, Versand
Allgemeine (Hilfs-)Stellen	Energieversorgung, Kantine, Druckerei
Forschung und Entwicklung	Forschungs- und Entwicklungsabteilungen, Labore

Tab. 2-8: Kostenstellenkategorien mit Beispielen

2.5.2.2 Differenzierung nach produktionstechnischen Gesichtspunkten

Aus der Unterscheidung nach produktionstechnischen Gesichtspunkten ergeben sich drei Kategorien von Kostenstellen:

- *Hauptkostenstellen*, in denen die Hauptprodukte gefertigt werden.
- *Nebenkostenstellen*, in denen absatzfähige Nebenprodukte (Kuppelprodukte) bearbeitet oder Abfallprodukte verwertet werden.
- *Hilfskostenstellen*, die nur indirekte und unterstützende Funktionen bei der Produktion haben.

[209] Vgl. dazu und im Folgenden Coenenberg, A. G./Fischer, T. M./Günther, T. [2016], S. 120 f.

2.5.2.3 Differenzierung nach rechentechnischen Gesichtspunkten

Sofern Kostenstellen nach rechentechnischen Gesichtspunkten differenziert werden sollen, ergeben sich zwei Kategorien von Kostenstellen:

- *Vorkostenstellen*, die nicht Endprodukte, sondern innerbetriebliche Leistungen für andere Kostenstellen erbringen, und deren Kosten auf andere Vorkostenstellen und Endkostenstellen verrechnet werden.
- *Endkostenstellen*, unter die alle übrigen Kostenstellen fallen und von denen dann die Kosten auf die Kostenträger verrechnet werden.

Oft werden die sog. Endkostenstellen mit den Hauptkostenstellen gleichgesetzt. Die Abgrenzung dieser voneinander ist von untergeordneter praktischer Relevanz. Entscheidend ist die Festlegung, von welchen Kostenstellen Kosten aus dem im Weiteren vorgestellten Betriebsabrechnungsbogen heraus direkt auf Kostenträger verrechnet[210] werden können. Die Kostenverrechnung im Betriebsabrechnungsbogen wird im nächsten Abschnitt dargestellt.

2.5.3 Kostenverrechnung im Betriebsabrechnungsbogen

Im Folgenden wird die Primär- und Sekundärkostenverrechnung ausführlicher betrachtet. Die Sekundärkostenverrechnung vollzieht sich – wenn von nicht-aktivierungsfähigen innerbetrieblichen Leistungen ausgegangen wird – innerhalb des *Betriebsabrechnungsbogens* (BAB), einer Art Tabelle. Eine Spalte des Betriebsabrechnungsbogens stellt jeweils eine Auflistung der Gemeinkosten einer Kostenstelle nach Kostenarten (Zeilen) dar. Als Vorkostenstellen sind in Abb. 2-23 drei Kostenstellen dargestellt. Als Endkostenstellen sind hier die Kostenstellen Material, Fertigung, Verwaltung und Vertrieb vorzufinden. Die Pfeile deuten an, dass die Kosten zunächst auf die Kostenstellen und dann von den Vorkostenstellen auf die Endkostenstellen verrechnet werden, um sie danach von den Endkostenstellen auf die Produkte weiterzuleiten.

Während Einzelkosten direkt in die Kostenträgerrechnung einfließen (man beachte den über den BAB hinweg gehenden Pfeil in Abb. 2-23), werden Gemeinkosten indirekt über den BAB in die Kostenträgerrechnung geleitet.

[210] Dem Begriff „verrechnen" wird hier der Vorzug gegenüber dem Begriff „umlegen" gegeben. Das Umlegen von Kosten könnte als willkürlich verstanden werden. Natürlich sollte die Verrechnung von Kosten jedoch von Zweckmäßigkeitsüberlegungen begleitet sein, die die Wahl eines Verrechnungsmodus begründen.

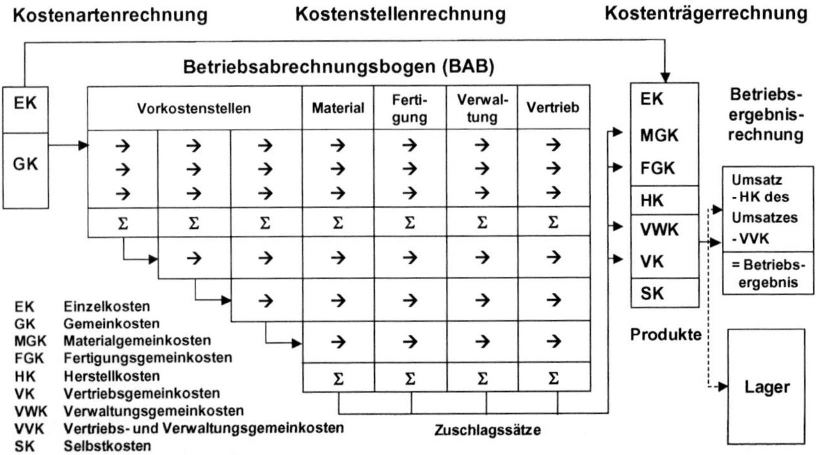

Abb. 2-23: Einordnung der Kostenstellenrechnung und Betriebsabrechnungsbogen[211]

Die Darstellung entspricht, wie der Begriff, nicht der heutigen EDV-technischen Umsetzung: Die Vorstellung, dass ein großer Bogen per Hand mit Zahlen auszufüllen ist, entspricht nicht (mehr) der betrieblichen Praxis. In der Praxis erhalten die einzelnen Kostenstellen bzw. die Kostenstellenleitenden jeweils nur die Informationen „ihrer" Spalte als Ausschnitt aus dem BAB (als Kostenstellenübersicht). Zusätzlich sind meist zu den Ist-Zahlen Vergleichszahlen angegeben. Dies können Ist-Zahlen aus der Vorperiode, z. B. dem Vorjahr sein, oder aber Plan-Zahlen für die laufende Periode, sodass Abweichungen direkt erkennbar sind. Der Zugriff auf die Daten anderer Kostenstellen wird meist durch die Rechtevergabe in der eingesetzten Software verhindert. Beschränkt ist der Zugriff insbesondere dann, wenn aus den Informationen Rückschlüsse auf Gehälter einzelner Personen möglich sind. Als Standardsoftware in diesem Bereich bietet z. B. SAP eine solche Funktionalität.

[211] In Anlehnung an Coenenberg, A. G./Fischer, T. M./Günther, T. [2016], S. 118, vgl. auch Haberstock, L. [2008], S. 116. Aus Vereinfachungsgründen wird für die innerbetriebliche Leistungsverrechnung von den Vorkostenstellen auf die Endkostenstellen in dem Betriebsabrechnungsbogen die Anwendung des Stufenleiterverfahrens unterstellt. Zum Stufenleiterverfahren vgl. 2.5.3.2.2. Für ein Zahlenbeispiel für den BAB siehe Fallbeispiel Teil IV.

2.5.3.1 Primärkostenverrechnung

Die Verrechnung der primären Kosten (vgl. 2.4.3.4) erfolgt nach dem in Abb. 2-24 dargestellten Schema.

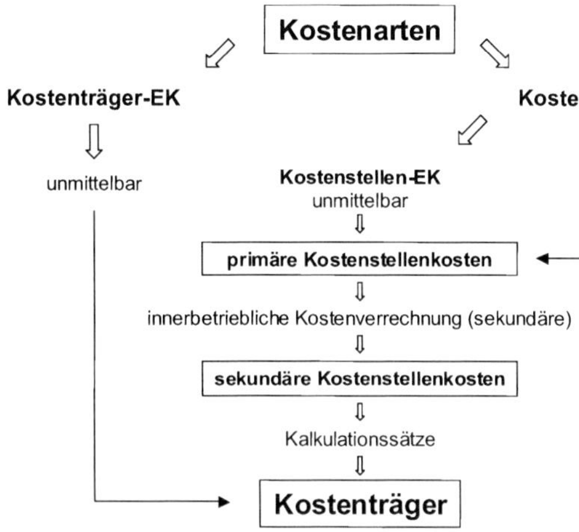

Abb. 2-24: Schema der Kostenstellenrechnung[212]

Die Schritte der Verrechnung der primären und sekundären Kosten lassen sich wie folgt knapp skizzieren:

- unmittelbare Verrechnung der Kostenträger-Einzelkosten auf die Kostenträger
- unmittelbare Verrechnung des Anteils der Kostenstellen-Einzelkosten an den Kostenträger-Gemeinkosten auf die Kostenstellen
- Schlüsselung des Anteils der Kostenstellen-Gemeinkosten an den Kostenträger-Gemeinkosten auf die Kostenstellen
- Durchführung der innerbetrieblichen Leistungsverrechnung
- Verrechnung der primären und sekundären Kostenstellenkosten mit Hilfe von Kalkulationssätzen auf die Kostenträger

Zur Schlüsselung der Kostenstellen-Gemeinkosten können verschiedene Arten von Kostenschlüsseln, z. B. Mengen-, Zeit- oder Wertschlüssel, verwendet werden.[213]

---

[212] In Anlehnung an Coenenberg. A. G./Fischer, T. M./Günther, T. [2016], S. 117 ff.

[213] Vgl. Weber, J./Weißenberger, B. E. [2015], S. 361. Vgl. auch die Ausführungen und Beispiele zu Kostenschlüsseln in Abschnitt 2.4.2.2.

2.5.3.2 Sekundärkostenverrechnung

Kosten für innerbetriebliche Leistungen werden in der Sekundärkostenverrechnung auf andere Vorkostenstellen und (letztlich) auf Hauptkostenstellen verrechnet. Nach der Verteilung der primären Kosten auf die Kostenstellen sollen Kosten für Güter und Dienstleistungen, die von Kostenstellen des Unternehmens erstellt und anderen Kostenstellen im Unternehmen zur Verfügung gestellt bzw. für diese erbracht werden, auf die empfangenden Kostenstellen weitergeleitet (übergewälzt[214]) werden. Die leistenden Kostenstellen werden in gleicher Höhe entlastet. Bei der Vollkostenrechnung in der Ist-Kostenrechnung werden die Vorkostenstellen von allen Kosten entlastet. Die Summe der sekundären Kosten der Endkostenstellen entspricht dann der Summe der primären Kosten der Vorkostenstellen.

Gängige Beispiele für innerbetriebliche Leistungen, bei denen eine Sekundärkostenverrechnung erforderlich wird, sind: [215]

- Fertigung von Werkzeugen für den Eigenverbrauch
- Eigenverbrauch von fertigen und unfertigen Erzeugnissen
- Selbsterzeugung von Energie
- interne Reparatur-, Transport- und soziale Dienste (z. B. Kantine)
- EDV-Leistungen (z. B. eigenes Rechenzentrum)

Solche Leistungen müssen noch wie folgt unterschieden werden:

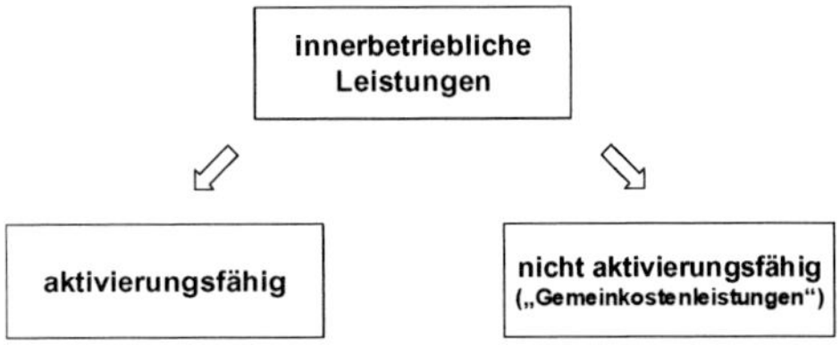

Abb. 2-25: Innerbetriebliche Leistungen und ihre Verrechnung[216]

---

[214] Vgl. Coenenberg, A. G./Fischer, T. M./Günther, T. [2016], S. 122 f.

[215] Vgl. Coenenberg, A. G./Fischer, T. M./Günther, T. [2016], S. 123.

[216] In Anlehnung an Coenenberg, A. G. [2003], S. 63. Hier wird zwischen aktivierungs*fähigen* und nicht aktivierungs*fähigen* innerbetrieblichen Leistungen unterschieden. Die Unterscheidung in aktivierungs*pflichtige* und nicht aktivierungs*pflichtige* innerbetriebliche Leistungen (so bei Coenenberg, A. G. [2003], S. 63) erscheint in der Kostenrechnung, wo keine Verpflichtungen rechtlicher Natur vorliegen, nicht zweckmäßig. Warum auf eine handelsrechtliche Aktivierungspflicht abgestellt werden sollte, sofern die darauf aufbauenden Berechnungen nur in der Kostenrechnung Verwendung finden, ist zu hinterfragen. Wenn jedoch die innerbetriebliche Leistungsverrechnung zur Ermittlung handelsrechtlicher Herstellungskosten verwendet wird, ist konsequenterweise auch auf die handelsrechtlichen Aktivierungskonzeptionen Rücksicht zu nehmen.

Sofern innerbetriebliche Leistungen – wie z. B. selbsterstellte Maschinen – kostenrechnerisch als aktivierungsfähig erachtet werden, sind sie – wie sonst auch üblich – zu Herstellkosten zu kalkulieren und zu aktivieren. Die Abschreibungen auf die aktivierten Herstellkosten gehen dann zu Lasten des Betriebsergebnisses; hinzu kommen evtl. noch kalkulatorische Zinsen (auf das gebundene betriebsnotwendige Kapital).[217] Die Abschreibungen sind dann als primäre Kosten der Periode in der Kostenrechnung zu berücksichtigen. Bei einer selbsterstellten Maschine sind die Abschreibungen primäre Gemeinkosten der Kostenstelle, in der die Maschine eingesetzt wird, sofern nicht eine direkte Zurechnung auf einen Kostenträger möglich ist.

Grundsätzlich besteht in der Kostenrechnung keine Pflicht zur Aktivierung,[218] trotzdem ist bei voraussichtlicher Nutzung von Gütern über mehrere Perioden eine Aktivierung auch in der Kostenrechnung sinnvoll. Infolge der Ausgestaltungsfreiheiten der Kostenrechnung können dabei handelsrechtliche Aktivierungspflichten, -wahlrechte bzw. -verbote berücksichtigt werden. Bei handelsrechtlicher Aktivierungsmöglichkeit spricht einiges dafür, auch in der Kostenrechnung von der Möglichkeit der Aktivierung Gebrauch zu machen, weil zur handelsrechtlichen Aktivierung der Aktivierungsgrundsatz erfüllt sein muss (vgl. 3.2.2.2). Zu welchem Wert aktiviert wird, ist in der Kostenrechnung wiederum eine Entscheidung, die unabhängig von der handelsrechtlichen Aktivierungskonzeption zu Anschaffungs- und Herstellungskosten getroffen werden kann. Aufgrund handelsrechtlicher Wahlrechte (vgl. § 255 Abs. 2 HGB) müssen Herstellungskosten und die für eine Aktivierung in der Kostenrechnung vorgeschlagenen Herstellkosten nicht übereinstimmen.

Nach der Prüfung der Aktivierungsfähigkeit von innerbetrieblichen Leistungen (in der Kostenrechnung!) und der Entscheidung, ob aktiviert werden soll, sind die nicht aktivierten innerbetrieblichen Leistungen dann zu verrechnen. Typische nicht aktivierte, innerbetriebliche Leistungen sind dabei Reparatur-, Transport- und soziale Dienste (z. B. Kantine), die auch als Gemeinkostenleistungen[219] bezeichnet werden. Diese werden von den Vorkostenstellen im BAB auf die Endkostenstellen verrechnet.

Beispiel: innerbetriebliche Leistungen in einem Versicherungsunternehmen

In einem Versicherungsunternehmen gibt es einen Dienstleistungskatalog für innerbetriebliche Leistungen, die von der Hauptabteilung „Allgemeine Verwaltung“ für die anderen Abteilungen erbracht werden.

[217] Vgl. Grob, H. L. [2002], S. 124.
[218] Evtl. missverständlich Coenenberg, A. G./Fischer, T. M./Günther, T. [2016], S. 123.
[219] Vgl. Coenenberg, A. G./Fischer, T. M./Günther, T. [2016], S. 123.

Der Dienstleistungskatalog umfasst 20 Leistungsarten, die in drei Leistungspaketen gebündelt sind:

1. Grundversorgung
2. Einzelleistung
3. Individualleistung

Die Dienstleistung „Grundversorgung“ umfasst allgemein Serviceleistungen wie z. B. Empfang, Telefonzentrale, innerbetrieblicher Transport und Sockelleistungen des Einkaufs, die als Grundversorgungspaket zu betrachten sind. Diese Grundversorgung wird monatlich proportional zur Mitarbeiterzahl auf die Kostenstellen verrechnet.

Unter den Einzelleistungen sind z. B. folgende innerbetriebliche Leistungen (sowie die aufgeführten Bezugsgrößen für die Verrechnung) zu finden:

• Aktenverwaltung	(je Akte)
• Archivierung	(je Vorgang)
• Beschaffung Büroausstattung/Printmedien	(nach Stunden)
• Druck/Kopieren	(je Seite)
• Eingangs-/Ausgangspost	(je Briefsendung)
• Gästebewirtung	(nach Stunden)
• Getränke und Speisen	(proportional zur Mitarbeiter-Zahl)
• Lagerbewirtschaftung/Versand	(je Vordruck)
• Mikroverfilmung	(je Aufnahme)
• Textverarbeitung	(je Seite)

In der Hauptabteilung „Allgemeine Verwaltung“ bestehen Unterabteilungen, die als Vorkostenstellen fungieren:

- Abteilung „Einkauf/Materialwirtschaft/Textservice“
- Abteilung „Dokumentenservice“
- Abteilung „Büroservice“
- Abteilung „Kantine“

In dem Dienstleistungskatalog ist zu jeder innerbetrieblichen Leistungsart eine Beschreibung zu finden, die folgende Punkte enthält:

- Beschreibung der Leistung
- Leistungserbringer (welche Abteilung?)
- Ausgabe/Lieferung (wie erfolgt die Lieferung?)
- Beauftragung (wie kann ein Auftrag erteilt werden?)
- Leistungsstandard/Servicelevel
- evtl. Abhängigkeiten/Einschränkungen
- Zeitraum der Leistungserbringung
- Ansprechpartner(in)
- Preis

Die Problematik der innerbetrieblichen Leistungsverrechnung besteht vor allem aber in der Ermittlung der *Verrechnungspreise* (auch *Verrechnungssätze* genannt). Ausgegangen werden muss dabei i. d. R. von *wechselseitigen* Leistungsverflechtungen, wie sie in Abb. 2-26 für den Fall von drei Vorkostenstellen (A, B und C) dargestellt sind.[220] Der von und zur Kostenstelle B gehende, gekrümmte Pfeil (vgl. Abb. 2-26, rechts oben) stellt beispielhaft den *Eigenverbrauch* einer Vorkostenstelle dar, der bei allen Vorkostenstellen vorliegen kann. Aus dem Eigenverbrauch resultiert die Differenz zwischen der Produktionsmenge und der Liefermenge (= Summe, der an andere Kostenstellen gelieferten Mengen). Verrechnungspreise können nur für gelieferte Mengen verlangt werden, sodass die mit Verrechnungspreisen bewerteten Liefermengen die Kosten der Produktionsmenge (und damit auch den Eigenverbrauch) decken müssen. Ausnahmsweise können auch innerbetriebliche Leistungen von Endkostenstellen abgegeben werden.[221] Hier wird jedoch davon ausgegangen, dass solche Leistungen nicht vorliegen. Dies entspricht einer idealtypischen, überschneidungsfreien Aufteilung der Kostenstellen in Vor- bzw. Endkostenstellen, die praktisch aber nicht immer möglich sein dürfte.[222]

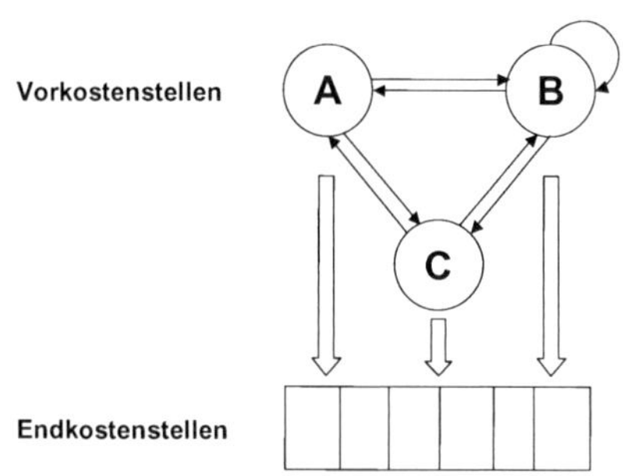

Abb. 2-26: Leistungsverflechtungen bei der innerbetrieblichen Leistungsverrechnung

In diesem Fall besteht die Aufgabe der Sekundärkostenverrechnung darin, die Kosten der Vorkostenstellen auf die Endkostenstellen zu verrechnen, wobei die ursprünglich primären Kosten (in den Vorkostenstellen) zu sekundären Kosten (in den Endkostenstellen) werden. In der Vollkostenrechnung erfolgt dabei eine vollständige Entlastung der Vorkostenstellen zu Lasten der Endkostenstellen. Somit können von den Endkostenstellen alle Kosten auf Kostenträger weitergegeben werden. Aus der Zweckorientierung folgt bei der Verrechnung der innerbetrieblichen Leistungen, dass Wesentlichkeitsgrenzen zu beachten sind, die auch unter Wirtschaftlichkeitsüberlegungen festzulegen sind. Insbesondere Verursachungsgerechtigkeit und Wirtschaftlichkeit der Kostenzurechnung sind in letzter Konsequenz unvereinbare Ziele.[223] Im Folgenden werden

[220] Solche interdependenten Leistungsbeziehungen zwischen Kostenstellen könnten auch als „bidirektional" im Gegensatz zu „unidirektional" bei einseitigen Leistungsbeziehungen bezeichnet werden. Vgl. Grob, H. L./ Bensberg, F. [2005], S. 127.

[221] Vgl. Coenenberg, A. G./Fischer, T. M./Günther, T. [2016], S. 123.

[222] Vgl. Coenenberg, A. G./Fischer, T. M./Günther, T. [2016], S. 123.

[223] Vgl. Coenenberg, A. G./Fischer, T. M./Günther, T. [2016], S. 123.

nun drei Verfahren der Verrechnung von innerbetrieblichen Leistungen vorgestellt, die diese Unvereinbarkeit in gewisser Weise widerspiegeln.

2.5.3.2.1 Anbauverfahren

Beim *Anbauverfahren* werden nur die Kosten der jeweiligen Vorkostenstelle auf die Endkostenstellen verrechnet. Leistungen von anderen Vorkostenstellen werden dabei nicht bei den empfangenden Vorkostenstellen berücksichtigt.[224] Die primären Kosten der Vorkostenstelle werden durch die an die Endkostenstellen gelieferte Menge geteilt. Der so erhaltene Verrechnungspreis je gelieferter Mengeneinheit wird jeweils mit den an eine Endkostenstelle gelieferten Mengen multipliziert. Insgesamt werden so alle Kosten der Vorkostenstelle auf die Endkostenstellen (proportional zu den Liefermengen) verrechnet.

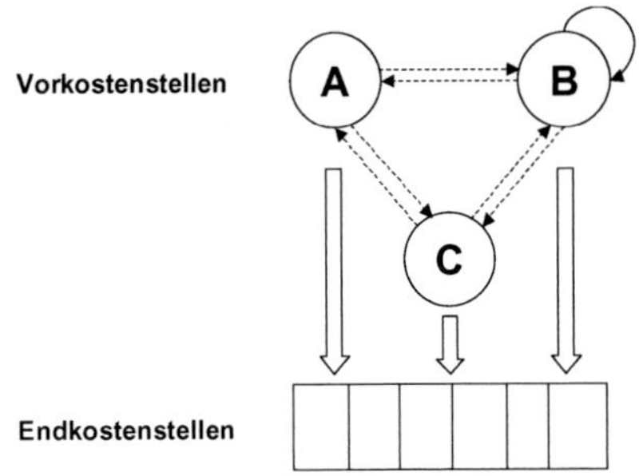

Abb. 2-27: Berücksichtigung von Leistungsbeziehungen beim Anbauverfahren

Die *gestrichelten* Pfeile in Abb. 2-27 (vgl. dazu die *durchgezogenen* Pfeile in Abb. 2-26) zwischen den Vorkostenstellen deuten an, dass zwar evtl. Leistungsverflechtungen zwischen den Vorkostenstellen bestehen, die aber beim Anbauverfahren nicht berücksichtigt werden.[225] Lieferungen an andere Vorkostenstellen werden also ebenso wenig in Rechnung gestellt, wie Leistungen der empfangenden Vorkostenstelle belastet werden. Aus Gründen der Einfachheit des Verfahrens und aus Wirtschaftlichkeitsaspekten heraus können vorhandene Leistungsverflechtungen bewusst ausgeklammert werden (wie dies beim Anbauverfahren zwangsläufig geschieht), auch wenn damit Ungenauigkeiten verbunden sind – dem Ziel einer verursachungsgerechten Kostenverteilung kommt man mit dem Anbauverfahren nicht nach.[226]

[224] Vgl. Coenenberg, A. G./Fischer, T. M./Günther, T. [2016], S. 123 f.

[225] Der jeweilige Eigenverbrauch der Vorkostenstellen wird selbstverständlich berücksichtigt. Vgl. die Bemerkungen zum Eigenverbrauch auf S. 124.

[226] Vgl. Coenenberg, A. G./Fischer, T. M./Günther, T. [2016], S. 123 f.

2.5.3.2.2 Stufenleiterverfahren

Das sog. *Stufenleiterverfahren* zeichnet sich dadurch aus, dass im Gegensatz zum Anbauverfahren zumindest *einseitige* Leistungsverflechtungen zwischen den Vorkostenstellen berücksichtig werden. Abb. 2-28 zeigt beispielhaft, wie bei drei Vorkostenstellen nur einseitige Leistungsverflechtungen beachtet werden können. Die nicht berücksichtigten Leistungsverflechtungen sind durch gestrichelte Pfeile dargestellt. Bei genauerer Betrachtung stellt man fest, dass keine wechselseitigen Leistungsverflechtungen vorliegen: Keine Kostenstelle liefert und empfängt gleichzeitig Leistungen einer anderen Kostenstelle. Zu beachten ist, dass auch Zirkelbeziehungen ausgeschlossen sind. Ein Beispiel für eine solche Zirkelbeziehung wäre der Fall, dass Kostenstelle A an Kostenstelle B liefert, Kostenstelle B an Kostenstelle C liefert und Kostenstelle C an Kostenstelle A liefert (kurz: A → B → C → A). Wenn man die Kostenstellen B und C zu einer Kostenstelle zusammenfasst, wird deutlich, dass Kostenstelle A für diese Kostenstelle Leistungen erbringt und von ihr empfängt, was somit einer wechselseitigen Leistungsverrechnung entspricht.

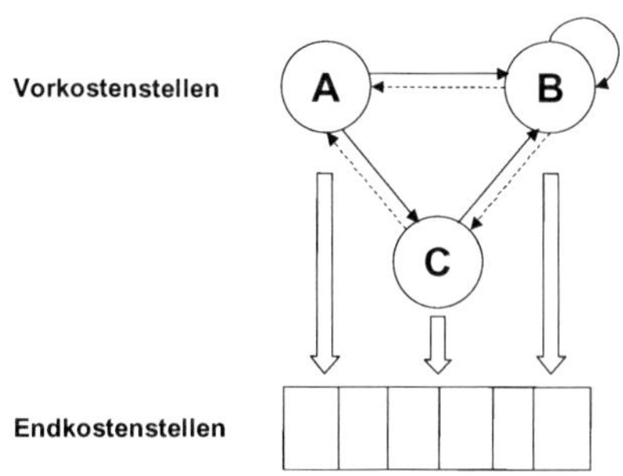

Abb. 2-28: Berücksichtigung von Leistungsbeziehungen beim Stufenleiterverfahren

Wie sind nun die Verrechnungspreise zu ermitteln? Die Berechnung der Verrechnungspreise erfolgt sukzessive nach Vorkostenstellen. Dabei wird in Stufen vorgegangen:

1. Stufe: Auswahl einer Vorkostenstelle, die nur Leistungen abgibt/keine Leistungen empfängt. Berechnung des Verrechnungspreises für diese Vorkostenstelle mit Hilfe der folgenden Gleichung:

$$p_i \cdot x_i = K_i + p_i \cdot x_{ii} \quad \text{mit}$$

p_i = Verrechnungspreis der Vorkostenstelle i [GE/ME]
x_i = erstellte Leistungseinheiten der Vorkostenstelle i (Produktionsmenge) [ME]
K_i = primäre Kosten der Vorkostenstelle i [GE]
x_{ii} = Leistungseinheiten, die von Vorkostenstelle i an Vorkostenstelle i geliefert werden (Eigenverbrauch) [ME]

Die Gleichung ist äquivalent zu:

$$p_i \cdot x_i - p_i \cdot x_{ii} = K_i \Leftrightarrow p_i \cdot (x_i - x_{ii}) = K_i \Leftrightarrow p_i = \frac{K_i}{\overline{x}_i} \quad \text{mit}$$

$\overline{x}_i = x_i - x_{ii}$ = Produktionsmenge – Eigenverbrauch = Liefermenge

Der Verrechnungspreis ist also der Quotient aus primären Kosten und der Liefermenge. Sofern kein Eigenverbrauch vorliegt, stimmen Liefer- und Produktionsmenge überein.
2. Stufe: Nachdem alle Vorkostenstellen nach Stufe 1 abgearbeitet sind, werden nun Kostenstellen ausgewählt, die nur Leistungen von Vorkostenstellen der 1. Stufe empfangen, d. h. Vorkostenstellen, von denen Verrechnungspreise bekannt sind. Für diese Vorkostenstellen werden die Verrechnungspreise wie folgt bestimmt:

$$p_i \cdot x_i = K_i + \sum_{j=1}^{m} p_j \cdot x_{ji}$$

mit Symbolen wie oben und

x_{ji} = Leistungseinheiten, die von Vorkostenstelle j an Vorkostenstelle i geliefert werden [ME]
m = Anzahl der Vorkostenstellen, die Leistungen für die Vorkostenstelle i erbringen

3. Stufe: In dieser Stufe werden nun die Verrechnungspreise der Vorkostenstellen bestimmt, die noch nicht in den ersten beiden Stufen behandelt wurden und nur Leistungen von diesen empfangen. Die Formel zur Berechnung entspricht der Formel der 2. Stufe.

Das Verfahren ist fortzusetzen, bis alle Verrechnungspreise der Vorkostenstellen bestimmt worden sind. Dies ist möglich, da beim Stufenleiterverfahren keine wechselseitigen Leistungsverflechtungen berücksichtigt werden, sodass jede Kostenstelle mit oben vorgestellten sukzessiven Verfahren auch erfasst wird. Die Voraussetzung einer hierarchischen Struktur der Vorkostenstellen ist erfüllt.

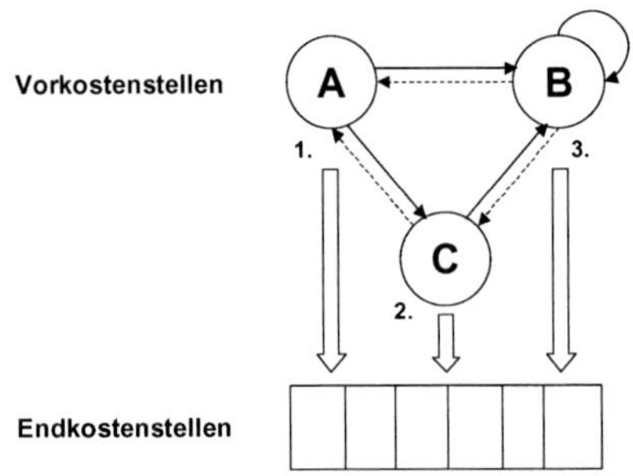

Abb. 2-29: (Beispielhafte) Reihenfolge der Bestimmung von Verrechnungspreisen beim Stufenleiterverfahren

Für die in Abb. 2-28 dargestellten Leistungsverflechtungen ergibt sich folgende Reihenfolge zur Bestimmung der Verrechnungspreise (s. Abb. 2-29):

1. Bestimmung des Verrechnungspreises für die Vorkostenstelle A, die keine Leistungen von anderen Vorkostenstellen empfängt

2. Bestimmung des Verrechnungspreises für die Vorkostenstelle C, die nur Leistungen von Vorkostenstelle A empfängt, deren Verrechnungspreis bekannt ist

3. Bestimmung des Verrechnungspreises für die Vorkostenstelle B (die dafür benötigten Verrechnungspreise der Vorkostenstellen A und C, von denen Leistungen empfangen werden, sind bekannt).

Im BAB ergibt sich das Bild einer Stufenleiter bzw. Treppe, wenn die Vorkostenstellen in der Reihenfolge der Berechnung der Verrechnungspreise angeordnet werden. Siehe dazu die Abb. 2-23, in der das dargestellte Verrechnungsdreieck unterhalb der Vorkostenstellen einem solchen Vorgehen entspricht.

Wenn wechselseitige Leistungsverflechtungen existieren, werden bei der Anwendung des Stufenleiterverfahrens bewusst Fehler in Kauf genommen, die aber möglichst minimiert werden sollten. Daher sollten nur Leistungsverflechtungen vernachlässigt werden, die wertmäßig einen geringen Umfang haben. Durch die geschickte Wahl der Reihenfolge können die im Verfahren angelegten Fehler also minimiert werden.[227] Des Weiteren können durch iterative Wiederholung des Verfahrens mit den nicht verrechneten Kosten die Fehler weiter vermindert werden. Dieses iterative Verfahren konvergiert gegen die Lösung, die sich aus dem Gleichungsverfahren ergibt, das nun vorgestellt wird.

2.5.3.2.3 Gleichungsverfahren

Im letzten, hier vorgestellten Verfahren, dem *Gleichungsverfahren*, werden auch die *wechselseitigen* Leistungsverflechtungen berücksichtigt (vgl. Abb. 2-30). Die Verrechnungspreise werden dabei simultan in einem linearen Gleichungssystem ermittelt.[228] Die simultane Ermittlung ist wegen der wechselseitigen Leistungsverflechtungen notwendig: Ohne die Verrechnungspreise der liefernden Vorkostenstellen zu kennen, kann der Verrechnungspreis der empfangenden Vorkostenstelle nicht bestimmt werden, und die Verrechnungspreise der liefernden Vorkostenstellen können erst ermittelt werden, wenn der Verrechnungspreis der empfangenden und der, wegen

[227] Vgl. Coenenberg, A. G./Fischer, T. M./Günther, T. [2016], S. 127.
[228] Zur Lösung von linearen Gleichungssystemen vgl. z. B. Terveer, I. [2008], S. 19 ff.

der wechselseitigen Leistungsverflechtung, auch liefernden Vorkostenstelle bekannt ist. Um dieses Dilemma zu lösen, wird daher beim Gleichungsverfahren für jede Vorkostenstelle eine Gleichung in der folgenden Form aufgestellt:

$$p_i \cdot x_i = K_i + \sum_{j=1}^{n} p_j \cdot x_{ji} \qquad \text{mit}$$

p_i = Verrechnungspreis der Vorkostenstelle i für i = 1, …, n [GE/ME]
x_i = erstellte Leistungseinheiten der Vorkostenstelle i (Produktionsmenge) [ME]
K_i = primäre Kosten der Vorkostenstelle i [GE]
x_{ji} = Leistungseinheiten, die von Vorkostenstelle j an Vorkostenstelle i geliefert werden [ME]
n = Anzahl der Vorkostenstellen, deren Verrechnungspreise bestimmt werden sollen

Es ergibt sich ein Gleichungssystem mit n Gleichungen und n Unbekannten (den gesuchten Verrechnungspreisen), das mit den klassischen Methoden zur Lösung linearer Gleichungssysteme zu lösen ist.[229] Die Gleichungen geben auf der linken Seite die Kostenentlastung der leistenden Vorkostenstelle wider (Produkt aus Verrechnungspreis und erstellten Leistungseinheiten). Auf der rechten Seite ist jeweils die Kostenbelastung der empfangenden Vorkostenstellen zu finden sowie die primären Kosten der leistenden Vorkostenstelle.[230]

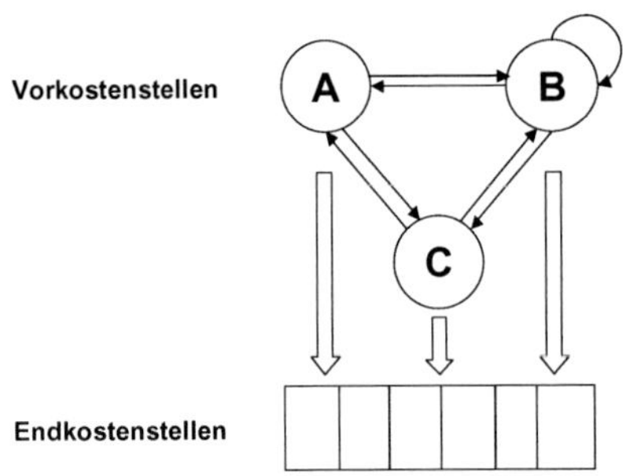

Abb. 2-30: Berücksichtigung von Leistungsbeziehungen beim Gleichungsverfahren

Der Einwand der Komplexität der Methode, insbesondere im Vergleich zu den anderen Methoden, trifft nicht zu, wenn die Lösung des linearen Gleichungssystems EDV-gestützt erfolgt. Natürlich sind die zur Aufstellung des Gleichungssystems erforderlichen Daten zu beschaffen (evtl. auch aus EDV-Systemen). Das Gleichungsverfahren bringt bei keinen bzw. einseitigen Leis-

---

[229] Zur Kontrolle, ob das Gleichungssystem richtig aufgestellt wurde, kann folgende ökonomisch begründete Nebenbedingung überprüft werden:

$$x_i = \sum_{j=1}^{n} x_{ji} + y_i \quad \text{mit } y_i = \text{Lieferungen an Endkostenstellen.}$$

(die Produktionsmenge einer Kostenstelle ist die Summe der an andere Vorkostenstellen gelieferten Leistungseinheiten plus dem Eigenverbrauch und den Lieferungen an Endkostenstellen). Das Gleichungssystem ist – unter ökonomisch sinnvollen Voraussetzungen (gelieferte Mengen > 0) – eindeutig lösbar.

[230] Für ein Zahlenbeispiel zum Gleichungsverfahren vgl. Fallbeispiel Teil IV.

tungsverflechtungen die gleichen Ergebnisse wie das Anbau- bzw. Stufenleiterverfahren, während umgekehrt die beiden anderen Verfahren bei wechselseitigen Leistungsverflechtungen unter der Vernachlässigung derselben zwar angewendet werden können, aber dann zu anderen Ergebnissen führen.[231]

2.5.3.3 Ermittlung der Zuschlagssätze

Die Summen aus primären und sekundären Gemeinkosten der Endkostenstellen werden in der Vollkostenrechnung *komplett* auf die Produkte verrechnet, wozu Zuschlagssätze zu ermitteln sind. Die Summe der primären und sekundären Gemeinkosten lässt sich im BAB nach Durchführung der innerbetrieblichen Leistungsverrechnung leicht bilden: Je Endkostenstelle müssen die primären Kosten (je Kostenart) und die der Endkostenstelle belasteten sekundären Kosten aus den Vorkostenstellen addiert werden.

Die Zuschlagssätze sind dabei wie folgt zu berechnen: Auf den Bruchstrich in den Zähler kommen die Kosten, die verteilt werden sollen, und in den Nenner kommen Kosten, die zwei Bedingungen erfüllen:

1. Die Kosten müssen einen Bezug zu den Kosten haben, die verteilt werden sollen (also auf dem Bruchstrich stehen).
2. Die Kosten müssen bereits den Produkten zugerechnet worden sein.[232]

Für die Endkostenstelle Material bspw. kann der Zuschlagssatz ermittelt werden, indem die Materialgemeinkosten durch die Materialeinzelkosten geteilt werden:

$$\text{Materialgemeinkostenzuschlagssatz} = \frac{\text{Materialgemeinkosten}}{\text{Materialeinzelkosten}}$$

Bei den Materialgemeinkosten aus dem BAB (Summe der primären und sekundären Kosten der Material-Kostenstelle) handelt es sich um Kosten, die nicht direkt den Produkten zugerechnet werden können, aber den Produkten in einer Vollkostenrechnung auch noch angelastet werden sollen. Daher stehen sie im *Zähler* des Bruchs. Im *Nenner* stehen dagegen die Materialeinzelkosten, denn diese erfüllen die beiden genannten Bedingungen: Sie haben zum einen einen Bezug zu den Materialgemeinkosten, bei denen es sich ja z. B. um Lagerkosten für Material handelt. Zum anderen sind sie (als *Einzel*kosten) den Produkten direkt zurechenbar.

[231] Eine Einseitigkeit der Leistungsbeziehungen zwischen den Vorkostenstellen (keine Leistungsinterdependenzen) muss nicht als Voraussetzung für die Anwendung des Stufenleiterverfahrens angesehen werden, sondern ist nur Voraussetzung dafür, dass sich die gleichen Ergebnisse wie im Gleichungsverfahren ergeben. In der Literatur wird dies teilweise anders gesehen, vgl. z. B. Grob, H. L. [2002], S. 125.

[232] Man kann also von einer „Sogwirkung" sprechen: Die Kosten auf dem Bruchstrich werden von den Kosten unter dem Bruchstrich auch zu den Produkten „gezogen".

Es ergibt sich ein prozentualer Anteil, der folgendermaßen interpretiert werden kann: Für jeden Euro Materialeinzelkosten müssen bei einem Materialgemeinkostenzuschlagssatz von 25 % noch 25 Cent Materialgemeinkosten für das Produkt einkalkuliert werden. Man unterstellt also, dass sich die Materialgemeinkosten proportional zu den Materialeinzelkosten verhalten. Diese Unterstellung ist bzw. muss i. d. R. falsch sein, weil Materialeinzelkosten variable Kosten sind, während die Materialgemeinkosten in aller Regel auch fixe Kosten enthalten. Diese fixen Kosten verändern sich (nach Definition) gerade nicht proportional zu den Materialeinzelkosten.

Ein so ermittelter Materialgemeinkostenzuschlagssatz führt dazu, dass die Aufteilung der Material*gemein*kosten auf die Kostenträger mit der Aufteilung der Material*einzel*kosten übereinstimmt. Sofern z. B. die Materialeinzelkosten für die Kostenträger A und B im Verhältnis 80 : 20 anfallen, dann werden die Materialgemeinkosten über den Zuschlagssatz genau in diesem Verhältnis auf die beiden Kostenträger aufgeteilt.

Die Fertigungsgemeinkosten werden zur Ermittlung eines Fertigungsgemeinkostenzuschlagssatzes durch die Fertigungseinzelkosten geteilt.[233]

$$\text{Fertigungsgemeinkostenzuschlagssatz} = \frac{\text{Fertigungsgemeinkosten}}{\text{Fertigungseinzelkosten}}$$

Er kann analog zum Materialgemeinkostenzuschlagssatz interpretiert werden. Denkbar und sinnvoll ist oft eine Differenzierung des Fertigungsgemeinkostenzuschlagssatzes nach *verschiedenen* Fertigungskostenstellen. Dazu müssen sich auch die Fertigungseinzelkosten den jeweiligen Fertigungskostenstellen zurechnen lassen. Während es sonst nicht notwendig ist, Einzelkosten einer Kostenstelle zuzurechnen, ist dies hierzu erforderlich.

Für die Verwaltungsgemeinkosten ist zunächst nicht klar, welche Kosten für den Nenner gewählt werden sollen. Wenn man danach fragt, wofür die Verwaltung zuständig ist, kann geantwortet werden, dass sie eigentlich für alles, also das ganze Unternehmen, zuständig ist (bzw. sich zumindest zuständig fühlt). Die Verwaltungsgemeinkosten müssten demnach also auf alle „restlichen" Kosten aufgeschlagen werden. Auch wenn tiefer gehende Überlegungen angestellt werden, ist es schwierig eine andere, „bessere" Zuschlagsbasis für die Verwaltungsgemeinkosten zu finden bzw. deren Verwendung plausibel zu begründen.

Als Basis für den Verwaltungsgemeinkostenzuschlag wählt man die *Herstellkosten.*[234] Sie sind als Summe der Material- und Fertigungskosten definiert, wobei jeweils sowohl Einzel- als auch

---

233 Um sich besser merken zu können, welche der Größen in den Nenner bzw. Zähler gehört, hilft evtl. die Assoziation von Zuschlags*basis* und Nenner: Die Fertigungseinzelkosten müssen *als Basis* der Kostenverteilung *unter* dem Bruchstrich stehen.

234 Nicht zu verwechseln mit dem (handelsrechtlich definierten) Begriff der Herstellungskosten. In aller Regel stimmen Herstellkosten und Herstellungskosten nicht überein.

Gemeinkosten miteinbezogen werden. Die so definierten Herstellkosten erfüllen die zwei Bedingungen.

$$\text{Verwaltungsgemeinkostenzuschlagssatz} = \frac{\text{Verwaltungsgemeinkosten}}{\text{Herstellkosten}}$$

Zuletzt sind noch die *Vertriebsgemeinkosten* zu betrachten. Analog zu den Verwaltungsgemeinkosten werden auch für die Vertriebsgemeinkosten die Herstellkosten als Zuschlagsbasis herangezogen.[235]

$$\text{Vertriebsgemeinkostenzuschlagssatz} = \frac{\text{Vertriebsgemeinkosten}}{\text{Herstellkosten}}$$

Verwaltungs- und Vertriebsgemeinkosten können auch in einem Zuschlag gemeinsam betrachtet werden. Dabei gehen aber Analysemöglichkeiten verloren. Die so ermittelten Zuschlagssätze können dann bei der Selbstkostenermittlung mit Hilfe der (differenzierten) Zuschlagskalkulation Verwendung finden (vgl. 2.6.1.3).

Die in Abschnitt 2.5 vorgestellten Konzepte lassen sich auch als Teilkostenrechnungen ausgestalten. Dies bedeutet bzgl. des Betriebsabrechnungsbogens z. B. eine Aufteilung der Kosten je Kostenstelle und Kostenart in fixe und variable Kostenanteile. Durch diese Aufspaltung wird eine innerbetriebliche Leistungsverrechnung auf Basis von Grenzkosten-Verrechnungspreisen möglich, d. h., dass nur die variablen Kosten der Vorkostenstellen auf die Hauptkostenstellen verrechnet werden. Dies fortführend lassen sich dann - analog zu den Zuschlagssätzen in der Vollkostenrechnung - Zuschlagssätze auf Basis der variablen Kosten ermitteln. Die fixen Kosten werden dann nicht auf die Kostenträger verrechnet, sondern gehen z. B. en bloc in das Betriebsergebnis ein. Zur Vertiefung der Kostenstellen- und Kostenträgerrechnung auf Grenzkostenbasis vgl. z. B. Coenenberg, A. G./Fischer, T. M./Günther, T. [2016], S. 207 ff.

Lernfragen zu 2.5

1. Nennen Sie die beiden Zwecke der Kostenstellenrechnung.

2. Welche Grundsätze sind bei der Einteilung der Kostenstellen zu beachten? Geben Sie Beispiele dafür an, wozu die Nichtbeachtung der jeweiligen Grundsätze führen könnte!

3. Skizzieren Sie das Schema der Kostenstellenrechnung mit ihren Prozessschritten.

[235] Die Verwaltung ist zwar auch für den Vertrieb zuständig, trotzdem kann eine getrennte Betrachtung sinnvoll sein. Eine Unterscheidung zwischen Vertriebs- und Verwaltungskosten ist auch aus handelsrechtlichen Gründen geboten.

4. Warum werden bei der innerbetrieblichen Leistungsverrechnung (für interne Zwecke) aktivierte Leistungen nicht berücksichtigt?

Literaturhinweise zu 2.5

Coenenberg, A. G. [2003], Kostenrechnung und Kostenanalyse, 5. Aufl., Stuttgart 2003, S. 63 - 68.

Coenenberg, A. G./Fischer, T. M./Günther, T. [2016], Kostenrechnung und Kostenanalyse, 9. Aufl., Stuttgart 2016, S. 117 - 135, S. 207 - 253.

Deimel, K./Iseman, R./Müller, S. [2006], Kosten- und Erlösrechnung - Grundlagen, Managementaspekte und Integrationsmöglichkeiten der IFRS, München 2006, S. 153 - 200.

Grob, H. L./Bensberg, F. [2005], Kosten- und Leistungsrechnung - Theorie und SAP®-Praxis, München 2005, S. 122 - 134.

Haberstock, L. [2008], Kostenrechnung I - Einführung mit Fragen, Aufgaben, einer Fallstudie und Lösungen, bearb. von Breithecker, V., 13. Aufl., Berlin 2008, S. 103 - 141.

Kümpel, T. [2002b], Die Kostenstellenrechnung in der Vollkostenrechnung, in: WISU, Heft 3, 2002, S. 325 - 328.

Schweitzer, M./Küpper, H.-U. [2016], Systeme der Kosten- und Erlösrechnung, 11. Aufl., München 2016, S. 142 - 175.

Terveer, I. [2008], BWL-Crash-Kurs Mathematik, 2. Aufl., Konstanz 2008.

Weber, J./Weißenberger, B. E. [2015], Einführung in das Rechnungswesen: Bilanzierung und Kostenrechnung, 9. Aufl., Stuttgart 2015, S. 359 - 375.

Fallbeispiel Teil IV: Betriebsabrechnungsbogen

Die nächsten Tage verlaufen vergleichsweise ruhig ab. Andere grundsätzliche Probleme scheinen in der Viertelpfünder nicht konkret vorzuliegen. Christian schaut sich noch intensiver die einzelnen Produktionsabläufe und den Warenfluss an. Zu Beginn des Praktikums hatte er dafür wegen des anfänglichen Stresses gar keine Zeit gefunden. Zudem erklärt er Gaby noch einige betriebswirtschaftliche Grundbegriffe. Insbesondere die kalkulatorischen Kosten finden ihre erhöhte Aufmerksamkeit, da sie sich langfristig selbständig machen will. Speziell der kalkulatorische Unternehmerlohn und die kalkulatorischen Wagnisse sorgen für reichlich Gesprächsstoff. Am Ende der Woche verabschieden sich die beiden voneinander. Sie hoffen, dass die vergangene Woche nicht die letzte gemeinsame Arbeitszeit war. Falls sie sich dienstlich nicht wiedersehen sollten, tauschen sie sicherheitshalber ihre Handynummern aus, um sich nicht ganz aus den Augen zu verlieren.

Das Wochenende verfliegt einmal mehr viel zu schnell. Christian besucht seinen Freund Peter in Bochum. Er erzählt ihm ausführlich von seinen Erfahrungen der ersten Praktikumswoche. Peter kann zwar die Qualität der Arbeit, die Christian geleistet hat, nicht wirklich einschätzen, stellt aber zumindest fest: „In die Gaby hast du dich wohl ein wenig verguckt!" „Quatsch", entgegnet Christian, „Gaby ist einfach nett. Ich bin doch gerne Single." Peter schweigt, denn er weiß, dass dem nicht so ist.

Am Montagmorgen trifft sich Christian mit Herrn Wiedeke vor der Viertelpfünder. Dieser fragt zunächst, ob Christian das Praktikum gefallen würde. Nach einem kurzen Smalltalk liefert er Christian Informationen über die Großbrot AG.

„Die Großbrot AG ist sozusagen Gründungsmitglied unserer Brot & Brötchen AG. Generationenlang war Großbrot als Familienunternehmen fest in der Hand der Türpitzes. Sebastian, genannt Seppel, Türpitz trieb Ende der fünfziger Jahre des letzten Jahrhunderts die Expansion von Großbrot voran. Im Laufe der Zeit mehrten sich die Akquisitionen, so dass man sich Ende der siebziger Jahre entschied, das Unternehmen in eine Kapitalgesellschaft, die heutige Brot & Brötchen AG, umzuwandeln. Die Großbrot AG gehört somit zum Konzern der Brot & Brötchen AG. Die eigentliche Brot & Brötchen AG lässt sich somit als Führungsholding charakterisieren. Gerade in der letzten Zeit bemerken wir nun ein sich stark verschlechterndes Betriebsergebnis und können uns nicht wirklich erklären, welche Einflussfaktoren hierfür verantwortlich sind.

Bislang haben die Verantwortlichen der Großbrot AG immer auf die Einzelkosten pauschal einen 35%igen Zuschlag erhoben, damit die gesamten Kosten gedeckt sind. Als Einzelkosten werden dabei die Wareneinsätze und teilweise die Fertigungslöhne angesetzt. Der 35%ige Zuschlag wurde dabei damals in einer Testphase ermittelt. Ähnlich wie in der Viertelpfünder zurzeit wurde damals auf eine variable Vergütung eines Großteils des Personals umgestellt. Anschließend erfolgte allerdings nach größeren Unruhen in der Belegschaft ein Wechsel zurück zur ursprünglichen Bezahlung. Alle Jahre wieder werden die alten Konzepte aber quasi neu entdeckt. Heutzutage wird erneut versucht, auf diese Vergütungsform umzustellen. Hierzu wurden zwei Bäckereien als Piloteinrichtungen ausgewählt. Diese beiden sind die bereits erwähnte Viertelpfünder und die Großbrot AG. Anfang des nächsten Jahres wollen wir dann entscheiden, ob dieses Vergütungsmodell sinnvoll ist und auch in anderen zum Konzern gehörenden Unternehmen eingesetzt werden soll. In der Vergangenheit lagen die auf Basis dieses Zuschlags ermittelten Selbstkosten immer auf einem Niveau unterhalb des Preises. Ich habe leider die Befürchtung, dass sich dies geändert hat."

Nach diesem Gespräch fahren die beiden in die Großbrot AG nach Mellen. Ein paar Kilometer entfernt wurde damals auch der Hauptsitz der Brot & Brötchen AG gebaut. Sie treffen Herrn Grote, der mit ihnen einen Rundgang durch die Bäckerei macht. Dabei starten sie in einem großen Raum, in dem allerhand Zutaten für die Backwaren vorhanden sind. Christian erblickt riesige Paletten Mehl und Backmittel sowie weiteren Zutaten. Links neben dem Rohstofflager befinden sich zwei kleinere Räume. Auf der Tür des ersten Raumes kann er das Schild Werkstatt entziffern. Herr Grote erklärt ihm, dass es sich dabei um die hauseigene Reparaturabteilung handele. Direkt daneben stehen zwei Gabelstapler und einige Hubmaschinen. Hierbei handelt es sich um den innerbetrieblichen Fuhrpark. An einem Gabelstapler werden augenblicklich Reparatur- oder zumindest Wartungsarbeiten durchgeführt. Der dritte Gabelstapler ist gerade auf dem Weg in die Knetstube, die als eigene Kostenstelle in die Bäckereiwerkstatt eingegliedert ist, um dort Weizenmehl abzuliefern.

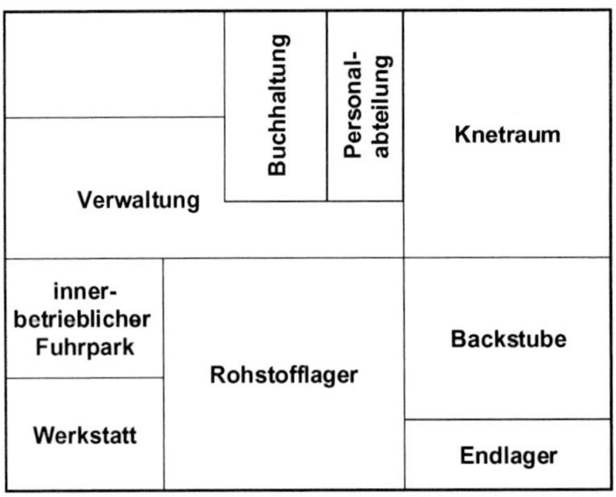

Abb. FB 1: Grundriss der Großbrot AG

Die drei Männer gehen durch eine kleine Tür und stehen in den Büroräumen der Großbrot AG. Hier sind ca. 20 Personen beschäftigt. Herr Grote führt sie an den Räumen der Buchhaltung und der Personalabteilung vorbei. Durch einen schmalen Gang erreichen sie einen Raum, in dem mehrere Hub- und Spiralkneter Teig kneten. Sie sind randvoll gefüllt mit Weizenmehl, Backmittel, Eiern und anderen Zutaten. Im nächsten Raum empfängt die drei eine große Hitze. In der Backstube werden die Brote, die Brötchen, aber auch die Süßspeisen gebacken. Im Gegensatz zur Viertelpfünder besitzt die Großbrot AG eine wesentlich breitere Produktpalette. Der nächste Raum ist wieder weitaus angenehmer temperiert. Laut den Erklärungen von Herrn Grote werden hier die fertigen Speisen bis zu ihrem Abtransport in die einzelnen Niederlassungen gelagert. Die Großbrot AG besitzt zwei Niederlassungen. Nur dort werden die Produkte abgesetzt. Die Herstellung erfolgt ausschließlich in den von Herrn Wiedeke und Christian besichtigten Räumen.

Herr Grote fühlt sich durch Christians Anwesenheit sichtlich verunsichert. Er bittet Herrn Wiedeke zu einem Gespräch unter vier Augen. Nach der Rückkehr signalisiert dieser Christian, dass die beiden die Räumlichkeiten durch die Lagerhalle verlassen sollen.

Während der Rückfahrt zur Zentrale in den Nachbarort erklärt Herr Wiedeke Christian, dass laut Aussage von Herrn Grote kein Büroplatz für ihn in den besichtigten Räumlichkeiten vorhanden sei. Daraufhin unterbreitet er ihm den Vorschlag, einige Tage bei ihm in der Zentrale zu verbringen. Mittlerweile sei das Informationssystem so weit entwickelt, dass man allerlei Informationen zu den Großbäckereien auch aus dem Intranet beziehen könne. Christian ist selbstverständlich einverstanden.

Herr Wiedeke zeigt Christian seinen Arbeitsplatz für die nächsten Tage und gibt ihm eine Einweisung in das EDV-System. Danach lässt er ihn allein. Christian macht sich sofort an die Arbeit. Im Informationssystem kann er folgende Kostenarten der Großbrot AG für den abgelaufenen Monat finden.

1.	Wareneinsatzkosten	472.500 €
2.	Fertigungslohn (Akkord)	482.587 €
3.	Gehälter	258.420 €
4.	Energiekosten	195.000 €
5.	Versicherungskosten	16.758 €
6.	Kalkulatorische Abschreibungen	78.258 €
7.	Sonstige Gemeinkosten	27.800 €

Christian beschließt zunächst, die doch sehr allgemeine Aussage von Herrn Wiedeke bezüglich des pauschalen Zuschlagssatzes zu überprüfen. Dabei setzt er die Wareneinsatzkosten und den Fertigungslohn als Einzelkosten an, die restlichen Beträge als Gemeinkosten. Als Ergebnis erhält er folgenden pauschalen Zuschlagssatz Z:

$$Z = (258.420 + 195.000 + 16.758 + 78.258 + 27.800) / (472.500 + 482.587) = 60,33\ \%$$

Dieser Wert verunsichert Christian stark, weicht er doch deutlich von den 35 % ab, die ihm Herr Wiedeke genannt hatte. Kein Wunder, dass die Großbrot AG negative Betriebsergebnisse aufweist, wenn mit einem falschen pauschalen Zuschlagssatz gerechnet wird. Eine Ursache für die Abweichung könnte in einer anderen variablen Vergütungsform liegen. Am nächsten Morgen fragt er aus diesem Grund Herrn Wiedeke, ob das derzeitige variable Vergütungssystem identisch mit dem vorherigen sei. Herr Wiedeke bestätigt ihm, dass keine Änderungen bei den Akkordlöhnen durchgeführt wurden. Um die Ursachen für den gestiegenen Zuschlagssatz zu analysieren, führt Christian im Folgenden eine differenzierte Zuschlagskalkulation durch. Dazu muss er zunächst einen Betriebsabrechnungsbogen (BAB) aufstellen, um die differenzierten Zuschlagssätze ermitteln zu können.

Bei seinen Recherchen findet Christian die Bestätigung, dass es sich bei den beiden ersten Kostenarten um Einzelkosten handelt, während die restlichen Kosten als Gemeinkosten zu klassifizieren sind. Folgende Informationen kann er zudem dem System zu den einzelnen Kostenarten entnehmen:

Wareneinsatzkosten:

Wert, der in die Produkte (Kostenträger) eingehenden Materialien. Durch die Rezepturen ist eine direkte Zurechnung zu den einzelnen Produkten möglich.

Fertigungslohn (Akkord):

Direkte Zurechnung möglich, da die Mitarbeiter in Abhängigkeit der hergestellten Menge der einzelnen Produkte sowohl in der Knetstube als auch in der Backstube bezahlt werden.

Gehälter:

Direkte Zurechnung auf einzelne Produkte nicht möglich. Allerdings sind aus der Buchhaltung Daten vorhanden, die eine verursachungsgerechte Verteilung der Gehälter auf die einzelnen Kostenstellen ermöglicht.

Energiekosten:

Direkte Zurechnung auf einzelne Produkte nicht möglich, allerdings ist Zurechnung auf einzelne Kostenstellen durch jeweilige Stromzähler möglich.

Versicherungskosten:

Hierbei handelt es sich um Versicherungen jeglicher Art. Unter anderem werden Versicherungsbeiträge für einzelne Maschinen erfasst, die eindeutig den jeweiligen Kostenstellen zugerechnet werden können. Hierunter fallen auch die Versicherungskosten für den Fuhrpark, der zum Vertrieb die Ware zu den beiden Niederlassungen transportiert. In der überwiegenden Anzahl der Fälle handelt es sich somit um Kostenstellen-Einzelkosten.

Kalkulatorische Abschreibungen:

Modifizierter Wert aus dem Anlagengitter.

Sonstige Gemeinkosten:

Hierunter fallen diverse Kleinmaterialien, hauptsächlich Büromaterial. Unter dieser Position sind auch Kosten für Berufskleidung subsumiert. Eine direkte Zuordnung ist weder auf die Kostenträger noch auf die Kostenstellen möglich. Eine Verteilung erfolgt nach dem Durchschnittsprinzip.

Christian entscheidet sich pragmatisch für eine Verrechnung der Kostenart „Sonstige Gemeinkosten" anhand des Wertschlüssels „Gehälter". Dies bedeutet, dass er diese Kostenart im gleichen Verhältnis wie die Gehälter auf die Kostenstellen verrechnet.

Er kann dem System eine Übersicht über die Kostenstellen der Großbrot AG entnehmen und verteilt die primären Gemeinkosten auf die einzelnen Kostenstellen. Nach kurzer Zeit gibt er sein Vorhaben, innerhalb eines Tages eine differenzierte Zuschlagskalkulation durchzuführen, auf. Die Verrechnung der Gemeinkosten auf die Kostenstellen erfordert mehr Fleißarbeit, als er sich zunächst vorgestellt hat. Nicht immer sind alle Informationen auf Anhieb dem EDV-System zu entnehmen; zumindest kann Christian diese nicht sofort finden. Die Verteilung der Gehälter und der Energiekosten bereitet ihm noch vergleichsweise wenig Schwierigkeiten. Komplizierter gestaltet sich hingegen die Verteilung der Versicherungskosten und der kalkulatorischen Abschreibungen. Die Position „Sonstige Gemeinkosten" verrechnet er nach dem bereits angesprochenen Schlüssel. Nach erfolgter Verteilung der Gemeinkosten auf die einzelnen Kostenstellen klassifiziert er die Kostenstellen „Reparatur" und „Transport" als Vorkostenstellen, da diese beiden Kostenstellen seiner Meinung nach hauptsächlich Leistungen für die nachgelagerten Endkostenstellen erbringen.

Drei Tage später hat er die Informationen gesammelt und in dem in Tab. FB 9 abgebildeten Betriebsabrechnungsbogen (BAB) auf Vollkostenbasis aufbereitet.

Kostenstelle		**Vorkostenstellen**		**Endkostenstellen**				
Kostenarten	Summe	Reparatur	Transport	Material-lager	Knetstube	Backstube	Verwaltung	Vertrieb
A) Einzelkosten								
1. Wareneinsatzkosten	472.500			472.500				
2. Fertigungslohn	482.587				285.417	197.170		
B) Gemeinkosten								
3. Gehälter	258.420	12.450	13.140	15.140	42.000	36.450	75.340	63.900
4. Energiekosten	195.000	820	2.540	22.458	39.390	82.475	28.254	19.063
5. Versicherungskosten	16.758	1.425	2.565	600	3.850	5.210	1.410	1.698
6. Abschreibungen	78.258	2.800	3.640	2.980	14.125	31.582	4.250	18.881
7. Sonstige GK	27.800	1.339	1.414	1.629	4.518	3.921	8.105	6.874
8. Summe primäre GK	**576.236**	**18.834**	**23.299**	**42.807**	**103.883**	**159.638**	**117.359**	**110.416**

Tab. FB 9: Betriebsabrechnungsbogen (BAB) auf Vollkostenbasis

Bei der Präsentation der Zwischenergebnisse merkt Herr Wiedeke Christian gegenüber an, dass die Reparaturstelle allerdings auch Leistungen für den Transport erbringe und man diesen Sachverhalt bei der innerbetrieblichen Leistungsverrechnung nicht außer Betracht lassen dürfe. Christian stimmt ihm zu. Bei der Betriebsbesichtigung hatte er von der Lagerhalle aus gesehen, wie ein Mitarbeiter einen Gabelstapler reparierte. Er beruhigt Herrn Wiedeke mit der Aussage, dass er sich bislang nur um die Verteilung der primären Gemeinkosten auf die einzelnen Kostenstellen gekümmert hat. Als nächstes will er sich mit der innerbetrieblichen Leistungsverrechnung beschäftigen.

Informationen über die Leistungserstellung der Kostenstellen Reparatur und Transport kann er dem Informationssystem leider nicht entnehmen. Diese Informationen möchte er sich von der Buchhaltung geben lassen. Dort lernt er Frau Wiedeke kennen. Diese hat von ihrem Ehemann schon viel Positives über Christian gehört und freut sich, dass sie ihm helfen kann.

Frau Wiedeke überreicht Christian freudestrahlend zwei dicke Ordner. „Der eine enthält alle Belege über Reparaturen im letzten Monat, die von der Abteilung durchgeführt worden sind.

Immer wenn eine Reparatur anfällt, muss ein Formular von der beantragenden Person ausgefüllt und vom Mitarbeiter der Reparaturabteilung gegengezeichnet werden. Dem jeweiligen Beleg ist darüber hinaus auch die Dauer der jeweiligen Reparatur zu entnehmen. Der zweite Ordner enthält alle Belege über stattgefundene Transporte“, erläutert Frau Wiedeke. Außerdem gibt sie Christian noch die Information, dass jeder Transport in etwa die gleiche Zeit benötigt. Zudem sei der letzte Monat ein absoluter Durchschnittsmonat ohne besondere Vorkommnisse gewesen und von daher durchaus repräsentativ.

Das waren sehr viele Informationen auf einmal. Die nächsten Tage ist Christian mit der Auswertung der Daten von Frau Wiedeke beschäftigt. Als Resultat erhält er die folgende Tabelle:

	Reparaturen in Std. für:	**Anzahl Transporte für:**
Reparatur	30	70
Transport	17	0
Materiallager	10	350
Knetstube	189	280
Backstube	221	140
Verwaltung	5	290
Vertrieb	18	270
Summe	**490**	**1.400**

Tab. FB 10: Übersicht über innerbetriebliche Leistungen

Zweifelsohne bestehen zwischen den beiden Vorkostenstellen wechselseitige Leistungsverflechtungen. Das Anbauverfahren bzw. das Stufenleiterverfahren führen unter diesen Umständen bei der Verteilung der sekundären Gemeinkosten lediglich zu Näherungslösungen. Dies führt anschließend zu unpräzisen differenzierten Zuschlagssätzen bei der Ermittlung der Selbstkosten der Produkte. Da Christian bislang viel Wert auf Genauigkeit gelegt und dabei viel Zeit investiert hat, entscheidet er sich zur Sekundärkostenverrechnung für das Gleichungsverfahren. Die beiden Gleichungen lauten:

I: $18.834 + 70T + 30R = 490R$
II: $23.299 + 17R = 1.400T$

Die Reparaturabteilung verursachte 18.834 € an Kosten. Zusätzlich muss sie noch die Kosten für diejenigen Transporte tragen, die sie beantragt hat. Von den 490 Stunden, die im letzten Monat in der Abteilung gearbeitet wurden, entfielen auf die eigene Abteilung 30 Stunden. Diese Stunden müssen von der Leistung an andere Abteilungen abgezogen werden. Die Kostenstelle Transport verursachte 23.299 € an Kosten. Die Reparatur eines Gabelstaplers und die Wartung der Hubmaschine nahmen 17 Stunden in Anspruch.

Durch Auflösen der beiden Gleichungen erhält Christian folgende Verrechnungssätze:
Verrechnungssatz Reparatur = 43,56 €/Stunde
Verrechnungssatz Transport = 17,17 €/Transport

In dem Betriebsabrechnungsbogen kann Christian nun die innerbetriebliche Leistungsverrechnung durchführen. Dabei rechnet er nicht mit den angegebenen – nach der zweiten Nachkommastelle gerundeten – sondern mit den exakten Werten, um möglichst wenig Rundungsdifferenzen auszuweisen. Folgende Abbildung zeigt die Resultate der innerbetrieblichen Leistungsverrechnung:

Kostenstelle		**Vorkosten-stellen**		**Endkostenstellen**				
Kostenarten	Summe	Reparatur	Transport	Materiallager	Knetstube	Backstube	Verwaltung	Vertrieb
A) Einzelkosten								
1. Wareneinsatzkosten	472.500			472.500				
2. Fertigungslohn	482.587				285.417	197.170		
B) Gemeinkosten								
3. Gehälter	258.420	12.450	13.140	15.140	42.000	36.450	75.340	63.900
4. Energiekosten	195.000	820	2.540	22.458	39.390	82.475	28.254	19.063
5. Versicherungskosten	16.758	1.425	2.565	600	3.850	5.210	1.410	1.698
6. Abschreibungen	78.258	2.800	3.640	2.980	14.125	31.582	4.250	18.881
7. andere GK	27.800	1.339	1.414	1.629	4.518	3.921	8.105	6.874
8. Summe primäre Gemeinkosten	**576.236**	**18.834**	**23.299**	**42.807**	**103.883**	**159.638**	**117.359**	**110.416**
9. Reparatur	19.296			436	8.232	9.626	218	784
10. Transport	22.837			6.010	4.808	2.404	4.980	4.636
11. Summe primäre u. sekundäre GK	**576.236**			**49.252**	**116.923**	**171.668**	**122.557**	**115.836**

Tab. FB 11: Innerbetriebliche Leistungsverrechnung

Mit Hilfe dieser Informationen kann Christian nun die Zuschlagssätze der einzelnen Kostenstellen ermitteln. Als Zuschlagsbasis des Materiallagers wählt er die Wareneinsatzkosten. Als Zuschlagsbasen der beiden in der Bäckereiwerkstatt angesiedelten Kostenstellen Knetstube und Backstube fungieren die jeweils angefallenen Fertigungslöhne. In der Verwaltung und im Vertrieb fallen üblicherweise keine Kostenträgereinzelkosten an. So ist es auch bei der Großbrot AG. Christian wählt daher die Herstellkosten als Summe aus Material- und Fertigungskosten als Bezugsgröße für die Verrechnung der Gemeinkosten der Endkostenstellen Verwaltung und Vertrieb. Die Herstellkosten in der Großbrot AG in dem entsprechenden Monat setzen sich aus der Summe der primären und sekundären Gemeinkosten und den Einzelkosten der drei Endkostenstellen Materiallager, Knetstube und Backstube zusammen, da in diesen Kostenstellen die Produktherstellung erfolgt. Sie belaufen sich in der betrachteten Periode auf:

Herstellkosten = 49.252 + 116.923 + 171.668 + 472.500 + 482.587 = 1.292.931 €

Die Zuschlagssätze der Kostenstellen lassen sich Tab. FB 12 entnehmen:

	Endkostenstellen				
	Materiallager	Knetstube	Backstube	Verwaltung	Vertrieb
Summe primäre und sekundäre Gemeinkosten	49.252	116.923	171.668	122.557	115.836
Bezugsbasis	Einzelkosten	Einzelkosten	Einzelkosten	Herstellkosten	Herstellkosten
Wert der Bezugsbasis	472.500	285.417	197.170	1.292.931	1.292.931
Zuschlagssatz	10,42 %	40,97 %	87,07 %	9,48 %	8,96 %

Tab. FB 12: Zuschlagssätze der Endkostenstellen

Im Vergleich zum industriellen Durchschnitt liegen die Zuschlagssätze auf einem vergleichsweise niedrigen Niveau. Im Studium hat er des Öfteren von Zuschlagssätzen für eine Fertigungskostenstelle von mehreren hundert Prozent gehört. Der hohe Anteil der Akkordlöhne in der Bäckereiwerkstatt bei dem wiederholten Pilotprojekt ist eine Ursache für die vergleichsweise niedrigen Gemeinkostenzuschlagssätze. Die Zuschlagssätze schwanken zwischen 8,96 % im Vertrieb und 87,07 % in der Backstube. Letzterer Zuschlagssatz liegt deutlich über dem zweithöchsten Zuschlagssatz der Knetstube in Höhe von 40,97 % (vgl. Tab. FB 12).

Herr Wiedeke zeigt sich von den Ergebnissen beeindruckt, versteht aber zu diesem Zeitpunkt noch nicht den genauen Sinn der differenzierten Betrachtung der einzelnen Kostenstellen. Da es schon wieder weit nach 18 Uhr ist, hat er folgende Bitte: Christian möge in den nächsten Tagen eine Kostenträgerrechnung für zwei bis drei ausgewählte Kostenträger durchführen. Anhand der Beispiele sollen die Unterschiede der bisherigen und der neuen Rechnung veranschaulicht werden. Außerdem solle Christian eine erste Analyse durchführen, warum der pauschale Zuschlagssatz einen gegenüber früheren Berechnungen starken Anstieg zu verzeichnen habe.

Christian beschließt, am Abend ein paar DVDs einzulegen und sich ein wenig zu entspannen. Kurz darauf klingelt sein Handy. Es ist Peter. Als Christian ihm von seinem DVD-Abend erzählt, beschließt er, noch zu Christian nach Münster zu fahren und mit ihm gemeinsam den „Paten" anzuschauen. Ein paar Bierchen könne man ja auch noch trinken, immerhin habe man sich schon länger nicht mehr gesehen. Begeistert ist Christian zwar nicht von dieser Idee. Jedoch hat Peter mit der Aussage recht, dass sich die beiden schon länger nicht gesehen haben und stimmt deshalb zu. „Was hältst du davon, wenn ich uns ein paar Caipis mixe?", fragt er letztendlich. Peter antwortet nicht und legt abrupt auf. Dies ist für Christian das Startzeichen zur Vorbereitung. Kurze Zeit später ist der Eiscrusher funktionsbereit und alle Zutaten sind besorgt. Da Peter mit ihm den „Paten" anschauen möchte, kauft Christian noch zusätzlich ein paar Zigarren im nächsten Supermarkt.

2.6 Kostenträgerrechnung

Anknüpfend an die Systematik der Kostenrechnung (vgl. Abb. 2-4) ist nun die Frage zu beantworten, wofür die Kosten angefallen sind. Antworten auf die Fragen, welche Kosten angefallen sind bzw. wo diese Kosten entstanden sind, gaben die Kostenartenrechnung bzw. die Kostenstellenrechnung. Darauf aufbauend kann nun die betriebswirtschaftlich vor allem interessierende Frage behandelt werden, welche Kosten welchen Bezugsobjekten zuzurechnen[236] sind. Diese Bezugsobjekte werden in der Kostenrechnung als *Kostenträger* bezeichnet.[237] Dementsprechend wird dieser Teilbereich der Kostenrechnung als Kostenträgerrechnung bezeichnet.

Beispiele für Kostenträger sind Absatzprodukte, Dienstleistungen, Einzelaufträge, Beratungsleistungen, Forschungsleistungen, bereitgestellte Kapazitäten (z. B. für Transportzwecke) oder (IT-)Projekte.[238] Speziell bei Versicherungsunternehmen können als Kostenträger z. B. versicherte Risiken, Versicherungsverträge oder Versicherungszweige betrachtet werden, [239] was zeigt, dass eine *Hierarchisierung* bzgl. der betrachteten Bezugsobjekte sinnvoll sein kann. Ein weiteres Beispiel für eine solche Kostenträgerhierarchie könnten Kunden, Kundengruppen und Kundenstämme sein. Die Zuordnung von Kosten (und Leistungen) kann auf allen Hierarchiestufen vorgenommen werden.

Im Folgenden werden kurz *Zwecke der Kostenträgerrechnung* skizziert, die verdeutlichen, warum eine solche Zurechnung von Kosten auf Kostenträger durchgeführt werden sollte. Die Kostenträgerrechnung dient vor allem drei Zwecken, aus denen sich die Aufgabeninhalte der Kostenträgerrechnung ableiten lassen (vgl. Abb. 2-31). Zentraler Zweck der Kostenträgerrechnung ist die *kurzfristige Erfolgsrechnung*, bei der einem Kostenträger zurechenbare Kosten und Leistungen gegenübergestellt werden bzw. der Erfolg eines Zeitraums als Differenz der Kosten und Leistungen dieses Zeitraums ermittelt wird.

Die Kalkulation ist ein weiterer, ebenfalls wichtiger Zweck der Kostenträgerrechnung. Zu beachten ist jedoch, dass im eigentlichen Sinne die Bestimmung von Marktpreisen, also die Preiskalkulation, keine Aufgabe der Kostenträgerrechnung ist. Dazu ist auf andere Verfahren der Preisbestimmung zurückzugreifen, die im Marketing erörtert werden. Letztlich sind die Kosten für den am Markt erzielbaren Preis irrelevant.

---

[236] Bewusst wird nicht davon gesprochen, durch welche Bezugsobjekte die Kosten *verursacht* worden sind. Es zeigt sich, dass ein strikt ausgelegtes Verursachungsprinzip im Allgemeinen nicht den Informationsanforderungen des Managements bzgl. der Kostenträger genügt.

[237] Mit dem Begriff „Kostenträger" könnte das (Kosten-)Tragfähigkeitsprinzip (vgl. S. 66) assoziiert werden, was im Allgemeinen aber nicht als alleinige Grundlage der Zurechnung von Kosten auf Kostenträger verwendet wird.

[238] Vgl. dazu und im Folgenden Coenenberg, A. G./Fischer, T. M./Günther, T. [2016], S. 137 ff.

[239] Vgl. Kraft, M. [2008], S. 114.

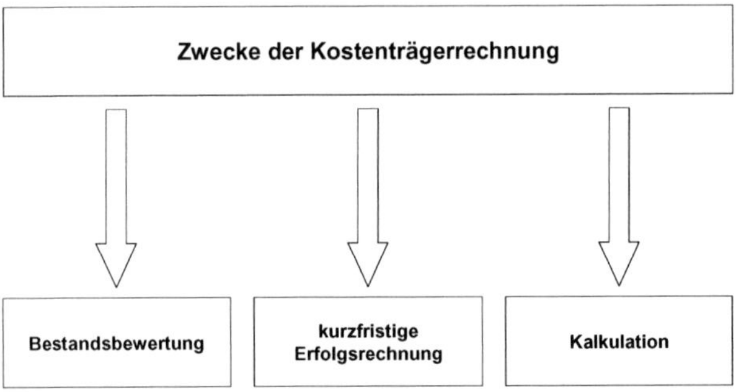

Abb. 2-31: Zwecke der Kostenträgerrechnung

Mit Hilfe der Kostenträgerrechnung lassen sich im Kontext des verwendeten Kalkulationsverfahrens jeweils Preisuntergrenzen für Absatzgüter bzw. Preisobergrenzen für Beschaffungsgüter ermitteln. Jedoch ist auch in dieser Hinsicht Vorsicht angebracht: Sofern es um eine Kalkulation pro Stück innerhalb der Kostenträgerstückrechnung geht, sollte man sich jeweils verdeutlichen, welche (evtl. impliziten) Annahmen bezüglich Produktions- und Absatzmengen damit verbunden sind. Sobald z. B. fixe Kosten in solche Kalkulationen einbezogen werden, ist dies mit einer willkürlichen Proportionalisierung von Kosten verbunden. Noch deutlicher kann von einem „Umlügen“[240] von Kosten gesprochen werden, auf dessen Basis entscheidungsrelevante Informationen nicht generiert werden können.

Als Nebenzweck der Kostenträgerrechnung ist die Bestandsbewertung für das externe Rechnungswesen zu nennen. Natürlich ist diese auch im internen Rechnungswesen interessant. Bevor auf die Kostenträgerzeitrechnung (2.6.2) eingegangen wird, erfolgt zunächst die Erörterung der Kostenträgerstückrechnung (2.6.1).

2.6.1 Kostenträgerstückrechnung

Bei der Kostenträgerstückrechnung kann nach dem Zeitpunkt der Durchführung der Kalkulation unterschieden werden (s. Abb. 2-32). Bei der *Vorkalkulation* erfolgt die Kalkulation vor der Leistungserstellung. Dabei werden geplante Kosten und evtl. geplante Zuschlagssätze verwendet. Diese Vorkalkulation ist u. a. notwendig, um für die Preisfestlegung eine Preisuntergrenze zu bestimmen. Schwierig gestaltet sich die Vorkalkulation bei neuen Produkten oder neuen Produktionsverfahren (Innovationen). Verfahren, die noch vor einer Vorkalkulation ansetzen, werden auch als konstruktionsbegleitende Kalkulationsverfahren bezeichnet, weil bei ihnen bspw. die

[240] Vgl. Adam, D. [1997], S. 274. Dort wird als Leitsatz formuliert: „Du sollst keine Kosten umlügen (umlegen), sonst wirst Du mit schizophrenen Entscheidungen bestraft, ...“

Wahl des Fertigungsverfahrens noch nicht getroffen wurde, wie dies (implizit) bei einer Vorkalkulation bereits geschehen sein müsste. Zu den konstruktionsbegleitenden Verfahren gehören Verfahren der Zielkostenbestimmung. Beim *Target Costing* als einem solchen Verfahren wird z. B. von einem (vermutlich) erzielbaren Preis retrograd („zurückgehend") auf die zulässigen, vom Markt erlaubten Kosten geschlossen.[241] Da derartige Verfahren schon dem Kostenmanagement zuzuordnen sind, werden sie nicht weiter behandelt (trotz der Einordnung in die Kostenrechnungsverfahren).[242]

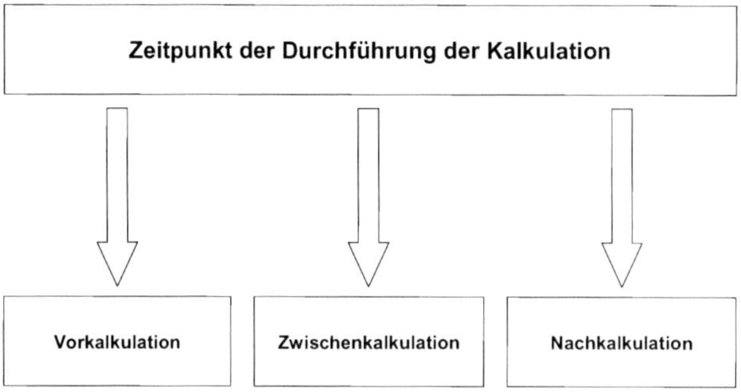

Abb. 2-32: Zeitpunkt der Durchführung der Kalkulation

Die Vorkalkulation ist auch Grundlage der Zwischen- und Nachkalkulation – nur auf Basis einer Vorkalkulation lassen sich bei Zwischen- bzw. Nachkalkulationen Soll-Ist-Abweichungen ermitteln.

In der *Zwischenkalkulation* wird noch während des Produktionsprozesses (erneut) eine sog. mitlaufende Kalkulation durchgeführt. Dabei fließen z. B. tatsächlich realisierte Ist-Kosten mit ein, aber auch technisch bedingte Änderungen, die in der ursprünglichen Kalkulation nicht berücksichtigt wurden. Aus der Zwischenkalkulation ergeben sich Möglichkeiten der Verfeinerung der Kalkulation sowie einer verbesserten Prognose der Kosten am Ende des Produktionsprozesses. Dadurch werden evtl. Eingriffsmöglichkeiten offenbar, die absehbare negative Abweichungen noch verhindern. Eine Nachkalkulation kann dies nicht mehr gewährleisten. Wie aus den Ausführungen bereits deutlich wird, ist der Einsatz der Zwischenkalkulation typischerweise bei längeren Produktions- und Herstelldauern zu vermuten. Zu denken ist etwa an den Großanlagenbau, aber auch Projekte im IT-Bereich. Bei einem Projekt-Controlling sind noch Projektstand und Qualitätsaspekte zu berücksichtigen. Das Projekt*kosten*-Controlling in Form einer kontinuierlich mitlaufenden Zwischenkalkulation ist aber ebenfalls unabdingbar.

---

[241] Zum Target Costing vgl. z. B. Kümpel, T. [2004], S. 1362 – 1366; Stirzel, M./Zeibig, S. [2009], S. 322 - 325 oder Coenenberg, A. G./Fischer, T.M./Günther, T. [2016], S. 567-609.

[242] Unter Kostenmanagement kann die gezielte und systematische Steuerung von Kosten verstanden werden. Vgl. z. B. Götze, U. [2010], S. 271 ff. Zum Kostenmanagement vgl. z. B. Ewert, R./Wagenhofer, A. [2008], S. 245 - 303.

Bei der *Nachkalkulation* werden nachträglich die Ist-Kosten bezüglich eines kalkulierten Bezugsobjektes bestimmt. Aufschlussreich ist i. d. R. die Gegenüberstellung von Vor- und Nachkalkulation und der darauf aufbauenden Abweichungsanalyse der Kosten.

Nachstehend werden Kalkulationsverfahren und deren typische Anwendungsfelder sowie Beispiele dazu vorgestellt (vgl. Abb. 2-33).

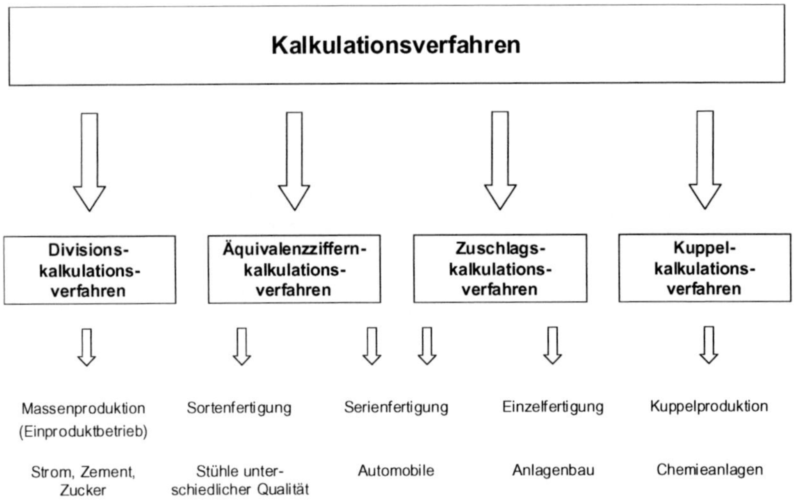

Abb. 2-33: Kalkulationsverfahren und deren typische Anwendungsfelder[243]

Bei *Kalkulationsverfahren* werden die Art, Anzahl und Abfolge der Rechenoperationen zur Bestimmung der Kosten eines Bezugsobjektes festgelegt (Stückkostenbestimmung). Dabei wird nur ein rechnerischer Kalkulationsaufbau vorgegeben, der unabhängig von der Kalkulationsart (Vor-, Zwischen- bzw. Nachkalkulation) und vom System der Kostenrechnung (Ist-, Normal- bzw. Plan-Kostenrechnung) ist. Die Wahl des Kalkulationsverfahrens wird wesentlich beeinflusst von:

- der Anzahl produzierter Produktarten
  (Einprodukt- oder Mehrproduktfertigung, speziell Kuppelproduktion)
- der Anzahl der Produktionsstufen (ein- bzw. mehrstufig) und
- dem Produktionsverfahren (Einzel-, Sorten-, Serien- oder Massenfertigung).

243 In Anlehnung an Coenenberg, A. G./Fischer, T. M./Günther, T. [2016], S. 139, vgl. auch Haberstock, L. [2008], S. 147 u. S. 169.

Sofern es sich beim Produktionsverfahren um *Einzelfertigung* (z. B. Bau eines Stahlwerkes oder eines Schiffs) handelt, ist tendenziell eine Zuschlagskalkulation geeignet (vgl. 2.6.1.3). Bei *Serienfertigung*, also der Fertigung gleicher Produkte in begrenzter Auflage (z. B. Herstellung einer Serie von Stühlen, Umrüstung, Herstellung einer Serie von anderen Stühlen), ist ebenfalls die Zuschlagskalkulation oder die Äquivalenzziffernkalkulation (vgl. 2.6.1.2) zweckmäßig. Typisches Anwendungsfeld der Äquivalenzziffernkalkulation ist die Sortenfertigung, also die Fertigung ähnlicher Produkte (einer Sorte). Hingegen ist bei der *Massenfertigung* von homogenen Gütern die Divisionskalkulation (vgl. 2.6.1.1) ein geeignetes Kalkulationsverfahren.

2.6.1.1 Divisionskalkulation

Bei der *Divisionskalkulation* handelt es sich um die „einfachste" Kalkulationsmethode. Bezüglich der Informationen, die benötigt werden, bestehen nur minimale Anforderungen. Die Divisionskalkulation kann ein-, zwei- oder mehrstufig erfolgen. Bei der einstufigen Divisionskalkulation werden zur Stückkosten-Ermittlung die Gesamtkosten durch die Gesamtmenge geteilt:

$$k = \frac{K}{x}$$

mit

k = Stückkosten [GE/ME]
K = Gesamtkosten [GE]
x = Gesamtmenge [ME]

Sinn macht die Anwendung in dieser Form eigentlich nur bei einteiligen Produkten und einstufigen Produktionsprozessen. Vorstellbar ist die Divisionskalkulation bei einem Einproduktbetrieb und Massenproduktion.[244] Als zusätzliche Voraussetzung sollten die Produktionsmengen mit den Absatzmengen übereinstimmen und auch keine Zwischenlager-Bestandsveränderungen auftreten.

Bei der *zweistufigen* Divisionskalkulation lassen sich zumindest von der Produktionsmenge abweichende Absatzmengen berücksichtigen. Bei einer vorliegenden Differenzierung der Kosten der Produktion und des Absatzes können die Stückkosten wie folgt ermittelt werden:

[244] Bspw. bei einem Werk, das ausschließlich Deckel für Getränkedosen herstellt

$$k = \frac{K_P}{x_P} + \frac{K_A}{x_A}$$

mit

k = Stückkosten [GE/ME]
K_P = Produktionskosten [GE]
x_P = Produktionsmenge [ME]
K_A = Absatzkosten [GE]
x_A = Absatzmenge [ME]

Offen ist die genaue Abgrenzung der Produktions- und Absatzkosten. Es stellt sich also jeweils die Frage, ob Kosten der Produktion oder dem Absatz zuzurechnen sind. Da es in der Kostenrechnung keine vorgegebenen Regeln gibt, ist diese Frage nur unter Zweckmäßigkeitsgesichtspunkten zu beantworten. I. d. R. werden als Produktionskosten die Herstellkosten (zur Definition vgl. 2.6.1.3) herangezogen, sie enthalten also auch die Kosten für Lager- und Betriebsverwaltung. Nicht enthalten sind Kosten für die allgemeine kaufmännische Verwaltung. In die Absatzkosten sind dann die restlichen Kosten miteinzubeziehen. Dabei handelt es sich um Verwaltungs- und Vertriebskosten. Ob allgemeine Verwaltungskosten tatsächlich nur auf die Absatzmenge zu beziehen sind, ist jeweils zu hinterfragen.

Bierbeispiel: zweistufige Divisionskalkulation

Ein kleiner, münsterländischer Brauer stellt nur eine Sorte Bier her. Dieses wird ausschließlich in 0,5 l Flaschen abgefüllt und in Kästen zu 20 Flaschen verkauft. Die Ist-Kosten der letzten Abrechnungsperiode betragen (in €):

Materialkosten	50.000
Fertigungskosten	100.000
Verwaltungskosten	15.000
Vertriebskosten	7.500
Σ	**172.500**

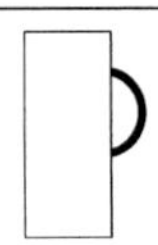

In der betrachteten Abrechnungsperiode wurden 300.000 l Bier produziert und abgefüllt, sowie 450.000 Flaschen zu 0,35 € verkauft. Die Stückkosten je Kasten Bier (k) lassen sich mit Hilfe der zweistufigen Divisionskalkulation bestimmen. Die Produktionskosten ergeben sich aus den Materialkosten und den Fertigungskosten (= Herstellkosten): K_P = Materialkosten + Fertigungskosten = 50.000 + 100.000 = 150.000 €. Die Produktionsmenge (300.000 l) ist noch in Kästen (1 Kasten = 20 Flaschen à 0,5 l = 10 l) umzurechnen: x_p = 300.000/10 = 30.000 Kästen. Die Absatzkosten ergeben sich als Summe der Verwaltungs- und Vertriebskosten:

K_A = Verwaltungskosten + Vertriebskosten = 15.000 + 7.500 = 22.500 €.

Die Absatzmenge von 450.000 Flaschen muss noch auf Kästen umgerechnet werden (1 Kasten = 20 Flaschen): 450.000/20 = 22.500 Kästen. Insgesamt betragen die mit Hilfe der zweistufigen Divisionskalkulation kalkulierten Stückkosten je Kasten Bier also:
k = 150.000/30.000 + 22.500/22.500 = 5 + 1 = 6 €.

Interessant ist in diesem Beispiel auch noch das Betriebsergebnis, das sich allgemein als Differenz von Kosten und Leistung ergibt. Zu beachten ist jedoch, dass hier Produktions- und Absatzmengen nicht übereinstimmen. Es wird mehr Bier produziert als abgesetzt (30.000 - 22.500 = 7.500 Kästen). Diese Kästen müssen kostenrechnerisch aktiviert werden – mangels weiterer Angaben, kommt nur eine Aktivierung zu Herstellkosten in Frage.[245] Das Betriebsergebnis kann daher wie folgt (!) ermittelt werden: Betriebsergebnis = (Erlös je Kasten - Kosten je Kasten) · *abgesetzte* Kästen. Zu Grunde liegt die Überlegung, dass die nicht abgesetzten Kästen erfolgsneutral aktiviert werden. Der Erlös je Kasten berechnet sich aus dem Preis je Flasche multipliziert mit der Anzahl der Flaschen je Kasten: 0,35 · 20 = 7 €. Als Kosten je Kasten sind gerade 6 € bestimmt worden. Mit dem Absatz von 22.500 Kästen ergibt sich somit ein Betriebsergebnis in Höhe von: (7 - 6) · 22.500 = 22.500 €. Dasselbe Ergebnis erhält man, wenn man zu den Gesamterlösen (450.000 · 0,35 = 157.500 €) die Bestandserhöhung addiert (7.500 Kästen zu 5 € Herstellkosten = 37.500 €) und davon (= Leistung) die gesamten Kosten (100.000 + 50.000 + 15.000 + 7.500 = 172.500 €) abzieht (157.500 + 37.500 – 172.500 = 22.500 €).

Bei einem mehrstufigen Produktionsprozess kann die Divisionskalkulation auch *mehrstufig* durchgeführt werden.[246] Formal ergibt sich für die zu kalkulierenden Stückkosten:

$$k = \sum_{i=1}^{n} \frac{K_{Pi}}{x_{Pi}} + \frac{K_A}{x_A}$$ mit den Bezeichnungen wie oben und:

i = 1, ..., n = Fertigungsstufen 1 bis n
K_{Pi} = Produktionskosten der Fertigungsstufe i [GE]
x_{Pi} = Produktionsmenge der Fertigungsstufe i [ME]

Durch die unterschiedlichen Produktionsmengen der jeweiligen Fertigungsstufen können auch Zwischenlager-Bestandsveränderungen berücksichtigt werden. Probleme bei der Ermittlung von Stückkosten in der mehrstufigen Divisionskalkulation ergeben sich durch Mengengefälle zwi-

[245] Übernommen werden könnten auch handels- oder steuerrechtliche Werte, die hier jedoch nicht vorliegen. Eine Aktivierung zu Selbstkosten (vgl. 2.6.1.3) erscheint nicht sinnvoll, weil in diesen auch anteilige Vertriebskosten enthalten wären, was im Widerspruch dazu steht, dass es sich bei dem bewerteten Bestand um einen (noch) nicht abgesetzten handelt.

[246] Anstatt von Fertigungsstufen können auch Fertigungsteile betrachtet werden, wenn es sich um ein aus mehreren Fertigungsteilen zusammengesetztes Produkt handelt. Die Sichtweisen können kombiniert werden. Aus Vereinfachungsgründen wird nur der Fall eines mehrstufigen Produktionsprozesses formal dargestellt.

schen den Fertigungsstufen (z. B. durch Ausschuss). Diese Mengengefälle können durch Einsatzfaktoren berücksichtigt werden, z. B. wenn von 105 produzierten Teilen nur 100 nutzbar sind (5 Teile Ausschuss) durch den Einsatzfaktor 1,05. Durch Multiplikation der Einsatzfaktoren ergibt sich ein Gesamteinsatzfaktor.

Formal ist der Übergang von der mehrstufigen Divisionskalkulation zur Zuschlagskalkulation nahe liegend. Vorab wird aber noch die Äquivalenzziffernkalkulation als eine verfeinerte Methode der Divisionskalkulation vorgestellt.

2.6.1.2 Äquivalenzziffernkalkulation

Voraussetzung für die Anwendung der Äquivalenzziffernkalkulation ist eine geringe Anzahl artähnlicher Produkte, wie z. B. bei einer Sortenfertigung (z. B. Stahl unterschiedlicher Qualität = Stahlsorten). Die verschiedenen Produktmengen werden mit Hilfe von *Äquivalenzziffern* auf eine *Einheitssorte* transformiert. Die Äquivalenzziffern werden am besten analytisch ermittelt, indem man die Kostenverursachung der Sorten auf bestimmte Bezugsgrößen (z. B. die Blechstärke) zurückführt. Im weiteren Sinne handelt es sich bei der Äquivalenzziffernkalkulation um eine Bezugsgrößenkalkulation, denn Sorten werden dabei über Bezugsgrößen „*äquivalent*" (vergleichbar) gemacht.

Die Äquivalenzziffernkalkulation kann ein- oder mehrstufig erfolgen. Voraussetzungen für die Anwendung der einstufigen Äquivalenzziffernkalkulation sind die Übereinstimmung von Produktions- und Absatzmenge, eine einstufige Produktion (oder keine Zwischenlager) und, dass alle Kosten sich proportional zu einer Äquivalenzziffernreihe verhalten. Dann lassen sich die Stückkosten je Sorte j (j = 1, ..., n) wie folgt ermitteln:

$$k_j = \frac{K}{\sum_{i=1}^{n} x_i \cdot d_i} \cdot d_j$$

mit folgenden Bezeichnungen:

i = 1, ..., n = Sorten 1 bis n
k_j = Stückkosten der Sorte j [GE/ME]
K = Kosten [GE]
d_i = Äquivalenzziffer der Sorte i
x_i = Produktions- und Absatzmenge der Sorte i [ME]

Die Kosten je Einheit der Einheitssorte ergeben sich also aus dem Quotienten aus Kosten und der Summe der mit den Äquivalenzziffern gewichteten Produktionsmengen. Um die Kosten der

Sorte j zu erhalten, müssen diese Kosten je Einheit der Einheitssorte dann nur noch mit der Äquivalenzziffer der Sorte j multipliziert werden.

Salatbeispiel: Äquivalenzziffernkalkulation

In einem Gastronomiebetrieb werden drei verschiedene Salate angeboten: der Salatteller „gemischt", der Salatteller „extragroß" und der Salatteller „deluxe". Deren Kosten sollen mit Hilfe der Äquivalenzziffernkalkulation ermittelt werden, wobei der Salatteller „gemischt" den Referenzpunkt (die Einheitssorte mit der Äquivalenzziffer 1) darstellt. Die (geschätzten) Äquivalenzziffern für die Kostenverteilung sowie die Produktionsmengen (Anzahl der zusammengestellten Salatteller) sind gegeben (vgl. Tab. 2-9). Insgesamt sind für die Erstellung der Salate Kosten in Höhe von 36.500 € angefallen. Die Kosten je Recheneinheit ($k_{\varnothing}$) ergeben sich aus dem Quotienten der Gesamtkosten und der Summe der Recheneinheiten (vgl. Tab. 2-9):

$k_{\varnothing} = 36.500 / (1{,}0 \cdot 2.000 + 1{,}8 \cdot 1.000 + 2{,}5 \cdot 1.400) = 36.500/7.300 = 5$ [€/RE]

Mit diesen Kosten für einen Salatteller „gemischt" lassen sich die Kosten für die anderen Salatteller durch Multiplikation mit den jeweiligen Äquivalenzziffern ermitteln.

	Sorte (Salatteller)	**Äquivalenz-ziffer**	**Produktions-menge [ME]**	**Recheneinhei-ten [RE]**	**Kosten je ME [€/ME]**	**Kosten je Sorte [€]**
j		d_j	x_j	$x_j \cdot d_j = m_j$	$d_j \cdot k_{\varnothing} = k_j$	$x_j \cdot k_j = x_j \cdot d_j \cdot k_{\varnothing} = m_j \cdot k_{\varnothing}$
1	„gemischt"	1,0	2.000	2.000	5	10.000
2	„extragroß"	1,8	1.000	1.800	9	9.000
3	„deluxe"	2,5	1.400	3.500	12,5	17.500
Σ				**7.300**		**36.500**

Tab. 2-9: Beispiel Äquivalenzziffernkalkulation

In der letzten Spalte der Tab. 2-9 sind die Kosten je Sorte aufgeführt. Diese lassen sich auf zwei Wegen ermitteln: Einmal kann die Produktionsmenge mit den Kosten je ME multipliziert werden. Zum gleichen Ergebnis kommt man auch, wenn man die Recheneinheiten mit den Kosten der Einheitssorte ($k_{\varnothing}$) multipliziert. Die Kosten aller Sorten müssen zusammen die Gesamtkosten ergeben (Probe!).

Wenn Bestandsveränderungen in Zwischenlagern auftreten oder je Produktionsstufe unterschiedliche Äquivalenzziffern gelten, muss die mehrstufige Äquivalenzziffernkalkulation angewendet werden. Dabei wird auf jeder Stufe eine einstufige Äquivalenzziffernkalkulation durchgeführt. Die Kosten je Sorte je Fertigungsstufe werden dann zu den Gesamtkosten der Sorte aufaddiert (analog dem Vorgehen bei der mehrstufigen Divisionskalkulation).

2.6.1.3 Zuschlagskalkulation

Ein „klassisches“ Verfahren der Kalkulation ist die *Zuschlagskalkulation*, die in der mehrstufigen Form vielfach angewendet wird. Die grundsätzliche Idee dieser Art der Kalkulation ist es, Kostenträger-*Gemein*kosten in Form eines prozentualen Zuschlags auf die Kostenträger-*Einzel*kosten *zuzuschlagen* (einstufige Zuschlagskalkulation, vgl. Fallbeispiel Teil IV). Wenn dies nach Kostenarten differenziert erfolgt, spricht man von einer *mehrstufigen* oder *differenzierten* Zuschlagskalkulation. Dabei wird auf die Kostenstellenrechnung und den BAB zurückgegriffen.

Im Gegensatz zur Divisions- und Äquivalenzziffernkalkulation (vgl. 2.6.1.1 bzw. 2.6.1.2) ist eine Unterscheidung der Gesamtkosten des Unternehmens in Einzel- und Gemeinkosten Voraussetzung für eine Zuschlagskalkulation.[247] Abb. 2-34 veranschaulicht, welche Kosten bei einer mehrstufigen Zuschlagskalkulation zur Selbstkosten-Ermittlung miteinbezogen werden. Vorausgesetzt werden dabei in der Regel vier Kostenstellen (Material, Fertigung, Verwaltung und Vertrieb). Auf das Vorgehen wird im Folgenden genauer eingegangen.

<table>
<tr><td>Materialeinzelkosten
Materialgemeinkosten</td><td>Material-
kosten</td><td rowspan="2">Herstell-
kosten</td><td rowspan="3">Selbst-
kosten</td></tr>
<tr><td>Fertigungseinzelkosten
Fertigungsgemeinkosten
Sondereinzelkosten der Fertigung</td><td>Fertigungs-
kosten</td></tr>
<tr><td colspan="2">Verwaltungsgemeinkosten
Vertriebsgemeinkosten
Sondereinzelkosten des Vertriebs</td><td>Verwaltungs-
und Vertriebs-
kosten</td></tr>
</table>

Abb. 2-34: Schema der mehrstufigen Zuschlagskalkulation[248]

Auf die Materialeinzelkosten (z. B. Fertigungsmaterial) werden mit Hilfe des Materialgemeinkostenzuschlagssatzes die *Materialgemeinkosten* zugeschlagen. Insgesamt erhält man die Materialkosten, die einem Kostenträger zugerechnet werden. Die Materialgemeinkosten können dabei dem BAB entnommen werden (Summe der primären und sekundären Kostenstellenkosten der Kostenstelle Material). Als Quotient dieser Materialgemeinkosten und den Materialeinzelkosten ergibt sich der Materialgemeinkostenzuschlagssatz (vgl. 2.5.3.3). Durch den prozentualen Zuschlag werden alle Materialgemeinkosten auf Kostenträger verteilt (Vollkostenrechnung). Unterstellt wird dabei, dass sich die Materialgemeinkosten proportional zu den Materialeinzelkosten verhalten. Diese Annahme ist theoretisch schon dann nicht haltbar, wenn es sich bei den Gemeinkosten teilweise um fixe Kosten handelt.

[247] Vgl. Hummel, S./Männel, W. [1986], S. 283.

[248] In Anlehnung an Schweitzer, M./Küpper, H.-U. [2016], S. 189.

Analog wird mit den *Fertigungsgemeinkosten* verfahren. Diese werden mit Hilfe des Fertigungsgemeinkostenzuschlagssatzes auf die Fertigungseinzelkosten (z. B. Fertigungslöhne) zugeschlagen. Bei den Fertigungskosten kann jeweils noch eine Differenzierung nach Fertigungsstufen oder verschiedenen Fertigungskostenstellen als Endkostenstellen vorgenommen werden. Zusammen mit den Sondereinzelkosten der Fertigung ergeben sich in Summe die Fertigungskosten. Materialkosten und Fertigungskosten zusammen wiederum ergeben die sog. *Herstellkosten.*[249]

Als Zuschlagsbasis für die *Verwaltungs- und Vertriebsgemeinkosten* dienen daraufhin diese Herstellkosten. Auf der Grundlage der Herstellkosten sind der Verwaltungs- und der Vertriebsgemeinkostenzuschlag ja ermittelt worden (vgl. 2.5.3.3). Mit den Sondereinzelkosten des Vertriebs ergeben sich dann in Summe die Verwaltungs- und Vertriebskosten. Insgesamt erhält man die sog. *Selbstkosten.* Abb. 2-35 zeigt das Berechnungsschema für die Selbstkostenermittlung nach der mehrstufigen Zuschlagskalkulation.

	Materialeinzelkosten
+	Materialgemeinkosten
=	Materialkosten
+	Fertigungseinzelkosten
+	Fertigungsgemeinkosten
+	Sondereinzelkosten der Fertigung
=	Fertigungskosten
=	Herstellkosten
+	Verwaltungsgemeinkosten
+	Vertriebsgemeinkosten
+	Sondereinzelkosten des Vertriebs
=	Selbstkosten

Abb. 2-35: Berechnungsschema für die Selbstkostenermittlung nach der mehrstufigen Zuschlagskalkulation

Zur Zuschlagsberechnung können neben *Wert-* auch *Mengen*schlüssel verwendet werden. Fertigungsgemeinkosten können z. B. auch in Form eines Fertigungsstundenzuschlags mit Maschinenzeiten als Bezugsgröße zugerechnet werden (sog. *Maschinensatzrechnung*).[250] Dabei werden die Fertigungsgemeinkosten nach der anteiligen Fertigungszeit der Kostenträger verteilt.[251]

[249] Man beachte, dass es sich bei den Herstellkosten nicht um die handels- oder steuerrechtlich definierten Herstel*lungs*kosten handelt, vgl. 3.3.2.3.
[250] Zur Maschinensatzrechnung vgl. z. B. Friedl, G./Hofmann, C./Pedell, B. [2017], S. 86 ff.
[251] Durch solche Mengenschlüssel ergibt sich ein Übergang von einer Zuschlags- zu einer Bezugsgrößenkalkulation.

Zu beachten ist, dass es sich weder bei den Herstellkosten noch bei den Selbstkosten um „wahre“ Kosten handelt. Es sind nach einem *bestimmten Verfahren ermittelte* Kostenträgerkosten, wobei die Annahmen des Verfahrens bei der Interpretation jeweils miteinbezogen werden müssen. Ob das verwendete Verfahren in Bezug auf die damit ermittelten Herstell- bzw. Selbstkosten für eine vorliegende Entscheidungssituation auch zweckmäßig gewählt wurde, ist jeweils situationsspezifisch zu prüfen (welche Kosten sind *relevant* für die zu treffende Entscheidung?).

2.6.1.4 Kuppelkalkulation

Von *Kuppelproduktion* wird gesprochen, wenn – technisch zwangsläufig bedingt – bei einem Produktionsprozess mehr als ein Produkt entsteht.[252] Durch diese technologisch begründete Verbundenheit aufgrund des Produktionsprozesses kann eine Einzelkalkulation der aus dieser Kuppelproduktion hervorgegangenen Produkte ökonomisch immer nur eine willkürliche Kostenaufspaltung darstellen. Typische Kuppelproduktionsprozesse sind chemische oder Zerlegungsprozesse, bei denen neben Hauptprodukten gleichzeitig oft auch Nebenprodukte bzw. Abfallprodukte anfallen. Betrachtet man als Beispiel für solche Prozesse den Hochofenprozess zur Roheisenherstellung, so kann das gewonnene Roheisen (Rohstoff zur Stahlerzeugung) als Hauptprodukt, die anfallende Schlacke als Nebenprodukt (Weiterverarbeitung in Zementfabrik) und das in der Abgasverbrennung entstehende Rauchgas (Aufarbeitung in Abgas-Reinigungs-Filter-Stufe) als Abfallprodukt klassifiziert werden.

Das Verhältnis der aus dem Kuppelproduktionsprozess hervorgehenden Produkte kann konstant oder mit einem gewissen Spielraum variabel sein. Als Kuppelproduktion mit variablen Kuppelproduktverhältnis gelten z. B. Erdölaufbereitungen nach modifizierten Crackverfahren, die zu unterschiedlichen Verhältnissen der Kuppelprodukte Benzin und Dieselöl führen.[253] Zu den Verfahren, bei denen das Verhältnis der Kuppelprodukte starr zueinander ist (nicht steuerbar), zählt bspw. die Chlor-Alkali-Elektrolyse.

Vorgestellt werden zwei Methoden der Kostenaufspaltung bei Kuppelprodukten, die Kuppelkalkulation nach der Restwertmethode und nach der Marktpreismethode (2.6.1.4.1 bzw. 2.6.1.4.2).

---

252 Vgl. Schweitzer, M./Küpper, H.-U. [2016], S. 195.
253 Vgl. Oenning, A. [1997], S. 21.

2.6.1.4.1 Kuppelkalkulation nach der Restwertmethode

Sofern bei der Kuppelproduktion ein Hauptprodukt und sonst nur Nebenprodukte auftreten, kann die *Restwertmethode* angewendet werden. Dabei wird wie folgt vorgegangen: Die Erlöse der Nebenprodukte werden von den Gesamtkosten abgezogen. Diese Erlöse müssen um evtl. zusätzlich notwendige Kosten zum Absatz der Nebenprodukte vorab bereinigt werden. Der verbleibende Restwert wird durch die Menge des Hauptproduktes dividiert. Somit erhält man die Kosten je Mengeneinheit des Hauptproduktes. Formelmäßig ergeben sich die Stückkosten des Hauptprodukts wie folgt:

$$k_H = \frac{\left[K - \sum x_{N_i} \cdot \left(p_{N_i} - k_{W_{N_i}}\right)\right]}{x_H}$$

mit

k = Stückkosten [GE/ME]
x = Ausbringungsmenge [ME]
K = Gesamtkosten des Kuppelprozesses [GE]
k_W = Weiterverarbeitungskosten [GE]
p = Stückpreis [GE]
H = Hauptprodukt
N_i = Nebenprodukt i

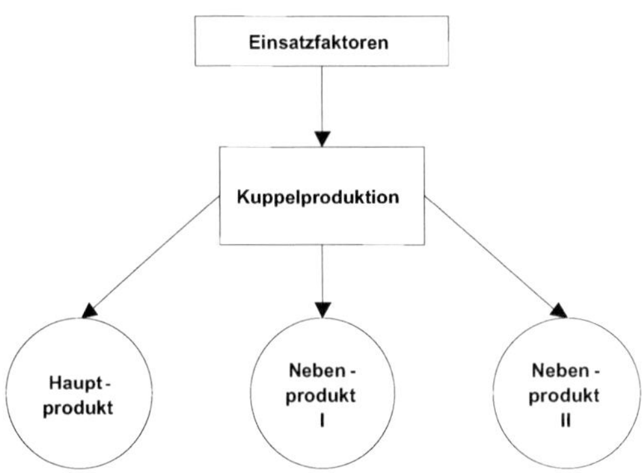

Abb. 2-36: Anwendungsvoraussetzungen der Restwertmethode

Wie Abb. 2-36 exemplarisch zeigt, entstehen aus Einsatzfaktoren der „Blackbox" Kuppelproduktion ein Hauptprodukt und zwei weitere Produkte, Nebenprodukt I und Nebenprodukt II. Anwendungsvoraussetzung für den Einsatz der Restwertmethode ist also zum einen die Identifizierbarkeit eines *einzigen* Hauptproduktes unter den Kuppelprodukten. Aus der Kuppelproduktion heraus, z. B. aufgrund des mengenmäßigen Anfalls, sollte die Abgrenzung jedoch nicht vorgenommen werden. Zweckmäßig erscheint eine wertmäßige Festlegung. Da die Kosten jedoch ermittelt werden sollen, kommen evtl. nur die (geschätzten) Erlöse für die einzelnen Produkte als Kriterium in Frage. Als Hauptprodukt ist dann das Produkt mit den höchsten erwarteten Erlösen zu wählen.

Die Entscheidung ergibt sich auch aus den weiteren Produktionsstufen nach dem Kuppelprozess. So kann z. B. die Entscheidung, ob Chlor oder Natronlauge (neben dem Nebenprodukt Wasserstoff)[254] das Hauptprodukt der Elektrolyse ist, unterschiedlich getroffen werden. Sie hängt maßgeblich davon ab, in welchem Produktionsverbund eine Chlor-Alkali-Elektrolyse eingebunden ist. Beide Produkte haben hohe Marktbedeutung und ökonomische Werthaltigkeit. Sofern die Elektrolyse im integrierten PVC-Produktionsverbund erfolgt, ist das Chlor als Haupt-/Zielprodukt anzusehen. In einigen Chemiekonzernen wird aber eher die Natronlauge als Hauptprodukt betrachtet, da sie zur Herstellung des weiteren Produktportfolios unabdingbar ist.

Zum anderen ist die Existenz von Marktpreisen für die Nebenprodukte Anwendungsvoraussetzung für das Verfahren. Aus der Berechnung der Kosten über einen Restwert ergibt sich eine Abhängigkeit der Kosten des Hauptproduktes von den Markterlösen der Nebenprodukte. Dies ist allgemein nicht unproblematisch, da Marktpreise schwanken können. In dem Fall, dass es sich bei den Nebenprodukten um Abfallprodukte handelt, die entsorgt werden müssen, ergeben sich negative Erlöse (= Kosten), die zur Erhöhung der Kosten des Hauptproduktes beitragen. Eine separate Kalkulation der Nebenprodukte erfolgt bei der Restwertmethode nicht.

Beispiel Restwertmethode: Chlor-Alkali-Elektrolyse[255]

Bei der Chlor-Alkali-Elektrolyse fallen chemisch bedingt als Kuppelprodukte Chlor, Natronlauge und Wasserstoff im Verhältnis 1,00 : 1,13 : 0,03 (Massenverhältnis) an. Im betrachteten Monat wurden 20.000 t Chlor produziert. Die Gesamtkosten der Kuppelproduktion betrugen in diesem Monat 5 Mio. €. Die spezifischen Aufarbeitungskosten (Produktreinigung, Abfüllung, Verladung) für Natronlauge zum handelsüblichen Verkaufsprodukt betragen 50 €/t zusätzlich. Der Wasserstoff ist als Heizgas im weiteren Produktionsverbund direkt verfeuert worden.

Für Natronlauge (nach Aufarbeitung!) ergibt sich aus den veröffentlichten Marktpreisen ein durchschnittlicher Wert von 200 €/t. Für Wasserstoff stehen Marktpreise nicht ohne weiteres zur Verfügung. Da der Wasserstoff als Heizgas verwendet wurde, kann eine Bewertung über den Heizwert des Wasserstoffs und Umrechnung als Äquivalent zum Erdgas multipliziert mit dem

---

254 Wasserstoff wird großtechnisch über effizientere Verfahren als die Chlor-Alkali-Elektrolyse hergestellt (z. B. katalytische Dampfspaltung von Methan) und ist daher als Nebenprodukt der Elektrolyse anzusehen.

255 Dieses Beispiel (mit seiner Fortsetzung) basiert auf der CUR-Abschluss-Hausarbeit „Kalkulationsverfahren bei Kuppelproduktion in der chemischen Industrie“ von Dr. Jan-Stephan Gehrke.

Marktpreis für Erdgas erfolgen. Der Heizwert von Erdgas beträgt 12,75 kWh/kg, der von Wasserstoff 39,39 kWh/kg. Für Erdgas liegt der Marktpreis bei 170 €/10 MWh.

Nach der Restwertmethode ergeben sich die Kosten des Hauptproduktes Chlor wie im Folgenden dargestellt. Aus den gegebenen Verhältnisse ergeben sich zunächst folgende Produktionsmengen für die Kuppelprodukte:

Produkt	Verhältnis	Produktionsmenge [t/Monat]
Chlor	1,00	20.000
Natronlauge	1,13	20.000 · 1,13 = 22.600
Wasserstoff	0,03	20.000 · 0,03 = 600

Der Wasserstoffheizwert ist zu berechnen, weil somit über den Erdgasmarktpreis ein Marktpreis für den Wasserstoff abzuleiten ist.
600 [t] · 39,39 [kWh/kg] = 23.634 [MWh]

23.634 [MWh] · 170 [€/10 MWh] = 23.634 · 17 = 401.778 [€]

Nach der Restwertwertmethode berechnen sich die Kosten für das Hauptprodukt Chlor wie folgt:

(1)	Gesamtkosten	5.000.000
(2)	Erlöse Natronlauge (abzüglich Kosten zum Absatz dieses Nebenproduktes)	22.600 · (200 - 50) = 3.390.000
(3)	Erlöse Wasserstoff (Nebenprodukt)	401.778
(4) = (1) - (2) - (3)	Kosten Chlor (Hauptprodukt)	1.208.222

Die Kosten für die Produktion des Chlors betragen ca. 1,2 Mio. €. Umgerechnet auf eine Tonne Chlor ergeben sich: 1.208.222 [€]/20.000 [t] = 60,41 [€/t].

2.6.1.4.2 Kuppelkalkulation nach der Marktpreismethode

Die *Marktpreismethode* ist anwendbar, falls eine Einteilung der Kuppelprodukte in ein Hauptprodukt und Nebenprodukte nicht vorgenommen werden kann oder sollte (vgl. Abb. 2-37). Die Kosten werden dabei im gleichen Verhältnis wie die mit den Preisen der Produkte gewichteten Mengen zueinander auf die Produkte umgelegt.

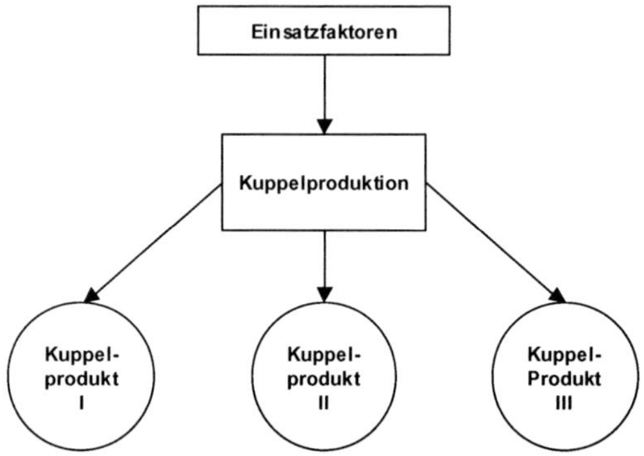

Abb. 2-37: Anwendungsvoraussetzungen der Marktpreismethode

Die Marktpreise dienen als Äquivalenzziffern (vgl. 2.6.1.2), weswegen die Methode auch *Marktpreisäquivalenzziffernmethode* genannt wird. Zu beachten ist jedoch, dass im Gegensatz zur allgemeinen Äquivalenzziffernkalkulation hier keine Kostenbeeinflussungsfaktoren für die Ermittlung von Äquivalenzziffern gewählt werden. Insofern handelt es sich um eine Kostenaufteilung nach dem (Kosten-)Tragfähigkeitsprinzip (vgl. S. 69). D. h., wenn der Markt für ein Produkt einen hohen Preis akzeptiert, dann kann dieses Produkt auch höhere Kosten tragen als Produkte mit einem niedrigeren Preis. Gefährlich ist jedoch, dass sich eine Marktpreissenkung eines einzelnen Produktes nach der Marktpreismethode kostenerhöhend auf alle anderen Kuppelprodukte auswirkt. Von einer verursachungsgerechten Kostenzurechnung ist man damit sehr weit entfernt.

Trotz der Bedenken zur Einsetzbarkeit der Restwert- und der Marktpreismethode ist festzuhalten, dass mit diesen eine Kalkulation von Kuppelprodukten überhaupt erst möglich wird (bei der Restwertmethode zumindest für ein Hauptprodukt). Da es sich bei den Kosten für die Kuppelprodukte um echte Gemeinkosten handelt, kann eine nicht willkürliche Aufteilung der Kosten auf die einzelnen Produkte auch nicht erwartet werden. So müssen auch Restwert- und Marktpreismethode im Allgemeinen – wie auch das nun folgende (fortgesetzte) Beispiel der Kuppelkalkulation bei der Chlor-Alkali-Elektroanalyse zeigt – zu unterschiedlichen Ergebnissen führen.

Beispiel Marktpreismethode: Chlor-Alkali-Elektrolyse *(Fortsetzung)*

Es gelten die gleichen Rahmenbedingungen wie im Beispiel zur Restwertmethode:

Gesamtkosten der Kuppelproduktion:[256]	5 Mio. €
Produktionsmenge:	20.000 t
Marktwert Natronlauge (nach Aufarbeitung):	200 €/t
Marktpreis für Wasserstoff:[257]	669,60 €/t (= 401.778 €/600 t)

Für Chlor existiert kein Marktpreis, da es aufgrund seiner physikalischen Eigenschaften (Flüssiggas) und seiner Toxizität (Giftigkeit) als Gefahrgut einzustufen ist und deshalb nur unter Einhaltung hoher Sicherheitsvorkehrungen gelagert und transportiert werden darf. In Europa hat das dazu geführt, das produziertes Chlor direkt am Standort zu ökonomisch wertvollen und deutlich weniger problematischen Chlorfolgeprodukten weiterverarbeitet wird. Der Wert des (nicht separat gehandelten) Chlors kann dann über den Marktpreis der Chlorfolgeprodukte ermittelt werden.

So beträgt der Marktpreis für das Chlorfolgeprodukt 1.2-Dichlorethan (DCE) mit einem Chloranteil von 72 % 350 €/t. Die restlichen 28 % entsprechen der Ethylenkomponente. Ethylen wird zu einem Preis von 700 €/t gehandelt. Ausgehend vom Marktpreis DCE ist der Anteil für Etylen (28 %) abzuziehen, man erhält einen Preis für den Anteil des Chlors (72 %); dieser ist auf eine Tonne hochzurechnen, daraus ergibt sich folgende Formel für den Marktpreis von Chlor:

[350 - (0,28 • 700 €/t)]/0,72 = 154 [€/t]/0,72 = 213,89 [€/t]

Nach der Marktpreismethode berechnen sich die Kosten für Chlor, Natronlauge und Wasserstoff dann wie folgt (Marktpreise als Äquivalenzziffern):

	(1)	(2)	(3) = (1) • (2)	(4) = (2) • c	(5) = (3) • c
Produkt	**Menge [t]**	**Marktpreis [€/t]**	**Recheneinheiten [RE]**	**Kosten [€/t]**	**Kosten [€]**
Chlor	20.000	213,89	4.277.777,80	132,53	2.650.571,80
Natronlauge	22.600	200 - 50 = 150[258]	3.390.000	92,94	2.100.492,10
Wasserstoff	600	669,60	401.760	414,89	248.936,19
Summe			**8.069.537,80**		**≈ 5 Mio.**

5 Mio. [€]/8.069.537,80 [RE] = 0,6196 [€/RE] = c

[256] Ohne Kosten der Natronlaugen-Aufarbeitung.
[257] Ermittlung über den Marktpreis von Erdgas, vgl. die Berechnung im Beispiel zur Restwertmethode.
[258] Die zusätzlichen Aufbereitungskosten (50 €) sind vom Marktpreis (200 €) abzuziehen.

Bei der Natronlauge ergeben sich Kosten von 92,94 € + 50 € = 142,94 € je Tonne und Gesamtkosten von ca. 2,1 Mio. € + 22.600 t • 50 €/t = 2,1 Mio. € + 1,13 Mio. € = 3,23 Mio. €, wenn man die zusätzlichen, spezifischen Aufbereitungskosten berücksichtigt. Für Chlor ergeben sich nach der Marktpreismethode Kosten von 132,53 [€/t] im Gegensatz zu 60,41 [€/t] nach der Restwertmethode. Aufgrund der Gegenläufigkeit der Marktpreise von Chlor und Natronlauge sind beide Kuppelkalkulationsverfahren jedoch nur bedingt geeignet. Eine ECU-Margenbetrachtung (ECU = Electro-Chemical Unit), bei der ein *gemeinsamer* Deckungsbeitrag der Kuppelprodukte ermittelt wird, wäre angemessener.

Zusammenfassend lässt sich zu den hier vorgestellten Kalkulationsverfahren sagen, dass es sich bei diesen um Verfahren der *Vollkostenrechnung* handelt. Neben den variablen oder den Einzelkosten werden auch fixe und Gemeinkosten den Kostenträgern zugerechnet. Die Verfahren lassen sich auch bei *Teilkostenrechnungen* einsetzen, wie bspw. die mehrstufige Zuschlagskalkulation auf Basis variabler Kosten. Während in bestimmten Entscheidungssituationen nur die Teilkosten relevant sind (z. B. bei der kurzfristigen Produktionsprogrammplanung, vgl. das Eisbeispiel, S. 36 ff.), erfüllt die Vollkostenkalkulation durchaus bestimmte Zwecke.

Als Zwecke der Vollkostenkalkulation lassen sich z. B. nennen:

- Ermittlung voller Selbstkosten zur Unterstützung der Preisbildung oder Preiskalkulation bei der Abgabe von Angeboten (Preisuntergrenzenbestimmung)
- Vergleich zwischen Fertigungs-, Betriebsstätten oder mit anderen Unternehmen[259]
- Verrechnungspreisbildung
- Erfolgsermittlung für Aufträge, Produkte, Produktgruppen oder Sparten
- Bewertung der fertigen und unfertigen Erzeugnisse in Handels- oder Steuerbilanz

Nach der Kostenträgerstückrechnung wird im nächsten Abschnitt 2.6.2 (auf das Fallbeispiel Teil V folgend) die Kostenträgerzeitrechnung behandelt.

[259] Im Kostenmanagement wird dies unter dem Begriff „*Benchmarking*" diskutiert.

Fallbeispiel Teil V: Zuschlagskalkulation

Am nächsten Morgen kommt Christian leicht verspätet ins Büro. Der Film hatte Überlänge und Peter musste nach einigen Drinks bei ihm übernachten. Außerdem stand er am Westhofener Kreuz mal wieder im Stau. Herr Wiedeke hat Christian einen Auszug der Produktpalette der Großbrot AG mitgebracht. Diesen legt er ihm auf den Schreibtisch. „Wenn Sie noch Fragen haben, wissen Sie ja, wo Sie mich finden", sagt er lächelnd und verschwindet aus Christians Büro. Nach einer kurzen Pause widmet er sich den Unterlagen, die Herr Wiedeke zurückgelassen hat:

Artikel-nr.	Anzahl Produkte je Großblech	Kosten-träger	Netto-Wareneinsatzkosten pro Großblech [€]	Nettopreis pro Kostenträger [€]
663	180	Normale Brötchen	10,95	0,2056
133	150	Sesambrötchen	12,50	0,2430
249	40	Bauernstuten	25,60	1,9065

Fertigungslohn in Abhängigkeit verarbeiteter Bleche pro Person in KNETSTUBE:		
	Anzahl Bleche pro Stunde pro Person für durchschnittlichen Lohn/Std.	
Normale Brötchen	3,0	
Sesambrötchen	3,0	
Bauernstuten	5,0	
durchschnittlicher Akkord-Stundenlohn, inkl. gesetzl. Leistungen:		22,00 €

Fertigungslohn in Abhängigkeit verarbeiteter Bleche pro Person in BACKSTUBE:		
	Anzahl Bleche pro Stunde pro Person für durchschnittlichen Lohn/Std.	
Normale Brötchen	7,0	
Sesambrötchen	6,0	
Bauernstuten	1,3	
durchschnittlicher Akkord-Stundenlohn, inkl. gesetzl. Leistungen:		25,00 €

Tab. FB 13: Auszug aus der Produktpalette der Großbrot AG

Christian benötigt eine Weile, bis er die unübersichtlichen Unterlagen versteht. Vor ihm liegt ein Auszug aus der Produktpalette der Großbrot AG. Der ersten kleineren Tabelle ist in der ersten Spalte die jeweilige Artikelnummer zu entnehmen. Alle Produkte werden jeweils getrennt auf einem Blech produziert. In Abhängigkeit des Produkts passt eine jeweils unterschiedliche Anzahl an Einheiten auf ein Blech. Bspw. können auf einem Blech 150 Sesambrötchen gleichzeitig gebacken werden. Daneben sind die Wareneinsatzkosten pro Großblech angegeben. Für die Herstellung von 150 Sesambrötchen sind z. B. Wareneinsätze im Wert von 12,50 € nötig. Aus diesen Daten lässt sich der Wareneinsatz pro Artikel berechnen. Dem derzeitig gültigen Verkaufspreis schenkt Christian vorerst keine Beachtung.

Die Zutaten der Produkte werden zunächst in der Knetstube in einem Spiral- oder Hubkneter verrührt. Anschließend wird der Teig in einem Rundwirker bzw. Kegelrundwirker geteilt und in der oben angegebenen Stückzahl auf die Großbleche verteilt. Die Teigerstellung und das Befüllen der Großbleche werden von jeweils einem Mitarbeiter im Akkord ausgeführt. Durchschnittlich ist ein Mitarbeiter in der Lage, drei Großbleche mit je 150 Sesambrötchen pro Stunde zu belegen. Sein Lohn beträgt für die drei Großbleche 22 €.

Die Verarbeitung in der Backstube erfolgt ein wenig schneller, da die Produkte nur in den Ofen geschoben und nach dem Erkalten in die Verkaufskörbe gepackt werden. Es ergibt sich hier ein durchschnittlicher Stundenlohn in Abhängigkeit von der Art der verarbeiteten Bleche von 25 €. Durchschnittlich ist ein Mitarbeiter in der Lage, sechs Großbleche mit je 150 Sesambrötchen pro Stunde zu backen und in die Verkaufskörbe zu geben, wofür er die angesprochenen 25 € Lohn erhält. Eine Besonderheit ergibt sich bei den Broten. Während die Brötchen nur kurz im Ofen verweilen, müssen die Brote mehrmals gewendet werden. Dieser zusätzliche Aufwand führt dazu, dass ein Mitarbeiter pro Stunde nur durchschnittlich 1,3 Bleche à 40 Bauernstuten verarbeiten kann.

Mit Hilfe dieser Informationen sieht sich Christian in der Lage, die Einzelkosten der einzelnen Produkte zu ermitteln. Nach einiger Zeit erhält er folgende Tabelle mit den Einzelkosten der drei angegebenen Produkte:

	Normale Brötchen	**Sesambrötchen**	**Bauernstuten**
Wareneinsatzkosten [€]	0,0608	0,0833	0,6400
Fertigungslohn Knetstube [€]	0,0407	0,0489	0,1100
Fertigungslohn Backstube [€]	0,0198	0,0278	0,4808
Summe Einzelkosten [€]	**0,1214**	**0,1600**	**1,2308**

Tab. FB 14: Aufstellung der jeweiligen Einzelkosten[260]

Auf diesen Informationen aufbauend möchte Christian jetzt die Selbstkosten der einzelnen Produkte berechnen. Zunächst beschließt er, die Berechnungen mit dem von Herrn Wiedeke angegeben ursprünglichen Zuschlagssatz von 35 % durchzuführen. In einem nächsten Schritt möchte er die Selbstkosten dann mit dem realen Zuschlagssatz in Höhe von 60,33 % berechnen. Anschließend will er diese Ergebnisse denjenigen einer differenzierten Zuschlagskalkulation gegenüberstellen. Durch die differenzierte Zuschlagskalkulation erhofft er sich aussagekräftigere Kosteninformationen, da für jede Hauptkostenstelle mit einem individuellen Zuschlagssatz gerechnet wird und daher den besonderen Rahmenbedingungen in den einzelnen Kostenstellen besser Rechnung getragen werden kann.

Zunächst führt Christian die pauschale Zuschlagskalkulation für die beiden angegebenen pauschalen Zuschlagssätze durch und erhält folgendes Resultat:

[260] Bei den Werten in den Tabellen Tab. FB 14 bis Tab. FB 16 wurde jeweils mit ungerundeten Daten gerechnet. Die Darstellung erfolgt allerdings nach den gängigen Rundungsregeln, sodass bei einer Addition der Werte in den Tabellen Rundungsdifferenzen entstehen können.

	Normale Brötchen	Sesambrötchen	Bauernstuten
Wareneinsatzkosten [€]	0,0608	0,0833	0,6400
Fertigungslohn Knetstube [€]	0,0407	0,0489	0,1100
Fertigungslohn Backstube [€]	0,0198	0,0278	0,4808
Summe Einzelkosten [€]	0,1214	0,1600	1,2308
Selbstkosten pauschaler Zuschlag (35 %) [€]	0,1639	0,2160	1,6615
Stückgewinn bei 35 % Zuschlag [€]	**0,0417**	**0,0270**	**0,2450**
Selbstkosten pauschaler Zuschlag (60,33 %) [€]	0,1947	0,2565	1,9733
Stückgewinn bei 60,33 % Zuschlag [€]	**0,0109**	**- 0,0135**	**- 0,0668**

Tab. FB 15: Ergebnisse der pauschalen Zuschlagskalkulation

Aufgrund dieser Ergebnisse wundert es ihn nicht, dass die Großbrot AG mittlerweile ein negatives Betriebsergebnis ausweist. Während bei einem pauschalen Gemeinkostenzuschlagssatz von 35 % alle drei ausgewählten Produkte einen positiven Stückgewinn ausweisen, ergibt sich bei der Verwendung des realen Zuschlagssatzes von ca. 60 % bei zwei von drei Produkten ein negativer Stückgewinn. Es liegt die Vermutung nahe, dass die Situation bei den anderen angebotenen Produkten ähnlich ist.

Diese pauschale Betrachtungsweise kann seinen Wissenshunger nicht stillen. Die Vermutung, dass die höheren Gemeinkosten für das negative Betriebsergebnis verantwortlich sind, ist für ihn aufgrund seiner zuvor durchgeführten Berechnungen nicht neu. Jetzt möchte er wissen, wie sich das Ergebnis verändert, wenn man mit genaueren, differenzierten Zuschlagssätzen arbeitet. Dabei wählt er analog zur Vorgehensweise im Betriebsabrechnungsbogen die Herstellkosten als Zuschlagsbasis für die Kosten aus Verwaltung und Vertrieb. Christian erhält das in der nachfolgenden Tabelle angegebene Kalkulationsschema:

	Normale Brötchen	Sesambrötchen	Bauernstuten
Wareneinsatzkosten [€]	0,0608	0,0833	0,6400
Materialgemeinkosten (10,42 %) [€]	0,0063	0,0087	0,0667
Fertigungslohn Knetstube [€]	0,0407	0,0489	0,1100
Gemeinkosten Knetstube (40,97 %) [€]	0,0167	0,0200	0,0451
Fertigungslohn Backstube [€]	0,0198	0,0278	0,4808
Gemeinkosten Backstube (87,07 %) [€]	0,0173	0,0242	0,4186
Herstellkosten [€]	0,1617	0,2129	1,7611
Verwaltungsgemeinkosten (9,48 %) [€]	0,0153	0,0202	0,1669
Vertriebsgemeinkosten (8,96 %) [€]	0,0145	0,0191	0,1578
Selbstkosten [€]	0,1915	0,2522	2,0858
Stückgewinn [€]	0,0141	- 0,0092	- 0,1793
Mehrkosten im Vergleich zu pauschaler Betrachtung [€]	- 0,0031	- 0,0044	0,1125

Tab. FB 16: Selbstkosten nach differenzierter Zuschlagskalkulation

Der Stückgewinn der Brötchen erhöht sich minimal, der Verlust der Sesambrötchen pro Stück verringert sich ebenfalls leicht. Die Bauernstuten hingegen werden bei der differenzierten Zuschlagskalkulation weitaus stärker belastet als zuvor.

Christian ist mit seinen Resultaten zufrieden und vereinbart einen Termin mit Herrn Wiedeke. Leider hat dieser im Laufe des Tages noch zwei Meetings und muss das Treffen mit Christian auf den nächsten Tag verschieben. Mittlerweile ist es 14 Uhr. Christian hat bei der ganzen Arbeit vergessen, eine Mittagspause einzulegen. Er beschließt, diese nachzuholen und geht in die Kantine. Nur noch wenige Angestellte essen zu dieser Uhrzeit. Er bestellt sich Fischfilet in Knoblauchsoße mit Kartoffeln und Möhren. Auf der Suche nach einem geeigneten Platz schweift sein Blick durch die Kantine und er erblickt die attraktive Auszubildende, die ihm schon ein paar Mal im Laufe des Vormittags Kaffee serviert hat. Neben ihr sind alle Plätze frei. Dennoch fragt er vorsichtig, ob der Platz neben ihr noch frei sei. Das aufmunternde Lächeln veranlasst ihn, sich zu setzen. Die Auszubildende heißt Petra, und Christian scheint ihr ausgesprochen gut zu gefallen. Auf jeden Fall verabreden sie sich nach dem Essen direkt für den nächsten Tag zur gleichen Zeit in der Kantine.

Am nächsten Morgen trifft sich Christian mit Herrn Wiedeke, um mit ihm die Ergebnisse seiner Kostenträgerrechnung zu besprechen. Herr Wiedeke ist wieder einmal positiv von Christians Engagement und der Fähigkeit zum selbständigen Arbeiten überrascht. Innerlich klopft er sich auf die Schulter, um sich für die Auswahl des Praktikanten selbst zu loben. Christian erklärt ihm seine Vorgehensweise schlüssig bis ins kleinste Detail. Nach Ende der Ausführungen schaut er Herrn Wiedeke fragend an. Dieser antwortet: „Das wird die Leute in der Großbrot AG sicherlich interessieren. Warum haben die eigentlich nicht gemerkt, dass die Gemeinkosten in den letzten Jahren so stark gestiegen sind? Kein Wunder, dass die uns nicht da haben wollen. Um Preiserhöhungen kommen wir dann wohl nicht drum herum. Ich denke mal, 2-3 Cent bei den Brötchen sind angemessen. Das wird wohl auch keine Umsatzeinbußen in größerem Umfang mit sich bringen. Deshalb geht keiner unserer Kunden zur Konkurrenz. In den Ballungszentren, in denen wir verkaufen, sind wir eh fast Alleinanbieter. Bei den Broten bin ich mir aber nicht so sicher. Meine Güte, um den Break-even bei diesem Produkt zu erreichen, müssen wir den Preis ja schon um 20 Cent erhöhen. Hoffentlich machen unsere Kunden die Preiserhöhung im Bereich Brote mit. Wahrscheinlich sollten wir die Preise aller Brote erhöhen; dann müssten wir wieder in die Gewinnzone zurückkommen."

Christian kann Herrn Wiedekes Argumentation gut nachvollziehen. Er schlägt jedoch zunächst eine andere Vorgehensweise vor. Er stimmt ihm zu, dass es sicherlich richtig sei, Maßnahmen zur Ergebnisverbesserung einzuleiten. Zunächst sollte man aber die anderen Produkte ebenfalls der differenzierten Zuschlagskalkulation unterziehen und anschließend geeignete Maßnahmen erarbeiten. Eine einfache - und im Fall der Brote sogar extreme - Preissteigerung hält er zu diesem Zeitpunkt für wenig sinnvoll. Herr Wiedeke gewährt Christian einige Tage, um weitere Berechnungen für andere ausgewählte Produkte durchführen zu können. Diese bestätigen sein Ergebnis, dass die Brote tendenziell höhere Selbstkosten als Absatzpreise aufweisen. Von einer einfachen Preiserhöhung als Gegenmaßnahme ist Christian trotz der angeblich starken Marktstellung allerdings immer noch nicht überzeugt.

Im Informationssystem findet er einen im Ansatz vorhandenen Betriebsabrechnungsbogen aus dem Jahre 2002. Dieser entstand zu dem Zeitpunkt, als zum ersten Mal das Pilotprojekt zur variablen Vergütung durchgeführt wurde. Um die Ergebnisse mit den heutigen vergleichen und den 35%igen Zuschlag nachvollziehen zu können, ist dieser Auszug für ihn von hoher Bedeutung.

Kostenarten [€]	Kostenstelle	Reparatur	Transport	Material	Knetstube	Backstube	Verwaltung	Vertrieb
1. Wareneinsatzkosten	338.670			338.670				
2. Fertigungslohn	329.789				176.000	153.789		
3. Gehälter	113.780	8.090	7.925	9.240	25.600	28.975	17.670	16.280
4. Energie	84.090	412	2.341	12.564	10.004	17.090	23.002	18.677
5. Versicherungen	8.278	897	897	234	2.134	2.239	1.012	865
6. Abschreibungen	23.090	1.280	1.112	800	4.000	7.121	2.243	6.534
7. andere GK	4.810	?	?	?	?	?	?	?
Summe GK	**234.048**	**10.679**	**12.275**	**22.838**	**41.738**	**55.425**	**43.927**	**42.356**
pauschaler Zuschlagssatz:		35,01 %						

Tab. FB 17: Veraltete Version des Betriebsabrechnungsbogens (BAB)

In dem Auszug sind zumindest die Kosten der einzelnen Kostenarten pro Kostenstelle vermerkt. Lediglich die Position „andere Gemeinkosten" wurde nicht auf die Kostenstellen verteilt. Christian überlegt kurz, ob er eine analoge Berechnung anhand der Gehälter durchführen soll, entscheidet sich dann aber dagegen, da sich in seinen Augen kein Informationsgewinn dadurch erzielen lässt und die Position vom Betrag her eher unbedeutend ist. Auch eine innerbetriebliche Leistungsverrechnung ist anscheinend damals nicht durchgeführt worden. Christian kann den Unterlagen diesbezüglich und hinsichtlich differenzierter Zuschlagssätze keine Informationen entnehmen. In einer Tabelle stellt er die Änderungen der Sätze dar und markiert die in seinen Augen gravierendsten Abweichungen:

Kostenarten	Kostenstelle	Reparatur	Transport	Material	Knetstube	Backstube	Verwaltung	Vertrieb
1. Wareneinsatzkosten	40 %			40 %				
2. Fertigungslohn	46 %				62 %	28 %		
3. Gehälter	127 %	54 %	66 %	64 %	64 %	26 %	326 %	293 %
4. Energie	132 %	99 %	9 %	79 %	294 %	383 %	23 %	2 %
5. Versicherungen	102 %	59 %	186 %	156 %	80 %	133 %	39 %	96 %
6. Abschreibungen	239 %	119 %	227 %	273 %	253 %	344 %	89 %	189 %
7. andere GK	478 %							
Summe GK	**146 %**							

Tab. FB 18: Erhöhung der Gemeinkostensätze im Zeitablauf

Auffällig ist vor allen Dingen der extrem starke Anstieg der Gehälter in der Verwaltung und im Vertrieb sowie der sprunghafte Anstieg der Energiekosten in der Knetstube und hauptsächlich in der Backstube. Darüber hinaus sind noch starke Anstiege bei den Abschreibungen und den sonstigen Gemeinkosten zu verzeichnen. Da diese Kostenarten betragsmäßig deutlich geringer als die Energiekosten und die Gehälter sind, legt Christian hauptsächlich sein Augenmerk auf eine Analyse der beiden letztgenannten Kostenarten.

Am nächsten Morgen zeigt Christian Herrn Wiedeke seine Ergebnisse. Dieser vertritt die Meinung, dass es nur schwer nachzuvollziehen sei, wie sich der Verwaltungs- und der Vertriebsapparat in der Großbrot AG in dieser Art entwickeln konnte. „Wenn sie schon so viel verwalten, warum haben sie denn dann kein vernünftiges Rechnungswesen", sind noch die freundlichsten Worte, die er für die Explosion der Gehälter findet. „Dann müssen wir wohl doch die Preise so erhöhen, wie wir es neulich besprochen haben." „Das würde ich nicht machen", entgegnet Christian, „sicherlich sind die Gehälter gestiegen. Die Entwicklung bei den Energiekosten in Knet- und Backstube finde ich aber mindestens genau so bedrohlich. Man sollte versuchen, die Ursachen der Erhöhung zu analysieren und Maßnahmen zur Senkung dieser Kosten zu entwickeln. Erst wenn dies nicht gelingt, sehe ich auch die Notwendigkeit der Weitergabe der gestiegenen Kosten an die Kunden in Form von Preiserhöhungen. Eine Sache möchte ich aber bezüglich der Preiserhöhungen noch anfügen. Die kostentechnische Situation der Brote ist in meinen Augen nicht so dramatisch wie die Daten der differenzierten Zuschlagskalkulation aussagen. Diese Daten sind etwas mit Vorsicht zu genießen. In meinen Augen ist die Verrechnung der Gemeinkosten nicht beanspruchungsgerecht. Dies möchte ich gerne an einem Beispiel erläutern.

Die Brote nehmen insgesamt mehr personelle Ressourcen in Anspruch. Die Backzeit ist ca. 2,5-mal so lang wie bei den Brötchen. Dies konnte ich während unseres gemeinsamen Rundgangs an den Ofenanzeigen ablesen. Die Brote benötigen wesentlich mehr Zeit zum Abkühlen und werden auch in dieser Phase, zumindest in der Großbrot AG, mehrmals gewendet. Auch dies konnte ich bei unserem Rundgang erkennen. Die arbeitsintensivere Behandlung der Brote führt dazu, dass pro Stunde nur durchschnittlich 1,3 Bleche pro Mitarbeiter die Kostenstelle durchlaufen, auf der anderen Seite im gleichen Zeitraum aber 6 bis 7 Bleche Brötchen verarbeitet werden. Dies ergibt einen Faktor von ca. 5. Die Backzeit ist aber nur 2,5 mal so lang wie bei den Brötchen. Das Problem hinsichtlich unserer differenzierten Zuschlagskalkulation ist nun, dass auf die Lohneinzelkosten – die bei den Broten pro Blech schon fünfmal höher sind als bei den Brötchen – ein prozentualer Zuschlag erhoben wird. Zumindest bei der Verrechnung der Energiekosten muss diese Vorgehensweise als nicht beanspruchungsgerecht eingestuft werden, da in meinen Augen lediglich ein Faktor von 2,5 gerechtfertigt wäre."

„Donnerwetter", erwidert Herr Wiedeke, „dann wäre eine Preiserhöhung in dem von mir vorgeschlagenen Umfang wahrscheinlich das falsche Rezept gewesen. Sie sollten Ihre Ergebnisse in der nächsten Sitzung der Abteilung Rechnungswesen vorstellen. Die Sitzung findet am nächsten Freitag statt." Christian fühlt sich ein wenig überfordert. Jetzt soll er in wenigen Tagen vor der Abteilung Rechnungswesen sprechen. Immerhin stehen die Inhalte seiner Präsentation bereits. In der verbleibenden Zeit will er sich daher mit Präsentationstechniken und der Folienerstellung beschäftigen. Eine wesentliche Erfahrung der nächsten Tage ist, dass der Zeitaufwand für die Folienerstellung fast genauso hoch wie für die inhaltliche Vorbereitung ist. Bei der Folienerstellung gibt es eine Menge Fehlerquellen, die eine inhaltlich gute Präsentation scheitern lassen können. Glücklicherweise erhält er bei seinen Vorbereitungen Unterstützung von Petra, die ihm in jeder Mittagspause Fragen beantwortet und Tipps zur grafischen Visualisierung gibt.

Am Tage der Sitzung ist Christian sehr nervös, obwohl er die Präsentation oft geübt hat. Der Vortrag und die Inhalte kommen allerdings bei allen Beteiligten sehr gut an. Langfristig regt

Christian zum Abschluss seines Vortrags die Einführung einer Prozesskostenrechnung an. Ohne dass er genau weiß, was die Implementierung einer Prozesskostenrechnung im Detail bedeutet, ist ihm doch bewusst, dass dieses in der Vorlesung angesprochene Instrument bei dem vorliegenden Problem helfen könnte. Nachdem Christian den Raum verlassen hat, wird weniger über die Inhalte des Vortrags gesprochen. Vielmehr wird Herr Wiedeke darauf hingewiesen, dass er doch versuchen solle, eine so kompetente Nachwuchskraft langfristig an das Unternehmen zu binden.

Die nächsten beiden Wochen verbringt Christian damit, für alle übrigen Produkte der Großbrot AG eine differenzierte Zuschlagskalkulation durchzuführen. Sein ursprünglicher Verdacht erfährt eine fortlaufende Bestätigung. Bei der differenzierten Zuschlagskalkulation weisen die Brote fast durchgängig negative Stückgewinne auf. Dies liegt aber größtenteils an den hohen Lohneinzelkosten in der Backstube, auf deren Basis die Energiekosten nicht beanspruchungsgerecht verteilt werden. Es stellt sich nun die Frage, welche Konsequenzen aus den gewonnenen Ergebnissen gezogen werden können. Sollten einige Brotsorten gar kurzfristig aus dem Sortiment genommen werden? Um die Güte seiner Handlungsempfehlung zu verbessern, beschließt er, in der letzten Woche die Qualität seiner Analysen dadurch zu erhöhen, dass er einen Betriebsabrechnungsbogen auf Grenzkostenbasis erstellt. Dazu ist es zunächst nötig, die einzelnen Gemeinkostenarten in variable und fixe Bestandteile aufzuteilen. Obwohl er den damit erzielbaren Nutzen gleichwohl als sehr hoch einzuschätzen vermag, scheitert er doch kurze Zeit später an der Unterteilung der Gemeinkosten in variable und fixe Kostenbestandteile. Während ihm die Methoden aus dem Studium noch gut in Erinnerung sind, ist die praktische Informationsbeschaffung in der Kürze der Zeit kaum zu bewerkstelligen.

So ist es für ihn nahezu ein persönlicher Glücksfall, als Herr Wiedeke am letzten Montag seines Praktikums sein Büro mit den Worten betritt: „Hallo, Herr Wengelnik. Ich komme zu Ihnen, weil ich im Prinzip zwei Anliegen habe. Da ich den Rest der Woche nur schwer erreichbar sein werde, wollte ich Ihnen schon jetzt einmal sehr für Ihr Engagement danken. Mein positiver Eindruck von Ihnen hat sich mehr als bestätigt. Ich würde mich daher sehr freuen, wenn Sie in den nächsten Semesterferien wieder ein Praktikum bei uns absolvieren würden. Dann könnte ich mir gut vorstellen, dass wir Sie im externen Rechnungswesen einsetzen. In den vergangenen Jahren gab es bei uns immer wieder Probleme bei der Bilanzerstellung. Die Wirtschaftsprüfer haben uns die Unterlagen teilweise regelrecht um die Ohren gepfeffert." „Klingt sehr interessant. Ich denke mal, es kann auch nicht schaden, wenn man nicht nur das interne Rechnungswesen kennt. Allerdings ist es mir noch nicht möglich, Ihnen genau zu sagen, wie lange ich dann als Praktikant in Ihrem Hause tätig sein kann. Außerdem kann ich Ihnen leider auch noch keinen genauen Starttermin mitteilen. Wissen Sie, die Klausuren enden meistens Ende Februar. Eine Garantie bekommt man aber leider nicht. Grundsätzlich würde es mich aber schon sehr freuen, wenn ich ein zweites Praktikum in Ihrem Hause absolvieren dürfte." „Wunderbar", entgegnet Herr Wiedeke erleichtert, „ich nehme das schon einmal vorab als mündliche Zusage. Meine zweite Bitte betrifft die Viertelpfünder, in der Sie die erste Woche Ihres Praktikums verbracht haben. Frau Patzlaw hat sich heute Morgen telefonisch bei mir über Sie erkundigt und gefragt, ob wir Sie noch ein paar Tage entbehren könnten. Die Berechnungen, die Sie mit ihr letzten Monat durchführten, haben sich grundsätzlich als sehr zutreffend erwiesen. Leider bleiben jedoch die Absatzzahlen teilweise deutlich hinter den Erwartungen zurück. Sie meint, es wäre gut, wenn Sie sich der Situation noch einmal annehmen würden. Von meiner Seite aus spricht nichts dagegen.“

Christian muss ein lautes Lachen unterdrücken und willigt freudestrahlend ein. Letztes Wochenende hat Gaby bei einem gemeinsamen Kinobesuch kleinere Absatzschwierigkeiten erwähnt. Aber er kann sich beim besten Willen nicht vorstellen, dass die Situation wirklich so dramatisch sein würde, wie sie Herr Wiedeke soeben geschildert hat. Auf jeden Fall ist er froh, dass er noch ein paar Tage mit Gaby zusammen arbeiten kann, obwohl er gerade in den letzten Wochen viel in der Zentrale gelernt hat. Außerdem hat er mit Petra eine überaus interessante Bekanntschaft gemacht. Im Endeffekt geht ihm aber auch langsam aber sicher die ständige Fahrerei ganz schön auf die Nerven. Er ordnet und archiviert noch seine Unterlagen, damit auch Dritte seine Vorgehensweise zukünftig nachvollziehen können. Beim gemeinsamen Mittagessen mit Petra teilt er dieser mit, dass er den Rest der Woche und damit des Praktikums in Münster bei der Viertelpfünder im Einsatz wäre. Gleichzeitig kündigt er bei ihr sein neues Praktikum im März des nächsten Jahres an. Petra ist ziemlich traurig, dass sie Christian vorerst nicht mehr sehen wird und drückt ihm noch schnell ihre Handynummer in die Hand. Gleich nach dem Mittagessen macht er sich dann auf den Weg nach Münster, allerdings nicht ohne Petra noch kurz zu umarmen und ihr ebenfalls seine Nummer auf eine Serviette zu schreiben.

2.6.2 Kostenträgerzeitrechnung (kurzfristige Erfolgsrechnung)

Die Kostenträgerzeitrechnung ist eine periodenbezogene kurzfristige Erfolgsrechnung. In der Bezeichnung „*Kostenträgerzeitrechnung*“ kommt zum Ausdruck, dass es jetzt nicht mehr um den betrieblichen Erfolg pro Stück, sondern den (betrieblichen) Erfolg einer Periode geht. Da meist von einer Rechnungsperiode von einem Monat ausgegangen wird,[261] ist die Kennzeichnung als *kurzfristige Erfolgsrechnung* auch gerechtfertigt.

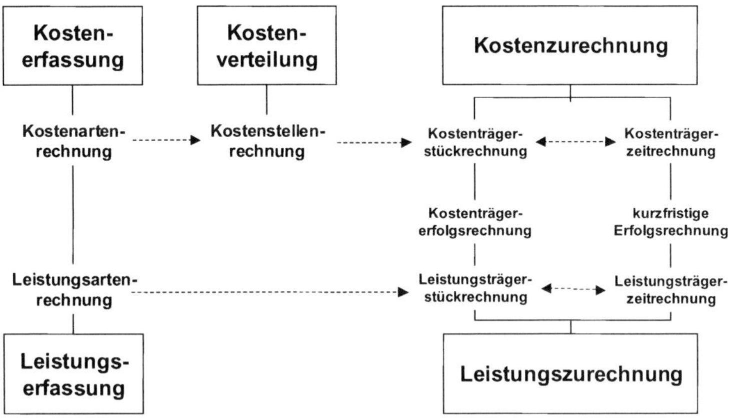

Abb. 2-38: Einordnung der kurzfristigen Erfolgsrechnung in die Systematik der Kosten- und Leistungsrechnung[262]

Bei der Ermittlung des Periodenerfolgs müssen Informationen aus der Kostenrechnung und der Leistungsrechnung zusammenfließen (vgl. Abb. 2-38). Analog zur Kostenträgerstückrechnung lassen sich Leistungen auch in einer *Leistungsträgerstückrechnung* den Produkten zurechnen. Die Produkte entsprechen i. d. R. den *Leistungsträgern*; sie sind somit auch gleich den Kostenträgern. In der Kostenträgerzeitrechnung werden die Kosten einer Periode betrachtet, in einer *Leistungsträgerzeitrechnung* die Leistungen einer Periode. Während die Gegenüberstellung von Leistungen und Kosten je Produkt in der Kostenträgererfolgsrechnung vorgenommen wird (z. B. in der Form der Ermittlung von Stück-Deckungsbeiträgen), wird die Gegenüberstellung von Leistungen und Kosten einer Periode in der kurzfristigen Erfolgsrechnung durchgeführt.

Bei der kurzfristigen Erfolgsrechnung handelt es sich also um eine Art Gewinn- und Verlustrechnung (GuV) des internen Rechnungswesens. Im Unterschied zur handels- oder steuerrechtlichen GuV sind die Größen, die in sie eingehen, jedoch nicht Aufwand und Ertrag, sondern

[261] Vgl. Kilger, W. [1987], S. 393.
[262] In Anlehnung an Coenenberg, A. G./Fischer, T. M./Günther, T. [2016], S. 192.

Kosten und Leistungen. Damit spiegelt sich in der kurzfristigen Erfolgsrechnung der betriebliche Erfolg gemessen am Betriebsergebnis (= Leistung minus Kosten) wider. Als Unterschied ist auch der kürzere Abrechnungszeitraum zu nennen. Die Gegenüberstellung kann dabei nach zwei verschiedenen Verfahren, dem Umsatz- oder dem Gesamtkostenverfahren (2.6.2.1 bzw. 2.6.2.2), erfolgen (vgl. Abb. 2-39), die sich insbesondere durch die Behandlung von Bestandsveränderungen unterscheiden.

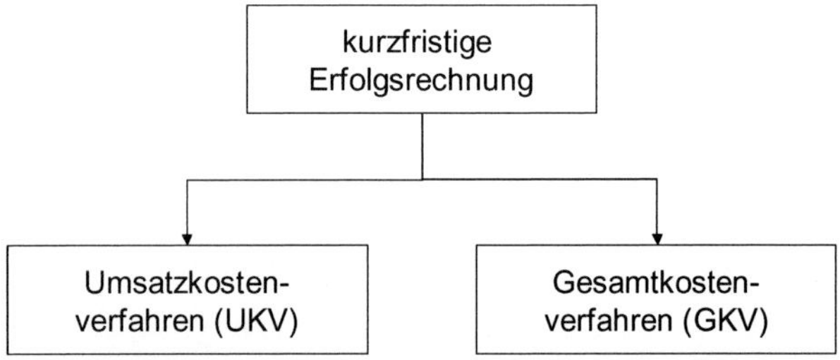

Abb. 2-39: Betriebsergebnisrechnungen (kurzfristige Erfolgsrechnung)

2.6.2.1 Umsatzkostenverfahren

Beim *Umsatzkostenverfahren* (UKV) werden den Umsatzerlösen der betrachteten Periode die Herstellkosten der abgesetzten Güter und Dienstleistungen sowie die Kosten für Forschung und Entwicklung, die Verwaltungs- und die Vertriebskosten gegenübergestellt.[263] Bei den zuletzt genannten Kosten handelt es sich um Gemeinkosten, die nicht in den Herstellkosten berücksichtigt sind.

Das Betriebsergebniskonto lässt sich beim Umsatzkostenverfahren schematisch, wie in Abb. 2-40 gezeigt, darstellen. Das Betriebsergebnis wird dabei entweder als Betriebsgewinn auf der linken Seite des Kontos oder als Betriebsverlust auf der rechten Seite des Kontos ausgewiesen (damit stimmen dann die Summen der linken und rechten Seite überein).

Abb. 2-41 zeigt das Betriebsergebniskonto nach dem Umsatzkostenverfahren in der auch möglichen Staffelform. Beim Ausweis in Staffelform ergibt sich als Zwischensumme noch das Bruttoergebnis, das als Erfolgsindikator (operative Profitabilität)[264] dienen kann. Die danach folgenden Kosten lassen sich i. d. R. nicht mehr direkt einzelnen Erfolgsobjekten zurechnen, wie dies in einer Erweiterung der Schemata wünschenswert wäre.

[263] Vgl. dazu und im Folgenden Coenenberg, A. G./Fischer, T. M./Günther, T. [2016], S. 194 f.
[264] Vgl. Coenenberg, A. G./Fischer, T. M./Günther, T. [2016], S. 194 f.

Betriebsergebniskonto nach dem Umsatzkostenverfahren	
Herstellkosten der abgesetzten Güter und Dienstleistungen (nach Produktarten) Forschungs- und Entwicklungskosten Verwaltungskosten Vertriebskosten	Umsatzerlöse (nach Produktarten)
Betriebsgewinn	Betriebsverlust
Σ	Σ

Abb. 2-40: Betriebsergebniskonto nach dem Umsatzkostenverfahren in Kontoform[265]

	Umsatzerlöse
–	Herstellkosten der abgesetzten Güter und Dienstleistungen
=	**Bruttoergebnis**
–	Forschungs- und Entwicklungskosten
–	Verwaltungskosten
–	Vertriebskosten
=	**Betriebsergebnis (Betriebsgewinn/Betriebsverlust)**

Abb. 2-41: Betriebsergebniskonto nach dem Umsatzkostenverfahren in Staffelform

Die Erweiterung der Schemata ist zur weitergehenden Differenzierung in zweifacher Form möglich:

- horizontale Gliederung: z. B. nach Produkten – Produktgruppen, Handelswaren – Erzeugnissen, Branchen – Kundengruppen – Kunden, Regionen
- vertikale Gliederung: z. B. Herstellkosten nach Kostenarten (Personal-, Materialkosten)

Durch diese beiden Erweiterungen in Kombination können Erfolgsquellen detailliert analysiert werden, was ein Ziel einer kurzfristigen Erfolgsrechnung bzw. -analyse sein sollte.

2.6.2.2 Gesamtkostenverfahren

Beim *Gesamtkostenverfahren* (GKV) werden die Gesamtleistungen den Gesamtkosten der betrachteten Periode gegenübergestellt. Während beim Umsatzkostenverfahren nur die Marktleistungen in Form der Umsatzerlöse betrachtet werden, sind beim Gesamtkostenverfahren auch

[265] In Anlehnung an Schweitzer, M./Küpper, H.-U. [2016], S. 211.

noch die Lagerleistungen (als Bestandserhöhungen) sowie die aktivierten Eigenleistungen zu berücksichtigen. Auf der Kostenseite sind daher alle Kosten unter Berücksichtigung der Bestandsminderungen mit einzubeziehen. Abb. 2-42 zeigt das Betriebsergebniskonto nach dem Gesamtkostenverfahren (Kontoform); Abb. 2-43 zeigt die auch mögliche Staffelform.

Betriebsergebniskonto nach dem Gesamtkostenverfahren	
Gesamtkosten (nach Kostenarten) Bestandsminderungen (nach Produktarten)	Umsatzerlöse (nach Produktarten) Bestandserhöhungen (nach Produktarten) aktivierte Eigenleistungen
Betriebsgewinn	Betriebsverlust
Σ	Σ

Abb. 2-42: Betriebsergebniskonto nach dem Gesamtkostenverfahren in Kontoform[266]

Ein Vorteil des Gesamtkostenverfahrens wird im rechnerisch einfachen Aufbau gesehen;[267] Nachteil des Verfahrens ist, dass es keine Informationen zur Erfolgsanalyse der einzelnen Produktarten und -gruppen liefert.[268] Eine Überführung der Betriebsergebnisrechnung nach dem Gesamtkostenverfahren in eine Betriebsergebnisrechnung nach dem Umsatzkostenverfahren ist über die Kostenstellenrechnung möglich.[269] Gesamtkostenverfahren und Umsatzkostenverfahren (auf Vollkostenbasis) müssen zum gleichen Betriebsergebnis führen.[270] Das Umsatzkostenverfahren in der Teilkostenrechnung führt zu einer Form der Deckungsbeitragsrechnung (durch eine reine Berücksichtigung der variablen Kosten ergibt sich anstatt eines Betriebsergebnisses ein Deckungsbeitrag). Umsatz- und Gesamtkostenverfahren sind auch handelsrechtlich kodifiziert (§ 275 HGB, vgl. 3.4.2).

Exemplarisch sind in Abb. 2-43 Materialkosten, Personalkosten und Abschreibungen genannt. Es kann und sollte jedoch auf die volle unternehmensindividuelle Differenzierung der Kosten nach Art der verbrauchten Güter und Dienstleistungen zurückgegriffen werden, vgl. 2.4.3.1. Ein einfaches Zahlenbeispiel soll die Unterschiede der beiden Verfahren illustrieren.

---

266 In Anlehnung an Schweitzer, M./Küpper, H.-U. [2016], S. 209.
267 Vgl. Kilger, W. [1987], S. 421.
268 Vgl. Schweitzer, M./Küpper, H.-U. [2016], S. 210 oder auch Kilger, W. [1987], S. 421. Als weiterer Nachteil wird die notwendige Erfassung der Bestandsveränderung der Halb- und Fertigfabrikate genannt, vgl. Kilger, W. [1987], S. 431. Einschränkend wird auch bei Anwendung des Umsatzkostenverfahrens auf die Zweckmäßigkeit einer zusätzlichen rechnerischen Bestandsführung hingewiesen, vgl. wiederum Kilger, W. [1987], S. 432.
269 Ein Beispiel dazu findet sich in Coenenberg, A. G./Fischer, T. M./Günther, T. [2016], S. 199.
270 Vgl. Kilger, W. [1987], S. 422.

	Umsatzerlöse	
+ / –	Bestandserhöhungen /-minderungen	
+	Aktivierte Eigenleistungen	
=	**Gesamtleistung**	
–	Materialkosten	
–	Personalkosten	
–	Abschreibungen	
=	**Betriebsergebnis (Betriebsgewinn/Betriebsverlust)**	

Abb. 2-43: Betriebsergebniskonto nach dem Gesamtkostenverfahren in Staffelform

Türbeispiel: Umsatz- vs. Gesamtkostenverfahren

Folgende Angaben eines Innentürenherstellers liegen vor. Der Erfolg soll nach dem Umsatz- und nach dem Gesamtkostenverfahren ermittelt werden.

Lageranfangsbestand [ME]	300	**Innentür „tocco color“** 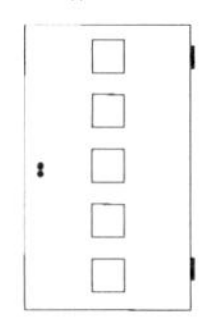
Produktionsmenge [ME]	1.200	
Absatzmenge [ME]	1.000	
Absatzpreis [€]	85	
Materialkosten [€]	24.000	
Fertigungskosten [€]	36.000	
Verwaltungskosten [€]	15.000	
Vertriebskosten [€/ME]	10	

Dazu sind zunächst die Herstellkosten je Innentür zu berechnen:

(Materialkosten + Fertigungskosten)/Produktionsmenge
= (24.000 + 36.000)/1.200 = 60.000/1.200 = 50 [€/ME]

In Kontoform ergeben sich damit folgende Darstellungen.

Betriebsergebniskonto nach dem Umsatzkostenverfahren [€]			
Herstellkosten der abgesetzten Menge von Innentür „tocco color“	50 · 1.000 = 50.000	Umsatzerlöse Innentür „tocco color“	85 · 1.000 = 85.000
Verwaltungskosten	15.000		
Vertriebskosten	10.000		
Betriebsgewinn	10.000		
	85.000		85.000

Betriebsergebniskonto nach dem Gesamtkostenverfahren [€]			
Materialkosten	24.000	Umsatzerlöse Innentür „tocco color“	85 · 1.000 = 85.000
Fertigungskosten	36.000	Bestandserhöhung[271] Innentür „tocco color“	50 · 200 = 10.000
Verwaltungskosten	15.000		
Vertriebskosten	10.000		
Betriebsgewinn	10.000		
	95.000		95.000

Nach beiden Verfahren beträgt der Betriebsgewinn 10.000 €.

Lernfragen zu 2.6

1. Welche Zwecke werden mit der Kostenträgerrechnung verfolgt?
2. Ordnen Sie die kurzfristige Erfolgsrechnung (Kostenträgerzeitrechnung) in die Systematik der Kosten- und Leistungsrechnung ein.
3. Nennen Sie die Anwendungsvoraussetzungen der einstufigen Divisionskalkulation?
4. Geben Sie das Berechnungsschema der mehrstufigen Zuschlagskalkulation an!
5. Wann kann die Restwertmethode bei der Kalkulation von Kuppelprodukten angewandt werden?
6. Wodurch unterscheiden sich Umsatz- und Gesamtkostenverfahren?

Literaturhinweise zu 2.6

Adam, D. [1997], Philosophie der Kostenrechnung oder der Erfolg des F. S. Felix - ein etwas anderes, „unwissenschaftliches“ Buch über Kostenrechnung, Stuttgart 1997.

Coenenberg, A. G./Fischer, T. M./Günther, T. [2016], Kostenrechnung und Kostenanalyse, 9. Aufl., Stuttgart 2016, S. 137 - 206, S. 567 - 609.

Deimel, K./Iseman, R./Müller, S. [2006], Kosten- und Erlösrechnung - Grundlagen, Managementaspekte und Integrationsmöglichkeiten der IFRS, München 2006, S. 201 - 258.

Ewert, R./Wagenhofer, A. [2008], Interne Unternehmensrechnung, 7. Aufl., Berlin, u. a. 2008.

[271] Die Bestandserhöhung ergibt sich als Differenz von Produktions- und Absatzmenge (1.200 – 1.000 = 200), die zu Herstellkosten bewertet wird.

Friedl, G./ Hofmann, C./ Pedell, B. [2017], Kostenrechnung, 3. Aufl., München.

Götze, U. [2010], Kostenrechnung und Kostenmanagement, 5. Aufl., Berlin, u. a. 2010, S. 99 - 151, S. 271 - 282.

Grob, H. L. [2002], Leistungs- und Kostenrechnung, 4. Aufl., Münster (Westfalen) 2002, S. 128 - 143.

Haberstock, L. [2008], Kostenrechnung I - Einführung mit Fragen, Aufgaben, einer Fallstudie und Lösungen, bearb. von Breithecker, V., 13. Aufl., Berlin 2008, S. 142 - 169.

Hummel, S./Männel, W. [1986], Kostenrechnung 1 - Grundlagen, Aufbau und Anwendung, 4. Aufl., Wiesbaden 1986, S. 253 - 323.

Kilger, W. [1987], Einführung in die Kostenrechnung, 3. Aufl., Wiesbaden 1987, S. 265 - 451.

Kraft, M. [2008], Kostentransparenz in Versicherungsunternehmen durch Deckungsbeitragsrechnungen - Controlling als informatorische Basis der Steuerung von Komposit-Versicherungsunternehmen, Karlsruhe 2008, zugl.: Münster (Westfalen), Univ., Diss., 2008, S. 114 - 117.

Kümpel, T. [2004], Target Costing, in: WISU, Heft 11, 2004, S. 1362 - 1366.

Oenning, A. [1997], Theorie betrieblicher Kuppelproduktion, Bd. 19, Umwelt und Ökonomie, Heidelberg 1997.

Schweitzer, M./Küpper, H.-U. [2016], Systeme der Kosten- und Erlösrechnung, 11. Aufl., München 2016, S. 178 - 221.

Stirzel, M./Zeibig, S. [2009], Target Costing, in: Controlling – Zeitschrift für erfolgsorientierte Unternehmenssteuerung, Heft 6, 2009, S. 322 - 325.

Walter, W. G./Wünsche, I. [2013], Einführung in die moderne Kostenrechnung - Grundlagen, Methoden, Neue Ansätze, 4. Aufl., Wiesbaden 2013, S. 213 - 276.

2.7 Ausgewählte Kostenrechnungsverfahren

Nach der Darstellung der drei Säulen der Kostenrechnung (Kostenarten-, Kostenstellen- und Kostenträgerrechnung, vgl. 2.2) - vorrangig in Orientierung an der klassischen Vollkostenrechnung - werden nun ausgewählte *Kostenrechnungsverfahren* behandelt. Der Begriff „Kostenrechnungsverfahren" ist nicht eindeutig belegt; man könnte auch von Konzepten, Methoden, Vorgehensweisen oder Instrumenten der Kosten- und Leistungsrechnung sprechen.

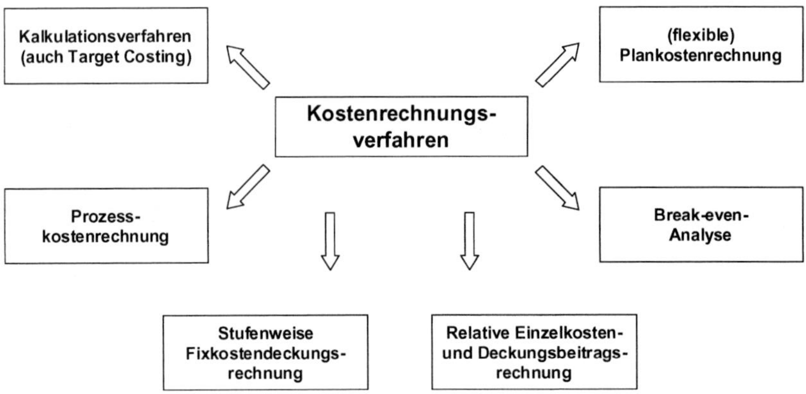

Abb. 2-44: Ausgewählte Kostenrechnungsverfahren

Nicht alle der in Abb. 2-44 aufgeführten Kostenrechnungsverfahren sollen an dieser Stelle vertiefend behandelt werden. Herausgegriffen werden:
- die (flexible) Plankostenrechnung (2.7.1)
- die Break-even-Analyse (2.7.2)
- die stufenweise Fixkostendeckungsrechnung (2.7.3).

Auf Kalkulationsverfahren wird nicht weiter eingegangen (vgl. deren Behandlung in Abschnitt 2.6.1). Zu nennen wäre als Erweiterung der klassischen Kalkulationsmethoden vor allem das bereits angesprochene *Target Costing* (Zielkostenrechnung), ein Verfahren des Kostenmanagements. Beim Target Costing wird versucht, von einem (potenziellen) Marktpreis eines (neuen) Produktes ausgehend, (Ziel-)Kosten einzelner Produktbestandteile abzuleiten.[272] Von Interesse ist auch die relative Einzelkosten- und Deckungsbeitragsrechnung, bei der es sich um eine Teilkostenrechnung handelt, die auf RIEBEL zurückgeht und bei der auf die Schlüsselung von Gemeinkosten verzichtet wird.[273]

[272] Vgl. z. B. Coenenberg, A. G./Fischer, T. M./Günther, T. [2016], S. 567 ff., Ebert, G. [2012], S. 224 ff., Kümpel, T. [2004], S. 1362 ff.

[273] Vgl. vertiefend z. B. Coenenberg, A. G./Fischer, T. M./Günther, T. [2016], S. 240 ff., Götze, U. [2010], S. 163 ff.

Ein auch in der Praxis bedeutsames Kostenrechnungsverfahren stellt die *Prozesskostenrechnung* (auch Vorgangskalkulation oder Activity Based Costing genannt) dar.[274] Auch wenn sie i. d. R. eine Vollkostenrechnung ist, erweitert sie die „traditionelle" Kostenrechnung zumindest um den Blickwinkel der Prozesse als Bezugsgrößen (z. B. auch kostenstellenübergreifend). Sie verfeinert in gewisser Weise die Vollkostenrechnung, indem Kosten Prozessen zugeordnet werden, um dann Kosten pro Prozessmengeneinheit zu ermitteln.

2.7.1 Plankostenrechnung

Wie schon in Bezug auf die Kostenrechnungssysteme erläutert wurde (vgl. 2.3), lassen sich diese nach dem Zeitbezug in Ist-, Normal- und Plan-Kostenrechnungssysteme unterscheiden. Wenn hier von *Plankostenrechnung* (PKR) als einem Kostenrechnungsverfahren die Rede ist, ist eine spezielle Analyse-Möglichkeit innerhalb einer *Plan-Kostenrechnung* gemeint. Zur Verdeutlichung wird eine ungleiche Schreibweise gewählt.

Motivation für die Entwicklung der (flexiblen) Plankostenrechnung (vor allem durch PLAUT und KILGER)[275] war insbesondere ein Kontrollbedürfnis.[276] Kontrolle ist dabei vor allem durch die Ermittlung und Analyse der Abweichungen der tatsächlichen gegenüber den geplanten Kosten möglich. Die Vorgabe eines einzelnen Planwertes für die bei wirtschaftlichem Betriebsablauf zu erreichenden Kosten ist jedoch für eine tiefer gehende Analyse nicht ausreichend. Die Plan-Kosten sind z. B. auch von dem tatsächlichen Beschäftigungsgrad abhängig, der vom geplanten Beschäftigungsgrad differieren kann. In der (flexiblen) Plankostenrechnung wird diese Abhängigkeit von der Beschäftigung berücksichtigt. Die Formen der Plankostenrechnung lassen sich wie folgt systematisieren:[277]

[274] Vgl. vertiefend z. B. Coenenberg, A. G./Fischer, T. M./Günther, T. [2016], S. 158 ff., Weber, J./Weißenberger, B. E. [2015], S. 425 ff.

[275] Vgl. grundlegend Kilger, W./Pampel, J. R./Vikas, K. [2012] S. 51 ff.

[276] Vgl. Weber, J./Schäffer, U. [2016], S. 152. Zur Entstehung der Plankostenrechnung vgl. z. B. Haberstock, L. [2008], S. 175 f. sowie ausführlich Kilger, W./Pampel, J. R./Vikas, K. [2012], S. 43 ff.

[277] Vgl. dazu und im Folgenden Coenenberg. A. G./Fischer, T. M./Günther, T. [2016], S. 255 ff.

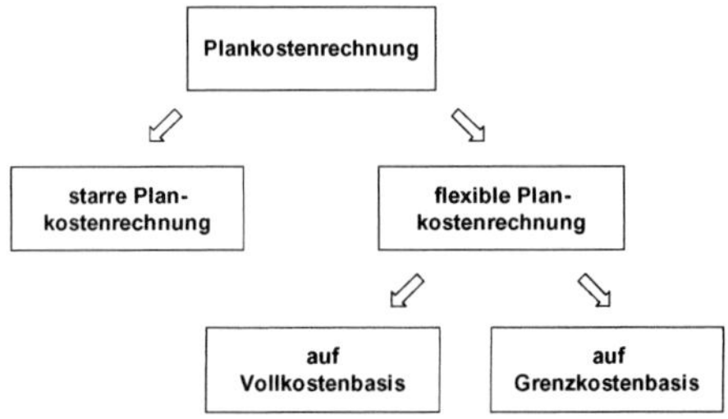

Abb. 2-45: Systematisierung der Formen der Plankostenrechnung[278]

Je nachdem, ob die Aufspaltung von Kosten in variable und fixe Anteile bei der Wirkung von unterschiedlichen Beschäftigungsgraden berücksichtigt wird, lassen sich die starre und flexible Plankostenrechnung voneinander abgrenzen (vgl. 2.7.1.1 bzw. 2.7.1.2). Bei der flexiblen Plankostenrechnung wird zudem nach dem Sachumfang der zu Grunde liegenden Rechnung unterschieden; je nach Voll- bzw. Teilkostenrechnung spricht man von flexibler Plankostenrechnung auf Vollkostenbasis oder auf Grenzkostenbasis (vgl. 2.7.1.2.1 bzw. 2.7.1.2.2).

2.7.1.1 Starre Plankostenrechnung

Das Vorgehen bei der starren Plankostenrechnung lässt sich gut anhand der Abb. 2-46 nachvollziehen:

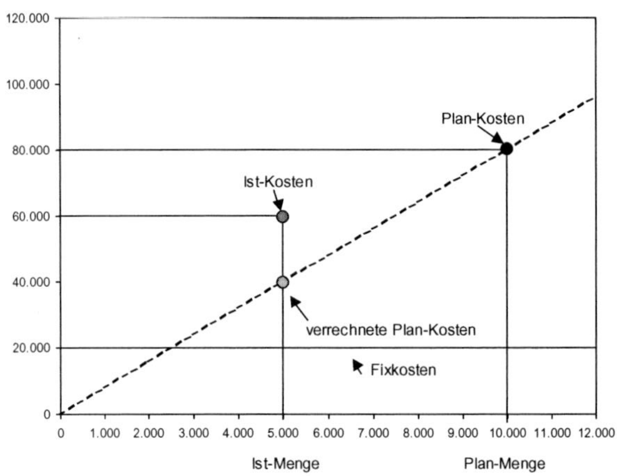

Abb. 2-46: Starre Plankostenrechnung

[278] In Anlehnung an Coenenberg. A. G./Fischer, T. M./Günther, T. [2016], S. 255 ff.

Folgende Daten liegen der Abb. 2-46 dabei zu Grunde:

x_p = Plan-Menge = 10.000 [ME]
K_p = Plan-Kosten = 80.000 [GE]
x_i = Ist-Menge = 5.000 [ME]
K_i = Ist-Kosten = 60.000 [GE]
K_f = fixe Kosten = 20.000 [GE]

Auf der x-Achse wird die Beschäftigung in Mengeneinheiten [ME] abgetragen, auf der y-Achse die Kosten in Geldeinheiten [GE]. Wie ergibt sich nun daraus die Abbildung?

Ausgehend von den Planungen für eine zukünftige Periode wird die Plan-Menge bzw. der Plan-Beschäftigungsgrad einer Kostenstelle festgelegt. In diese Festlegungen sollten die vermuteten Markt- und Absatzentwicklungen eingehen. Ein reines Übernehmen der Werte der Vorperiode ist zu vermeiden. Aufbauend auf der Plan-Menge sind die Plan-Kosten zu ermitteln. Dabei ist von wirtschaftlichem Verhalten auszugehen, weil nur so eine sinnvolle Abweichungsanalyse möglich wird. Auch wenn hier nur die Summe der Plan-Kosten benötigt wird, ist die Planung der Kosten nach Kostenarten vorzunehmen.[279] Aus dieser Differenzierung lassen sich weitere Rückschlüsse bei möglichen Abweichungen ziehen. Die Ermittlung der Plan-Kosten bei fester Plan-Menge ist keineswegs trivial. Schon das Abschätzen von Plan-Preisen ist z. B. bei zu erwartenden Preisänderungen bei den Einsatzgütern mit Unsicherheiten behaftet. Die Plan-Kosten sind sehr sorgsam festzulegen, weil auf ihnen die spätere Abweichungsanalyse beruht.

Durch die Verbindung der eingezeichneten Plan-Kosten mit dem Ursprung ergibt sich eine Gerade, die die verrechneten Plan-Kosten darstellt. Wie ist diese zu verstehen?

Die Steigung dieser Geraden ergibt sich wie folgt:

$$k_p = K_p / x_p = 80.000\ [GE] / 10.000\ [ME] = 8\ [GE/ME]$$

Mit k_p wird der sog. *Plan-Verrechnungssatz* bezeichnet. Mit diesem Satz werden die von der betrachteten Kostenstelle erstellten Produkte z. B. in der innerbetrieblichen Leistungsverrechnung oder bei der Kalkulation von Kostenträgern bewertet. Die Anzahl der verrechneten Produkte multipliziert mit dem Plan-Verrechnungssatz ergibt jeweils einen Punkt auf der Geraden

279 Wenn eine Betrachtung wie in Abb. 2-46 für *einzelne* Kostenarten vorgenommen werden soll, dann werden natürlich auch die Plan-Kosten je Kostenart benötigt.

der verrechneten Plan-Kosten. Diese Punkte stellen in der innerbetrieblichen Leistungsverrechnung die Entlastungen der Kostenstelle dar, sofern als Verrechnungspreis der Plan-Verrechnungssatz gewählt wird.
In dem obigen Zahlenbeispiel ergeben sich nun für die angenommene Ist-Menge von 5.000 ME folgende verrechnete Plan-Kosten:

$$\begin{aligned} K_{ver} &= k_p \cdot x_i \\ &= 8\ [GE/ME] \cdot 5.000\ [ME] \\ &= 40.000\ [GE] \end{aligned}$$

Allgemein gilt für die Gerade der verrechneten Plan-Kosten in Abhängigkeit von der Ausbringungsmenge x: $K_{ver}(x) = k_p \cdot x$. Die gerade ermittelten 40.000 GE entsprechen also $K_{ver}(x_i)$. Aus der Definition heraus muss für die verrechneten Plan-Kosten bei Plan-Beschäftigung x_p gelten: $K_{ver}(x_p) = K_p$. Wenn die Ist-Menge also der Plan-Menge entspricht, dann entsprechen die verrechneten Plan-Kosten den Plan-Kosten. Ergebnis wäre eine vollständige Entlastung der Kostenstelle.

Es lassen sich nun zwei Abweichungen aus der Grafik ablesen bzw. berechnen.

1) verrechnete Plan-Kosten – Plan-Kosten
$K_{ver} - K_p$
$= 40.000\ [GE] - 80.000\ [GE]$
$= -\ 40.000\ [GE]$

Es ergibt sich eine negative Abweichung, da weniger Kosten als geplant verrechnet wurden. Diese Abweichung soll als „Budgetabweichung“ bezeichnet werden.

2) Ist-Kosten – verrechnete Plan-Kosten
$K_i - K_{ver}$
$= 60.000\ [GE] - 40.000\ [GE]$
$= 20.000\ [GE]$

Es ergibt sich eine positive Abweichung, da mehr Kosten entstanden sind, als verrechnet werden konnten. Diese Abweichung soll als „Gesamtabweichung“ bezeichnet werden.

Welche der Abweichungen soll betrachtet werden?

Die Antwort, dass beide Abweichungen ungeeignet zur Kontrolle sind, mag überraschen, lässt sich aber begründen:

Die Budgetabweichung ist zur Kontrolle ungeeignet, weil die geänderte Beschäftigung ($x_i - x_p$ = 5.000 [ME] - 10.000 [ME] = - 5.000 [ME]) nicht berücksichtigt wird. Es werden Werte zu zwei verschiedenen Beschäftigungsgraden miteinander verglichen, was natürlich nicht sinnvoll sein kann. Des Weiteren ist die Budgetabweichung zur Wirtschaftlichkeitskontrolle nicht geeignet, weil in sie die Ist-Kosten nicht eingehen.

Die Gesamtabweichung ist ebenfalls zur Kontrolle ungeeignet. Ursächlich dafür ist die fehlende Anpassung der Plan-Kosten an die Ist-Beschäftigung. Die Gerade der verrechneten Plan-Kosten proportionalisiert Fixkosten. Falls jedoch fixe und variable Kosten auftreten (wie hier im Zahlenbeispiel), dann sind für die tatsächlich anfallenden Kosten bei niedrigeren Beschäftigungsgraden als dem geplanten immer höhere Ist-Kosten zu erwarten. Dies hat seine Ursache darin, dass im Falle einer Ist-Beschäftigung, die unter Plan-Beschäftigung liegt, innerhalb der starren Plankostenrechnung zu wenige Fixkosten auf die Kostenträger verrechnet werden, da diese sich dort auf eine höhere Ausbringungsmenge verteilen. Ist die tatsächliche Ausbringungsmenge dann geringer, wird der Fixkostenblock auf weniger Mengeneinheiten aufgeteilt, was im Vergleich zu den verrechneten Plan-Kosten zu höheren Ist-Kosten führt. Fixkosten fallen ja gerade unabhängig von der Beschäftigung an und sinken nicht mit fallendem Beschäftigungsgrad, wie es die verrechneten Plan-Kosten darlegen.

Insgesamt ist also keine sinnvolle Kostenkontrolle des Kostenstellenleiters[280] möglich, da er nicht für die Abweichung verantwortlich gemacht werden kann. Die Gesamtabweichung enthält zumindest immer einen Anteil, der durch Fixkostenproportionalisierung verursacht wird. Wenn unterstellt wird, dass diejenigen, die eine Kostenstelle leiten, die Beschäftigung nicht beeinflussen können, weil diese z. B. durch den Absatzerfolg der Vertriebsmitarbeiter determiniert ist, können sie für diesen Teil der Abweichung nicht rechenschaftspflichtig sein.

Da bei der starren Plankostenrechnung variable und fixe Kosten nicht unterschieden werden, ist eine Aufspaltung der Gesamtabweichung in den Anteil, der aus der Fixkostenproportionalisierung resultiert, und in einen Anteil, den der Kostenstellenleiter zu verantworten hat, auch nicht möglich. Insgesamt lässt sich festhalten, dass die betrachteten Abweichungen[281] der starren Plankostenrechnung für die Planung ungeeignet sind, weil bei der starren Plankostenrechnung die Existenz von Fixkosten nicht zur Kenntnis genommen wird.[282]

[280] Analoges gilt natürlich auch bei einer Kostenstellenleiterin.

[281] Es mag überraschen, dass in der Praxis noch eine andere „Abweichung" betrachtet wird: Ist-Kosten - Plan-Kosten. Bei der Budgetierung werden für eine Kostenstelle Kosten geplant, die dann mit den tatsächlichen Kosten verglichen werden. Dabei werden jedoch evtl. die unterschiedlichen Ausbringungsmengen (Plan- vs. Ist-Mengen) vollkommen ignoriert. Grob gesprochen werden dabei i. d. R. „Äpfel mit Birnen" verglichen.

[282] In Abb. 2-46 sind daher auch die Fixkosten eingezeichnet. Dass diese für die Berechnung der Budget- und Gesamtabweichung nicht benötigt werden, bedeutet nicht, dass sie nicht existieren. Von der Existenz von Fixkosten in Kostenstellen kann ausgegangen werden; deren Anteil an den Gesamtkosten mag jedoch durchaus stark variieren.

2.7.1.2 Flexible Plankostenrechnung

Im Gegensatz zur *starren* Plankostenrechnung nimmt man bei der *flexiblen* Plankostenrechnung die Fixkosten explizit zur Kenntnis.

2.7.1.2.1 Flexible Plankostenrechnung auf Vollkostenbasis

Die flexible Plankostenrechnung *auf Vollkostenbasis* soll wiederum anhand einer Grafik erläutert werden. Abb. 2-47 basiert dabei auf den gleichen Daten wie die Illustration zur starren Plankostenrechnung (vgl. Abb. 2-46). Neu hinzugekommen ist eine Gerade, die die Plan-Kosten mit den fixen Kosten auf dem y-Achsenabschnitt verbindet. Diese Gerade wird als Soll-Kosten-Funktion bezeichnet.

Die Soll-Kosten ergeben sich wie folgt:

Soll-Kosten
= fixe Plan-Kosten + variable Plan-Kosten · (Ist-Beschäftigung/Plan-Beschäftigung)
= fixe Plan-Kosten + variable Plan-Kosten · Beschäftigungsgrad

Formal:

$$K_S = K_p^f + K_p^v \cdot \frac{x_i}{x_p}$$

mit

$$K_p = K_p^f + K_p^v = \text{fixe Plan-Kosten} + \text{variable Plan-Kosten}$$

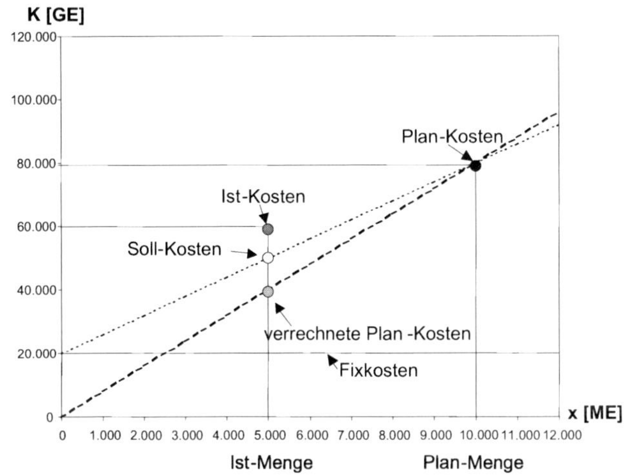

Abb. 2-47: Flexible Plankostenrechnung auf Vollkostenbasis

Die fixen Plan-Kosten ergeben zusammen mit den variablen Plan-Kosten die gesamten Plan-Kosten. Hier speziell liegen aufgrund der Angabe $K_f = 20.000$ [GE] variable Plan-Kosten in Höhe von 60.000 [GE] vor ($K_p = 80.000$ [GE]). Eingesetzt in die obige Formel ergeben sich für die Soll-Kosten bei Ist-Beschäftigung ($x_i = 5.000$ [ME]) also:

$K_S = 20.000$ [GE] + 60.000 [GE] · (5.000 [ME]/10.000 [ME]) = 50.000 [GE]

Mit variablen Plan-Stückkosten

$$k_p^v = \frac{K_p^v}{x_p}$$

lassen sich die Soll-Kosten auch wie folgt ausrechnen:

$$K_S = K_p^f + k_p^v \cdot x_i$$

Bei variablen Plan-Stückkosten von 6 [GE/ME] (= 60.000 [GE]/ 10.000 [ME]) ergeben sich gleichfalls für die Soll-Kosten bei Ist-Beschäftigung 50.000 [GE] (= 20.000 [GE] + 6 [GE/ME] · 5.000 [ME]).

Wie sind die Soll-Kosten zu interpretieren? Soll-Kosten sind die bei wirtschaftlichem Verhalten zu erwartenden Kosten, bezogen jeweils auf die tatsächlich eingetretene Beschäftigung. Neben den unabhängig von der Beschäftigung auftretenden fixen sind als variable Kosten die Kosten zu erwarten, die sich aus dem Produkt der Ist-Menge mit den variablen Plan-Stückkosten ergeben.

Falls die Plan-Kosten unter der Prämisse wirtschaftlichen Verhaltens ermittelt worden sind und eine korrekte Kostenauflösung in variable und fixe Anteile vorgenommen wurde, dann sollten die Ist-Kosten den Soll-Kosten entsprechen. Da aber durchaus damit zu rechnen ist, dass doch Unwirtschaftlichkeiten aufgetreten sind, werden die Ist-Kosten von den Soll-Kosten abweichen. Diese Abweichungen gilt es dann weiter zu analysieren. Bevor auf die Abweichungsanalyse eingegangen wird, soll zuvor die Kostenaufspaltung in variable und fixe Kostenanteile thematisiert werden.

Sofern mit der Abweichungsanalyse vertrauenswürdige Aussagen generiert werden sollen, ist der Kostenaufspaltung große Beachtung zu schenken. Auf dieser basieren die später analysierten Abweichungen. Wie schon bei den Plan-Kosten insgesamt erwähnt, kann die Planung auch bezüglich der fixen und variablen Anteile auf Kostenartenebene erfolgen. Darüber hinaus sei an die Methoden der Kostenauflösung, insbesondere an die statistische Methode erinnert (vgl. 2.4.4). Bei einer weitergehenden Analyse ist zusätzlich zu beachten, dass die tatsächlichen Fixkosten von den geplanten Fixkosten abweichen können. Auch wenn fixe Kosten oft „gut" planbar sind - man denke an Abschreibungen -, sind auch dort noch Abweichungen möglich. Im Allgemeinen wird jedoch die Prämisse gesetzt, dass solche Abweichungen nicht auftreten.

Zusammen mit den verrechneten Plan-Kosten können nun im Vergleich zur starren Plankostenrechnung zwei weitere Abweichungen identifiziert werden, die sich aus der zusätzlichen Soll-Kosten-Funktion ergeben.

1) verrechnete Plan-Kosten - Plan-Kosten

Wie im Fall der starren Plankostenrechnung ergibt sich bei der flexiblen Plankostenrechnung auf Vollkostenbasis eine negative Budgetabweichung von -40.000 GE.[283]

2) Ist-Kosten - verrechnete Plan-Kosten

Wie im Fall der starren Plankostenrechnung ergibt sich bei der flexiblen Plankostenrechnung auf Vollkostenbasis eine positive Gesamtabweichung von 20.000 GE.[284]

Woraus resultiert diese Abweichung? Wenn man den relevanten Ausschnitt aus Abb. 2-47 herausgreift, ergibt sich das rechts zu findende Bild. Der obere Punkt stellt die Ist-Kosten (bei Ist-Beschäftigung) dar, der untere Punkt die verrechneten Plan-Kosten (bei Ist-Beschäftigung). Die Strecke zwischen diesen beiden Punkten stellt die Gesamtabweichung dar. Die durch die beiden Pfeile angedeuteten Strecken ergeben also zusammen die Gesamtabweichung. Dazwischen liegt der Punkt der Soll-Kosten (bei Ist-Be-

[283] Zur Berechnung vgl. 2.7.1.1, speziell S. 184.
[284] Zur Berechnung vgl. 2.7.1.1, speziell S. 184.

schäftigung). Die Gesamtabweichung lässt sich daher in zwei Abweichungen aufspalten. Der untere Pfeil kennzeichnet die Strecke zwischen verrechneten Plan-Kosten und Soll-Kosten. Diese Abweichung soll als Beschäftigungsabweichung bezeichnet werden. Der obere Pfeil kennzeichnet die Strecke zwischen Ist-Kosten und Soll-Kosten. Diese Abweichung wird als Verbrauchsabweichung bezeichnet.

Die Gesamtabweichung (GA) lässt sich also aufteilen in:
a) Beschäftigungsabweichung (BA)
b) Verbrauchsabweichung (VA)

ad a) Beschäftigungsabweichung

Die Beschäftigungsabweichung (mit dem Pfeil im linken Bild gekennzeichnet) berechnet sich wie folgt:

Soll-Kosten – verrechnete Plan-Kosten.

In dem vorliegenden Zahlenbeispiel ergibt sich demnach:
$BA = K_S - K_{ver}$
= 50.000 [GE] – 40.000 [GE]
= 10.000 [GE]

Bei dieser positiven Abweichung handelt es sich um eine Kostenabweichung, die nur aus der Beschäftigungsänderung ($x_i - x_p$ = 5.000 [ME] - 10.000 [ME] = - 5.000 [ME]) resultiert.

Bei den ermittelten 10.000 GE handelt es sich um nicht verrechnete Fixkosten. Da die Ist-Menge nur die Hälfte der Plan-Menge ausmacht, ist auch ohne Rechnung sofort klar, dass bei diesem Ist-Beschäftigungsgrad nur die Hälfte der fixen Kosten in Höhe von 20.000 GE verrechnet sein können, wenn als Basis der Verrechnung der Plan-Verrechnungssatz dient. Der Plan-Verrechnungssatz ist ein Vollkostenpreis, bei dem auch die fixen Kosten auf die einzelne Mengeneinheit umgelegt werden (Fixkostenproportionalisierung). Während bei Unterschreitung der Plan-Menge die Beschäftigungsabweichung immer positiv ist, ist sie bei Überschreitung der Plan-Menge stets negativ. Im ersten Fall spricht man auch von *Leerkosten*, da die nicht ausgelastete Kapazität wertmäßig gewichtet wird.[285]

Da die Höhe der Beschäftigungsabweichung nur von der geänderten Beschäftigung abhängt (Unter- bzw. Überbeschäftigung), ist klar, dass mit der Beschäftigungsabweichung keine Wirtschaft-

[285] Vgl. Grob, H. L./Bensberg, F. [2005], S. 67.

lichkeitskontrolle erfolgen kann. Die Beschäftigungsabweichung ist die kostenmäßige Auswirkung der zu Grunde liegenden Beschäftigungsänderungen.[286] Sie ist eine Kenngröße für die nicht genutzte Kapazität.[287]

ad b) Verbrauchsabweichung

Die Verbrauchsabweichung lässt sich als Differenz von Ist-Kosten und Soll-Kosten berechnen (sie ist im rechten Bild mit dem oberen Pfeil gekennzeichnet). Unter Fortführung des Zahlenbeispiels ergibt sich:

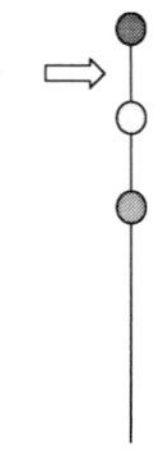

$VA = K_i - K_S$
$= 60.000$ [GE] - 50.000 [GE]
$= 10.000$ [GE]

Diese positive Abweichung, die nicht aus der Beschäftigungsänderung resultiert, zeigt an, dass die Ist-Kosten über den zu erwartenden Soll-Kosten liegen.[288] Sie können z. B. aus einem erhöhten Verbrauch von Materialien resultieren. Der Name Verbrauchsabweichung erscheint somit gerechtfertigt.

Wofür können Kostenstellenleiter nun verantwortlich gemacht werden? Den Kostenstellenleitern kann eigentlich ausschließlich die Verbrauchsabweichung zur Last gelegt werden. Denn nur die Verbrauchsabweichung können sie beeinflussen.[289] Um auf die Beschäftigungsabweichung Einfluss zu haben, müssten Kostenstellenleiter die Absatzmengen beeinflussen können. Bei einem Profit Center kann dies der Fall sein, für eine „normale“ Kostenstelle ist dies jedoch nicht der Regelfall. Bei einer Kostenstelle Reparatur wäre es auch sehr fraglich, dem Kostenstellenleiter für die zu erbringenden Reparaturleistungen die Verantwortung zu übertragen. Abb. 2-48 zeigt die Zusammenhänge der Abweichungen.

[286] Die Beschäftigungsabweichung ist also die in Geldeinheiten bewertete Beschäftigungsänderung. Die Beschäftigungsänderung wird in Mengeneinheiten gemessen. Die Differenz zwischen Ist-Menge und Plan-Menge könnte man zwar auch bereits als Beschäftigungsabweichung bezeichnen, hier wird jedoch der Konvention gefolgt, erst die in Geldeinheiten gemessene Auswirkung dieser Beschäftigungsänderung (= Mengenabweichung) als Beschäftigungsabweichung zu bezeichnen.

[287] Vgl. Grob, H. L./Bensberg, F. [2005], S. 67.

[288] I. Allg. stimmen Beschäftigungs- und Verbrauchsabweichung in der Höhe nicht überein. Bei der hier vorliegenden Übereinstimmung handelt es sich um einen Zufall, der aus den gewählten Beispielszahlen resultiert.

[289] Dies gilt vor allem für eine Mengenkomponente: Für (allgemeine) Preissteigerungen bei Einsatzfaktoren kann i. d. R. auch keine direkte Beeinflussbarkeit unterstellt werden, sodass evtl. die Verbräuche (Ist-Mengen der Einsatzfaktoren) anstatt mit den tatsächlichen Ist-Preisen mit Plan-Preisen zu bewerten sind. Die Differenzen zwischen Ist- und Plan-Preisen sollten jedoch auch dann einem Beschaffungs-Controlling unterliegen, um negativen Preisentwicklungen frühzeitig entgegenzuwirken.

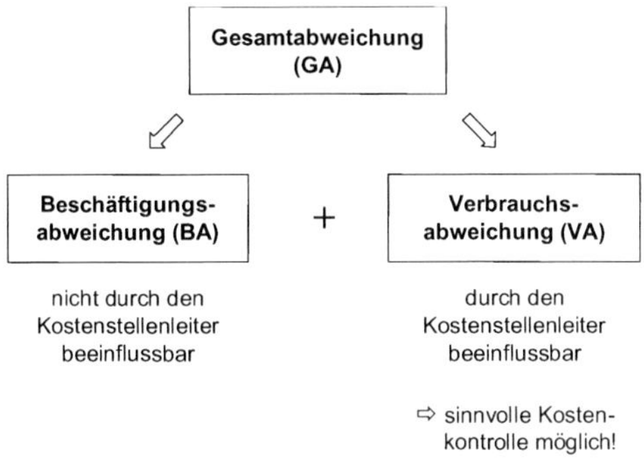

Abb. 2-48: Zusammenhänge
Gesamt-, Beschäftigungs- und Verbrauchsabweichung

2.7.1.2.2 Flexible Plankostenrechnung auf Grenzkostenbasis

Die flexible Plankostenrechnung lässt sich auch in einer Teilkostenrechnung durchführen. Man spricht dann von flexibler Plankostenrechnung auf *Grenzkostenbasis*. Sie wird auch als *Grenzplankostenrechnung* bezeichnet.[290] Da lineare Soll-Kosten-Funktionen vorausgesetzt werden, sind die Grenzkosten gleich den variablen Kosten. Insofern sind die Bezeichnungen „flexible Plankostenrechnung auf Grenzkostenbasis" bzw. Grenzplankostenrechnung gerechtfertigt. Im Vergleich zur starren Plankostenrechnung wird bei dieser Form der Plankostenrechnung die Beschäftigungsunabhängigkeit der fixen Kostenanteile nicht ignoriert. Es werden aber jeweils nur die variablen Kostenanteile in die Abweichungsanalyse miteinbezogen. Die fixen Kosten werden entweder als Block in das Betriebsergebnis eingebucht oder nach Stufen differenziert (vgl. 2.7.3).

Die flexible Plankostenrechnung auf Grenzkostenbasis soll erneut mit Hilfe einer grafischen Darstellung erläutert werden: Abb. 2-49 beruht auf den Grunddaten, die auch bei der starren bzw. bei der flexiblen Plankostenrechnung auf Vollkostenbasis galten (vgl. Abb. 2-46 bzw. Abb. 2-47). Bei den Kosten handelt es sich jedoch jeweils nur um die variablen Bestandteile. So sind in der Abbildung anstatt der Plan-Kosten die variablen Plan-Kosten eingezeichnet. Durch die Verbindung mit dem Ursprung (Nullpunkt) ergibt sich die Gerade der variablen verrechneten Plan-Kosten. Diese Gerade entspricht auch der variablen Soll-Kosten-Funktion.

[290] Vgl. Witt, F.-J. [1991], S. 83.

Die variable Soll-Kosten-Funktion ist dabei wie folgt definiert:

variable Soll-Kosten = variable Plan-Kosten · (Ist-Beschäftigung/Plan-Beschäftigung)

$$= K_S^v = K_p^v \cdot \frac{x_i}{x_p}$$

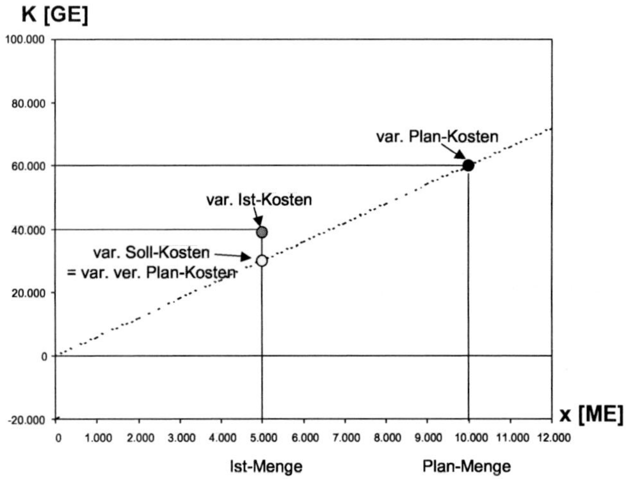

Abb. 2-49: Flexible Plankostenrechnung auf Grenzkostenbasis

Analog einem Plan-Verrechnungssatz ergibt sich in der flexiblen Plankostenrechnung auf Grenzkostenbasis ein variabler Plan-Verrechnungssatz:

$$k_p^v = \frac{K_p^v}{x_p}$$

Für die Daten ergibt sich also hier:

$$k_p^v = \frac{K_p^v}{x_p} = \frac{60.000\,[\text{GE}]}{10.000\,[\text{ME}]} = 6\,[\text{GE/ME}]$$

Als variable verrechnete Plan-Kosten ergeben sich:

variable verrechnete Plan-Kosten = variabler Plan-Verrechnungssatz · Ist-Beschäftigung

Formal:

$$K_{ver}^{v} = k_{p}^{v} \cdot x_{i}$$

Eingesetzt ergibt sich:

$$K_{ver}^{v} = k_{p}^{v} \cdot x_{i} = 6\,[GE/ME] \cdot 5.000\,[ME] = 30.000\,[GE]$$

Wie man aus der formalen Herleitung erkennt, stimmen die variablen verrechneten Plan-Kosten immer mit den variablen Soll-Kosten überein.

In der flexiblen Plankostenrechnung auf Grenzkostenbasis können ebenfalls a) Beschäftigungsabweichung und b) Verbrauchsabweichung betrachtet werden.

ad a) Beschäftigungsabweichung (BA)

Als Beschäftigungsabweichung lässt sich analog der Verbrauchsabweichung in der flexiblen Plankostenrechnung auf Vollkostenbasis die Differenz aus variablen Soll-Kosten und variablen verrechneten Plan-Kosten definieren.

$$BA = K_{S}^{v} - K_{ver}^{v}$$

Aus der Identität der beiden Funktionen ergibt sich jedoch immer eine Beschäftigungsabweichung von Null. Die Betrachtung dieser Abweichung ist daher sinnlos.

ad b) Verbrauchsabweichung (VA)

Als Verbrauchsabweichung in der flexiblen Plankostenrechnung auf Grenzkostenbasis lässt sich die Differenz aus variablen Ist-Kosten und variablen Soll-Kosten bzw. variablen verrechneten Plan-Kosten definieren.

$$VA = K_{i}^{v} - K_{S}^{v}$$

Speziell ergibt sich hier eine Verbrauchsabweichung:

$$VA = K_{i}^{v} - K_{S}^{v} = 40.000\ [GE] - 30.000\ [GE] = 10.000\ [GE]$$

Für Kostenkontrolle und Planung ist die flexible Plankostenrechnung auf Grenzkostenbasis gut geeignet. Die hier ermittelte Verbrauchsabweichung ist i. Allg. dem Kostenstellenleiter anzulasten.

Die Unterschiede und Gemeinsamkeiten der verschiedenen Formen der Plankostenrechnung im Überblick zeigt Tab. 2-10. In vielen Betrieben wird sowohl auf Grenzkostenbasis (zur Kostenkontrolle) als auch auf Vollkostenbasis kalkuliert, da die Vollkostenkalkulation für die bilanzielle und steuerliche Bewertung der Halbfertig- und Fertigerzeugnisse und die Ermittlung von Selbstkostenerstattungspreisen für öffentliche Aufträge notwendig ist.

Kriterium	Starre PKR	Flexible PKR auf Vollkostenbasis	Flexible PKR auf Grenzkostenbasis
Ermittlung echter Planwerte für die Planbezugsgröße (-beschäftigung)	ja	ja	ja
Jährliche Anpassung dieser Werte an veränderte Datenkonstellationen	ja	ja	ja
Laufende (monatliche) Anpassung der Planwerte an Veränderungen des Kostenbestimmungsfaktors Beschäftigung, d. h. Kenntnis der Soll-Kosten	nein	ja	ja
Laufende Anpassung an andere Kostenbestimmungsfaktoren	nein	fallweise	fallweise
Trennung in fixe und variable Kostenbestandteile in der Kostenstellenrechnung; d. h. für die Kostenkontrolle	nein	ja	ja
Ermittlung von Verbrauchsabweichungen	nein	ja	ja
Ermittlung von Beschäftigungsabweichungen	nein	ja	nein
Für Zwecke der Kostenkontrolle geeignet	grundsätzlich nicht	gut	sehr gut
Trennung in fixe und variable Kostenbestandteile in der Kostenträgerrechnung, d. h. für die Kalkulation	nein	nein	ja
Verrechnung der Fixkosten auf die Kostenträger	ja	ja	nein
Kenntnis der Grenzkosten (variablen Kosten) der betrieblichen Leistungen	nein	nein	ja
Kalkulationsergebnisse als Dispositionshilfe (relevante Kosten) für kurzfristige Entscheidungen verwendbar	nein	nein	ja

Tab. 2-10: Unterschiede und Gemeinsamkeiten der Formen der Plankostenrechnung[291]

Sofern weitere Kosteneinflussfaktoren neben der Beschäftigung betrachtet werden, ergibt sich das Problem der Abweichungsüberschneidungen. Diese Abweichungsüberschneidungen ergeben sich aus der multiplikativen Verknüpfung zwischen Kosteneinflussfaktoren (z.B. Kosten für Einsatzgüter als Produkt von Faktormengen und Faktorpreisen).

[291] In Anlehnung an Coenenberg, A. G./Fischer, T. M./Günther, T. [2016], S. 265 und Haberstock, L. [2008a], S. 175 ff.

Einzelne Kosteneinflussfaktoren lassen sich auch isoliert betrachten. So können die Preisabweichungen vorab herausgerechnet werden. In dem hier betrachteten Beispiel könnte man Ist-Kosten auf Basis von Plan-Preisen betrachten. Damit hätten preisbedingte Abweichungen keinen Einfluss auf die weiteren Betrachtungen.

Die gesamte Verbrauchsabweichung kann jedoch auch in spezifische Einzelabweichungen zerlegt werden (z. B. Preis-, Qualitäts-, Verfahrens-, Intensitätsabweichungen).[292] Für die Behandlung von Abweichungsüberschneidungen wird auf weiterführende Literatur verwiesen (vgl. z. B. vertiefend Coenenberg, A. G./Fischer, T./Günther, T. [2016], S. 268 ff.).

Lernfragen zu 2.7.1

1. In welche drei Formen lässt sich die Plankostenrechnung systematisieren?
2. Wie berechnet sich der Plan-Verrechnungssatz?
3. Welche Abweichungen ergeben sich bei der starren Plankostenrechnung?
4. Verdeutlichen Sie die Vorgehensweise bei der flexiblen Plankostenrechnung! Gehen Sie dabei auf Gemeinsamkeiten und Unterschiede zur Vorgehensweise bei einer starren Plankostenrechnung ein.
5. Welche Abweichungen ergeben sich bei der flexiblen Plankostenrechnung (auf Vollkostenbasis)?
6. Welche Abweichung sollte beispielsweise vor dem Beginn der betrieblichen Abweichungsanalyse von der Gesamtabweichung abgespalten werden, wenn sie nicht von den jeweiligen Kostenstellenleitern/Kostenstellenleiterinnen zu verantworten sind?

Literaturhinweise zu 2.7.1

Coenenberg, A. G./Fischer, T. M./Günther, T. [2016], Kostenrechnung und Kostenanalyse, 9. Aufl., Stuttgart 2016, S. 137 - 206, S. 207 - 253, S. 255 - 293, S. 567 - 609.

Ebert, G. [2011], Kosten- und Leistungsrechnung, 11. Aufl., Wiesbaden 2012.

Grob, H. L./Bensberg, F. [2005], Kosten- und Leistungsrechnung - Theorie und SAP®-Praxis, München 2005, S. 64 - 69.

[292] Vgl. zu diesen und weiteren Abweichungsarten z. B. Witt, F.-J. [2005], S. 86 f.

Kümpel, T. [2003], Kostenkontrolle in der Plankostenrechnung, in: WISU, Heft 11, 2003, S. 1357 - 1360.

Kilger, W./Pampel, J./Vikas, K. [2012], Flexible Plankostenrechnung und Deckungsbeitragsrechnung, 13. Aufl., Wiesbaden 2012.

Weber, J./Schäffer, U. [2016], Einführung in das Controlling, 15. Aufl., Stuttgart 2016, S. 151 - 154.

Weber, J./Weißenberger, B. E. [2015], Einführung in das Rechnungswesen: Bilanzierung und Kostenrechnung, 9. Aufl., Stuttgart 2015, S. 345 - 354.

Witt, F.-J. [1991], Deckungsbeitragsmanagement, München 1991, S. 77 - 94.

Fallbeispiel Teil VI: Flexible Plankostenrechnung auf Vollkostenbasis

Am späten Nachmittag des gleichen Tages erreicht Christian die Viertelpfünder. In der Bäckerei trifft er nur noch Frau Heinrich und Gaby an. Die restliche Belegschaft ist schon seit einiger Zeit zu Hause. „Schön, dass Sie wieder da sind. Wie lange bleiben Sie denn?", fragt Frau Heinrich. „Mein Praktikum endet leider diese Woche." Gaby erzählt ihm, dass die Würger AG auf die Bezahlung der Vertragsstrafe dränge. Auf der anderen Seite sichert das Unternehmen aber auch zu, dass ein Lieferengpass bei dem Backmittel TP2712 zukünftig nicht mehr vorkommen werde. Im Falle eines doch auftretenden Engpasses werde dann zumindest keine Vertragsstrafe mehr fällig. In Christians Augen ist dies ein schon lange notwendiger erster Schritt in Richtung Kundenorientierung bei der Würger AG.

„Wir haben ein Problem mit einem unserer Brote, dem 3Pfund", erzählt ihm Gaby. „Du weißt schon, das Brot mit den Omega-3-Fettsäuren. Bei allen anderen Produkten haben wir im Monat September unsere prognostizierten Absatzzahlen erreicht. Sprich, wir waren jeden Abend so gut wie ausverkauft, ohne dass noch Nachfrage vorhanden gewesen wäre. Nur bei dem 3Pfund haben wir größere Probleme. Unser Verkaufsschlager entwickelt sich so langsam zum Ladenhüter. Statt 18.790 Brote konnten wir im September nur 12.580 Stück absetzen. Jetzt interessiert mich natürlich sehr, inwieweit dies Einfluss auf unser Betriebsergebnis hat." „Warum hast du mir davon denn am Wochenende nichts erzählt? Ich denke mal, das wird sich schon im Betriebsergebnis niederschlagen." Gaby antwortet nicht, sondern lächelt Christian nur kurz an. Er sieht ein, dass man irgendwann auch mal abschalten müsse. Dennoch möchte er den Rest des Tages einige Vorbereitungen für den nächsten Tag treffen.

Dazu holt er zunächst die alten Akten hervor. Wenn sich die übrigen Produkte so entwickelt haben wie erwartet, sinkt folglich der Deckungsbeitrag der Viertelpfünder und damit das Betriebsergebnis im September um den ausgebliebenen Deckungsbeitrag der weniger verkauften Einheiten. Seinen Berechnungen zufolge hätte dies folgende Auswirkung. Pro Stück verkaufter Einheit 3Pfund erzielt die Viertelpfünder einen Stück-Deckungsbeitrag in Höhe von 1,7963 €. Insgesamt wurden im September 18.790 - 12.580 = 6.210 Brote der Sorte 3Pfund weniger als geplant abgesetzt. Dadurch verringert sich der Deckungsbeitrag um 6.210 · 1,7963 € = 11.155,02 €. Die deutlich unter den Erwartungen liegenden Absatzzahlen führen so zu einem neuen – den Absatzrückgang berücksichtigenden – Betriebsergebnis von 10.820,00 € nach 21.975,02 €. Dies ist eine Reduzierung um über 50 %.

Zu diesem Zeitpunkt wird ihm klar, dass er Gaby die Erkenntnisse schonend beibringen muss. Sie hatte sich damals sehr über den knapp 1.100 € zusätzlichen Deckungsbeitrag bei Inkaufnahme der Strafzahlung und Beschaffung des Backmittels TP2712 über einen alternativen Anbieter gefreut, so dass er sich nur allzu lebhaft vorstellen kann, wie sehr sie auf ein derartig gesunkenes Betriebsergebnis reagieren würde. Zu seiner Überraschung bleibt sie relativ gelassen und antwortet: „So etwas in der Art habe ich mir schon gedacht. Aber irgendwie scheint da trotzdem was nicht zu stimmen. Ich habe damals deine Berechnungen für den Monat September in unser Intranet eingegeben. Dies zeigte mir dann einen Fixkostenanteil an den Gesamtkosten von 33,74 %, wobei auch bereits die Strafzahlung in den fixen Kosten und den Gesamtkosten enthalten ist. Dies ist sehr diskussionswürdig, da die Strafzahlung zukünftig nicht mehr auftreten wird. Zudem erhielt ich den Hinweis, dass der so ermittelte Wert zukünftig als unveränderbar betrachtet wird. Heute morgen habe ich dann die Daten des letzten Monats abgerufen. Dort waren dann für das Brot 3Pfund Ist-Kosten in Höhe von 47.110 € angegeben. Nun weiß ich beim besten Willen nicht, wie ich diese Zahl einzuschätzen habe. Deshalb kam ich auf die Idee, Herrn Wiedeke anzurufen und ihn zu fragen, ob du mir noch mal helfen könntest. Und nun bist du hier."

Am nächsten Morgen macht Christian sich an die Arbeit. Er versucht, mit Hilfe der flexiblen Plankostenrechnung auf Vollkostenbasis die Daten zu beurteilen. Dabei ist ihm durchaus bewusst, dass die hier vorliegende Situation eigentlich kein klassisches Einsatzgebiet der Plankostenrechnung ist. Dennoch hofft er, durch deren Anwendung Erkenntnisse zu gewinnen und Verbesserungspotenziale aufzuzeigen. Er sitzt vor dem alten Computer und versucht, etwas Ordnung in die Daten zu bringen, die ihm Gaby gestern genannt hat. Zunächst will er klären, warum das System einen Anteil der Fixkosten in Höhe von 33,74 % ausweist. Daher ermittelt er erst einmal die Fixkosten der Viertelpfünder für den Monat September.

Fixkosten 09/2007 = 16.500 + 9.750 + 9.000 + 22.300 + 10.000 = 67.550 €

Sodann berechnet Christian die geplanten variablen Gesamtkosten der Viertelpfünder. Hierzu multipliziert er die jeweilig geplanten Absatzmengen mit den jeweils errechneten variablen Stückkosten.

Variable Gesamtkosten 09/2007 = 81.700 · 0,1468 + ... + 6.120 · 1,9977 = 132.654,85 €[293]

Dies ergibt für den Monat September geplante Gesamtkosten in Höhe von 200.204,85 €. Der Fixkostenanteil in Bezug auf die Gesamtkosten liegt folglich bei 33,74 %. Anders betrachtet ist der Wert der Fixkosten 0,5092 mal so hoch wie derjenige der variablen Kosten. Schon an dieser Stelle atmet Christian ein erstes Mal tief durch. Korrekt ist, dass im Monat September insgesamt 67.550 € an Fixkosten angefallen sind. Davon sind aber nach neuesten Erkenntnissen 10.000 € in Höhe der Strafzahlung an die Würger AG einmalig. Christian beschließt, zunächst bei den vorläufigen Berechnungen die 10.000 € dennoch einzubeziehen, um die Werte des Informationssystems nachvollziehen zu können.

Die vor ihm liegenden Probleme will Christian mit Hilfe der Plankostenrechnung lösen. Zunächst berechnet er dazu die Plan-Kosten des Brotes 3Pfund für den Monat September. Geplant war eine Absatzmenge von 18.790 Stück. Diese 18.790 Brote verursachen variable Gesamtkosten in Höhe von 18.790 · 1,7925 = 33.681,08 €. Den obigen Ausführungen konnte er entnehmen, dass auf das Brot 3Pfund somit auch 33.681,08 € · 0,5092 = 17.150,95 € Fixkosten verrechnet werden.[294] Somit ergeben sich als Summe daraus Plan-Kosten (K_P) für das Produkt 3Pfund für den Monat 09/2007 in Höhe von 50.832,03 €. Anhand dieses Wertes lässt sich nun der Plan-Verrechnungssatz errechnen:

[293] Die Berechnungen erfolgen auf Basis gerundeter variabler Kosten.
[294] Bei der Ermittlung der verrechneten Fixkosten wurde der exakte Wert in Höhe von 50,921622 % angesetzt.

$k_p = K_p / x_p$ = 50.832,03 € / 18.790 ME = 2,71 €/ME

Die verrechneten Plan-Kosten K_{ver} ergeben sich nun durch Multiplikation des Plan-Verrechnungssatzes mit den real abgesetzten Mengen.

$K_{ver} = k_p \cdot x_i$ = 2,71 · 12.580 = 34.032,30 €[295]

Mit Hilfe dieser Daten lässt sich die wenig aussagekräftige Größe Budgetabweichung als Differenz aus verrechneten Plan-Kosten und Plan-Kosten ermitteln. Sie beträgt hier:

Budgetabweichung = -16.799,73 €

Mit Hilfe der verrechneten Plan-Kosten gelingt es Christian anschließend, die Gesamtabweichung (GA) für das Brot 3Pfund als Differenz aus Ist-Kosten und verrechneten Plan-Kosten zu ermitteln:

GA = 47.110,00 € - 34.032,30 € = 13.077,70 €

Nach der Ermittlung der Gesamtabweichung beschäftigt ihn als Nächstes die Frage, woraus diese Abweichung resultiert. Da seiner Meinung nach in den 47.110 € bereits 17.150,95 € an Fixkosten enthalten sind, lässt sich eine flexible Plankostenrechnung auf Vollkostenbasis durchführen. Diese hat zum Ziel, eine Beschäftigungsabweichung (BA) und eine Verbrauchsabweichung (VA) zu ermitteln. Grafisch visualisiert er die Ergebnisse der flexiblen Plankostenrechnung auf Vollkostenbasis:

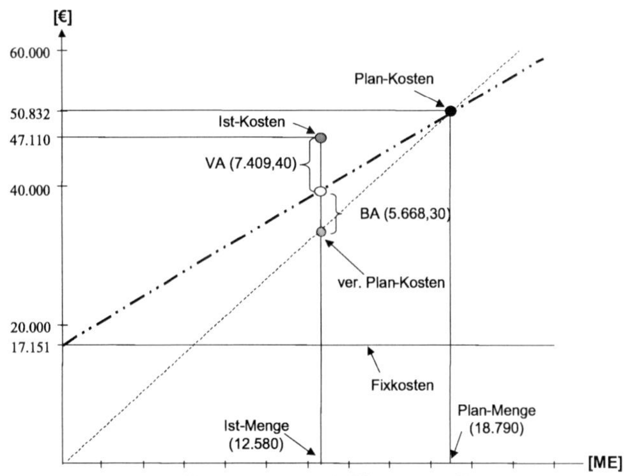

Abb. FB 2: Flexible Plankostenrechnung auf Vollkostenbasis des Produkts 3Pfund

[295] Bei der Berechnung wurde der exakte Plan-Verrechnungssatz in Höhe von 2,70527 € angesetzt.

In der Abbildung lässt sich der Unterschied zwischen verrechneten Plan-Kosten und Soll-Kosten erkennen. Die Soll-Kosten (K_S) betragen bei einer Ausbringungsmenge von 12.580 Stück:

$$K_S = K_p^f + K_p^v \cdot \frac{x_i}{x_p} = 17.150,95 + 33.681,08 \cdot 12.580/18.790 \text{ oder}$$

$$= 17.150,95 + 1,7925 \cdot 12.580 = 39.700,60 \text{ €}$$

Die Differenz zwischen den Soll-Kosten und den verrechneten Plan-Kosten wird als Beschäftigungsabweichung (BA) bezeichnet. Sie beträgt in diesem Fall:

BA = 39.700,60 – 34.032,30 = 5.668,30 €

Diese Abweichung beruht einzig und allein darauf, dass in der Kostenträgerrechnung die Fixkosten auf die einzelnen Kostenträger umgelegt werden. Im Beispiel des Brotes 3Pfund beträgt der Anteil der fixen Kosten an den Stückkosten von 2,70527 € immerhin 0,91277 € pro Stück. Diesen Wert erhält man als Differenz zwischen den Stückkosten und den variablen Stückkosten in Höhe von 1,7925 €. Multipliziert man diesen Wert mit den 6.210 Einheiten, die von 3Pfund weniger abgesetzt worden sind, erhält man ebenfalls eine Beschäftigungsabweichung in Höhe von 5.668,30 €.

In der flexiblen Plankostenrechnung auf Vollkostenbasis lässt sich nun die Verbrauchsabweichung (VA) ermitteln. Diese ergibt sich als Differenz aus Ist-Kosten und Soll-Kosten. Sie beträgt in diesem Fall:

VA = Ist-Kosten – Soll-Kosten = 47.110,00 – 39.700,60 = 7.409,40 €

Dieses Ergebnis lässt Christian erneut aufschrecken. Zugegebenermaßen hat Gaby keinen Einfluss auf eine eventuell vorhandene Beschäftigungsabweichung. Aber er hat auch gelernt, dass für die Verbrauchsabweichung im Regelfall zunächst der Kostenstellenleiter bzw. die Kostenstellenleiterin die Verantwortung zu übernehmen hat. Und dies ist in diesem Fall Gaby. Christian fragt sich, wie eine derartige Verbrauchsabweichung in Höhe von 7.409,40 € bei einem einzelnen Produkt entstehen kann. Bei den Preisen für die Wareneinsätze erhält er aus dem Einkauf die Information, dass sich keine Änderungen ergeben hätten. Auch bei den durchschnittlichen Akkord-Stundenlöhnen gibt es keine Veränderungen. Mit den bisherigen Ergebnissen sucht Christian schließlich Gaby auf.

Er erklärt ihr abermals ausführlich seine Vorgehensweise. Dabei legt er auch viel Wert darauf, dass Gaby erkennt, für welche Abweichung sie sich zu verantworten hat. Gaby zeigt sich schockiert von der Höhe der Verbrauchsabweichung und hat auch zunächst keine Erklärung parat. Sie fragt sich zunächst, was dies denn nun für Auswirkungen auf das Betriebsergebnis im abgelaufenen Monat September haben würde.

Nach kurzer Zeit präsentiert Christian ihr folgende Rechnung:

DB_{plan} = 18.790 · 1,7963 = 33.752,48 €

DB_{real} = 12.580 · 1,7963 – 7.409,40 = 15.188,05 €

Christian erklärt ihr, dass aufgrund der Plandaten in dem positiven Betriebsergebnis von 21.975,03 € ein Ergebnisbeitrag des Brotes 3Pfund in Höhe von 33.752,48 € berücksichtigt war. Nunmehr erwirtschaftet das Brot 3Pfund im abgelaufenen Monat nur noch einen Ergebnisbeitrag von 15.188,05 €. Dies führt zu einem um 18.564,43 € niedrigerem Betriebsergebnis. Das Betriebsergebnis beträgt nun:

$\text{Betriebsergebnis}_{real}$ = 21.975,03 € - 18.564,43 € = 3.410,60 €

„Um Gottes Willen, wie soll ich das Herrn Wiedeke erklären", seufzt Gaby. Christian versucht sie zu beruhigen. „Schau mal, du musst auch einige Sondereffekte berücksichtigen. Das gesunkene Betriebsergebnis bedeutet ja jetzt nicht, dass es ab nun jeden Monat so gering ist. Zunächst einmal entfällt zukünftig die 10.000 €-Strafzahlung an die Würger AG, die in diesem Monat noch das Betriebsergebnis belastet. Generell muss man feststellen, dass ein Ansatz eh fragwürdig erscheint, da die Strafzahlung keine Kosten im ursprünglichen Sinne darstellen. Wenn man die Strafzahlung herausrechnet, wird das Ergebnis wieder ansehnlicher. Außerdem kann es doch gut sein, dass die Absatzzahlen nächsten Monat wieder steigen."

„Aber wie kann ich denn die Verbrauchsabweichung erklären? Dazu fällt mir nun wirklich nichts ein. Gut, ich habe mich schon ein wenig gewundert, warum der Alfred trotzdem immer so lange da war, obwohl abzusehen war, dass die Verkaufszahlen nur etwa zwei Drittel der geplanten Menge umfassen werden. Du musst wissen, der Alfred ist ausschließlich für 3Pfund zuständig." Christian schlägt vor, am nächsten Tag mal mit Alfred zu reden. Er hat eine Vermutung, welchen Grund die Abweichung haben könne. Zum jetzigen Zeitpunkt empfindet er es aber als zu früh, Gaby mit irgendwelchen Spekulationen zu belasten.

Am nächsten Tag kommt Christian etwas früher in die Bäckerei. Da er nun nicht mehr die weiten Wege fahren muss, nutzt er die Gelegenheit, früh morgens Alfred zu befragen. Dieser gibt ihm folgende Antwort: „Ja gut. Also am Anfang, da ist mir erst gar nicht aufgefallen, dass sich das Zeug nicht mehr so richtig verkauft. Nun ja, außerdem krieg ich 42 Cent pro 3Pfund, das ich produziere. Aus diesem Grund hab ich auch gedacht, dass sich die Verkaufszahlen schon wieder erhöhen werden. Also, ich krieg ja sonst keine Kohle und auf die 42 Cent pro Brot bin ich wirklich angewiesen!"

Mit dieser Antwort hat Christian bereits im Vorfeld gerechnet. Als Nächstes geht er zu Frau Heinrich und erkundigt sich, ob sie im letzten Monat irgendwelche Auffälligkeiten beobachtet habe, insbesondere bei dem Produkt 3Pfund. „Ja, das war schon komisch. Normal verkaufen wir immer alles restlos, was in den Regalen steht. Dies war im letzten Monat bis auf das Produkt 3Pfund genauso. Ich weiß auch nicht warum, aber es wurde deutlich weniger gekauft. Dies hatte zur Folge, dass wir die Dinger häufig in größeren Stückzahlen an die Bauern zum Verfüttern an die Schweine verschenkt haben. Eine gewisse Frische muss man ja auch garantieren. Ich hab Alfred auch gesagt, dass er weniger machen soll. Da hat er sich hinterher auch dran gehalten, da blieben nicht mehr so viele übrig."

Christian erkennt, dass das Vergütungssystem in der jetzigen Form in der Viertelpfünder nicht die gewünschten Anreize setzt, auch wenn es sich nur um eine Testphase handelt. Selbstverständlich kann er Alfred verstehen, der pro Stück produzierter Einheit bezahlt wird. Christian hätte an seiner Stelle wohl ähnlich gehandelt. Er führt die Verbrauchsabweichung darauf zurück, dass viel mehr Brote produziert als letztendlich verkauft wurden. Der Rest wurde einfach entsorgt. Seinen Berechnungen nach musste die Mehrproduktion wohl knapp 4.134 der Sorte 3Pfund betragen haben. Dieser Wert schien ihm aufgrund folgender Rechnung einleuchtend:

Anzahl Brote = VA / variable Stückkosten = 7.409,40/1,7925 = 4.133,56 Brote

Er fragt in der Personalabteilung nach, wie viele Brote der Sorte 3Pfund Alfred denn im September produziert hatte. Als Antwort erhält er die 16.713. Er fühlt sich in seiner Vermutung bestätigt. Durch die Mehrproduktion steigen die variablen Stückkosten pro verkaufter Einheit auf 2,38 € [= (16.713 · 1,7925)/12.580].

Somit ergibt sich ein neuer Stück-Deckungsbeitrag in Höhe von:

Stück-DB 3Pfund = 3,5888 € - 2,3814 € = 1,2074 €

Multipliziert man diesen Wert mit der real abgesetzten Menge, erhält man wiederum den schon bekannten Deckungsbeitrag für das Produkt 3Pfund in Höhe von:

$DB_{real} = 1{,}2074 \cdot 12.580 \approx 15.188{,}05$ €[296]

Das Ergebnis stellt ihn sehr zufrieden. Auf Anhieb hat er die gesamte Verbrauchsabweichung erklären können. Zufrieden teilt er seine Ergebnisse Gaby mit. Mit der Höhe der Abweichung ist er selbstverständlich nicht zufrieden. Allerdings ist er schon stolz, dass er die Ursache identifiziert hat und somit Gaby ein wenig entlasten kann.[297] Das Vergütungssystem in der Viertelpfünder in seiner jetzigen Form ist nicht anreizkompatibel. Natürlich hätte Gaby die Situation schon eher besser einschätzen müssen, insbesondere da die sinkenden Absatzzahlen schon länger bekannt waren. Dennoch trifft sie in Christians Augen nicht die alleinige Schuld.

Gaby kann den Zahlen auf Anhieb so recht nicht vertrauen. Die Viertelpfünder hat ein Abkommen mit dem Bauer Cordes. Demzufolge werden ihm alle nicht verkauften und älteren Brote umsonst überlassen. Bauer Cordes freut sich immer über die alten Brote, da er damit seine Schweine füttern kann. Einmal im Jahr lädt er als Gegenleistung die komplette Belegschaft zu einem großen Spanferkelessen ein. Als Bauer Cordes diesen Abend vorbeischaut, um die alte Ware abzuholen, fragt Gaby nach, wie viele Brote er denn im letzten Monat bekommen habe. „Ja, mein Kind, da musste ich erst mal mit fertig werden. Normal bleibt recht wenig übrig. Aber letzten Monat, vor allem am Anfang, habe ich öfter größere Mengen von dem großen schweren Brot mit Quark mit nach Hause genommen. Leider ist das wieder weniger geworden. Die Schweine lecken sich auf jeden Fall die Klauen danach."

---

[296] Leichte Abweichungen basieren auf Rundungsdifferenzen.

[297] Eine komplette Erklärung der Verbrauchsabweichung, wie in dem Fallbeispiel an dieser Stelle vorgeführt, dürfte in der Praxis so fast nie vorkommen, da im Regelfall mehrere Faktoren die Abweichung beeinflussen.

Gaby sieht Christians Meinung bestätigt und erkennt, dass sie wohl eine Teilschuld auf sich nehmen muss. Sie beschließt, sich in den nächsten Tagen mit Herrn Wiedeke zu treffen, um sich über anreizkompatible Vergütungssysteme zu informieren und ihm ein Feedback über die Testphase des derzeitigen Vergütungssystems zu geben. Vorerst bedankt sie sich aber für Christians engagierte Hilfe. Am selben Abend lädt sie ihn deshalb zum Essen ein. Sie einigen sich darauf, dass man nicht immer in teure Lokalitäten einkehren muss. Daher besuchen sie ‚Papa George', ein kleines Restaurant mit Hinterhofatmosphäre. Anschließend gehen sie noch ins Kino am Hafen.

Die restlichen Tage vergehen fast wie im Flug. Christian genießt die Nähe zu Gaby und muss doch immer mal wieder an Petra denken. Er hilft Gaby noch bei der ein oder anderen betriebswirtschaftlichen Fragestellung. Ansonsten findet er es aber auch sehr spannend, mal in der Produktion auszuhelfen. Alfred ist nämlich am Morgen seines vorletzten Praktikumstages plötzlich krank geworden. Somit kommt Christian in den Genuss, auch einmal das Brot 3Pfund zu backen. Am Freitag wird Christian von allen herzlichst verabschiedet und gefragt, ob er denn wiederkäme. Er erklärt, dass er sein nächstes Praktikum wohl wieder bei der Brot & Brötchen AG absolvieren würde. Dort wäre er dann aber im externen Rechnungswesen beschäftigt. Leider weiß er noch nicht, wo genau er eingesetzt werden wird.

Für den Abend hat er sich fest mit Peter verabredet. Sie haben sich vorgenommen, beim zweiten und dritten Teil des Paten das erfolgreich abgeschlossene Praktikum gebührend zu begießen. So langsam beschleicht Christian eine innere Unruhe. Am nächsten Mittwoch werden die Ergebnisse der Bachelorstudiumsklausuren im Prüfungsamt veröffentlicht. Er hofft inständig, dass sich seine Theorie des vergleichsweise geringen Jammerns bestätigen werde.

2.7.2 Break-even-Analyse

Die *Break-even-Analyse* stellt ein relativ einfach strukturiertes Kostenrechnungsverfahren dar. Es wird auch als Gewinnschwellen- oder Nutzschwellenanalyse bezeichnet.[298] Mit der Break-even-Analyse sollen vor allem folgende Fragestellungen beantwortet werden:

- Wie verhält sich der Gewinn bei Absatzschwankungen?
- Lassen sich Verlustgrenzen ermitteln?
- Wie wirken sich Preisänderungen auf den Gewinn aus?
- Welcher Gewinn ist bei Vollauslastung der Produktionskapazitäten zu erwarten?
- Welche Ansatzpunkte bestehen für rentabilitätssteigernde Maßnahmen?

Ursprüngliche Fragestellung ist jedoch die nach der Absatzmenge, bei der Umsatz und Kosten übereinstimmen. Diese Menge wird *Break-even-Menge* oder auch Gewinnschwelle genannt, weil bei ihr ein Gewinn von Null erreicht wird, während unterhalb dieser Menge noch Verluste erwirtschaftet werden. Zusammenfassend lässt sich die Break-even-Analyse dadurch kennzeichnen, dass sie einen Überblick über Umsätze, Kosten, Gewinne und Verluste für alternative Beschäftigungsgrade gibt. Als Beschäftigung wird dabei meist die Absatzmenge betrachtet.

Das Grundmodell der Break-even-Analyse geht von folgenden Annahmen aus:[299]

1. Umsatz- und Kostenänderungen ergeben sich nur aus Änderungen der Absatz- oder Produktionsmenge (Menge als einziger Umsatz- und Kostentreiber).
2. Die bekannten Kosten der betrachteten Periode lassen sich in einen fixen und einen variablen Teil aufspalten.
3. Der Preis und die variablen Kosten je Mengeneinheit sind (im relevanten Bereich und in der betrachteten Zeitspanne) bekannt und konstant.
4. Es wird nur ein Produkt betrachtet, oder, wenn mehrere Produkte betrachtet werden, wird von konstanten Verkaufsverhältnissen ausgegangen.
5. Die unterschiedlichen Zahlungszeitpunkte der Kosten und Umsätze werden als nicht relevant erachtet, sodass sie direkt miteinander verglichen werden können.

Aus den Annahmen ergibt sich (für den relevanten Bereich) ein linearer Kostenverlauf.

Mit folgenden Bezeichnungen lässt sich dieses *Break-even-Modell* auch formal darstellen:

[298] Vgl. Deimel, K./Iseman, R./Müller, S. [2006], S. 299.
[299] Vgl. z. B. Horngren, C. T. et al. [2015], S. 90.

p = Preis [GE]
k_v = variable Stückkosten [GE/ME]
K_f = fixe Kosten [GE]
x = Menge [ME]
U = Umsatz [GE]
K = Kosten [GE]
G = Gewinn [GE]
$p - k_v = db$ = Stück-Deckungsbeitrag [GE/ME]

Für Umsatz und Kosten ergeben sich dann folgende Beziehungen:

$$U = p \cdot x \quad (1)$$
$$K = k_v \cdot x + K_f \quad (2)$$

Für den Gewinn gilt dann:

$$G = U - K \quad (3)$$
$$= p \cdot x - (k_v \cdot x + K_f) \quad \text{einsetzen von (1) und (2) in (3)}$$
$$= p \cdot x - k_v \cdot x - K_f$$
$$= (p - k_v) \cdot x - K_f$$
$$= db \cdot x - K_f \quad (4)$$

Für die Break-even-Menge x^* muss der Gewinn gleich Null sein:

$$G = 0$$
$$\Leftrightarrow U = K$$
$$\Leftrightarrow p \cdot x^* = k_v \cdot x^* + K_f$$
$$\Leftrightarrow x^* = K_f / (p - k_v) = K_f / db$$

Bei der Break-even-Menge schneiden sich die Umsatz- und die Kostenfunktion (vgl. das sog. Break-even-Diagramm in Abb. 2-50). Der Schnittpunkt wird auch als Break-even-Punkt bezeichnet. Dieser lässt sich auch durch den *Break-even-Umsatz* kennzeichnen, der sich als Produkt aus Break-even-Menge und Preis ergibt ($U = p \cdot x$). Analog könnte man auch von *Break-even-Kosten* ($K = k \cdot x$) sprechen. Bis zum Break-even-Punkt verläuft die Kostenfunktion über der Umsatzfunktion. Bei Mengen über dieser Break-even-Menge ist dies umgekehrt – es wird also ein Gewinn erzielt.

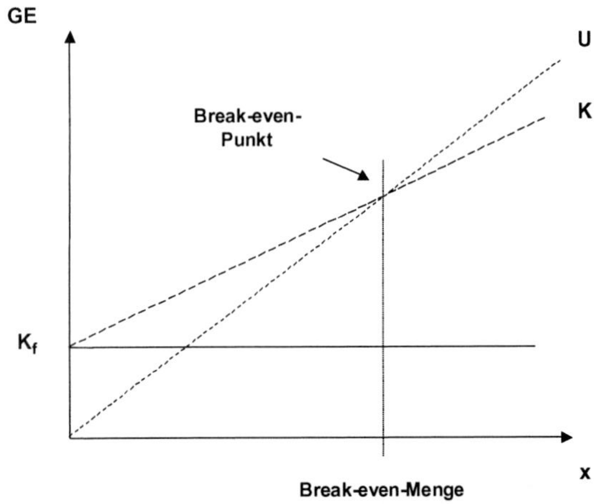

Abb. 2-50: Break-even-Menge im Umsatz-Gesamtkosten-Modell[300]

Aus Gleichung (4) ergibt sich für den Break-even-Punkt auch eine zweite, äquivalente Interpretation.

$G = 0 \Leftrightarrow db \cdot x = K_f$

Grafisch lässt sich dies in einem Deckungsbeitrags-Modell darstellen ($DB = db \cdot x$):

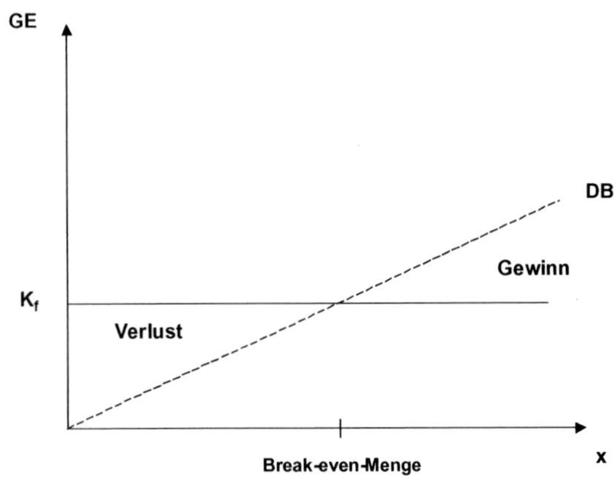

Abb. 2-51: Break-even-Menge im Deckungsbeitrags-Modell[301]

300 Vgl. z. B. Coenenberg, A. G./Fischer, T./Günther, T. [2016], S. 329.

301 Wenn man als x-Achse die Fixkosten-Linie wählt, wird aus der Deckungsbeitragsgeraden die Gewinn- bzw. Verlustfunktion. Vgl. zu einem solchem Diagramm z.B. Coenenberg, A. G./Fischer, T./Günther, T. [2016], S. 330.

Erkennen lässt sich, dass die Break-even-Menge genau dann erreicht ist, wenn sich die Deckungsbeitragsfunktion mit der Fixkostenlinie schneidet.

Die Break-even-Analyse eignet sich als Instrument zur Untersuchung von *Mengen-, Kosten- und Preisänderungen.*[302] Bezüglich Mengenänderungen lassen sich z. B. folgende Fragen mit Hilfe der Break-even-Analyse beantworten:

- Bei welcher Mindestmenge werden alle Kosten gedeckt?
- Bei welcher Mindestmenge werden alle Ausgaben gedeckt?
- Bei welcher Absatzmenge wird ein vorgegebener Mindestgewinn erreicht?
- Bei welcher prozentualen Mengenabweichung von der jetzigen Kapazität wird ein Verlust erlitten?
- Wie verhalten sich Deckungsbeitrag und Fixkosten zueinander (sog. Kapazitätsgrad)?

Bezüglich Kostenänderungen können Break-even-Analysen bei zwei Aspekten helfen:

- Wenn man die Fixkosten weiter aufspaltet (z. B. in fixe Kosten als Produkt-Einzelkosten und anteilige fixe Kosten als Produkt-Gemeinkosten), kann analysiert werden, bei welchen Mengen Fixkostenanteile gedeckt werden können.
- Wenn von Verteuerungen der Einsatzfaktoren ausgegangen wird, welche Absatzmengen sind notwendig, um keine Verluste zu erleiden?

Außerdem können auch bezüglich Preisänderungen folgende Fragen beantwortet werden:

- Wie weit muss der Absatz gesteigert werden, um bei einer Preissenkung immer noch einen Gewinn zu erzielen?
- Bei welchen Absatzmengen ist es möglich, bei in einem gewissen Intervall variierbaren Preisen einen konstanten Gewinn auszuweisen?
- Wie haben sich die tatsächlichen Preise und Absatzmengen im Vergleich zu den geplanten Werten mit welchen Auswirkungen verhalten?

In dem einfachen Grundmodell der Break-even-Analyse ergeben sich verschiedene Ansatzpunkte für Maßnahmen zur Verbesserung der Gewinnsituation (vgl. Abb. 2-52 zur Veranschaulichung im Deckungsbeitrags-Modell):

a) Absatzsteigerung
b) Verbesserung der Stück-Deckungsbeiträge
   - Preiserhöhung
   - Kostensenkung (variable Kosten!)
c) Fixkostensenkung
d) Kapazitätseinschränkung (Desinvestition)

[302] Vgl. dazu vertiefend Coenenberg, A. G./Fischer, T. M./Günther, T. [2016], S. 325 ff.

Eine Absatzsteigerung führt zur Verbesserung der Gewinnsituation. Evtl. lässt sich erst durch geeignete Marketingaktivitäten die Break-even-Menge erreichen. Inwieweit eine Absatzsteigerung realisierbar ist, hängt auch vom Markt ab. Die Stück-Deckungsbeiträge können durch Preissteigerung bzw. Senkung der variablen Kosten verbessert werden. Dadurch wird die Steigung der Deckungsbeitragslinie verändert. Eine steilere Deckungsbeitragslinie führt zu einer niedrigeren Break-even-Menge – insgesamt treten bei niedrigeren Mengen niedrigere Verluste oder höhere Gewinne auf. Auch eine Fixkostensenkung wirkt entsprechend. Sofern die Break-even-Menge nicht erreicht wird, ist auch über eine Desinvestition nachzudenken (z. B. Einstellung der Produktion und Verkauf der Fertigungsanlage).

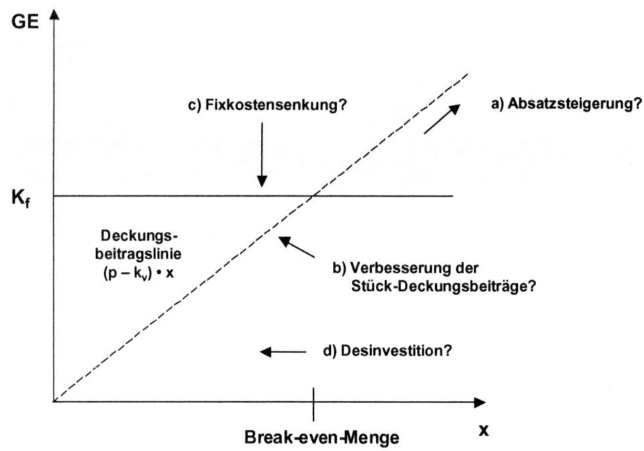

Abb. 2-52: Ansatzpunkte für Maßnahmen im Deckungsbeitrags-Modell[303]

Die Break-even-Analyse für den Mehrproduktfall ist auch möglich, wird hier jedoch nicht betrachtet.[304]

---

[303] In Anlehnung an Coenenberg, A. G./Fischer, T. M./Günther, T. [2016], S. 347.

[304] Siehe dazu z. B. Coenenberg, A. G./Fischer, T. M./Günther, T. [2016], S. 350 ff. oder andere Literaturquellen zum Kostenmanagement. Für eine Break-even-Analyse beim Zweiproduktunternehmen vgl. etwa Deimel, K./Iseman, R./Müller, S. [2006], S. 301 f.

Lernfragen zu 2.7.2

1. Welche Fragestellungen lassen sich mit Hilfe der Break-even-Analyse beantworten?

2. Nennen Sie die Annahmen im Grundmodell der Break-even-Analyse!

3. Wie lässt sich die Break-even-Menge aus dem Stück-Deckungsbeitrag ermitteln?

4. Welche Maßnahmen zur Verbesserung der Gewinnsituation ergeben sich aus der Break-even-Analyse?

5. Welche Fragen können bezüglich Preisänderungen mit der Break-even-Analyse beantwortet werden?

Literaturhinweise zu 2.7.2

Coenenberg, A. G./Fischer, T. M./Günther, T. [2016], Kostenrechnung und Kostenanalyse, 9. Aufl., Stuttgart 2016, S. 325 - 367.

Deimel, K./Iseman, R./Müller, S. [2006], Kosten- und Erlösrechnung - Grundlagen, Managementaspekte und Integrationsmöglichkeiten der IFRS, München 2006, S. 299 - 302.

Friedl, G./Hofmann, C./Pedell, B. [2017], Kostenrechnung – Eine entscheidungsorientierte Einführung, 3. Aufl., München 2017, S. 277 - 302.

Hoitsch, H.-J./Lingnau, V. [2007], Kosten- und Erlösrechnung - Eine controllingorientierte Einführung, 6. Aufl., Berlin, u. a. 2007, S. 260 - 264.

Horngren, C. T./Datar, S. M./Rajan, M. V. [2015], Cost Accounting - A Managerial Emphasis, 15. Aufl., Harlow 2015, S. 84 - 119.

Schweitzer, M./Küpper, H.-U. [2016], Systeme der Kosten- und Erlösrechnung, 11. Aufl., München 2016, S. 509 - 517.

Schweitzer, M./Troßmann, E. [1998], Break-even-Analysen - Methodik und Einsatz, 2. Aufl., Berlin 1998.

2.7.3 Stufenweise Fixkostendeckungsrechnung

Die *stufenweise Fixkostendeckungsrechnung* kann als ein Kostenrechnungsverfahren angesehen werden, bei dem eine differenzierte Fixkostenbetrachtung erfolgt.[305] Sie lässt sich in kurzfristige Erfolgsrechnungen wie folgt einordnen:

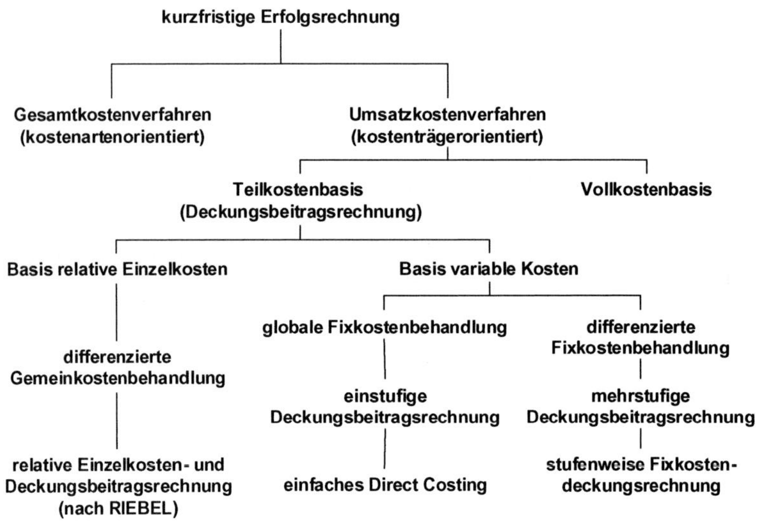

Abb. 2-53: Einordnung der stufenweisen Fixkostendeckungsrechnung in Kostenrechnungsverfahren der kurzfristigen Erfolgsrechnung[306]

Bei der stufenweisen Fixkostendeckungsrechnung werden Deckungsbeiträge auf mehreren Stufen gebildet (Deckungsbeitrag I, II, ...). Das Verfahren stellt also eine Erweiterung einstufiger Deckungsbeitragsrechnungen dar, die oft auch als (einfaches) *Direct Costing* bezeichnet werden.[307] Durch die Mehrstufigkeit wird der undifferenzierte Ausweis eines einzigen Fixkostenblocks vermieden.[308] Die verschiedenen Stufen für den Fixkostenausweis sind unternehmensindividuell zu wählen.[309] Voraussetzung ist eine Hierarchisierung der Bezugsobjekte (vgl. beispiel-

[305] Vgl. dazu und im Folgenden Coenenberg, A. G./Fischer, T. M./Günther, T. [2016], S. 226 ff. Die Entwicklung der stufenweise Fixkostendeckungsrechnung ist historisch mit den Namen KLAUS AGTHE und KONRAD MELLEROWICZ verknüpft, die Ende der 1950er Jahre/Anfang der 1960er Jahre Vorschläge dazu erarbeiteten. Vgl. Agthe, K. [1959], Agthe, K. [1963], Mellerowicz, K. [1977].

[306] In Anlehnung an Wahle, O. [1989], S. 198, Coenenberg, A. G./Fischer, T. M./Günther, T. [2016], S. 227. Die Abbildung erweitert Abb. 2-39.

[307] Zu den Grundzügen einer Deckungsbeitragsrechnung vgl. das einführende Beispiel zur Produktions- und Absatzprogrammplanung (S. 35 ff.) bzw. Fallbeispiel Teil II.

[308] Vgl. Mellerowicz, K. [1977], S. 135.

[309] Der Vergleich von Deckungsbeiträgen der gleichen Stufe von zwei Unternehmen muss daher i. d. R. scheitern, weil ihre Berechnung jeweils spezifisch festgelegt werden kann.

haft Abb. 2-54). Ihr folgend können Fixkosten auf den einzelnen Ebenen betrachtet werden, wobei Fixkosten möglichst niedrigen Ebenen zugeordnet werden sollten, also beginnend mit den Produkten, denen die Produktfixkosten zugeordnet werden. Dies können z. B. Abschreibungen für einzelne Maschinen sein, die jeweils nur zur Produktion der einzelnen Produkte Verwendung finden. Darüber hinaus können Produktgruppenfixkosten, Bereichs- bzw. Spartenfixkosten den Produktgruppen, den einzelnen Bereichen bzw. den Sparten des Unternehmens zugeteilt werden. Zuletzt verbleiben die Unternehmensfixkosten, die nur dem Unternehmen als Ganzem zugeordnet werden können (z. B. Vorstandsgehälter).

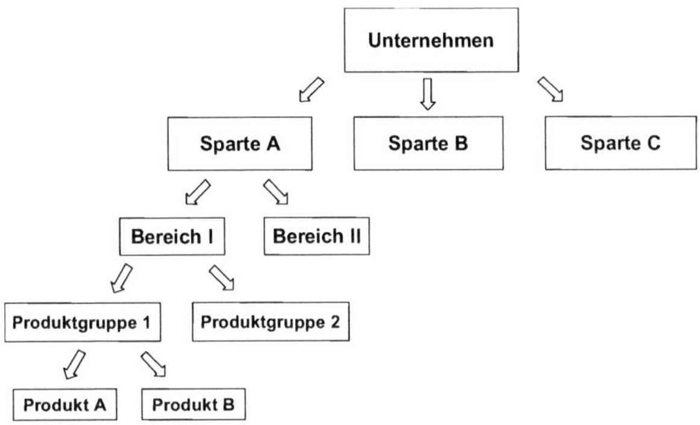

Abb. 2-54: Mögliche Hierarchie von Bezugsobjekten für eine stufenweise Fixkostendeckungsrechnung

Nach einer solchen Zuordnung ist eine Deckungsbeitragstiefenanalyse möglich, wobei aufbauend auf der obigen Beispiel-Hierarchie folgendes Schema gewählt werden könnte:[310]

	Umsatzerlöse einer Produktart
-	variable Kosten der abgesetzten Produkte dieser Produktart
=	Deckungsbeitrag I (je Produktart)
-	Produktfixkosten der Produktart
=	Deckungsbeitrag II (je Produktart)
-	Produktfixkosten der Produktgruppe
=	Deckungsbeitrag III (je Produktgruppe)
-	Bereichsfixkosten
=	Deckungsbeitrag IV (je Bereich)
-	Spartenfixkosten
=	Deckungsbeitrag V (je Sparte)
-	Unternehmensfixkosten
=	Deckungsbeitrag VI = Betriebsergebnis

Abb. 2-55: Schema einer stufenweisen Fixkostendeckungsrechnung

[310] Zu ähnlichen Schemata vgl. z. B. Mellerowicz, K. [1977], S. 173, Coenenberg, A. G./Fischer, T. M./Günther, T. [2016], S. 231, Grob, H.L./Bensberg, F. [2005], S. 162.

Eine solche stufenweise Fixkostendeckungsrechnung ermöglicht insbesondere auch den Vergleich von Bezugsobjekten einer Hierarchieebene. Der Vergleich wird durch den Verzicht einer (willkürlichen) Schlüsselung fixer Kosten aussagekräftig, wie das folgende Beispiel verdeutlicht (vgl. Tab. 2-11). So weist die Produktgruppe 2 einen negativen Deckungsbeitrag III von -20.000 € auf, während die Produktgruppe 1 einen positiven Deckungsbeitrag III von 80.000 € aufweist. Insgesamt weist der Bereich I jedoch noch einen positiven Deckungsbeitrag IV auf (20.000 €). Wenn nun über Maßnahmen zur Betriebsergebnisverbesserung nachgedacht wird, ist der Fokus evtl. erst auf den Bereich II (Deckungsbeitrag IV von -5.000 €) zu richten. Auf Grundlage des „einfachen" Deckungsbeitrags II wären evtl. nur Überlegungen bzgl. Produkt C (negativer Deckungsbeitrag II in Höhe von -20.000 €) angestellt worden.

Sparte	Sparte A					Sparte B	Sparte C
Bereich	Bereich I				Bereich II	Summe	Summe
Produktgruppe	Produktgruppe 1		Produktgruppe 2		Summe	Summe	Summe
Produkt	Produkt A	Produkt B	Produkt C	Produkt D	Summe	Summe	Summe
Umsatzerlöse	100.000	150.000	80.000	120.000	140.000	300.000	350.000
variable Kosten	50.000	50.000	40.000	70.000	75.000	140.000	200.000
Deckungsbeitrag I	**50.000**	**100.000**	**40.000**	**50.000**	**65.000**	**160.000**	**150.000**
Produktfixkosten	20.000	30.000	60.000	40.000	30.000	50.000	30.000
Deckungsbeitrag II	**30.000**	**70.000**	**- 20.000**	**10.000**	**35.000**	**110.000**	**120.000**
Produktgruppenfixkosten	20.000		- 10.000		20.000	20.000	15.000
Deckungsbeitrag III	**80.000**		**-20.000**		**15.000**	**90.000**	**105.000**
Bereichsfixkosten	40.000				20.000	40.000	50.000
Deckungsbeitrag IV	**20.000**				**- 5.000**	**50.000**	**55.000**
Spartenfixkosten	25.000					40.000	35.000
Deckungsbeitrag V	**- 10.000**					**10.000**	**20.000**
Unternehmensfixkosten	15.000						
Deckungsbeitrag VI	**5.000 (= Betriebsergebnis)**						

Tab. 2-11: Beispiel einer stufenweisen Fixkostendeckungsrechnung

Die hierarchische Erfassung und Zuordnung fixer Kosten kann einer sachlichen Relativität folgen (vgl. obige Produkthierarchie) oder auch einer zeitlichen Relativität. So können fixe Kosten

z. B. auch nach ihrer Ausgabewirksamkeit (kurzfristig/langfristig) oder nach Abbaubarkeit (kurzfristig/langfristig) differenziert werden. Das Prinzip der Relativität führt zur relativen Einzelkosten- und Deckungsbeitragsrechnung, die eng mit dem Namen RIEBEL verbunden ist.[311]

Lernfragen zu 2.7.3

1. Wo kann die stufenweise Fixkostendeckungsrechnung in die Kostenrechnungsverfahren der kurzfristigen Erfolgsrechnung eingeordnet werden?

2. Wie könnte das Schema einer stufenweisen Fixkostendeckungsrechnung bei einer Hierarchie der Bezugsobjekte Produkt – Produktgruppe – Region aussehen?

3. Bei welcher Kostenstruktur macht eine stufenweise Fixkostendeckungsrechnung mehr Sinn im Hinblick auf eine differenzierte Entscheidungsunterstützung: bei einem hohen Fixkostenblock oder bei einem geringen Fixkostenblock?

4. Wie beurteilen Sie, dass in der Praxis manchmal versucht wird, mit Hilfe von Fixkostenzuschlagssätzen produktspezifische Deckungsbeiträge zu erhalten, obwohl die Fixkosten eigentlich nur auf höheren Ebenen (oberhalb der Produktebene) zurechenbar sind?

Literaturhinweise zu 2.7.3

Agthe, K. [1959], Stufenweise Fixkostendeckung im System des Direct Costing, in: ZfB, 29. Jg., 1959, S. 404 - 418.

Agthe, K. [1963], Kostenplanung und Kostenkontrolle im Industriebetrieb, Baden-Baden 1963.

Coenenberg, A. G./Fischer, T. M./Günther, T. [2016], Kostenrechnung und Kostenanalyse, 9. Aufl., Stuttgart 2016, S. 207 - 253.

Mellerowicz, K. [1974], Kosten und Kostenrechnung, Band II, Verfahren, 5. Aufl., Berlin 1974.

Mellerowicz, K. [1977], Neuzeitliche Kalkulationsverfahren, 6. Aufl., Freiburg im Breisgau 1977.

[311] Vgl. dazu vertiefend Riebel, P. [1994].

Riebel, P. [1994], Einzelkosten- und Deckungsbeitragsrechnung - Grundfragen einer markt- und entscheidungsorientierten Unternehmensrechnung, 7. Aufl., Wiesbaden 1994.

Schweitzer, M./Küpper, H.-U. [2016], Systeme der Kosten- und Erlösrechnung, 11. Aufl., München 2016, S. 575 - 585.

Wahle, O. [1989], Kostenrechnung II für Studium und Praxis - Ist- und Normalkostenrechnung, 3. Aufl., Bad Homburg v. d. H. 1989, S. 209 - 213.

3 Das externe Rechnungswesen

3.1 Grundlagen des Jahresabschlusses

3.1.1 Intention und Adressaten des Jahresabschlusses

Dass die Behauptung, die Beschäftigung mit der Bilanzierung und dem Jahresabschluss sei staubtrocken, nicht zutreffend ist, sollte spätestens nach den Bilanzskandalen 2001/2002 in den USA und Europa klar geworden sein. Durch „kreative Buchführung" kam es dort zu langjährigen Haftstrafen, Firmenzusammenbrüchen und Schäden für geprellte Investoren in Milliardenhöhe. Um jedoch die kriminelle Energie der Beteiligten und die von diesen zu verantwortenden Straftaten erkennen und beurteilen zu können, ist das entsprechende Grundlagenwissen erforderlich. Der folgende Auszug aus der Presse soll daher als Motivation für den folgenden Jahresabschlussteil verstanden werden.[312]

Bilanzskandal: Ex-WorldCom-Chef Ebbers im Visier
Prüfer suchen nach weiteren Beweisen für eine "unangemessene Buchführung"

dpa, 01.07.2002 - Im Bilanzskandal des US-Telekomkonzerns WorldCom Inc. gerät der kürzlich entlassene Unternehmenschef Bernard J. Ebbers zunehmend ins Visier der Prüfer. Sie wollen herausfinden, welche Rolle er bei dem Betrug gespielt hat, berichtete das "Wall Street Journal" heute in seiner Onlineausgabe. Die an zahlreichen Untersuchungen beteiligten Prüfer seien überzeugt, dass sie weitere Beweise für eine "unangemessene Buchführung" finden, die über die 3,8 Milliarden Dollar (3,85 Milliarden Euro) hinausgehen, die WorldCom in der vergangenen Woche bereits eingestanden hatte. WorldCom hatte mit seinen Buchführungsmethoden tatsächliche Verluste in fiktive Gewinne umgewandelt. Die von WorldCom geplante Wertberichtigung ist eine der größten der US-Geschichte und sechs Mal höher als im Falle des US-Energiehändlers Enron.

"Ich will euch nur wissen lassen, dass ihr nicht mit einem Gauner in die Kirche geht", erklärte Ebbers nach Angaben der Zeitung am Sonntag in seiner Kirche in Brookhaven (Mississippi). Ebbers erklärte, er wisse nicht, was geschehen werde und welche Fehler gemacht worden seien. Es werde jedoch niemand herausfinden, dass er wissentlich Betrug begangen habe, betonte Ebbers nach Darstellung der Zeitung.

Harvey Pitt, Leiter der US-Wertpapier- und Börsenkommission SEC, forderte am Sonntag in einer Fernsehsendung, WorldCom solle unter Eid eine Erklärung abgeben und der amerikanischen Öffentlichkeit mitteilen, was vorgefallen und wie die echte Finanzlage sei. Leute würden schwer bezahlen, falls es auch nur die geringsten Falschangaben gebe, drohte Pitt.

[312] Zu weiteren Artikeln über die Bilanzskandale und deren dramatische Auswirkungen vgl. auch Abschnitt 3.6.

> Die zahlreichen US-Buchführungsskandale von Enron über Xerox bis WorldCom haben die Anleger völlig verunsichert. Sie trauen den vorgelegten Geschäftszahlen nicht mehr. US-Präsident George W. Bush hat Regeln und Gesetze gefordert, um das Vertrauen in die Integrität des amerikanischen Geschäftslebens wieder herzustellen. Es werde keine Verletzung des öffentlichen Vertrauens toleriert, betonte er. Wirtschaftsbetrügern drohten Geld- und Gefängnisstrafen. Im Kongress laufen ebenfalls Untersuchungen gegen WorldCom. Es werden neue Überwachungsgesetze für Unternehmen und Wirtschaftsprüfer vorbereitet.

Nachdem im vorherigen Kapitel 2 die Kostenrechnung als Teilsystem des betriebswirtschaftlichen Rechnungswesens behandelt wurde, stellt sich die Frage, warum in einem Unternehmen *zwei* Rechnungssysteme („Zweikreissystem“) existieren. Zur Beantwortung dieser Frage, ist es hilfreich zu betrachten, an wen sich die Kostenrechnung wendet. Die Kostenrechnung stellt ein Informationssystem für Akteure *innerhalb* eines Unternehmens dar. Neben den Mitarbeiterinnen und Mitarbeitern einer Unternehmung existieren jedoch weitere Gruppen, die ein berechtigtes Interesse an Informationen über ein Unternehmen besitzen. Diesem Informationsbedürfnis wird vom deutschen Gesetzgeber dadurch Rechnung getragen, dass er bestimmte Unternehmen dazu verpflichtet, einen Jahresabschluss nach gesetzlich festgelegten Regeln zu erstellen.[313] Daraus ergibt sich, dass die Kostenrechnung nicht als alleiniges Rechnungssystem ausreicht, da diese frei gestaltbar ist und sich nicht an den gesetzlichen Regelungen orientiert. Andersherum genügt aber auch das externe Rechnungswesen nicht den Ansprüchen der internen Adressaten, da es nicht ausschließlich nach rein betriebswirtschaftlichen Überlegungen aufgebaut ist und zudem nicht die individuelle Anpassbarkeit an das einzelne Unternehmen erlaubt.

Um die Intention des Jahresabschlusses zu beurteilen, soll nun zunächst auf seine Adressaten eingegangen werden. Adressaten sind alle Personen und Gruppen, die ein Interesse an der wirtschaftlichen Lage eines Unternehmens besitzen. So hat der *Staat* (Fiskus) ein solches Interesse, da er in Abhängigkeit vom Erfolg des Unternehmens von diesem Steuern erhebt. Die *Gesellschafter* einer Unternehmung sind an der Lage interessiert, da sie ihr eigenes Vermögen in das Unternehmen investiert haben und daher Informationen über die Entwicklung ihrer Investition erhalten möchten. *Gläubiger* haben ein Interesse, da von der wirtschaftlichen Situation des Unternehmens, dem sie Geld geliehen haben, abhängt, ob es in Zukunft seine Schulden zurückzahlen kann. Darüber hinaus haben aber auch *Lieferanten und Arbeitnehmer* ein Interesse, da von der Entwicklung des entsprechenden Unternehmens ihre eigene wirtschaftliche Situation in Form des Fortbestandes des Liefer- bzw. Arbeitsverhältnisses abhängt. Auch *Kunden* wollen einschätzen können, inwiefern das Unternehmen auch zukünftig die von ihnen nachgefragten Produkte und Leistungen anbieten kann. An großen Unternehmen mit einem nicht unerheblichen Einfluss auf die Gesamtwirtschaft eines Landes besteht auch ein Interesse der breiten *Öffentlichkeit*.

---

[313] Der deutsche Gesetzgeber hat bei der Formulierung der Regeln für die handelsrechtliche Rechnungslegung die europäischen Richtlinien zu berücksichtigen, die den Mitgliedsstaaten allerdings Wahlrechte bei der Umsetzung lassen. Noch deutlicher zeigt sich der Einfluss bei den internationalen Rechnungslegungsstandards (IFRS), die von der EU und nicht etwa vom nationalen Gesetzgeber verbindlich erklärt werden (sog. Endorsement). Vgl. hierzu Kapitel 3.1.4.

Aufbauend auf den verschiedenen Interessengruppen ergeben sich die Zwecke, die mit der Erstellung eines Jahresabschlusses einhergehen. Bis auf den Staat (Fiskus), der zur Verfolgung seines Ziels der Steuererhebung eine eigene Steuerbilanz fordert, richtet sich der handelsrechtliche Jahresabschluss an alle anderen zuvor genannten Interessengruppen. Aus diesem Grunde wird - bis auf wenige Ausnahmen in späteren Abschnitten - der handelsrechtliche Jahresabschluss Gegenstand der weiteren Ausführungen sein. Die Intention des handelsrechtlichen Jahresabschlusses lässt sich aus den gesetzlichen Regelungen nicht direkt entnehmen. Indirekt werden die verschiedenen Zwecke jedoch erkennbar.

Die beiden vom Gesetzgeber durch die Verpflichtung zur Aufstellung des Jahresabschlusses verfolgten Hauptzwecke sind die *Rechenschaft* und die *Kapitalerhaltung*.[314] Diese beiden Hauptzwecke des Jahresabschlusses sind Ausdruck der beiden Hauptunternehmensziele „Geld verdienen“ (Rechenschaft) und „Verdienstquelle sichern“ (Kapitalerhaltung). Die Jahresabschlusszwecke lassen sich, wie bereits erwähnt, indirekt aus dem Handelsrecht entnehmen. So fordert § 242 HGB grundsätzlich von allen Kaufleuten, zum Geschäftsjahresende einen das Verhältnis seines Vermögens und seiner Schulden darstellenden Abschluss aufzustellen. Für Kapitalgesellschaften fordert § 264 II HGB, dass der Jahresabschluss „ein den tatsächlichen Verhältnissen entsprechendes Bild der Vermögens-, Finanz- und Ertragslage der Kapitalgesellschaft zu vermitteln“ hat. Neben den beiden genannten Paragraphen wird der *Rechenschaftszweck* auch aus weiteren Paragraphen des HGB, auf die hier nicht näher eingegangen werden soll, ersichtlich.[315] Durch die Rechenschaft wird den Kapitalgebern, also Gesellschaftern und Gläubigern, ein Einblick in die Geschäftstätigkeit gewährt. Das Ablegen von Rechenschaft ist insbesondere dann von großer Bedeutung, wenn eine Trennung von Management und Eigentum, wie i. d. R. bei (größeren) Kapitalgesellschaften der Fall, vorliegt. Denn in diesem Falle sind die Eigentümer bzw. Investoren an einer regelmäßigen, transparenten und umfassenden Berichterstattung über Verwendung und Entwicklung des der Gesellschaft anvertrauten Kapitals interessiert. Für die restlichen zuvor aufgeführten Adressaten wird durch die Rechenschaft gegenüber den Kapitalgebern eine Informationsfunktion erfüllt, da ihnen der Jahresabschluss i. d. R. frei zugänglich ist.[316]

Der *Zweck der Kapitalerhaltung* kann ebenso wie der Rechenschaftszweck indirekt aus der Gesetzgebung entnommen werden. Als Beispiel für entsprechende Paragraphen soll hier § 252 I Nr. 4 HGB genannt werden, der eine vorsichtige Ermittlung des Gewinns fordert.[317] Dies ist von Bedeutung, da der im Jahresabschluss ermittelte Gewinn die Basis für die Bemessung der Ausschüttungen darstellt und Gewinnausschüttungen die Höhe des Eigenkapitals beeinflussen. Der

[314] Vgl. hierzu und im Folgenden Baetge, J./Kirsch, H.-J./Thiele, S. [2017], S. 93 ff.

[315] Weitere Paragraphen, die auf den Rechenschaftszweck schließen lassen, sind §§ 238 I, 242, 246, 247 I, 243 II, 250 I und II, 251, 252. Vgl. dazu Baetge, J./Kirsch, H.-J./Thiele, S. [2017], S. 95 ff.

[316] Kapitalgesellschaften sind grundsätzlich zur Offenlegung ihres Jahresabschlusses verpflichtet, wobei es für kleine und mittelgroße Kapitalgesellschaften Offenlegungserleichterungen gibt. Einzelunternehmen und Personengesellschaften sind bei der Erfüllung bestimmter Größenkriterien ebenfalls zur Offenlegung ihres Jahresabschlusses verpflichtet. Vgl. dazu Heinhold, M. [1996], S. 399 ff.

[317] Weitere Paragraphen, die auf den Kapitalerhaltungszweck schließen lassen, sind §§ 248 II, 249 I, 252 I, 253 HGB, vgl. Baetge, J./Kirsch, H.-J./Thiele, S. [2017], S. 98 ff.

Gesetzgeber verfolgt die Absicht, eine Entnahme von Kapital über den vorsichtig ermittelten Gewinn hinaus zu verhindern. Dazu machen die Informationen des Jahresabschlusses eine solche Entnahme deutlich und durch entsprechende Vorsichtsregelungen wird ein überhöhter Erfolgsausweis vermieden. In diesem Sinne kommt dem Jahresabschluss somit die Funktion der Zahlungsbemessungsgrundlage zu.[318] Diese Bemessungsgrundlage ist insbesondere für Anteilseigner von Bedeutung, da dadurch die Höhe der Ergebnisbeteiligung des Anteilseigners mitbestimmt wird. Sie kann aber auch z. B. für Arbeitnehmer im Falle von ergebnisabhängigen Vergütungsbestandteilen relevant sein. Über die Kapitalerhaltung durch Informationen hinaus, die für alle Kaufleute Gültigkeit besitzt, existieren für Kapitalgesellschaften zusätzlich explizite Reglungen, die die Höhe der zulässigen Ausschüttung begrenzen.

Zur Erfüllung beider Zwecke, sowohl Rechenschaft wie auch Kapitalerhaltung, ist der Jahresabschlussersteller auf eine übersichtliche, vollständige und nachvollziehbare Dokumentation aller Geschäftsvorfälle angewiesen. Daher verlangt der Gesetzgeber in § 238 I HGB von jedem Kaufmann, „Bücher zu führen und in diesen seine Handelsgeschäfte und die Lage seines Vermögens nach den Grundsätzen ordnungsmäßiger Buchführung ersichtlich zu machen. Die Buchführung muss so beschaffen sein, dass sie einem sachverständigen Dritten innerhalb angemessener Zeit einen Überblick über die Geschäftsvorfälle und über die Lage des Unternehmens vermitteln kann. Die Geschäftsvorfälle müssen sich in ihrer Entstehung und Abwicklung verfolgen lassen." Der damit verfolgte *Dokumentationszweck* dient einerseits der Nachvollziehbarkeit, ob die Unternehmensangaben richtig sind, und der Möglichkeit, Unterschlagungen feststellen zu können. Andererseits bildet die so verstandene Dokumentation aller Vorgänge die Grundlage für die Erstellung des Jahresabschlusses. Denn ohne eine solche vollständige Aufzeichnung könnte der Jahresabschluss als Bild der wirtschaftlichen Lage des Unternehmens nicht entstehen. Die Zusammenhänge werden in Abb. 3-1 deutlich.

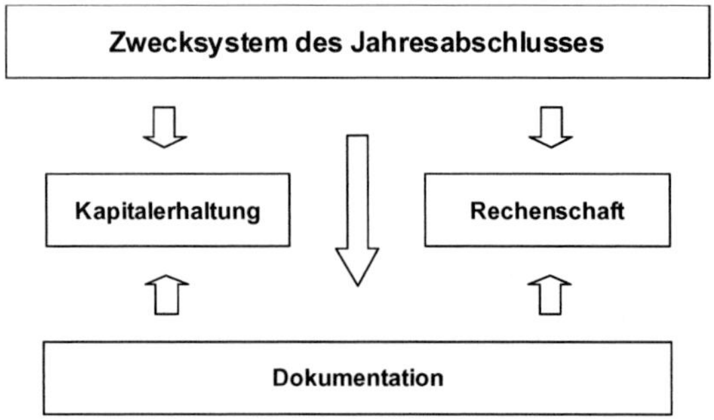

Abb. 3-1: Zwecksystem des Jahresabschlusses

[318] Vgl. Coenenberg, A. G./Haller, A./Schultze/W. [2016], S. 19 f.

Aus den Regelungen des HGB kann keine eindeutige Dominanz eines der beiden Hauptzwecke erkannt werden. Dies spiegelt auch die konkurrierenden Interessen der verschiedenen Anspruchsgruppen wider. So besteht zwischen Gesellschaftern und Gläubigern ein Interessenkonflikt bezüglich des Ausschüttungsverhaltens. Während die Gesellschafter tendenziell an einer hohen Ausschüttung interessiert sind, besteht seitens der Gläubiger der Wunsch, möglichst viel des Gewinns im Unternehmen zu belassen, um so die Wahrscheinlichkeit der Rückzahlung der Unternehmensschulden zu erhöhen. Dieser Interessenkonflikt wird vom Gesetzgeber durch die parallele Berücksichtigung sowohl des Rechenschafts- als auch des Kapitalerhaltungszwecks im Handelsrecht berücksichtigt.[319] Daher wird vom relativen Adressatenschutz gesprochen. Bei näherer Betrachtung der Regelungen des HGB ist jedoch ersichtlich, dass der Kapitalerhaltungszweck trotz des intendierten relativen Adressatenschutzes ein Übergewicht gegenüber dem Rechenschaftszweck besitzt.

3.1.2 Buchführung und Jahresabschluss

Um den Zusammenhang zwischen Buchführung und Jahresabschluss zu verdeutlichen, bietet es sich an, sich das Vorgehen des externen Rechnungswesens während eines Geschäftsjahres vor Augen zu führen. Den Ausgangspunkt aller Überlegungen bildet die Eröffnungsbilanz. Diese stellt die Gegenüberstellung aller zu Geschäftsjahresanfang im Unternehmen vorhandenen Vermögensgegenstände und Schulden dar. Der Saldo der beiden Positionen stellt das Reinvermögen, das sog. *Eigenkapital* der Unternehmung dar. Dieses befindet sich zusammen mit den Schulden auf der rechten Seite. Die rechte Seite der Bilanz umfasst somit die Gesamtheit aller Schulden und das Eigenkapital, die zusammen als *Passiva* bezeichnet werden, während die auf der linken Seite verzeichneten Positionen *Aktiva* genannt werden.

Im Verlauf des Geschäftsjahres ist dafür zu sorgen, dass alle anfallenden wirtschaftlich relevanten Vorgänge erfasst werden. Von wirtschaftlicher Relevanz sind dabei all jene Vorgänge, die sich in Geldeinheiten abbilden lassen und mit der Unternehmenstätigkeit zusammenhängen. Zu diesem Zweck wird die Bilanz in Konten zerlegt, auf denen die anfallenden Geschäftsvorfälle dann, ausgedrückt in Geldeinheiten, berücksichtigt werden. Es wird dabei zwischen *Bestandskonten*, auf denen die Veränderung des Bestands von Vermögensgegenständen und Schulden dokumentiert wird, sowie *Erfolgskonten*, die für die Veränderung der Höhe des Jahresgewinns und damit des Eigenkapitals relevante Vorgänge erfassen, unterschieden. Diese unterjährige Erfassung der Geschäftsvorfälle ist Aufgabe der Buchführung.

[319] Vgl. Baetge, J./Kirsch, H.-J./Thiele, S. [2017], S. 102 ff.

Während durch die *Buchführung* eine wertmäßige Erfassung aller Vorgänge erfolgt, verfolgt die *Inventur* ein anderes Ziel. Deren Aufgabe ist es eigentlich am Bilanzstichtag[320], aus Praktikabilitätsgründen jedoch in einem engen Zeitraum um den Bilanzstichtag, i. d. R. 10 Tage vor und nach dem Stichtag, durch den Vorgang der körperlichen Bestandsaufnahme das mengenmäßig angelegte Inventar zu erstellen. Im Inventar finden sich die in Mengeneinheiten ausgedrückten Bestände an Vermögensgegenständen und Schulden wider.

Aus den Angaben der Buchführung und des Inventars wird zu einem bestimmten Stichtag, dem Bilanzstichtag, der Jahresabschluss erstellt. Es erfolgt die Aufstellung der Bilanz, in der in Kontoform eine nach Wertkategorien, sog. Bilanzpositionen, aufgeschlüsselte wertmäßige Zusammenfassung der Vorgänge aller Bestandskonten vorgenommen wird. Die auf den Erfolgskonten erfassten Geschäftsvorfälle des abgelaufenen Geschäftsjahres finden hingegen in der Erfolgsrechnung, der sog. Gewinn- und Verlustrechnung (GuV), Berücksichtigung. Im folgenden Geschäftsjahr wiederholt sich dieser Prozess dann wiederum, angefangen mit der Aufstellung der Eröffnungsbilanz, die der Schlussbilanz des Vorjahres entspricht.

Es wird deutlich, dass ohne die Buchführung die Erstellung des Jahresabschlusses nicht möglich wäre. Sie sorgt für die zur Erstellung des Jahresabschlusses notwendigen Datenbasis. Die Bedeutung des im vorangegangenen Abschnitt dargestellten Dokumentationszwecks für den Jahresabschluss wird somit ersichtlich.

3.1.3 Theorien des Jahresabschlusses

Die Entwicklung von Theorien des Jahresabschlusses, die häufig auch als Bilanztheorien bezeichnet werden, hat ihren Ausgangspunkt bereits im 19. Jahrhundert. Die Theorien des Jahresabschlusses befassen sich unabhängig von der tatsächlichen gesetzlichen Regelung damit, welche Aufgaben und Inhalte der Jahresabschluss abdecken sollte und wie seine Ausgestaltung zu erfolgen hat. Die verschiedenen Theorien versuchen aus rein betriebswirtschaftlicher Sicht und auf Basis der Intentionen des Jahresabschlusses sinnvolle Regelungen für die Abschlusserstellung zu entwickeln. Als Beispiel für verschiedene Theorien sollen nachfolgend die drei klassischen Theorien des Jahresabschlusses, die *statische*, *dynamische* und *organische* Bilanztheorie, kurz dargestellt werden. Alle drei Theorien sind Ausdruck eines anderen Verständnisses hinsichtlich der Zwecke des Jahresabschlusses.

Die *statische Bilanztheorie* entstand bereits im 19. Jahrhundert. Sie sieht die Hauptaufgabe in der Ermittlung des Reinvermögensbestandes als Saldo von Vermögensgegenständen und Schulden sowie der Gliederung der Vermögensgegenstände und Schulden. Der Erfolgsermittlung einer

[320] Der Bilanzstichtag ist der letzte Tag des Geschäftsjahres. I. d. R. entspricht das Geschäftsjahr dem Kalenderjahr; einige Unternehmen haben aber auch ein vom Kalenderjahr abweichendes Geschäftsjahr.

Periode kommt dagegen eine untergeordnete Rolle zu. Dementsprechend liegt das Hauptgewicht auf der Bilanz. Die GuV-Erstellung wird hingegen nicht als Hauptzweck angesehen.

Anders als die statische Bilanztheorie sieht die Anfang des 20. Jahrhunderts von EUGEN SCHMALENBACH begründete *dynamische Bilanztheorie* den Hauptzweck des Jahresabschlusses in der Erfolgsermittlung. Die Bilanz wird dagegen eher zu einem Hilfsmittel degradiert, da der Bilanz die Fähigkeit der Ermittlung des Reinvermögens abgesprochen wird. Der Jahresabschluss wird damit hauptsächlich als Instrument der Rechenschaft gesehen, der für die Ermittlung eines periodengerechten Erfolgs verantwortlich ist.

Die dritte der klassischen Bilanztheorien ist die *organische Bilanztheorie*. Diese entstand zu Zeiten der Hyperinflation in den 1920er Jahren in Deutschland. Sie ordnet das Unternehmen als „Zelle“ in der Gesamtwirtschaft ein. Aus diesem Grunde wird die Berücksichtigung des volkswirtschaftlichen Zusammenhangs bei der Bewertung und Erfolgsermittlung erforderlich. So ist das Unternehmen als solche Zelle auch Geldwertänderungen, wie durch die Inflation bedingt, ausgesetzt. Die organische Bilanztheorie sieht den Unternehmenszweck in der substanziellen Kapitalerhaltung und fordert daher eine um Geldwertänderungen bereinigte Erfolgsermittlung, da ansonsten lediglich ein Scheinergebnis ermittelt würde. Anders als bei den beiden anderen klassischen Theorien wird hier kein Schwerpunkt auf einen der beiden Abschlussteile gelegt.

Wie bereits erwähnt, befassen sich die Bilanztheorien losgelöst von tatsächlichen rechtlichen Rahmenbedingungen mit dem Jahresabschluss. Für das weitere Vorgehen ist es daher von Bedeutung, die rechtlichen Grundlagen der Erstellung von Jahresabschlüssen in Deutschland zu klären.

3.1.4 Rechtliche Grundlagen

Das HGB enthält genaue Regelungen, wer zur Buchführung und Aufstellung eines Jahresabschlusses verpflichtet ist. Gemäß der Generalnorm für die Buchführung in § 238 I HGB ist „jeder Kaufmann verpflichtet, Bücher zu führen und in diesen seine Handelsgeschäfte [...] ersichtlich zu machen“. Kaufmann ist dabei gemäß § 1 I HGB „wer ein Handelsgewerbe betreibt“. Ausgenommen sind nach § 1 II HGB solche Unternehmen, für die die Einrichtung eines Gewerbebetriebs nicht erforderlich ist. Entsprechend der Regelung des § 6 HGB unterliegen alle Handelsgesellschaften den Regelungen für Kaufleute. Unter Handelsgesellschaften fallen die Personengesellschaften des HGB, also die Kommanditgesellschaft (KG) und die Offene Handelsgesellschaft (OHG), sowie alle Kapitalgesellschaften, also AG, GmbH und KGaA. Zudem fallen nach § 17 II GenG auch alle Genossenschaften unter die Regelungen für Kaufleute. Eine Ausnahme von der handelsrechtlichen Buchführungspflicht besteht für Einzelkaufleute, die an den Stichtagen von zwei aufeinander folgenden Geschäftsjahren nicht mehr als 600.000 Euro Umsatzerlöse und 60.000 Euro Jahresüberschuss aufweisen (§ 241a HGB).

Gemäß § 242 I HGB sind alle Kaufleute im oben beschriebenen Sinne zudem zur *Erstellung eines Jahresabschlusses* verpflichtet. Laut § 242 III HGB besteht dieser Abschluss aus der *Bilanz* und der *Gewinn- und Verlustrechnung*. Die Regelungen des Jahresabschlusses für alle Kaufleute finden sich im zweiten Unterabschnitt des ersten Abschnitts des dritten Buchs des HGB (§§ 242 - 256). Die §§ 242 - 245 HGB beinhalten allgemeine Regelungen. So fordert § 243 HGB die klare und übersichtliche Aufstellung gemäß den Grundsätzen ordnungsmäßiger Buchführung. Die §§ 246 - 251 HGB beinhalten die *Ansatzvorschriften*, die festlegen, was in die Bilanz aufzunehmen ist und was nicht.[321] Die *Bewertungsvorschriften* der §§ 252 - 256a HGB regeln, welcher Wert den in die Bilanz aufgenommenen Positionen beizumessen ist.[322]

Da auch Kapitalgesellschaften unter die Definition der Kaufleute fallen, gelten die zuvor erläuterten Regelungen auch für Kapitalgesellschaften und haftungsbeschränkte Personengesellschaften. Der zweite Abschnitt des dritten Buchs des HGB stellt über die Anforderungen an alle Kaufleute hinaus zusätzliche Anforderungen an Kapitalgesellschaften und haftungsbeschränkte Personengesellschaften. Die §§ 264 - 265 HGB regeln *allgemeine Fragen*. So verlangt § 264 II HGB vom Jahresabschluss, „ein den tatsächlichen Verhältnissen entsprechendes Bild der Vermögens-, Finanz- und Ertragslage (...) zu vermitteln." Die §§ 266 - 274a HGB beinhalten *spezifische Vorschriften für Kapitalgesellschaften* zur Bilanz. So ist in § 266 HGB eine detaillierte Gliederung für die Bilanz vorgegeben. In den §§ 275 - 278 HGB finden sich die *Sonderregelungen zur GuV* inkl. einer Gliederung in § 275 HGB. Es folgen in den §§ 284 - 288 HGB die gesetzliche *Ausgestaltung des Anhangs* sowie in den §§ 289, 289a HGB die Anforderungen an den *Lagebericht*. Zusätzlich zu Regelungen bezüglich des Jahresabschlusses enthalten die Regelungen für Kapitalgesellschaften auch Vorschriften zur Erstellung des Konzernabschlusses, die hier jedoch nicht weiter behandelt werden.

Gemäß § 264 I HGB ist der Jahresabschluss von Kapitalgesellschaften zusätzlich zu Bilanz und GuV entsprechend § 242 I HGB um einen *Anhang* zu erweitern. Für Kapitalgesellschaften besteht der Jahresabschluss somit aus drei statt zwei gleichberechtigten Bestandteilen. Außerdem haben Kapitalgesellschaften nach § 264 I HGB noch einen *Lagebericht* zu erstellen, der jedoch *nicht* Bestandteil des Jahresabschlusses ist.

Der Zeitpunkt, zu dem der Jahresabschluss zu erstellen ist, hängt von der Rechtsform des Unternehmens ab. § 242 II HGB fordert „für den Schluss eines jeden Geschäftsjahres" die Erstellung des Jahresabschlusses. Diese Vorschrift darf jedoch nicht dahingehend missverstanden werden, dass der Jahresabschluss am Bilanzstichtag, also am Geschäftsjahresende, erstellt sein muss. Dies kann alleine schon aus Praktikabilitätsgründen nicht verlangt werden. Der Bilanzstichtag stellt vielmehr den Tag dar, bis zu dem alle angefallenen Vorgänge im Jahresabschluss berücksichtigt werden müssen. Die Frist für die tatsächliche Aufstellung beträgt nach § 264 I HGB für große

[321] Die Behandlung dieser Fragestellung ist Gegenstand des Abschnitts 3.2.
[322] Fragen der Bewertung werden in Abschnitt 3.3 behandelt.

bis mittlere Kapitalgesellschaften 3 Monate, für kleine 6 Monate.[323] Für Personengesellschaften fordert § 243 III HGB die Erstellung innerhalb einer „einem ordnungsmäßigen Geschäftsgang entsprechenden Zeit". Die Länge dieses Zeitraums ist in der Literatur umstritten. Gemäß des Urteils des Bundesfinanzhofs (BFH) ist diese Zeit jedoch bei einer Überschreitung einer Frist von 12 Monaten nicht mehr als ordnungsgemäß anzusehen.[324]

Neben den Vorschriften des HGB gewinnen auch für viele deutsche Unternehmen internationale Rechnungslegungsstandards wie die International Accounting Standards (IAS) bzw. die International Financial Reporting Standards (IFRS) zunehmend an Bedeutung. In der Vergangenheit traf dies auch auf die US-amerikanischen Generally Accepted Accounting Principles (US-GAAP) zu, deren Bedeutung für deutsche Unternehmen seit der IFRS-Einführung allerdings wieder abnimmt. Insbesondere internationale Investoren fordern von deutschen Unternehmen die Abschlusserstellung nach internationalem Regelwerk durchzuführen. Seit 2005 sind kapitalmarktorientierte Konzernmuttergesellschaften zur Aufstellung des Konzernabschlusses nach IFRS verpflichtet. Daneben existiert für nicht kapitalmarktorientierte Unternehmen ein Wahlrecht, einen befreienden Konzernabschluss nach IFRS aufzustellen. Für Einzelabschlüsse besteht die Möglichkeit, neben dem Abschluss nach HGB für Zwecke der Offenlegung ergänzend einen Abschluss nach IFRS aufzustellen. Im Folgenden wird jedoch nicht näher auf Regelungen der internationalen Standards eingegangen. Die zunehmende Internationalisierung der Rechnungslegung und die Änderung von EU-Rechnungslegungsrichtlinien haben auch den deutschen Gesetzgeber dazu veranlasst, einige Änderungen vorzunehmen. Diese wurden durch das Gesetz zur Modernisierung des Bilanzrechts (Bilanzrechtsmodernisierungsgesetz – BilMoG) ausgearbeitet und haben für Geschäftsjahre, die nach dem 31.12.2009 beginnen, ihre Gültigkeit.

Zusätzlich zum handelsrechtlichen Jahresabschluss fordert das Steuerrecht einen eigenen Abschluss als Grundlage für die Besteuerung des Unternehmens. Als Grundlage für diese sogenannte Steuerbilanz sollen gemäß § 5 I 1 EStG die handelsrechtlichen Vorschriften (*Maßgeblichkeitsprinzip*) dienen. Abweichungen sind nur zulässig, wenn dies explizit durch eine steuerliche Vorschrift verlangt wird bzw. erlaubt ist.

[323] Zu den Kriterien der Abgrenzung der Größenklassen vgl. § 267 HGB.
[324] Vgl. z. B. BFH-Urteil vom 06.12.1983.

3.1.5 Grundsätze ordnungsmäßiger Buchführung (GoB)

3.1.5.1 Begriff und Sinn der GoB

Das HGB enthält eine Vielzahl detaillierter Vorschriften für den Jahresabschluss. Es ist jedoch nicht möglich, jeden Einzelfall durch gesetzliche Vorschriften abzudecken und mit den Entwicklungen im unternehmerischen Bereich Schritt zu halten. Daher wird der Jahresabschlussersteller durch den Gesetzgeber ausdrücklich dazu angehalten, neben der Beachtung der konkreten Regelungen des HGB für Buchführung und Jahresabschluss die sog. Grundsätze ordnungsmäßiger Buchführung (GoB) zu beachten. Für die Buchführung fordert § 238 I 1 HGB „Bücher zu führen und in diesen seine Handelsgeschäfte und die Lage seines Vermögens nach den Grundsätzen ordnungsmäßiger Buchführung ersichtlich zu machen." Für den Jahresabschluss aller Kaufleute verlangt § 243 I HGB diesen „nach den Grundsätzen ordnungsmäßiger Buchführung aufzustellen." Zudem findet sich diese Vorschrift auch in der Zielvorschrift des Jahresabschlusses für Kapitalgesellschaften in § 264 II 1 HGB, der verlangt, dass „unter Beachtung der Grundsätze ordnungsmäßiger Buchführung ein den tatsächlichen Verhältnissen entsprechendes Bild der Vermögens-, Finanz- und Ertragslage der Kapitalgesellschaft zu vermitteln" ist. Obwohl im Gesetzestext mehrfach die Befolgung der GoB gefordert wird, existiert keine gesetzliche Definition des Begriffs. Daher handelt es sich bei den GoB um einen unbestimmten Rechtsbegriff.[325]

Durch die Einbeziehung der GoB in die Abschlusserstellung wird dafür gesorgt, dass auch solche Einzelfälle, die durch die direkten gesetzlichen Regelungen nicht abgedeckt sind, adäquat berücksichtigt werden. Denn die GoB stellen allgemein anerkannte Regeln hinsichtlich der Buchführung und Jahresabschlusserstellung dar. Über die Befolgung dieser allgemein anerkannten Regeln ist sichergestellt, dass für Einzelfälle, für die keine explizite gesetzliche Regelung vorhanden ist, eine ordnungsgemäße Berücksichtigung im Jahresabschluss erfolgt. Zudem dienen die GoB dazu, spezifische Gesetzesvorschriften auszulegen. Durch die explizite Erwähnung in den Vorschriften des HGB stellen die GoB zwingende Rechtssätze dar, die bei Buchführung und Jahresabschluss in jedem Falle zu berücksichtigen sind.[326]

Durch die GoB erhalten die Vorschriften zur Jahresabschlusserstellung die nötige Flexibilität, um mit der erwähnten Entwicklung des unternehmerischen Umfelds Schritt halten zu können. Denn aufgrund des Wesens des Gesetzgebungsverfahrens sind die gesetzlichen Regelungen für einen längeren Zeitraum feststehend, neue Vorschriften bedürfen längerer Zeit bis sie beschlossen werden und in Kraft treten. Um Fortentwicklungen von rechtlichen Gestaltungen (z. B. Leasing) nicht über längere Zeit im rechtsfreien Raum zu belassen, sind die GoB als flexible und anpassungsfähige Rechtsnormen unerlässlich. Die Kehrseite dieser Flexibilität ist, dass häufig

[325] Vgl. Baetge, J./Kirsch, H.-J./Thiele, S. [2017], S. 104 f.
[326] Vgl. Baetge, J./Kirsch, H.-J./Thiele, S. [2017], S. 104 f.

Unsicherheiten und Meinungsverschiedenheiten bezüglich der konkreten Auslegung verschiedener GoB bestehen. Die konkrete Ausgestaltung ergibt sich oft erst im Zusammenspiel von Rechtsprechung, Vertretern der Betriebswirtschaftslehre und Praktikern.

So ist es ein klassisches Anliegen der betriebswirtschaftlichen Bilanzforschung, ein System von GoB zu erarbeiten. Diese Konkretisierung des unbestimmten Rechtsbegriffs ist von Bedeutung, um der Verpflichtung, die GoB zu beachten, nachkommen zu können. Die dafür relevanten Wege und Verfahren sind Gegenstand des nächsten Abschnitts.

Wohl aus dem Grund der Unsicherheit bezüglich der Auslegung hat es wiederholt Bestrebungen seitens des Gesetzgebers gegeben, die GoB festzuschreiben. Dies führte schließlich dazu, dass 1985 ein großer Teil der GoB im Handelsrecht kodifiziert worden ist. Neben den kodifizierten, also explizit in Gesetzestexten niedergeschriebenen Grundsätzen, existieren, wenn auch mittlerweile immer weniger, nicht kodifizierte GoB.

3.1.5.2 Gewinnung von GoB

Nachdem geklärt wurde, was unter GoB zu verstehen ist und welchem Zweck sie dienen, bleibt zu klären, wie die Ausgestaltung, Festlegung und Auslegung von GoB vorgenommen wird. Dazu kommen mit der *Induktion*, der *Deduktion* und der *Hermeneutik* drei verschiedene Verfahren in Frage, die im Folgenden kurz dargestellt werden.

(1) Induktion

Im Allgemeinen versteht man unter dem – auch aus der Mathematik bekannten – Begriff der Induktion, aus dem Besonderen auf das Allgemeine zu schließen. Für die Gewinnung und Auslegung von GoB bedeutet dies, dass sich GoB aus der Ansicht des Gros der Kaufleute und deren Rechnungslegungspraxis ableiten lassen. Die Gewinnung von GoB über diesen Weg wurde früher mehrheitlich als richtig empfunden. So war es auch die Meinung SCHMALENBACHS, dass sich die GoB aus den Ansichten „der ordentlichen und ehrenwerten Kaufleute“ gewinnen ließen. Diese Formulierung führt jedoch schon zum Hauptproblem des Verfahrens. Denn es ist schwerlich zu bestimmen, wer ein ordentlicher und insbesondere ehrenwerter Kaufmann ist und wer nicht. Dies ist deshalb ein Problem, als dass die rechnungslegenden Kaufleute zwar das nötige Fachwissen zur Beurteilung der Sinnhaftigkeit und Notwendigkeit von GoB besitzen, jedoch nicht über die gebotene Neutralität verfügen. Somit kann nicht gewährleistet werden, dass GoB im Sinne der Gesetzgebung und nicht nur aus Eigeninteresse der entsprechenden Kaufleute entstehen. Das induktive Verfahren wird daher als alleiniges Verfahren heute abgelehnt.

(2) Deduktion

Eine weitere in der Literatur zur Bilanzierung diskutierte Methode stellt die Deduktion (deducere (lat.) = ableiten) dar. Die deduktive Methode versucht, die Gewinnung von GoB aus den Zwecken des Jahresabschlusses zu ermitteln. Problematisch ist jedoch, dass es in der Betriebswirtschaftslehre keine Einigkeit bezüglich der Zwecke des Jahresabschlusses gibt, was auch in den verschiedenen Ansätzen der Bilanztheorien zum Ausdruck kommt. Wie bereits in Abschnitt 3.1.1 erwähnt, lässt sich aber auch aus den Vorschriften des Handelsrechts kein eindeutig dominanter Jahresabschlusszweck entnehmen. Vielmehr stehen Kapitalerhaltung und Rechenschaft nebeneinander. Dadurch ist die Deduktion als Verfahren zur Gewinnung und Auslegung von GoB kritisch zu sehen, da weder ein betriebswirtschaftlich noch ein handelsrechtlich eindeutiger Jahresabschlusszweck erkennbar ist, der für eine widerspruchsfreie Ermittlung und Auslegung von GoB erforderlich wäre.

(3) Hermeneutik

Die Zahl der im Handelsrecht kodifizierten GoB ist durch die Einführung des neuen HGB 1985 stark angestiegen. Dadurch ist ein großer Teil der Bilanzierungsgrundsätze gesetzlich aufgeführt, sodass es heute nicht mehr primär um eine Gewinnung von GoB, sondern vielmehr um die Auslegung von bereits kodifizierten GoB geht. Dazu bietet es sich an, das sog. hermeneutische Verfahren anzuwenden. Dieses stammt aus den Rechtswissenschaften und beschäftigt sich mit der Auslegung von Rechtsnormen. Ziel ist es, betrachtete Vorschriften, hier eben kodifizierte GoB, so zu interpretieren, dass die Intention, die mit der Aufstellung der Vorschrift verbunden war, möglichst gut zur Geltung kommt. Um diesem Ziel gerecht zu werden, ist eine Vorschrift mittels der nachfolgenden Kriterien auszulegen:

1. Wortlaut und Wortsinn des Gesetzestextes,
2. Bedeutungszusammenhang der Vorschrift,
3. Entstehungsgeschichte der Vorschrift,
4. Gesetzesmaterialien und Ansichten des Gesetzgebers,
5. Betriebswirtschaftliche bzw. objektiv-teleologische Gesichtspunkte,
6. Verfassungskonformität.

Es muss also versucht werden, eine Vorschrift im ganzheitlichen Gesetzeszusammenhang und nicht isoliert zu betrachten. Neben dem eigentlichen Wortlaut ist aufgrund der Ganzheitlichkeit auf den Zusammenhang mit anderen GoB und handelsrechtlichen Vorschriften zu achten. Die Entstehungsgeschichte kann anhand von Gesetzentwürfen und Einführungs- und Gestaltungsbegründungen nachvollzogen werden. Durch die Berücksichtigung der Ansichten des Gesetzgebers und die objektiv-teleologischen Gesichtspunkte soll eine Beachtung der intendierten Zwecke hinsichtlich des Jahresabschlusses sowie der Vorschrift selbst erfolgen. Ohne die Gewährleistung der Verfassungskonformität wäre jedes Gesetz hinfällig, sodass die Verfassungskonformität eine strenge Nebenbedingung darstellt.

Zur Gewinnung neuer, noch nicht kodifizierter GoB kann die Hermeneutik in Kombination mit Induktion und Deduktion genutzt werden. In betriebswirtschaftlichen Publikationen existierende Vorschläge müssen auf ihre Konformität mit dem Handelsrecht geprüft werden. Es ist zu prüfen, ob der Vorschlag im Widerspruch zum Gesetzestext steht oder der offensichtlichen Intention des Gesetzgebers bezüglich des GoB entgegensteht. Die Deduktion, mit einigen Abstrichen auch die Induktion, können jeweils zur Gewinnung neuer Ideen durch die Betrachtung der Meinung von Kaufleuten oder einzelner Jahresabschlusszwecke dienen.

3.1.5.3 Bestandteile der GoB

Im Gesetz ist an verschiedenen Stellen die Rede von den Grundsätzen ordnungsmäßiger Buchführung. Es wird jedoch nicht näher darauf eingegangen, aus welchen Bestandteilen sich diese zusammensetzen. Die kodifizierten und nicht kodifizierten GoB lassen sich jedoch zu sechs Obergruppen zusammenfassen. Diese sind in Abb. 3-2 dargestellt. Die GoB stehen allerdings nicht isoliert nebeneinander, sondern bilden ein System zum Teil interdependenter Grundsätze. Auf die Bedeutung sowie die jeweils zugehörigen Grundsätze wird im Folgenden detailliert eingegangen.

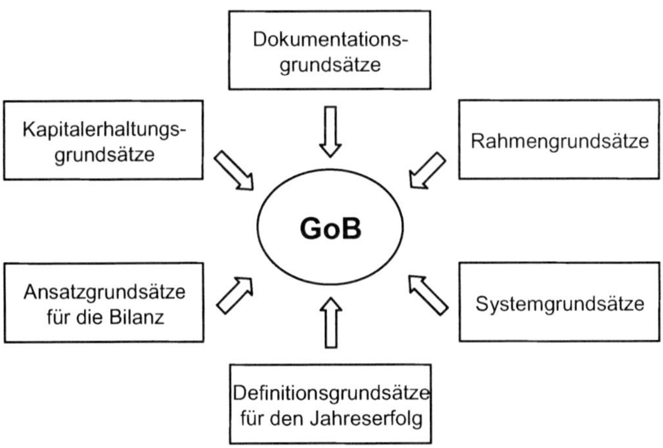

Abb. 3-2: Bestandteile des GoB-Systems[327]

[327] Zur Systematisierung der GoB vgl. auch Baetge, J./Kirsch, H.-J./Thiele, S. [2017], S. 115 ff.

Obwohl stets von Grundsätzen ordnungsmäßiger Buchführung die Rede ist, beziehen sich die Regelungen von fünf der sechs Oberkategorien auf den Jahresabschluss, lediglich die Dokumentationsgrundsätze befassen sich schwerpunktmäßig mit der eigentlichen Buchführung.

(1) Dokumentationsgrundsätze

Wie bereits bei der Betrachtung der Zwecke des Jahresabschlusses angesprochen, können die beiden (Haupt-)zwecke des Jahresabschlusses, Kapitalerhaltung und Rechenschaft, nur auf Basis einer übersichtlichen, vollständigen und nachvollziehbaren Dokumentation aller Geschäftsvorfälle erfüllt werden. Daher ist es auch für die Qualität des Jahresabschlusses von entscheidender Bedeutung, dass eine Buchführung in oben genanntem Sinne durchgeführt wird. Um dies sicherzustellen, existiert eine Reihe von Grundsätzen.

- Grundsatz des systematischen Aufbaus der Buchführung

Der Grundsatz besagt, dass die Buchführung nach der Methode der doppelten Buchführung in der Systematik eines Kontenrahmens durchzuführen ist.

- Grundsatz der Sicherung der Vollständigkeit der Konten

Es ist dafür Sorge zu tragen, dass keine Veränderung oder Beseitigung von Buchungsinhalten stattfindet. Diese Forderung findet sich in § 239 III HGB: „Eine Eintragung oder eine Aufzeichnung darf nicht in einer Weise verändert werden, dass der ursprüngliche Inhalt nicht mehr feststellbar ist.“ Diese Vorschrift erlangt insbesondere durch die mittlerweile fast ausschließlich elektronisch organisierte Buchführung Bedeutung, da sich dadurch die Gefahr von (unbemerkten) Manipulationen wesentlich erhöht hat.[328]

- Grundsatz der vollständigen und verständlichen Aufzeichnung

Jeder Geschäftsvorfall ist im Sinne von § 239 II HGB einzeln, in der zeitlichen Reihenfolge der Vorfälle und zeitnah zu erfassen. Zudem muss gemäß § 239 I HGB eine lebende Sprache verwendet werden. Auch ist es gemäß § 239 III 2 HGB erforderlich, dass bei Korrekturen später erkennbar ist, ob eine Buchung nachträglich verändert wurde. Daraus ergibt sich, dass Korrekturen nur über Storno- oder Korrekturbuchungen vorzunehmen sind.

- Beleggrundsatz

Es gilt der strenge Grundsatz, „keine Buchung ohne Beleg“. Aus dem Beleg müssen der Betrag, der Aussteller und das Ausstellungsdatum hervorgehen. Zudem muss das betroffene Konto klar ersichtlich sein. Sollte für eine bestimmte Buchung kein Beleg vorhanden sein, z. B. bei Abschlussbuchungen, so ist ein Eigenbeleg zu erstellen.

---

[328] Für Praxisbeispiele manipulierter Jahresabschlüsse und deren Konsequenzen siehe Abschnitt 3.6.

- Aufbewahrungs- und Aufstellungsgrundsatz

Gemäß § 257 IV und V HGB ist eine geordnete Aufbewahrung aller Unterlagen je nach Typ von 10 bzw. 6 Jahren sicherzustellen.[329] Die Aufstellung des Jahresabschlusses hat je nach Typ des bilanzierenden Unternehmens innerhalb von 3 bis 12 Monaten nach Bilanzstichtag zu erfolgen.[330]

- Grundsatz der internen Kontrolle

Jedes Unternehmen hat dafür Sorge zu tragen, dass die Zuverlässigkeit und Ordnungsmäßigkeit des Rechnungswesens durch ein auf die Eigenheiten, insbesondere Art und Größe des Unternehmens zugeschnittenes internes Überwachungssystem sichergestellt wird.

- Grundsatz der Klarheit und Nachprüfbarkeit

Entsprechend der in § 238 I 2 HGB festgeschriebenen Generalnorm für die Buchführung wird von der Buchführung gefordert, einem sachverständigen Dritten in angemessener Zeit einen Überblick über die Unternehmensverhältnisse zu ermöglichen. Daher ist eine eindeutige und nachprüfbare Aufzeichnung aller Geschäftsvorfälle nötig.

(2) Rahmengrundsätze

Unter den Rahmengrundsätzen werden all jene Grundsätze zusammengefasst, deren Zweck es ist, die (formalen) Voraussetzungen („den Rahmen") dafür zu schaffen, dass der Jahresabschluss seinen Zweck der Übermittlung von Informationen über die wirtschaftliche Lage und die Vorgänge während des Geschäftsjahres erfüllen kann. Im Einzelnen stellen sich die Grundsätze wie folgt dar.

- Grundsatz der Richtigkeit

Der Grundsatz der Richtigkeit wird in der Literatur oft auch als Grundsatz der Bilanzwahrheit bezeichnet. Sowohl Richtigkeit als auch Wahrheit setzen jedoch eine Eindeutigkeit voraus, die vielfach nicht zu gewährleisten ist. Es gilt vielmehr, dass bei der Erstellung des Jahresabschlusses aus den Aufzeichnungen der Buchführung auf *objektive, intersubjektiv nachprüfbare Regelungen*, wie die anderen GoB und sonstige gesetzliche Regelungen, zurückgegriffen wird. So müssen alle Schulden und Vermögensgegenstände nach objektiven Gesichtspunkten den vorgesehenen Bilanzpositionen zugeordnet werden. Die jeweils zuzuordnenden Werte müssen in Einklang mit den GoB und sonstigen gesetzlichen Regelungen getroffen werden. Problematisch sind jedoch die häufig vorhandenen Spielräume und expliziten Bilanzierungswahlrechte, die eine Objektivität nicht zulassen. Somit kann eine Objektivität der Bilanzierungsentscheidung vielfach nicht mehr gewährleistet werden, da hier auf subjektive Einschätzungen zurückgegriffen werden

[329] Die genaue Aufteilung der Dokumentarten auf die jeweiligen Fristen findet sich in § 257 I HGB i.V.m. § 257 IV HGB.

[330] Siehe zur genaueren Ausführung Abschnitt 3.1.4.

muss. An dieser Stelle ist der Grundsatz der Richtigkeit dahingehend zu verstehen, dass die Bilanzierungsentscheidungen *willkürfrei*, d. h. so getroffen werden, dass alle zu Grunde liegenden Annahmen den tatsächlichen persönlichen Einschätzungen des Erstellers entsprechen und Bilanzmanipulationen unterbleiben.

- Grundsatz der Vergleichbarkeit

Will ein Betrachter der Jahresabschlüsse eines Unternehmens aus verschiedenen Jahren die Entwicklung der Vermögens-, Finanz- und Ertragslage (VFE-Lage) des Unternehmens beurteilen, so ist er darauf angewiesen, dass die Jahresabschlüsse immer in der gleichen Art und Weise erstellt werden. Dazu ist es zunächst von Bedeutung, dass die Schlussbilanz eines Geschäftsjahres der Anfangsbilanz des folgenden Jahres entspricht. Diese sog. *Bilanzidentität* ist in § 252 I 1 HGB kodifiziert.[331] Die *formelle Stetigkeit* fordert vom Jahresabschlussersteller, stets auf die gleichen Gliederungsschemata und -begriffe zurückzugreifen. Für Kapitalgesellschaften und haftungsbeschränkte Personengesellschaften ist sie in § 265 I HGB kodifiziert. Durch die Verpflichtung zur Beachtung der *materiellen Stetigkeit* wird dafür gesorgt, dass die Bewertungen von Vermögensgegenständen und Schulden in aufeinanderfolgenden Jahresabschlüssen auf die gleiche Art und Weise durchgeführt werden.[332] Das heißt, dass z. B. bei der Bewertung eines Vermögensgegenstandes ein einmal gewähltes Bewertungsverfahren, wie z. B. eine bestimmte Abschreibungsmethode, beibehalten werden muss. In begründeten Ausnahmefällen kann davon abgewichen werden, z. B. wenn andere wichtige GoB dadurch verletzt würden. Kapitalgesellschaften und haftungsbeschränkte Personengesellschaften müssen solche *Unstetigkeiten* jedoch *im Anhang erläutern* (§ 265 II S. 2,3 HGB), was wiederum der Vergleichbarkeit von Jahresabschlüssen dient.

- Grundsatz der Klarheit und Übersichtlichkeit

Der Grundsatz der Klarheit und Übersichtlichkeit ist in § 243 II HGB kodifiziert. Er besagt, dass alle Geschäftsvorfälle, Bilanzposten und Erfolgspositionen in formaler Hinsicht so darzustellen sind, dass Buchführung und Jahresabschluss für kundige Betrachter nachprüfbar und nicht irreführend sind. Es soll dadurch eine bewusste Verschleierung von Sachverhalten verhindert werden. Als Ausfluss des Grundsatzes der Klarheit kann auch das Saldierungsverbot in § 246 II HGB gesehen werden, das eine Saldierung von Aktiva und Passiva sowie von Aufwendungen und Erträgen verbietet. Die Zulässigkeit würde die Klarheit und Übersichtlichkeit für den kundigen Betrachter vermindern.

- Grundsatz der Vollständigkeit

Gemäß dem Grundsatz der Vollständigkeit sind im Jahresabschluss alle Vermögensgegenstände, Schulden, Rechnungsabgrenzungsposten sowie Aufwendungen und Erträge zu erfassen. Als Zeitpunkt der Erfassung dieser Positionen ist gemäß dem Stichtagsprinzip aus § 252 I Nr. 3 HGB

---

[331] Ausführlicher zur Bilanzidentität vgl. auch Abschnitt 3.3.1.1.

[332] Vgl. dazu auch Abschnitt 3.3.1.6.

i.V.m. Nr. 4 der Bilanzstichtag vorgegeben. Aus § 242 II HGB geht hervor, dass dieser mit dem Geschäftsjahresende identisch ist. Da der Jahresabschluss i. d. R. nach dem Bilanzstichtag aufgestellt wird, ist zu klären, bis zu welchem Zeitpunkt Informationen für die Jahresabschlusserstellung relevant sind. Hierbei ist zwischen *wertbegründenden* und *wertaufhellenden Informationen* zu unterscheiden. Wertbegründend sind solche Vorfälle, die tatsächlich erst nach dem Bilanzstichtag eintreten. Diese gehören nicht mehr zum alten Geschäftsjahr und sind daher nicht in den Abschluss des abgelaufenen Jahres einzubeziehen. Werden jedoch zwischen Bilanzstichtag und tatsächlicher Aufstellung Informationen bekannt, die für die Beurteilung von Vorfällen relevant sind, die bereits im abgelaufenen Geschäftsjahr vorgefallen sind, so sind diese wertaufhellenden Informationen im Jahresabschluss zu berücksichtigen. Für negative Erfolgsbeiträge (Verluste) ist dies in § 252 I Nr. 4 HGB ausdrücklich vorgeschrieben.

- Grundsatz der Wirtschaftlichkeit und Wesentlichkeit

Der letzte der Rahmengrundsätze besagt, dass der mit der Rechnungslegung erbrachte Informationsnutzen für die Informationsempfänger den Aufwand, der durch die Rechnungslegung verursacht wird, übersteigen muss. Es ist jedoch kaum zu quantifizieren, inwiefern dies der Fall ist. Daher schlagen BAETGE/KIRSCH/THIELE vor, zur besseren Beurteilung auf die Relevanz von zu berücksichtigenden Ereignissen für die Aussagekraft des Abschlusses als Beurteilungskriterium, also die Wesentlichkeit der Informationen für die Vermögens-, Finanz- und Ertragslage zurückzugreifen.[333] Ein solches Relevanzkriterium ist im Gesetz jedoch nicht verankert, sodass vom Abschlussersteller beurteilt werden muss, inwiefern Wirtschaftlichkeits- und Wesentlichkeitsüberlegungen zu einer Vernachlässigung anderer Grundsätze führen dürfen. Durch die Zulässigkeit von Vereinfachungen bei Inventur und Bewertung von Vorratsvermögen trägt auch der Gesetzgeber dem Wirtschaftlichkeitsgrundsatz Rechnung.

(3) Systemgrundsätze

Auf Basis der Systemgrundsätze können andere GoB gemäß der Methodik der Hermeneutik konkretisiert werden und noch nicht vorhandene GoB entwickelt werden, da ihnen Allgemeingültigkeit zugeschrieben wird. Es ist in diesem Fall nicht erforderlich, dies mittels der Deduktion aus den vielschichtigen Jahresabschlusszwecken zu tun. Die Systemgrundsätze erfüllen eine Art Klammerfunktion zwischen den Jahresabschlusszwecken und den restlichen GoB. Durch diese generellen Regeln für die restlichen GoB soll „die Einheitlichkeit, die Folgerichtigkeit und die einheitliche Bezugsbasis des GoB-Systems“[334] gewährleistet werden.

- Going-Concern-Grundsatz

Der in § 252 I Nr. 2 HGB kodifizierte Going-Concern-Grundsatz[335] besagt, dass bei der Wahl des Wertansatzes in der Bilanz stets von der Fortführung der Unternehmenstätigkeit auszugehen

[333] Vgl. Baetge, J./Kirsch, H.-J./Thiele, S. [2017], S. 123 f.
[334] Baetge, J./Kirsch, H.-J./Thiele, S. [2017], S. 124.
[335] Zum Going-Concern-Grundsatz vgl. auch Abschnitt 3.3.1.2.

ist, solange dem nicht tatsächliche oder rechtliche Gegebenheiten entgegenstehen. Ein bloßer Zweifel an der Fortführung der Unternehmenstätigkeit ist im Sinne des Grundsatzes noch nicht als eine solche Gegebenheit anzusehen. Für die bilanzielle Bewertung bedeutet dies, dass nicht mit den Werten gearbeitet werden darf, die Vermögensgegenstände bei ihrer Veräußerung erzielen würden bzw. für Schulden bei Zahlungserfüllung zu erbringen wären, bis eine tatsächliche Liquidation des Unternehmens beschlossen oder notwendig ist.

- Grundsatz der Pagatorik

Der Grundsatz der Pagatorik[336]besagt, dass im handelsrechtlichen Jahresabschluss nur solche Vorfälle berücksichtigt werden dürfen, die sich auf vergangene oder zukünftige Zahlungen zurückführen lassen. Er wird durch die Regelung in § 252 I Nr. 5 HGB deutlich, die eine *periodengerechte Zuordnung* von Auszahlungen zu Aufwendungen und Einzahlungen zu Erträgen fordert. Nur durch den Rückgriff auf Ein- und Auszahlungen ist eine Objektivierung des Wertmaßstabes gewährleistet. Anders als in der Kostenrechnung ist die Einbeziehung von kalkulatorischen Elementen somit nicht zulässig.[337]

- Grundsatz der Einzelbewertung[338]

Entsprechend der Regelung des § 252 I Nr. 3 HGB sind alle Vermögensgegenstände und Schulden für die Jahresabschlusserstellung *einzeln* zu bewerten. Daraus ergibt sich wiederum das bereits beim Grundsatz der Klarheit und Übersichtlichkeit erwähnte Saldierungsverbot. Durch die einzelne Bewertung aller Posten wird versucht, ein hohes Maß an Objektivität zu erreichen, da so eine möglichst gute Nachvollziehbarkeit für außenstehende Dritte ermöglicht werden soll. Auch verhindert der Grundsatz der Einzelbewertung eine auf subjektiven Einschätzungen basierende Bewertung des Gesamtunternehmens. Dem Grundsatz der Wirtschaftlichkeit und Wesentlichkeit Rechnung tragend, lässt der Gesetzgeber im Bereich der Bewertung des Vorratsvermögens jedoch Ausnahmen zu.[339]

(4) Definitionsgrundsätze für den Jahreserfolg

Die Definitionsgrundsätze für den Jahreserfolg sollen dafür Sorge tragen, dass der Jahresabschluss einen periodengerechten Erfolgsausweis beinhaltet. Durch sie wird festgelegt, welche Zahlungen in der GuV und welche in der Bilanz zu berücksichtigen sind. Die Definitionsgrundsätze ergeben sich vornehmlich aus dem Rechenschaftszweck.

- Realisationsprinzip

Das in § 252 I Nr. 4 2. Halbsatz HGB kodifizierte Realisationsprinzip fordert, dass alle vom Unternehmen selbsterstellten oder -bezogenen Güter solange mit ihren Anschaffungs- bzw. Herstellungskosten bewertet werden, bis ein Verkauf tatsächlich stattgefunden hat. Bis zu diesem

---

[336] Zum Grundsatz der Pagatorik vgl. auch Abschnitt 3.3.1.5.

[337] Vgl. dazu auch Abschnitt 2.4.5.

[338] Vgl. hierzu auch Abschnitt 3.3.1.3.

[339] Zu Ausnahmen vgl. Abschnitt 3.3.4.

Zeitpunkt muss vermieden werden, dass ein Beitrag eines Guts zum Periodenerfolg berücksichtigt wird. Denn erst durch den Verkauf kann objektiv der entsprechende Erfolgsbeitrag festgestellt werden. Der tatsächliche Zeitpunkt des Verkaufs ist dann gegeben, wenn die in einem Kaufvertrag vereinbarte Lieferung oder Leistung den Verfügungsbereich des Unternehmens verlassen hat und abgerechnet werden kann. Damit kann also die Berücksichtigung eines Vorgangs bereits vor der eigentlichen Zahlung geschehen. Durch die Abrechnungsfähigkeit ist, durch das verbundene durchsetzbare Recht auf die zukünftige Zahlung, die entsprechende Zahlung als hinreichend sicher anzusehen. Das Realisationsprinzip stellt daher keine Verletzung des Grundsatzes der Pagatorik dar, da sich die Werthöhe nach dem Verkaufspreis und damit nach einer zukünftigen Zahlung richtet.

- Abgrenzung der Sache und der Zeit nach

Der Grundsatz der *Abgrenzung der Sache* nach fordert, dass alle Aufwendungen, die zur Erzielung von Erträgen angefallen sind, den entsprechenden Erträgen gegenüberzustellen sind und damit in der jeweiligen Periode berücksichtigt werden. Sind Aufwendungen nicht direkt zuzurechnen, muss eine anteilige Zurechnung vorgenommen werden. Ein Beispiel für eine direkte Zurechnung ist der Aufwand durch Materialverbrauch, der bei der Erstellung eines Produkts anfällt. Eine indirekte Zurechnung liegt z. B. vor, wenn der Aufwand durch den Wertverlust von Maschinen mittels Abschreibungen auf verschiedene Perioden verteilt wird, in denen auf diesen Maschinen Produkte erzeugt werden.

Entsprechend dem Grundsatz der *Abgrenzung der Zeit* nach müssen alle zeitraumbezogenen Auszahlungen bzw. Einzahlungen zeitanteilig als Aufwand bzw. Ertrag auf die betroffenen Perioden verteilt werden. Als Beispiel für eine zeitraumbezogene Zahlung kann eine Mietzahlung genannt werden, die als Gegenleistung für die Überlassung eines bestimmten Objektes für einen bestimmten Zeitraum entrichtet wird.

(5) Ansatzgrundsätze für die Bilanz

Ziel der Ansatzgrundsätze ist es zu regeln, welche Vorfälle während eines Geschäftsjahres in der Bilanz zu berücksichtigen sind. Sie legen fest, was als Vermögensgegenstand auf der Aktivseite (Aktivierungsgrundsatz) bzw. als Schuld (Passivierungsgrundsatz) auf der Passivseite der Bilanz anzusetzen ist. Die beiden Grundsätze sollen an dieser Stelle nur knapp erläutert werden, da sie in Abschnitt 3.2.2 aufgrund ihrer Bedeutung für die Ansatzentscheidung ausführlich dargestellt werden.

- Aktivierungsgrundsatz

Der Aktivierungsgrundsatz definiert die Kriterien, die vorliegen müssen, damit im Sinne der GoB ein Vermögensgegenstand vorliegt. Erfüllt ein Gut diese Kriterien, die in Abschnitt 3.2.2.2 erläutert werden, so gilt es im Sinne der GoB als Vermögensgegenstand und ist damit abstrakt aktivierungsfähig. Ob eine Aktivierung allerdings tatsächlich möglich ist, kann durch das Vorliegen der abstrakten Aktivierungsfähigkeit nicht sicher gesagt werden, da die handelsrechtlichen

Vorschriften z. T. der Konzeption des Aktivierungsgrundsatzes entgegenstehen, sodass in einigen Fällen eine tatsächliche Aktivierung abstrakt aktivierungsfähiger Güter untersagt bzw. der Ansatz nicht abstrakt aktivierungsfähiger Güter handelsrechtlich zulässig ist. Das Vorliegen der handelsrechtlichen Aktivierungsfähigkeit wird als konkrete Aktivierungsfähigkeit bezeichnet. Wie dargestellt, sind abstrakte und konkrete Aktivierungsfähigkeit nicht deckungsgleich.

- Passivierungsgrundsatz

Analog zum Aktivierungsgrundsatz definiert der Passivierungsgrundsatz drei Kriterien, bei deren Erfüllung eine Schuld und damit abstrakte Passivierungsfähigkeit vorliegt. Wie im Aktivierungsfall ist die abstrakte jedoch nicht kongruent mit der konkreten Passivierungsfähigkeit. Zusätzlich zu den Schulden ist auch das Eigenkapital als Residualgröße aus Vermögensgegenständen und Schulden passivierungsfähig.

(6) Kapitalerhaltungsgrundsätze

Während die Definitionsgrundsätze vornehmlich dem Rechenschaftszweck Ausdruck verleihen, ergeben sich die Kapitalerhaltungsgrundsätze insbesondere aus dem Kapitalerhaltungszweck. Da der Jahresabschluss wie bereits erwähnt die Grundlage für die Entscheidung ist, wie viel Euro ausgeschüttet werden, ist die Höhe des Jahresüberschusses für die Kapitalerhaltung von besonderer Bedeutung. Denn im Sinne der Kapitalerhaltung sollte möglichst wenig Geld aus dem Unternehmen entnommen werden. Die Kapitalerhaltungsgrundsätze zielen daher darauf ab, eine zu optimistische Ermittlung des Jahresüberschusses zu vermeiden.

- Imparitätsprinzip

Gemäß dem Realisationsprinzip ist ein positiver Erfolgsbeitrag erst dann im Jahresabschluss zu berücksichtigen, wenn ein Verkauf des entsprechenden Guts tatsächlich erfolgt ist. Das Imparitätsprinzip (impars = ungleich) fordert hingegen, dass zukünftige, noch nicht realisierte, negativ erfolgswirksame Vorgänge in den Jahresabschluss aufgenommen werden, wenn ihre Entstehungsursache in der abgelaufenen Periode liegt. Ziel dieser ungleichen Behandlung von positiven und negativen Erfolgsbeiträgen ist es, durch eine vorsichtige Ermittlung des Jahreserfolges eine unangemessen hohe Gewinnausschüttung und eine dadurch eventuell verursachte Eigenkapitalreduktion zu verhindern. Durch die Vorwegnahme von Verlusten soll die damit verbundene vorsichtige Ermittlung des Jahresabschlusses als Grundlage der Ausschüttungsentscheidung die Gefahr einer zu hohen Ausschüttung vermindern. Damit soll im Sinne des Gläubigerschutzes erreicht werden, dass der vorhandene Kapitalsockel zumindest konstant gehalten wird.

- Vorsichtsprinzip

Das Vorsichtsprinzip als zweiter Kapitalerhaltungsgrundsatz schreibt allen Kaufleuten vor, Vermögensgegenstände und Schulden vorsichtig zu bewerten. Dieser Grundsatz kommt insbesondere bei der Einschätzung zukünftiger Vorfälle zum Tragen. Gilt es hier einen Wert anzusetzen, der nicht genau quantifiziert werden kann, so besagt das Vorsichtsprinzip, dass Vermögensgegenstände nicht zu hoch bewertet und Schulden nicht zu niedrig angesetzt werden dürfen. Dieses Prinzip ist jedoch nicht dahingehend misszuverstehen, dass für Vermögensgegenstände ein möglichst niedriger und für Schulden ein möglichst hoher Wert angesetzt werden sollte. Ein solches Vorgehen würde dem Rechenschaftszweck zuwiderlaufen und verhindern, dass ein möglichst genaues Bild der Vermögens-, Finanz- und Ertragslage des Unternehmens abgegeben würde. Vielmehr sollte zwar vorsichtig, aber nicht unrealistisch bewertet werden.

3.1.5.4 Auswirkungen der GoB

Die GoB wirken sich in zweierlei Weise auf den Jahresabschluss aus. Einerseits haben sie *formelle Auswirkungen* dahingehend, dass die GoB determinieren, welche formalen Anforderungen Buchführung und Jahresabschluss zu erfüllen haben. Für die Buchführung zielen im Grunde alle Dokumentationsgrundsätze auf deren formale Gestaltung ab. Für den Jahresabschluss ergeben sich durch die Forderung nach Klarheit und Übersichtlichkeit bestimmte formale Auswirkungen, die sich für Kapitalgesellschaften und haftungsbeschränkte Personengesellschaften insbesondere in der vorgeschriebenen Verwendung von Gliederungsschemata für Bilanz und GuV gemäß §§ 266 und 275 HGB niederschlagen.

Andererseits ergeben sich aus den GoB *materielle Auswirkungen*, da die GoB mitbestimmen, was in den Jahresabschluss aufgenommen und in welcher Höhe es angesetzt wird. Die GoB können, wenn auch nicht immer trennscharf, in solche unterteilt werden, die für die Entscheidung relevant sind, was in den Jahresabschluss aufgenommen wird und solche, die determinieren, in welcher Höhe eine aufgenommene Position bewertet wird. Die Entscheidung, ob etwas aufgenommen wird, entspricht der Bilanzierung dem Grunde nach. Sie kann als Bilanzierung im engeren Sinne gesehen werden. Die Entscheidung über die Bewertung einer Position wird als Bilanzierung der Höhe nach bezeichnet. Das Vorgehen und die Regelungen der Bilanzierung werden im Folgenden in Abschnitt 3.2, Vorgehen und Regelungen der Bewertung in Abschnitt 3.3 behandelt. Abschließend gibt Tab. 3-1 einen Überblick über alle GoB in der oben dargestellten Systematik, gegebenenfalls mit dem „Ort" ihrer Kodifizierung im HGB.

I. Dokumentationsgrundsätze				
	Grundsatz	*Inhalt*	*Fundstelle*	*Insbes. relevant für*
a)	Systematischer Aufbau der Buchführung	Verwendung von doppelter Buchführung und Kontenrahmen	Nicht kodifiziert	Buchführung
b)	Sicherung der Vollständigkeit der Konten	Verhinderung der Veränderung/ Beseitigung von Buchungsinhalten	§ 239 III	Buchführung

c)	Vollständige und verständliche Aufzeichnung	Zeitnahe, chronologische und einzelne Buchungen, Korrekturen erkennbar machen, lebende Sprache verwenden	§ 239 I, II, III 2	Buchführung
d)	Beleggrundsatz	Keine Buchung ohne Beleg	Nicht kodifiziert	Buchführung
e)	Aufbewahrungs- und Aufstellungsgrundsatz	Aufbewahrung aller Unterlagen 6 oder 10 Jahre, Aufstellung des Abschlusses in 3 - 12 Monaten	§§ 243 III, 257 I, IV, V, 264 I 2	Buchführung, allgem. Regelung
f)	Grundsatz der internen Kontrolle	Rechnungswesen muss intern kontrolliert werden	Nicht kodifiziert	Buchführung
g)	Grundsatz der Klarheit und Nachprüfbarkeit	Notwendigkeit eindeutiger und nachprüfbarer Aufzeichnung	§ 238 I	Buchführung
II. Rahmengrundsätze				
a)	Grundsatz der Richtigkeit	Zurückgreifen auf objektive Regelungen zur Abschlusserstellung (Objektivität) und willkürfreies Treffen von subjektiven Entscheidungen (Willkürfreiheit)	Nicht kodifiziert	Bilanzierung der Höhe nach
b)	Grundsatz der Vergleichbarkeit	Anfangsbilanz = Endbilanz (Bilanzidentität), Verwendung gleicher Gliederungsschemata und -begriffe (formelle Stetigkeit) und Wertermittlung mit gleichbleibenden Verfahren (materielle Stetigkeit)	§§ 252 I Nr. 1, 6; 265 I, II	Bilanzierung dem Grunde (formelle) und der Höhe nach (Identität, materielle)
c)	Grundsatz der Klarheit und Übersichtlichkeit	Formale Darstellung für kundige Betrachter gut nachvollziehbar	§ 243 II	Allgemeine Regelung
d)	Grundsatz der Vollständigkeit	Ausweis sämtlicher Vermögensgegenstände, Schulden, RAP, Aufwendungen und Erträge	§§ 239 II, 246 I, 252 I Nr. 3, 4	Bilanzierung dem Grunde nach
e)	Wirtschaftlichkeit und Wesentlichkeit	Abweichung von einzelnen GoB zulässig, wenn Aufwand der Einhaltung größer als Nutzen für Informationsempfänger	Nicht kodifiziert	Bilanzierung der Höhe nach
III. Systemgrundsätze				
a)	Going Concern Grundsatz	Bei Wertansatz von Fortführung der Unternehmenstätigkeit ausgehen	§ 252 I Nr. 2	Bilanzierung der Höhe nach
b)	Pagatorik	Nur Berücksichtigung von Vorgängen auf Basis von Zahlungen	§ 252 I Nr. 5	Bilanzierung der Höhe und dem Grunde nach
c)	Einzelbewertung	Einzelne Bewertung aller Vermögensgegenstände und Schulden	§ 252 I Nr. 3	Bilanzierung der Höhe nach
IV. Definitionsgrundsätze für den Jahreserfolg				
a)	Realisationsprinzip	Berücksichtigung von Erträgen erst bei tatsächlicher Umsatzrealisierung	§ 252 I Nr. 4 2. Halbsatz	Bilanzierung der Höhe und dem Grunde nach

b)	Abgrenzung der Sache und Zeit nach	Bei Kausalität Zuordnung von Aufwendungen zu Erträgen (*der Sache nach*) und Verteilung von zeitraumbezogenen Erfolgsbeiträgen auf entsprechende Perioden (*der Zeit nach*)	Grundlage in § 252 I Nr. 5	Bilanzierung der Höhe und dem Grunde nach
V. Ansatzgrundsätze für die Bilanz				
a)	Aktivierungsgrundsatz	Definition von Kriterien, die zur abstrakten Aktivierungsfähigkeit führen	Nicht kodifiziert	Bilanzierung dem Grunde nach
b)	Passivierungsgrundsatz	Definition von Kriterien, die zur abstrakten Passivierungsfähigkeit führen	Nicht kodifiziert	Bilanzierung dem Grunde nach
VI. Kapitalerhaltungsgrundsätze				
a)	Imparitätsprinzip	Ungleiche Behandlung von unrealisierten Erträgen und Aufwendungen: Gebot der Berücksichtigung von unrealisierten Verlusten	§ 252 I Nr. 4	Bilanzierung der Höhe und dem Grunde nach
b)	Vorsichtsprinzip	Vorsichtige Bewertung von Vermögensgegenständen und Schulden	§ 252 I Nr. 4	Bilanzierung der Höhe nach

Tab. 3-1: Übersicht und Klassifizierung der GoB

Lernfragen zu 3.1

1. Welches sind die drei Zwecke des handelsrechtlichen Jahresabschlusses?

2. Worin unterscheiden sich die statische, die dynamische und die organische Bilanztheorie?

4. Grenzen Sie das Realisationsprinzip vom Imparitätsprinzip und vom Vorsichtsprinzip ab!

Literaturhinweise zu 3.1

Baetge, J./Kirsch, H.-J./Thiele, S. [2017], Bilanzen, 14. Aufl., Düsseldorf 2017, S. 93 - 144.

Bitz, M./Schneeloch, D./Wittstock, W./Patek, G. [2014], Der Jahresabschluß: Nationale und internationale Rechtsvorschriften, Analyse, Politik, 6. Aufl., München 2014, S. 40 - 57.

Coenenberg, A. G./Haller, A./Schultze, W. [2016], Jahresabschluss und Jahresabschlussanalyse, 24. Aufl., Stuttgart 2016, S. 17 - 25.

Federmann, R. [2010], Bilanzierung nach Handelsrecht, Steuerrecht und IAS-IFRS – Gemeinsamkeiten, Unterschiede und Abhängigkeiten von Handels- und Steuerbilanz unter Berücksichtigung internationaler Rechnungslegungsstandards, 12. Aufl., Berlin 2010, S. 189 - 195.

Heinhold, M. [1996], Der Jahresabschluss, 4. Aufl., München 1996, S. 40 - 43.

Leffson, U. [1987], Die Grundsätze ordnungsmäßiger Buchführung, 7. Aufl., Düsseldorf 1987, S. 17 - 63.

Fallbeispiel Teil VII: Problemübersicht in der Großbrot AG

Christians Prognose hat sich bewahrheitet. In der Tat hat er in der Klausur eine 1,7. Die Durchfallquote liegt zwar, wie in den vergangenen Semestern, wieder recht hoch. Die Durchschnittsnote erscheint aber auch im Vergleich zu den restlichen Klausuren des Bachelorstudiums in seinen Augen in Ordnung. Viele seiner Kommilitonen sind mittlerweile aus den heimatlichen Gefilden zurückgekehrt, so dass der gestrige Abend nach der Notenbekanntgabe zuerst im Bullenkopp und dann im Go-Go zu einem Riesenerfolg wurde. Von dort aus ist der Nordstern natürlich wieder die letzte Anlaufstelle gewesen.

Das Semester verläuft wie erwartet. Um das Studium in der geplanten Zeit schaffen zu können, muss er in diesem Semester noch einige Klausuren schreiben. Gerade die ersten beiden Vorlesungswochen erweisen sich wiederum als Härtetest. Einerseits will man natürlich alle Vorlesungen hören, um sich selbst ein Bild über die Notwendigkeit des Besuchs der Veranstaltung zu machen. Andererseits ist das Partyangebot gerade zu Semesterbeginn traditionell hervorragend. In zwei Wochen würde auch schon wieder die „WiWi Party" stattfinden.

Die Wochen bis zum Weihnachtsmarkt vergehen sehr rasch. Gaby erzählt ihm bei einem gemeinsamen Glühwein, dass sie mit Herrn Wiedeke gesprochen hat und dieser sich auf jeden Fall noch im Laufe der Woche mit Christian in Verbindung setzen wolle, um die Rahmendaten des nächsten Praktikums abzustimmen. Diese Nachricht stößt bei Christian auf Erleichterung. Er hat sich in den letzten Wochen des Öfteren gefragt, ob Herr Wiedeke sich wirklich melden würde, um ihm ein zweites Praktikum zu ermöglichen. Zwei Tage später ruft dieser ihn an. Vorbehaltlich ungünstig liegender Klausuren gibt Christian an, dass er sein Praktikum gerne Anfang März für eine Dauer von sechs Wochen absolvieren würde. Herr Wiedeke teilt ihm mit, dass dies in Ordnung sei und er dieses Mal wiederum für die Großbrot AG arbeiten würde. Allerdings, und dies schien sowohl bei Christian als auch bei Herrn Wiedeke Erleichterung hervorzurufen, würde er aufgrund des dort vorherrschenden Platzmangels erneut in der Zentrale in Balve eingesetzt. „Die Fragen, mit denen wir uns dann beschäftigen müssen, hängen nicht unbedingt von operativen Fragestellungen ab. Hier ist Basiswissen im Bereich des externen Rechnungswesens gefragt. Wir bemühen uns zwar, uns in den kommenden Jahren an die internationalen Rechnungslegungsstandards anzupassen, bislang bilanziert die Großbrot AG aber ausschließlich noch nach dem Handelsgesetzbuch." Diese Worte stoßen bei Christian auf Erleichterung. Er hat zwar schon von den Rechnungslegungsstandards IAS/IFRS und US-GAAP gehört. Im Studium wurde bislang allerdings ausschließlich Bilanzierung nach dem Handelsgesetzbuch gelehrt.

Die Klausuren dauern bis zum 27. Februar, so dass Christian sein Praktikum Anfang März beginnen kann. Am ersten Montag im März macht er sich auf den Weg nach Balve, um sich dort mit Herrn Wiedeke zu treffen. Dieser ist nach wie vor sehr froh, Christian wieder für ein Praktikum gewonnen zu haben. Von seiner Fachkompetenz im Bereich des internen Rechnungswesens, aber auch von seiner sozialen Kompetenz, hat er sich bereits während des letzten Praktikums überzeugen können. Herr Wiedeke hofft erneut auf eine gute Zusammenarbeit. In diesem Jahr will man unbedingt das Desaster des letzten Jahres vermeiden. Damals hat es jede

Menge Ärger mit den Wirtschaftsprüfern gegeben, weil viele Dinge in der Bilanz aufgeführt worden sind, die dort einerseits nicht hätten angesetzt werden dürfen; andererseits wurden viele Daten schlichtweg vergessen.

Herr Wiedeke überreicht Christian zwei Versionen des Jahresabschlusses des Jahres 2010. Die erste Version ist die vorläufige der Großbrot AG. Hierbei handelt es sich um den Jahresabschluss, den die Buchhaltungsabteilung vorbereitet hatte. Überall kleben kleine Zettel mit kritischen Anmerkungen an den Unterlagen. Bei dem zweiten Jahresabschluss handelt es sich um den testierten Jahresabschluss der Großbrot AG. Als erstes betrachtet Christian den Jahresüberschuss der beiden Versionen. Die Zahlen weichen erheblich voneinander ab. Anschließend durchsucht er die fehlerhafte Version nach Hinweisen. Beim Durchblättern des nicht testierten Abschlusses fällt ihm folgende Notiz des Wirtschaftsprüfers in die Hände:

MÄNGELLISTE GROSSBROT AG

Nachfolgend sind wesentliche Mängel aufgeführt, die uns bei der Prüfung des Jahresabschlusses der Großbrot AG wiederholt aufgefallen und als schwerwiegend zu klassifizieren sind:

1. Ausgeprägte Schwächen bei Bilanzierungsentscheidungen (Vermögensgegenstände und Schulden)
2. Unzureichendes Wissen über Wertberichtigungen und Rechnungsabgrenzungsposten
3. Keine Kenntnis über die Bestandteile der Anschaffungskosten
4. Anlagegitter gleicht mehr einem Kreuzworträtsel als einer aussagefähigen Zusammensetzung des Anlagevermögens
5. Keine Kenntnisse über die Verwendung alternativer Termini bei der Gewinnverwendung

Mellen, den 27.03.2011

Kohlhaas

Gez. Kohlhaas

Der Anblick dieser Mängelliste lässt Christian zunächst aufschrecken. Kurz darauf muss er allerdings ein wenig Schmunzeln. Zweifelsohne sind die Anmerkungen des Wirtschaftsprüfers als sehr negativ – sogar nahezu erschreckend – einzustufen. Gleichzeitig sind die Ausführungen in seinen Augen aber auch beruhigend. Punkt für Punkt geht er die Kritik noch einmal durch. Er stellt bei jedem Punkt fest, dass er die Thematik ausführlich in der Vorlesung behandelt hat. In der überwiegenden Anzahl der Fälle hat er darüber hinaus in den Tutorien Übungsaufgaben hierzu erhalten und selbständig gelöst. Von Stunde zu Stunde schwinden seine ursprünglich vorhandenen Bedenken, dem Praktikum nicht gewachsen zu sein.

Während sich Christian seinen alten Arbeitsplatz wieder einrichtet, betritt Herr Wiedeke den Raum. Begleitet wird er von Petra, die sichtlich erfreut ist, dass sie Christian wiedersieht. Während des letzten halben Jahres blieb er mit Petra in regem Mailkontakt. Einerseits hatten sich die beiden während seines ersten Praktikums bei der Großbrot gut verstanden. Andererseits hielt Petra Christian immer über aktuelle Entwicklungen in der Großbrot AG auf dem Laufenden. Von ihr weiß er auch, dass sich die Personalsituation im externen Rechnungswesen dramatisch verändert hat. Die Brot & Brötchen AG hat sich von dem für die Aufstellung des Einzelabschlusses zuständigen Mitarbeiter Kandal getrennt. Stattdessen wurde vor einigen Monaten Herr Nordhorn eingestellt. Erst jetzt bemerkt Christian, dass auch Herr Nordhorn das Büro betreten hat. Nach Christians Meinung kann dieser höchstens fünf Jahre älter sein als er.

Nachdem Petra nach einer festen Umarmung und einer nahezu überschwänglichen Begrüßung das Büro verlassen hat, erklärt Herr Wiedeke Christian die aktuelle Situation. Ausführlich beschreibt er die Beweggründe, die die Brot & Brötchen AG dazu veranlassen mussten, sich von Herrn Kandal zu trennen. Es klang wie ein Horrormärchen. Nachdem ihn seine Frau verlassen hatte, begann für Herrn Kandal der soziale Abstieg. Momentan befindet er sich in ärztlicher Behandlung in einer geschlossenen Anstalt. So schlimm seine persönliche Situation auch war, verschärft wurde die Angelegenheit durch die Tatsache, dass er in den letzten Jahren sämtliches Know-how auf sich gezogen hatte. Er war als Eigenbrötler im Unternehmen schon länger bekannt, hatte seine Arbeit aber bislang immer sehr zuverlässig in Eigenregie geleistet. Lange Zeit blieb daher seine soziale Situation unentdeckt. Erst bei der Aufstellung des Jahresabschlusses 2010 wurden die Schwierigkeiten offenkundig. Eine spätere Rückkehr von Herrn Kandal will Herr Wiedeke zum jetzigen Zeitpunkt nicht ausschließen. Zunächst einmal ist aber Herr Nordhorn als Nachfolger eingestellt worden.

Laut Herrn Wiedeke soll das bevorstehende Praktikum wie folgt ablaufen. Herr Nordhorn ist verantwortlich für die Erstellung des Jahresabschlusses und die korrekte Buchung aller Geschäftsvorfälle. Zu seiner Unterstützung ist es Christians alleinige Aufgabe, Herrn Nordhorn hierbei behilflich zu sein. Dann verlässt Herr Wiedeke den Raum und Christian und Herr Nordhorn sind allein. „Ich bin übrigens Daniel“, eröffnet Herr Nordhorn das Gespräch. „Ich fände es besser, wenn wir uns duzen würden, wegen des Arbeitsklimas.“ Natürlich hat Christian nichts dagegen. Vielmehr findet er Daniel von Anfang an sehr sympathisch und freut sich auf die gemeinsame Arbeit. Die beiden beschließen – zunächst einmal jeder für sich allein – ein paar Tage die Mängel des letztjährigen Jahresabschlusses durchzugehen sowie den testierten und den vorläufigen Abschluss miteinander zu vergleichen. Für übermorgen vereinbaren die beiden ein Treffen, um die Themen zu besprechen.

Zunächst betrachtet Christian noch einmal den testierten Jahresabschluss des Geschäftsjahres 2010. Kritisch begutachtet er die vor ihm liegende Bilanz. Darüber hinaus betrachtet er abermals die dazugehörige Gewinn- und Verlustrechnung sowie das zusammengefasste Anlagenspiegel des Geschäftsjahres 2010.

Bilanz der Großbrot AG zum 31.12.2010

A. Anlagevermögen		**A. Eigenkapital**	
I. Immaterielle Vermögensgegenstände		I. Gezeichnetes Kapital	**835.000**
2. Konzessionen und Schutzrechte	*70.810*	II. Kapitalrücklage	**2.120.000**
	70.810	III. Gewinnrücklagen	
		1. Gesetzliche Rücklage	*159.005*
II. Sachanlagen		4. Andere Gewinnrücklagen	*468.893*
1. Grundstücke und Bauten	*2.301.387*		**627.898**
2. Technische Anlagen u. Maschinen	*1.282.195*	V. Jahresüberschuss / -fehlbetrag	**75.674**
3. Andere Anlagen, BuG	*732.028*		**3.658.572**
	4.315.610		
		B. Rückstellungen	
III. Finanzanlagen		1. Pensionsrückstellungen	209.877
5. Wertpapiere des Anlagevermögens	*202.313*	3. Sonstige Rückstellungen	26.819
	202.313		**236.696**
	4.588.733		
B. Umlaufvermögen		**C. Verbindlichkeiten**	
I. Vorräte		2. Verbindlichkeiten gg. Kreditinstituten	*1.963.126*
1. Roh-, Hilfs- und Betriebsstoffe	*314.984*	*davon kurzfristig*	*844.144*
2. Unfertige Erzeugnisse / Leistungen	*12.528*	4. Verbindlichkeiten aus Lieferung u. Leistung	*1.465.372*
3. Fertige Erzeugnisse und Waren	*96.601*	*davon kurzfristig*	*849.916*
	424.113	8. Sonstige Verbindlichkeiten	*265.430*
			3.693.928
II. Forderungen und sonstige VG			
1. Forderungen aus Lieferung u. Leistung	*1.890.315*		
4. Sonstige Vermögensgegenstände	*445.637*		
	2.335.952		
IV. Kassenbestand	**161.729**		
	2.921.794		
C. Rechnungsabgrenzungsposten	**78.669**		
	7.589.196		**7.589.196**

Tab. FB 19: Bilanz der Großbrot AG zum 31.12.2010

Gewinn- und Verlustrechnung der Großbrot AG für den Zeitraum vom 1. Januar 2010 bis zum 31. Dezember 2010

1.	Bruttoumsatzerlöse	19.556.545
2.	Erlösschmälerungen	2.563.338
3.	**Umsatzerlöse**	**16.993.207**
4.	Herstellungs- und Einstandskosten der zur Erzielung der Umsatzerlöse erbrachten Leistungen	10.259.828
5.	**Bruttoergebnis vom Umsatz**	**6.733.379**
6.	Vertriebskosten	5.739.276
7.	Allgemeine Verwaltungskosten	721.861
8.	Sonstige betriebliche Erträge	758.028
9.	Sonstiger betrieblicher Aufwand	298.676
10.	Sonstige Zinsen und ähnliche Erträge	10.784
11.	Zinsen und ähnlicher Aufwand	396.523
12.	**Ergebnis der gewöhnlichen Geschäftstätigkeit**	**345.855**
13.	Außerordentliche Erträge[340]	18.969
14.	Außerordentliche Aufwendungen	75.932
15.	**Außerordentliches Ergebnis**	**-56.963**
16.	Steuern vom Einkommen und Ertrag	151.876
17.	Sonstige Steuern	61.342
18.	**Jahresüberschuss /-fehlbetrag**	**75.674**

[340] Durch das Bilanzrichtlinie-Umsetzungsgesetz (BilRUG) werden ab dem 01.01.2016 die gesonderten Posten *außerordentlichen Erträge* und *außerordentliche Aufwendungen* im GuV-Gliederungsschema gestrichen.

Tab. FB 20: Gewinn- und Verlustrechnung der Großbrot AG für das Jahr 2010

Positionen des Anlagever-mögens	Historische AK/HK	Zugänge	Abgänge	Umbuchungen	Zuschreibungen	Abschreibungen (kumuliert)	Restbuchwert 31.12.2010	Restbuchwert Vorjahr	Abschreibungen 2010
Konzessionen und Schutzrechte	95.250					24.440	70.810	79.667	8.857
Grundstücke und Bauten	3.500.852		457.121			742.344	2.301.387	2.668.758	78.958
Technische Anlagen u. Maschinen	4.587.215	412.586			18.527	3.736.135	1.282.194	1.636.235	785.154
Andere Anlagen, BuG	1.241.742					509.714	732.028	818.379	86.351

Tab. FB 21: Anlagengitter der Großbrot AG des Jahres 2010

Christian erachtet es als sinnvoll, sich mit dem testierten Jahresabschluss des Geschäftsjahres 2010 auseinander zu setzen. Anschließend würden Daniel und er folgende wesentlichen Fragestellungen für die Erstellung des Abschlusses des Geschäftsjahres 2011 beantworten, die Daniel bereits vorab ausformuliert hat:

1. Wie lassen sich die fehlenden Werte des Anlagengitters im Geschäftsjahr 2011 ermitteln? Damit eng verknüpft ist die Frage, welche Ansätze in der Bilanz zum 31.12.2011 anzugeben sind. Außerdem müssen die Abschreibungswerte des Jahres 2011 in der Gewinn- und Verlustrechnung unter der Position „Herstellungs- und Einstandskosten der zur Erzielung der Umsatzerlöse erbrachten Leistungen" erfasst werden! Fraglich ist, in welcher Höhe?
2. Welcher Betrag soll der Position „Sonstige Rückstellungen" zugeführt werden?
3. Welche Bonität besitzen die Kunden? Muss die Großbrot AG mit einem Forderungsausfall aus Lieferung und Leistung rechnen? Wenn ja, in welcher Höhe?
4. Wie lassen sich die Herstellungskosten für die noch nicht abgesetzten Produkte ermitteln?
5. Welche Verwendungsmöglichkeiten stehen der Großbrot AG bei einem eventuell vorhandenen Jahresüberschuss offen?
6. Welche Rückschlüsse lassen sich durch eine erfolgs- und finanzwirtschaftliche Analyse auf die Lage der Großbrot AG ziehen?

Gerne hätte Christian einen simultanen Ansatz gewählt, um alle Probleme gleichzeitig zu lösen. Allerdings realisiert er sehr schnell, dass dies mit den ihm zur Verfügung stehenden Mitteln unmöglich ist. Aus diesem Grund fasst er den Entschluss, alle Punkte nach und nach mit Daniel gemeinsam abzuarbeiten.

3.2 Bilanzierung

3.2.1 Aufbau der Bilanz

Neben der Gewinn- und Verlustrechnung beinhaltet der Jahresabschluss aller Kaufleute eine Bilanz. Die Bilanz stellt die Bestandsgrößen eines Unternehmens zum Bilanzstichtag gegenüber. Im Sinne des Systems der doppelten Buchführung besteht sie aus zwei Seiten. Die eine Seite umfasst alle Aktiva, die andere die Passiva. Es genügt jedoch nicht, den Wert der Summe der Aktiva und Passiva gegenüber zu stellen. Vielmehr ist bei der Aufstellung der Bilanz den Grundsätzen der Klarheit und Übersichtlichkeit Folge zu leisten. Daraus ergibt sich, dass die beiden Bilanzseiten untergliedert werden müssen, um dem Jahresabschlussbetrachter einen klaren und übersichtlichen Einblick in die Finanz- und Vermögenslage zu ermöglichen. Dieser Notwendigkeit einer Bilanzgliederung wird im Handelsrecht Rechnung getragen.

Für Kapitalgesellschaften schreibt § 266 HGB eine Mindestgliederung der aufzustellenden Bilanz vor, die in Tab. 3-2 dargestellt ist. Für bestimmte Unternehmen, z. B. Banken und Versicherungen besitzt die Gliederung des § 266 HGB keine Gültigkeit, da diese tendenziell auf Industrieunternehmen zugeschnitten ist. Für Unternehmen dieser Branchen existieren spezielle Gliederungen, auf die hier nicht näher eingegangen werden soll.

AKTIVA

A. Anlagevermögen

I. Immaterielle Vermögensgegenstände
1. Selbst geschaffene gewerbliche Schutzrechte und ähnliche Rechte und Werte
2. entgeltlich erworbene Konzessionen, gewerbliche Schutzrechte und ähnliche Rechte und Werte sowie Lizenzen an solchen Rechten und Werten
3. Geschäfts- oder Firmenwert
4. geleistete Anzahlungen

II. Sachanlagen
1. Grundstücke, grundstücksgleiche Rechte und Bauten einschließlich der Bauten auf fremden Grundstücken
2. technische Anlagen und Maschinen
3. andere Anlagen, Betriebs- und Geschäftsausstattung
4. geleistete Anzahlungen und Anlagen im Bau

III. Finanzanlagen
1. Anteile an verbundenen Unternehmen
2. Ausleihungen an verbundene Unternehmen
3. Beteiligungen
4. Ausleihungen an Unternehmen, mit denen ein Beteiligungsverhältnis besteht
5. Wertpapiere des Anlagevermögens
6. sonstige Ausleihungen

B. Umlaufvermögen
- I. Vorräte
  1. Roh-, Hilfs- und Betriebsstoffe
  2. unfertige Erzeugnisse, unfertige Leistungen
  3. fertige Erzeugnisse und Waren
  4. geleistete Anzahlungen
- II. Forderungen und sonstige Vermögensgegenstände
  1. Forderungen aus Lieferungen und Leistungen
  2. Forderungen gegen verbundene Unternehmen
  3. Forderungen gegen Unternehmen, mit denen ein Beteiligungsverhältnis besteht
  4. sonstige Vermögensgegenstände
- III. Wertpapiere
  1. Anteile an verbundenen Unternehmen
  2. sonstige Wertpapiere
- IV. Kassenbestand, Bundesbankguthaben, Guthaben bei Kreditinstituten und Schecks

C. Rechnungsabgrenzungsposten

D. Aktive latente Steuern

E. Aktiver Unterschiedsbetrag aus der Vermögensverrechnung

PASSIVA

A. Eigenkapital
- I. Gezeichnetes Kapital
- II. Kapitalrücklage
- III. Gewinnrücklagen
  1. gesetzliche Rücklage
  2. Rücklage für Anteile an einem herrschenden oder mehrheitlich beteiligten Unternehmen
  3. satzungsmäßige Rücklagen
  4. andere Gewinnrücklagen
- IV. Gewinnvortrag / Verlustvortrag
- V. Jahresüberschuss / Jahresfehlbetrag

B. Rückstellungen
1. Rückstellungen für Pensionen und ähnliche Verpflichtungen
2. Steuerrückstellungen
3. sonstige Rückstellungen

C. Verbindlichkeiten
1. Anleihen,
davon konvertibel
2. Verbindlichkeiten gegenüber Kreditinstituten
3. erhaltene Anzahlungen auf Bestellungen
4. Verbindlichkeiten aus Lieferungen und Leistungen
5. Verbindlichkeiten aus der Annahme gezogener Wechsel und der Ausstellung eigener Wechsel
6. Verbindlichkeiten gegenüber verbundenen Unternehmen
7. Verbindlichkeiten gegenüber Unternehmen, mit denen ein Beteiligungsverhältnis besteht
8. sonstige Verbindlichkeiten,
davon aus Steuern,
davon im Rahmen der sozialen Sicherheit

D. Rechnungsabgrenzungsposten

E. Passive latente Steuern

Tab. 3-2: Gliederung der Bilanz nach § 266 HGB

Macht der Grundsatz der Klarheit und Übersichtlichkeit eine Erweiterung dieser vorgeschriebenen Gliederung notwendig, so ist dies zulässig. Es hat dann jedoch eine kontinuierliche Verwendung des Gliederungsschemas zu erfolgen. Kleinen Kapitalgesellschaften ist die Verwendung einer weniger tief untergliederten Aufstellung erlaubt (§ 266 I 3 HGB). Für Kleinstkapitalgesellschaften (§ 267a HGB) gelten sogar noch weitere Erleichterungen (§ 266 I 4 HGB). Für Personengesellschaften existiert keine vorgeschriebene Gliederung; es bietet sich jedoch auch für diese an, sich an der Gliederung des § 266 HGB zu orientieren.

Innerhalb des Gliederungsschemas müssen alle im Geschäftsjahr vorkommenden Sachverhalte den einzelnen Positionen zugeordnet werden. In einigen Fällen kann es jedoch vorkommen, dass eine Zuordnung zu mehr als einem der Gliederungsposten möglich ist. In diesem Fall sollte die Zuordnung im Sinne der Grundsätze der Klarheit und Übersichtlichkeit erfolgen und im Anhang erläutert werden.

Neben den Werten des aktuellen Geschäftsjahres sind für alle Positionen der Gliederung auch die Werte des vorangegangenen Geschäftsjahres anzugeben. Grundsätzlich sind alle Positionen aufzuführen, es sei denn sie hatten im abgelaufenen und vorhergehenden Geschäftsjahr einen Wert von Null.

Die gesetzlich vorgeschriebene Gliederung ist nicht willkürlich, sondern systematisch aufgebaut. Beide Seiten der Bilanz orientieren sich, wie in Abb. 3-3 dargestellt, an der (Rest-)Dauer des Verbleibs eines Bilanzpostens im Unternehmen.

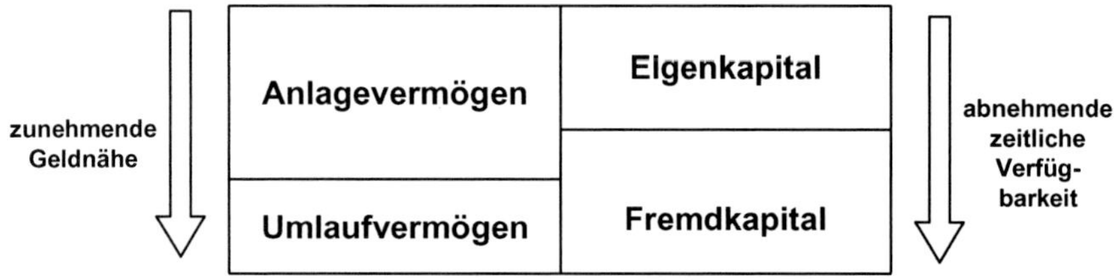

Abb. 3-3: Aufbausystematik der Bilanz

Die Aktivseite ist nach *zunehmender Geldnähe* aufgebaut. Die Positionen, die weiter unten auf der Aktivseite der Bilanz zu finden sind, lassen sich einfacher und schneller in Bargeld verwandeln und ihre Umwandlung in Geld ist eher intendiert, als von solchen, die weiter oben stehen. Folglich steht das Umlaufvermögen, also Vermögensgegenstände, die nicht dauerhaft im Unternehmen verbleiben sollen, unter dem Anlagevermögen, das dauerhaft dem Geschäftsbetrieb dienen soll. Die Positionen der Passivseite sind nach der *zeitlichen Entfernung ihrer Rückzahlung* geordnet. Je weiter unten eine Position zu finden ist, desto früher wird die Rückzahlung des Kapitals an den Kapitalgeber fällig.

3.2.2 Allgemeine Ansatzregeln

3.2.2.1 Ablauf der Bilanzierungsentscheidung

Wenn es an die Erstellung des Jahresabschlusses geht, sind zwei wesentliche Fragen zu klären. Einerseits, was in die Bilanz aufgenommen wird, also welche Sachverhalte des abgelaufenen Jahres berücksichtigt werden, und andererseits, mit welchem Wert sie wenn angesetzt werden. Während letztere Frage Gegenstand des Abschnitts 3.3 ist, wird nun der *Bilanzansatz dem Grunde* nach näher betrachtet.

§ 242 I HGB fordert von jedem Kaufmann „für den Schluss eines jeden Geschäftsjahres einen das Verhältnis seines *Vermögens* und seiner *Schulden* darstellenden Abschluss aufzustellen." Der in § 246 HGB kodifizierte Grundsatz der Vollständigkeit verlangt die Aufnahme sämtlicher Vermögensgegenstände, Schulden und Rechnungsabgrenzungsposten in die Bilanz. Daraus folgt, dass grundsätzlich alle Vermögensgegenstände und Schulden bilanziert werden müssen. Falls ein Vorfall anhand der Ansatzgrundsätze für die Bilanz (siehe GoB), auf die später genauer eingegangen wird, als Vermögensgegenstand bzw. Schuld eingestuft wird, so ist er *abstrakt aktivierungs- bzw. passivierungsfähig*. Im Anschluss an die Klärung der abstrakten Bilanzierungsfähigkeit ist zu klären, ob eine Zurechenbarkeit zum Unternehmen gegeben ist. Bei der Zurechenbarkeit ist zu prüfen, ob ein Vermögensgegenstand oder eine Schuld nicht eher dem Privatvermögen eines Gesellschafters zuzurechnen ist und ob er bzw. sie sich überhaupt im wirtschaftlichen Eigentum des Unternehmens befindet. Neben der nicht vorliegenden Zugehörigkeit zum Unternehmen können auch konkrete gesetzliche Regelungen dazu führen, dass Vermögensgegenstände oder Schulden nicht in die Bilanz aufgenommen werden dürfen oder müssen. Im ersten Fall spricht man dabei von Bilanzierungsverboten, im zweiten von Bilanzierungswahlrechten.

Neben dem Fall, dass abstrakt bilanzierungsfähige Vorfälle nicht in der Bilanz auftauchen, ist auch der umgekehrte Fall möglich. So sind alle Rechnungsabgrenzungsposten (RAP) nicht abstrakt bilanzierungsfähig, können oder müssen jedoch in die Bilanz aufgenommen werden.[341] Daneben hat der Gesetzgeber durch gesetzliche Regelung für bestimmte nicht abstrakt aktivierungsfähige Sachverhalte, die auch keine Rechnungsabgrenzungsposten sind, die Möglichkeit der Aktivierung gegeben, da er damit bestimmte wirtschaftspolitische Ziele verfolgt. Ein Beispiel sind latente Steuern, die abstrakt nicht aktivierungs- bzw. passivierungsfähig sind. Es wird deutlich, dass die abstrakte Bilanzierungsfähigkeit nicht hinreichend für den Bilanzansatz ist. Vielmehr müssen die konkreten gesetzlichen Regelungen dies ermöglichen. Letzteres wird als konkrete Bilanzierungsfähigkeit bezeichnet. Abb. 3-4 stellt den Ablauf der Bilanzierungsentscheidung schematisch dar.

[341] Ausführlich zu Rechnungsabgrenzungsposten vgl. Abschnitt 3.2.6.1.

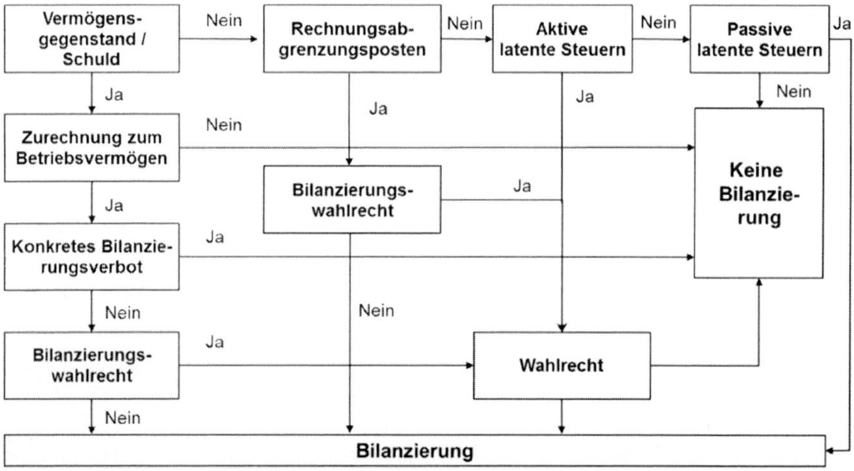

Abb. 3-4: Ablauf der Bilanzierungsentscheidung[342]

Die Bilanzierung von Eigenkapital ist in dem Schema der Bilanzierungsentscheidung nicht enthalten und wird später gesondert behandelt.[343]

3.2.2.2 Aktivierungsgrundsatz

Der Aktivierungsgrundsatz gehört wie der Passivierungsgrundsatz zu den wenigen nicht kodifizierten GoB. Durch die somit nicht vorhandene Legaldefinition existieren in der Literatur verschiedene Meinungen, welche Kriterien erfüllt sein müssen, um zur abstrakten Aktivierungsfähigkeit zu führen. Nach hier vertretener Meinung führt die Erfüllung der folgenden drei Kriterien zur abstrakten Aktivierungsfähigkeit:[344]

1. Wirtschaftlicher Wert

Nur wenn ein Gegenstand bzw. Recht einen zukünftigen Wert für ein Unternehmen darstellt, kann er bzw. es ein Vermögensgegenstand sein.

---

[342] Vgl. Coenenberg, A. G./Haller, A./Schultze/W. [2016], S. 87.
[343] Vgl. dazu Abschnitt 3.2.6.
[344] Vgl. Coenenberg, A. G./Haller, A./Schultze/W. [2016], S.80.

2. Selbständige Bewertbarkeit

Das Kriterium der selbständigen Bewertbarkeit beinhaltet, dass der Wert eines Gegenstandes aus den Aufwendungen, die mit seiner Anschaffung bzw. Herstellung verbunden waren, ermittelbar sein muss. Die Aufnahme der selbständigen Bewertbarkeit in den Kriterienkatalog des Aktivierungsgrundsatzes folgt aus dem Grundsatz der Einzelbewertbarkeit aus § 252 I Nr. 3 HGB. Denn wenn alle Vermögensgegenstände laut Gesetz einzeln bewertet werden müssen, so kann ein Vermögensgegenstand nur vorliegen, wenn ein Gegenstand einzeln bewertbar ist.

3. Selbständige Verkehrsfähigkeit

Letztlich muss nach Erfüllung der beiden vorigen Kriterien geprüft werden, ob ein Gegenstand selbständig und einzeln zu veräußern ist. Dieses Kriterium trägt dem Gläubigerschutz Rechnung, da dadurch im Insolvenzfall die Gläubiger durch den Verkauf der Einzelteile der Konkursmasse befriedigt werden können. Die Vermögensgegenstände müssen ein Schuldendeckungspotenzial besitzen. Es ist ausreichend, wenn die generelle Möglichkeit eines einzelnen Verkaufs besteht. Es muss nicht tatsächlich ein potenzieller Käufer vorhanden sein.

Sind alle drei Kriterien erfüllt, so ist die abstrakte Aktivierungsfähigkeit gegeben.

3.2.2.3 Passivierungsgrundsatz

Analog zur Frage, ob ein Gegenstand aktivierungsfähig ist, gilt es bei der abstrakten Passivierungsfähigkeit zu prüfen, wann ein Vorgang zum Vorliegen einer Schuld führt. Einen Überblick über den Passivierungsgrundsatz gibt Abb. 3-5.

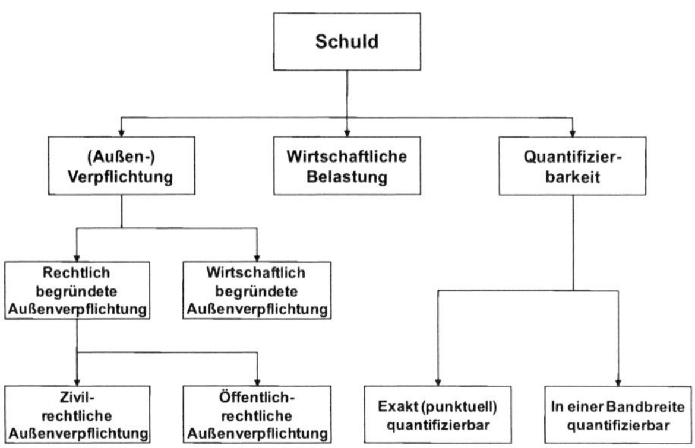

Abb. 3-5: Der Passivierungsgrundsatz[345]

[345] Quelle: Baetge, J./Kirsch, H.-J./Thiele, S. [2017], S. 173.

Voraussetzung für das Vorliegen einer Schuld ist zunächst, dass eine Verpflichtung zur Erbringung einer Leistung für das Unternehmen vorliegt. Eine solche Verpflichtung kann zum einen gegenüber Außenstehenden bestehen. Sie kann einerseits rechtlich begründet, also vom Außenstehenden gerichtlich einklagbar sein oder aber andererseits durch ihre wirtschaftliche Notwendigkeit bestehen. Eine wirtschaftliche Verpflichtung liegt vor, wenn das Unternehmen eine Leistung zwar rechtlich nicht erbringen müsste, dies jedoch zu einer größeren wirtschaftlichen Belastung als die Erfüllung führen würde. Dies ist z. B. oft bei Kulanzleistungen der Fall, wenn diese erbracht werden, weil die Nichterbringung z. B. durch den möglichen Verlust eines wichtigen Kunden zu einem wirtschaftlichen Schaden führen würde, der größer ist als durch die Erbringung der Kulanzleistung. Im Gegensatz zu den Außenverpflichtungen stellen Innenverpflichtungen, also Verpflichtungen des Unternehmens „gegen sich selbst" keine bilanzrechtliche Schuld dar und sind somit auch nicht abstrakt passivierungsfähig.[346] Sie entstehen durch notwendige, aber noch nicht vorgenommene Handlungen im Unternehmen, wie z. B. bestimmte Instandhaltungsmaßnahmen, die eigentlich im laufenden Geschäftsjahr notwendig gewesen wären, jedoch auf das nächste Jahr verschoben wurden.

Liegt eine Verpflichtung vor, so muss sie zu einer wirtschaftlichen Belastung führen, die zudem quantifizierbar sein muss. Eine solche Quantifizierung muss dabei nicht notwendigerweise exakt durchführbar sein, vielmehr genügt auch die Möglichkeit, eine tendenzielle Werteinschätzung innerhalb einer Bandbreite vornehmen zu können. Sind alle drei Kriterien erfüllt, so liegt die abstrakte Passivierungsfähigkeit vor.

3.2.3 Konkrete Ansatzregeln

Nach der Überprüfung der abstrakten Bilanzierungsfähigkeit gilt es zu beachten, inwieweit konkrete gesetzliche Regelungen einen Bilanzansatz verhindern oder ermöglichen. Ein *konkretes Aktivierungsverbot* spricht das HGB in § 248 II 2 HGB für selbst geschaffene Marken, Drucktitel, Verlagsrechte, Kundenlisten oder vergleichbare immaterielle Vermögensgegenstände des Anlagevermögens aus. Die Aktivierung von Objekten, die nach dem Aktivierungsgrundsatz anzusetzen wären, muss durch diese gesetzliche Regelung unterbleiben. Der Gedanke, der hinter diesem Verbot steckt, ist, dass der Erstellung von derartigen immateriellen Vermögensgegenständen zwar Aufwendungen zu Grunde liegen, die Quantifizierung jedoch häufig durch eine sehr schwierige Zurechenbarkeit der Aufwandsgrößen auf den immateriellen Vermögensgegenstand nur sehr ungenau möglich ist. Durch das Aktivierungsverbot versucht der Gesetzgeber, einer möglicherweise mangelnden Objektivität des Wertansatzes der Vermögensgegenstände vorzubeugen. Entgeltlich erworbene immaterielle Vermögensgegenstände müssen bzw. selbst erstellte immaterielle Vermögensgegenstände des Anlagervermögens, die nicht einer der erwähnten Ausschlussposition zuzuordnen sind, dürfen in die Bilanz aufgenommen werden.

---

[346] Vgl. Baetge, J./Kirsch, H.-J./Thiele, S. [2017], S. 175.

In § 248 HGB wird zudem ein Aktivierungsverbot für Aufwendungen für die Unternehmensgründung und Eigenkapitalbeschaffung sowie für Aufwendungen für den Abschluss von Versicherungsverträgen (§ 248 I HGB) ausgesprochen. Im Gegensatz zu immateriellen Vermögensgegenständen sind diese beiden Positionen gemäß der zuvor definierten Kriterien des Aktivierungsgrundsatzes jedoch ohnehin nicht abstrakt aktivierungsfähig.

In einigen Fällen lässt das Gesetz dem Abschlussersteller die Wahl, bestimmte Vorgänge in die Bilanz aufzunehmen oder nicht. So besteht z.B. nach § 250 III HGB das *Wahlrecht* zur Bildung eines Rechnungsabgrenzungspostens für den Unterschiedsbeitrag zwischen Rückzahlungs- und Ausgabebetrag einer Verbindlichkeit (Disagio). Weitere Aktivierungswahlrechte bestehen hinsichtlich selbst erstellter immaterieller Vermögenswerte des Anlagevermögens mit Ausnahme der oben genannten und hinsichtlich aktiver latenter Steuern. Letztere entstehen immer dann, wenn der Gewinn der Steuerbilanz den handelsrechtlichen Gewinn übersteigt und somit mehr Steueraufwand entsteht als handelsrechtlich eigentlich gerechtfertigt wäre. Dieser gemessen am handelsrechtlichen Gewinn zu hohe Steueraufwand wird aber in zukünftigen Perioden durch eine Umkehrung dieses Verhältnisses durch einen entsprechend geringeren Steueraufwand kompensiert. Die Intention liegt darin, den in der aktuellen Periode zu hohen Steueraufwand durch Aktivierung zu neutralisieren und in der Zukunft erfolgswirksam aufzulösen. Dem Posten der latenten Steuern kommt damit in etwa der Charakter von faktischen Steuererstattungsansprüchen zu, ohne dass jedoch ein rechtlicher Anspruch gegenüber dem Fiskus bestände. Aktive latente Steuern sind keine Vermögensgegenstände, sondern Sonderposten eigener Art.

Eine Aktivierungspflicht besteht für den entgeltlich erworbenen Geschäfts- oder Firmenwert, der laut Gesetz als Vermögensgegenstand „gilt" (§ 246 I S. 4 HGB). Auch für aktive Rechnungsabgrenzungsposten existiert ein Aktivierungsgebot (§ 250 A S. 1 HGB).

Passivierungswahlrechte bestehen für Pensionsrückstellungen für Pensionszusagen, die vor 1987 erfolgt sind. Ein *Passivierungsgebot* besteht für Rückstellungen für unterlassene Instandhaltungen bzw. unterlassene Abraumbeseitigung, die innerhalb von drei Monaten nach Geschäftsjahresende bzw. innerhalb von 12 Monaten nachgeholt werden (§ 249 I S. 2 Nr. 1 HGB) sowie für passive latente Steuern (§ 274 I S. 1 HGB). Beide Posten wären nach dem abstrakten Passivierungsgrundsatz nicht ansetzbar. Ein *Passivierungsverbot* für nicht unter § 249 I HGB fallende Sachverhalte enthält § 249 II HGB. Dies betrifft z.B. Rückstellungen für Instandhaltungen, die nicht innerhalb von drei Monaten nach dem Bilanzstichtag nachgeholt werden.

3.2.4 Bilanzierung von Vermögensgegenständen

Im Handelsrecht findet sich keine Legaldefinition für den Begriff „Vermögensgegenstand". Entsprechend ist im Sinne der GoB und hier nach dem Aktivierungsgrundsatz zu entscheiden, was ein Vermögensgegenstand ist und was nicht.[347] Die Vermögensgegenstände finden sich auf der Aktivseite der Bilanz. Entsprechend ihrer Bindungsdauer, werden sie weiter in Anlage- und Umlaufvermögen unterteilt. In § 247 II HGB definiert das Handelsrecht, wann ein Vermögensgegenstand zum Anlagevermögen gezählt wird: „Beim Anlagevermögen sind nur die Gegenstände auszuweisen, die bestimmt sind, dauernd dem Geschäftsbetrieb zu dienen."

Für das Umlaufvermögen existiert eine solche Legaldefinition allerdings nicht. Es kann jedoch im Umkehrschluss gefolgert werden, dass zum Umlaufvermögen all jene Gegenstände zu zählen sind, die nicht dauerhaft dem Geschäftsbetrieb dienen sollen.

Bei der Unterscheidung von Anlage- und Umlaufvermögen ist nicht alleine auf die zeitliche Verweildauer eines Vermögensgegenstandes im Unternehmen abzustellen. Vielmehr muss eine Orientierung an der Zweckbestimmung des Gegenstandes zum Abschlussstichtag erfolgen. Einerseits gilt es hier, die objektiven Eigenschaften hinsichtlich der Nutzung des Gegenstandes zu berücksichtigen. So ist für einige Gegenstände offensichtlich, dass sie zum Verbrauch und zur Weiterverarbeitung in der Produktion oder zum Verkauf bestimmt sind. Beispiele sind zum einen Fertigungsmaterialien und zum anderen produzierte Waren, die zum Verkauf bestimmt sind. Für andere Gegenstände, wie etwa Produktionsmaschinen, ist eine dauerhafte Nutzung im Geschäftsbetrieb und damit ein dauerhafter Verbleib im Unternehmen anzunehmen. Andererseits muss jedoch auch der subjektive Wille des Kaufmanns zum Abschlussstichtag berücksichtigt werden. Dies ist für solche Gegenstände von besonderer Bedeutung, die objektiv nicht eindeutig zu einer der beiden Kategorien zugeordnet werden können. Zudem besteht jedoch auch die Möglichkeit, dass eine objektive Zuordnung nicht der tatsächlichen Intention des Kaufmanns entspricht. So wäre beim Beispiel einer günstig erworbenen Maschine, die in der Produktion einsetzbar wäre, auch denkbar, dass sie nur gekauft wurde, um sie später zu einem höheren Preis weiterzuveräußern, ohne sie in der Produktion einzusetzen. In diesem Fall wäre eine Zuordnung zum Umlauf- statt zum Anlagevermögen vorzunehmen.

3.2.4.1 Anlagevermögen

Das Anlagevermögen unterteilt sich in folgende drei Oberpositionen:

1. Immaterielle Vermögensgegenstände
2. Sachanlagen
3. Finanzanlagen

Zu (1): Die *immateriellen Vermögensgegenstände* umfassen all jene Vermögensgegenstände, die nicht körperlich fassbar sind. In einigen Fällen ist eine klare Abgrenzung nicht möglich, da oft

---

[347] Vgl. Abschnitt 3.2.2.2.

eine Verbindung von körperlich nicht greifbaren und körperlichen Gegenständen besteht. So kann sich z. B. ein Computerprogramm auf einer CD befinden. Hier ist die Bilanzierung unter der Komponente der Verbindung vorzunehmen, für die das Beschaffungsentgelt überwiegend entrichtet wird. Im genannten Beispiel müsste aufgrund des höheren Werts der Software gegenüber der CD also eine Bilanzierung als immaterieller Vermögensgegenstand erfolgen.

Die Logik der Abgrenzung nach körperlicher und nicht körperlicher Fassbarkeit wird jedoch z. T. durchbrochen, da insbesondere bei den Finanzanlagen auch Vermögensgegenstände bilanziert werden, deren Wert sich hauptsächlich aus nicht greifbaren Teilen, wie bei Wertpapieren oder Ausleihungen der Fall, ergibt. Wie bereits in Abschnitt 3.2.3 erwähnt, verbietet der Gesetzgeber explizit den Ansatz von bestimmten, nicht entgeltlich erworbenen immateriellen Vermögensgegenständen. Alle folgenden Ausführungen beziehen sich folglich auf solche, die nicht unter die Verbotskriterien fallen oder entgeltlich erworbenen wurden. Zu den immateriellen Vermögensgegenständen sind selbst geschaffene und entgeltlich erworbene *Konzessionen*, d. h. öffentlich-rechtliche Befugnisse, *gewerbliche Schutzrechte*, wie z. B. Patente, *ähnliche Rechte*, wie Nutzungs- und Bezugsrechte, und *Werte*, z. B. Geheimverfahren, sowie *Lizenzen an solchen Rechten und Werten* zuzurechnen. An dieser Stelle sei noch einmal auf die abstrakte Aktivierungsfähigkeit hingewiesen, da insbesondere hier vor dem Bilanzansatz die Verkehrsfähigkeit der Gegenstände geprüft werden muss.

Dritter Bestandteil der immateriellen Vermögensgegenstände ist der *Geschäfts- oder Firmenwert*. Der Geschäfts- oder Firmenwert ist derjenige Wert, um den der tatsächliche Wert eines Unternehmens die Summe seines Vermögens abzüglich aller Schulden übersteigt:

	Kaufpreis für das Unternehmen
./.	(Zeitwert aller aktivierten Vermögensgegenstände – Zeitwert aller passivierten Schulden)
=	Derivativer Geschäfts- oder Firmenwert

Abb. 3-6: Bestandteile des derivativen Geschäfts- oder Firmenwertes

Auch hier gilt es, das Aktivierungsverbot für einige nicht entgeltlich erworbene immaterielle Vermögensgegenstände zu berücksichtigen. Daraus folgt, dass an dieser Stelle nur der Geschäfts- oder Firmenwert von entgeltlich erworbenen Unternehmen bilanziert werden darf. Dieser wird als *derivativer* Geschäfts- oder Firmenwert bezeichnet. Ein selbsterschaffener, *originärer* Geschäfts- oder Firmenwert muss unberücksichtigt bleiben.

Zusätzlich zählen zu den immateriellen Vermögensgegenständen auch alle geleisteten Anzahlungen für immaterielle Vermögensgegenstände, obwohl es sich hierbei eigentlich um Forderungen gegenüber Lieferanten handelt.

Zu (2): Unter den *Sachanlagen* sind alle körperlich greifbaren mobilen und immobilen Vermögensgegenstände, die dauerhaft im Unternehmen verbleiben sollen, zu bilanzieren. Dazu zählen *Grundstücke* und *grundstücksgleiche Rechte* wie Erbbaurechte, und Bauten, *technische Anlagen und Maschinen*, *andere Anlagen*, *Betriebs- und Geschäftsausstattung* wie z. B. Werkzeuge oder der Fuhrpark, sowie *geleistete Anzahlungen und Anlagen im Bau*. Unter letztgenannter Position sind alle Aufwendungen zu aktivieren, die durch Investitionen ins Anlagevermögen, die noch nicht fertiggestellt sind, entstanden sind.

Zu (3): Unter den *Finanzanlagen* werden all jene Positionen geführt, die durch die Investition in fremde Unternehmen oder langfristige Ausleihungen entstanden sind. Der Ausweis von Investitionen im Finanzanlagevermögen setzt jedoch die Dauerhaftigkeit der Beteiligung voraus. Nur kurzfristig gehaltene Beteiligungen sind dagegen dem Umlaufvermögen zuzuordnen. Bei Ausleihungen ist entsprechend auf die Langfristigkeit der Ausleihung zu achten. Demnach lassen sich die unter Finanzanlagen aufgeführten Posten in Daueranlagen und langfristige Ausleihungen unterteilen:

Daueranlagen	**Ausleihungen**
1. Anteile an verbundenen Unternehmen	2. Ausleihungen an verbundene Unternehmen
3. Beteiligungen	4. Ausleihungen an Unternehmen mit denen ein Beteiligungsverhältnis besteht
5. Wertpapiere des Anlagevermögens	6. sonstige Ausleihungen

Abb. 3-7: Bestandteile des Finanzanlagevermögens

Während die Daueranlagen für das Unternehmen, dem das Kapital zur Verfügung gestellt wurde, Eigenkapital darstellen, sind Ausleihungen für das empfangende Unternehmen entsprechend Fremdkapital. Es folgt, dass mit den Positionen der Daueranlagen (1., 3., 5.) für das bilanzierende Unternehmen die Möglichkeit der Einflussnahme auf das Unternehmen, in das investiert wurde, einhergeht.

Die Entwicklung aller Positionen des Anlagevermögens muss von allen Kapitalgesellschaften und haftungsbeschränkten Personengesellschaften gemäß § 284 III HGB im Anhang dargestellt werden. Entsprechend dem Wortlaut des Gesetzestextes sind die gesamten Anschaffungs- und Herstellungskosten, die Zugänge, Abgänge, Umbuchungen und Zuschreibungen des abgelaufenen Geschäftsjahres zu dokumentieren. Die geforderte Dokumentation erfolgt im sog. Anlagengitter, das Teil des Anhangs ist. Zusätzlich zu den geforderten Angaben bietet sich zur Erhöhung der Übersichtlichkeit und Klarheit der Abschlussinformationen die freiwillige Erweiterung des

Anlagengitters um weitere Angaben an. Unter Einbeziehung der freiwilligen Angaben ergibt sich zweckmäßigerweise der in Abb. 3-8 dargestellte Aufbau.

Positionen des AV	Historische AK/HK (I)	Zugänge + (II)	Abgänge - (III)	Umbuchungen +/- (IV)	Zuschreibungen + (V)	Abschreibungen (kumuliert) - (VI)	Rest-Buchwert 31.12... (VII)	Rest-Buchwert Vorjahr (VIII)	Abschreibungen im Geschäftsjahr 20.. (IX)
II. Sachanlagen 1. Grundstücke 2. Maschinen • • III. Finanzanlagen 1. Anteile an verb. Untern. • •									

Abb. 3-8: Anlagengitter gem. § 284 III HGB

In Spalte I werden für alle Positionen des Anlagevermögens die historischen Anschaffungs- bzw. Herstellungskosten angegeben. Es sei ausdrücklich darauf hingewiesen, dass hier keine Verrechnungen mit bereits vorgenommenen Abschreibungen durchzuführen sind. Vielmehr handelt es sich hier um Bruttowerte, weshalb man hier bei der Wertermittlung am Jahresende auch von der Bruttomethode spricht. Der Wert der historischen AK/HK ergibt sich wie in Abb. 3-9 dargestellt. Es ist zu beachten, dass Bestandsbewegungen und Umbuchungen erst im Jahr nach ihrem Auftreten den Wert der historischen AK/HK verändern. Wird z. B. eine Maschine in einem Jahr verkauft, so ändert sich an dem Wert der historischen AK/HK der Bilanzposition in dem Geschäftsjahr in dem der Verkauf stattfindet nichts, erst im folgenden Jahr schlägt sich der Verkauf bei den historischen AK/HK nieder.

	Historische AK/HK des vorhergehenden Geschäftsjahres
+	Zugänge des vorhergehenden Jahres zu AK/HK
./.	Abgänge des vorhergehenden Jahres zu AK/HK
+/ ./.	Umbuchungen des vorhergehenden Jahres
=	Historische AK/HK des aktuellen Geschäftsjahres

Abb. 3-9: Ermittlung der historischen AK/HK

In Spalte II sind die Werte aller Zugänge des abgelaufenen Geschäftsjahres zu AK/HK angegeben. Analog nimmt Spalte III die Werte der Abgänge zu historischen AK/HK der Periode auf.

Unter den Umbuchungen werden Ausweisänderungen von bereits bilanziell erfassten Positionen wertmäßig gesammelt. Diese können z. B. vorkommen, wenn im Vorjahr noch nicht fertige Anlagen, die im Vorjahr unter „Anlagen im Bau" ausgewiesen wurden, im abgelaufenen Geschäftsjahr fertiggestellt wurden. Sie sind dann z. B. unter Maschinen umzubuchen. Die Zuschreibungen (V) umfassen die Erhöhung von Werten, wenn der Grund für zuvor vorgenommene außerplanmäßige Abschreibungen entfallen ist. Die kumulierten Abschreibungen (VI) erfassen die planmäßigen und außerplanmäßigen Abschreibungen einschließlich steuerlich motivierter Abschreibungen aller am Abschlussstichtag noch vorhandenen Gegenstände des Anlagevermögens abzüglich aller vorjährigen Zuschreibungen. Es sind die Abschreibungen aller Jahre seit Anschaffung bzw. Herstellung zu berücksichtigen. Daraus folgt, dass sie bei Abgang eines Teils des Anlagevermögens um seine aufgelaufenen Ab- bzw. Zuschreibungen zu korrigieren sind. Der Restbuchwert zum Abschlussstichtag (VII) ergibt sich nach folgendem Schema:

	Historische AK/HK (I)
+	Zugänge (II)
./.	Abgänge (III)
+/ ./.	Umbuchungen (IV)
+	Zuschreibungen (V)
./.	kumulierte Abschreibungen (VI)
=	Restbuchwert zum Abschlussstichtag (VII)

Abb. 3-10: Ermittlung des Restbuchwerts

Die Angabe des Buchwerts des Vorjahres (VIII) besitzt eher informativen Charakter, da er ohnehin schon in der Bilanz ausgewiesen wird. Die Abschreibungen des Geschäftsjahres (IX) können auch direkt in der Bilanz oder im Anhang angegeben werden.

3.2.4.2 Umlaufvermögen

Das Umlaufvermögen beinhaltet diejenigen Vermögensgegenstände, die nicht dauerhaft im Unternehmen verbleiben sollen, sondern veräußert, in der Produktion verbraucht oder ausgegeben werden sollen. Im Einzelnen umfasst das Umlaufvermögen die folgenden vier Hauptpositionen:

I. Vorräte
II. Forderungen und sonstige Vermögensgegenstände
III. Wertpapiere
IV. Kassenbestand, Bundesbankguthaben, Guthaben bei Kreditinstituten und Schecks

Zu (I): Die *Vorräte* umfassen alle Roh-, Hilfs- und Betriebsstoffe, unfertige Erzeugnisse und Leistungen, fertige Erzeugnisse und Waren sowie geleistete Anzahlungen. Unter Rohstoffen versteht man Fertigungsstoffe, die in der Produktion verarbeitet werden und ein Hauptbestandteil des späteren Produkts sind, während Hilfsstoffe von untergeordneter Bedeutung sind, wie z. B. Schrauben. Betriebsstoffe sind für die Produktion nötig, werden aber kein Bestandteil des fertigen Produktes, wie z. B. Maschinenöl.[348] Bei unfertigen Erzeugnissen und Leistungen ist zwar schon mit der Erstellung begonnen worden, im Gegensatz zu den fertigen Erzeugnissen ist die Fertigstellung jedoch noch nicht abgeschlossen. Waren sind anders als die Erzeugnisse keine selbst erstellten, sondern gekaufte Vermögensgegenstände, die zur Weiterveräußerung bestimmt sind. Die geleisteten Anzahlungen stellen wie auch schon im Falle der immateriellen Vermögensgegenstände im Grunde Forderungen dar, werden jedoch unter „Vorräte" ausgewiesen, um den Bestimmungszweck zu verdeutlichen.

Im Einzelfall kann es zu Abgrenzungsproblemen zwischen einzelnen Positionen der Vorräte kommen. In diesem Fall ist eine Zuordnung in Abhängigkeit von der tatsächlichen Zweckbestimmung vorzunehmen.

Zu (II): *Forderungen* stellen den Anspruch auf die Erbringung einer Leistung dar, für die von Unternehmensseite bereits eine Vorleistung erbracht wurde. So entsteht bspw. im Moment der Übereignung eines Produktes an einen Kunden bei geschlossenem Kaufvertrag die Forderung an den Kunden auf Bezahlung des Kaufpreises. Je nachdem, wem gegenüber eine Forderung besteht, werden die Forderungen in solche aus Lieferungen und Leistungen, gegen verbundene Unternehmen und gegen Unternehmen, mit denen ein Beteiligungsverhältnis besteht, unterschieden. Unter den sonstigen Vermögensgegenständen werden alle Vermögensgegenstände des Umlaufvermögens gesammelt erfasst, die sich ansonsten keinem Posten zuordnen lassen. Beispiele hierfür sind Gehaltsvorauszahlungen, Steuererstattungsansprüche oder Schadensersatzansprüche.

Zu (III): Unter dem Posten *Wertpapiere* sind im Gegensatz zu entsprechenden Positionen unter den Finanzanlagen solche Wertpapiere anzusetzen, die nicht dauerhaft, sondern nur kurzeitig

[348] Siehe dazu auch Abschnitt 2.4.3.1

gehalten werden sollen. Die Anteile an verbundenen Unternehmen umfassen eben solche Anteile, die nicht auf Dauer gehalten werden sollen. Die sonstigen Wertpapiere beinhalten alle Wertpapiere, die zur vorübergehenden Geldanlage bestimmt sind.

Zu (IV): Der letzte Posten des Umlaufvermögens nimmt alle liquiden Mittel eines Unternehmens auf.

Fallbeispiel Teil VIII: Anlagengitter

Laut dem Wirtschaftsprüfer Kohlhaas sind in der Vergangenheit bei der Erstellung des Anlagengitters an verschiedenen Stellen Probleme aufgetreten. Christian erinnert sich vage an den Ausdruck „Kreuzworträtsel". In mehreren Ordnern findet er Unterlagen, die ihm Erläuterungen zu den einzelnen Positionen des Anlagengitters geben. Insbesondere interessiert er sich für diejenigen Positionen, bei denen Abgänge, Zugänge oder Zuschreibungen stattgefunden haben. Dies waren die beiden Positionen „Grundstücke und Bauten" sowie „Technische Anlagen und Maschinen".

Die Geschäftsführung der Großbrot AG hatte im März des Jahres 2010 beschlossen, eine nicht mehr genutzte Lagerhalle zu veräußern. Diese Lagerhalle wurde vor vielen Jahren umsatzsteuerfrei zu einem Anschaffungspreis von umgerechnet 457.121 € erworben. Ende 2009 wurde die Position „Grundstücke und Bauten" insgesamt mit 2.668.758 € bilanziert. Hiervon entfielen 255.000 € auf die im März 2010 veräußerte Lagerhalle. Im ursprünglichen Ansatz des Anlagengitters zum 31.12.2010 waren Herrn Kandal mehrere Fehler unterlaufen, die sich in diesem Fall positiv auf den „Jahresüberschuss vor Steuern" auswirkten. Als Abgang buchte Herr Kandal anstelle der historischen Anschaffungskosten in Höhe von 457.121 € lediglich den Liquidationserlös in Höhe von 205.000 €. Hieraus resultiert ein um 252.121 € geringerer Abgang im Gegensatz zum korrekten Ansatz, bei dem die Abgänge die historischen Anschaffungskosten umfassen müssen. Immerhin hatte er richtigerweise berücksichtigt, dass alle vorherigen kumulierten Abschreibungen des verkauften Gebäudes aus der Position „Abschreibungen (kumuliert)" eliminiert wurden. Leider hat er jedoch fälschlicherweise die Abschreibungen im Jahr 2010 für die nicht mehr im Bestand befindliche Maschine in Höhe von 10.000 € in dieser Position erfasst, so dass der Wirtschaftsprüfer auch eine Korrektur dieser Größe vornehmen musste. Dies hatte nun zur Folge, dass einerseits die Abschreibungen in Form von Aufwendungen um 10.000 € zu hoch angesetzt waren, andererseits wurde in der Bilanz ursprünglich ein Wert von 2.543.508 € angesetzt, da der Unterschiedsbetrag aus Verkaufspreis und Anschaffungskosten, korrigiert um die Abschreibungen in Höhe von 10.000 €, mit 242.121 € weiterhin bilanziert wurde. Dies entspricht immerhin einer ähnlich hohen Größenordnung wie vor dem Verkauf der Lagerhalle in Höhe von 255.000 €. „Kein Wunder, dass er keine einheitliche Bilanzsumme auf der Aktiv- und der Passivseite der Bilanz erreichen konnte", denkt Christian laut. Ungläubig betrachtet Christian noch einmal den von Herrn Kandal dem Wirtschaftsprüfer vorgelegten Ausschnitt des Anlagengitters:

Positionen des Anlagevermögens	**Historische AK/HK**	**Abgänge**	**Abschreibungen (kumuliert)**	**Restbuchwert 31.12.2010**	**Restbuchwert Vorjahr**	**Abschreibungen 2010**
Grundstücke und Bauten	3.500.852	205.000	752.344	2.543.508	2.668.758	88.958

Tab. FB 22: Ausschnitt 1 aus dem Anlagengitter von Herrn Kandal des Jahres 2010

Doch die bis dato gemachten Fehler waren nicht die einzigen Irrtümer des Herrn Kandal bei diesem Geschäftsvorfall. Kandal hatte unter Berücksichtigung der obigen Vorgehensweise folgende Buchungen beim Verkauf der Lagerhalle vorgenommen:

Abschreibungen auf Bauten	10.000 €	An	Grundstücke und Bauten	10.000 €
Bank	205.000 €	An	Grundstücke und Bauten	205.000 €

Beim Verkauf der Lagerhalle muss hingegen noch berücksichtigt werden, dass diese zu einem geringeren als in der Bilanz angegebenen Wert veräußert wurde. Der Verkauf findet somit auch noch Berücksichtigung im Jahresüberschuss vor Steuern, der um den außerordentlichen Aufwand sinkt. Korrekterweise hätte der Sachverhalt wie folgt verbucht werden müssen:

Bank	205.000 €	An	Grundstücke und Bauten	255.000 €
Außerordentlicher Aufwand	50.000 €	An		

Abgesehen von dem falschen Bilanzansatz hat die fehlerhafte Berücksichtigung des Geschäftsvorfalls demnach folgende Auswirkungen in der Gewinn- und Verlustrechnung. Einerseits wurden ursprünglich Abschreibungen als Aufwand in Höhe von 10.000 € zu hoch angesetzt, so dass der Jahresüberschuss vor Steuern geringer ausfiel. Andererseits wurde das „Außerordentliche Ergebnis" um 50.000 € zu positiv dargestellt, da eine Berücksichtigung des Verkaufspreises unterhalb des Restbuchwertes nicht stattgefunden hat. Dies führt letztendlich zu einem insgesamt geringeren Jahresüberschuss vor Steuern in Höhe von 40.000 €.

Dies waren allerdings nicht die einzigen Mängel im Anlagengitter 2010. Auch bei der Position „Technische Anlagen und Maschinen" schlichen sich teilweise sehr schwerwiegende Fehler ein. Zunächst sieht sich Christian die fehlerhafte Version des Anlagengitters für die angesprochene Position an. Bereits an dieser Stelle bemerkt er, dass die Abschreibungen der „Technischen Anlagen und Maschinen" im Jahr 2010 sowohl in der fehlerhaften Version als auch im testierten Abschluss extrem hoch sind. Ein wesentlicher Bestandteil war die außerordentliche Abschreibung eines älteren nicht mehr im Einsatz befindlichen Großofens auf einen Erinnerungswert, der noch mit einem Wert von knapp 520.000 € in der Bilanz zum 31.12.2009 angesetzt wurde. Diese Tatsache hatte Herr Kandal allerdings korrekt berücksichtigt. Daher schenkt Christian dieser Größe vorerst keine weitere Aufmerksamkeit.

Positionen des Anlagevermögens	**Historische AK/HK**	**Zugänge**	**Abschreibungen (kumuliert)**	**Restbuchwert 31.12.2010**	**Restbuchwert Vorjahr**	**Abschreibungen 2010**
Technische Anlagen und Maschinen	4.587.215	400.000	3.735.506	1.251.709	1.636.235	784.525

Tab. FB 23: Ausschnitt 2 aus dem Anlagengitter von Herrn Kandal des Jahres 2010

Viele Werte, insbesondere der Restbuchwert, weichen von dem korrekten Ansatz im testierten Jahresabschluss der Großbrot AG ab. Christians Recherchen verschaffen ihm nach langer Suche endlich den erhofften Durchblick.

Bei den Zugängen handelt es sich um einen mobilen Stikkenofen, der im Januar des Jahres 2010 im Wert von 400.000 € beschafft wurde. Die Großbrot AG verfolgte damals die Strategie, langfristig auch das Geschäftsfeld SB-Backwaren zu erschließen. Dem Management war nicht entgangen, dass seit einigen Jahren von anderen Großbäckereien verstärkt Geschäftsstellen mit Selbstbedienung eröffnet wurden. Durch die Selbstbedienung reduzierten sich die Personalkosten erheblich. Diesen Kostenvorteil können die Back-Discounter in Form von geringeren Verkaufspreisen an den Kunden weitergeben. Dies führt zu sinkenden Margen bei den traditionellen Bäckereien, die ebenfalls gezwungen sind, ihre Preise zu senken, um den ohnehin schon stark schwindenden Marktanteil nicht weiter sinken zu lassen. Noch erwirtschaftet die Großbrot AG zwar einen positiven Jahresüberschuss. Die zunehmende Konkurrenz zeigt sich jedoch in einem im Zeitablauf stark sinkenden Jahresüberschuss.

„Aha!", hört man nach einiger Zeit leise aus seinem Büro. Er hat des Rätsels Lösung gefunden. Der Stikkenofen wurde zu Beginn des Jahres beschafft und linear über 20 Jahre abgeschrieben. Diese 20.000 € waren sowohl in den kumulierten Abschreibungen als auch in den Jahresabschreibungen bereits enthalten. Die Eröffnung der Filiale mit den SB-Backwaren war indes erst im Jahr 2013 geplant. Aus diesem Grund wurde der Ofen vorläufig als Ersatz für einen kleineren Stikkenofen eingesetzt. Dieser war im Geschäftsjahr 2009 ausgefallen. Die Ursache für die Funktionsuntüchtigkeit konnte damals nicht ermittelt werden. Daher schrieb man den schon veralteten Stikkenofen außerplanmäßig im Geschäftsjahr 2009 komplett ab, beließ ihn aber zunächst als Position im Anlagengitter.

Zu den ursprünglich im Anlagengitter angegebenen 400.000 € Anschaffungsausgaben kamen weitere Ausgaben zum Rechnungsbetrag von 14.977 € hinzu, um den neuen Ofen in einen betriebsbereiten Zustand zu versetzen. Herr Kandal hatte offensichtlich nicht berücksichtigt, dass die Anschaffungsnebenkosten ebenfalls aktiviert werden dürfen. Im Rechnungsbetrag für die Instandsetzung des Ofens waren 2.391 € Mehrwertsteuer (19%) enthalten, die selbstverständlich nicht aktiviert werden können. Die gestiegenen Anschaffungsausgaben in Höhe von 12.586 € führten demnach auch zu höheren Abschreibungen von 629 € (12.586 € dividiert durch 20). Zudem stellte der Wirtschaftsprüfer bei einem Gang durch die Produktionsstätten fest, dass der angeblich unbrauchbare und außerplanmäßig abgeschriebene Ofen wieder voll einsatzfähig war. Den Unterlagen kann Christian entnehmen, dass Ende 2010 ein Mitarbeiter, der zuvor eine Elektrikerausbildung absolviert hatte, feststellte, dass lediglich eine verdeckte Sicherung an der Ofeninnenseite durchgeschmort war. Die Reparatur konnte mit in den in der Backstube vorhandenen Ersatzsicherungen problemlos durchgeführt werden. Da der Ofen erst für das Silvestergeschäft wieder in Betrieb genommen wurde, erfolgte eine Zuschreibung in Höhe von 18.527 €. Abgeschrieben wurde der Ofen indes im Geschäftsjahr 2010 nicht.

Diese Tatsachen mündeten in einem um 30.484 € höheren Jahresüberschuss vor Steuern im Geschäftsjahr 2010. Durch die korrekte Verrechnung der Positionen „Technische Anlagen und

Maschinen“ ergibt sich ein gestiegener Jahresüberschuss vor Steuern. Zum einen ist die Zuschreibung des Ofens am Ende des Geschäftsjahres in Höhe von 18.527 € voll ergebniswirksam. Zum anderen können durch die Aktivierung der Anschaffungsnebenkosten Aufwendungen in Höhe von 12.586 € eingespart werden, wobei jedoch zu bedenken ist, dass 5% dieses Betrags dennoch als Aufwand über Abschreibungen anfallen.

Ein Blick auf die Uhr offenbart, dass es schon wieder 18.15 Uhr ist. Plötzlich fällt ihm wieder ein, dass heute Peters Geburtstag ist. Diesen hätte er fast vergessen, obwohl er heute Morgen noch daran gedacht hatte. Hastig wählt Christian Peters Nummer. Knapp 75 Minuten später klingelt er bei ihm an der Haustür, um zusammen mit ihm und ein paar anderen Freunden seinen Geburtstag zu feiern.

Am nächsten Morgen ist Christian leicht verkatert. Peter hatte ihn doch noch zu einem Caipirinha überreden können und dies rächte sich an diesem frühen Morgen. „Wer feiern kann, der kann auch arbeiten“, sagt er immer wieder auf der Autofahrt zur Großbrot AG zu sich. Außerdem erinnert er sich, gehört zu haben, dass die besten Geschäfte an der Theke abgeschlossen werden. Aus diesem Grund hakt er den gestrigen Abend als weitere berufsvorbereitende Maßnahme ab. Für den heutigen Tag hat er sich vorgenommen, das Anlagengitter zum 31.12.2011 zu vervollständigen. Hierzu trifft er sich um 09.30 Uhr mit Daniel. Dieser erzählt ihm, dass er bereits einen Großteil des Anlagengitters 2011 fertig gestellt habe. Nur bei den „Technischen Anlagen und Maschinen“ habe er zwei Punkte noch nicht klären können.

Zum einen handele es sich dabei um den alten Ofen, der erst Ende 2010 wieder in Betrieb genommen wurde und für den eine Zuschreibung erfolgte. Anfang des Jahres 2011 fand sich ein Käufer für das alte Schätzchen. Sowohl der hohe Stromverbrauch als auch das leicht angerostete Äußere konnten den Interessenten nicht davon abhalten, den Ofen zum Restbuchwert zuzüglich Mehrwertsteuer zu erstehen. Der Käufer schickte sogar sein eigenes Personal, um den Ofen abzubauen und wegzuschaffen. Die Behandlung dieses Geschäftsvorfalls überträgt er Christian. Ansonsten bereiten Daniel nur noch die Hubkneter ET324 Kopfzerbrechen. Hierbei handelt es sich um 30 Hubkneter des Typs ET324, die alle zeitgleich angeschafft wurden. Folgende Daten hatte Daniel bereits beschafft. „Die Hubkneter ET324 weisen eine Nutzungsdauer von acht Jahren auf und sind am Jahresanfang für netto 1.345.684 € beschafft worden. Leider kann ich meinen Unterlagen nicht entnehmen, in welchem Jahr das war. Die voraussichtliche Nutzungsdauer beträgt allerdings 8 Jahre. Mehr weiß ich leider auch nicht.“ Daniel legt Christian das vorläufige Anlagengitter mit der Bitte vor, dass er möglichst bis zum Abend eine Lösung für das Problem gefunden haben solle.

Auch Daniel ist aufgefallen, dass Christian heute etwas angeschlagen wirkt. Seiner Meinung nach würde die Lösung des Problems auf jeden Fall den Rest des Tages in Anspruch nehmen. Aus diesem Grund vereinbart er mit ihm, dass dieser nach Hause gehen dürfe, sobald er das Anlagengitter vervollständigt habe. Daniel selbst kann für die Probleme keine Lösungen finden. Er ist sich nur sicher, dass die Hubkneter im Gegensatz zu vielen anderen Maschinen wohl nicht linear abgeschrieben werden. Außerdem ist ihm aufgefallen, dass alle sonstigen Anlagen und

Maschinen zuerst degressiv mit einem Satz von angeblich 30 % und dann linear weiter abgeschrieben wurden. Alle technischen Anlagen und Maschinen, die unter der Position „Sonstige" subsumiert wurden, werden mittlerweile linear abgeschrieben.

Positionen des Anlagevermögens	Historische AK/HK	Zugänge	Abgänge	Umbuchungen	Zuschreibungen	Abschreibungen (kumuliert)	Restbuchwert 31.12.2011	Restbuchwert Vorjahr	Abschreibungen 2011
Konzessionen und Schutzrechte	95.250					32.657	62.593	70.810	8.217
Grundstücke und Bauten	3.043.731					815.010	2.228.721	2.301.387	72.666
Alter Stikkenofen	*174.444*		*???*			*???*	*???*	*18.527*	*???*
Hubkneter ET324	*1.345.684*					*???*	*???*	*756.947*	*???*
Sonstige	*3.479.674*					*2.978.464*	*501.211*	*506.721*	*5.510*
Technische Anlagen u. Maschinen	4.999.802		???			???	???	1.182.195	???
Andere Anlagen, BuG	1.241.742					602.070	639.672	732.028	92.356

Tab. FB 24: Vorläufiges Anlagengitter des Jahres 2011

Ein Klopfen stört Christian bei seinen Überlegungen. Es ist Petra, die ihm nett zulächelnd einen Kaffee bringt. Christian verabredet sich mit ihr zum Mittagessen in der Kantine um 13.15 Uhr. Als er wieder allein ist, beginnt er, sich auf die vor ihm liegenden Unterlagen zu konzentrieren. Er schaut auf seine Uhr. Es ist 10.15 Uhr. Plötzlich hat er einen Geistesblitz. Die Lösung des Problems mit den Hubknetern scheint vergleichsweise einfach. Zunächst widmet er sich aber dem alten Ofen. Dieser wurde zu Beginn des Jahres verkauft. Aus diesem Grund darf der Ofen in der Bilanz des Jahres 2011 nicht mehr enthalten sein. Dennoch sollte er im Anlagengitter zu finden sein, da der Ofen im Laufe des Geschäftsjahres veräußert wurde. Aufgrund der lückenlosen Darstellung der Entwicklung des Anlagevermögens muss der Abgang in Höhe der Anschaffungskosten enthalten sein. Da der Abgang in Höhe der Anschaffungskosten angesetzt wird, müssen die bis dato angesammelten kumulierten Abschreibungen des Ofens auf Null gesetzt werden. Ansonsten würde man einen negativen Restbuchwert erhalten. Auch die Abschreibungen im laufenden Jahr werden mit Null angesetzt. Dies hat zur Folge, dass neben den Feldern „historische Anschaffungskosten" und „Abgänge" im Anlagengitter des Jahres 2011 für den alten Ofen nur noch im Feld „Restbuchwert Vorjahr" ein von Null abweichender Wert steht. Obwohl dies für das Anlagengitter keine Relevanz besitzt, bleibt anzumerken, dass der Verkauf des Ofens erfolgsneutral erfolgt, da der Käufer das Objekt zum Restbuchwert übernommen hat.

Zu seiner freudigen Überraschung scheint sein Geistesblitz bezüglich der Hubkneter zutreffend zu sein. Richtig ist, dass man beim Ansatz eines Abschreibungssatzes von 30 % schnell an die Grenze des Erklärbaren kommen kann. Offenbar ist Daniel nicht ganz auf dem Laufenden. Zwar war vor 2000 ebenso wie ausnahmsweise für in 2006 und 2007 angeschaffte bewegliche Vermögensgegenstände (§ 7 II 3 EStG) steuerlich ein degressiver Abschreibungssatz von maximal 30% zulässig. Zwischen 2001 bis Ende 2007 war für bewegliche Vermögensgegenstände nur noch ein degressiver Abschreibungssatz von 20 % bzw. maximal des Doppelten des linearen

Abschreibungsbetrags zulässig und danach wäre eine degressive Abschreibung aufgrund steuerlicher Änderungen nicht mehr zulässig gewesen. Aufgrund des Konjunktureinbruches wurde die degressive Abschreibung jedoch wieder befristet für bewegliche Vermögensgegenstände, die nach dem 31.12.2008 und vor dem 01.01.2011 angeschafft oder hergestellt werden, zugelassen. Als Obergrenze ist gemäß § 7 II 2 EStG ein Abschreibungssatz von 25% festgeschrieben. Zunächst einmal ermittelt Christian nun den Abschreibungsplan bei unterstellter degressiv-linearer Abschreibungsmethodik und geht von einer Anschaffung zwischen 2009 und 2010 mit einem degressiven Abschreibungssatz von 25% aus. Schnell erhält er das Resultat, dass sich die Maschinen Ende 2010 am Ende ihres zweiten Nutzungsjahres befanden. Die Maschinen dürften also im Januar des Jahres 2009 beschafft worden sein.

Jahr	Buchwert Jahresanfang	Degressive Rate	Lineare Rate	Abschreibung	Buchwert Jahresende
2009	1.345.684	336.421	168.211	336.421	1.009.263
2010	1.009.263	252.316	144.180	252.316	756.947
2011	756.947	189.237	126.158	189.237	567.710
2012	567.710	141.928	113.542	141.928	425.783
2013	425.783	(106.446)	106.446	106.446	319.337
2014	319.337	(79.834)	106.446	106.446	212.891
2015	212.891	(53.223)	106.446	106.446	106.446
2016	106.446	(26.611)	106.446	106.446	0

Tab. FB 25: Nebenrechnung zur Abschreibung der Hubkneter[349]

Im Jahr 2011 sind somit 189.237 € an Abschreibungen für die Hubkneter ET324 anzusetzen. Mit Hilfe seiner Nebenrechnung kann er die fehlenden Werte des Anlagengitters 2011 innerhalb weniger Minuten ergänzen.

Positionen des Anlagevermögens	Historische AK/HK	Zugänge	Abgänge	Umbuchungen	Zuschreibungen	Abschreibungen (kumuliert)	Restbuchwert 31.12.2011	Restbuchwert Vorjahr	Abschreibungen 2011
Konzessionen und Schutzrechte	95.250					32.657	62.593	70.810	8.217
Grundstücke und Bauten	3.043.731					815.010	2.228.721	2.301.387	72.666
Alter Stikkenofen	*174.444*		*174.444*			*0*	*0*	*18.527*	*0*
Hubkneter ET324	*1.345.684*					*777.974*	*567.710*	*756.947*	*189.237*
Sonstige	*3.479.674*					*2.978.464*	*501.211*	*506.721*	*5.510*
Technische Anlagen u. Maschinen	4.999.802		174.444			3.756.437	1.068.921	1.282.195	194.747
Andere Anlagen, BuG	1.241.742					602.070	639.672	732.028	92.356

Tab. FB 26: Vervollständigtes Anlagengitter des Jahres 2011

[349] Für einen Abschreibungsplan mit einem Degressionssatz von 30% vgl. das Fallbeispiel in Teil III.

Christian fällt auf, dass die „Technischen Anlagen und Maschinen" im Großen und Ganzen schon zu einem erheblichen Teil abgeschrieben sind. Einerseits sind die Abschreibungen im Vergleich zum Vorjahr zwar erheblich gesunken. Andererseits war 2010 die Abschreibung in Höhe von 520.000 € für den alten Großofen ein wesentlicher Bestandteil. Trotz der Anschaffung des Stikkenofens im Jahr 2010 stellt er einen nicht zu unterschätzenden Investitionsstau in der Großbrot AG fest. Insgesamt sind die „Technischen Anlagen und Maschinen" schon zu über 75 % abgeschrieben. Zu diesem Zeitpunkt schenkt er dieser Tatsache allerdings keine weitere Beachtung, sondern beschließt, diesen Umstand bei einer Jahresabschlussanalyse verstärkt zu verfolgen, sofern er hierfür während seines Praktikums noch Zeit fände. Es ist 11.15 Uhr, als er seine Ergebnisse sauber dokumentiert auf seinem Schreibtisch deponiert und von Daniels Angebot Gebrauch macht. Gegen 13 Uhr erreicht er seine Wohnung in Münster. Er legt sich sofort ins Bett, um ein wenig Schlaf nachzuholen. Als er gegen 16 Uhr wieder aufwacht, überkommt ihn das personifizierte schlechte Gewissen. Er hat das Mittagessen mit Petra vergessen. Minutenlang überlegt er, wie er seinen Fauxpas wieder ausgleichen kann. Er beschließt, am nächsten Morgen direkt Petras Büro zu besuchen, sich bei ihr in aller Form zu entschuldigen und sie zur Entschädigung am Mittag anstatt in die Kantine in die Pizzeria einzuladen.

Am nächsten Morgen erwartet Daniel ihn bereits und fragt, warum er ihn denn gestern Nachmittag nicht mehr habe antreffen können. Auf Christians Antwort, dass er sich lediglich an die Abmachungen gehalten habe, erntet er von Daniel nur Kopfschütteln. „Christian", führt er aus, „auch wenn wir uns duzen und wir eine derartige Abmachung getroffen haben, ist das noch lange kein Rechtfertigungsgrund für ein Verschwinden ohne Abmeldung. Du hättest mir zumindest kurz mitteilen müssen, dass du nach Hause fährst. Niemand wusste Bescheid!" Christian sieht ein, dass er wohl einen Fehler gemacht hat. Er ist froh, dass Daniel nicht nachtragend zu sein scheint. Die beiden verbringen den Rest des Tages damit, noch einmal alle Positionen des Anlagengitters durchzugehen und nachzurechnen. Ab morgen steht dann die Ermittlung der Rückstellungen in der Bilanz 2011 auf der Tagesordnung.

3.2.5 Bilanzierung von Schulden

Neben dem Eigenkapital und den passiven Rechnungsabgrenzungsposten besteht die Passivseite der Bilanz aus den Schulden. Für den Begriff der Schulden findet sich im HGB keine Definition. Aus dem Zusammenhang verschiedener Regelungen ergibt sich jedoch, dass unter die Schulden einerseits die Verbindlichkeiten und andererseits die Rückstellungen fallen. Im Gegensatz zum Zivilrecht ist damit durch die Einbeziehung von Rückstellungen in die Schulden für das Vorliegen einer Schuld nicht zwingend eine rechtliche Verpflichtung nötig. Denn Rückstellungen müssen z. T. auch für solche Vorfälle gebildet werden, in denen keine rechtliche Verpflichtung vorliegt.

3.2.5.1 Verbindlichkeiten

Auch für die Verbindlichkeiten hat der Gesetzgeber auf eine genaue Umschreibung verzichtet. Aus dem Passivierungsgrundsatz ergeben sich für das Vorliegen einer Verbindlichkeit jedoch mehrere Kriterien. Zunächst muss eine *rechtliche Leistungsverpflichtung* gegen das Unternehmen bestehen. Für die zu erbringende Leistung kommen Geldzahlungen wie auch Sach- und Dienstleistungen in Frage. Weiterhin ist von Bedeutung, dass die Verpflichtung zur Leistungserbringung vom Gläubiger auch juristisch durchgesetzt werden kann. Besteht also eine legale Möglichkeit für das Unternehmen, die Leistung nicht zu erbringen, wie z. B. bei einer verjährten Verpflichtung und will das Unternehmen von dieser Möglichkeit Gebrauch machen, so liegt keine Verbindlichkeit vor. Auch muss die Leistungsverpflichtung dem Grunde und der Höhe nach bestimmt sein. Das heißt, dass der Grund des Anspruchs des Gläubigers, wie auch dessen betragsmäßige Höhe, fest stehen müssen. Außerdem muss eine wirtschaftliche Belastung vorliegen. Diese entsteht erst dann, wenn der Dritte, dem gegenüber eine Leistungsverpflichtung besteht, seinen Teil der vertraglichen Leistung bereits erbracht hat. Ist dies noch nicht der Fall, so liegt ein schwebendes Geschäft vor, bei dem sich annahmegemäß Leistung und Gegenleistung gegenseitig ausgleichen, sodass eine wirtschaftliche Belastung nicht vorliegt. Zudem muss die Verpflichtung zur Leistungserbringung bereits am Bilanzstichtag entstanden sein. Dabei ist unerheblich, dass die zugehörige Leistungserbringung erst nach dem Bilanzstichtag erfolgt.

Das HGB schreibt die folgende Untergliederung der Verbindlichkeiten vor:

1. Anleihen
2. Verbindlichkeiten gegenüber Kreditinstituten
3. erhaltene Anzahlungen auf Bestellungen
4. Verbindlichkeiten aus Lieferungen und Leistungen
5. Verbindlichkeiten aus der Annahme gezogener Wechsel und der Ausstellung eigener Wechsel

6. Verbindlichkeiten gegenüber verbundenen Unternehmen
7. Verbindlichkeiten gegenüber Unternehmen mit denen ein Beteiligungsverhältnis besteht
8. sonstige Verbindlichkeiten
   davon aus Steuern,
   davon im Rahmen der sozialen Sicherheit

Unter den jeweiligen Verbindlichkeitspositionen muss jeweils gesondert der Betrag der Verbindlichkeiten mit einer Restlaufzeit von unter einem Jahr angegeben werden.

3.2.5.2 Rückstellungen

Neben den Verbindlichkeiten bestehen die Schulden auch aus den Rückstellungen. Im Gegensatz zu den Verbindlichkeiten, die dem Grunde und der Höhe nach sicher sein müssen, sind Rückstellungen dadurch gekennzeichnet, dass das Eintreten oder die Höhe der Schuld nicht (völlig) sicher sind. Vielmehr sind Rückstellungen für solche Sachverhalte zu bilden, die einen Aufwand verursacht haben und zu zukünftigen Auszahlungen führen, deren wirtschaftliche Ursache in der aktuellen oder einer früheren Periode liegt, deren Höhe nicht punktgenau, sondern nur in einer Bandbreite quantifizierbar sind oder aber deren tatsächliches Eintreten nicht sicher ist, aber mehr Gründe für als gegen ihr Eintreten sprechen (Daumenregel: Eintrittswahrscheinlichkeit > 50 %).[350] Ein Beispiel ist der Fall, dass ein Unternehmen auf Schadensersatz verklagt wird, der Prozess am Bilanzstichtag jedoch noch nicht beendet ist. Hält das Unternehmen es für eher wahrscheinlich, den Prozess zu verlieren, so ist dies in Form einer Rückstellung zu berücksichtigen, obwohl weder das Eintreten der Verpflichtung noch ihre Höhe bekannt sind. Durch die Verpflichtung, Rückstellungen zu bilden, wird wiederum die Verfolgung der beiden Jahresabschlusszwecke Kapitalerhaltung und Rechenschaft deutlich. Zur Kapitalerhaltung greift hier das Imparitätsprinzip. Denn anders als für positive Erfolgsbeiträge, deren Berücksichtigung vor der tatsächlichen Realisierung verboten ist (Realisationsprinzip), ist für negative Erfolgsbeiträge die Berücksichtigung bereits vor ihrem tatsächlichen Eintreten, also ihrer Realisierung vorgeschrieben, wenn sie für eher wahrscheinlich gehalten wird. Dem Zweck der Rechenschaft dient die Regelung insofern, als dass versucht wird, Aufwände in der Periode zu berücksichtigen, in der sie verursacht wurden. Folglich ist die Bildung einer Rückstellung immer (negativ) erfolgswirksam. Die Buchung zur Bildung einer Rückstellung besitzt schematisch stets die folgende Form:

Aufwand	an	Rückstellung

Wenn in einem späteren Geschäftsjahr die Verpflichtung, für die die Rückstellung gebildet wurde, tatsächlich zu erfüllen ist, so ist die entsprechende Rückstellung aufzulösen. Entspricht der tatsächliche Betrag, der für die Erfüllung der Verpflichtung zu erbringen ist, demjenigen

[350] Vgl. Baetge, J./Kirsch, H.-J./Thiele, S. [2017], S. 424.

Betrag, der zuvor in die Rückstellung eingestellt worden war, so ist diese Auflösung erfolgsneutral. Die Buchung lautet dann:

Rückstellung	an	Kasse/Bank

Übersteigt der tatsächlich zu zahlende Betrag jedoch den in die Rückstellung eingestellten Betrag, so entsteht ein zusätzlicher periodenfremder Aufwand. Dieser wäre eigentlich der Periode, in der die Rückstellung gebildet wurde zuzuordnen. Die entsprechende Buchung stellt sich wie folgt dar:

Aufwand	an	Kasse/Bank
Rückstellung		

Im Umkehrschluss ergibt sich für den Fall einer niedrigeren tatsächlichen Zahlung ein periodenfremder Ertrag:

Rückstellung	an	Kasse/Bank
		Ertrag

Ebenfalls denkbar ist der Fall, dass der Grund für eine Rückstellungsbildung in einem späteren Geschäftsjahr gänzlich entfällt. Dann ist die Rückstellung zugunsten eines periodenfremden Ertrags aufzulösen:

Rückstellung	an	Ertrag

Gemäß der gesetzlichen Vorschrift des § 249 HGB lassen sich vier Arten von Rückstellungen unterscheiden:

1. Rückstellungen für ungewisse Verbindlichkeiten
2. Rückstellungen für drohende Verluste aus schwebenden Geschäften
3. Rückstellungen für Gewährleistungen ohne rechtliche Verpflichtungen
4. Aufwandsrückstellungen

Die Rückstellungen lassen sich entsprechend der Abb. 3-11 systematisieren.

1. Rückstellungen für ungewisse Verbindlichkeiten

Rückstellungen für ungewisse Verbindlichkeiten sind dann zu bilden, wenn zum Bilanzstichtag eine juristisch durchsetzbare Verpflichtung gegenüber einem Dritten entstanden ist, bei der jedoch, anders als bei einer Verpflichtung, das tatsächliche Eintreten oder die genaue Höhe der zu erbringenden Leistung ungewiss ist. Es muss jedoch eher für wahrscheinlich gehalten werden, dass die Verpflichtung von dem Dritten in Anspruch genommen werden kann. Bei der Art der Verpflichtung kann zwischen Verpflichtungen aufgrund von bürgerlich-rechtlichen Verpflichtungen, z. B. aus einer vertraglichen Vereinbarung mit einem Dritten, oder aber aus öffentlich-rechtlichen Verpflichtungen, z. B. die Verpflichtung zur Durchführung bestimmter Umweltschutzmaßnahmen, unterschieden werden. Beispiele für Rückstellungen für ungewisse Verbindlichkeiten sind Prozessaufwendungen, rechtlich zugesicherte Garantien, Umweltschutzmaßnahmen, ausstehende Steuerzahlungen in ungewisser Höhe oder Pensionszusagen an Mitarbeiter.

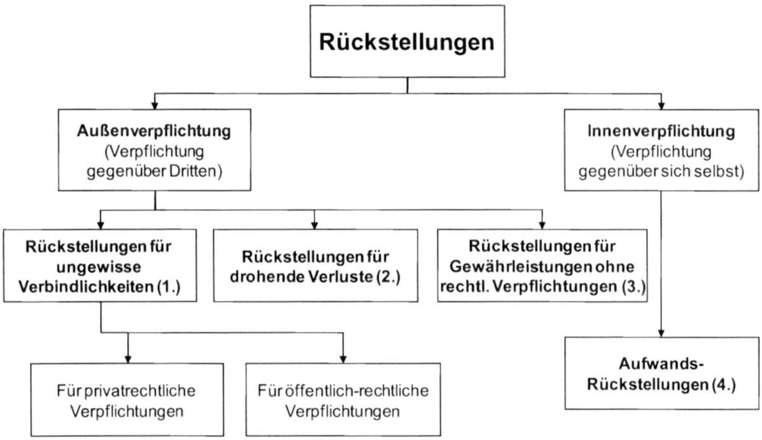

Abb. 3-11: Systematisierung von Rückstellungen

2. Rückstellungen für drohende Verluste aus schwebenden Geschäften

Bei dem Kriterium der wirtschaftlichen Belastung bei Verbindlichkeiten war noch argumentiert worden, dass eine Verbindlichkeit erst dann vorliegt, wenn die Leistung der Gegenseite bereits erbracht wurde, da sich ansonsten Leistung und Gegenleistung wertmäßig ausgleichen und daher erfolgsneutral sind. Ergibt sich jedoch vor dem Zeitpunkt der Leistungserfüllung beider Parteien, also noch im Schwebezustand des Geschäfts, dass dieser wertmäßige Ausgleich wahrscheinlich nicht mehr gegeben ist, so kann sich eine negative Beeinträchtigung des Periodenerfolges ergeben. Dies könnte z. B. dann vorkommen, wenn der Marktpreis einer einzukaufenden Ware über den vertraglich vereinbarten Verkaufspreis steigt.

Gemäß dem Imparitätsprinzip muss eine solche Berücksichtigung jedoch nur im Fall drohender Verluste erfolgen, im Fall von zu erwartenden Gewinnen aus schwebenden Geschäften ist eine Berücksichtigung nicht zulässig. Liegt also die begründete Vermutung vor, dass ein solcher Verlust aus einem schwebenden Geschäft eher wahrscheinlich ist, so ist eine Rückstellung zu bilden.

Hier muss jedoch beachtet werden, dass eine Bildung von Drohverlustrückstellungen in der Steuerbilanz gemäß § 5 IVa EStG nicht zulässig ist. Diese steuerliche Sonderregelung ist nicht an die Anwendung in der Handelsbilanz geknüpft und führt dementsprechend zur Durchbrechung des Maßgeblichkeitsprinzips.

3. Rückstellungen für Gewährleistungen ohne rechtliche Verpflichtungen

Kulanzrückstellungen erfüllen im Grunde die gleichen Voraussetzungen wie Rückstellungen für ungewisse Verbindlichkeiten mit dem Unterschied, dass hier keine rechtliche, also keine von Dritten juristisch einklagbare, sondern eine wirtschaftlich begründete Außenverpflichtung besteht. Eine wirtschaftliche Verpflichtung ist dadurch gekennzeichnet, dass sie zwar nicht rechtlich durchzusetzen wäre, das wirtschaftliche Interesse des Unternehmens an der Erbringung der Kulanzleistung jedoch den damit verbundenen Aufwand überwiegt. Dies ist z. B. dann der Fall, wenn ein Kunde einen Mangel an einem zuvor erworbenen Produkt beanstandet, für den jedoch kein Garantieanspruch mehr besteht. Sieht das Unternehmen nun die Gefahr, bei Nichterfüllung der Kundenforderung den Kunden zu verlieren und schätzt seinen wirtschaftlichen Wert für das Unternehmen höher ein als die zu erbringende Kulanzleistung, so besteht eine wirtschaftliche Verpflichtung. Es wird deutlich, dass es sich nicht nur um bloße Gefälligkeiten handeln darf, da dann der wirtschaftliche Nutzen für das Unternehmen nicht gegeben ist. Beispiele für Kulanzleistungen sind Kaufpreisminderungen, Ersatzlieferungen, Reparaturen oder Schadensersatzleistungen.

4. Aufwandsrückstellungen

Anders als bei den zuvor besprochenen Rückstellungen für Außenverpflichtungen besteht bei Innenverpflichtungen keinerlei Verpflichtung des Unternehmens gegen unternehmensexterne Dritte, sondern des Unternehmens „gegen sich selbst". Das heißt, dass in der abgelaufenen Periode die Notwendigkeit zur Durchführung für bestimmte Maßnahmen entstanden ist, die in der entsprechenden Periode jedoch noch nicht durchgeführt wurden. So könnte bspw. an einer Maschine aufgrund der Belastung im abgelaufenen Geschäftsjahr eine Reparatur notwendig geworden sein, die jedoch erst im nächsten Jahr durchgeführt werden soll. In diesem Fall besteht die Verpflichtung des Unternehmens „gegenüber sich selbst", die Reparatur nachzuholen. Der dann entstehende Aufwand für die Reparatur ist jedoch bereits im abgelaufenen Geschäftsjahr entstanden. Um nun zu einer periodengerechten Erfolgsermittlung zu gelangen, ist es nötig, den Aufwand in der Periode zu berücksichtigen, in der er verursacht wurde. Die Bildung von Aufwandsrückstellungen dient somit einerseits der periodengerechten Abgrenzung des Jahreserfolges. Andererseits dient ein daraus folgender nicht zu hoher Ausweis des Jahresüberschusses aufgrund dessen Funktion als Bemessungsgrundlage für Ausschüttungen auch dem Zweck der Kapitalerhaltung.

Aufwandsrückstellungen sind gemäß § 249 I 2 Nr. 1 HGB für Aufwendungen für die Instandhaltung zu bilden, insofern sie innerhalb von drei Monaten nach dem Bilanzstichtag nachgeholt werden sollen. In diesem Fall besteht eine Passivierungspflicht. Ferner sind Aufwandsrückstellungen auch für die Abraumbeseitigung innerhalb des folgenden Geschäftsjahres zu bilden.

Fallbeispiel Teil IX: Rückstellungen

Am Abend kramt Christian noch einmal seine Unterlagen über Rückstellungen hervor. Im Hinterkopf merkt er sich, dass es sich bei einer Rückstellung entweder um eine Innen- oder eine Außenverpflichtung handelt, die eine wirtschaftliche Belastung darstellt und zumindest in einer Bandbreite quantifizierbar ist. Zudem legt er sein Handelsgesetzbuch zu den Unterlagen, die er am nächsten Morgen mit ins Büro nehmen würde.

Zunächst geht er am folgenden Tag bei Petra vorbei. Er hatte sie gestern schon wieder vergessen. Diese registriert Christian zunächst gar nicht. Zumindest will sie ihn nicht bemerken. Auf Christians gestotterte Argumentation reagiert sie nur mit Schweigen. Christian erklärt ihr ausführlich den Ablauf der letzten beiden Tage. Er erzählt ihr auch, dass er sie ursprünglich gestern zum Essen einladen wollte. „Wenigstens hättest du gestern mal kurz Bescheid sagen können!" sind ihre ersten Worte. Er muss ihr durchaus recht geben. Er hat sie schlichtweg vergessen, was er zutiefst bedauert.

Daniel ist bereits an seinem Arbeitsplatz und hat eine große Kanne Kaffee neben sich stehen. Freundlich begrüßt er Christian und schildert ihm nach dem obligatorischen kurzen Smalltalk folgenden Sachverhalt. „Anfang November 2011 gab es bei der Produktion unseres Brotes Vierkant, das mit vielen Körnern durchsetzt ist, bei den Wareneinsätzen ein Problem. In den Körnern, die aus unserer eigenen Mühle an die Bäckereiwerkstatt geliefert wurden, fand man später eine Menge kleiner Kieselsteine, die offensichtlich mit verarbeitet worden sind. Frau Schmitz ist seit vielen Jahren Stammkundin bei uns und hat das Brot verzehrt. Dabei ist ihre Zahnprothese auseinandergebrochen. Laut ihrer Aussage muss dies sehr schmerzhaft gewesen sein. Frau Schmitz erstattete daraufhin Anzeige gegen die Großbrot AG und verlangt nun Schadensersatz und Schmerzensgeld. Mehrere Kundinnen und Kunden, die auch beim Verzehr des Brotes Beschädigungen an den Zähnen und teilweise sogar am Kiefer hinnehmen mussten, haben sich der Klage von Frau Schmitz angeschlossen. Außergerichtlich konnte bis zum Jahresende keine Einigung erzielt werden. Die Sachlage deutet allerdings auf einen Verlust eines eventuellen Gerichtsprozesses hin. Seit Monaten steht die Großbrot AG mit der die Sammelklage betreuenden Anwaltskanzlei in Verhandlungen, um eine außergerichtliche Einigung zu erzielen. Die Großbrot AG bietet insgesamt Schadensersatz und Schmerzensgeld in Höhe von 15.000 € an. Die Wahrscheinlichkeit, dass die Anwaltskanzlei den Vorschlag akzeptiert, beziffert die Geschäftsführung auf 37 %. Im Falle eines Gerichtsprozesses stehen die Chancen für einen Sieg bei 40 %. Mit einer Wahrscheinlichkeit von 60 % geht der Prozess verloren. In diesem Fall muss die Großbrot AG zu 30 % 20.000 €, zu 35 % 48.000 € und zu weiteren 35 % 51.000 € an die Klagenden zahlen. Alle drei Beträge wurden in der Vergangenheit bei ähnlichen Verfahren verhängt. Die mit einem negativen Ausgang des Gerichtsverfahrens verbundene Rufschädigung kann die Großbrot AG noch nicht absehen. Wie sollen wir das bitte schön angemessen berücksichtigen?"

Auf Anhieb kann Christian Daniel diese Frage selbstverständlich nicht beantworten. Zunächst überprüft er daher, ob überhaupt eine Schuld vorliegt. „In diesem Fall liegt eine rechtlich begründete Außenverpflichtung vor. Die Großbrot AG muss mit einer Wahrscheinlichkeit von über 50% eine Zahlung im Geschäftsjahr 2011 leisten. Obwohl die Höhe der Zahlung noch nicht sicher feststeht, muss dieser Sachverhalt nach § 249 Abs. 1 Satz 1 HGB im Jahresabschluss Berücksichtigung finden. Der Aufwand ist dem abgeschlossenen Geschäftsjahr zuzurechnen. Dieser muss daher in der Gewinn- und Verlustrechnung des Jahres 2011 als Aufwand ausgewiesen werden und stellt somit für die Großbrot AG eine wirtschaftliche Belastung dar. Leider kann keine verbindliche Aussage darüber getroffen werden, wann und in welcher Höhe Zahlungen an die Klagenden zu leisten sind. Die Aufwendungen sind somit lediglich in einer Bandbreite quantifizierbar und müssen dementsprechend auch in der Bilanz als Rückstellung angesetzt werden. In unserem Fall stellt sich nun die Frage, in welcher Höhe die Rückstellungen angesetzt werden müssen. Im besten Fall muss die Großbrot AG bei Gewinn eines eventuellen Prozesses keinen Schadensersatz an die Klagenden zahlen. Falls wir aber den Prozess verlieren, müssen wir im schlimmsten Fall 51.000 € bezahlen." „Das sehe ich ein. Aber die entscheidende Frage, die ich gerne noch einmal wiederhole, lautet doch, in welcher Höhe wir nun eine Rückstellung im Jahresabschluss 2011 berücksichtigen müssen."

Zur Beantwortung dieser Frage veranschaulicht Christian den Sachverhalt zunächst in einem Wahrscheinlichkeitsbaum (vgl. Abb. FB 3).

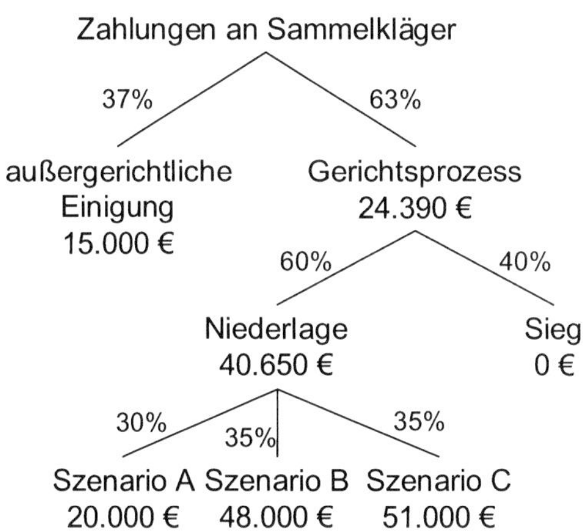

Abb. FB 3: Wahrscheinlichkeitsbaum der Zahlungen an Frau Schmitz

Anhand dieser übersichtlichen Darstellung ist es Christian nun möglich, zunächst den Erwartungswert der Zahlungen der Großbrot AG an die Klagenden zu ermitteln. Diesen berechnet er retrograd. Im Falle einer Niederlage im Gerichtsprozess liegt der erwartete Wert der Zahlungen an die Kläger bei 40.650 €. Der Prozess kann hingegen auch mit einer Wahrscheinlichkeit von 40 % gewonnen werden. Daraus ergeben sich im Falle eines Gerichtsprozesses erwartete Zahlungen an die Kläger in Höhe von 24.390 €. Mit einer Wahrscheinlichkeit von 37 % kann ein Gerichtsprozess aber auch vermieden werden. In diesem Fall verpflichtet sich die Großbrot AG zur Zahlung von 15.000 €. Gewichtet man diese beiden Beträge mit ihren jeweiligen Eintrittswahrscheinlichkeiten, so ergibt sich ein Erwartungswert der Zahlungen an die Klagenden in

Höhe von 20.916 €. Problematisch erscheint in seinen Augen allerdings die Zuverlässigkeit der von Daniel erhobenen Daten.

Beim Mittagessen fragt Christian ihn, wie er denn die Informationen beschafft habe. Daniel antwortet: „Nun ja, die Beschaffung der Daten hat dann doch im Endeffekt etwas länger gedauert als deine Berechnungen. Die Prozesskosten im Falle einer Niederlage vor Gericht konnte ich noch vergleichsweise leicht anhand vergangener vergleichbarer Prozesse unseres Unternehmens ermitteln. Die Zahlungsgröße im Falle einer außergerichtlichen Einigung ergibt sich aus unserem unterbreiteten Angebot. Viel schwieriger als die Ermittlung der Zahlungsgrößen ist in meinen Augen allerdings die Ermittlung der Eintrittswahrscheinlichkeiten. Die Verteilung der Wahrscheinlichkeiten im Falle einer Prozessniederlage habe ich mehr oder weniger geschätzt. In der Vergangenheit gab es bei der Großbrot AG lediglich fünf vergleichbare Gerichtsprozesse, von denen drei verloren wurden. Da der erste Prozess auf einem leicht abgewandelten Sachverhalt beruht, hielt ich es für angemessen, diesen Fall etwas niedriger zu gewichten. Auf der Annahme beruhend, dass die vergangenen Sachverhalte und Rahmenbedingungen in der Zukunft unverändert zutreffen, habe ich einer Niederlage im Gerichtsprozess eine Wahrscheinlichkeit von 60 % eingeräumt. Der meiner Meinung nach unsicherste Wert ist jedoch die Wahrscheinlichkeit der außergerichtlichen Einigung mit den Klägern. Du musst wissen, dass der Anwalt unmöglich ist. Also, wenn einer Steine im Brot verdient hätte, dann dieser Anwalt. Aber lassen wir das. Fast täglich gibt es eine andere Aussage. Von höchstwahrscheinlich bis auf gar keinen Fall habe ich schon jede Äußerung gehört. Seit ein paar Tagen scheint es aber, als würden die Klagenden unser Angebot ablehnen. Diese Information habe ich als wertaufhellend eingestuft. Demnach liegt die Wahrscheinlichkeit einer außergerichtlichen Einigung bei 37 %!"

Diese Argumentation kann Christian nicht vollkommen nachvollziehen. Warum Daniel nun exakt 37 % angesetzt hatte, bleibt ihm unklar. Er kommt lediglich zu der Erkenntnis, dass man den Erwartungswert der Zahlungen wohl kaum als Rückstellung ansetzen könne. Daniel schaut ihn verwundert an. Christian erklärt ihm: „Offensichtlich liegen in unserem Fall unsichere Datenstrukturen vor. Laut BAETGE/KIRSCH/THIELE[351] lassen sich in diesem Fall vertrauenswürdige, glaubwürdige und wahrscheinliche Erwartungen unterscheiden. Bei wahrscheinlichen Erwartungen verfügt ein Unternehmen über eine Wahrscheinlichkeitsverteilung der zukünftig voraussichtlichen Reinvermögensverluste, die mit mathematischen oder statistischen Methoden ermittelt wurden. Dies ist in unserem Fall nach deinen Äußerungen auszuschließen. Glaubwürdige Erwartungen unterscheiden sich von vertrauenswürdigen Erwartungen vereinfacht gesagt dadurch, dass aufgrund nachvollziehbarer logischer Berechnungen auf Basis bestimmter Annahmen, nachvollziehbar eine subjektive Schätzung der Höhe der voraussichtlichen Reinvermögensverluste erfolgt. Nimm es mir nicht übel, Daniel, aber auch dies dürfte zumindest auf deine 37 % Wahrscheinlichkeit einer außergerichtlichen Einigung nicht zutreffen. Somit liegen uns lediglich vertrauenswürdige Erwartungen vor. Vertrauenswürdig sind Erwartungen in dem Fall, wenn bruchstückhafte Informationen über das mögliche Risikoausmaß vorliegen. Dies ist hier der Fall. Nichtsdestotrotz müssen wir natürlich einen Wert festlegen, der als Rückstellung angesetzt wird. Auf jeden Fall ist hierbei das in § 252 Abs. 1 Nr. 4 HGB kodifizierte Vorsichts-

[351] Vgl. Baetge, J./Kirsch, H.-J./Thiele, S. [2017], S. 430.

prinzip zu berücksichtigen. Aus diesem Grund scheidet in meinen Augen der Ansatz eines einfachen Erwartungswerts aus. Der von uns ermittelte Erwartungswert ist demnach um eine Vorsichtskomponente zu ergänzen." Daniel belässt es bei einem verständnisvollem Nicken und fragt, in welcher Höhe man denn nun die Rückstellung konkret anzusetzen habe. „Nun gut, wir sollten einen Wert wählen, der zwischen unserem ermittelten Mittelwert und einem Wert, der sich im ungünstigsten Fall ergibt, liegt, wobei nicht zwangsläufig der pessimistischste Wert angesetzt werden muss.[352] In unserem Fall, aufgrund des doch eher geringen Datenmaterials, würde ich allerdings schon dafür plädieren, dass wir den worst-case mit in die Betrachtung einbeziehen. Dies führt zunächst dazu, dass wir einen Betrag zwischen 20.916 € und 51.000 € in die Rückstellungen einstellen sollten. Da wir in Anbetracht der obigen Daten mit einer Wahrscheinlichkeit von über 13,23 % mindestens einen Betrag von 48.000 € bezahlen werden, schlage ich vor, diesen Wert den Rückstellungen zuzuführen und die Vorsichtskomponente dementsprechend im Jahresabschluss separat anzugeben."

Daniel ist mit dem Vorschlag einverstanden. Nachdem dieser Sachverhalt geklärt ist, fragt Christian ihn, welche Probleme im Bereich der Rückstellungen sonst noch vorliegen würden. Daniel erzählt ihm von lediglich zwei weiteren Positionen, die das Geschäftsjahr 2011 voraussichtlich negativ beeinflussen werden. Im November des Jahres 2011 wurde eine undichte Stelle an der Rückseite des größten Etagenofens der Großbrot AG festgestellt. Hieraus resultiert einerseits ein steigender Energieverbrauch. Andererseits wurde durch die dauernd austretende Hitze der Boden, auf dem der Etagenofen steht, stark beschädigt. Bei Durchführung einer Reparatur muss folglich zunächst der Ofen teilweise abgebaut werden. Ferner muss parallel zur Reparatur des Ofens der Boden erneuert werden. Letztendlich wird während der Reparaturarbeiten zwangsläufig der Ofen zwei Tage nicht benutzt werden können. Selbst wenn an einem Samstagmittag mit dem Abbau des Ofens begonnen und die Reparaturen am Wochenende durchgeführt werden würden, steht der Ofen erst am darauffolgenden Mittwoch wieder zur Verfügung. „Ist der Ofen denn mittlerweile repariert worden?", fragt Christian. „Nein. Bislang konnte sich die Geschäftsführung noch nicht zu einem genauen Termin für diese große Reparatur entschließen. Es wurde lediglich bekannt, dass die Reparatur irgendwann im ersten Quartal stattfinden soll, da sich der Zustand des Bodens auf Dauer verschlechtert. „Hör mal, Daniel", antwortet Christian, „die Reparatur wird also auf jeden Fall noch bis März durchgeführt. In diesem Fall gibt es eine klare Vorgabe, wie dieser Sachverhalt bilanziell behandelt werden muss." Christian erläutert ihm, dass in diesem konkreten Fall § 249 Abs. 1 Nr. 1 HGB anzuwenden sei. Demnach sind Rückstellungen für unterlassene Aufwendungen für Instandhaltung anzusetzen, sofern die Instandhaltung innerhalb von drei Monaten des folgenden Geschäftsjahrs stattfindet. Sollte die Instandhaltung erst zu einem späteren Zeitpunkt stattfinden, darf keine Rückstellung mehr gebildet werden.

„Interessant", entgegnet Daniel, „ich würde gerne mit Herrn Wiedeke klären, ob wir auch wirklich beabsichtigen die Instandhaltung in den in ersten drei Monaten des neuen Geschäftsjahres vorzunehmen." Von Herrn Wiedeke erfährt er, dass intern die Maßgabe ausgegeben wurde, Instandhaltungsmaßnahmen möglichst schnell durchzuführen. Daniel holt in den folgenden Tagen einige Angebote externer Firmen ein. Die Reparatur des Ofens verursacht ca. 20.000 €. Die

[352] Vgl. Baetge, J./Kirsch, H.-J./Thiele S. [2017], S. 430 f.

Reparatur des Bodens hingegen muss als weitaus komplizierter eingestuft werden, da der Ofen, wie bereits erwähnt, zunächst abgebaut werden muss, um die Ausbesserungsarbeiten vornehmen zu können. Die Aufwendungen lassen sich ungefähr auf 21.500 € beziffern. In diesem Jahr sind darüber hinaus voraussichtlich zusätzliche Energiekosten von 1.200 € pro Monat angefallen.

„Nun gut. Die zusätzlichen Energieaufwendungen sind zweifelsohne der aktuellen Abrechnungsperiode zuzuordnen und dürfen daher nicht bereits im Vorjahr als Rückstellung angesetzt werden", erwidert Christian. „Dennoch haben wir die Möglichkeit, zusätzlich für die Reparaturen des Ofens und des Fußbodens den sonstigen Rückstellungen 41.500 € zuzuführen. Deshalb verringert sich der Jahresüberschuss vor Steuern um diesen Betrag."

Daniel stimmt zu. Er hat darüber hinaus bereits einige Geschäftsvorfälle aufgedeckt, für die ebenso Rückstellungen gebildet werden müssen. Dies führt nun insgesamt zu Rückstellungen, die mit einem Betrag von 203.645 € deutlich über den 26.819 € des Vorjahres liegen. Dies war der Betrag, den Herr Kandal für das Geschäftsjahr 2010 angesetzt hatte. Der im Geschäftsjahr 2010 den Rückstellungen zugeführte Betrag erwies sich im Nachhinein als zu niedrig. Deshalb erhöhen sich bei der Auflösung der Rückstellungen die außerordentlichen Aufwendungen im Jahr 2011, was wiederum einen negativen Einfluss auf den Jahresüberschuss vor Steuern zur Folge hat.

3.2.6 Bilanzierung von Eigenkapital

Neben den Schulden wird auf der Passivseite der Bilanz das Eigenkapital ausgewiesen. Eigenkapital umfasst alle Mittel, die dem Unternehmen von den Unternehmenseigentümern für unbefristete Zeit überlassen wurden. Bilanziell gesehen ist das Eigenkapital eine Residualgröße, die sich aus der Differenz aller Aktiva und der Summe der Schulden und passiven Rechnungsabgrenzungsposten ergibt. Es stellt das Reinvermögen der Unternehmung dar. Das Eigenkapital darf aber nicht dahingehend missverstanden werden, dass es sich dabei um für Investitionen zur Verfügung stehende liquide Mittel handelt. Vielmehr ist das in der Vergangenheit zur Verfügung gestellte Eigenkapital in verschiedenen Posten der Aktivseite gebunden. Auskunft über liquide Mittel geben nur die entsprechenden Positionen der Aktivseite wie „Kasse“, „Bankguthaben“ o.ä. Das in der Bilanz ausgewiesene Eigenkapital ist vielmehr als eine Art Erinnerungsposition über die Höhe der von den Eigentümern zur Verfügung gestellten Mittel zu sehen. Die Zuführung von Eigenkapital kann einerseits von außen über Kapitalerhöhungen oder aber andererseits von innen durch die Einbehaltung (Thesaurierung) erwirtschafteter Gewinne erfolgen.

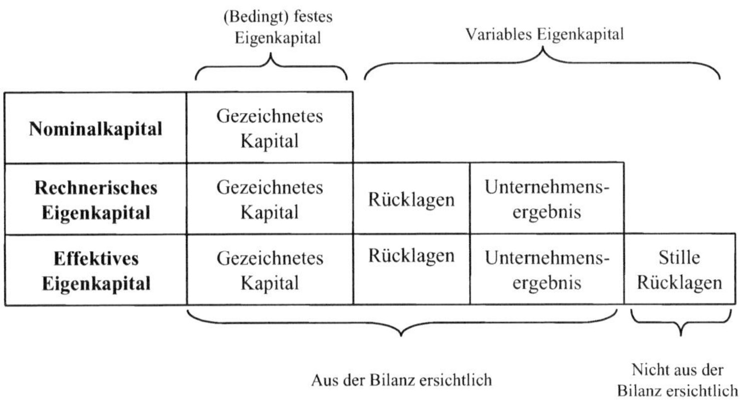

Abb. 3-12: Bestandteile des Eigenkapitals[353]

Das Eigenkapital wird in der Bilanz nicht als eine kumulierte Position ausgewiesen, vielmehr erfolgt je nach Rechtsform eine mehr oder weniger starke Unterteilung. Allgemein kann jedoch in Abhängigkeit von der Veränderlichkeit zwischen festen und variablen Eigenkapitalkonten unterschieden werden. Das variable Eigenkapital zeichnet sich dadurch aus, dass es in seiner Höhe schwankt, während die Höhe des festen Eigenkapitalkontos bis auf den Fall einer Kapitalerhöhung bzw. -herabsetzung konstant ist. Das feste Eigenkapital wird bei Kapitalgesellschaften als gezeichnetes Kapital bezeichnet. Es bildet das Nominalkapital. Zusammen mit den verschiedenen Rücklagen und dem Jahresgewinn bzw. -verlust bildet das Nominalkapital das rechnerische

[353] In Anlehnung an Baetge, J./Kirsch, H.-J./Thiele, S. [2017], S. 478 f.

Eigenkapital. Dies umfasst damit alle Eigenkapitalpositionen, die offen aus der Bilanz ersichtlich sind. Daneben besteht jedoch auch die Möglichkeit, dass in einem Unternehmen durch vergangene Bilanzierungsentscheidungen Eigenkapital vorhanden ist, das nicht direkt aus der Bilanz ersichtlich ist. Diese sog. stillen Rücklagen (=stille Reserven – stille Lasten) ergeben mit dem rechnerischen Eigenkapital das effektive Eigenkapital. Die Zusammenhänge werden in Abb. 3-12 verdeutlicht.

Aus Unternehmenssicht kommen dem Eigenkapital verschiedene Aufgaben zu. So dient das Eigenkapital zum einen dazu, möglicherweise in einem Geschäftsjahr auftretende Verluste auszugleichen. Würde ein Unternehmen über kein Eigenkapital verfügen, so würde aus einem Verlust die Überschuldung und in deren Folge die Insolvenz resultieren. Das Eigenkapital bildet folglich einen Puffer, durch den solche *Verluste ausgeglichen* werden können. Bei Kapitalgesellschaften wird durch die Höhe des festen Eigenkapitals auch festgelegt, in welcher *Höhe das Unternehmen haftet.* Denn anders als i. d. R. bei einer Personengesellschaft[354] haften die Eigentümer einer Kapitalgesellschaft nur mit ihrem Anteil am Unternehmen, der sich aus ihrem Anteil am Nominalkapital ergibt. Im Konkursfall verlieren die Anteilseigner diesen Anteil und mit ihm auch alle Ansprüche auf Teile des variablen Eigenkapitals. Außenstehenden signalisiert das Nominalkapital dadurch, in welcher Höhe das Unternehmen (mindestens) in Haftung genommen werden kann. Dadurch, dass das Nominalkapital nur in gesetzlich streng geregelten Ausnahmefällen durch eine Kapitalherabsetzung verringert werden kann, steht dieses Kapital dem Unternehmen dauerhaft zur Verfügung, wodurch der *Fortbestand des Unternehmens* gewährleistet ist und *Investitionen in unternehmerische Aktivitäten* ermöglicht werden. Aus der Anteilsverteilung der Gesellschafter am Nominalkapital ergibt sich zudem, welcher *Anteil des erwirtschafteten Gewinns* den jeweiligen Gesellschaftern zusteht und welches *Mitspracherecht* beim Treffen von Entscheidungen besteht.

Hinsichtlich der Untergliederung des Eigenkapitals schreibt der Gesetzgeber in § 266 III HGB für Kapitalgesellschaften das folgende Schema vor:

I. Gezeichnetes Kapital
II. Kapitalrücklagen
III. Gewinnrücklagen
    1. gesetzliche Rücklagen
    2. Rücklage für Anteile an einem herrschenden oder mehrheitlich beteiligten Unternehmen
    3. satzungsmäßige Rücklagen
    4. andere Gewinnrücklagen
IV. Gewinnvortrag/Verlustvortrag
V. Jahresüberschuss/Jahresfehlbetrag

[354] In einigen Fällen, wie z. B. der Kommanditist einer Kommanditgesellschaft, können auch bei den Teilhabern von Personengesellschaften Haftungsbeschränkungen bestehen, worauf hier jedoch nicht näher eingegangen werden soll.

Die Positionen IV. und V. können unter einem Posten Bilanzgewinn/Bilanzverlust zusammengefasst werden, wenn bereits eine (teilweise) Berücksichtigung der Gewinnverwendung erfolgt.[355]

Im Folgenden wird ein kurzer Überblick über die Inhalte der einzelnen Posten gegeben:

Zu I.: Unter der Position „*Gezeichnetes Kapital*" wird die Summe des Stamm- bzw. Grundkapitals einer Kapitalgesellschaft ausgewiesen. Rechnerisch ergibt sich seine Höhe aus der Multiplikation der Anzahl der Anteile (z. B. Aktien) mit deren Nennwert.

Zu II.: Bei den *Kapitalrücklagen* werden einerseits all jene Beträge aufgenommen, die bei der Zuführung von Eigenkapital aus dem Verkauf von Anteilen den Nennwert der Anteile übertreffen. Ein solcher „Überschussbetrag" ist der Regelfall bei einer Kapitalerhöhung, der für den Wert gezahlt wird, um den der tatsächliche anteilsmäßige Unternehmenswert den Nennwert übersteigt. So ist festzustellen, dass bei der Kapitalerhöhung eines börsennotierten Unternehmens der Wert, den ein neuer Anteilseigner bei einer Kapitalerhöhung zu zahlen hat, in etwa dem aktuellen Börsenkurs entspricht. Dieser Kurs entspricht jedoch in aller Regel nicht dem Nennwert des Anteils, sondern liegt darüber (in Ausnahmefällen auch darunter).

Andererseits werden unter diesem Posten auch die Verkaufserlöse aus der Begebung von Options- und Wandelanleihen berücksichtigt.[356] Darüber hinaus sieht das Gesetz in § 272 II HGB noch die Einbeziehung bestimmter Zuzahlungen von Gesellschaftern vor.

Zu III.: Bei der Verwendung des erzielten Jahresüberschusses sieht der Gesetzgeber für die AG und die KGaA eine Verpflichtung für Unternehmen vor, einen Teil des Jahresüberschusses zur Stärkung des Eigenkapitals in die Rücklagen einzustellen. Gemäß § 150 II AktG sind 5 % des um einen möglichen Verlustvortrag bereinigten Jahresüberschusses solange in die gesetzlichen Rücklagen einzustellen, bis die *gesetzlichen Rücklagen* und die Kapitalrücklagen zusammen 10 % des gezeichneten Kapitals erreichen.

Die Position „*Rücklage für Anteile an einem herrschenden oder mehrheitlich beteiligten Unternehmen*" ist zu bilden, wenn ein Unternehmen Anteile an einem Unternehmen hält, von dem es beherrscht wird bzw. das mit Mehrheit am bilanzierenden Unternehmen beteiligt ist.[357] Diese sind auf der Aktivseite der Bilanz unter dem Umlaufvermögen auszuweisen. Da Anteile dieser Art im Konkursfall nicht zu liquidieren sind, stellt der Posten „Rücklage für Anteile an einem herrschenden oder mehrheitlich beteiligten Unternehmen" eine Art Korrekturposten dar, der eine

---

[355] Der Posten Gewinnvortrag/Verlustvortrag ist dennoch entweder in der Bilanz selbst oder aber im Anhang separat auszuweisen.

[356] Zu Erläuterungen zu Options- bzw. Wandelanleihen vgl. z. B. Perridon, L./Steiner, M./Rathgeber, A. [2017], S. 471 ff.

[357] Vgl. Baetge, J./Kirsch, H.-J./Thiele, S. [2017], S. 510 f.

Ausschüttung des entsprechenden Betrages verhindert. Die Dotierung dieser Rücklage kann gemäß § 272 IV 3 HGB aus den frei verfügbaren Rücklagen oder dem Jahresüberschuss erfolgen.

Neben der gesetzlichen Verpflichtung, Rücklagen in bestimmter Höhe zu bilden, kann auch eine Selbstverpflichtung bestehen. Legt die Satzung oder eine ähnliche Vereinbarung der Gesellschafter eine Einstellung von Teilen des Gewinns in die Rücklagen fest, so ist dies unter dem Posten *satzungsmäßige Rücklagen* zu berücksichtigen.

Der letzte Bestandteil der Gewinnrücklagen sind die *anderen Gewinnrücklagen*. Dieser Posten nimmt den nach Einstellung in die vorigen drei Arten der Gewinnrücklagen verbleibenden einbehaltenen Gewinn auf. Den Unterpositionen der Gewinnrücklagen ist gemeinsam, dass sie entsprechend ihrer Bezeichnung immer nur aus der Verwendung des erwirtschafteten Periodengewinns gespeist werden. Eine Ausnahme bildet die Einstellung in die Rücklage für Anteile an einem herrschenden oder mehrheitlich beteiligten Unternehmen, die auch zu bilden ist, wenn kein positiver Jahresüberschuss erzielt wurde.

Zu IV.: Der *Gewinnvortrag* ist derjenige Teil des Bilanzgewinns des Vorjahres, der weder durch Ausschüttung an die Anteilseigner übereignet noch in die Rücklagen eingestellt wurde. Ein *Verlustvortrag* ist entsprechend derjenige Teil eines Bilanzverlusts aus dem Vorjahr, der im Vorjahr nicht mit den Rücklagen verrechnet worden ist. Eine Besonderheit des Verlustvortrages ist, dass er mit einem negativen Vorzeichen ausgewiesen wird.

Zu V.: Der *Jahresüberschuss/Jahresfehlbetrag* ist das von dem Unternehmen im abgelaufenen Geschäftsjahr erwirtschaftete Ergebnis. Er wird aus der GuV übernommen und ist dort unter Position 20. (Gesamtkostenverfahren) bzw. 19. (Umsatzkostenverfahren) ausgewiesen. Für den Fall, dass die Positionen IV. und V. in der Bilanz aufgeführt werden, hat eine Entscheidung über die Verwendung des Gewinns noch in keiner Weise stattgefunden. Wie bereits erwähnt, ist für den Fall einer teilweisen Berücksichtigung der Gewinnverwendung auch eine Zusammenfassung der Posten IV. und V. zur Position Bilanzgewinn/Bilanzverlust zulässig. Eine eingehende Thematisierung der Gewinnverwendung findet sich in Abschnitt 3.4.3.

3.2.7 Zeitliche Abgrenzung von Jahresabschlüssen

Der Jahresabschlusszweck „Rechenschaft ablegen" zielt insbesondere auf den Ausweis eines periodengerechten Erfolges ab. Um diesem Ziel gerecht zu werden, ist es erforderlich, solche Vorfälle, deren Erfolgswirkung sich über mehr als eine Periode erstreckt und bei denen die Zahlung und die Erfolgswirkung nicht oder nicht gänzlich in der gleichen Periode anfallen, möglichst exakt den jeweiligen Perioden zuzuordnen. Zu diesem Zweck und zur Periodisierung von Zahlungsgrößen, muss eine zeitliche Abgrenzung der Jahresabschlüsse verschiedener Geschäftsjahre erfolgen. Je nach Art des abzugrenzenden Vorfalls ist dabei entweder eine Abgrenzung durch sog. Rechnungsabgrenzungsposten oder aber über den Ansatz von Forderungen oder Verbindlichkeiten vorzunehmen. Ebenfalls dem Ziel der periodengerechten Erfolgsabgrenzung dient die Abschreibung von Vermögensgegenständen über die geschätzte Nutzungsdauer, die jedoch in Abschnitt 3.3.5 vertiefend erörtert wird. Die hier behandelten Abgrenzungen tauchen einerseits direkt in der Bilanz auf und weisen anders als Abschreibungen einen strengen Zeitraumbezug auf. Demnach lässt sich der Ertrag bzw. Aufwand proportional der Zeit zuordnen, wie dies z. B. bei Miet-, Pacht-, Leasing- oder auch Kreditverträgen der Fall ist. Die beiden unterschiedlichen Abgrenzungsformen werden im Folgenden näher erläutert.

3.2.7.1 Rechnungsabgrenzungsposten

Der Ansatz von Rechnungsabgrenzungsposten ist gesetzlich in § 250 HGB geregelt. Danach ist ein Rechnungsabgrenzungsposten immer dann zu bilden, wenn eine Ausgabe oder Einnahme im aktuellen Geschäftsjahr getätigt wurde, die einen zeitraumbezogenen Aufwand oder Ertrag für eine bestimmte Zeit nach dem Abschlussstichtag darstellt. Ein Beispiel hierfür sind vorschüssig zu zahlende bzw. zu erhaltende Mietzahlungen. In Abhängigkeit von der Tatsache, ob es sich um einen Aufwand oder Ertrag handelt, erfolgt der Ansatz dann auf der Aktivseite (Aufwand) bzw. Passivseite (Ertrag). Entsprechend wird dann zwischen aktiven und passiven Rechnungsabgrenzungsposten (ARAP bzw. PRAP) unterschieden. Am Beispiel der vorschüssig zu zahlenden Miete sollen im Folgenden die vorzunehmenden Buchungen dargestellt werden. Es wird im Beispiel Anfang November Miete für die Monate November bis März gezahlt. Im November wird dann folgendermaßen gebucht:

Mietaufwand (5 Monatsmieten)	an	Kasse/Bank (5 Monatsmieten)

Am Ende des aktuellen Geschäftsjahres ist dann

ARAP (3 Monatsmieten)	an	Mietaufwand (3 Monatsmieten)

zu buchen. Der Rechnungsabgrenzungsposten ist dabei in der Höhe anzusetzen, in der der Mietaufwand erst in späteren Perioden fällig wird. Da hier im November des aktuellen Geschäftsjahres Miete im Voraus bis einschließlich März gezahlt wurde, ist der Rechnungsabgrenzungsposten in der Höhe von drei Monatsmieten (Januar bis März) zu bilden. Durch oben stehende Buchung wird erreicht, dass der Periodenaufwand um den Betrag, zu dem die Miete erst in folgenden Perioden als Aufwand tatsächlich anfällt, verringert und entsprechend der Periodenerfolg erhöht wird. Zu Beginn des folgenden Geschäftsjahres ist der Rechnungsabgrenzungsposten aufzulösen und als Aufwand für die dann aktuelle Periode zu berücksichtigen.

Die Buchung lautet entsprechend

Mietaufwand (3 Monatsmieten)	an	ARAP (3 Monatsmieten)

Für den Fall der vorschüssig erhaltenen Miete ist analog zu verfahren. Im Zeitpunkt der Vereinnahmung der Miete ist folgendermaßen zu buchen:

Kasse/Bank (5 Monatsmieten)	an	Mietertrag (5 Monatsmieten)

Am Ende des Geschäftsjahres ist die Buchung

Mietertrag (3 Monatsmieten)	an	PRAP (3 Monatsmieten)

vorzunehmen. Zu Beginn des Folgejahres ist der passive Rechnungsabgrenzungsposten dann wieder aufzulösen:

PRAP (3 Monatsmieten)	an	Mietertrag (3 Monatsmieten)

Bei der Höhe des Ansatzes des PRAP ist analog zu den Ausführungen zum ARAP zu verfahren.

Zusätzlich zu allen Fällen, die unter die obigen Ausführungen fallen, gewährt der Gesetzgeber in § 250 HGB noch in einem Fall ein Wahlrecht zur Bildung von aktiven Rechnungsabgrenzungsposten. Dieser erlaubt die Bildung eines aktiven Rechnungsabgrenzungspostens, wenn der Rückzahlungsbetrag einer Verbindlichkeit höher als der Ausgabebetrag bei Aufnahme der Verbindlichkeit ist. Dies ist einerseits der Fall, wenn der Ausgabebetrag geringer als der Nominalbetrag ist (Disagio) oder aber, wenn der Rückzahlungsbetrag höher als der Nominalbetrag ist (Agio). In beiden Fällen muss mehr zurückgezahlt werden als zuvor ausgezahlt wurde. Das bewirkt, dass zusätzlich zu den auf den Nominalbetrag der Verbindlichkeit zu zahlenden Zinsen ein weiterer Aufwand entsteht. Dies stellt eine zusätzliche indirekte Zinszahlung dar. Da Zinsen aber zeitraumbezogen sind, ist es sinnvoll, den einmaligen Sonderzinsaufwand über die Laufzeit der Verbindlichkeit zu verteilen, um einen periodengerechten Erfolgsausweis zu erreichen. Dazu ist ein Rechnungsabgrenzungsposten zu bilden, der über die Laufzeit der Verbindlichkeit erfolgsmindernd aufzulösen ist. Wie bereits erwähnt, besteht hier jedoch keine Verpflichtung, sondern ein Wahlrecht zur Bildung eines ARAP. Genauso ist die voll erfolgswirksame Berücksichtigung in dem Geschäftsjahr, in dem die Verbindlichkeit entsteht, zulässig. In diesem Fall käme es aber zu einem verzerrten Ausweis des Jahreserfolgs der betroffenen Perioden: Im Jahr der Kreditaufnahme wäre der Erfolg zu niedrig, in den folgenden Jahren entsprechend zu hoch.

3.2.7.2 Abgrenzung über Forderungen und Verbindlichkeiten

Liegt anders als bei den vorigen Erläuterungen der Fall vor, dass eine Ausgabe bzw. Einnahme in einem späteren Geschäftsjahr einen zeitraumbezogenen Aufwand bzw. Ertrag für das aktuelle Geschäftsjahr darstellt, so ist auch in diesem Fall eine Abgrenzung vorzunehmen. Allerdings wird in diesem Fall kein Rechnungsabgrenzungsposten gebildet, sondern es erfolgt eine Abgrenzung über die Posten „sonstige Forderungen"[358] (Ertrag) bzw. „sonstige Verbindlichkeiten" (Aufwand). Diese Form der Abgrenzung wird in der Literatur häufig als antizipativer Rechnungsabgrenzungsposten bezeichnet. An dieser Stelle wird dieser Terminologie jedoch nicht gefolgt, da nach unserer Meinung nur ein Rechnungsabgrenzungsposten, der unter diesem Namen in der Bilanz auftaucht auch als solcher bezeichnet werden sollte.

Zur Veranschaulichung wird das Mietbeispiel aus dem vorigen Abschnitt umgekehrt und von nachschüssig zu zahlenden (Fälligkeit) bzw. zu erhaltenen (Fälligkeit) Mietzahlungen ausgegangen, wobei Ende März die Miete für den Zeitraum von Anfang November bis Ende März fällig wird. Für den Fall fälliger Miete ist zum Jahresende

Mietaufwand (2 Monatsmieten)	an	sonstige Verbindlichkeiten (2 Monatsmieten)

zu buchen, wobei betraglich zwei Monatsmieten (November und Dezember) anzusetzen sind. Dies führt dazu, dass der Aufwand, der für die Monate des aktuellen Geschäftsjahres angefallen ist, auch tatsächlich im aktuellen Jahr berücksichtigt wird. Wenn die Miete dann im März des Folgejahres tatsächlich gezahlt wird, ist wie folgt zu verfahren:

Mietaufwand (3 Monatsmieten) sonstige Verbindlichkeiten (2 Monatsmieten)	an	Kasse/Bank (5 Monatsmieten)

Im Falle von Mieten, die das bilanzierende Unternehmen bekommt, ist zum Jahresende

sonstige Forderungen (2 Monatsmieten)	an	Mietertrag (2 Monatsmieten)

zu buchen.

Bei Eingang der Mietzahlung erfolgt dann entsprechend die folgende Buchung:

---

[358] In der Bilanz sind „sonstige Forderungen" unter der Position „B.II.4 sonstige Vermögensgegenstände" wiederzufinden.

Kasse/Bank (5 Monatsmieten)	an	sonstige Forderungen (2 Monatsmieten) Mietertrag (3 Monatsmieten)

Lernfragen zu 3.2

1. Inwiefern erfüllt ein originärer, d. h. ein nicht erworbener, Geschäfts- oder Firmenwert die drei Kriterien der abstrakten Aktivierungsfähigkeit?

2. Worin unterscheiden sich Rückstellungen von Verbindlichkeiten?

3. Inwiefern widerspricht die unterlassene Bildung eines passiven Rechnungsabgrenzungspostens den GoB?

Literaturhinweise zu 3.2

Baetge, J./Kirsch, H.-J./Thiele, S. [2017], Bilanzen, 14. Aufl., Düsseldorf 2017, S. 157 - 187, S. 417 - 473, S. 475 - 537.

Bitz, M./Schneeloch, D./Wittstock, W. /Patek, G. [2014], Der Jahresabschluß: Nationale und internationale Rechtsvorschriften, Analyse, Politik, 6. Aufl., München 2014, S. 124 - 201.

Coenenberg, A. G./Haller, A./Schultze, W. [2016], Jahresabschluss und Jahresabschlussanalyse, 24. Aufl., Stuttgart 2016, S. 79 - 151.

Federmann, R. [2010], Bilanzierung nach Handelsrecht, Steuerrecht und IAS-IFRS – Gemeinsamkeiten, Unterschiede und Abhängigkeiten von Handels- und Steuerbilanz unter Berücksichtigung internationaler Rechnungslegungsstandards, 12. Aufl., Berlin 2010, S. 273 - 401.

Heinhold, M. [1996], Der Jahresabschluss, 4. Aufl., München 1996, S. 70 - 83.

Perridon, L./Steiner, M./Rathgeber, A. [2017], Finanzwirtschaft der Unternehmung, 17. Aufl., München 2017, S. 465 - 474.

Weber, J./Weißenberger, B. E. [2015], Einführung in das Rechnungswesen: Bilanzierung und Kostenrechnung, 9. Aufl., Stuttgart 2015, S. 75 - 94, S. 103 - 107, S. 121 - 159.

3.3 Bewertung

Nachdem die Entscheidung getroffen wurde, *ob* ein Sachverhalt in der Bilanz angesetzt wird, ist in der Folge die Frage zu klären, mit welchem Wert der entsprechende Sachverhalt angesetzt wird (*Bilanzansatz der Höhe nach*). Die Bewertung folgt dabei einem zweistufigen Vorgehen. Zunächst ist bei der erstmaligen Aufnahme in die Bilanz eine erstmalige Bewertung, die sog. *Zugangsbewertung* vorzunehmen, die in den Abschnitten 3.3.2 und 3.3.3 thematisiert wird. Bei Vermögensgegenständen und Schulden, die länger als ein Jahr im Unternehmen verbleiben und damit auch in folgenden Jahresabschlüssen in der Bilanz auftauchen, ist in jedem Jahr eine *Folgebewertung* vorzunehmen. Es ist jeweils zu prüfen, inwieweit der bei der Zugangsbewertung oder in der Vorperiode festgelegte Wert aufrecht erhalten werden kann oder das Bewertungsobjekt neu bewertet werden muss. Diese Thematik wird in Abschnitt 3.3.5 behandelt. Diese Vorgehensweise ergibt sich auch aus den Vorschriften des § 253 HGB. Obwohl in den §§ 252 - 256a HGB eine Vielzahl expliziter gesetzlicher Regelungen zur Bewertung getroffen sind, ist es aufgrund der umfangreichen real vorkommenden Vorfälle nicht möglich, eine abschließende Regelung aller Sachverhalte zu erreichen. Dadurch werden vom Bilanzersteller einige subjektive Einschätzungen erfordert, die zu Ermessensspielräumen führen. Diese werden u.a. in Abschnitt 3.3.6 behandelt. In diesem Zusammenhang kommt den allgemeinen Bewertungsregeln eine besondere Bedeutung zu. Sie stellen den umfassenden Rahmen dar, innerhalb dessen sich die Bewertungsentscheidung zu bewegen hat. Daneben ist jedoch auch immer zu prüfen, ob weitere gesetzliche Regelungen im Einzelfall zu berücksichtigen sind.

3.3.1 Allgemeine Bewertungsgrundsätze

Die allgemeinen Bewertungsgrundsätze, die in § 252 I HGB aufgeführt sind, sind all jene GoB, die den Rahmen für die Bewertungsentscheidung aufspannen. Die relevanten Grundsätze mit dem Ort ihrer Kodifizierung sind in Tab. 3-3 dargestellt.

Grundsatz	Kodifizierung
Bilanzidentität	§ 252 I Nr. 1 HGB
Unternehmensfortführung	§ 252 I Nr. 2 HGB
Einzelbewertung und Stichtagsbezogenheit	§ 252 I Nr. 3 HGB
Kapitalerhaltungsgrundsätze und Realisationsprinzip	§ 252 I Nr. 4 HGB
Periodenabgrenzung und Pagatorik	§ 252 I Nr. 5 HGB
Bewertungsstetigkeit	§ 252 I Nr. 6 HGB

Tab. 3-3: Allgemeine Bewertungsgrundsätze

Obwohl die entsprechenden Grundsätze bereits in Abschnitt 3.1.5.3 behandelt wurden, werden die allgemeinen Bewertungsgrundsätze an dieser Stelle aufgrund ihrer Bedeutung bei der Bewertung nochmals mit besonderem Blick auf ihre Auswirkung auf diese dargestellt.

3.3.1.1 Bilanzidentität

Der Grundsatz der Bilanzidentität besagt, dass die Wertansätze der Schlussbilanz des einen Geschäftsjahres denen der Eröffnungsbilanz des Folgejahres entsprechen müssen. Demnach dürfen keine Brüche bei den Wertansätzen erfolgen, vielmehr muss die Kontinuität der Bewertung gewahrt werden. Durch die Beachtung der Bilanzidentität bei der Bewertung wird eine zeitliche wie auch unternehmensübergreifende Vergleichbarkeit von Jahresabschlüssen geschaffen.

3.3.1.2 Unternehmensfortführung

Bei der Ermittlung der Werte, mit der eine Position in der Bilanz angesetzt wird, ist gemäß des Going-Concern-Prinzips davon auszugehen, dass die Unternehmenstätigkeit fortgeführt wird. Dies ist für die Bewertung insofern von Bedeutung, als dass ein Unterschied zwischen dem Wert besteht, der bei der Liquidierung des Unternehmens für einen Gegenstand zu erzielen ist (*Zerschlagungswert*) und dem Wert, der bei einer normalen Unternehmensfortführung anzusetzen ist. Im Falle der Liquidierung ist – anders als bei der Fortführung der Tätigkeit – der Wert anzunehmen, der bei der Veräußerung jedes einzelnen Gegenstandes oder der Unternehmung im Ganzen zu erzielen wäre. Durch das grundsätzliche Verbot des Ansatzes zu Zerschlagungspreisen wird die Absicht verfolgt, eine Verzerrung des Bilds der Vermögens-, Finanz- und Erfolgslage zu verhindern. Die Bewertung zu Zerschlagungswerten ist in der Praxis allerdings ohnehin die absolute Ausnahme, da dafür nicht ein bloßer subjektiver Verdacht, dass eine Insolvenz bzw. Liquidation bevorsteht, sondern objektive Anzeichen für eine solche schwere Unternehmenskrise vorliegen müssen oder eine geplante Liquidierung sehr wahrscheinlich ist.

3.3.1.3 Einzelbewertung und Stichtagsbezogenheit

Bei der Bewertung ist der Wert zu ermitteln, der einer Position zum Bilanzstichtag beizumessen ist. Folglich sind alle wertbeeinflussenden Vorgänge zu berücksichtigen, die vor dem *Bilanzstichtag* angefallen sind. Die Erstellung der Bilanz geschieht jedoch i. d. R. erst einige Zeit nach dem eigentlichen Bilanzstichtag. Bei der Frage, inwiefern Informationen und Vorfälle, die nach dem Bilanzstichtag, aber noch vor der endgültigen Aufstellung der Bilanz auftreten, bei der Bewertung zu berücksichtigen sind, ist zwischen wertaufhellenden und wertbegründenden Informationen zu unterscheiden. *Wertaufhellend* sind solche Informationen, die zwar erst nach dem Bilanzstichtag bekannt werden, sich jedoch auf bewertungsrelevante Gegebenheiten beziehen, die bereits vor dem Bilanzstichtag vorgefallen sind. Wertaufhellende Informationen sind grundsätzlich bei der Bilanzerstellung zu berücksichtigen. Im Gegensatz dazu dürfen *wertbegründende Informationen* nicht berücksichtigt werden. Denn anders als die wertaufhellenden Informationen beziehen sie sich auf Gegebenheiten, die erst nach dem Bilanzstichtag aufgetreten sind. So wäre eine Information, die für die Bemessung der Höhe einer Rückstellung, die für einen Vorfall, der sich im abgelaufenen Geschäftsjahr ereignet hat, gebildet wird, zu berücksichtigen, wenn man sie zwischen Bilanzstichtag und Fertigstellung des Jahresabschlusses erhält. Hier liegt eine wertaufhellende Information vor. Ein Vorfall der sich zwischen Bilanzstichtag und Abschlussfertigstellung ereignet und für den eine Rückstellung zu bilden ist, ist jedoch nicht im aktuellen Jahresabschluss zu berücksichtigen, da er nicht dem abgelaufenen Geschäftsjahr zuzurechnen und damit wertbegründend ist.

Der *Grundsatz der Einzelbewertung*, der eine einzelne Bewertung aller Vermögensgegenstände und Schulden fordert, soll eine möglichst objektive Bewertung gewährleisten. Denn einzeln erfasste und dann einzeln bewertete Vermögensgegenstände und Schulden unterliegen weniger subjektiven Bewertungseinflüssen als im Falle einer Bewertung des Unternehmens als Ganzes. Die vorausgesetzte Einzelerfassung macht jedoch dann Schwierigkeiten, wenn eine Abgrenzung schwer oder kaum möglich ist, wie dies bei einigen Teilen des Vorratsvermögens, z. B. Schmieröl oder Chemikalien, der Fall ist. Daher erlaubt der Gesetzgeber dem Grundsatz der Wirtschaftlichkeit folgend in bestimmten Fällen Abweichungen vom Grundsatz der Einzelbewertung. Diese werden in Abschnitt 3.4 dargestellt. Eine besondere Ausnahme stellen die gem. § 254 HGB zu bildenden Bewertungseinheiten dar. Besteht z.B. eine Forderung oder Verbindlichkeit in fremder Währung und wird das Fremdwährungsrisiko durch Abschluss eines entsprechenden Sicherungsgeschäftes kompensiert, würde die Einzelbewertung beider Geschäfte die Darstellung der wirtschaftlichen Lage verzerren. Daher ist in diesem Fall der Einzelbewertungsgrundsatz auf die beide Geschäfte umfassende Bewertungseinheit anzuwenden.

3.3.1.4 Kapitalerhaltungsgrundsätze und Realisationsprinzip

Die *Kapitalerhaltungsgrundsätze* bestehen aus dem Vorsichts- und dem Imparitätsprinzip. Das *Imparitätsprinzip*, das eine Antizipation von Verlusten vorsieht, besitzt für die Bewertung dahingehend Bedeutung, als dass in § 253 II und III HGB als Ergänzung und Konkretisierung des Imparitätsprinzips für das Anlage- und Umlaufvermögen in bestimmten Fällen Abschreibungen vorgesehen sind, um drohende Verluste zu antizipieren. Diese Wertkorrekturen nach unten sind auch dann vorzunehmen, wenn noch kein Verkauf und damit die Realisation vorgenommen wurde. Nach dem Realisationsprinzip ist eine solche Bewertungsänderung z. B. bei steigenden Preisen für eine auf Lager liegende Ware nicht zulässig. Durch diese sog. *Niederstwertvorschriften* zeigt sich die Auswirkung des Imparitätsprinzips auf die Bewertung. Das *Vorsichtsprinzip*, das vom Kaufmann die Wahl eines vorsichtigen Wertansatzes fordert, ist immer dann zu beachten, wenn, wie z. B. bei Rückstellungen der Fall, unsichere Erwartungen hinsichtlich des tatsächlichen Werts bestehen. In diesen Fällen ist im Sinne der Kapitalerhaltungsfunktion aus einer Bandbreite möglicher Werte ein vorsichtiger, nicht jedoch übermäßig pessimistischer Wertansatz zu wählen.

Das *Realisationsprinzip* regelt zum einen, wann ein positiver Erfolgsbeitrag zu berücksichtigen ist. Dadurch, dass das Realisationsprinzip bis zu diesem Zeitpunkt Erfolgsneutralität fordert, hat es indirekt auch über das damit begründete Anschaffungs- und Herstellungskostenprinzip Auswirkungen auf die Bewertung. Dieses in § 253 I 1 HGB geregelte Prinzip führt dazu, dass Vermögensgegenstände höchstens zu ihren Anschaffungs- bzw. Herstellungskosten angesetzt werden dürfen, bis sie den Sprung zum Absatzmarkt geschafft haben.

3.3.1.5 Periodenabgrenzung und Pagatorik

Der *Grundsatz der Pagatorik* gibt für die Bewertung bereits geleistete oder zukünftig noch erfolgende Zahlungen als einzig zulässige Grundlage für die Festlegung des Wertansatzes vor. Damit ist ein gewisses Maß an Objektivität gewährleistet, da sich der Bewertende an diese tatsächlich mit dem zu bewertenden Objekt verbundenen Zahlungen orientieren muss und sich nicht auf individuelle und damit zwangsläufig subjektive Wertvorstellungen beziehen kann. Das führt auch dazu, dass wie im Folgenden noch genauer zu sehen sein wird, im Gegensatz zum internen Rechnungswesen ein Ansatz von kalkulatorischen Größen im externen Rechnungswesen unzulässig ist.

Da die *Periodenabgrenzung* durch die Verteilung der Zahlungen auf die verschiedenen Perioden im Sinne einer periodengerechten Erfolgsermittlung auf dem Grundsatz der Pagatorik beruht, besitzt sie somit mittelbar Einfluss auf die Bewertung.

3.3.1.6 Bewertungsstetigkeit

Die Bewertungsstetigkeit schreibt vor, dass Bewertungen in aufeinanderfolgenden Geschäftsjahren auf die gleiche Art und Weise zu ermitteln sind. Diese materielle Stetigkeit hat Auswirkungen auf all die Bereiche, in denen Bewertungen durch unterschiedliche Methoden, z. B. bei der Ermittlung von Abschreibungen, gewonnen werden oder aber Wahlrechte hinsichtlich des Weges der Bewertungsfindung vorhanden sind, wie z. B. bei der Ermittlung der Herstellungskosten. Die Bewertung wird somit grundsätzlich durch die Vorgehensweise der Vorperioden beeinflusst und in ihren Wahlmöglichkeiten eingeschränkt. In einigen begründeten Ausnahmefällen sind zwar Abweichungen zulässig, grundsätzlich ist die Bewertungsstetigkeit jedoch bindend.

3.3.2 Zugangsbewertung von Vermögensgegenständen

3.3.2.1 Anschaffungs- und Herstellungskosten

Wenn ein Vermögensgegenstand erstmalig in die Bilanz eines Unternehmens aufzunehmen ist, muss eine erstmalige Bewertung, die sog. Zugangsbewertung, vorgenommen werden. In Abhängigkeit von der Bezugsquelle des Vermögensgegenstands existieren zwei verschiedene Wertkategorien, die den neu zugegangenen Vermögensgegenständen zugeordnet werden. Alle Vermögensgegenstände, die von Dritten erworben werden, sind gemäß § 255 I HGB mit ihren Anschaffungskosten zu bewerten. Im Unterschied dazu sind alle Vermögensgegenstände, die im Unternehmen selbst erstellt werden, entsprechend § 255 II 1 HGB mit ihren Herstellungskosten anzusetzen. Der Unterschied der Wertkategorien bezieht sich also lediglich auf den Ort der Entstehung – im fremden oder im eigenen Unternehmen. Es sei darauf hingewiesen, dass die gesetzlichen Regelungen zwar jeweils von Kosten sprechen, damit jedoch nicht Kosten im Sinne des internen Rechnungswesens, sondern vielmehr Ausgaben gemeint sind.[359] Richtig müsste also von Anschaffungs- bzw. Herstellungsausgaben gesprochen werden. Durch die unterschiedliche Art der mit der Beschaffung bzw. Produktion eines Vermögensgegenstandes verbundenen Zahlungen ergibt sich ein jeweils unterschiedliches Berechnungsschema für die beiden Wertkategorien. Die Berechnung wird im Folgenden näher erläutert.

3.3.2.2 Ermittlung der Anschaffungskosten

Ein von einem fremden Unternehmen erworbener Vermögensgegenstand ist mit seinen Anschaffungskosten in der Bilanz zu aktivieren. Als Anschaffungskosten sind dabei nach § 255 I HGB alle

- Aufwendungen, die geleistet werden,
- um einen Vermögensgegenstand zu erwerben und
- ihn in einen betriebsbereiten Zustand zu versetzen,
- soweit eine einzelne Zuordnung möglich ist sowie
- Nebenkosten und
- nachträgliche Anschaffungskosten

anzusetzen. Davon abzuziehen sind alle Minderungen des Anschaffungspreises.

Daraus folgt, dass nicht nur der unmittelbar für die Beschaffung zu zahlende Preis, sondern auch all jene Ausgaben einzubeziehen sind, die benötigt werden, um den Vermögensgegenstand be-

[359] Siehe dazu auch Abschnitt 1.3.

triebsbereit zu machen. Daher zählen gemäß § 255 I 2 HGB auch mit der Beschaffung verbundene Ausgaben und auch nachträglich anfallende Anschaffungsauszahlungen zu den Anschaffungskosten. Es ergibt sich das folgende Berechnungsschema:

	Anschaffungspreis
./.	Anschaffungspreisminderungen
+	Anschaffungsnebenkosten
+	Nachträgliche Anschaffungskosten
=	Anschaffungskosten

Der *Anschaffungspreis* ist der vereinbarte Preis abzüglich der Umsatzsteuer, da diese einen durchlaufenden Posten darstellt und über die Vorsteuererstattung vom Finanzamt zurückerstattet wird.[360] Davon abzuziehen sind alle den eigentlichen Preis mindernden Nachlässe, die letztlich tatsächlich nicht gezahlt werden müssen. Beispiele hierfür sind Rabatte und Skonti, aber auch staatliche Subventionen oder andere Zuschüsse, die für den Erwerb des Vermögensgegenstandes gewährt wurden.[361] *Anschaffungsnebenkosten* sind alle Kosten, die entstehen um die Betriebsbereitschaft des Vermögensgegenstandes herzustellen. Hierzu zählen z. B. Aufwendungen für Montage- und Fundamentierungsarbeiten und Sicherheitsüberprüfungen. Die dafür entstehenden Ausgaben sind insoweit einzubeziehen, wie sie dem Vermögensgegenstand direkt zuzurechnen sind. Folglich können hier nur Einzelkosten, nicht jedoch Gemeinkosten berücksichtigt werden. Am Beispiel einer Maschine, die zum Betrieb in ein Betonfundament montiert werden muss, bedeutet dies, dass die Kosten für eine Fremdfirma, die mit der Erstellung des Fundaments beauftragt wird, einzubeziehen wären. Würden die entsprechenden Arbeiten jedoch von einem in der Firma fest angestellten Mitarbeiter durchgeführt, so wäre die anteilige Berücksichtigung der Ausgaben für den Mitarbeiter nicht zulässig, da sie Gemeinkosten darstellen. Hinzu kommen alle direkt mit der Beschaffung verbundenen Ausgaben wie Speditions- und Frachtgebühren, Zölle, Provisionen, Transportversicherungen, Grunderwerbsteuer oder Notariats- und Gerichtskosten. *Nachträgliche Anschaffungskosten* sind alle Ausgaben, die in einem sachlichen Zusammenhang mit dem Vermögensgegenstand stehen und bereits bei Erwerb berücksichtigt worden wären, wenn sie bekannt gewesen wären, jedoch erst nach dem eigentlichen Erwerb auftreten oder bekannt werden. Dazu zählen nachträgliche Kaufpreiserhöhungen und z. T. auch die nachträgliche Erweiterung des Vermögensgegenstandes, wie z. B. beim Einbau eines Autoradios in ein zuvor erworbenes und bewertetes Auto. Die Ausgaben für evtl. mit der Anschaffung verbundene *Fremdfinanzierung* dürfen nicht einbezogen werden. Abb. 3-13 gibt einen abschließenden Überblick über alle Bestandteile der Anschaffungskosten.

360 Voraussetzung dafür ist jedoch die Vorsteuerabzugsberechtigung des entsprechenden Unternehmens.

361 Die Behandlung von Subventionen ist abhängig vom konkreten Fall. Hier kommt auch die direkte erfolgswirksame Berücksichtigung und die Bildung eines eigenen Passivpostens mit erfolgswirksamer Auflösung über die Zeit in Frage. Vgl. dazu Baetge, J./Kirsch, H.-J./Thiele, S. [2017], S. 196 f.

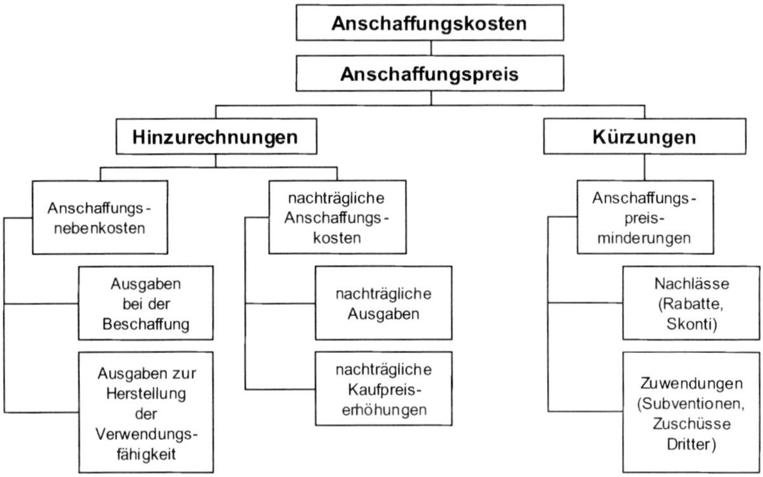

Abb. 3-13: Bestandteile der Anschaffungskosten[362]

3.3.2.3 Ermittlung der Herstellungskosten

Wie bereits erwähnt, sind die Herstellungskosten der bei der Aktivierung zu berücksichtigende Wertmaßstab für all jene Vermögensgegenstände, die selbst erstellt wurden. Die Bestandteile der Herstellungskosten ergeben sich aus den Regelungen in § 255 II und III HGB. Anders als bei den Anschaffungskosten gewährt die Gesetzgebung für einige Bestandteile Wahlrechte bezüglich der Einbeziehung in die Herstellungskosten. Dadurch ergibt sich eine Bandbreite von möglichen Wertansätzen. Eine willkürliche und ständig wechselnde Ausübung der Wahlrechte wird jedoch durch den Grundsatz der Bewertungsstetigkeit, der auch hier gilt und den Bilanzierenden zu einer kontinuierlichen Anwendung der Herstellungskostenermittlung zwingt, verhindert.

Die untere Grenze der Bandbreite bilden die bei der Herstellung anfallenden Einzel- und Gemeinkosten. Die Einzelkosten setzen sich aus allen einzeln dem jeweiligen Vermögensgegenstand zuzurechnenden Ausgaben zusammen. Im Einzelnen sind dies nach § 255 II 2 HGB die Materialeinzelkosten, die Fertigungseinzelkosten sowie die Sondereinzelkosten der Fertigung. Materialeinzelkosten sind alle einzeln zurechenbaren mit Auszahlungen bewerteten Verbräuche von in der Produktion verwendetem Material. Hierunter fallen alle eingesetzten Rohstoffe, fremdbezogenen und selbsterstellten (Vor-)Produkte und Hilfsstoffe. Unter die Fertigungseinzelkosten fallen hauptsächlich die in der Produktion anfallenden Löhne mit den zugehörigen Lohnnebenkosten. Die Sondereinzelkosten der Fertigung sind all jene Ausgaben, die zwar nicht

[362] In Anlehnung an Baetge, J./Kirsch, H.-J./Thiele, S. [2017], S. 200.

einem einzelnen Produkt jedoch einem Auftrag einzeln zurechenbar sind. Beispiele hierfür sind Spezialwerkzeuge, Modelle, Schablonen oder Entwürfe für einen Auftrag.[363]

Neben den oben aufgeführten Einzelkosten sind bei der Ermittlung der Herstellungskosten weitere Ausgaben einzubeziehen. § 255 II 2 HGB besagt, dass „angemessene Teile der notwendigen *Materialgemeinkosten*, der *Fertigungsgemeinkosten* und des *Werteverzehrs des Anlagevermögens*, soweit dieser durch die Fertigung veranlasst ist“ in die Herstellungskosten mit einbezogen werden müssen. Beispiele für Materialgemeinkosten sind Kosten der Lagerhaltung, der Einkaufsabteilung oder des innerbetrieblichen Warentransports.

Fertigungsgemeinkosten sind alle Gemeinkosten der Produktion, die nicht unter die Material- oder Verwaltungsgemeinkosten fallen. Beispiele sind Energiekosten, Raumkosten oder Aufwendungen der Arbeitsvorbereitung. Aus der Verwendung der Begriffe „notwendig“ und „angemessen“ wird deutlich, dass der betriebsfremde und außergewöhnliche Wertverzehr nicht einzubeziehen ist.

Bei den Material- und Fertigungsgemeinkosten führt dies dazu, dass eine Berücksichtigung von *Leerkosten* nicht zulässig ist.[364] Leerkosten resultieren aus einer mangelnden Kapazitätsauslastung.[365] Rechnet man die gesamten Kosten der Kapazität auf die produzierten Produkte um, so ergibt sich bei einer hohen Auslastung eine geringere Kostenzurechnung pro Stück als sich dies bei einer niedrigeren Auslastung ergeben würde. Eine solche Vorgehensweise würde jedoch gegen die Forderung nur die notwendigen und angemessenen Kosten zu berücksichtigen, verstoßen. Daher sind im Grunde nur die Gemeinkosten zu verrechnen, die auf die genutzte Kapazität entfallen. An dieser Stelle ist jedoch nicht die maximale Kapazität als Berechnungsgrundlage heranzuziehen, sondern die Normalbeschäftigung, die i. d. R. bei 70 % der maximalen Kapazität gesehen wird. So sind z. B. bei einer Auslastung von 35 % nur die Hälfte der Gemeinkosten auf die produzierten Produkte zu verrechnen. Zudem sei darauf hingewiesen, dass eine willkürliche Einbeziehung von Gemeinkosten ebenfalls nicht angemessen und notwendig im Sinne des Handelsrechts ist.

Als *Werteverzehr des Anlagevermögens* können die planmäßigen handelsrechtlichen Abschreibungen des in der Fertigung eingesetzten Anlagevermögens angesetzt werden. An dieser Stelle ist jedoch auch wie zuvor erläutert der Auslastungsgrad in der Produktion zu berücksichtigen, um auch hier eine Verrechnung von Leerkosten zu verhindern. Da nur angemessene Gemeinkostenteile angesetzt werden dürfen, folgt, dass außerplanmäßige und steuerrechtliche Abschreibungen nicht einbezogen werden dürfen. Neben den obig beschriebenen Pflichtbestandteilen erlaubt der Gesetzgeber weitere Bestandteile in die Herstellungskosten einzubeziehen. So ist es gemäß § 255 II 3 HGB gestattet auch die Kosten der allgemeinen Verwaltung sowie Aufwendungen für

[363] Siehe dazu auch Abschnitt 2.4.3.2.
[364] Vgl. Baetge, J./Kirsch, H.-J./Thiele, S. [2017], S. 136.
[365] Vgl. zu Leerkosten auch Abschnitt 2.7.1.2.

soziale Einrichtungen des Betriebes, freiwillige soziale Leistungen sowie für betriebliche Altersvorsorge zu berücksichtigen. *Kosten der allgemeinen Verwaltung* sind Aufwendungen für Geschäftsführung, Rechnungswesen, Betriebsrat, Rechtsabteilung und ähnliche Bereiche, wobei hier sowohl Aufwendungen für Personal als auch Sachmittel berücksichtigt werden. Die *Aufwendungen für soziale Einrichtungen des Betriebes* umfassen solche für Einrichtungen wie bspw. eine Kantine oder Sporteinrichtung, *freiwillige soziale Leistungen*, z. B. Weihnachtszuwendungen und für *betriebliche Altersversorgung*, z. B. zugesagte Pensionszahlungen. Alle bisher genannten Gemeinkosten dürfen gemäß § 255 II 3 HGB nur „insoweit berücksichtigt werden, als sie auf den Zeitraum der Herstellung entfallen". Dieser Zeitraum beginnt, wenn erstmalig Aufwendungen entstehen, die in einem sachlichen Zusammenhang mit der zu erstellenden Leistung stehen. Daraus ergibt sich, dass bspw. Ausgaben für allgemeine Forschung nicht einzubeziehen sind. Der Zeitraum endet, wenn der Vermögensgegenstand betriebsbereit (Anlagevermögen) oder absatzbereit (Umlaufvermögen) ist.

Herstellungskostenbestandteile	Handelsrecht		Steuerrecht (R 6.3 EStR)
• Materialeinzelkosten • Fertigungseinzelkosten • Sondereinzelkosten der Fertigung • Materialgemeinkosten • Fertigungsgemeinkosten • planmäßige fertigungsbedingte Abschreibungen	Einbeziehungspflicht	§ 255 II 2 HGB	Einbeziehungspflicht
• Kosten der allgemeinen Verwaltung • Aufwendungen für soziale Einrichtungen des Betriebes • Aufwendungen für freiwillige soziale Leistungen • Aufwendungen für die betriebliche Altersversorgung	Einbeziehungswahlrecht	§ 255 II 3 HGB	Einbeziehungswahlrecht
• Fremdkapitalzinsen mit Bezug zur Herstellung		§ 255 III HGB	
• Forschungskosten • Vertriebskosten	Einbeziehungsverbot	§ 255 II 4 HGB	Einbeziehungsverbot

Abb. 3-14: Bestandteile der Herstellungskosten nach Handels- und Steuerrecht

Zusätzlich ist gemäß § 255 III HGB auch eine anteilige *Einbeziehung von Fremdkapitalzinsen* zulässig, wenn sie auf den Fertigungszeitraum entfallen und das Fremdkapital der Herstellung eines Produktes verwendet wird. Die zeitliche Komponente gibt an, für welchen Zeitraum die Zinsen einbezogen werden dürfen, wobei für die Länge des Zeitraums wie für die anderen Gemeinkosten die vorangegangenen Ausführungen relevant sind. Da aus betriebswirtschaftlicher Sicht eine Zuordnung von Kapitalbeschaffung und Verwendung kaum möglich ist, besteht für Unternehmen, die sich teilweise fremd finanzieren die Möglichkeit, anteilig entsprechend der

Kapitalstruktur Fremdkapitalzinsen einzubeziehen.[366] Geschieht dies, so ist dieser Umstand im Anhang anzugeben. Zudem wird ein explizites *Einbeziehungsverbot für Vertriebs- und Forschungskosten* ausgesprochen.

Abb. 3-14 gibt einen Überblick über die handelsrechtlichen Regelungen der Ermittlung der Herstellungskosten.

3.3.3 Zugangsbewertung von Schulden

An dieser Stelle soll eine differenzierte Betrachtung der beiden Bestandteile der Schulden, Verbindlichkeiten und Rückstellungen, erfolgen. Verbindlichkeiten sind gemäß § 253 I 2 HGB mit ihrem Erfüllungsbetrag anzugeben. Der Erfüllungsbetrag ist der Betrag, der am Ende der Laufzeit voraussichtlich notwendig ist, um die Verbindlichkeit abzulösen bzw. zu erfüllen. Eine Abzinsung von Verbindlichkeiten kommt nicht in Frage. In Umkehrung des zuvor für das Anlagevermögen angesprochenen Niederstwertprinzips ergibt sich für die Folgebewertung von Verbindlichkeiten das Höchstwertprinzip. Dieses besagt, dass ein Ansatz zu einem Wert, der unter dem ursprünglich angesetzten Wert liegt, nicht zulässig ist. Sollte der Erfüllungsbetrag einer Verbindlichkeit am Bilanzstichtag jedoch höher als der ursprünglich angesetzte Wert sein, so ist der höhere Wert zu wählen.

Bei Rückstellungen ist der Betrag anzusetzen, der nach vernünftiger kaufmännischer Beurteilung notwendig ist, d.h. Preis- und Kostenänderungen sind zu berücksichtigen. Bei einer Bandbreite für möglich gehaltener Werte sollte der wahrscheinlichste genutzt werden. Zwar ist das Vorsichtsprinzip hier zu berücksichtigen, jedoch sollte dies nicht bedeuten, dass stets die Obergrenze der Bandbreite als Wertansatz herangezogen werden muss. Rückstellungen mit einer Restlaufzeit von mehr als einem Jahr sind mit dem durchschnittlichen Marktzinssatz der vergangenen sieben Geschäftsjahre abzuzinsen (§ 253 II 1 HGB). Dieser Zinssatz wird monatlich von der Deutschen Bundesbank bekannt gegeben. Eine besondere Gruppe von Rückstellungen bilden die Pensionsrückstellungen. Pensionsrückstellungen sind Rückstellungen, die ein Unternehmen bilden muss, wenn es seinen Mitarbeitern die Zahlung von Pensionen zugesagt hat. Da diese Pensionen eine Schuld in unbekannter Höhe darstellen, sind für diese Zusagen Rückstellungen zu bilden. Diese Pensionsrückstellungen sind barwertig anzusetzen, müssen also ebenfalls abgezinst werden. Eine Abzinsung erfolgt mit dem oben genannten Zinssatz oder mit dem durchschnittlichen Marktzinssatz, der sich bei einer angenommenen Restlaufzeit von 15 Jahren ergibt.

---

[366] BITZ, M./SCHNEELOCH, D./WITTSTOCK, W. /PATEK, G. sind der Meinung, dass ein tatsächlicher Zusammenhang zwischen der Beschaffung und Verwendung für die entsprechende Produktion des Fremdkapitals bestehen muss, der sich z. B. in einer entsprechenden Formulierung im Kreditvertrag finden kann. Vgl. dazu Bitz, M./Schneeloch, D./Wittstock, W. /Patek, G. [2014], S. 241 f. Dieser Meinung soll hier jedoch nicht gefolgt werden.

3.3.4 Bewertungsverfahren

3.3.4.1 Einzel- vs. Sammelbewertung

Grundsätzlich ist entsprechend dem Grundsatz der Einzelbewertung eine einzelne Zugangsbewertung jedes neu in der Bilanz aufzunehmenden Vermögensgegenstandes durchzuführen. Ein solches Vorgehen ist jedoch für einige Vermögensgegenstände mit einem sehr hohen Aufwand verbunden oder aber schlicht unmöglich. Da die GoB ein System verschiedener Grundsätze sind, muss stets beurteilt werden, wann welcher Grundsatz die Befolgung eines anderen Grundsatzes verhindert. Liegt ein solcher Fall vor, muss beurteilt werden, welcher Grundsatz im konkreten Fall schwerer wiegt. Aus eben diesen Überlegungen ist es sinnvoll in Fällen, in denen eine Einzelbewertung einen sehr hohen Aufwand bedeutet, den Grundsatz der Einzelbewertung zugunsten des *Grundsatzes der Wirtschaftlichkeit* außer Acht zu lassen. Entsprechend sieht das Handelsrecht in § 256 HGB für *gleichartige Vermögensgegenstände des Vorratsvermögens*, und damit diejenigen Vermögensgegenstände, bei denen die Einzelbewertung zu den oben genannten hohen Aufwendungen führen würde, eine Ausnahme vom Grundsatz der Einzelbewertung vor. Voraussetzung der Anwendung ist nach der gesetzlichen Formulierung die Gleichartigkeit. Diese liegt dann vor, wenn es sich um eine Warengattung handelt oder die Einzelteile eine Funktionsgleichheit aufweisen. Mit der Gleichartigkeit wird zudem eine gewisse Gleichwertigkeit vorausgesetzt, die allgemein in einer Bandbreite von 20 % bis 25 % Preisabweichung als noch gegeben angesehen wird.[367] Liegen für Vermögensgegenstände des Vorratsvermögens die Voraussetzungen der Gleichartigkeit vor, so können diese mit Sammelbewertungsverfahren bewertet werden, die im nächsten Abschnitt dargestellt werden. Ein Beispiel für diese Art von Vorratsvermögen sind Sand oder Kies als Baustoff.

3.3.4.2 Bewertung mit Sammelbewertungsverfahren

Die Sammelbewertungsverfahren lassen sich entsprechend der Regelungen des § 256 HGB in drei Gruppen untergliedern. Die Unterteilung ist in Abb. 3-15 dargestellt. Die *Durchschnitts- bzw. Gruppenbewertung* nach § 240 IV i.V.m. § 256 HGB sieht die Bildung von Gruppen gleichartiger Vermögensgegenstände des Vorratsvermögens, aber auch von anderen gleichartigen oder annähernd gleichwertigen beweglichen Vermögensgegenständen vor. Bei deren Bewertung ist der gewogene Durchschnittswert zu bilden. Dieses Verfahren stellt die gängigste Methode in der Praxis für die Bewertung von Roh-, Hilfs- und Betriebsstoffe, Waren und auch Wertpapieren dar. Im Prinzip wird ein durchschnittlicher Preis ermittelt, der mit der Anzahl der sich zum Geschäftsjahresende im Bestand befindlichen Stücke den Wert des Endbestandes ergibt. Es sind dabei grundsätzlich zwei verschiedene Verfahren anwendbar.

[367] Bitz, M./Schneeloch, D./Wittstock, W. /Patek, G. [2014], S. 252 f.

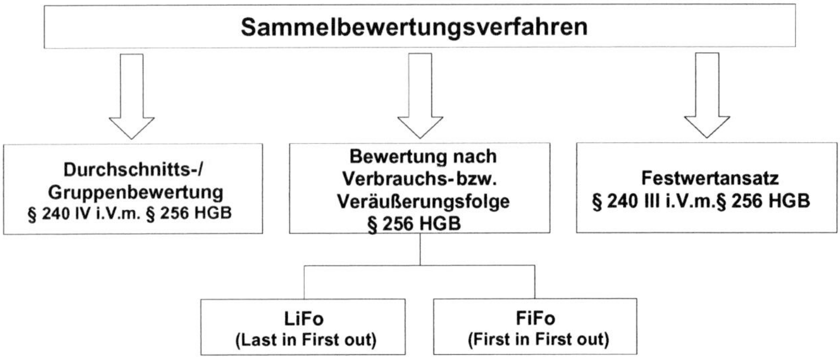

Abb. 3-15: Zulässige Sammelbewertungsverfahren

Die erste Möglichkeit ist die Bildung des *gewogenen periodischen Durchschnittspreises.* Dazu wird bei jedem Zugang die Stückzahl mit dem Preis multipliziert und die Ergebnisse werden über alle Zugänge addiert. Dadurch ergibt sich eine Gewichtung der verschiedenen Zugänge. Hinzu kommt noch der Wert des Anfangsbestandes. Der resultierende Betrag wird durch die Summe der Stücke aller Zugänge und des Anfangsbestandes dividiert. Bei dieser Methode sind keine Informationen über Abgänge erforderlich. Die Berechnung bezieht sich auf die gesamte Geschäftsperiode. Der Wert des Endbestandes ergibt sich dann aus der Multiplikation der noch vorhandenen Menge mit dem durchschnittlichen Stückpreis.

Die zweite Möglichkeit ist die Berechnung des gleitenden Durchschnittspreises. Bei diesem Verfahren werden, anders als beim gewogenen periodischen Durchschnittspreis, auch die Abgänge berücksichtigt. Es wird eine laufende Neuberechnung des gewogenen Durchschnittspreises nach jedem Zugang vorgenommen. Anfallende Abgänge werden zum jeweils aktuellen Durchschnittspreis berücksichtigt. Der Wert des Endbestands ergibt sich aus der Multiplikation der zum Jahresende vorhandenen Menge mit dem am Geschäftsjahresende aktuellen gleitenden Durchschnittspreis.

Die zweite Obergruppe bilden die *Verbrauchsfolgeverfahren.* Diese unterstellen bei der Ermittlung der Anschaffungs- bzw. Herstellungskosten, dass der Zu- und Abgang zum Lager einer bestimmten Systematik folgt. Je nach Systematik können zwei handelsrechtlich zulässige Verfahren unterschieden werden:

1. LiFo-Verfahren (**L**ast **in** – **F**irst **o**ut): Das LiFo-Verfahren unterstellt, dass die zuletzt zugegangenen Vorräte als erste wieder verbraucht bzw. veräußert werden. Die Bewertung des Verbrauchs, der für die Höhe des Erfolges und damit für die GuV relevant ist, orientiert sich dadurch an relativ aktuellen Preisen. Im Falle steigender Preise können dadurch Scheingewinne vermieden werden, da durch die Marktnähe der für den Abgang zu Grunde gelegten Werte Preissteigerungen weitgehend aufgefangen werden. Die Bewertung des Bestands, und

damit die bilanzielle Betrachtung, hingegen basiert auf den Preisen der früher angeschafften Vermögensgegenstände. Die zuerst (bei Unternehmensgründung) angeschafften Teile des Vorrats können nach der LiFo-Systematik im Extremfall über die gesamte Existenz des Unternehmens im Bestand verbleiben.

2. FiFo-Verfahren (**F**irst **in** – **F**irst **o**ut): Das FiFo-Verfahren basiert auf der gegenteiligen Systematik des LiFo-Verfahrens. Hier wird unterstellt, dass die zuerst zugegangenen Vermögensgegenstände als erste aus dem Bestand abgehen. Dies bedeutet, dass der erfolgsrelevante Verbrauch zu marktfernen Preisen bewertet wird, was im Falle steigender Preise zur Realisation von Scheingewinnen führt, da der Verkauf zu gestiegenen Marktpreisen, der Verbrauch jedoch mit alten niedrigeren Preisen berücksichtigt wird. Der Bestand wird hingegen mit relativ marktnahen Preisen bewertet.

Die dritte Möglichkeit der Sammelbewertung stellt das *Festwertverfahren* dar. Dieses Verfahren kommt für diejenigen Vermögensgegenstände des Sachanlagevermögens und die Roh-, Hilfs- und Betriebsstoffe in Frage, die dauerhaft in etwa in gleicher Menge vorhanden sind und die nur geringen Preisschwankungen unterliegen. Zudem müssen die jeweiligen Vermögensgegenstände von nachrangiger Bedeutung für das Unternehmen sein, was angenommen werden kann, wenn der Wert unter 5 % der Bilanzsumme liegt.[368] Somit sind die Vermögensgegenstände für die Bewertung mit dem Festwert geeignet, die dauerhaft im Betriebsprozess eingesetzt werden und bei Verbrauch, Beschädigung oder Verlust direkt ersetzt werden. Der Festwert ergibt sich aus der Multiplikation der Festmenge und des Festpreises. Der Festwert bleibt über längere Zeit unverändert in der Bilanz. Jedoch muss alle drei Jahre eine körperliche Inventur vorgenommen werden, um eventuelle Wertabweichungen zu ermitteln und den Wertansatz dann entsprechend zu korrigieren. Ein Beispiel ist etwa die in Hotels verwendete Bettwäsche.

3.3.5 Ab- und Zuschreibungen

3.3.5.1 Überblick

Nach der erstmaligen Bewertung eines neu in der Bilanz aufgenommenen Vermögensgegenstandes mit seinen AK/HK, der Zugangsbewertung, müssen auch in der Folge Bewertungen der Vermögensgegenstände vorgenommen werden. Vermindert sich der Wert eines Vermögensgegenstandes, so ist dessen Wert durch eine Abschreibung nach unten zu korrigieren. Die Bildung einer Abschreibung stellt einerseits in der Bilanz eine Verminderung des Wertes des entsprechenden Aktivums dar. Andererseits wirkt sie erfolgsmindernd, da eine Abschreibung einen Aufwand darstellt. Ziel ist es, die Vermögenslage korrekt darzustellen und durch die Verteilung des Wer-

[368] Vgl. dazu Baetge, J./Kirsch, H.-J./Thiele, S. [2017], S. 366 f.

teverzehrs der Vermögensgegenstände über die Perioden ihrer Nutzung einen möglichst periodengerechten Erfolgsausweis zu erreichen. Würde z. B. der Kauf einer Maschine, die über 5 Jahre gleichmäßig genutzt wird, direkt im Anschaffungsjahr erfolgswirksam als Aufwand berücksichtigt, so würde der Erfolg der ersten Periode deutlich zu niedrig, der der folgenden vier Perioden hingegen zu hoch ausgewiesen, da der darin verursachte Werteverzehr außer Acht bleiben würde. Über die periodengerechte Ermittlung des Jahresabschlusses hinaus ist dies auch für den Zweck der Kapitalerhaltung von Bedeutung, da ansonsten unter Umständen mehr als eigentlich möglich ausgeschüttet würde. Durch die Verminderung der Höhe des Jahresüberschusses und damit auch der möglichen Ausschüttung ergibt sich auch ein (Innen-) Finanzierungspotenzial für das Unternehmen, da der den Abschreibungen entgegenstehende Betrag in jedem Fall im Unternehmen verbleibt und somit zur Investitionsfinanzierung zur Verfügung steht. Es wird daher auch von Finanzierung aus Abschreibungen gesprochen.

Es sind verschiedene Fälle denkbar, in denen Abschreibungen vorgenommen werden müssen. Alle Vermögensgegenstände, die nur über einen begrenzten Zeitraum einsetzbar sind, also das abnutzbare Anlagevermögen wie z. B. Produktionsmaschinen, werden über die voraussichtliche Nutzungsdauer planmäßig abgeschrieben. Das nicht abnutzbare Anlagevermögen, z. B. Grundstücke, wird normalerweise mit seinen unveränderten AK/HK in der Bilanz fortgeführt. Vom Umlaufvermögen wird angenommen, dass es zum Verkauf oder Verbrauch bestimmt ist und somit nicht auf Dauer zur Verfügung steht. Daraus folgt, dass das Umlaufvermögen nicht planmäßig abgeschrieben wird.

Die zweite Möglichkeit besteht darin, dass über die planmäßige Abschreibung eines Vermögensgegenstandes hinaus ein Wertverlust durch unvorhergesehene Ereignisse eintreten kann. Dies ist sowohl für das gesamte Anlage- aber auch für das Umlaufvermögen denkbar. In einem solchen Fall gilt es, eine außerplanmäßige Abschreibung vorzunehmen, um die Vermögenslage möglichst realistisch darzustellen und einen periodengerechten Erfolg auszuweisen. Wenn der Grund für eine solche außerplanmäßige Abschreibung entfällt, kann es vorkommen, dass eine wert- und erfolgserhöhende Zuschreibung vorgenommen wird. Hierbei ist jedoch zu beachten, dass das Höchstwertprinzip gilt, das in diesem Fall die historischen AK/HK abzüglich planmäßiger Abschreibungen als Höchstbetrag von Vermögensgegenständen vorschreibt.

Eine Besonderheit bildet die Folgebewertung von Forderungen, die in Abschnitt 3.3.5.5 behandelt wird. Schulden werden in aller Regel zu ihrem Rückzahlungsbetrag angesetzt.

3.3.5.2 Planmäßige Abschreibungen

Wird ein Vermögensgegenstand, der dem abnutzbaren Anlagevermögen zuzurechnen ist, neu beschafft, so ist bei seiner Beschaffung ein Abschreibungsplan aufzustellen. Dieser legt fest, wie,

in welcher Höhe und in welcher zeitlichen Verteilung die AK/HK erfolgswirksam zu berücksichtigen sind. Der Abschreibungsplan wird durch folgende drei Faktoren determiniert:
(1) Bemessungsgrundlage
(2) Abschreibungszeitraum
(3) Abschreibungsmethode

Zu (1): Die *Bemessungsgrundlage* (Abschreibungsausgangsbetrag) ist derjenige Betrag, der durch Abschreibungen über die gesamte Nutzungsdauer verteilt wird. Grundsätzlich bilden die AK/HK die Bemessungsgrundlage. Da das Ziel der Durchführung planmäßiger Abschreibungen die erfolgswirksame Verteilung des gesamten Werteverzehrs ist, ist auch ein eventuell zu erzielender Restverkaufserlös am Ende der Nutzungsdauer zu berücksichtigen. Wenn ein solcher Restverkaufserlös hinreichend sicher quantifiziert werden kann und er nicht von geringer Bedeutung ist, so vermindert dieser die Bemessungsgrundlage. I. d. R. wird vereinfachend davon ausgegangen, dass der Restwert den Abbruchkosten oder vergleichbarem entspricht, so dass die AK/HK die Bemessungsgrundlage bilden.

Anders als in der Kostenrechnung, ist es durch den Grundsatz der Pagatorik nicht zulässig, Wiederbeschaffungswerte als Bemessungsgrundlage zu wählen, denn es muss auf geleistete Zahlungen als Basis der Folgebewertung zurückgegriffen werden. Dies wäre aber bei der Verwendung von Wiederbeschaffungswerten nicht gegeben.

Zu (2): Der *Abschreibungszeitraum* besteht aus den Geschäftsjahren, in denen der Vermögensgegenstand betrieblich genutzt wird. Er bestimmt, über welchen Zeitraum die Bemessungsgrundlage zu verteilen ist. Der Zeitraum beginnt mit der Inbetriebnahme und endet mit seinem Abgang aus dem Unternehmen oder der Stilllegung. Die tatsächliche Länge des Zeitraums hängt von verschiedensten technischen, wirtschaftlichen und rechtlichen Einflussfaktoren ab, die z. T. sehr schwierig im Vorhinein treffend zu prognostizieren sind. Dies führt zu einem relativ großen Ermessensspielraum für den Bilanzierenden. Anhaltspunkte für eine objektivere Ansetzung der geplanten Nutzungsdauer bieten die AfA-Tabellen[369] aus dem Steuerrecht. Diese beinhalten relativ detailliert für alle Teile des Anlagevermögens die in der Steuerbilanz im Normalfall zu Grunde zu legende Nutzungsdauer. Ihre Verwendung ist auch handelsrechtlich zulässig und stellt in aller Regel eine im Sinne des Grundsatzes der Vorsicht relativ vorsichtige Schätzung dar. Um die Erstellung einer separaten Steuerbilanz zu vermeiden, wird vielfach ohnehin auf die Angaben aus den AfA-Tabellen zurückgegriffen.

Bis 2003 war es möglich eine Vereinfachung aus dem Steuerrecht, die sog. *Halbjahresregelung*, zu übernehmen. Nach dieser konnten Vermögensgegenstände, die im ersten Halbjahr angeschafft oder hergestellt wurden mit einer vollen, die Gegenstände, die im zweiten Halbjahr angeschafft wurden mit einer halben Jahresabschreibung abgeschrieben werden. Gemäß der 2004 in Kraft getretenen Änderung der Steuergesetzgebung, ist diese Vereinfachung gemäß § 7 I 4 EStG nun

[369] AfA steht für Absetzung für Abnutzung und ist das steuerrechtliche Synonym für Abschreibung.

jedoch unzulässig. Vielmehr hat die Ermittlung der AfA monatsbezogen zu erfolgen, wodurch sich diese Regelung auch auf den handelsrechtlichen Jahresabschluss auswirkt.
Zu (3): Der dritte Einflussfaktor ist die *Abschreibungsmethode*. Das HGB macht zur Abschreibungsmethodik keine Angaben und fordert lediglich die Durchführung planmäßiger Abschreibungen. Als handelsrechtlich zulässig wird die lineare, die geometrisch-degressive, die progressive und die leistungsabhängige Abschreibung betrachtet. Die progressive Abschreibung ist jedoch steuerlich nicht zulässig und daher von geringer praktischer Bedeutung. Ebenfalls von geringer Bedeutung, wenn auch steuerlich zulässig, ist die leistungsabhängige Abschreibung. Daher werden im Folgenden aufgrund ihrer hohen Relevanz nur die lineare und die geometrisch-degressive Abschreibung sowie die Kombination der beiden Verfahren behandelt.

1. Lineare Abschreibung

Bei der linearen Abschreibung wird die Bemessungsgrundlage gleichmäßig über die Geschäftsjahre der Nutzungsdauer verteilt. Die jährliche Abschreibungsrate ergibt sich durch die Division der Bemessungsgrundlage durch die Anzahl der Jahre der Nutzungsdauer. Dadurch erfolgt eine gleichmäßige Belastung des Periodenerfolges. Formal ergibt sich der Abschreibungsbetrag A eines Jahres wie folgt

$$A = \frac{\text{Ausgangsbetrag}}{N}$$

mit N = Anzahl der Jahre des Abschreibungszeitraums

2. Geometrisch-degressive Abschreibung

Die geometrisch-degressive Abschreibungsmethodik verteilt die Bemessungsgrundlage in fallenden Jahresbeträgen über die geplante Nutzungsdauer. Die Jahresrate ergibt sich durch Multiplikation eines vorher festgelegten Prozentsatzes mit dem Restbuchwert des Vorjahres bzw. im ersten Jahr mit der Bemessungsgrundlage. Dadurch ergibt sich in den ersten Jahren eine größere Belastung des Periodenerfolgs als in den folgenden Jahren.

Um eine Verteilung der gesamten Bemessungsgrundlage abzüglich des Restwerts am Ende der Nutzungsdauer zu erreichen, müsste der Abschreibungsprozentsatz vorab berechnet werden. Dies ist jedoch mit einigen Schwierigkeiten verbunden und ohnehin von untergeordneter praktischer Relevanz, da aufgrund steuerrechtlicher Regelungen i. d. R. auf den maximalen steuerlich zulässigen Prozentsatz p zurückgegriffen wird.[370] Die Vorschriften zur geometrisch-degressiven

[370] Für den überwiegend anzutreffenden Fall, dass am Ende der Nutzungsdauer kein Restwert mehr vorhanden ist, bzw. vereinfachend angenommen wird, dass sich Restverkaufserlös und Abbruch- bzw. Entsorgungskosten ausgleichen, ist die Berechnung eines solchen Prozentsatzes p nicht möglich.

Abschreibung wurden in den letzten Jahren oftmals verändert. So durfte eine geometrisch-degressive Abschreibung nicht mehr auf Vermögensgegenstände angewendet werden, die nach dem 31.12.2007 angeschafft bzw. hergestellt worden sind. Für Vermögensgegenstände, die vor diesem Stichtag angeschafft wurden, durfte p gemäß § 7 II EStG in der bis zum 31.12.2007 geltenden Fassung nicht das Zweifache des linearen AfA-Satzes (maximal 20%) überschreiten. Eine Ausnahme galt für 2006 und 2007 angeschaffte bewegliche Wirtschaftsgüter, für die ein Abschreibungsbetrag bis zum Dreifachen des AfA-Satzes (maximal 30%) zulässig war. Findet die Anschaffung oder Herstellung nach dem 31.12.2010 statt, ist die degressive Abschreibung gem. § 7 II EStG unzulässig.

Für bewegliche Güter des Anlagevermögens, deren Anschaffung bzw. Herstellung im Zeitraum zwischen 01.01.2009 und 31.12.2010 stattgefunden hat, ist eine degressive Abschreibung maximal in Höhe des zweieinhalbfachen linearen AfA-Satz, bzw. 25%, zulässig. Das bedeutet, dass bei einer Nutzungsdauer von mehr als 10 Jahren ein geringerer Prozentsatz als die maximal zulässigen 25% anzusetzen ist. Die jährliche Abschreibungsrate A ergibt sich gemäß folgender Formel:

$$A = \text{Bemessungsgrundlage} \times p$$

Da jedoch in diesem Fall keine vorherige Berechnung des Prozentsatzes, der zu einer kompletten Verteilung der Bemessungsgrundlage führt, vorgenommen wird, erfolgt keine Abschreibung auf null bzw. den entsprechenden Restwert. In diesem Fall müsste im letzten Jahr eine einmalige Sonderabschreibung des nicht verteilten Restwerts erfolgen. Zur Lösung dieses Problems ist jedoch nach einer bestimmten Zeit auch der Übergang von der geometrisch-degressiven auf die lineare Abschreibung zulässig. Dieses Verfahren wird im Folgenden dargestellt.

3. Kombination von geometrisch-degressiver und linearer Abschreibung

Der Grundsatz der Bewertungsstetigkeit besagt, dass Bewertungsmethoden stetig anzuwenden sind und nur in begründeten Ausnahmefällen gewechselt werden dürfen. Ist ein solcher Methodenwechsel jedoch bereits im Abschreibungsplan vorgesehen, so wird dies als eigenständiges Verfahren gewertet und stellt keinen Verstoß gegen den Grundsatz der Bewertungsstetigkeit dar. Eine solche Methodenkombination ist einerseits sinnvoll, um eine Abschreibung auf null oder den Restwert zu erreichen, die bei ausschließlicher Anwendung der geometrisch-degressiven Methodik nicht erreicht würde. Andererseits ist ein solches Vorgehen aus steuerlicher Perspektive sinnvoll.

Geht man von einer gleichen Vorgehensweise in der Steuerbilanz aus, so kann ein maximaler Steuerstundungseffekt erreicht werden, wenn möglichst früh möglichst viel Aufwand anfällt. Dadurch kann eine Verschiebung von Steuerzahlungen in spätere Jahre erreicht werden, da anfallende Gewinne in spätere Perioden verschoben werden. Dazu wird in den ersten Jahren mit dem steuerlich maximal zulässigen Prozentsatz degressiv so lange abgeschrieben, bis die lineare

Abschreibungsrate höher ist als die degressive Rate. In der entsprechenden Periode erfolgt dann der Wechsel auf die lineare Abschreibung. Zu beachten ist bei der Ermittlung der Periode, in der der Methodenwechsel erfolgt, dass sich die linearen Abschreibungsraten aus dem jeweiligen Restbuchwert und der noch verbleibenden Nutzungsdauer ergeben.

Abschließend werden in Abb. 3-16 und Abb. 3-17 der Verlauf der Abschreibungsraten und des Restbuchwerts bei Anwendung der drei möglichen Abschreibungsmethoden vergleichend gegenübergestellt.

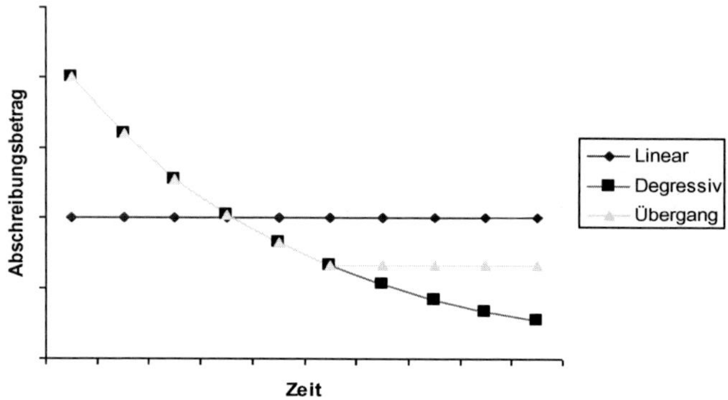

Abb. 3-16: Entwicklung der jährlichen Abschreibungsraten

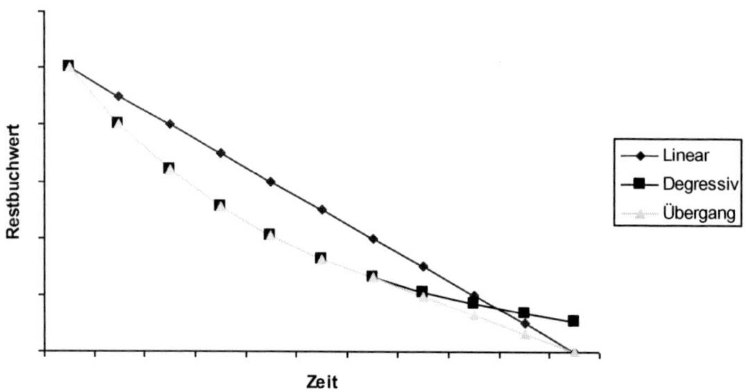

Abb. 3-17: Verlauf des Restbuchwerts

Eine Sonderregelung, die aus dem Steuerrecht stammt, ist die Behandlung von geringwertigen Wirtschaftsgütern (GWG). Diese können zwar auch aktiviert und planmäßig abgeschrieben werden, aber sie können alternativ auch – abhängig von den AK/HK – besonders behandelt werden: Betragen die AK/HK nicht mehr als 800 €, kann ein GWG im Jahr der Anschaffung/Herstellung vollständig als Aufwand erfasst werden. Wirtschaftsgüter bis 250 € werden sofort aufwandswirksam erfasst. Zwischen 251 € und 1000 € ist neben der Aufwandserfassung auch die Einstellung in einen Sammelposten möglich, der linear über fünf Jahre abzuschreiben ist. Der Abgang eines Vermögensgegenstandes mindert den Sammelposten nicht. Diese Regelung wird handelsrechtlich nur dann als zulässig angesehen, sofern der Sammelposten nicht wesentlich ist. Betragen die AK/HK mehr als 800 € aber nicht mehr als 1.000 € ist eine vollständige Aufwandserfassung nicht möglich, sondern nur die Bildung des Sammelpostens.

3.3.5.3 Außerplanmäßige Abschreibungen

Neben dem planmäßigen Werteverzehr von Vermögensgegenständen ist es möglich, dass unvorhergesehene Ereignisse eintreten, die zu einer außerplanmäßigen Wertminderung führen. Um in einem solchen Fall dafür zu sorgen, dass kein zu hoher ausschüttungsfähiger Gewinn ermittelt und dadurch neben dem Ziel der periodengerechten Erfolgsermittlung auch das Ziel der Kapitalerhaltung gefährdet würde, sieht das Handelsrecht für diese unvorhergesehenen Ereignisse die Durchführung von außerplanmäßigen Abschreibungen vor. Anders als noch bei den planmäßigen Abschreibungen, die auf das abnutzbare Anlagevermögen beschränkt sind, kommen hier alle Vermögensgegenstände, also auch die des Umlaufvermögens in Betracht. Dies gilt auch für das nicht abnutzbare Anlagevermögen, da sich auch bei diesem der Wert unvorhergesehen negativ entwickeln kann.

Im Gesetzestext wird bei den nachfolgenden Fallbeispielen keine Unterscheidung mehr zwischen Personen- und Kapitalgesellschaften vorgenommen. Für das Anlagevermögen sieht § 253 III 5 HGB eine außerplanmäßige Abschreibung zwingend vor, wenn es sich um eine dauerhafte Wertminderung handelt. Liegt hingegen eine nur vorübergehende Wertminderung vor, so besteht ein Abschreibungsverbot, welches sich jedoch nicht auf die Finanzanlagen des Anlagevermögens bezieht. Für diese Bilanzpositionen ist gemäß § 253 III 6 HGB ein Wahlrecht vorgesehen. Die Dauerhaftigkeit der Wertminderung ergibt sich erst, wenn tatsächlich Anzeichen vorliegen, die auf eine Nachhaltigkeit und eine längere Gültigkeit der Wertminderung hinweisen. Ein bloßes Schwanken von Börsen- oder ähnlichen Preisen ist kein Anzeichen für die Dauerhaftigkeit.

Für das Umlaufvermögen besteht hingegen unabhängig von der Dauer der Wertminderungen gemäß § 253 IV HGB eine Pflicht zur Durchführung außerplanmäßiger Abschreibungen. Dabei ist, wenn vorhanden, auf einen Börsen- oder Marktpreis abzustellen. Ist ein solcher nicht vorhanden, so ist auf den niedrigeren beizulegenden Wert abzuschreiben. Der Begriff des niedrigeren beizulegenden Werts ist nicht näher erläutert. Für Warenvorräte und fertige und unfertige Erzeugnisse kommt hier der Absatzmarktpreis in Frage. Dieser ist für RHB jedoch nicht relevant, hier können vielmehr Wiederbeschaffungskosten herangezogen werden.[371]

[371] Vgl. Baetge, J./Kirsch, H.-J./Thiele, S. [2017], S. 367 ff.

Während somit beim Anlagevermögen z. T. Abschreibungswahlrechte gelten, besteht beim Umlaufvermögen eine generelle Abschreibungspflicht. Daher spricht man beim Anlagevermögen von der gemilderten und beim Umlaufvermögen von der strengen Niederstwertvorschrift. Die unterschiedliche Regelung ergibt sich aus dem Gedanken, dass das Umlaufvermögen nicht dauerhaft im Unternehmen verbleiben soll, sondern bald verbraucht oder verkauft wird. Daher können auch kurzfristige Wertminderungen aufgrund des mutmaßlich baldigen Verkaufs zu tatsächlichen Verlusten führen. Diese werden als Ausfluss des Imparitätsprinzips vorweggenommen. Beim Anlagevermögen, das langfristig im Unternehmen verbleibt, besteht die Gefahr einer tatsächlichen Verlustrealisation bei kurzfristigen Wertminderungen kaum, diese entsteht eher durch eine dauerhafte Wertminderung. Daher gilt hier nur die gemilderte Niederstwertvorschrift. Die unterschiedlichen Regelungen werden abschließend in Abb. 3-18 dargestellt.

	Kapital- und Personengesellschaften
Dauerhafte Wertminderung des Anlagevermögens	Pflicht § 253 III 5 HGB
Vorübergehende Wertminderung des Anlagevermögens (ohne Finanzanlagen)	Verbot § 253 III 5 HGB
Vorübergehende Wertminderung des Finanzanlagevermögens	Wahlrecht § 253 III 6 HGB
Vorübergehende bzw. dauerhafte Wertminderung des Umlaufvermögens	Pflicht § 253 IV HGB

Abb. 3-18: Fallunterscheidung außerplanmäßiger Abschreibungen

3.3.5.4 Zuschreibungen und Beibehaltungswahlrechte

Die zuvor behandelten verschiedenen Arten von Abschreibungen haben gemeinsam, dass es ihr Zweck ist, den Wert von Vermögensgegenständen erfolgswirksam zu verringern, wenn hierfür ein Grund besteht. Dieser kann einerseits beim abnutzbaren Anlagevermögen im planmäßigen Wertverzehr bestehen, der die Bildung planmäßiger Abschreibungen begründet und andererseits in nicht vorhergesehenen Ereignissen liegen, die zur Durchführung von außerplanmäßigen Abschreibungen führen. Da die Abschreibungen jeweils als Resultat eines bestimmten Grundes durchgeführt werden, stellt sich die Frage, wie zu verfahren ist, wenn der jeweilige Grund und damit die Ursache für die vorgenommene Abschreibung entfällt. Die Beantwortung dieser Frage muss getrennt nach der Art der betroffenen Abschreibung beantwortet werden. Eine Unterscheidung nach Anlage- und Umlaufvermögen bzw. der entsprechenden Rechtsform ist hingegen nicht notwendig.

Außerplanmäßige Abschreibungen

Fällt der Grund, auf dessen Basis in der Vergangenheit eine außerplanmäßige Abschreibung durchgeführt wurde weg, so sieht § 253 V 1 HGB eine *Verpflichtung* zur Wertaufholung vor. Danach darf ein niedrigerer Wertansatz, der aus einer außerplanmäßigen Abschreibung resultiert, nicht beibehalten werden. Es hat eine Zuschreibung in Höhe der zuvor vorgenommenen außerplanmäßigen Abschreibung zu erfolgen, um den ursprünglichen Wertansatz wiederherzustellen.

An dieser Stelle gilt es wieder, das *AK/HK-Prinzip* zu beachten, sodass also eine Zuschreibung maximal auf den Wert der historischen AK/HK vorzunehmen ist. Eine Ausnahme stellt der Geschäfts- oder Firmenwert dar, welcher gemäß § 253 V 2 HGB explizit von der Zuschreibungspflicht ausgenommen wird. Bei diesem ist der niedrigere Wertansatz zwingend beizubehalten.

Eine möglicherweise durchgeführte Zuschreibung erhöht nicht nur den bilanziellen Wert des betroffenen Vermögensgegenstandes, sie ist auch ebenso wie die Abschreibung *erfolgswirksam*, erhöht aber anders als die Abschreibung den Periodenerfolg, da sie ein außerordentlicher und eventuell periodenfremder Ertrag ist.[372]

Planmäßige Abschreibungen

Auch bei den planmäßigen Abschreibungen ist der Fall denkbar, dass der Grund für eine solche Abschreibung entfällt, etwa, wenn die Nutzungsdauer zu kurz geschätzt war und dadurch die Abschreibungen zu hoch ausgefallen sind. Die Zuschreibungspflicht des § 253 V I HGB bezieht sich jedoch ausdrücklich nur auf alle Abschreibungsmöglichkeiten bis auf die planmäßigen Abschreibungen. Daraus folgt, auch wenn dies z. T. bestritten wird, dass eine Zuschreibung zur Rückgängigmachung von planmäßigen Abschreibungen nicht zulässig ist. Folglich besteht für planmäßige Abschreibungen ein Zuschreibungsverbot.

3.3.5.5 Wertberichtigung von Forderungen

Grundsätzlich stellen alle Forderungen einen Anspruch des bilanzierenden Unternehmens auf die Zahlung eines bestimmten Betrages dar, für den seitens des Unternehmens schon die entsprechende Gegenleistung erbracht worden ist. Eine Forderung entspricht somit im Prinzip einem

[372] Ein periodenfremder Ertrag liegt vor, wenn die Zuschreibung in einer späteren Periode, als der Periode in der die außerplanmäßige Abschreibung fällig wurde, vorgenommen wird.

Kredit, der an ein anderes Unternehmen vergeben wurde. Daraus folgt, dass auch Forderungen *Kreditrisiken* beinhalten, die letztlich darin bestehen, dass der eingeforderte Betrag nicht oder nicht in voller Höhe gezahlt wird. Diese Gefahr resultiert aus verschiedenen Gründen. Einerseits besteht immer die Gefahr, dass ein *Schuldner zahlungsunfähig* wird und dadurch nicht mehr in der Lage ist, seine Schulden und damit die entsprechenden Forderungen des Unternehmens zu begleichen. Andererseits ist bei Forderungen, die in einer *fremden Währung* bestehen, stets die Gefahr vorhanden, dass sich der relevante Wechselkurs zuungunsten des Unternehmens entwickelt. Dadurch kann der in heimische Währung umgerechnete Betrag, der gezahlt wird, niedriger sein, als dies bei Entstehen der Forderung und damit bei ihrer Bilanzierung der Fall war. Zudem besteht bei verzinsten Forderungen noch die Gefahr, dass sich das *Zinsniveau* zum Nachteil des Unternehmens entwickelt und dadurch die Forderung weniger Wert wird. Aus diesen drei Gründen kann es auch bei Forderungen dazu kommen, dass der Wert einer Forderung im Sinne einer Abschreibung nach unten korrigiert werden muss. Es ist zu beachten, dass sich die Wertkorrektur der Forderung auf den Nettobetrag der Forderung, also ohne Mehrwertsteuer, bezieht. Die Korrektur der zu zahlenden Mehrwertsteuer erfolgt erst dann, wenn die Forderung tatsächlich nur teilweise beglichen wird.

Treten begründete Zweifel auf, dass eine Forderung nicht in ihrer bestehenden Höhe erfüllt wird, so ist eine Wertberichtigung der jeweiligen Forderung auf den Betrag vorzunehmen, der voraussichtlich eingehen wird. Eine solche fallabhängige Wertberichtigung einer einzelnen Forderung wird als Einzelwertberichtigung (EWB) bezeichnet. Wird z. B. bekannt, dass ein Schuldner voraussichtlich Konkurs anmelden wird und die ausstehende Forderung nur noch zur Hälfte einzutreiben sein wird, so ist eine Abschreibung in Höhe der Hälfte des ursprünglichen Wertes vorzunehmen. Eine solche Einzelwertberichtigung stellt einen Aufwand dar und ist entsprechend negativ erfolgswirksam. Die Buchung einer solchen Einzelwertberichtigung ist auf zwei Arten möglich. Die erste Möglichkeit besteht darin, die Höhe des Forderungsbestandes direkt zu vermindern. Die entsprechende Buchung lautet dann:[373]

Abschreibung auf Forderungen	an	Forderungen

Eine weitere für Nicht-Kapitalgesellschaften zulässige Möglichkeit stellt die Bildung eines eigenen Korrekturpostens dar, der auf der Passivseite steht und somit die Höhe des aktiven Forderungsbestandes korrigiert. Die Buchung lautet:

Abschreibung auf Forderungen	an	Einzelwertberichtigungen zu Forderungen

Ähnlich wie bei den Rückstellungen schon erläutert, hat die Begleichung einer einzelwertberichtigten Forderung abhängig vom tatsächlich eingegangenen Betrag drei mögliche Auswirkungen

[373] Einzelwertberichtigungen entsprechen dabei von ihrem Charakter her Abschreibungen.

auf den Periodenerfolg. Stimmen tatsächlich eingegangener Betrag und die Höhe der wertberichtigten Forderung überein, so ist der Vorgang erfolgsneutral. Ist der tatsächlich eingehende Betrag hingegen höher, so ergibt sich ein positiver, ist er geringer, ergibt sich entsprechend ein negativer Erfolgsbeitrag.

Da jedoch nie alle drohenden Ausfälle bei den Forderungen vorhergesehen werden können, allerdings erfahrungsgemäß aufgrund des allgemeinen Kreditrisikos immer wieder als einwandfrei eingestufte Forderungen ganz oder teilweise ausfallen, ist es zulässig und üblich, den Wert der am Jahresende nicht als zweifelhaft eingestuften Forderungen um einen pauschalen Betrag nach unten zu korrigieren. Die Durchführung einer solchen *Pauschalwertberichtigung* dient einerseits dem Rechenschaftszweck, da durch den Versuch, einen erfolgswirksamen Ausfall in der Periode zu erfassen, in der er entsteht, ein möglichst periodengerechter Erfolgsausweis erreicht werden soll. Andererseits wird auch durch die Vorwegnahme noch nicht realisierter negativer Erfolgsbeiträge dem Imparitätsprinzip und damit dem Kapitalerhaltungszweck Rechnung getragen.

Zur Bildung der Pauschalwertberichtigung wird berechnet, wie viel Prozent des Bestandes an einwandfreien Forderungen in den vergangenen Geschäftsjahren später durchschnittlich ausgefallen sind. Dieser durchschnittliche Prozentsatz wird dann mit der Summe aller zweifelsfreien Forderungen multipliziert, wodurch sich die Höhe der Pauschalwertberichtigung ergibt. Es sei ausdrücklich darauf hingewiesen, dass nur die zweifelsfreien Forderungen einbezogen werden, da die zweifelhaften Forderungen ohnehin schon einzelwertberichtigt wurden und ansonsten doppelt erfasst würden. Die entsprechende Buchung lautet:

Abschreibung auf Forderungen	an	Pauschalwertberichtigung

Beträgt der Stand des Kontos „Pauschalwertberichtigungen" jedoch nicht Null, da im Vorjahr nicht die gesamten Pauschalwertberichtigungen in Anspruch genommen wurden, ist das Konto nur auf die Höhe der errechneten Pauschalwertberichtigung aufzustocken. Die negativ erfolgswirksame „Zuführung zu Pauschalwertberichtigungen" fällt dann entsprechend geringer aus. Das Konto „Pauschalwertberichtigungen" ist ein Korrekturposten zu den Forderungen. Die Wertberichtigungen werden nicht als eigener Posten auf der Passivseite der Bilanz ausgewiesen, sondern vielmehr muss das jeweilige Konto bei der Abschlusserstellung anteilig mit den jeweiligen Forderungsposten verrechnet werden, die dadurch entsprechend verringert werden.

Tritt in der Folgeperiode der Fall ein, dass eine im Vorjahr noch als einwandfrei eingestufte Forderung nicht in ihrer ursprünglichen Höhe eingeht, so muss der ausgefallene Teil mit dem Pauschalwertberichtigungskonto verrechnet werden:

Pauschalwertberichtigungen	an	Forderungen

Dadurch entsteht in der aktuellen Periode keine Erfolgswirksamkeit, da diese bereits in der Periode, in der die Pauschalwertberichtigung gebildet wurde, berücksichtigt wurde. Eine solche Verrechnung mit dem Konto Pauschalwertberichtigungen wird solange vorgenommen, bis dieses auf null steht. Wird der Betrag, der auf dem Konto vorhanden ist jedoch nicht aufgebraucht, da weniger einwandfreie Forderungen ausfallen, so verbleibt ein Saldo größer Null. Wie bereits dargestellt, mindert dieser den Betrag, der als Abschreibung auf Forderungen dem Konto „Pauschalwertberichtigungen“ am Jahresende erfolgswirksam zugeführt werden muss.

3.3.6 Bilanzpolitische Freiräume

In den Ausführungen zur Bilanzierung in Abschnitt 3.2 wie auch zur Bewertung in Abschnitt 3.3 wurde deutlich, dass die Frage, ob etwas in den Jahresabschluss aufgenommen werden muss und/oder wie es bewertet werden muss, an verschiedenen Stellen nicht eindeutig geregelt ist. Dadurch ergeben sich für den Ersteller des Jahresabschlusses zahlreiche Möglichkeiten, den Jahresabschluss in seinem Sinne materiell zu gestalten. Anders als die Gestaltungsmöglichkeiten in formaler Hinsicht, die hier aufgrund ihrer untergeordneten Bedeutung nicht wieder aufgegriffen werden sollen, beeinflussen materielle bilanzpolitische Entscheidungen den Jahresabschluss inhaltlich und auch hinsichtlich der ausgewiesenen Werte. Alle Instrumente der materiellen Bilanzpolitik beziehen sich nur auf die Abbildung real bereits vorgefallener Sachverhalte. Davon abzugrenzen ist die reale oder sachverhaltsgestaltende Bilanzpolitik, die die Bilanz über die bewusste Herbeiführung oder Vermeidung bestimmter Sachverhalte zu gestalten versucht.[374] Ein Beispiel hierfür ist die Veräußerung von Anlagevermögen, um einen höheren Ausweis liquider Mittel zu erreichen. Wie schon auf die formale Bilanzpolitik soll aber auch auf die reale Bilanzpolitik hier nicht näher eingegangen werden.

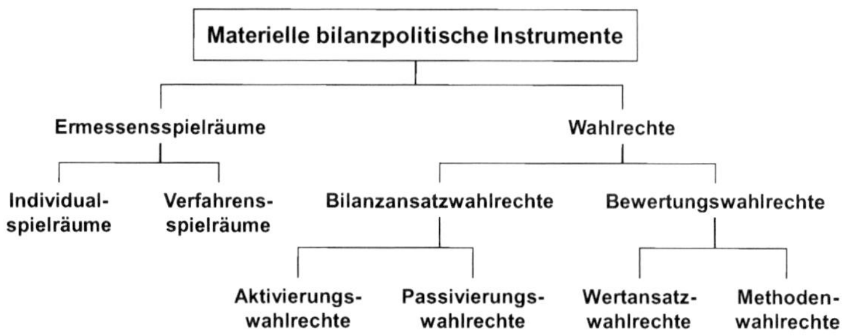

Abb. 3-19: Materielle bilanzpolitische Instrumente

Die möglichen bilanzpolitischen Instrumente lassen sich entsprechend Abb. 3-19 klassifizieren. Der Einsatz der verschiedenen Instrumente kann unterschiedlichen unternehmensindividuellen Zielen dienen. So kann ein Ziel sein, einen möglichst hohen Börsenkurs zu erreichen bzw. den hohen Erwartungen der Investoren gerecht zu werden. In diesem Fall würde man wahrscheinlich die Instrumente so einzusetzen versuchen, dass ein möglichst hoher Jahreserfolg ausgewiesen wird. Wäre das Ziel jedoch die Minimierung der Steuerlast, so würde man einen möglichst geringen Erfolg ausweisen wollen (Gleichheit von Steuer- und Handelsbilanz vorausgesetzt). Ein weiteres Ziel kann es aber auch sein, über die Zeit eine hohe Ergebniskontinuität sicherzustellen. Darüber hinaus sind verschiedene andere Zielsetzungen denkbar. Oft stehen die Ziele jedoch in einem konkurrierenden Verhältnis, sodass durch die bilanzpolitischen Handlungen oft nicht nur

[374] Vgl. hierzu und im Folgenden Berens, W./Hoffjan, A. [1999], S. 1282 ff.

einem Ziel gefolgt, sondern die simultane Berücksichtigung mehrerer Ziele zu erreichen versucht wird. Im Folgenden sollen die verschiedenen Instrumente kurz charakterisiert und die in den vorangegangenen Ausführungen aufgetauchten bilanzpolitischen Freiräume zugeordnet werden.

Zunächst gilt es, zwischen Ermessensspielräumen und Wahlrechten zu unterscheiden. *Wahlrechte* bezeichnen die Möglichkeit, eine Entscheidung treffen zu können, ob ein gesetzlich beschriebener Sachverhalt in der Bilanz angesetzt wird oder nicht bzw. aus einer gesetzlich fest vorgegebenen Bandbreite eine Bewertung zu wählen. *Ermessensspielräume* unterscheiden sich dahingehend, als dass hier eine subjektive Beurteilung des Sachverhalts durch den Bilanzierenden zu erfolgen hat. Es liegt also im Ermessen des Bilanzierenden, wie ein Sachverhalt beurteilt und damit bilanziell behandelt wird. Hierunter fällt z. B. die Entscheidung, ob und wenn ja, in welcher Höhe für einen Sachverhalt eine Rückstellung gebildet wird. Gleiches gilt für die Bildung von Einzelwertberichtigungen. Weitere Beispiele sind die Bemessung der Abschreibungsdauer, des Restwerts eines Vermögensgegenstandes bei der Aufstellung des Abschreibungsplans oder die Höhe des Prozentsatzes bei der Pauschalwertberichtigung. Alle Ermessensspielräume sind jedoch nicht unbegrenzt, vielmehr müssen alle Entscheidungen stets im Einklang mit den GoB getroffen werden.

Die Wahlrechte bestehen aus Bilanzansatz- und Bewertungswahlrechten. Die *Bilanzansatzwahlrechte* überlassen dem Bilanzierenden die Entscheidung, ob ein Sachverhalt in den Jahresabschluss aufgenommen werden soll oder nicht. Hierunter fallen somit alle in Abschnitt 3.2 angesprochenen Wahlrechte. Je nach betroffener Bilanzseite kann weiter in Aktivierungs- und Passivierungswahlrechte untergliedert werden. Ein Beispiel eines Aktivierungswahlrechts ist die Aktivierung eines Disagios als Rechnungsabgrenzungsposten. Die Passivierung von Rückstellungen für Pensionszusagen vor 1987 stellt hingegen ein Beispiel eines Passivierungswahlrechts dar.

Die *Bewertungswahlrechte* überlassen dem Bilanzierenden die Auswahl der anzusetzenden Bewertung aus einer vorgegebenen Bandbreite. Die Methodenwahlrechte sind dadurch gekennzeichnet, dass der ausgewählte Wert aus der Bandbreite sich aus der Auswahl einer möglichen Bewertungsmethode ergibt. Beispiele sind die Wahl der Abschreibungsmethode, die Wahl eines Sammelbewertungsverfahrens oder die Wahl des Verfahrens zur Ermittlung der Herstellungskosten. Die Wahlmöglichkeiten sind hier jedoch durch den Grundsatz der Stetigkeit begrenzt, da eine Auswahl grundsätzlich nur einmalig erfolgen kann. Wertansatzwahlrechte lassen die Wahl, ob eine Ab- oder Zuschreibung ganz oder teilweise vorgenommen wird. Der sich ergebende Wert liegt dann in der Bandbreite zwischen dem Ausgangswert und dem durch die maximale Ab- oder Zuschreibung zu erreichenden Wert. Bei der Entscheidung, ob eine Abschreibung vorgenommen wird, handelt es sich um Abwertungswahlrechte. Beispiele sind die außerplanmäßige Abschreibung bei vorübergehender Wertminderung im Finanzanlagevermögen.

Durch die aufgezeigten bilanzpolitischen Instrumente besteht die Möglichkeit, stille Rücklagen zu bilden. Diese entstehen immer dann, wenn ein Vermögensgegenstand bewusst niedrig bzw. eine Schuld bewusst hoch angesetzt wird. Dies hat jeweils eine verdeckte „Verschiebung“ von

Gewinnanteilen von der GuV in die Bilanz zur Folge, denn da die Erträge bewusst niedriger bzw. die Aufwendungen bewusst höher ausfallen, sinkt auch der Periodenerfolg. Diese fehlenden Gewinnanteile befinden sich jedoch in der Bilanz und kommen dann zum Vorschein, wenn ein Vermögensgegenstand veräußert bzw. eine Schuld fällig wird. Dann entsteht jeweils ein außerordentlicher periodenfremder Ertrag. Dadurch ergeben sich für das Unternehmen die nachfolgend aufgeführten Vorteile und Gestaltungsmöglichkeiten.

Es kann die Absicht des bilanzierenden Unternehmens sein, seinen *Gewinn zu verstetigen*, also in Jahren mit guter Geschäftslage zugunsten stiller Rücklagen einen geringeren Gewinn auszuweisen um dann in Jahren mit schlechter operativer Ertragssituation durch die Auflösung von stillen Rücklagen das Ergebnis zu erhöhen. Insbesondere in Jahren in denen ein operativer Verlust erwirtschaftet wurde, kann dies zur Ergebnisverbesserung genutzt werden. Des Weiteren können durch die Bildung stiller Rücklagen Teile des Gewinns *vor dem Zugriff der Anteilseigner* und deren möglicher Ausschüttungsforderung *geschützt werden*. Die dadurch verdeckt einbehaltenen Gewinne können dann zur Finanzierung zukünftiger unternehmerischer Tätigkeiten genutzt werden. Ein letzter Aspekt liegt in der Tatsache begründet, dass stille Rücklagen i. d. R. erst einige Jahre nach ihrer Bildung aufgedeckt werden und dadurch ein außerordentlicher Ertrag entsteht. In den Fällen, in denen der Ansatz in der Steuerbilanz entsprechend gewählt wurde, war für diese Zeit die auf den Ertrag fällige Steuerzahlung gestundet, da der Ertrag noch nicht offen realisiert worden war. Somit entsteht ein Steuerstundungseffekt, der indirekt zu einem zinslosen Darlehen durch den Fiskus führt. Durch die bilanzpolitischen Entscheidungen kann also neben der Gewinnglättung und Bilanzgestaltung auch zur Finanzierung der Geschäftstätigkeit beigetragen werden.

Die in den bisherigen Ausführungen aufgetretenen Bilanzwahlrechte sind in Tab. 3-4 ggf. mit den entsprechenden Rechtsgrundlagen dargestellt.

	Rechts-grund-lage
Ermessensspielräume	
Bildung und Höhe von Rückstellungen	
Bildung und Höhe von Einzelwertberichtigungen	
Bemessung der Abschreibungsdauer	
Höhe des Restwerts	
Prozentsatz zur Bemessung von Pauschalwertberichtigungen	
Abgrenzung von Forschungs- und Entwicklungsaufwand	§ 255 IIa HGB
Wahlrechte	
Disagio als Rechnungsabgrenzungsposten	§ 250 III HGB
Rückstellungen für Pensionszusagen vor 1987	§ 249 I 1 HGB i.V.m. Art. 28 EG-HGB
Wahl des Abschreibungsverfahrens	§ 253 III 1 & 2 HGB
Wahl zur Aktivierung von eigenen Entwicklungskosten	§ 248 II HGB
Wahl des Sammelbewertungsverfahrens	§ 256 HGB
Wahl der Ermittlung der Herstellungskosten	§ 255 II HGB
Außerplanmäßige Abschreibung auf vorübergehende Wertminderung des Finanzanlagevermögens	§ 253 III 6 HGB
Ansatzwahlrecht für aktive latenten Steuern	§ 274 I HGB

Tab. 3-4: Übersicht über verschiedene bilanzpolitische Freiräume

Lernfragen zu 3.3

1. Erläutern Sie unter welchen Bedingungen sich unterschiedlichen Auswirkungen auf den Wertansatz einer angeschafften Maschine ergeben, wenn das Fundament für diese Maschine alternativ vom Unternehmen oder von einer Fremdfirma gegossen wird!

2. Wie wirken sich fallende (steigende) Preise aus, wenn das LiFo- bzw. das FiFo-Verfahren angewendet wird?

3. Bilden Sie Beispiele für Fälle, in denen eine Kapitalgesellschaft eine außerplanmäßige Abschreibung vornehmen muss, nicht vornehmen darf und vornehmen kann!

Literaturhinweise zu 3.3

Baetge, J./Kirsch, H.-J./Thiele, S. [2017], Bilanzen, 14. Aufl., Düsseldorf 2017, S. 93 - 144, S. 189 - 236, S. 355 - 389.

Berens, W./Hoffjan, A. [1999], Jahresabschlusspolitische Sachverhaltsgestaltungen, in: WISU, Heft 10, 1999, S. 1282 - 1294.

Bitz, M./Schneeloch, D./Wittstock, W. /Patek, G. [2014], Der Jahresabschluß: Nationale und internationale Rechtsvorschriften, Analyse, Politik, 5. Aufl., München 2014, S. 225 - 309.

Coenenberg, A. G./Haller, A./Schultze, W. [2016], Jahresabschluss und Jahresabschlussanalyse, 24. Aufl., Stuttgart 2016, S. 95 - 105, S. 119 - 124, S. 153 - 172, S. 215 - 231.

Federmann, R. [2010], Bilanzierung nach Handelsrecht, Steuerrecht und IAS-IFRS – Gemeinsamkeiten, Unterschiede und Abhängigkeiten von Handels- und Steuerbilanz unter Berücksichtigung internationaler Rechnungslegungsstandards, 12. Aufl., Berlin 2010, S. 196 - 221, S. 403 - 570.

Hahn, H./Wilkens, K. [2000], Buchhaltung und Bilanz: Teil B. Bilanzierung, 2. Aufl., München 2000, S. 38 - 49, S. 197 - 246.

Heinhold, M. [1996], Der Jahresabschluss, 4. Aufl., München 1996, S. 200 - 319.

Leffson, U. [1987], Die Grundsätze ordnungsmäßiger Buchführung, 7. Aufl., Düsseldorf 1987, S. 187 - 188, S. 225 - 226, S. 247 - 339, S. 432 - 452.

Weber, J./Weißenberger, B. E. [2015], Einführung in das Rechnungswesen: Kostenrechnung und Bilanzierung, 9. Aufl., Stuttgart 2015, S. 59 - 67, S. 95 - 104, S. 110 - 121.

Fallbeispiel Teil X: Forderungen und Verbrauchsfolgeverfahren

Die folgenden Tage und Wochen vergehen wie immer viel zu schnell. In der Zwischenzeit hat Christian mit Daniel gemeinsam eine Vielzahl aktueller Fragestellungen gelöst. Beide sind zuversichtlich, innerhalb der nächsten beiden Wochen die Erstellung des Jahresabschlusses abzuschließen. In der letzten Woche seines Praktikums erhofft sich Christian anschließend noch ein wenig Zeit, um sich einerseits noch das ein oder andere Mal mit Petra treffen zu können. Andererseits möchte er die verbleibende Zeit investieren, um das in der Vorlesung erworbene Wissen über Jahresabschlussanalyse an dem erstellten Jahresabschluss zu überprüfen, auch wenn dieser noch nicht testiert ist. Ihm ist dabei durchaus bewusst, dass er in der Vorlesung bislang nur rudimentär das Thema Bilanzanalyse behandelt hat. Dennoch findet er es spannend, sein Grundlagenwissen auf die Großbrot AG anzuwenden.

Während einer kleinen Pause am Nachmittag fragt Daniel Christian, ob er am Wochenende mit ihm auf eine Feier gehen wolle. Selbstverständlich könne er auch bei ihm übernachten. Es würden auch einige Mitarbeiter der Großbrot AG die Feier besuchen. Mit Petra hat er auch schon gesprochen, sie sei auf jeden Fall auch da. Christian willigt daraufhin sofort ein. Noch bevor er weiter über diese Dinge nachdenken kann, macht Daniel allerdings den Vorschlag, dass sie noch einmal einige Punkte des Jahresabschlusses durchsprechen sollten.

Diskussionsbedarf besteht einerseits bei den Rechnungsabgrenzungsposten. Andererseits sollen die Forderungen analysiert werden. Zunächst beschäftigen sich die beiden mit den Rechnungsabgrenzungsposten. Einigkeit herrscht sehr schnell in Bezug auf den Ansatz von aktiven Rechnungsabgrenzungsposten. Daniel kann Christian schlüssig den Ansatz sämtlicher Positionen erklären. Überwiegend handelt es sich hierbei um vorschüssige Mieten, die bereits für das Jahr 2011 gezahlt wurden. Allerdings ist auch das Disagio eines neu aufgenommenen Kredits unter dieser Position erfasst. Insgesamt ergibt sich im Vergleich zum Vorjahr ein deutlich erhöhter Ansatz in der Bilanz in Höhe von 95.705 €. Im Jahresabschluss des Jahres 2010 wurde zudem kein passiver Rechnungsabgrenzungsposten aufgeführt. Die beiden überlegen sehr lange und diskutieren mehrere Sachverhalte durch, ob dies auch für den Jahresabschluss 2011 gelte. Letztendlich stimmen sie aber überein, dass auch im Jahresabschluss 2011 keine passiven Rechnungsabgrenzungsposten anzusetzen sind.

Als Nächstes betrachten die beiden intensiver die Forderungen. Da Daniel auch erst eine relativ kurze Zeit Mitarbeiter im Unternehmen ist und nicht direkt in den Räumlichkeiten der Großbrot AG arbeitet, hat er keinen umfassenden Überblick über die Kundenstruktur des Betriebs. Er konnte bislang lediglich in Erfahrung bringen, dass die Forderungen ca. 12 % der Nettoumsatzerlöse betragen. Von Frau Wiedeke hat er zusätzlich die Information erhalten, dass es sich hierbei durchaus um einen branchenüblichen Wert handele. Nach seiner Übersicht ergibt sich auf dem Konto „Forderungen aus Lieferungen und Leistungen" ein Saldo von 2.117.919 €. Dieser Betrag enthält neben den bereits gebuchten Umsätzen auch Umsatzsteuer in Höhe von 7 %. Dies entspricht 138.555 €.

Christian erhält von Daniel den Auftrag, zu überprüfen, welche Kunden denn hinter den jeweiligen Aufträgen stecken und ob sich eventuell Großkunden identifizieren lassen. Beim gemeinsamen Mittagessen mit Petra gibt diese ihm folgenden Tipp. „Mich wundert sowieso, dass Forderungen in der von dir genannten Höhe angefallen sind. Meiner Meinung nach haben wir gar keine Großkunden. Gut, soweit ich das bislang mitbekommen habe, produzieren wir schon mal für Weihnachtsfeiern oder Tagungen etwas separat. Dies wird dann meistens nicht bar sondern später bezahlt. Im Normalfall bezahlen die Kunden in unseren Filialen aber entweder bar oder mit der Geldkarte.“ Diese Aussage hilft Christian insofern weiter, dass er aus Plausibilitätsüberlegungen die gesamte Höhe der Forderungen schon einmal als angemessen einstufen kann. Außerdem liegt der Wert in einer vergleichbaren Größenordnung zum Vorjahr. Er beschließt, bei Frau Wiedeke im Rechnungswesen Informationen über die Kundenstruktur einzuholen.

„Hier, bitte schön. Auf diesen acht Seiten finden Sie dezidiert alle Buchungsvorgänge auf dem gewünschten Konto.“ Gut gelaunt überreicht ihm Frau Wiedeke die Liste. „Bei den grau hinterlegten Geschäftsvorfällen handelt es sich um die bereits gezahlten Vorgänge. Dies bedeutet, dass die entsprechende Gegenbuchung zur Tilgung der Forderung bereits durchgeführt wurde. Die zum 31.12.2011 noch offenen Positionen umfassen die Seiten sechs bis acht.“ „Ist Ihnen bekannt, ob irgendeine Forderung eventuell ganz oder teilweise uneinbringlich sein wird?“, entgegnet Christian. „Gut, dass Sie mich darauf ansprechen, das hätte ich sonst fast vergessen. Herr Kötte hat für die Weihnachtsfeier seines Familienbetriebes im Dezember letzten Jahres belegte Brötchen bestellt. Die Buchung finden Sie auf Seite 7 der Liste. Vor einigen Wochen hat Herr Kötte nun Konkurs angemeldet, sodass wir leider davon ausgehen müssen, dass zwei Drittel der Forderung nicht beglichen werden. Die restlichen Forderungen können hingegen als nicht zweifelhaft eingestuft werden“, erwidert Frau Wiedeke.

Frau Wiedeke scheint ihren Job zu beherrschen, so schnell hat er mit keiner Auskunft gerechnet. Bei Sichtung der Unterlagen fällt ihm auf, dass keine Position einen Wert von über 5.000 € aufweist. Insgesamt beinhaltet die Liste knapp 1.700 offene Forderungen. Ein Großteil hierbei waren, wie im Falle des Herrn Kötte, Weihnachtsfeiern. Auf Seite 7 entdeckt er die von Frau Wiedeke angesprochene Forderung in Höhe von 3.210 €. Mit diesen Erkenntnissen geht er zu Daniel. Beide sind sich einig, dass der Saldo des Kontos „Forderungen aus Lieferungen und Leistung“ vorab direkt gekürzt werden soll. Uneinigkeit besteht indes in der Höhe der Korrektur. Während Christian eine Korrektur in Höhe von 2.140 € vorschlägt, ist Daniel der festen Überzeugung, dass das Konto lediglich um 2.000 € gekürzt werden darf. Nach langen Diskussionen muss Christian Daniel Recht geben. Lediglich die Nettoforderung wird abgeschrieben. Eine Korrektur der Umsatzsteuer erfolgt hingegen erst, wenn der Ausfall der Forderung endgültig feststeht. Daher ist zunächst folgende Buchung notwendig:

Abschreibung auf Forderungen	2.000 €	an	Forderungen L & L	2.000 €

„Wie hoch habt ihr denn in den letzten Jahren jeweils die Pauschalwertberichtigung angesetzt?“, fragt Christian Daniel nach einer kurzen Pause. „Nun ja, wenn ich ehrlich bin, weiß ich das gar nicht so genau. Ich befürchte, außer Herrn Kandal weiß das niemand. Der wird uns aber momentan wohl leider keine Auskunft geben können“, entgegnet Daniel, „nun ja, eigentlich muss ja die Buchhaltung Bescheid wissen. Irgendwo sollte es doch wohl ein Konto dafür geben.“ Sie gehen erneut gemeinsam zu Frau Wiedeke. Auf ihre Frage nach den Pauschalwertberichtigungen erhalten die beiden folgende Antwort. „Eine Pauschalwertberichtigung haben wir meines Erachtens nie angesetzt. Das weiß aber nur Herr Kandal. Mal sehen, normalerweise müsste ich zumindest die unerwarteten Forderungsausfälle der Vergangenheit aus unserem System entnehmen können. Das wird aber ein wenig Zeit in Anspruch nehmen. Ich werde Ihnen die Liste morgen früh auf den Schreibtisch legen.“ Christian und Daniel bedanken sich höflich und verlassen das Büro. Bei einem kurzen Gespräch mit Petra erfährt Christian noch, dass diese am Wochenende tatsächlich auch auf der Party sein würde. Seine Ankündigung, ebenfalls mit Daniel zu der Party zu gehen, lässt sie vor Freude strahlen.

Am nächsten Morgen findet Christian die unten abgedruckte Liste auf seinem Schreibtisch. Daniel hat ebenfalls eine Kopie erhalten. Christian schlägt vor, dass es unter ökonomischen Gesichtspunkten sinnvoll sei, eine Pauschalwertberichtigung in Höhe der mittleren Ausfälle der Vergangenheit anzusetzen, sofern kein Trend in den Ausfällen zu erkennen sei. Dies führe zwar erneut zu einem geringeren Jahresüberschuss vor Steuern, würde aber dafür ein reales Abbild der wirtschaftlichen Situation zeigen. Der Tabelle können die beiden die unvorhergesehenen Forderungsausfälle der letzten fünf Jahre entnehmen:

Jahr	2007	2008	2009	2010	2011
unvorhergesehene Forderungsausfälle	58.593	58.982	62.093	68.972	61.098
Einwandfreie Forderungen am Vorjahresende	1.856.093	1.764.562	1.982.734	2.198.763	1.890.315

Tab. FB 27: Unvorhergesehene Forderungsausfälle der Jahre 2007 - 2011

Durch einfache Division erhält er die Ausfallsätze der jeweiligen Jahre:

Jahr	2007	2008	2009	2010	2011
Ausfallsatz in Prozent	3,157 %	3,343 %	3,132 %	3,137 %	3,232 %

Tab. FB 28: Ausfallsätze der einwandfreien Forderungen der Jahre 2007 - 2011

Da die jeweiligen Ausfallraten immer zwischen 3,13 % und 3,35 % schwanken, einigen sich Christian und Daniel in der Tat, den Mittelwert der oben angegebenen Werte als durchschnittlichen Ausfallsatz zu verwenden. Sie erhalten einen Ausfallsatz in Höhe von exakt 3,2 % der Forderungen, die im Jahr 2011 wahrscheinlich ausfallen werden, aber prinzipiell noch dem Jahr 2011 zuzurechnen sind. Schon tippt Daniel die Zahlen in seinen Taschenrechner ein.

Berechnung der Pauschalwertberichtigung (PWB):

$PWB = (2.117.919 - 3.210) / 1{,}07 \cdot 3{,}2\ \% = 63.244$ €

„Dann sollten wir 63.244 € als Pauschalwertberichtigung ansetzen. Wichtig ist auch hierbei abermals, dass lediglich eine Korrektur der einwandfreien Nettoforderungen erfolgt“, sagt Daniel. „Genau! Diesen Betrag buchen wir auf ein Konto Pauschalwertberichtigung. Das Gegenkonto ist ein Aufwandskonto, das über die Gewinn- und Verlustrechnung abgeschlossen wird. Somit erfassen wir schon den eventuellen Forderungsausfall im Jahr 2012, der sich allerdings auf Geschäftsvorfälle des Jahres 2011 bezieht. Am Jahresende wird das Konto Pauschalwertberichtigung mit dem Forderungskonto aktivisch verrechnet. Daher werden in unserem Fall Forderungen aus Lieferung & Leistung in der Bilanz zum 31.12.2011 nicht in Höhe von 2.117.919 €, sondern in Höhe von 2.052.675 € bilanziert. Der ursprüngliche Wert wird zunächst um 2.000 € einzelwertberichtigt. Die verbleibenden einwandfreien Forderungen werden anschließend um 63.244 € pauschalwertberichtigt."

Zu diesem Zeitpunkt betritt ein junger Mann Christians Büro. „Hallo, ich bin Floh und hätte mal eine Frage! Ich komme von der Filiale Achtkant und mein Onkel, Herr Wiedeke, meinte, du könntest mir vielleicht weiterhelfen." Floh dürfte in etwa so alt wie Christian sein. Aus diesem Grund stört es ihn nicht weiter, dass er ihn auf Anhieb duzt. „Wie kann ich dir denn helfen?", antwortet Christian, nachdem Daniel den Raum verlassen hat. „Nun ja, ich bin in der Achtkant so ziemlich Mädchen für alles. Eigentlich studiere ich Medizin und müsste für mein Physikum büffeln. Aber aus kohletechnischen Gründen jobbe ich in den Semesterferien schon seit Ewigkeiten bei der Brot & Brötchen AG und bei Öhrchen. Momentan wissen die bei der Achtkant nicht so genau, wie sie ihr Backmittel bewerten sollen. Drei Personen, die einen Bilanzwert ausgerechnet haben, erhielten drei unterschiedliche Lösungen. Da kam mein Onkel auf die Idee, dass du mal quasi ergänzend den Bilanzwert für das Backmittel ermitteln könntest. Sie haben mir noch irgendetwas von FiFo erzählt, oder war es LiFo? Upps, das habe ich nicht mehr so in Erinnerung." Christian hat Floh nur halb zugehört. Er muss die ganze Zeit darüber nachdenken, wer wohl Öhrchen sei. Auf seine Nachfrage erklärt ihm Floh, dass es sich dabei um den größten Bierlieferanten des Ortes handele. Aus diesem Grund würde er, Floh, von vielen Einheimischen auch liebevoll Bierkutscher genannt. Flohs nette Art findet Christian auf Anhieb sympathisch. Nachdem er sich jetzt wochenlang mit Bilanzen beschäftigte, ist er froh über jede Abwechslung. Die beiden unterhalten sich noch ein wenig. Floh erzählt Christian auch noch mal von der Party und fragt ihn, ob er auch kommen würde. Anscheinend würde sich wirklich der gesamte Ort am Wochenende bei der Feier versammeln. Gegen Ende des Gesprächs versichert Christian, dass er Floh bis zum Wochenende seinen berechneten Wert mitteilen würde, sofern die Liste mit den Zugängen und Abgängen des Backmittels nicht allzu lang sei. Floh übergibt ihm daraufhin folgende Liste.

Zugänge	**Zentner**	**Preis je Zentner**
07. Jan	980	60
13. Mrz	1.250	62
13. Mai	1.480	61
02. Jul	1.190	63
24. Sep	1.300	64
11. Nov	1.230	66

Abgänge	**Zentner**
03. Jan	412
10. Mrz	990
11. Mai	1.200
30. Jun	1.350
22. Sep	1.380
09. Nov	1.320
13. Dez	700

Tab. FB 29: Zugänge und Abgänge des Backmittels bei Achtkant

Ergänzend teilt er Christian mit, dass der Anfangsbestand 700 Zentner Backmittel betrug, der mit 62 €/Zentner bewertet wurde. Christian freut sich, da die Liste einigermaßen überschaubar aussieht. Innerhalb des nächsten Tages führt er die folgenden Berechnungen durch:

LiFo			
		Zentner	€/Zentner
Anfangsbestand		700	62
Abgang	03. Jan	412	62
Zwischenbestand		288	62
Zugang	07. Jan	980	60
Abgang	10. Mrz	980	60
Abgang	10. Mrz	10	62
Zwischenbestand		278	62
Zugang	13. Mrz	1.250	62
Abgang	11. Mai	1.200	62
Zwischenbestand		328	62
Zugang	13. Mai	1.480	61
Abgang	30. Jun	1.350	61
Zwischenbestand		328	62
		130	61
Zugang	02. Jul	1.190	63
Abgang	22. Sep	1.190	63
		130	61
		60	62
Zwischenbestand		268	62
Zugang	24. Sep	1.300	64
Abgang	09. Nov	1.300	64
Abgang	09. Nov	20	62
Zwischenbestand		248	62
Zugang	11. Nov	1.230	66
Abgang	13. Dez	700	66
Endbestand		248	62
		530	66
Wert des Endbestands			**50.356**

FiFo			
		Zentner	€/Zentner
Anfangsbestand		700	62
Abgang	03. Jan	412	62
Zwischenbestand		288	62
Zugang	07. Jan	980	60
Abgang	10. Mrz	288	62
Abgang	10. Mrz	702	60
Zwischenbestand		278	60
Zugang	13. Mrz	1.250	62
Abgang	11. Mai	278	60
Abgang	11. Mai	922	62
Zwischenbestand		328	62
Zugang	13. Mai	1.480	61
Abgang	30. Jun	328	62
Abgang	30. Jun	1.022	61
Zwischenbestand		458	61
Zugang	02. Jul	1.190	63
Abgang	22. Sep	458	61
Abgang	22. Sep	922	63
Zwischenbestand		268	63
Zugang	24. Sep	1.300	64
Abgang	09. Nov	268	63
Abgang	09. Nov	1.052	64
Zwischenbestand		248	64
Zugang	11. Nov	1.230	66
Abgang	13. Dez	248	64
Abgang	13. Dez	452	66
Endbestand		778	66
Wert des Endbestands			**51.348**

Tab. FB 30: Endbestand des Backmittels nach der LiFo- und FiFo-Methode

Am Freitag steht Floh erneut bei Christian in der Tür. „Moin, Christian, ich wollte die von dir berechneten Werte abholen. Übrigens habe ich noch mal gefragt. Die nehmen die FiFo-Methode, was auch immer das sein mag!" Christian teilt Floh seinen Wert mit und fragt ihn, ob er ihm kurz und knapp die Unterschiede der beiden Verfahren erklären solle. Da Floh momentan etwas Zeit hat, lässt er sich gerne von Christian die Unterschiede erklären. „Also bei diesen Verfahren handelt es sich um sog. Verbrauchsfolgeverfahren, um zum Beispiel den Wert eines auf Lager liegenden Rohstoffes zu ermitteln. FiFo bedeutet ´First in – First out´ und besagt, dass zuerst diejenigen Rohstoffe vom Lager entnommen werden, die zuerst beschafft wurden. Demgegenüber unterstellt das LiFo-Verfahren 'Last in – First out' eine andere Entnahmesystematik. Demnach werden die erst kürzlich beschafften Rohstoffe zuerst entnommen. Unterschiede in der Bewertung ergeben sich bei unterschiedlichen Beschaffungspreisen. In unserem Beispiel steigen die Backmittelpreise im Laufe des Jahres. Bei der LiFo-Methode wird in unserem Fall unterstellt, dass das zu Jahresbeginn auf Lager liegende Backmittel zum Teil am Jahresende immer noch auf Lager liegt. Zumindest wird der Bestand am Jahresende teilweise so bewertet. Da das Backmittel allerdings verderblich ist, dürfte diese Entnahmesystematik nicht der Realität entsprechen. Aus diesem Grund ist es gut nachvollziehbar, dass Achtkant das FiFo-Verfahren bevorzugt. Ein kleiner Nachteil bei der Methodik ist allerdings ein eventueller Ausweis von Scheingewinnen bei steigenden Beschaffungspreisen. Das eingesetzte Backmittel wird in der Gewinn- und Verlustrechnung zu historischen Preisen angesetzt. Lediglich in der Bilanz wird das Backmittel mit den derzeitigen Preisen bewertet. Dies führt dazu, dass zu wenig Aufwand in der Gewinn- und Verlustrechnung verrechnet wird, da das Backmittel eigentlich teurer geworden ist. Somit wird ein zu hoher Gewinn bei der FiFo-Methode ausgewiesen, sofern die Preise in dem betrachteten Zeitraum stark gestiegen sind, was in unserem Fall so ist. Ach übrigens, was haben denn die Leute von der Achtkant so errechnet?" „Dein Ergebnis ist identisch mit dem von Herrn Lederer. Der wird sich freuen. Die haben nämlich um ein paar Bierchen am Wochenende auf der Feier gewettet. Da er ja wahrscheinlich recht hat, darf er sich über einige Freibier freuen", antwortet Floh. Nach diesen Worten verabschiedet sich Floh, ohne auf Christians Äußerungen auch nur mit einem Wort einzugehen. Offensichtlich hat er nicht viel verstanden. Die Ausführungen waren für einen Nicht-BWLer anscheinend zu spezifisch. Nachdem Floh gegangen ist, geht Christian zu Petra und lädt sie auf einen Kaffee ein. Danach fährt er mit Daniel zu ihm nach Hause und die beiden stimmen sich auf den Abend ein.

3.4 Gewinn- und Verlustrechnung

3.4.1 Aufgabe der GuV

Die beiden vorherigen Abschnitte 3.2 und 3.3 bezogen sich lediglich auf die Bilanz. Neben der Bilanz ist aber - wie bereits erwähnt - die GuV gleichberechtigter Bestandteil des Jahresabschlusses. Bilanz und GuV sind über die doppelte Buchführung eng miteinander verbunden, denn jeder erfolgswirksame Vorfall findet sowohl in der Bilanz wie auch in der GuV Berücksichtigung. Zu unterscheiden ist die GuV jedoch von dem GuV-Konto, das in der Buchführung eingesetzt wird, da die GuV aufgrund gesetzlicher Vorgaben nicht in Konto-, sondern in Staffelform aufzustellen ist, d. h. Aufwände und Erträge müssen in vorgegebener Form untereinander dargestellt werden. Die gesetzlichen Regelungen zur Gliederung und weitere Regelungen zur GuV finden sich in den §§ 275 bis 278 HGB.

In der Bilanz werden die Werte aller Vermögensgegenstände und Schulden sowie des Eigenkapitals abgebildet. Die Bilanz ist daher eine Zeitpunktrechnung. Aus ihr werden die unterjährigen Bewegungen der Positionen nicht ersichtlich. Die Gewinn- und Verlustrechnung dagegen ist eine Zeitraumrechnung. Sie weist Aufwendungen und Erträge eines Jahres, also des gesamten betrachteten Zeitraums aus. Durch diese Gegenüberstellung der Aufwände und Erträge einer Periode ergibt sich der Periodenerfolg, der als Jahresüberschuss, bzw. im negativen Fall als Jahresfehlbetrag bezeichnet wird. Neben der Information über die Höhe des Periodenerfolges können der Gewinn- und Verlustrechnung auch Informationen über die Quellen des Erfolgs entnommen werden. Durch bestimmte Gliederungskriterien dürfen Aufwände und Erträge nicht als jeweils ein Sammelposten dargestellt, sondern müssen entsprechend ihres Charakters untergliedert ausgewiesen werden. In Abhängigkeit von der zu Grunde liegenden Gliederungssystematik unterscheidet man zwischen dem Gesamt- und dem Umsatzkostenverfahren.

3.4.2 Gesamtkosten- vs. Umsatzkostenverfahren

Das HGB erlaubt dem Jahresabschlussersteller in § 275 zwei verschiedene Möglichkeiten, wie er seine Gewinn- und Verlustrechnung aufstellen kann. Die Erfolgsermittlung kann entweder über eine Produktionserfolgsrechnung, das Gesamtkostenverfahren, oder durch eine Absatzerfolgsrechnung, das Umsatzkostenverfahren, erfolgen. Beide Verfahren führen zum gleichen Ergebnis, unterscheiden sich aber in Vorgehensweise und Untergliederung von Aufwänden und Erträgen. Da sich beide Verfahren nur in den Posten des sog. Betriebsergebnisses unterscheiden (Gesamtkostenverfahren Positionen 1.-8., Umsatzkostenverfahren Positionen 1.-7.) und ansonsten nahezu identisch sind, wird im Folgenden nur auf die Posten des Betriebsergebnisses eingegangen.

Bei der Anwendung des Gesamtkostenverfahrens (GKV) nach § 275 II HGB werden durch die Konzeption als Produktionserfolgsrechnung alle im abgelaufenen Geschäftsjahr angefallenen Aufwendungen und Erträge in der GuV berücksichtigt. Die Berücksichtigung ist unabhängig davon, wie viele der selbsterstellten Produkte oder Leistungen abgesetzt werden. Die Summe der Erträge setzt sich zusammen aus

- den Umsatzerlösen (1.),
- den Erhöhungen des Bestands an fertigen und unfertigen Erzeugnissen (2.), sowie
- den anderen aktivierten Eigenleistungen (3.).

Umsatzerlöse sind alle Erträge, die aus dem Verkauf von Produkten oder Dienstleistungen stammen, wenn sie für die Tätigkeit des Unternehmens typisch sind. Beispiel hierfür ist der Verkauf eines Autos eines Kraftfahrzeugherstellers. Gemäß des Bilanzrichtlinie-Umsetzungsgesetzes (BilRUG) findet eine Neudefinition der Umsatzerlöse statt, welche ab dem 01.01.2016 von Relevanz ist. Die Abgrenzungskriterien „typisches Leistungsangebot" und „gewöhnliche Geschäftstätigkeit" entfallen, sodass eine inhaltliche Ausweitung des Umsatzbegriffs erfolgt

Eine Erhöhung des Bestands an fertigen und unfertigen Erzeugnissen liegt dann vor, wenn ein Produkt zwar hergestellt, nicht aber abgesetzt wurde. In diesem Fall entsteht hier ein Ertrag in Höhe der Herstellungskosten. Ein Beispiel ist ein produzierter, aber nicht verkaufter PKW. Eine *Bestandserhöhung* liegt immer dann vor, wenn in einem Geschäftsjahr mehr produziert als verkauft wird. Im umgekehrten Fall, wenn also mehr verkauft als produziert wird, entsteht eine *Bestandsminderung*, da das Produktionsdefizit durch Lagerentnahmen ausgeglichen werden muss. Bestandsminderungen stellen einen Aufwand dar und reduzieren den Jahreserfolg. *Andere aktivierte Eigenleistungen* sind durch eigene Leistungen entstandene und in der Bilanz aktivierte Güter, die nicht zum Verkauf bestimmt sind, z. B. selbsterstellte Vermögensgegenstände des Anlagevermögens.

Im Gegensatz dazu werden beim *Umsatzkostenverfahren (UKV)* nur die Umsatzerlöse als Erträge berücksichtigt, da nur sie aus dem Absatz entstanden sind. Daraus folgt, dass die Gesamterträge beim Gesamtkostenverfahren um die Summe aus Bestandserhöhungen und anderen aktivierten Eigenleistungen höher ist. Hinzu kommen bei beiden Verfahren noch die sonstigen betrieblichen Erträge, die aus regelmäßig anfallenden, jedoch für die Unternehmenstätigkeit untypischen Vorfällen bestehen. Sie sind in beiden Fällen identisch, sodass dies an der Differenz der Gesamterträge bei beiden Verfahren nichts ändert.

Da zuvor erwähnt wurde, dass beide Verfahren zum gleichen Jahresüberschuss kommen, ist unmittelbar einsichtig, dass sich vorhandene Differenzen in der Höhe der Erträge durch entsprechende Differenzen bei der Summe der Aufwendungen ausgleichen müssen. Dieser Ausgleich ergibt sich dadurch, dass beim Gesamtkostenverfahren den Bestandserhöhungen und aktivierten Eigenleistungen in gleicher Höhe Aufwendungen entgegenstehen, da hier die Aufwendungen der gesamten Produktion, beim Umsatzkostenverfahren aber nur diejenigen Aufwendungen, die für die Produktion der abgesetzten Güter entstanden sind, berücksichtigt werden. Dadurch werden die Mehrerträge neutralisiert, sodass eine Erfolgswirksamkeit nicht gegeben ist. Diese Neutralisierung ist auch zwingend erforderlich, da ansonsten gegen das Realisationsprinzip verstoßen würde. Ist die Summe der Erträge beim Gesamtkostenverfahren also höher als beim UKV, so sind auch die Aufwendungen entsprechend höher. Diese Zusammenhänge werden in Abb. 3-20 und Abb. 3-21 schematisch dargestellt.

	Erträge		Umsatzerlöse der Periode
		+	Bestandserhöhungen fertiger und unfertiger Erzeugnisse
		+	Aufwand für andere aktivierte Eigenleistungen
./.	Aufwendungen		Produktionsaufwendungen der Periode
		+	Bestandsverminderungen fertiger und unfertiger Erzeugnisse
=	Erfolg		

Abb. 3-20: Erfolgsermittlung nach dem Gesamtkostenverfahren

	Erträge		Umsatzerlöse der Periode
./.	Umsatzaufwand		Produktionsaufwendungen der Periode
		./.	Bestandserhöhungen fertiger und unfertiger Erzeugnisse
		./.	Aufwand für andere aktivierte Eigenleistungen
		+	Bestandsverminderungen fertiger und unfertiger Erzeugnisse
=	Erfolg		

Abb. 3-21: Erfolgsermittlung nach dem Umsatzkostenverfahren

Geht man das Schema durch, so ist erkennbar, dass für eine den Absatz übersteigende Produktion Gesamtertrag und Gesamtaufwand beim GKV höher sind, im umgekehrten Fall jedoch bei beiden Verfahren Aufwendungen und Erträge gleich hoch sind. Während also beim GKV Bestanderhöhungen sowohl in der GuV als Aufwand und Ertrag und in der Bilanz durch die Aktivierung zu Herstellungskosten im Jahresabschluss berücksichtigt werden, erfolgt diese Berücksichtigung bei Einsatz des UKV nur durch die Aktivierung in der Bilanz.

Gesamtkostenverfahren § 275 II HGB	Umsatzkostenverfahren § 275 III HGB
1. Umsatzerlöse	1. Umsatzerlöse
2. Erhöhung oder Verminderung des Bestands an fertigen und unfertigen Erzeugnissen	2. Herstellungskosten der zur Erzielung der Umsatzerlöse erbrachten Leistungen
3. andere aktivierte Eigenleistungen	3. Bruttoergebnis vom Umsatz
4. sonstige betriebliche Erträge	4 Vertriebskosten
5. Materialaufwand	5. allgemeine Verwaltungskosten
6. Personalaufwand	6. sonstige betriebliche Erträge
7. Abschreibungen	7. sonstige betriebliche Aufwendungen
8. sonstige betriebliche Aufwendungen	

Abb. 3-22: Vergleich der Ermittlung des Betriebsergebnisses nach GKV und UKV[375]

Neben dem Verfahren der Erfolgsermittlung unterscheiden sich beide Methoden auch durch die Konzeption der Aufwandsuntergliederung. Während das GKV bei der Aufwandsgliederung nach Faktorarten vorgeht, also von der Frage geleitet wird, durch den Einsatz welches Faktors (Material, Personal, Wertverzehr) Aufwand entstanden ist, orientiert sich die Gliederung der Positionen beim UKV nach dem Entstehungsort (Herstellung, Verwaltung, Vertrieb). Eine Gegenüberstellung (siehe Abb. 3-22) der Posten des Betriebsergebnisses nach GKV und UKV macht diesen Unterschied deutlich.

Abschließend sei angemerkt, dass das Umsatzkostenverfahren der Vorgehensweise der Erfolgsermittlung im angelsächsischen Raum entspricht. Es wird insgesamt als das modernere der beiden Verfahren angesehen.

3.4.3 Verwendung des Jahresüberschusses

Nach Ablauf eines Geschäftsjahres muss entschieden werden, wie der Jahresüberschuss - sofern vorhanden - verwendet wird. Grundsätzlich bestehen zwei verschiedene Möglichkeiten. Zum einen kann der Jahresüberschuss einbehalten (*thesauriert*) und somit in die Gewinnrücklagen eingestellt werden. Zum anderen kann der Jahresüberschuss auch ausgeschüttet, also aus dem Verfügungsbereich des Unternehmens in den der Gesellschafter überführt werden. Dabei handelt es sich nicht um eine „Entweder-Oder"-Entscheidung, vielmehr kann der Jahresüberschuss teilweise thesauriert und teilweise ausgeschüttet werden. Grundsätzlich muss diese Entscheidung von den Gesellschaftern getroffen werden. Abweichend davon hat bei der AG und der KGaA der Vorstand ein gewichtiges Mitentscheidungsrecht. Er kann beschließen, auch ohne Einverständnis der Gesellschafter im Extremfall bis zur Hälfte des Jahresüberschusses zu thesaurieren. Die Gewinnverwendungsrechnung folgt dem im Weiteren beschriebenen Ablauf (vgl. Abb. 3-23).

[375] Quelle: Bitz, M./Schneeloch, D./Wittstock, W. /Patek, G. [2014], S. 314.

Der Jahresüberschuss ist zunächst um einen eventuell vorhandenen Verlustvortrag zu korrigieren.[376] Danach hat, wenn nötig, die Bedienung der gesetzlichen Rücklage zu erfolgen. Gemäß § 58 II AktG ist der Vorstand grundsätzlich berechtigt, über 50 % des verbleibenden Betrages ohne Rückfrage an die Aktionäre zu entscheiden.[377] Er kann diese 50 % komplett oder teilweise in die Gewinnrücklagen einstellen oder aber die Verwendungsentscheidung ganz oder teilweise der Hauptversammlung übertragen. Unabhängig von der Entscheidung des Vorstandes kommt der Hauptversammlung die Entscheidung über die verbliebenen 50 % abzüglich etwaiger Dotierungen der satzungsmäßigen Rücklage und der Rücklage für Anteile an einem herrschenden oder mehrheitlich beteiligten Unternehmen zuzüglich eines möglicherweise aus dem Vorjahr vorhandenen Gewinnvortrags zu. Der nach allen zuvor genannten Rücklagendotierungen noch verbleibende Betrag ist der *Bilanzgewinn*. Die Hauptversammlung entscheidet nun, in welchem Verhältnis der Bilanzgewinn ausgeschüttet oder thesauriert wird. Darüber hinaus hat die Hauptversammlung zu entscheiden, den Bilanzgewinn ganz oder teilweise als Gewinnvortrag in das nächste Geschäftsjahr zu übertragen. Bei dieser Entscheidung wird i. d. R. dem Vorschlag des Vorstandes gefolgt, den dieser im Vorfeld der Hauptversammlung abgibt.

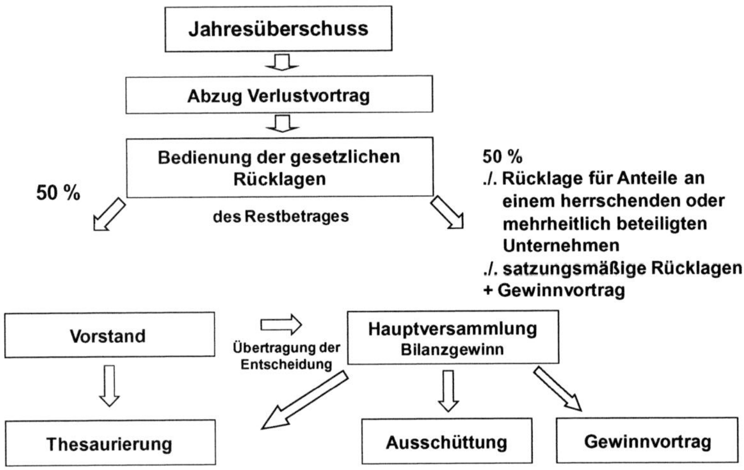

Abb. 3-23: Ablauf der Gewinnverwendungsentscheidung

[376] Vgl. hierzu und im Folgenden Coenenberg, A. G./Haller, A./Schultze, W. [2016], S. 349-356.
[377] Die Satzung des Unternehmens kann gemäß § 58 II AktG aber auch einen über 50 % hinausgehenden Anteil festlegen.

Lernfragen zu 3.4

1. Erläutern Sie, warum bei einer GuV nach Gesamtkostenverfahren im Unterschied zu einer GuV nach Umsatzkostenverfahren ggf. ein Ertrag/Aufwand aus Bestandsänderungen zu erfassen ist!

2. Unterscheidet sich die Höhe des Jahresüberschusses zwischen einer GuV nach Gesamtkostenverfahren und einer GuV nach Umsatzkostenverfahren?

3. Erläutern Sie den Unterschied zwischen Jahresüberschuss und Bilanzgewinn!

Literaturhinweise zu 3.4

Bitz, M./Schneeloch, D./Wittstock, W. /Patek, G. [2014], Der Jahresabschluß: Nationale und internationale Rechtsvorschriften, Analyse, Politik, 6. Aufl., München 2014, S. 310 - 319.

Coenenberg, A. G./Haller, A./Schultze, W. [2016], Jahresabschluss und Jahresabschlussanalyse, 24. Aufl., Stuttgart 2016, S. 341 - 344.

Heinhold, M. [1996], Der Jahresabschluss, 4. Aufl., München 1996, S. 321 - 340.

Weber, J./Weißenberger, B. E. [2015], Einführung in das Rechnungswesen: Kostenrechnung und Bilanzierung, 9. Aufl., Stuttgart 2015, S. 163 - 187.

Fallbeispiel Teil XI: Umsatzkostenverfahren vs. Gesamtkostenverfahren

Was war das für ein Wochenende! Der ganze Ort schien bei der Feier versammelt gewesen zu sein. Es war zwar nicht immer einfach, irgendwo dazwischen zu kommen, da sich viele Leute untereinander bereits gut kannten. Dennoch war es Christian gelungen, ein paar Kontakte zu knüpfen. Insbesondere mit Petra hatte er sich enorm gut verstanden. So geschah es, dass sich die beiden während der Morgendämmerung bei einem gemeinsamen Spaziergang näher kamen. Die beiden beschlossen jedoch, sich während der Arbeitszeit gegenüber anderen Mitarbeitern so unauffällig wie möglich zu verhalten, damit nicht alle mitbekommen, dass zwischen dem Praktikanten und der Auszubildenden was liefe. Wie sich die Beziehung mit Petra entwickeln würde, sollte die Zukunft zeigen. Beide waren aber sehr optimistisch gestimmt.

Auch Daniel steckt das Wochenende noch in den Knochen. Umso überraschter ist Christian, als Daniel ihm an diesem Morgen mitteilt: „Ich konnte irgendwie gestern nicht schlafen. Aus diesem Grund habe ich mir schon einmal den Paragraphen über den Ansatz von Herstellungskosten im Handelsgesetzbuch angesehen. Dem Stetigkeitsprinzip folgend habe ich die gleichen Ansätze gewählt wie im letzten Jahr. Über diesen Tatbestand konnte ich glücklicherweise noch mit Herrn Kandal sprechen, bevor dieser das Unternehmen vorläufig verließ. Nach meinen Berechnungen sollten für unfertige und fertige Erzeugnisse 15.139 € und 87.020 € angesetzt werden. Außerdem habe ich am Samstag mit Herrn Wiedeke gesprochen. Ich konnte mit ihm vereinbaren, dass wir uns um steuerrechtliche Dinge keine Gedanken machen müssen. Dies erledigt wohl immer der Steuerberater. Ich muss lediglich für Rückfragen zur Verfügung stehen."

Die wesentlichen Problembereiche haben die beiden in den vergangenen Wochen somit zusammen erarbeitet. Jetzt bleibt vorläufig nur noch die Erstellung der Bilanz, der Gewinn- und Verlustrechnung und des Anlagengitters für das Geschäftsjahr 2011. Im Anschluss daran würden sie bei Herrn Wiedeke noch nachfragen, ob es bereits eine Entscheidung über die Gewinnverwendung gebe. Diese Informationen würden sie dann noch in den Jahresabschluss integrieren.

Die Zusammenfassung und Aufbereitung der einzelnen Daten nimmt allerdings doch noch etwas mehr Zeit in Anspruch. Insbesondere die Daten zu den Steueraufwendungen sind trotz intensiver Diskussionen nur als vorläufig einzustufen. Drei Tage später haben die beiden folgende Tabellen erstellt, die den noch nicht testierten Jahresabschluss 2011 zeigen.

Positionen des Anlagevermögens	Historische AK/HK	Zugänge	Abgänge	Umbuchungen	Zuschreibungen	Abschreibungen (kumuliert)	Restbuchwert 31.12.2011	Restbuchwert Vorjahr	Abschreibungen 2011
Konzessionen und Schutzrechte	95.250					32.657	62.593	70.810	8.217
Grundstücke und Bauten	3.043.731					815.010	2.228.721	2.301.387	72.666
Alter Stikkenofen	*174.444*		*174.444*			*0*	*0*	*18.527*	*0*
Hubkneter ET324	*1.345.684*					*777.974*	*567.710*	*756.947*	*189.237*
Sonstige	*3.479.674*					*2.978.464*	*501.211*	*506.721*	*5.510*
Technische Anlagen u. Maschinen	4.999.802		174.444			3.756.437	1.068.921	1.282.195	194.747
Andere Anlagen, BuG	1.241.742					602.070	639.672	732.028	92.356

Tab. FB 31: Anlagengitter der Großbrot AG für das Jahr 2011

Bilanz der Großbrot AG zum 31.12.2011

	31.12.2011	31.12.2010		31.12.2011	31.12.2010
A. Anlagevermögen			**A. Eigenkapital**		
I. Immater. Vermögensgegenstände			I. Gezeichnetes Kapital	835.000	835.000
1. Konzessionen und Schutzrechte	*62.593*	*70.810*	II. Kapitalrücklage	2.120.000	2.120.000
	62.593	70.810	III. Gewinnrücklagen		
			1. Gesetzliche Rücklage	*159.005*	*159.005*
II. Sachanlagen			4. Andere Gewinnrücklagen	*544.567*	*468.893*
1. Grundstücke und Bauten	*2.228.721*	*2.301.387*		703.572	627.898
2. Technische Anlagen u. Maschinen	*1.068.921*	*1.282.195*	IV. Jahresüberschuss / -fehlbetrag	111.958	75.674
3. Andere Anlagen, BuG	*639.672*	*732.028*		**3.770.530**	**3.658.572**
	3.937.314	4.315.610			
			B. Rückstellungen		
III. Finanzanlagen			1. Pensionsrückstellungen	217.729	209.877
5. Wertpapiere des Anlagevermögens	*328.578*	*202.313*	2. Sonstige Rückstellungen	203.645	26.819
	328.578	202.313		**421.374**	**236.696**
	4.328.485	**4.588.733**			
B. Umlaufvermögen			**C. Verbindlichkeiten**		
I. Vorräte			2. Verbindlichkeiten gg. Kreditinstituten	*1.925.220*	*1.963.126*
1. Roh-, Hilfs- und Betriebsstoffe	*512.987*	*314.984*	*davon kurzfristig*	*827.845*	*844.144*
2. Unfertige Erzeugnisse / Leistungen	*15.139*	*12.528*	4. Verbindlichkeiten aus Lieferung u. Leistung	*1.817.653*	*1.465.372*
3. Fertige Erzeugnisse und Waren	*87.020*	*96.601*	*davon kurzfristig*	*1.054.239*	*849.916*
	615.146	424.113	8. Sonstige Verbindlichkeiten	*257.049*	*265.430*
				3.999.922	**3.693.928**
II. Forderungen und sonstige VG					
1. Forderungen aus Lieferung u. Leistung	*2.052.675*	*1.890.315*			
4. Sonstige Vermögensgegenstände	*580.350*	*445.637*			
	2.633.025	2.335.952			
IV. Liquide Mittel	519.465	161.729			
	3.767.636	**2.921.794**			
C. Rechnungsabgrenzungsposten	**95.705**	**78.669**			
	8.191.826	**7.589.196**		**8.191.826**	**7.589.196**

Tab. FB 32: Bilanz der Großbrot AG zum 31.12.2011

Gewinn- und Verlustrechnung der Großbrot AG für den Zeitraum vom 1. Januar 2011 bis zum 31. Dezember 2011			
		2011	**2010**
1.	Bruttoumsatzerlöse	20.172.759	19.556.545
2.	Erlösschmälerungen	2.547.896	2.563.338
3.	**Umsatzerlöse**	**17.624.863**	**16.993.207**
4.	Herstellungs- und Einstandskosten der zur Erzielung der Umsatzerlöse erbrachten Leistungen	9.870.349	10.259.828
5.	**Bruttoergebnis vom Umsatz**	**7.754.514**	**6.733.379**
6.	Vertriebskosten	6.249.905	5.739.276
7.	Allgemeine Verwaltungskosten	1.013.984	721.861
8.	Sonstige betriebliche Erträge	889.753	758.028
9.	Sonstiger betrieblicher Aufwand	607.899	298.676
10.	Sonstige Zinsen und ähnliche Erträge	17.271	10.784
11.	Zinsen und ähnlicher Aufwand	287.630	396.523
12.	**Ergebnis der gewöhnlichen Geschäftstätigkeit**	**502.120**	**345.855**
13.	Außerordentliche Erträge[378]	36.329	18.969
14.	Außerordentliche Aufwendungen	150.783	75.932
15.	**Außerordentliches Ergebnis**	**-114.454**	**-56.963**
16.	Steuern vom Einkommen und Ertrag	149.876	151.876
17.	Sonstige Steuern	125.832	61.342
18.	**Jahresüberschuss /-fehlbetrag**	**111.958**	**75.674**

Tab. FB 33: Gewinn- und Verlustrechnung der Großbrot AG des Jahres 2011

Im Anschluss daran prüfen die beiden, ob der gesetzlichen Rücklage ein Betrag zugeführt werden muss. Da in diesem Fall die gesetzliche Rücklage und die Kapitalrücklage 10 % des Grundkapitals deutlich übersteigen, ist eine Zuführung zu dieser Position nicht notwendig.

„Ich meine mich zu erinnern, dass im letzten Jahr nichts ausgeschüttet wurde, sondern der gesamte Betrag den Rücklagen zugeführt wurde", sagt Daniel. Christian errechnet flugs den Differenzbetrag der beiden Positionen „Andere Gewinnrücklagen" der Jahre 2010 und 2011 und kann somit Daniels Einschätzung bestätigen. Sie überlegen lange, wie sie denn nun den Jahresüberschuss behandeln sollen. Einerseits ist der Abschluss noch nicht testiert, andererseits ist der Betrag ähnlich hoch wie im Vorjahr. Da sie weder vom Vorstand noch von der Hauptversammlung irgendetwas über eine Verwendung des Jahresüberschusses gehört haben, beschließen sie, die Position zunächst als Jahresüberschuss in der Bilanz stehen zu lassen.

„Tja, dann sind wir wohl so weit durch. Oder meinst du, wir haben noch etwas vergessen?" „Ich glaube nicht", entgegnet Christian, „und wenn dem doch so ist, wird der Wirtschaftsprüfer schon darauf hinweisen. Wenn nicht mehr so viel zu tun ist, würde ich gerne noch ein bis zwei Tage meine Überstunden abfeiern. Nächste Woche bin ich dann aber natürlich noch vor Ort. Dann möchte ich mir gerne noch den Abschluss etwas genauer ansehen, es sei denn, es stehen noch

[378] Durch das Bilanzrichtlinie-Umsetzungsgesetz (BilRUG) werden ab dem 01.01.2016 die gesonderten Posten *außerordentlichen Erträge* und *außerordentliche Aufwendungen* im GuV-Gliederungsschema gestrichen.

andere wichtige Dinge an. Mal schauen, wie es um die Großbrot AG steht.“ „Von mir aus kannst du das machen“, erwidert Daniel, „allerdings solltest du das noch mit Herrn Wiedeke absprechen.“

In diesem Augenblick betritt dieser den Raum. Noch bevor Christian ihm sein Anliegen erklären kann, schildert ihm dieser folgende Situation. „Gut, dass ich Sie antreffe. Ich bräuchte bei einer wichtigen Entscheidung kurzfristig Ihre Meinung. Wir beabsichtigen, ein Unternehmen aufzukaufen. Hierbei handelt es sich um die Knetmeister AG. Dieses Unternehmen hat sich auf die Herstellung von Spiralknetern spezialisiert. Im letzten Jahr wurden 900 Spiralkneter hergestellt, von denen allerdings nur 700 zu einem Preis von jeweils netto 33.000 € abgesetzt werden konnten. Über den Kaufpreis des Unternehmens haben wir uns grundsätzlich schon geeinigt. Allerdings wollen wir noch knapp untersuchen, ob das operative Geschäft der Knetmeister AG wirtschaftlich gesund ist. Hierzu hat uns das Unternehmen einen Betriebsabrechnungsbogen des vergangenen Jahres zugeschickt.“ Er präsentiert Christian folgende Tabelle:

Kostenarten [T€]		**Kostenstellen**			
Einzelkosten		Material	Fertigung	Verwaltung	Vertrieb
Fertigungsmaterial	7.200	7.200			
Fertigungslöhne	3.600		3.600		
Gemeinkosten					
Gehälter	5.500	600	2.500	1.000	1.400
Energie	1.800	200	1.200	300	100
Betriebsstoffe	1.700	350	600	350	400
Abschreibungen	2.000	0	1.650	0	350
Andere Gemeinkosten	400	80	200	100	20
SUMME	22.200				

Tab. FB 34: Betriebsabrechnungsbogen der Knetmeister AG

„Es wäre sehr gut, wenn Sie mir bis morgen früh eine kurze Einschätzung bezüglich der Wirtschaftlichkeit des operativen Geschäfts der Knetmeister AG geben könnten. Hierzu würde ich vorschlagen, dass Sie zunächst die Daten des hier angegebenen internen Rechnungswesens als **Grundkosten** auffassen und eins zu eins in eine Gewinn- und Verlustrechnung des externen Rechnungswesens übernehmen. Nett wäre eine Darstellung sowohl nach dem Umsatzkosten- als auch nach dem Gesamtkostenverfahren. Die Umsätze liegen zwar nur leicht über den Gesamtkosten, allerdings hat die Knetmeister AG auch noch einige Spiralkneter auf Lager liegen, die noch aktiviert werden können. Ich freue mich schon jetzt auf Ihre Ergebnisse.“ Mit diesen Worten verlässt Herr Wiedeke den Raum.

„So viel zum Thema Überstunden“, denkt Christian bei sich. Da er Herrn Wiedeke allerdings bereits morgen früh die Ergebnisse liefern soll, hofft er dennoch, dass er zumindest anschließend die Überstunden abfeiern kann. Er beschließt, die Gewinn- und Verlustrechnung einerseits nach den beiden von Herrn Wiedeke vorgegebenen Methoden aufzustellen. Andererseits möchte er die Bewertung der Herstellungskosten zur Herstellungskostenuntergrenze und zur Herstellungskostenobergrenze gegenüberstellen. Zum Glück kann er sich noch gut an eine Tutoriumsaufgabe seiner BWL 2-Veranstaltung erinnern, so dass er nach knapp einer Stunde zumindest schon einmal die Ergebnisse nach dem Gesamtkostenverfahren vorliegen hat.

Gesamtkostenverfahren/HK-Untergrenze[T€]	Aufwand	Ertrag
Umsatzerlöse		23.100
Bestandsänderungen		4.040
Materialaufwand	10.700	
Personalaufwand	9.100	
Abschreibungen	2.000	
Sonst. betriebliche Aufwendungen	400	
Ergebnis der gew. Geschäftstätigkeit	+ 4.940	

Tab. FB 35: Gesamtkostenverfahren und Herstellungskostenuntergrenze

Christian geht die Berechnungen noch einmal durch: „Die Herstellungskosten der auf Lager liegenden Spiralkneter dürfen aktiviert werden. Pro Stück dürfen hierbei 20.200 € verrechnet werden. Dieser Wert ergibt sich, indem man zunächst zu den gesamten Einzelkosten die Material- und Fertigungsgemeinkosten inkl. der durch die Fertigung veranlassten Abschreibungen addiert: 7.200 + 3.600 + 1.230 + 6.150 = 18.180 T€. Dann werden die so ermittelten Herstellungskosten durch die 900 produzierten Spiralkneter dividiert. Anschließend kann dieser Wert mit den 200 auf Lager liegenden Spiralknetern multipliziert und in der Gewinn- und Verlustrechnung als Bestandsveränderung angesetzt werden. Hiervon wird dann zunächst der gesamte Materialaufwand abgezogen, der sich additiv aus dem Fertigungsmaterial, den Energieaufwendungen und den Aufwendungen für Betriebsstoffe zusammensetzt. Anschließend werden die gesamten Personalaufwendungen (Fertigungslöhne und Gehälter), die Abschreibungen und die sonstigen betrieblichen Aufwendungen abgezogen. Als Resultat erhält man ein Ergebnis der gewöhnlichen Geschäftstätigkeit in Höhe von 4,94 Mio. €."

Zudem hat er bereits die Berechnungen auf Basis der Herstellungskostenobergrenze durchgeführt. Hierbei setzt Christian folgenden Wert für die Herstellungskosten an:

Herstellungskosten zu Herstellungskostenobergrenze:

HK = (7.200 + 3.600 + 1.230 + 6.150 + 1.750) / 900 = 22,144 T€/Stück

Zu den Einzelkosten sind dabei jeweils die Gemeinkosten der Abteilungen Material, Fertigung und nun auch der Verwaltung zu addieren. Die Gemeinkosten des Vertriebs dürfen hingegen weiterhin nicht einbezogen werden. Christian erhält folgendes Resultat:

Gesamtkostenverfahren/HK-Obergrenze [T€]	Aufwand	Ertrag
Umsatzerlöse		23.100
Bestandsänderungen		4.429
Materialaufwand	10.700	
Personalaufwand	9.100	
Abschreibungen	2.000	
Sonst. betriebliche Aufwendungen	400	
Ergebnis der gew. Geschäftstätigkeit	+ 5.329	

Tab. FB 36: Gesamtkostenverfahren und Herstellungskostenobergrenze

Das Ergebnis der gewöhnlichen Geschäftstätigkeit liegt über dem Ergebnis der Berechnungen auf Basis der Herstellungskostenuntergrenze. Verantwortlich hierfür ist ein erhöhter Ansatz in der Position „Bestandsveränderungen“, da die auf Lager liegenden Spiralkneter inklusive der Verwaltungskosten bewertet werden. Pro Stück werden 1.944 € zusätzlich als Bestandsveränderung in die Gewinn- und Verlustrechnung aufgenommen. Multipliziert man diesen Wert mit den auf Lager befindlichen Spiralknetern, erhält man den Unterschiedsbetrag in Höhe von 389 T€.

Knapp eine Stunde später hat Christian auch die Ergebnisse nach dem Umsatzkostenverfahren vorliegen. Er ist sehr erleichtert, dass die Ergebnisse identisch sind, zeigt dieses doch, dass er richtig gerechnet hat. Zunächst betrachtet er das Ergebnis der gewöhnlichen Geschäftstätigkeit nach dem Umsatzkostenverfahren auf Basis der Herstellungkostenuntergrenze:

Umsatzkostenverfahren/HK-Untergrenze [T€]	Aufwand	Ertrag
Umsatzerlöse		23.100
Umsatzbezogene Herstellungskosten	14.140	
Bruttoergebnis vom Umsatz	8.960	
Vertriebsaufwand	2.270	
Verwaltungsaufwand	1.750	
Übrige betriebliche Aufwendungen	0	
Ergebnis der gew. Geschäftstätigkeit	+ 4.940	

Tab. FB 37: Umsatzkostenverfahren und Herstellungkostenuntergrenze

Auch hier wiederholt er noch einmal seine Vorgehensweise. „Von den Umsatzerlösen sind zunächst nur diejenigen Aufwendungen abzuziehen, die auf Basis der Herstellungkostenuntergrenze für die Produktion der verkauften 700 Spiralkneter angefallen sind. Diese ergeben sich durch Multiplikation der 700 abgesetzten Einheiten mit den Herstellungskosten in Höhe von je 20.200 €. Anschließend sind davon die Vertriebs- und die Verwaltungsaufwendungen zu subtrahieren.

Bei der Aufstellung der Gewinn- und Verlustrechnung nach dem Umsatzkostenverfahren auf Basis der Herstellungkostenobergrenze sind die umsatzbezogenen Herstellungskosten zu ermitteln, indem man die gesamten Herstellungskosten mit der abgesetzten Menge multipliziert:

Umsatzkostenverfahren/HK-Obergrenze [T€]	Aufwand	Ertrag
Umsatzerlöse		23.100
Umsatzbezogene Herstellungskosten	15.501	
Bruttoergebnis vom Umsatz	7.599	
Vertriebsaufwand	2.270	
Verwaltungsaufwand	0	
Übrige betriebliche Aufwendungen	0	
Ergebnis der gew. Geschäftstätigkeit	+ 5.329	

Tab. FB 38: Umsatzkostenverfahren und Herstellungskostenobergrenze

Somit ergeben sich umsatzbezogene Herstellungskosten in Höhe von 15,501 Mio. € (22.144,44 € multipliziert mit 700 abgesetzten Spiralknetern). Bis auf die Vertriebskosten, die nicht in den Herstellungskosten enthalten sein dürfen, beinhaltet der Wert sämtliche andere Gemeinkosten. Somit erhält man nach Subtraktion der Vertriebskosten abermals ein Ergebnis der gewöhnlichen Geschäftstätigkeit in Höhe von 5.329 T€. Christian ist mit seinen Ergebnissen zufrieden.

Herr Wiedeke hat Christian gebeten, sämtliche angegebenen Kosten des Betriebsabrechnungsbogens als **Grundkosten** aufzufassen und einen Aufwand in gleicher Höhe zu verrechnen. Christian ist sich nicht sicher, ob diese Vorgehensweise nicht zu Verzerrungen führt. Sicherlich sind die Daten des internen Rechnungswesens in der aktuellen Situation aussagekräftiger, dennoch möchte er nach Möglichkeit einen Abgleich mit den Daten des externen Rechnungswesens der Knetmeister AG durchführen. Von Frau Wiedeke erhält er eine vorläufige Gewinn- und Verlustrechnung der Knetmeister AG aus dem betreffenden Jahr 2011, die Herr Wiedeke bislang anscheinend nicht kennt. Diese ist nach dem Gesamtkostenverfahren auf Basis der Herstellungskostenuntergrenze aufgestellt worden. Christian bereitet die Daten analog zu seinen vorigen Rechnungen auf, sodass er seine Ergebnisse gegenüberstellen kann:

Gesamtkostenverfahren/HK-Untergrenze [T€]	Aufwand	Ertrag
Umsatzerlöse		23.100
Bestandsänderungen		3.940
Materialaufwand	10.600	
Personalaufwand	9.100	
Abschreibungen	1.600	
Sonst. betriebliche Aufwendungen	300	
Ergebnis der gew. Geschäftstätigkeit	+ 5.440	

Tab. FB 39: Vorläufige Gewinn- und Verlustrechnung der Knetmeister AG

Bei einigen Größen ergeben sich gegenüber den Daten des internen Rechnungswesens doch erhebliche Abweichungen. Auch das Ergebnis der gewöhnlichen Geschäftstätigkeit weicht von den auf Basis der Daten des Betriebsabrechnungsbogens berechneten Werten ab. Aus diesem Grund sollte man die Ergebnisse in den Tabellen Tab. FB 35 bis Tab. FB 38 eigentlich nicht als Ergebnis der gewöhnlichen Geschäftstätigkeit sondern vielmehr als **Betriebsergebnis** einstufen.

Christian möchte versuchen, die Gründe der Abweichungen zu identifizieren. Er beschließt, die einzelnen Differenzen auf Basis der Herstellungskostenuntergrenze gegenüber zu stellen und im Sinne einer Überleitungsrechnung einen Abgleich der Daten des externen und internen Rechnungswesens durchzuführen. Nach einigen Stunden erhält er ein Ergebnis:[379]

Externes Rechnungswesen				**Internes Rechnungswesen**					
Aufwands- und Ertragsarten	Aufwand	Ertrag	**Differenz Aufwand/ Kosten**	Marktleistung/ Grundkosten	Anderskosten/ -leistung	Zusatzkosten/ -leistung	Kosten	Leistungen	Kosten- und Leistungsarten
Umsätze		23.100	**0**	23.100				23.100	Umsätze
Bestandsveränderung		3.940	**+100**		4.040			4.040	Bestandsveränderung
Materialaufwand	10.600		**-100**	9.000	1.700		10.700		Materialkosten
Personalaufwand	9.100		**0**	9.100			9.100		Personalkosten
Abschreibungen	1.600		**-400**		2.000		2.000		Abschreibungen
Sonst. betr. Aufwand	300		**-100**	300		100	400		Sonstige Kosten
Ergebnis extern		5.440	**-500**					4.940	Betriebsergebnis

Tab. FB 40: Gegenüberstellung Ergebnis der gew. Geschäftstätigkeit und Betriebsergebnis

Als Ursachen für die Abweichungen identifiziert Christian wesentliche Änderungen bei den Positionen Betriebsstoffe, Abschreibungen und sonstige Kosten. Die Betriebsstoffe in den Abteilungen Material und Fertigung werden in der Gewinn- und Verlustrechnung jeweils um 50.000 € geringer angesetzt. Fallende Preise bei der Verwendung des LiFo-Verfahrens können hierfür verantwortlich gemacht werden. In der Kostenrechnung wurde anscheinend einem anderen Verfahren gefolgt. Größere Abweichungen ergeben sich auch bei den Abschreibungen. Im Gegensatz zu den 2 Mio. €, die im Betriebsabrechnungsbogen der Knetmeister AG angegeben sind, werden extern lediglich 1,6 Mio. € an Abschreibungen angesetzt. Ergänzend stellt Christian fest, dass die 100 T€ Gemeinkosten der Verwaltung eine kalkulatorische Miete für die der Knetmeister AG gehörenden Verwaltungsgebäude sind. Analog zu Tab. FB 34 erstellt er eine Übersicht auf Basis der Daten des externen Rechnungswesens:

[379] In Anlehnung an Grob, H.-L. [2002], S. 19. Vgl. auch Grob, H. L./Bensberg, F. [2005], S. 369 ff. Alle Angaben erfolgen in T€.

Aufwandsarten [T€]		Kostenstellen			
		Material	Fertigung	Verwaltung	Vertrieb
Fertigungsmaterial	7.200	7.200			
Fertigungslöhne	3.600		3.600		
Gehälter	5.500	600	2.500	1.000	1.400
Energie	1.800	200	1.200	300	100
Betriebsstoffe	1.600	300	550	350	400
Abschreibungen	1.600	0	1.300	0	300
Andere Aufwendungen	300	80	200	0	20
Gesamtaufwand	21.600				

Tab. FB 41: Verrechneter Aufwand in der Knetmeister AG

Durch diese Vorgehensweise lassen sich nun die einzelnen Unterschiede erklären. Die erste Abweichung in Tab. FB 40 betrifft die Position Bestandsveränderungen, die in der vorläufigen Gewinn- und Verlustrechnung der Knetmeister AG einen Wert von 3.940 T€ aufweist, während Christian in seiner internen Betrachtungsweise auf Basis der Herstellungskostenuntergrenze einen Wert von 4.040 T€ angesetzt hat. Der Unterschied lässt sich durch einen abweichenden Materialverbrauch und eine andere Höhe der Abschreibungen erklären.

Die Differenz der 100 T€ beim Materialaufwand im externen Rechnungswesen ist auf die unterschiedliche Bewertung der Betriebsstoffe zurückzuführen. Die Differenz bei den Abschreibungen resultiert aus dem Ansatz von Wiederbeschaffungswerten im internen Rechnungswesen. Der Unterschied bei den sonstigen Aufwendungen bzw. sonstigen Kosten resultiert aus dem Ansatz der kalkulatorischen Miete für die Verwaltungsgebäude. Diese Änderungen führen letztendlich zu einem um 500 T€ höheren Ergebnis der gewöhnlichen Geschäftstätigkeit im externen Rechnungswesen im Vergleich zu Christians Berechnungen auf Basis der Daten des Betriebsabrechnungsbogens. Einerseits werden extern weniger Bestandsveränderungen aktiviert, andererseits fallen weniger Aufwendungen in der Gewinn- und Verlustrechnung an.

Am nächsten Morgen trifft Christian auf dem Weg zu Herrn Wiedeke Petra. Bei einem gemeinsamen Kaffee in der Kantine erzählt er ihr, dass er wahrscheinlich einige Tage frei habe, sofern Herr Wiedeke nichts dagegen habe. Er fragt sie, ob sie sich denn nicht auch ein paar Tage frei nehmen könne. Da Petra noch über Resturlaub des vergangenen Jahres verfügt, nimmt sie ihren Urlaub gerne, vorausgesetzt Herr Wiedeke würde Christians freie Tage befürworten. Dieser zeigt großes Verständnis für Christians Bitte, zumal er so schnell kein Ergebnis erwartet hat. Zudem freut er sich über die zusätzlichen Erkenntnisse auf Basis des Abgleichs der Daten des internen und externen Rechnungswesens.

Christian fährt nach Hause und ruft Peter an. Am nächsten Morgen würde er mit Petra nach Zandvoort fahren, um dort einige romantische Tage am Strand zu verbringen. Peter meint, dass wenn Christian sowieso am nächsten Morgen ins Sauerland fahre, um Petra abzuholen, er auch nun seine Koffer packen könne. Daran anschließend solle er sich ins Auto setzen, um mit ihm in Bochum noch Championsleague zu schauen. Ganz uneigennützig ist Peters Vorschlag natürlich nicht. Er hat Christian in der letzten Zeit kaum gesehen und hat von Petra nur übers Telefon gehört. Selbstverständlich ist er an jedem einzelnen Detail des letzten Wochenendes interessiert. Christian stimmt zu, auch wenn der Weg über Bochum ein nicht unerheblicher Umweg ist. Am nächsten Morgen freut sich Christian auf sein verlängertes Wochenende. Er holt Petra ab. Dann fahren die beiden über Amsterdam nach Zandvoort und verbringen dort ein unvergessliches Wochenende.

3.5 Zusätzliche Aufstellungspflichten von Kapitalgesellschaften

Mit der Bilanz und der GuV wurden bisher die Teile des Jahresabschlusses dargestellt, die für alle Kaufleute vorgeschriebene Bestandteile des Jahresabschlusses sind. Zusätzlich dazu sind Kapitalgesellschaften und haftungsbeschränkte Personengesellschaften jedoch verpflichtet, darüber hinausgehende Angaben zu machen. Gemäß § 264 I 1 HGB ist der Jahresabschluss um einen *Anhang* zu erweitern. Des Weiteren fordert der Gesetzgeber in § 264 I 1 HGB, neben dem Jahresabschluss noch einen *Lagebericht* zu erstellen. Während der Anhang neben Bilanz und GuV den dritten gleichberechtigten Bestandteil des Jahresabschlusses darstellt, wird aus der Formulierung in § 264 HGB deutlich, dass der Lagebericht im Gegensatz dazu *kein* Bestandteil, sondern Ergänzung des Jahresabschlusses ist.

3.5.1 Der Anhang

Während Bilanz und GuV gleichermaßen der Erfüllung des Kapitalerhaltungs- wie auch des Rechenschaftszwecks dienen, steht das dritte Element des Jahresabschlusses, der Anhang, im Grunde ausschließlich im Dienste des Rechenschaftszwecks: Die Generalnorm des § 264 II HGB fordert die Vermittlung eines zutreffenden Einblicks in die Vermögens-, Finanz- und Ertragslage eines Unternehmens. Die dafür notwendigen Informationen lassen sich i. d. R. allein durch die Angaben in Bilanz und GuV nicht bereitstellen. Ziel des Anhangs ist es daher, durch zusätzliche Informationen derart neben die Bilanz und GuV zu treten, dass die Erfüllung der Generalnorm des § 264 II HGB gewährleistet wird. Die Informationen können sowohl quantitativer wie auch qualitativer Natur sein. Der Anhang hat dabei eine interpretierende, eine korrigierende, eine entlastende und eine ergänzende Funktion.

Um einen zutreffenden Einblick in die VFE-Lage eines Unternehmens zu erlangen, ist es notwendig, dass die in Bilanz und GuV gemachten, rein quantitativen Angaben *interpretiert* werden. Es ist von Bedeutung, die bilanzierten Sachverhalte bezüglich ihrer Entstehung und ihres Charakters näher zu erläutern und Zusammenhänge zu verdeutlichen. Daher sind z. B. Erläuterungen zu angewendeten Bilanzierungs- und Bewertungsmethoden oder Abweichungen vom Grundsatz der Stetigkeit, die durch Abweichungen von zuvor angewendeten Methoden entstanden sind, zu machen.

Sollten Bilanz und GuV trotz Einhaltung der GoB aufgrund besonderer Umstände nicht in der Lage sein, ein den tatsächlichen Verhältnissen entsprechendes Bild der VFE-Lage zu vermitteln, so muss durch entsprechende Angaben im Anhang dafür gesorgt werden, dass ein möglicherweise falsches Bild *korrigiert* wird. Es muss verhindert werden, dass die Angaben aus Bilanz und GuV falsch interpretiert werden. Insbesondere gilt es, den quantitativen Einfluss der veränderten Ausübung von Bilanzierungs- und Bewertungsmethoden aufzuzeigen und dadurch auch einen zeit- und betriebsübergreifenden Vergleich zu ermöglichen.

Da der Anhang gleichwertiger Bestandteil des Jahresabschlusses ist, können zudem einige Angaben ohne Informationsverlust statt in Bilanz oder GuV auch in den Anhang verlagert werden. Dadurch wird erreicht, dass *Bilanz und GuV entlastet* und somit übersichtlicher werden. So kann der detaillierte Ausweis der außerplanmäßigen Abschreibungen des Anlagevermögens sowohl direkt in der GuV als auch im Anhang angegeben werden.

Schließlich *ergänzt* der Anhang die Bilanz und GuV auch durch bestimmte Angaben, die nicht in diesen enthalten sind. Dies sind all jene Informationen, die sich nicht direkt in Buchungen niederschlagen, jedoch wichtig für die Vermittlung eines zutreffenden Bilds der VFE-Lage sind. So muss z. B. die Darstellung der Entwicklung der verschiedenen Teile des Anlagevermögens durch das Anlagengitter im Anhang erfolgen.[380] Weitere Beispiele dafür sind zukünftige finanzielle Verpflichtungen z. B. aus Leasingverträgen, Informationen über Unternehmensverbindungen oder aber auch über Organe der Arbeitnehmerschaft, z. B. einen Betriebsrat.

Was genau im Anhang erläutert und dargestellt werden muss oder darf, ist insbesondere in den §§ 284 bis 286 HGB geregelt. Zudem finden sich jedoch eine Vielzahl weiterer Einzelregelungen in anderen Paragraphen des HGB sowie in anderen Gesetzten, wie z. B. dem AktG.[381] Erleichterungen ergeben sich für kleine und mittlere Kapitalgesellschaften, aber insbesondere für Kleinstkapitalgesellschaften, die unter bestimmten Voraussetzungen sogar gar keinen Anhang erstellen müssen (§ 264 Abs. 1 S. 5). Allgemein kann nach Pflicht-, Wahlpflicht- und freiwilligen Angaben unterschieden werden. Die *Pflichtangaben* sind all jene Angaben, die zwingend zu machen sind und deren Ausweis im Anhang vorgeschrieben ist. Sie sind insbesondere in den §§ 284 und 285 HGB geregelt. *Wahlpflichtangaben* sind all jene Angaben, die in jedem Fall im Jahresabschluss auftauchen müssen, bei denen jedoch wie bereits oben angesprochen die Wahl besteht, sie in Bilanz bzw. GuV oder aber im Anhang zu machen. Über die verpflichtenden Angaben hinaus steht es einem Unternehmen frei, *weitergehende Angaben* zu machen, die dazu beitragen ein zutreffendes Bild der VFE-Lage zu vermitteln. Ein vielfach anzutreffendes Beispiel für eine freiwillige Angabe ist die *Kapitalflussrechnung*. Diese dient der Darstellung der Finanzlage, indem sie den Zu- und Abfluss und deren Ursachen bestimmter finanzieller Mittel, die in einem Fonds zusammengefasst sind, dokumentiert. Grenzen sind den zulässigen Angaben durch § 286 HGB gesetzt, der solche Angaben als unzulässig einstuft, die dem Wohl der Bundesrepublik oder aber nachweislich dem aufstellenden Unternehmen schaden. Der erste Fall wäre z. B. durch bestimmte Angaben im Anhang eines deutschen Rüstungskonzerns, der die Bundeswehr beliefert,

---

[380] Bis zum 31.12.2015 hatten Unternehmen die Wahl die Entwicklung des Anlagevermögens (Anlagengitter) in der Bilanz oder dem Anhang darzustellen. Durch das Bilanzrichtlinie-Umsetzungsgesetz (BilRUG) darf die Darstellung ab dem 01.01.2016 ausschließlich im Anhang erfolgen.

[381] Für einen detaillierten Überblick über Angaberegelungen im Anhang vgl. Coenenberg, A. G./Haller, A./Schultze, W. [2016], S. 875 ff.

gegeben. Der zweite Fall läge z. B. bei der Angabe von Details zu einer Erfindung eines Unternehmens vor, da ihm durch eine mögliche Preisgabe an die Konkurrenz ein erheblicher Nachteil entstehen könnte. Sofern eine Berichtspflicht besteht, stellt sich die Frage, wie und in welcher Form die entsprechenden Angaben gemacht werden. Zur Beantwortung dieser Frage liegt es nahe, sich an den in den entsprechenden Vorschriften verwendeten Termini zu orientieren. Nach SELCHERT/KARSTEN[382] können diese wie in Tab. 3-5 dargestellt ausgelegt werden:

Angabe	Verbale oder quantitative Nennung von Gegenständen oder Sachverhalten ohne Zusatzbemerkungen (wenn quantitativ identisch mit Ausweis)
Aufgliederung	Quantitative Aufspaltung einzelner Größen, um deren Zusammensetzung deutlich zu machen
Erläuterung	Verbale Kommentierung und Interpretation von Sachverhalten und Posten, um deren Zusammensetzung und/oder Entstehung zu verdeutlichen
Darstellung	Quantitative bzw. verbale Aufbereitung einer Größe durch Aufgliederungen und/oder Erklärungen
Begründung	Verbale Offenlegung von Gründen und Argumenten für ein bestimmtes Verhalten, um dessen Nachvollziehbarkeit zu gewährleisten

Tab. 3-5: Auslegung verwendeter Termini der Angabenausprägung

3.5.2 Der Lagebericht

Der Lagebericht tritt bei mittelgroßen und großen Kapitalgesellschaften bzw. haftungsbeschränkten Personenhandelsgesellschaften als eigenständiges Instrument der Rechnungslegung neben die drei Elemente des Jahresabschlusses, ist aber kein Teil des Jahresabschlusses. Es ist auch möglich, einen Lagebericht - unabhängig von einer gesetzlichen Verpflichtung - auf freiwilliger Basis zu erstellen.

Die Hauptaufgabe des Lageberichtes ist die *Informationsvermittlung*. Er stellt zusätzlich zum Jahresabschluss Informationen bereit, die helfen, diesen besser interpretieren zu können, aber auch Informationen, die sowohl zeitlich als auch inhaltlich über die Angaben des Jahresabschlusses hinaus gehen. § 289 I HGB schreibt als Mindestangaben die *Darstellung des Geschäftsverlaufs und der Lage des Unternehmens* vor, um ein den tatsächlichen Verhältnissen entsprechendes Bild zu vermitteln. Zudem muss eine Analyse des Geschäftsverlaufs unter Einbeziehung wichtiger finanzieller und bei großen Kapitalgesellschaften auch nichtfinanzieller Leistungsindikatoren vorgenommen werden. Auch muss auf *zukünftige Chancen und Risiken* der Entwicklung eingegangen werden. Dadurch wird deutlich, dass der Lagebericht sowohl *vergangenheits- wie auch zukunftsorientiert* ist.

Die Darstellung des Geschäftsverlaufs beinhaltet einen umfassenden Überblick über das wirtschaftliche Gesamtgeschehen des abgelaufenen Geschäftsjahres, der frei von den „Zwängen“ der

[382] Vgl. Selchert, F. W./Karsten, J. [1985], S. 1890.

GoB ist. Dadurch können auch Sachverhalte, die sich im Jahresabschluss nicht wiederfinden, dargestellt werden, z. B. Aspekte der Mitarbeiterentwicklung. Die Lage des Unternehmens ergibt sich im Grunde aus dem Geschäftsverlauf und ist nicht trennscharf von diesem abzugrenzen. Die Darstellung von Geschäftsverlauf und Unternehmenslage sollte dann Informationen über die allgemeine gesamtwirtschaftliche Lage, die Branchensituation wie auch die Entwicklung der einzelnen Unternehmensteile, wie Absatz, Produktion oder Personal enthalten. Da der Lagebericht anders als der Jahresabschluss nicht dem Stichtagsprinzip unterliegt, können in ihm auch zukunftsorientierte Sachverhalte berücksichtigt werden. Dadurch ist es Außenstehenden besser möglich, die Situation des Unternehmens einzuschätzen.

Neben den Informationen, die § 289 I HGB vorschreibt, sind im Lagebericht gemäß § 289 II HGB auch Angaben zu machen über

- Vorgänge von besonderer Bedeutung, die nach dem Schluss des Geschäftsjahres eingetreten sind,
- Risikomanagementziele und -methoden inkl. der Absicherungsgeschäfte
- finanzielle Risiken, denen das Unternehmen gegenübersteht,
- den Bereich Forschung und Entwicklung und
- bestehende Zweigniederlassungen der Gesellschaft und
- einen Bericht über die Vergütungen des Vorstandes.

Große Kapitalgesellschaften haben gemäß § 289 III HGB zusätzlich eine Darstellung von nichtfinanziellen Leistungsindikatoren vorzunehmen. Hierzu können z.B. Umwelt- und Arbeitnehmerbelange gezählt werden.

Kapitalmarkorientierte Kapitalgesellschaften sind gemäß § 289 V HGB verpflichtet die wesentlichen Merkmale des internen Kontroll- und Risikomangementsystems im Hinblick auf den Rechnungslegungsprozess zu erläutern. Handelt es sich bei dem entsprechenden Unternehmen um eine börsennotierte Aktiengesellschaft, so ist im Lagebericht zusätzlich eine Erklärung zur Unternehmensführung aufzunehmen.

Diese Angaben sind insbesondere *zukunftsorientiert* und ermöglichen es Außenstehenden dadurch die tatsächliche VFE-Lage eines Unternehmens wesentlich besser einzuschätzen, da die Stichtagsbezogenheit des Jahresabschlusses nur einen Blick in die Vergangenheit zulässt, den wichtige(re)n Blick in die Zukunft jedoch nicht beinhaltet.

Über die Vorschriften des § 289 HGB hinaus ist es zudem zulässig, *weitere Angaben* in den Lagebericht aufzunehmen, soweit sie der Vermittlung eines zutreffenden Bildes förderlich sind. Die vorgeschriebenen Angaben sollten dadurch aber nicht in den Hintergrund geraten. Zum Teil kann es vorkommen, dass es im Bereich der vergangenheitsorientierten Informationen zu Überschneidungen mit dem Anhang kommt, da der Umfang der freiwilligen Angaben in beiden Fällen nicht ausdrücklich geregelt ist. Bei der Aufstellung des Lageberichts sollte auf *Vollständigkeit* geachtet werden, um alle wichtigen und relevanten Informationen zu berücksichtigen. Zudem sollten die Angaben *objektiv nachprüfbar* sein und nicht auf übermäßig subjektiven Einschätzungen basieren. Auch sollte der Lagebericht *klar und übersichtlich* gestaltet sein, um das Ziel der Informationsvermittlung nicht zu konterkarieren.

Lernfragen zu 3.5

1. Welche Unternehmen müssen einen Anhang bzw. einen Lagebericht erstellen?
2. Was ist unter der Entlastungs- und der Ergänzungsfunktion des Anhangs zu verstehen?
3. Nennen Sie einige Inhalte des Lageberichts!

Literaturhinweise zu 3.5 und zum Fallbeispiel Teil XI

Bitz, M./Schneeloch, D./Wittstock, W. /Patek, G. [2014], Der Jahresabschluß: Nationale und internationale Rechtsvorschriften, Analyse, Politik, 6. Aufl., München 2014, S. 332 - 357.

Coenenberg, A. G./Haller, A./Schultze, W. [2016], Jahresabschluss und Jahresabschlussanalyse, 24. Aufl., Stuttgart 2016, S. 872 - 883.

Grob, H. L. [2002], Leistungs- und Kostenrechnung, 4. Aufl., Münster (Westfalen) 2002, S. 16 - 19.

Grob, H. L./Bensberg, F. [2005], Kosten- und Leistungsrechnung - Theorie und SAP®-Praxis, München 2005, S. 369 - 372.

Heinhold, M. [1996], Der Jahresabschluss, 4. Aufl., München 1996, S. 365 - 395.

Selchert, F. W./Karsten, J. [1985], Inhalt und Gliederung des Anhangs, in: BB, 1985, S. 1889 - 1894.

Weber, J./Weißenberger, B. E. [2015], Einführung in das Rechnungswesen: Bilanzierung und Kostenrechnung, 9. Aufl., Stuttgart 2015, S. 187 - 206.

3.6 Prüfung des Jahresabschlusses

Nachdem alle Elemente des Jahresabschlusses und der Lagebericht aufgestellt sind, besteht für mittelgroße und große Kapitalgesellschaften gemäß § 316 HGB die Pflicht, diesen prüfen zu lassen. Die Prüfung des Jahresabschlusses ist für die genannten Gesellschaftsformen zwingende Voraussetzung dafür, dass der aufgestellte Jahresabschluss Gültigkeit erlangt, ansonsten wäre er nichtig. Während in den meisten Bereichen der Gesellschaft staatliche Institutionen über die Einhaltung von bestehenden Gesetzen wacht, wie die Polizei beim Straf- oder Verkehrsrecht oder das Bundeskartellamt beim Wettbewerbsrecht, existiert eine solche staatliche Einrichtung für das Handelsrecht nicht.[383] Vielmehr kommen hier der Berufstand des Wirtschaftsprüfers bzw. Wirtschaftsprüfungsgesellschaften zum Zuge. Wirtschaftsprüfer und Wirtschaftsprüfungsgesellschaften sind unternehmerisch tätig, d. h. sie haben eine Gewinnerzielungsabsicht. Um Wirtschaftsprüfer oder Wirtschaftsprüferin zu werden, muss ein sehr anspruchsvolles, streng geregeltes Wirtschaftsprüferexamen abgelegt werden, das die fachliche und persönliche Eignung für die Jahresabschlussprüfung sicherstellen soll. Um nach bestandenem Examen die Qualität in der Wirtschaftsprüfung sicherzustellen, haben sich Berufsangehörige alle drei Jahre einer Qualitätskontrolle zu unterwerfen.

Die Gesellschafter eines zu prüfenden Unternehmens wählen i. d. R. auf Vorschlag des Aufsichtsrats einen Wirtschaftsprüfer bzw. eine Wirtschaftsprüfungsgesellschaft, der bzw. die dann vom Aufsichtsrat mit der Prüfung des Jahresabschlusses beauftragt wird bzw. werden. Für die Erbringung der Dienstleistung der Abschlussprüfung zahlt das zu prüfende Unternehmen an den Prüfer ein Prüfungshonorar. Für eine objektive Prüfung wird vorausgesetzt, dass der oder die Prüfer unabhängig, unparteiisch und unbefangen ist bzw. sind. Dazu existieren eine Reihe von Ausschlusskriterien, bei deren Vorliegen ein Prüfender nicht für die Prüfung eines Unternehmens in Frage kommt. Diese sind durch die Einführung des Gesetzes zur Kontrolle und Transparenz im Unternehmensbereich (KonTraG) im Jahre 1998 deutlich verschärft worden. Die Ausschlussgründe wurden durch das *Bilanzrechtsreformgesetz*, das Ende 2004 verabschiedet wurde, darüber hinaus noch restriktiver gefasst. Das Vorliegen einer der folgenden, in § 319 II und III HGB geregelten Sachverhalte führt dabei zum Ausschluss:

- Besorgnis der Befangenheit des Prüfers

- Beteiligung an der zu prüfenden oder an einer wesentlich mit dieser verbundenen Gesellschaft.

[383] Durch das Bilanzkontrollgesetz von 2004 wurde ein zweistufiges Enforcement-System geschaffen, das auf der ersten Stufe durch eine privatrechtliche Institution (Deutsche Prüfstelle für Rechnungslegung) und auf der zweiten Stufe durch die Bundesanstalt für Finanzdienstleistungsaufsicht (BaFin) die Durchsetzung der Rechnungslegungsvorschriften in Einzelfällen bei börsennotierten Unternehmen kontrolliert und sicherstellt, vgl. Baetge, J./Kirsch, H.-J./Thiele, S. [2017], S. 41 ff.

- Ein Arbeitsverhältnis mit dem zu prüfenden Unternehmen.

- Der Prüfer ist Aufsichtsratsmitglied, Vertreter oder Gesellschafter eines Unternehmens, das mit dem zu prüfenden Unternehmen verbunden ist.

- Mitwirkung bei der Buchführung oder Erstellung des zu prüfenden Jahresabschlusses, Beteiligung an der internen Revision, Erbringung von Management- und Finanzdienstleistungen oder eigenständige versicherungsmathematische oder Bewertungsleistungen.

- Bestehen einer finanziellen Abhängigkeit, die dann vorliegt, wenn der Anteil des Prüfungshonorars in den letzten 5 Jahren mehr als 30 % der Gesamteinnahmen ausgemacht hat.

Zusätzlich bestehen für Unternehmen von öffentlichem Interesse bzw. kapitalmarktorientierten Unternehmen gemäß § 319a HGB folgende zusätzliche Ausschlussgründe für den Wirtschaftsprüfer:

- Bestehen einer finanziellen Abhängigkeit, die dann vorliegt, wenn der Anteil des Prüfungshonorars in den letzten 5 Jahren mehr als *15 %* der Gesamteinnahmen ausgemacht hat.

- Erbringung von Rechts- und Steuerberatungsleistungen in dem zu prüfenden Geschäftsjahr, die über das Aufzeigen von Gestaltungsalternativen hinaus gehen und die Darstellung der Vermögens-, Finanz- und Ertragslage unmittelbar und nicht nur unwesentlich beeinflussen.

- Beteiligung an der Entwicklung, Einrichtung und Einführung von Rechnungslegungsinformationssystemen, sofern diese Tätigkeit nicht von untergeordneter Bedeutung war.

- Unterzeichnung eines Bestätigungsvermerks bereits in sieben oder mehr Fällen, es sei denn, die letzte Beteiligung an der Prüfung liegt mindestens zwei Jahre zurück.

Ziel der Abschlussprüfung ist es, ein objektives, durch Fachleute erstelltes Urteil über den Jahresabschluss und den Lagebericht zu erhalten. Daraus ergeben sich drei Funktionen der Abschlussprüfung:

1. Die Elemente des Jahresabschlusses und der Lagebericht werden auf die *Einhaltung der gesetzlichen Vorschriften* geprüft, um Verstöße und Unrichtigkeiten festzustellen.

2. Der Prüfungsbericht stellt eine *wichtige Informationsquelle* für Adressaten, insbesondere interne, dar. Der schriftliche Prüfungsbericht, oder auch Management Letter, der sich insbesondere an den Aufsichtsrat aber auch an die Gesellschafter und Geschäftsführung richtet, informiert über die *wesentlichen Ergebnisse* der Abschlussprüfung.

3. Nach Abschluss der Prüfung hat der Prüfer die Ergebnisse seiner Arbeit zusammenzufassen und einen *Bestätigungsvermerk* zu erteilen, wenn er keine erheblichen Einwände gegen den geprüften Jahresabschluss erhebt. Ansonsten ist ein *eingeschränkter Bestätigungsvermerk* oder ein *Versagungsvermerk* zu erteilen. Dadurch besitzt die Prüfung für externe Adressaten eine *Beglaubigungsfunktion*. Zudem hat der Prüfer in seinem Testat auf *bestandsgefährdende Risiken* des Unternehmens hinzuweisen.

Die obigen Ausführungen deuten bereits an, dass ein Bestätigungsvermerk nicht dahingehend misszuverstehen ist, dass ein unabhängiger Wirtschaftsprüfer dem geprüften Unternehmen und seiner Führung ein einwandfreies Zeugnis hinsichtlich geleisteter Arbeit und wirtschaftlicher Lage ausstellt. Vielmehr ist das Ziel der Prüfung und dadurch auch die Aussage eines Bestätigungsvermerks festzustellen, ob die gesetzlichen Regelungen und die GoB eingehalten wurden, ob grobe Verstöße und Unrichtigkeiten vorliegen und ob der Lagebericht ein zutreffendes Bild der Unternehmenslage vermitteln kann. Zudem muss bei börsengehandelten Aktiengesellschaften auch geprüft werden, ob ein nach KonTraG in § 91 II AktG vorgeschriebenes Risikoüberwachungssystem vorhanden ist. Gegenstand und Umfang der Abschlussprüfung sind in Tab. 3-6 dargestellt:

Prüfungsgegenstand	**Prüfungsumfang**
Buchführung Bilanz GuV Anhang	• Beachtung der GoB und gesetzlichen Vorschriften • Erkennen von wesentlichen Verstößen und Unrichtigkeiten
Lagebericht	• Vermittlung von zutreffender Vorstellung über Lage und zukünftige Risiken des Unternehmens • Einklang mit Jahresabschluss und gewonnenen Erkenntnissen • Zutreffende Darstellung aller zukünftigen Risiken
Überwachungssystem	• Beurteilung, ob AG-Vorstand funktionsfähiges Risikomanagementsystem eingeführt hat

Tab. 3-6: Gegenstand und Umfang der Jahresabschlussprüfung[384]

Die Ausgestaltung des Systems bringt jedoch einige Anreizprobleme mit sich. Diese resultieren aus der Ausgestaltung des Wirtschaftsprüfers als privatwirtschaftlicher Beruf und der Tatsache, dass ein Unternehmen seinen Prüfer selbst beauftragt. Daraus ergibt sich zwangsläufig ein *Zielkonflikt* zwischen der vom Gesetzgeber intendierten *Kontroll- und Beglaubigungsfunktion* und der *Gewinnerzielungsabsicht* des Prüfers. Diese Konstellation kann dazu führen, dass die gewollte Unabhängigkeit und Unparteilichkeit oftmals stark eingeschränkt ist. Denn der Prüfer wird ein Interesse daran haben, auch im folgenden Jahr wieder ein Prüfungsmandat vom Unternehmen zu erhalten. Diesen Folgeauftrag wird er jedoch dann am ehesten wieder bekommen, wenn er sich im Sinne seines Auftraggebers verhält. Daraus kann folgen, dass eine harte und kritische Prüfung unterbleibt, um den Kunden nicht zu verärgern und dadurch den Folgeauftrag

[384] In Anlehnung an Bitz, M./Schneeloch, D./Wittstock, W. /Patek, G. [2014], S. 367.

zu erhalten. Aus der gleichen Motivationslage heraus kann sich auch ergeben, dass die Herausgabe von für die Prüfung eigentlich notwendigen, für das Unternehmen bzw. seine Führung jedoch unangenehmen Dokumenten oder Informationen nicht verlangt wird. Diese Konstellation wird zudem durch den *starken Konkurrenzkampf* unter den marktbeherrschenden großen Wirtschaftsprüfungsgesellschaften noch verstärkt. Dieser Wettbewerbsdruck führt auch dazu, dass die Prüfung oft nur als Einstiegsmöglichkeit für finanziell deutlich attraktivere Beratungsprojekte gesehen wird. Dann wird die eigentliche Prüfung zuweilen eher als Nebensache gesehen und mutmaßlich weniger sorgfältig durchgeführt. Zwar zielten die verschärften Ausschlusskriterien und weitere Regelungen auf diese Probleme ab, mehr als eine Abmilderung des Problems konnten sie jedoch nicht bewirken.

Die dargestellten Probleme des Wirtschaftsprüfungssystems manifestierten sich in der jüngeren Vergangenheit nicht zuletzt auch in einigen Unternehmenszusammenbrüchen sowohl in Deutschland und Europa als auch in den USA, bei denen wohl auch aufgrund der dargestellten Interessenkonflikte eine wirkungsvolle Prüfung unterblieb und so trotz Prüfung bewusste Täuschungen von den Prüfern unbemerkt blieben.

Aus der FTD vom 26.4.2002

KPMG: Außer Kontrolle

Von Sabine Rössing und Daniel Bögler, Frankfurt

Die Zunft der Wirtschaftsprüfer stolpert von Skandal zu Skandal. Jetzt werden erste Konsequenzen gezogen.

"Die Prüfer lockte ein riesiges Betätigungsfeld bei Start-ups", sagt Klaus Schneider, Schutzgemeinschaft der Kleinaktionäre. Blutjunge Wirtschaftsprüfer treffen auf noch jüngere Entrepreneure: Unerfahren stößt auf Unerfahren. Dabei müssen sie sich rumschlagen mit der kompliziertesten Materie nach der Kernphysik - der Bilanzierung eines Unternehmens, eines noch dazu, das vor kurzem erst aus dem Boden gestampft, heute an die Börse will.

Dieses Szenario zeichnen empörte Aktionärsschützer, wenn sie die Probleme geplatzter Anlegerträume am Neuen Markt beschreiben. Möglicher Weise zu recht.

Auf alle Fälle liegt das Wachstumssegment der Deutschen Börse den Wirtschaftsprüfern derzeit gewaltig auf dem Magen. Aufgeblähte Bilanzen, erfundene Umsätze mit Abnehmerfirmen, Produkte, die niemals produziert wurden, die Liste ist beeindruckend, die Fälle meist spektakulär: Comroad, Phenomedia, Ceyoniq, EM.TV, Metabox, Gigabell. Die Gefahren des Neuen Marktes, glaubt der Wirtschaftsprüfer und Vertreter der Schutzgemeinschaft für Kleinaktionäre (SdK), Klaus Schneider, sei bei weitem noch nicht ausgestanden, weder für die Anleger noch für die, die ihre Interessen schützen sollten.

Grund zur Nervosität

Grund zur Nervosität haben alle, auch Banken, die die jungen Stars einst an die Börse brachten, Geldgeber, düpierte Aufsichtsräte, geprellte Mitgesellschafter. Aber bei der Suche nach den Schuldigen stehen die Wirtschaftsprüfer mal wieder ganz oben auf der Liste.

Sie erhalten jetzt die Quittung für den Aquisitionseifer vergangener Tage, finden ihre Kritiker wie der Aktionärsschützer Schneider oder der Nürnberger Wirtschaftsprüfer Bernd Rödl. Sie verweisen auf durchweg zweistellige Umsatzzuwächse bei den großen fünf marktbeherrschenden Wirtschaftsprüfungsunternehmen der Branche, den Big Five, im vergangenen Geschäftsjahr.

Die aufstrebenden Start Up-Betriebe aus den Wachstumsbranchen Biotech, Medien oder Internet sahen alle fünf Unternehmen noch vor einem Jahr als viel versprechendes Wachstumssegment auf einem hochkonzentrierten Markt: Es galt, künftige Börsenstars früh an das Unternehmen zu binden. "Future Power Companies" nannte E & Y die aufstrebende Klientel. Andersen und KPMG schwärmten öffentlich über ihre Erfolge bei den Gründer-Unternehmern. Es lockte, so formuliert es Klaus Schneider, "einfach ein riesiges Betätigungsfeld".

Versuchung Börsengang

Einen Börsengang zu begleiten, ist nicht nur wegen der eigentlichen Prüfung des letzten Abschlusses vor dem Gang aufs Parkett attraktiv. Es winkt eine lange Folge von Zusatzaufträgen, von der Schaffung börsenfähiger Strukturen bis zur steuerlichen Beratung zur Strukturierung der notwendigen Planungsrechnungen für Börsenprospekte. Zwar gilt der Grundsatz, nicht zu beraten, was später durch die eigene Gesellschaft geprüft wird. Doch, glaubt Schneider, sei der Übergang oft fließend.

Neben den Honoraren bescherten die Initial Public Offerings (IPO) interessante Arbeitsfelder für die Mitarbeiter, die sich als fähige Rechtsanwälte oder Steuerexperten beweisen wollen. Ein wichtiges Argument in einem Markt, in dem es über lange Zeit extrem schwer war, genügend qualifizierte Kräfte zu finden.

Die Auflistung der Marktanteile an den Prüfungsmandaten am Neuen Markt liest sich wie das Who is Who der Branche: Spitzenreiter ist nach einer aktuellen Statistik Andersen mit 19 Prozent, gefolgt von PricewaterhouseCoopers (PwC) mit 11,7 Prozent, Ernst & Young und KPMG mit knapp unter 11 Prozent.

KPMG unter Druck

Die Skandale der vergangenen Wochen bringen die Prüfer heute unter Druck. Allen voran die KPMG, die mit einem Gesamtumsatzwachstum von 25 Prozent auf 1,5 Mrd. Euro den ewigen Marktführer PwC in Deutschland im letzten Jahr überholte. KPMG testierte seit 1998 die Comroad-Bilanzen, prüfte Moorhuhn-Erfinder Phenomedia und musste den Geschädigten des bankrotten Herstellers von Horizontalbohrsystemen, Flowtex, eine Rekordsumme von 100 Mio. Euro Schadensersatz zahlen.

Vor allem am Fall Comroad entlädt sich der öffentliche Zorn. Immerhin hatte die größte deutsche Prüfungsgesellschaft dem Hersteller von Navigationssystemen bis zum Jahr 2001 uneingeschränkte Testate ausgestellt. Und das, obwohl ein erfundener Abnehmer in Hong Kong für bis zu 97 Prozent des Umsatzes verantwortlich zeichnete. Die KPMG-Prüfer ließen sich per Fax die Aufträge bestätigen, einen Auszug aus dem Handelsregister verlangten sie nicht. Auch die Schwesterfirma in Hong Kong wurde nicht gebeten, die Existenz des wichtigen Kunden zu überprüfen. Von Anfängerfehlern spricht deswegen Branchenkritiker Karlheinz Küting und erhält dafür viel Beifall.

Eine Prüfungsgesellschaft könne nicht sämtliche Kunden als potenzielle Betrüger betrachten, wehrt sich KPMG-Chef Harald Wiedmann. Einem gekonnten Betrug müsse ein Wirtschaftsprüfer aufsitzen. Schließlich verfüge man nicht über das Instrumentarium staatlicher Strafverfolgungsbehörden.

Doch wissen die Prüfer natürlich, dass gerade bei Startup-Unternehmen immer Vorsicht geboten ist. Selbst wenn kein Betrug im Spiel ist: "Es handelt sich meist um junge Unternehmen mit einem jungen, in der Rechnungslegung unerfahrenen Management", sagt Ernst & Young-Vorstandsmitglied Norbert Pfitzer. "Die Betriebe wachsen zudem sehr schnell. Nicht selten halten die internen Kontrollsysteme nicht Schritt."

Stagnierende Honorare

Deswegen werden die rund 40 Neue-Markt-Mandate bei Ernst & Young automatisch einer höheren internen Risikoklasse zugeordnet. Das bedeutet zusätzliche Kontrollen durch erfahrene Partner, die in das Mandat nicht eingebunden sind, so Pfitzer.

Gerade bei jungen Unternehmen, die an die Börse strebten, geht es darum, Zukunftsaussichten hochzurechnen. Für Wirtschaftsprüfer sei das oftmals nicht leicht zu belegen, sagt der Vorstandschef der BDO Deutsche Warentreuhand, Christian Dyckerhoff.

Heute zeigt sich, dass solche Vorsicht angebracht ist. Spätestens jetzt werden die schwierigen Kunden bei allen großen Prüfungsgesellschaften genauer unter die Lupe genommen. Die KPMG sorgte vor wenigen Tagen für Aufsehen, als sie kund tat, alle 36 Neue-Markt-Unternehmen aus gegebenem Anlass komplett in die interne Nachkontrolle einzubeziehen. Üblich ist das bei KPMG eigentlich nur für rund 10 Prozent der geprüften Jahresabschlüsse.

Für Kritiker wie Rödl, Schneider oder Küting kommt diese Maßnahme entschieden zu spät. Ihrer Meinung nach machen die Prüfungsgesellschaften noch immer die selben Fehler, trotz der jedes Jahr heftigeren Schelte an ihrer Arbeit.

Häufigster Vorwurf: die fehlende Unabhängigkeit von den Firmen, die für die Durchsicht ihrer Bilanz ihre Prüfer schließlich bezahlen. Und der Druck auf die Honorare ist immens.

"Bei steigender Komplexität der Prüfung ist seit Jahren eine Stagnation der Honorare festzustellen", hieß es in einer Studie der Universität Saarbrücken bereits vor zwei Jahren. Daran hat sich offenbar bis heute nicht viel geändert.

Prüfungsqualität leidet

Natürlich hat das Auswirkungen auf die Prüfungsqualität. Indigniert berichten Finanzchefs von Heerscharen von Praktikanten und Auszubildenden, die mit riesigen Fragebögen hantierten und vor lauter Bäumen den Wald nicht sähen. Es fehle die Anleitung durch erfahrene Prüfungsleiter. Die aber seien überlastet und hätten viel zu wenig Zeit.

Unter diesem Missstand leide auch die durch das novellierte Aktienrecht geforderte Auseinandersetzung mit den Kontrollorganen der Firmen. Es braucht Mut, Erfahrung und Persönlichkeit, sich im Geschacher mit diesen um Interpretationen und Informationen durchzusetzen. Dabei fehle es Bilanzkontrolleuren oft an der kritischen Distanz, fürchtet Aktionärsvertreter Schneider.

Für ausbaufähig halten dagegen die Prüfer das Interesse der Aufsichtsräte. Eine lange Liste von Regelverschärfungen soll in den kommenden Jahren alle Beteiligten an der Unternehmensüberwachung in die Pflicht nehmen.

Ein Blick in die USA zeigt, dass der regulatorische Eifer - angeheizt durch die spektakuläre Pleite des Energieversorgers Enron - deutlich zugenommen hat. Der Fall Enron und das Misstrauen der Öffentlichkeit gegenüber Bilanztricksereien werde auch die Wirtschaftsprüfung in Deutschland massiv beeinflussen, glaubt KPMG-Chef Wiedmann. Am Donnerstag hat das Unterhaus des US-Kongresses in Washington ein neues Gesetz gebilligt, das die weitreichende Selbstregulierung der Branche drastisch einschränkt. In Zukunft stehen sie unter dem Kuratell der US-Börsenaufsicht Securities and Exchange Commission. Damit nicht genug: Demokraten im Senat fordern noch schärfere Regeln, inklusive einer strikten Trennung von Prüfungs- und Beratungsgeschäft. Auch auf europäischer Ebene ist das Nachdenken über Regelverschärfungen, die der Wirtschaftsprüfung zu alter Durchschlagskraft verhelfen sollen, wieder in vollem Gange. Im Gespräch ist ein obligatorischer Wechsel des Prüfungsunternehmens mindestens nach sieben Jahren. So alt müssen die Start-Ups von gestern allerdings erst einmal werden.

Auszug aus „PARMALAT; Buconero; Die unrühmliche Rolle von Banken, Prüfern und Politik", in: Bewerten & Prüfen; 2004; Heft 2; S.84 ff.

Die sehschwachen Prüfer

Das **Enron** Europas wurde Parmalat gleich nach bekannt werden der Bilanzfälschungen genannt. Doch würden die Prüfer Grant Thornton und Deloitte Touche Tohmatsu das gleiche Schicksal wie Arthur **Andersen** erleiden? David McDonnell, Vorstandschef von Grant Thornton, beeilte sich, auf die Unterschiede hinzuweisen. **Andersen** habe Beweismittel zerstört, das schlimmste Vergehen von Grant Thornton sei, "dass wir uns täuschen ließen". Tatsächlich scheint ein typischer Vorwurf gegenüber Prüfungsgesellschaften nicht zu ziehen: Grant Thornton hat Parmalat nur geprüft und angeblich keine teuren Beratungsdienstleistungen erbracht. Das dürfte Grant Thornton nicht viel nützen. Weil die Prüfer Bonlat, der Parmalat-Tochter mit dem gefälschten 4-Milliarden-Euro-Konto bei der BofA, ihr Testat gegeben haben, ist mindestens ihr Ruf reichlich ramponiert. Zu zahlreich und offensichtlich seien die Fälschungen gewesen, um einem erfahrenen Wirtschaftsprüfer entgehen zu dürfen. So hatten es die Prüfer u.a. versäumt, die Richtigkeit der BofA-Kontoangaben persönlich zu checken. Pietro Rogato, einer der untersuchenden Magistraten, bestreitet daher auch, dass die Prüfer nur geprüft hätten. GT habe bei der Konstruktion von Bonlat mitgeholfen, behauptet er. Ob Grant Thornton sich einfach an der Nase herumführen ließ oder bewusst weggeschaut hat, könnten nun die Untersuchungen und Verhöre des festgenommenen Präsidenten von Thornton Italien, Lorenzo Penco, und des Partners Maurizio Bianchi ergeben.

Auffällig ist jedoch, wie sehr die beteiligten Prüfer an ihrem Mandat hingen. In Italien müssen alle acht Jahre die WP-Gesellschaften gewechselt werden, so dass Grant Thornton 1999 als Chefprüfer von Deloitte abgelöst wurde. Doch in den folgenden Jahren steigerte Grant Thornton seinen Prüfanteil an der Bilanz von 22 Prozent auf 49 Prozent. Offenbar prüften entscheidende Bereiche dieselben Prüfer, die schon seit Jahren zuständig waren. Einige Prüfer sollen sogar einmal die Prüfungsgesellschaft gewechselt haben, nur um Parmalat weiter testieren zu können. Für Grant Thornton, die nur zur zweiten Garnitur der Wirtschaftsprüfungsgesellschaften gehört, ist der Zugang zu so großen Mandaten i. d. R. sehr schwierig. De facto beherrscht das Oligopol der Big Four den Markt der Konzernprüfungen. Die meisten GT-Klienten sind sehr viel kleiner und sitzen in den USA.

Deloitte kommt die Blamage mit dem gefälschten Kontoauszug, durch die GrantThornton ins Rampenlicht gezerrt wurde, gerade recht. Die Prüfer verstecken sich hinter ihren Subunternehmern. Es waren schließlich die Deloitte-Prüfer gewesen, die der Halbjahresbilanz das Testat verweigert und damit die Krise losgetreten hatten. Dennoch wundern sich erfahrene Prüfer über die Vertrauensseligkeit von Deloitte - wie kann man einen so großen Bilanzprüfanteil an einen anderen WP auslagern, ohne diesen Teil sorgfältig noch einmal gegenzuprüfen? Auch dürfte sich Deloitte kaum ernsthaft hinter dem schmalen Rücken von GT verstecken können - als Chef-Prüfer testieren sie schließlich die Richtigkeit der gesamten Bilanz und nicht nur von 51 Prozent.

Zumindest im Fall Grant Thornton könnte sich die Marktkraft als sehr viel reinigender als jede

Regulierung erweisen. Aus Angst vor dem **Andersen**-Schicksal hat sich die US-Mutter inzwischen von GT Italien getrennt. Das Vertrauen in die Kompetenz seiner Prüfer dürfte deutlich gesunken sein, zumindest in Europa ist der Markenname nun ziemlich verbrannt. Aber auch der amerikanische Finanzdienstleister Countrywide hat sich schon von GT getrennt. Anderen Wirtschaftsprüfungsgesellschaften scheint die Gefahr immer bewusster zu werden. So war es denn auch Ernst & Young, die Anfang dieses Jahres mit ihrer Testatverweigerung auf unsaubere Bilanzierungspraktiken bei der Schweizer Adecco aufmerksam gemacht hatte. Das lässt zumindest hoffen, dass Prüfer jetzt sehr viel mehr Skrupel haben, eine inkorrekte Bilanz zu testieren.

In den USA hat insbesondere der Enron-Skandal dazu geführt, dass durch den Sarbanes-Oxley Act[385] im Jahre 2002 eine gesellschaftsrechtliche Trennung von Prüfung und Beratung eingeführt wurde, sodass eine Gesellschaft nicht gleichzeitig ein Unternehmen beraten und prüfen darf. Auch in Europa existieren dahingehende Bestrebungen, hier ist die gesellschaftsrechtliche Trennung von Prüfung und Beratung jedoch bislang nur auf Grund der Eigeninitiative von Unternehmen durchgeführt worden.[386] Allerdings ist durch die Verabschiedung des *Bilanzrechtsreformgesetz* in Deutschland und die damit verbundene weitestgehende Einschränkung der Verbindung von Prüfung und Beratung ein weitergehender Versuch der Lösung der bislang bestehenden Probleme im System der Jahresabschlussprüfung unternommen worden.

[385] Benannt nach den US-amerikanischen Senatoren Paul Sarbanes und Michael Oxley.

[386] So hat KPMG sein Beratungsgeschäft komplett veräußert, die ehemalige KPMG Consulting firmiert nun unter „Bearing Point". Siehe auch Einschub „Firmen nehmen Trennung von Beratung und Prüfung vorweg."

PwC - Firmen nehmen Trennung von Beratung und Prüfung vorweg

Frankfurt, 11. Feb (Reuters) - Die in Folge der internationalen Bilanzskandale überlegte Trennung von Rechtsberatung und Wirtschaftsprüfung haben die deutschen Unternehmen nach Einschätzung von PriceWaterhouseCoopers zu einem großen Teil bereits vorweggenommen.

"Wie immer in Deutschland sind wir hier in voraus eilendem Gehorsam", sagte der Deutschland-Chef der Wirtschaftsberatungsgesellschaft PriceWaterhouseCoopers (PwC) Hans Wagener am Mittwoch in Frankfurt bei einem Pressegespräch.

Noch wird in Deutschland an neuen Vorschriften gearbeitet, die Bilanzskandale wie bei Enron, Flowtex oder jüngst bei Parmalat erschweren sollen.

Doch seit Inkrafttreten des neuen US-Bilanzgesetzes Sarbanes-Oxley Act im Jahr 2002, welches den Prüfungsgesellschaften die gleichzeitige Rechtsberatung und Wirtschaftsprüfung börsennotierter Unternehmen in den USA verbietet, vergeben nach den Worten von Wagener auch hier zu Lande bereits immer mehr Firmen diese Aufträge getrennt.

Die Wirtschaftsprüfer trifft dies mit sinkenden Erlösen. "Wir werden froh sein, wenn wir (in diesem Jahr) das Umsatzniveau des Vorjahres erreichen", sagte Wagener. Im Geschäftsjahr 2002/2003 (zum 30. Juni) hatte PwC Deutsche Revision eine Gesamtleistung von 1,2 Milliarden Euro ausgewiesen. Der Jahresüberschuss lag bei 36,7 Millionen Euro.

PwC - Marktführer in Deutschland - hat vor allem in der Steuerberatung Aufträge verloren und will dies unter anderem mit verstärkter Konzentration auf mittelständische Betriebe wieder wettmachen. Von einer Trennung des Prüfungs- und Beratungsgeschäfts hält Wagener nichts. Auch eine von der Europäischen Kommission überlegte Regelung zur externen Rotation hält Wagener nicht für sinnvoll. "Ich glaube, dass weder externe Rotation noch eine Trennung der Gesellschaften in Prüfung und Steuerberatung vor Betrug schützen kann", sagte Wagener. Ein verpflichtender turnusmäßiger Wechsel der als Abschlussprüfer beauftragten Prüfungsgesellschaft verbessere die Prüfungsqualität nicht, sondern führe dazu, dass jahrelang aufgebautes Wissen verloren gehe. Wagener plädierte stattdessen für die Beibehaltung der internen Rotation, wonach die Prüfungsteams einer Gesellschaft nach einem festgelegten Zeitraum auszutauschen sind.

Lernfragen zu 3.6

1. Erläutern Sie die Aufgaben eines Wirtschaftsprüfers!

2. Für welche Unternehmen ergibt sich aus § 316 Abs. 1 HGB eine Abschlussprüfungspflicht?

3. Nennen Sie Beispiele für Situationen, in denen ein Wirtschaftsprüfer keine Abschlussprüfung vornehmen darf!

Literaturhinweise zu 3.6

Baetge, J./Kirsch, H.-J./Thiele, S. [2017], Bilanzen, 14. Aufl., Düsseldorf 2017, S. 1 - 91.

Bitz, M./Schneeloch, D./Wittstock, W. /Patek, G. [2014], Der Jahresabschluß: Nationale und internationale Rechtsvorschriften, Analyse, Politik, 6. Aufl., München 2014, S. 357 - 367.

Heinhold, M. [1996], Der Jahresabschluss, 4. Aufl., München 1996, S. 397 - 399.

Selchert, F. W. [1996], Jahresabschlussprüfung der Kapitalgesellschaften: Grundlagen – Durchführung – Bericht, 2. Aufl., Wiesbaden 1996.

3.7 Jahresabschlussanalyse

3.7.1 Erkenntnisziel und Vorgehen der Abschlussanalyse

Ziel des Jahresabschlusses ist es, ein zutreffendes Bild der Vermögens-, Finanz- und Ertragslage zu zeichnen. Die Zielvorschrift versucht somit, die Erfüllung der beiden Ziele der unternehmerischen Tätigkeit, „Geld verdienen" und „Verdienstquelle sichern" abzubilden. Vermögens- und Finanzlage, die aufgrund ihrer Ähnlichkeit und Überschneidung im Rahmen der Jahresabschlussanalyse nicht mehr getrennt behandelt werden, bilden die Erreichung des Ziels „Verdienstquelle sichern", die Ertragslage die des Ziels „Geld verdienen" ab. Inwieweit die Ziele erfüllt werden, lässt sich auf den ersten Blick und unmittelbar nicht den Angaben des Jahresabschlusses entnehmen. Ziel der Jahresabschlussanalyse ist es daher, die im Jahresabschluss enthaltenen Angaben so aufzubereiten und zu analysieren, dass es insbesondere außenstehenden Interessenten möglich wird, den *Erfüllungsgrad der unternehmerischen Ziele einschätzen zu können.* Für interne Interessenten, etwa das Unternehmens-Controlling, ist der Jahresabschluss eher von nachrangiger Bedeutung, da diesem auch der Zugriff auf interne, i. d. R. wesentlich aussagekräftigere Informationen möglich ist. An dieser Stelle ist insbesondere auch von Bedeutung, dass durch die zuvor aufgezeigten bilanzpolitischen Maßnahmen ein verfälschtes Bild der wirtschaftlichen Situation entstehen kann. Durch die Jahresabschlussanalyse soll auch eine *Vergleichbarkeit verschiedener Unternehmen* erreicht werden.

Die aus der Bilanzanalyse gewonnenen Informationen über die gegenwärtige, insbesondere aber über die zukünftige wirtschaftliche Situation eines Unternehmens können dann als *Vorbereitung für verschiedene Entscheidungen* herangezogen werden. Auf Basis dieser *zukunftsorientierten Informationen* kann dann entschieden werden, ob ein Kredit gewährt, Aktien gekauft oder eine Geschäftsbeziehung eingegangen werden soll.

Je nach Interessentengruppe besitzen die beiden Ziele der unternehmerischen Tätigkeit unterschiedliche Bedeutung. Für Kreditgeber, Arbeitnehmer oder Lieferanten besteht das Hauptinteresse darin, dass der Unternehmensbestand gesichert ist. Dadurch wird gewährleistet, dass der Kredit zurückgezahlt bzw. das Arbeits- oder Lieferantenverhältnis aufrechterhalten werden kann. Für Aktionäre dagegen ist von größtem Interesse, wie viel das Unternehmen verdient, da sich danach eine möglich Dividende und der Wert des Unternehmens ergibt. Eine ausschließliche Fokussierung auf eines der beiden Ziele macht jedoch für keine der Anspruchsgruppen Sinn, da sich die beiden Ziele gegenseitig bedingen. Ohne den Fortbestand des Unternehmens kann in Zukunft nichts mehr verdient werden, genauso kann ohne entsprechende Verdienste nicht dafür gesorgt werden, dass die Verdienstquelle in Zukunft gesichert ist. Es ist somit unabhängig von der Anspruchsgruppe sinnvoll, sowohl die Finanz- als auch die Ertragslage zu analysieren, wenn auch der Interessenschwerpunkt unterschiedlich sein kann. Die zuvor erläuterten Zusammenhänge werden in Abb. 3-24 verdeutlicht.

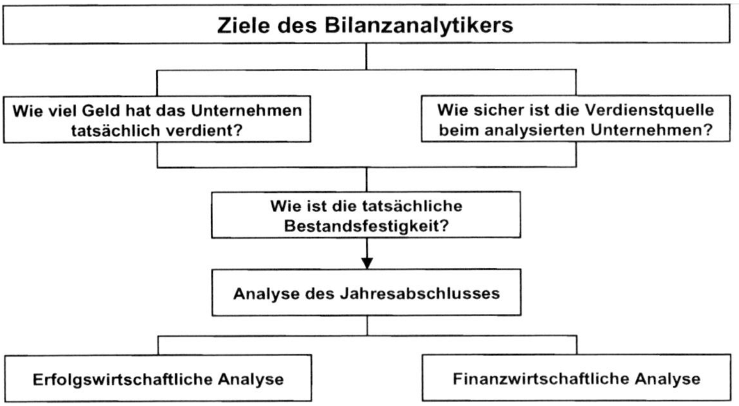

Abb. 3-24: Erkenntnisziele der Jahresabschlussanalyse[387]

Um die oben dargestellten Ziele zu erreichen, folgt der Jahresabschlussanalytiker einem festen Schema. Die vorliegenden Informationen aus Jahresabschluss und Lagebericht müssen zunächst *methodisch aufbereitet* werden, d. h., dass die vorliegenden Daten zu verschiedenen Positionen zusammengefasst werden, mit denen im Anschluss weitergearbeitet wird. Die Zusammenfassungen folgen dabei aus betriebswirtschaftlichen Überlegungen und folgen i. d. R. nicht der in den Gliederungsvorschriften von Bilanz und GuV vorgegebenen Systematik. Zudem wird z. T. versucht, die Jahresabschlussangaben von bestimmten *bilanzpolitischen Maßnahmen zu bereinigen*, die das Bild der Unternehmenssituation verzerren. Auf Basis dieser aufbereiteten Informationen werden dann *Kennzahlen gebildet*, die jeweils unterschiedliche Erkenntnisziele verfolgen. Diese Kennzahlen können dann mit den Werten der Kennzahlen vergangener Bilanzanalysen, mit den Werten der entsprechenden Kennzahlen von anderen Unternehmen oder aber mit in der Wissenschaft gesetzten Normwerten für die entsprechenden Kennzahlen verglichen werden. Aus der *Gesamtschau einer Vielzahl möglicher Kennzahlen* und den entsprechenden Vergleichen ergibt sich dann für den Bilanzanalytiker ein Gesamturteil über die wirtschaftliche Situation. Auf Basis der Erkenntnisse ist nun eine *Abschätzung der zukünftigen Finanz- und Ertragslage* möglich, sodass dadurch wie oben bereits erwähnt entsprechende Entscheidungen getroffen werden können. Im Folgenden soll auf einige Kennzahlen und deren Interpretation eingegangen werden, die Schlussfolgerungen auf die Finanz- oder aber die Ertragslage zulassen.

[387] Quelle: Baetge, J./Kirsch, H.-J./Thiele, S. [2004], S. 4.

3.7.2 Finanzwirtschaftliche Analyse

Ziel der finanzwirtschaftlichen Analyse ist es, Erkenntnisse über die Vermögenslage und damit über die Bestandssicherheit des analysierten Unternehmens zu bekommen. Im Rahmen der finanzwirtschaftlichen Analyse gibt es die zwei Hauptstoßrichtungen Kapitalstrukturanalyse und horizontale Bilanzstrukturanalyse.

Die *Kapitalstrukturanalyse* untersucht die Struktur und die Fristigkeit des eingesetzten Kapitals. Dadurch sollen Erkenntnisse über die Herkunft und Zusammensetzung des Kapitals gewonnen werden. Dazu werden insbesondere Relationen von Eigen-, Fremd- und Gesamtkapital sowie die Struktur des Eigen- und des Fremdkapitals untersucht. Die Kapitalstrukturanalyse betrachtet somit nur die Passivseite der Bilanz.

Die wohl bekanntesten Kennzahlen der Kapitalstrukturanalyse sind die *Eigen- und Fremdkapitalquote* und der *Verschuldungsgrad.* Alle Kennzahlen zielen darauf ab zu ermitteln, in welchem Verhältnis sich das Unternehmen mit Eigenkapital und Fremdkapital finanziert. Aus den Ausführungen zu den Funktionen des Eigenkapitals ergibt sich, dass die Bestandssicherheit tendenziell umso höher einzuschätzen ist, je größer der Eigenkapitalanteil an der Finanzierung ausfällt. Ein höherer Eigenkapitalanteil an der Finanzierung bietet mehr Puffer für den Ausgleich von in Zukunft möglicherweise anfallenden Verlusten, sodass ein Konkurs des Unternehmens unwahrscheinlicher wird. Im Einzelnen lassen sich die Kennzahlen in folgender Weise berechnen. Die Darstellung ist schematisch zu verstehen, d. h., dass hier und im Folgenden nicht weiter auf Aufbereitung und Bereinigung der einzelnen Größen, die in verschiedenster Weise denkbar und in der Literatur zu finden sind, eingegangen wird. Die Intention, die den Kennzahlen zu Grunde liegt, wird aber auch so deutlich.

$$\text{Eigenkapitalquote} = \frac{\text{Eigenkapital}}{\text{Gesamtkapital}}$$ [388]

$$\text{Fremdkapitalquote} = \frac{\text{Fremdkapital}}{\text{Gesamtkapital}}$$

$$\text{Verschuldungsgrad} = \frac{\text{Fremdkapital}}{\text{Eigenkapital}}$$

[388] Das Gesamtkapital ist die Summe aller Passiva, entspricht also der Bilanzsumme.

Es ist kaum möglich, Normgrößen für die Kennzahlen anzugeben, die ein Unternehmen erfüllen sollte. Vielmehr sind die Werte im Kontext der Branche zu betrachten, in der sich ein Unternehmen befindet. Tendenziell gilt, dass die Bestandssicherheit eines Unternehmens mit steigender Eigenkapitalquote zunimmt. Eine hohe Eigenkapitalquote ist somit positiv zu bewerten. Gleiches gilt für eine niedrige Fremdkapitalquote bzw. einen niedrigen Verschuldungsgrad. Da das Eigenkapital die Residualgröße aus Fremd- und Gesamtkapital ist, bedingen sich die drei Kennzahlen gegenseitig, d. h. bei hoher Eigenkapitalquote ergibt sich automatisch eine geringe Fremdkapitalquote und ein niedriger Verschuldungsgrad. Daher ist im Grunde im Rahmen der Bilanzanalyse die Betrachtung einer der drei Kennzahlen ausreichend.

Neben der Analyse des Verhältnisses von Eigen- und Fremdkapital wird im Rahmen der Kapitalstrukturanalyse auch die *Struktur von Eigen- und Fremdkapital* untersucht. Um einen Einblick in die Struktur des Eigenkapitals zu bekommen, kann z. B. der Selbstfinanzierungsgrad herangezogen werden, der sich wie folgt berechnet:

$$\text{Selbstfinanzierungsgrad} = \frac{\text{Gewinnrücklagen}}{\text{Eigenkapital}}$$

Durch den Selbstfinanzierungsgrad ergibt sich der Anteil des thesaurierten und damit aus der Innenfinanzierung stammenden Kapitals am gesamten Eigenkapital. Die Kennzahl lässt Rückschlüsse auf die Thesaurierungsfähigkeit und -bereitschaft sowie zukünftiges Ausschüttungspotenzial zu. Tendenziell kann ein hoher Selbstfinanzierungsgrad als Zeichen für die Möglichkeit und Bereitschaft zur Sicherung der Verdienstquelle gewertet werden.

Im *Bereich des Fremdkapitals* kann bspw. die zeitliche Struktur der Verbindlichkeiten untersucht werden, indem verschiedene Kennzahlen zur Verbindlichkeitenstruktur gebildet werden:

$$\text{Verbindlichkeitenstruktur} = \frac{\text{Verb. mit bestimmter Fristigkeit}}{\text{Gesamte Verbindlichkeiten}}$$

In Abhängigkeit davon, ob die kurz-, mittel- oder langfristige Verbindlichkeitenstruktur ermittelt werden soll, werden entweder alle Verbindlichkeiten mit einer Restlaufzeit von unter einem, zwischen einem und fünf oder mehr als fünf Jahren in den Zähler gesetzt. Die Kennzahl lässt Schlüsse zu, wann wie viel Kapital aus dem Unternehmen abfließt und dann entsprechend neu aufgebracht werden muss. Hier ist eine eigenständige Beurteilung schwer möglich, tendenziell ist es allerdings als Gefährdung für den Unternehmensbestand zu sehen, wenn ein sehr großer Teil der Verbindlichkeiten in kurzer Zeit abfließt, da dann entsprechend neues Kapital beschafft oder wenn dies nicht möglich ist, durch die Veräußerung von Aktiva freigesetzt werden muss.

Anders als bei der Kapitalstrukturanalyse werden bei der *horizontalen Bilanzstrukturanalyse* beide Bilanzseiten in die Betrachtung einbezogen. Durch die horizontale Bilanzstrukturanalyse sollen Aussagen über die zukünftige Zahlungsfähigkeit des Unternehmens getroffen werden. Zu diesem Zweck wird die Fristenkongruenz von Vermögen und Kapital betrachtet. Dabei wird die Annahme getroffen, dass die Aktiva zukünftige Einzahlungen und die Passiva zukünftige Auszahlungen darstellen. Je langfristiger ein Vermögensgegenstand also gebunden ist, desto später entsteht die entsprechende Einzahlung. Andersherum bedeutet dies für das Kapital, dass die Auszahlung umso später erfolgt, je länger die Laufzeit des Kapitals ist. Um nun eine jederzeitige Zahlungsfähigkeit sicherzustellen, sollte gewährleistet sein, dass die Bindungsdauer der Vermögensgegenstände mit der Laufzeit des Kapitals korrespondiert. So sollte sichergestellt sein, dass Vermögensgegenständen mit einer bestimmten Bindungsdauer immer Kapital mit mindestens der gleichen Laufzeit gegenüber steht. Wäre dies nicht der Fall, so wäre die zukünftige Zahlungsfähigkeit gefährdet, da dies unter oben erläuterten Annahmen dazu führen würde, dass die Rückzahlung von Kapital zeitlich vor dem Zufluss von Mitteln erfolgen würde.

Beispielkennzahlen aus dem Bereich der Analyse der langfristigen Zahlungsfähigkeit sind die goldene Finanzierungs- und die goldene Bilanzregel.

Die langfristige goldene Finanzierungsregel prüft, inwiefern der Grundsatz der Fristenkongruenz eingehalten wird. Dazu wird das langfristige Vermögen zum langfristigen Kapital ins Verhältnis gesetzt:

$$\text{Goldene Finanzierungsregel (langfristig)} = \frac{\text{langfristiges Vermögen}}{\text{langfristiges Kapital}}$$

Die Kennzahl darf zur Erfüllung der Forderung nach Fristenkongruenz höchstens eins sein, da ansonsten langfristigem Vermögen, also langfristig gebundenem Kapital, nicht in gleicher Höhe langfristig verfügbares Kapital gegenüber stände. Den gleichen Grundgedanken verfolgt die goldene Bilanzregel. Sie setzt die Summe aus Eigenkapital und langfristigem Fremdkapital ins Verhältnis zum gesamten Anlagevermögen:

$$\text{Goldene Bilanzregel} = \frac{\text{Eigenkapital + langfristiges FK}}{\text{Anlagevermögen}}$$

Der Konzeption dieser Kennzahl liegt die Annahme zu Grunde, dass Anlagevermögen grundsätzlich langfristig im Unternehmen verbleibt. Hier ist die Fristenkongruenz gegeben, wenn die Kennzahl einen Wert größer eins annimmt.

Im Bereich der Analyse der kurzfristigen Zahlungsfähigkeit sind die gängigsten Kennzahlen die Liquiditätsgrade. Es wird zwischen Liquidität 1., 2. und 3. Grades unterschieden. Bei allen drei Kennzahlen steht im Nenner das kurzfristige Fremdkapital, also solches Fremdkapital, das für weniger als ein Jahr zur Verfügung steht. Hierunter fallen zudem alle passiven Rechnungsabgrenzungsposten. Die *Liquidität 1. Grades* setzt dazu nur die liquiden Mittel ins Verhältnis, die aus Bankguthaben und Kassenbestand bestehen (Gliederungspunkt B. IV der Bilanzgliederung nach § 266 II HGB):

$$\text{Liquidität 1. Grades} = \frac{\text{Liquide Mittel}}{\text{kurzfristige Verbindlichkeiten}} \times 100\%$$

Die Liquidität 1. Grades gibt an, welcher Anteil der kurzfristig fällig werdenden Verbindlichkeiten mit liquiden Mitteln abgelöst werden kann. Tendenziell gilt hier wie auch für die beiden folgenden Liquiditätsgrade, dass ein Unternehmen hinsichtlich seiner Bestandssicherheit umso besser zu beurteilen ist, je höher der jeweilige Liquiditätsgrad ausfällt. Im Falle der Liquidität ersten Grades ist aber zu beachten, dass eine zu hohe Liquidität ersten Grades in Bezug auf die Rentabilität negativ zu beurteilen ist, da die Verzinsung von Barmitteln i. d. R. wesentlich niedriger ausfällt als die längerfristig angelegter Mittel.

Die *Liquidität 2. Grades* setzt das monetäre Umlaufvermögen ins Verhältnis zu den kurzfristigen Verbindlichkeiten. Das monetäre Umlaufvermögen besteht aus den liquiden Mitteln zuzüglich der Forderungen und der Wertpapiere des Umlaufvermögens.[389] Zu beachten ist, dass bei dieser Definition implizit davon ausgegangen wird, dass die Forderungen eine Laufzeit von weniger als einem Jahr besitzen. Sollten also Forderungen bekannt sein, die eine Laufzeit von mehr als einem Jahr haben, so sind diese aus dem monetären Umlaufvermögen herauszurechnen. Zudem ist zu beachten, dass aktive Rechnungsabgrenzungsposten zum monetären Umlaufvermögen hinzugerechnet werden:

$$\text{Liquidität 2. Grades} = \frac{\text{monetäres Umlaufvermögen}}{\text{kurzfristige Verbindlichkeiten}} \times 100\%$$

Für die Liquidität 2. Grades, die in der englischsprachigen Literatur auch unter Acid-Test geläufig ist, wird ein Wert von mindestens 100 % gefordert, da so sichergestellt ist, dass zur Ablösung der kurzfristigen Verbindlichkeiten in ausreichendem Maße Mittel zur Verfügung stehen, die innerhalb eines Jahres frei sind bzw. werden. Bei der *Liquidität 3. Grades* werden zusätzlich zum monetären Umlaufvermögen noch die Vorräte berücksichtigt:

$$\text{Liquidität 3. Grades} = \frac{\text{monetäres Umlaufvermögen + Vorräte}}{\text{kurzfristige Verbindlichkeiten}} \times 100\%$$

Für diesen Liquiditätsgrad, im angelsächsischen Raum auch unter Current Ratio oder Banker´s Rule bekannt, wird ein Wert von mindestens 200 % verlangt. Hier ist aber auch zu beachten, dass ein zu großer Wert dieser Kennzahl auch ein Hinweis auf einen zu hohen Lagerbestand sein kann.

[389] Vgl. Perridon, L./Steiner, M. [2017], S. 657 ff.

Die Analyse der zukünftigen Zahlungsfähigkeit auf Basis der Fristenkongruenz ist zwar sehr verbreitet, basiert jedoch auf *problematischen Annahmen und Voraussetzungen.* So lassen sich die genauen Fälligkeitstermine von Aktiva und Passiva der Bilanz nicht entnehmen, vielmehr ist nur die Unterteilung in Anlage- und Umlaufvermögen bzw. in kurz-, mittel- und langfristiges Kapital möglich. Auch ist die Annahme, dass die Bilanzwerte den zukünftigen Ein- bzw. Auszahlungen entsprechen, skeptisch zu sehen. Einerseits ist es allein aufgrund des Imparitätsprinzips schon unwahrscheinlich, dass die bilanzierten Werte genau zutreffen. Andererseits können aus der Bilanz nicht alle zukünftigen Ein- und Auszahlungen entnommen werden, da keine Informationen z. B. über Gehaltszahlungen oder nicht bilanzierte Leasingverträge aber auch über Einzahlungen, die sich aus dem unterjährigen Leistungserstellungs- und Veräußerungsprozess ergeben, enthalten sind. Zudem muss das Auslaufen eines Kapitalpostens nicht zum sofortigen Mittelabfluss führen, da z. B. auf einen auslaufenden Kredit ein entsprechender Anschlusskredit folgen kann. Auch sind kurzfristig verfügbare Kreditlinien, die eine Zahlungsfähigkeit aufrechterhalten können, nicht aus der Bilanz ersichtlich. Trotz aller Kritik ist der Kernaussage der Fristenkongruenz jedoch tendenziell zuzustimmen, sodass die horizontale Bilanzstrukturanalyse weiterhin einen hohen Stellenwert in der Bilanzanalyse besitzt.

Zusätzlich zur Kapitalstruktur- und horizontalen Bilanzstrukturanalyse besitzt auch der *Cash-Flow* eine große Bedeutung im Rahmen der finanzwirtschaftlichen Analyse. Der Cash-Flow stellt den in einer Periode erfolgswirksam erwirtschafteten Zahlungsmittelüberschuss dar. Während die in der GuV ausgewiesene Gewinngröße „Jahresüberschuss“ einige nicht zahlungswirksame Positionen, wie z. B. Abschreibungen oder Zuführung zu Rückstellungen enthält, und damit keine Aussage darüber zulässt, inwieweit sich die liquiden Mittel des Unternehmens verändert haben, berücksichtigt der Cash-Flow eben nur zahlungswirksame Vorfälle. Der Cash-Flow lässt Rückschlüsse darauf zu, wie hoch das aus dem leistungswirtschaftlichen Bereich des Unternehmens resultierende Innenfinanzierungspotenzial eines Unternehmens ist. Je höher also der Cash-Flow, desto größer die Innenfinanzierungskraft des Unternehmens, wodurch dann wiederum seine Bestandsfestigkeit zunimmt, da mehr Mittel zur Verfügung stehen. Diese Mittel können auf der einen Seite zur Tilgung fälliger Schulden eingesetzt werden und helfen so die zukünftige *Zahlungsfähigkeit zu sichern.* Auf der anderen Seite ermöglichen sie auch, nötige *Investitionen durchführen* zu können, was wiederum für die Sicherung und gegebenenfalls auch für den Ausbau der operativen Tätigkeit eines Unternehmens von Bedeutung ist. Neben der Bedeutung für die finanzwirtschaftliche Analyse, besitzt der Cash-Flow auch eine *große Aussagekraft im Rahmen der erfolgswirtschaftlichen Analyse.* Der Cash-Flow ist wie oben bereits angedeutet eine Gewinngröße. Seine Betrachtung lässt Schlüsse hinsichtlich der Struktur des ausgewiesenen Gewinns zu, da eine Unterscheidung nach zahlungswirksamem und bilanziellem Gewinn möglich wird. Für die Anteilseigner ist so z. B. ersichtlich, wie groß die Fähigkeit zur Gewinnausschüttung ist.

Bei der Berechnung des Cash-Flow lassen sich im Grunde zwei verschiedene Methoden unterscheiden. Die erste Möglichkeit besteht in der *direkten Berechnung.* Bei der direkten Berechnung werden die aus dem leistungswirtschaftlichen Bereich resultierenden erfolgswirksamen Ein- und

Auszahlungen summiert, was im Zahlungsmittelüberschuss, dem Cash-Flow resultiert. Diese eigentlich nahe liegende Berechnungsmethode hat das Problem, dass sie für den externen Bilanzanalytiker aufgrund des nicht vorhandenen Zugangs zu allen benötigten Informationen schwer möglich ist. Eine direkte Berechnung lässt sich aber auch auf Basis der GuV vornehmen, indem alle zahlungswirksamen Ertragspositionen aufsummiert und alle zahlungswirksamen Aufwandsposten in Abzug gebracht werden.

Im Rahmen der Jahresabschlussanalyse ist hingegen die zweite Möglichkeit, die *indirekte Berechnung,* die geläufigere Berechnungsmethode. Dabei wird basierend auf dem Jahresabschluss eine Bereinigung um alle nicht zahlungswirksamen Größen vorgenommen. Wie auch bei anderen Kennzahlen im Rahmen der Jahresabschlussanalyse existieren bei der Cash-Flow-Berechnung zahlreiche Varianten. Im Folgenden soll daher exemplarisch eine vereinfachte Berechnung dargestellt werden, da diese das Prinzip der Berechnung hinreichend verdeutlicht und die Absicht des Cash-Flow deutlich macht. Das Berechnungsschema ist in Abb. 3-25 dargestellt.

	Jahresüberschuss
+	Abschreibungen
./.	Zuschreibungen
+	Zunahme von Rückstellungen
./.	Abnahme von Rückstellungen
+	andere zahlungsunwirksame Aufwendungen
./.	andere zahlungsunwirksame Erträge
=	vereinfachter Cash-Flow

Abb. 3-25: Berechnung Cash-Flow

Bei der dargestellten Berechnungsmethode werden zum Jahresüberschuss zunächst die Abschreibungen hinzugerechnet. Dieser Rechenschritt ist nicht in dem Sinne misszuverstehen, dass Abschreibungen einen zahlungswirksamen Erfolg darstellen. Vielmehr ist das Gegenteil der Fall. Sie stellen einen nicht zahlungswirksamen Aufwand dar. Im Rahmen der Ermittlung des Jahresüberschusses in der GuV wurden diese jedoch zum Abzug gebracht. Da sie allerdings keinen Einfluss auf den zahlungswirksamen Überschuss haben, wird dieser Rechenschritt in der GuV durch die Addition wieder rückgängig gemacht. Aus dem gleichen Grund werden die Zunahmen von Rückstellungen, die genauso wie Abschreibungen einen zahlungsunwirksamen Aufwand darstellen, sowie sonstige zahlungsunwirksame Aufwendungen zum Jahresüberschuss hinzugerechnet. Im Gegenzug werden dann alle zahlungsunwirksamen Erträge, zu denen sowohl Zuschreibungen als auch die Abnahme von Rückstellungen zählen, vom Jahresüberschuss subtrahiert, da sie zuvor in der GuV addiert wurden, sodass auch hier eine Korrektur der in der GuV durchgeführten Rechenschritte erfolgt. Neben der Angabe des Cash-Flow als absolute Größe können auf dessen Basis ähnlich wie beim Jahresüberschuss verschiedene Kennzahlen gebildet werden, auf die hier aber nicht näher eingegangen werden soll.

3.7.3 Erfolgswirtschaftliche Analyse

Während das Unternehmen durch die Kapitalstrukturanalyse auf seine Bestandsfähigkeit, also die Erreichung des unternehmerischen Ziels „Verdienstquelle sichern" untersucht wurde, ist das Ziel der erfolgswirtschaftlichen Analyse, die zukünftige Ertragskraft des Unternehmens zu ermitteln, also die Möglichkeit der Erreichung des Ziels *„Geld verdienen"*. Grundsätzlich besteht hier das Problem, dass der Jahresabschluss lediglich vergangenheitsorientierte Daten enthält, aber trotzdem eine Beurteilung der *zukünftigen Ertragskraft* erfolgen soll. Es wird daher nicht einfach die vergangene Entwicklung des Jahresüberschusses zur Prognose fortgeschrieben, sondern vielmehr verschiedene Analysen vorgenommen, die eine bessere Beurteilung der Ertragskraft ermöglichen. Drei grundlegende Analysemöglichkeiten stellen dabei die Erfolgsquellenanalyse, die Analyse der Aufwands- und Ertragsstruktur und die Rentabilitätsanalyse dar.

Ziel der *Erfolgsquellenanalyse* ist es, eine differenzierte Betrachtung der einzelnen Bestandteile des Jahreserfolges vorzunehmen. Je mehr das Jahresergebnis aus gewöhnlichen, aus der normalen Geschäftstätigkeit resultierenden Bestandteilen besteht, desto mehr ist davon auszugehen, dass der aktuelle Gewinn ein Indiz für dic zukünftige Ertragskraft ist. Denn je mehr das Ergebnis aus untypischen, außergewöhnlichen Vorfällen resultiert, desto weniger ist davon auszugehen, dass das aktuelle Ergebnis Aussagekraft für die Zukunft besitzt. Ebenso kann die Unterscheidung in typische und untypische Gewinnbestandteile für eine Beurteilung aktueller Managementleistungen genutzt werden, da so z. B. erkannt werden kann, ob eine deutliche Gewinnsteigerung aus tatsächlichen Verbesserungen der eigentlichen Geschäftstätigkeit oder aus einmaligen untypischen Vorfällen resultiert. Die Spaltung des Ergebnisses lässt sich auch, wie in Abb. 3-26 dargestellt, noch tiefer gestalten.

Das *ordentliche Betriebsergebnis* besteht dabei aus allen Erträgen und Aufwänden, die aus Vorfällen aus der eigentlichen Geschäftstätigkeit resultieren, bei einem Maschinenhersteller also z. B. aus dem Verkauf von Maschinen oder dem Verbrauch an Material. Das *ordentliche betriebsfremde Ergebnis* besteht dagegen aus allen durchaus regelmäßig vorkommenden erfolgswirksamen Vorfällen, die jedoch nicht im direkten Zusammenhang mit der eigentlichen Geschäftstätigkeit stehen. Da hierunter fast ausschließlich finanzwirtschaftliche Geschäfte fallen, wird dieser Ergebnisteil häufig auch als *Finanzergebnis* bezeichnet. Im zuvor angesprochenen Beispiel fielen hierunter z. B. Soll- und auch Habenzinsen oder auch Erträge aus der Veräußerung von Wertpapieren. Anders als die Bestandteile des ordentlichen Ergebnisses, sind die Bestandteile des *sonstigen außerordentlichen Ergebnisses* ungewöhnliche, nicht regelmäßig wiederkehrende Vorfälle. Hierunter fallen z. B. die Erträge, die durch die Auflösung einer zu hoch dotierten Rückstellung entstehen. Die *Bewertungserträge* ergeben sich aus Erträgen, die durch

Zuschreibungen auf das Anlagevermögen entstehen. Abschließend können auch die aus der GuV ersichtlichen *Steueraufwendungen* um bestimmte Positionen korrigiert werden, auf die hier allerdings nicht näher eingegangen werden soll.

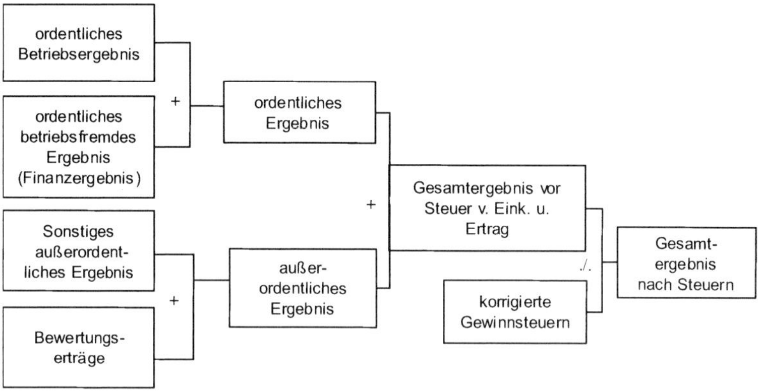

Abb. 3-26: Ergebnisspaltung[390]

Eine andere übliche Möglichkeit der *Bildung verschiedener Gewinngrößen* besteht in der Berechnung von Erfolgsgrößen vor der Berücksichtigung verschiedener Aufwandsbestandteile. Dieses Vorgehen kann einerseits zur *Beurteilung von Managementleistungen* sinnvoll sein, da Manager in bestimmten Positionen oder Situationen einige Aufwandsteile nicht beeinflussen können. So kann einem neu eingesetzten Firmenchef zu Beginn seiner Tätigkeit kein Vorwurf aus hohen Abschreibungen gemacht werden, da er die Unternehmensstruktur und damit die Höhe der Abschreibungen kurzfristig nicht beeinflussen kann. Andererseits lässt diese Vorgehensweise bessere Rückschlüsse auf die zukünftige Ertragskraft zu als eine reine Fortschreibung des gesamten Ergebnisses, da eine Beurteilung der eigentlichen Geschäftstätigkeit möglich wird. Üblicherweise werden die einzelnen Ergebnisgrößen durch die Abkürzungen der zu Grunde liegenden Begriffe ausgewiesen. So wird das Ergebnis vor Zinsen und Steuern mit *EBIT* (Earnings Before Interest and Taxes) bezeichnet. Geht man noch einen Schritt weiter zurück und betrachtet das Ganze auch noch vor der Berücksichtigung von Abschreibungen, so wird von *EBITDA* (Earnings Before Interest, Taxes, Depreciation and Amortisation) gesprochen. Hier ist zu beachten, dass im angelsächsischen Raum zwischen Abschreibungen auf materielle (Depreciation) und immaterielle (Amortisation) Vermögensgegenstände unterschieden wird. Entsprechend können je nach Zielsetzung verschiedene EBs gebildet werden.

Die zweite übliche Analyse im Rahmen der erfolgswirtschaftlichen Analyse stellt die Untersuchung der *Aufwands- und Ertragsstruktur* dar. Ziel ist es dabei insbesondere, die *Struktur des*

[390] Quelle: Bitz, M./Schneeloch, D./Wittstock, W. /Patek, G. [2014], S. 627.

ordentlichen Betriebsergebnisses zu analysieren. Zu diesem Zweck werden Kennzahlen gebildet, die Aufwands- bzw. Ertragsgrößen ins Verhältnis zu anderen Aufwands- bzw. Ertragsgrößen setzen. Durch die Bildung solcher Kennzahlen lassen sich vor allem durch deren zeitliche Entwicklung Rückschlüsse auf Gründe für die Entwicklung des ordentlichen Betriebsergebnisses finden. Auch hat die Ermittlung solcher relativer Erfolgsstrukturgrößen den Vorteil, dass sich betriebsübergreifende Vergleiche anstellen lassen. Liegt z. B. der Branchendurchschnitt einer Kennzahl bei 15 % und beim analysierten Unternehmen bei 30 %, so kann der Abschlussanalyst entsprechende Rückschlüsse ziehen. Im Folgenden sind beispielhaft einige Kennzahlen und ihre Bedeutung aufgeführt.

$$\text{Personalaufwandsquote} = \frac{\text{Personalaufwand}}{\text{Umsatzerlöse}}$$

Die Personalaufwandsquote gibt an, wie viel an Personalaufwand pro einem Euro Umsatz anfällt. Tendenziell ist diese umso besser zu beurteilen, je niedriger sie liegt. Eine Beurteilung ist aber immer nur im Branchenkontext möglich. Auch kann ein Absinken der Personalaufwandsquote dann z. B. negativ beurteilt werden, wenn das analysierte Unternehmen in einer serviceorientierten Dienstleistungsbranche tätig ist und ohnehin schon eine niedrige Personalaufwandsquote hatte. Denn dann kann eine z. B. aus Personalabbau resultierende Verringerung der Quote in der Zukunft zu einer mangelnden Zufriedenheit der Kunden und infolgedessen zu einer Umsatzminderung und mittelfristig wieder zu einer Erhöhung der Personalaufwandsquote führen.

$$\text{Materialaufwandsstruktur} = \frac{\text{Materialaufwand}}{\text{Summe der Aufwendungen}}$$

Die Materialaufwandsstruktur versucht zu ermitteln, welchen Anteil der Materialeinsatz an den gesamten Aufwendungen besitzt. Auch hier gilt wieder, dass eine Beurteilung im Branchenkontext nötig ist. Eine Beurteilung der Veränderungen hängt stark von deren Ursachen ab. Eine Verringerung aufgrund der Absenkung der Qualität der in der Produktion eingesetzten Materialien kann, muss aber nicht zu einem Rückgang der Kundenzufriedenheit und dann zu einem Umsatzrückgang führen und müsste entsprechend negativ beurteilt werden. Resultiert eine Absenkung hingegen aus einer Reduktion des produktionsbedingten Ausschusses oder aus einer besseren Gestaltung der Einkaufskonditionen, so ist dies entsprechend positiv zu bewerten.

Dritter Bestandteil der erfolgswirtschaftlichen Analyse ist die *Rentabilitätsanalyse*. Ziel ist es hier, die Ertragskraft des betrachteten Unternehmens zu beurteilen. Dazu wird das erwirtschaftete Ergebnis ins Verhältnis zum erforderlichen Faktoreinsatz oder zum Umsatz gesetzt. Der erforderliche Faktoreinsatz besteht je nach Betrachtungssystematik entweder aus dem eingesetzten Eigenkapital oder aber aus dem gesamten Kapital. Stellt man auf das Eigenkapital ab, so wird die Eigenkapitalrendite gebildet:

$$\text{Eigenkapitalrendite} = \frac{\text{Jahresüberschuss}}{\varnothing\ \text{Eigenkapital}}$$

Die Eigenkapitalrendite sagt aus, wie viel relativ zu dem im Unternehmen im Jahresverlauf durchschnittlich gebundenen Eigenkapital erwirtschaftet wurde. Generell gilt, dass die Kennzahl umso besser zu beurteilen ist, je höher sie ausfällt. Um eine aussagekräftigere Beurteilung vornehmen zu können, muss auch die Kapitalstruktur des Unternehmens berücksichtigt werden. Wie aus dem finanzwirtschaftlichen Bereich bekannt, kann die Eigenkapitalrendite über den Leverage-Effekt unter bestimmten Umständen stark gesteigert werden. Da dabei aber die Eigenkapitalquote als Indikator für die Bestandssicherheit des Unternehmens absinkt, ist hier eine zusätzliche Betrachtung dieses Risikofaktors nötig, um eine fundierte Beurteilung vornehmen zu können. Daher macht es auch Sinn, nicht nur auf die Eigenkapitalrendite, sondern auch auf Renditekennzahlen zu achten, die das gesamte Kapital als Referenzgröße heranziehen. Die beiden verbreitetsten Kennzahlen in diesem Bereich sind die Gesamtkapitalrendite und der Return on Investment (ROI).

Die Gesamtkapitalrendite errechnet sich wie folgt:

$$\text{Gesamtkapitalrendite} = \frac{\text{Jahresüberschuss} + \text{Zinsen}}{\varnothing\ \text{Gesamtkapital}}$$

Die *Gesamtkapitalrendite* gibt an, wie viel das im Jahresverlauf durchschnittlich investierte Kapital insgesamt erwirtschaftet hat. Es wird hier das Ergebnis vor Zinsen verwendet, weil auch die Zinsen mit dem eingesetzten Kapital erwirtschaftet wurden. Auf diese Weise wird eine Beurteilung der Ertragskraft unabhängig vom Verschuldungsgrad möglich, was insbesondere auch in betriebsübergreifenden Vergleichen von Nutzen ist.

Anders ist dies beim *Return on Investment (ROI)*. Dieser nimmt die obige Betrachtung auf Basis des Ergebnisses nach Zinsen, also dem „normalen" Jahresüberschuss vor.

$$\text{Return on Investment} = \frac{\text{Jahresüberschuss}}{\varnothing\ \text{Investiertes Kapital } (= \varnothing\ \text{Gesamtkapital})}$$

Der Return on Investment ist die Spitzenkennzahl des von dem US-amerikanischen Chemieunternehmen Du Pont entwickelten und zur internen Steuerung eingesetzten Kennzahlensystems. Der ROI ergibt sich aus der Multiplikation der Umsatzrendite mit dem Kapitalumschlag. Der ROI misst den Gewinn pro Einheit investierten Kapitals. Bei der ROI-Analyse ist insbesondere die tiefergehende Analyse der Zusammensetzung und Entstehung des ROI anhand der in Abb. 3-27 dargestellten Systematik aufschlussreich.

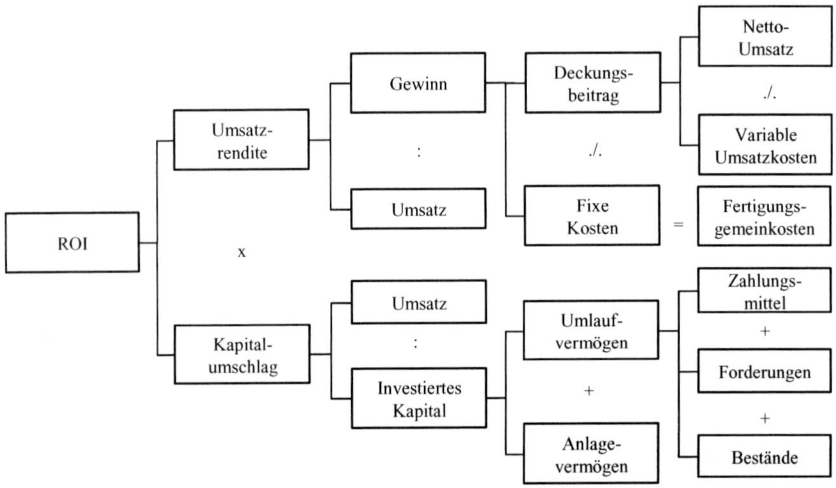

Abb. 3-27: Berechnung des ROI

Hier wird auch deutlich, dass unterschiedliche Wege zu einer hohen Verzinsung des eingesetzten Kapitals existieren. So kann z. B. ein Juwelier trotz eines geringen Kapitalumschlags (Umsatz zu investiertem Kapital) einen hohen ROI aufweisen, da er aufgrund sehr großer Gewinnspannen eine hohe Umsatzrendite aufweist. Umgekehrt erreicht ein bekannter Lebensmitteldiscounter trotz einer recht geringen Umsatzrendite deshalb einen hohen ROI, weil er aufgrund der sehr großen Verkaufsmengen einen sehr hohen Kapitalumschlag erzielt.

Die dritte und letzte Betrachtungsmöglichkeit ist, den Jahresüberschuss ins Verhältnis zum Umsatz zu setzen und die *Umsatzrendite* zu errechnen:

$$\text{Umsatzrendite} = \frac{\text{Jahresüberschuss}}{\text{Umsatz}}$$

Dadurch wird ermittelt, wie hoch die Gewinnspanne eines Unternehmens ist, also wie viel ihm an Gewinn von einem Euro Umsatz bleibt. Tendenziell ist die Größe wiederum umso besser zu beurteilen, je höher sie ausfällt. Wie im obigen Beispiel mit dem Lebensmitteldiscounter gezeigt wurde, ist eine hohe Umsatzrendite nicht unbedingt die Voraussetzung für ein erfolgreiches Unternehmen. Dies verdeutlicht wiederum, dass nur die übergreifende Betrachtung von Kennzahlen und Analysen aus allen behandelten Analysebereichen zu einer fundierten Aussage über ein Unternehmen führen kann.

Die im Bereich der Jahresabschlussanalyse dargestellten Kennzahlendefinitionen stellen lediglich ein Basiskonzept dar. Zu allen Kennzahlen existieren verschiedene Varianten mit unterschiedlichen Korrekturen und Anpassungen der eingesetzten Größen. Darauf soll hier jedoch nicht weiter eingegangen werden, da sich dadurch an der Grundaussage und Intention der Kennzahlen nichts ändert.

3.7.4 Grenzen der Jahresabschlussanalyse

Die vorangegangenen Ausführungen zur Jahresabschlussanalyse stellen nur einen kurzen Einblick in die Methoden und das Vorgehen der Abschlussanalyse dar. Die Literatur zur Bilanzanalyse ist sehr umfangreich und hat eine Vielzahl verschiedenster Analyseansätze hervorgebracht. Bei allem Erkenntnisgewinn, der durch die Jahresabschlussanalyse erreicht werden kann, dürfen seine *Grenzen* aber nicht übersehen werden. Diese resultieren daraus, dass der Jahresabschlussanalyst immer auf den *Rückgriff auf die Daten des Jahresabschlusses* angewiesen ist. Da die Informationen des Jahresabschlusses dagegen, wie zum Teil bereits zuvor angesprochen, einige Mängel enthalten oder zumindest enthalten können, ist automatisch auch die Aussagekraft der Jahresabschlussanalyse eingeschränkt. Im Einzelnen lassen sich die *Grenzen der Aussagefähigkeit* der Jahresabschlussanalyse auf die nachstehenden Gründe zurückführen.

Das erste Problem liegt darin, dass der Jahresabschluss nur *vergangenheitsbezogene Daten* enthält. Die Bilanz ist eine Auflistung der aktuellen Bestandsgrößen, die aus vergangenen Handlungen resultieren, die GuV bildet alle erfolgswirksamen Vorgänge des abgelaufenen Geschäftsjahres ab. Die Jahresabschlussanalyse ist hingegen zukunftsorientiert ausgerichtet, da ihr Ziel die Entscheidungsvorbereitung ist. Vergangenheitsorientierte Daten sind jedoch nur begrenzt geeignet, Prognosen über die zukünftige Entwicklung zu treffen, da eine Fortschreibung einer in der Vergangenheit beobachteten Entwicklung in die Zukunft oft nicht möglich ist. Dies trifft umso mehr zu, wenn man die in vielen Bereichen hohe *Marktdynamik* betrachtet, die zu immer neuen, sich von den vergangenen unterscheidenden Entwicklungen führt. Daher ist eine Prognose der zukünftigen Unternehmensentwicklung auf Basis der vergangenheitsorientierten Jahresabschlussdaten nur eingeschränkt möglich.

Des Weiteren wird die Jahresabschlussanalyse durch die Ausrichtung der Jahresabschlusserstellung am *relativen Adressatenschutz* behindert. Durch diese ergibt sich zwar ein Nebeneinander von Rechenschafts- und Kapitalerhaltungszweck, doch überwiegen wie zuvor dargestellt die kapitalerhaltenden Vorschriften. Insbesondere das Imparitäts- und das Vorsichtsprinzip führen aber dazu, dass eine vorsichtige, nicht zu optimistische Darstellung der Vermögens-, Finanz- und Ertragslage entsteht, sie bedingen allerdings, dass ein realistischer Ausweis der tatsächlichen Unternehmenssituation oft nicht erfolgen kann. Durch die vorsichtige Bewertung und die ungleiche Behandlung von unrealisierten Aufwendungen und Erträgen ergibt sich aus diesen beiden Grundsätzen damit tendenziell ein zu niedriger Ausweis von Gewinn und Reinvermögen. Dies birgt für den Jahresabschlussanalytiker die Schwierigkeit, die dadurch verursachten Verzerrungen exakt zu quantifizieren, was i. d. R. nicht genau möglich sein wird.

Hinzu kommen die Schwierigkeiten für den Außenstehenden, die sich aus den zahlreichen in Abschnitt 3.3.6 systematisierten *bilanzpolitischen Freiräumen* bei Ansatz und Bewertung ergeben. Da diese nicht immer von außen ersichtlich sind, sollte der Jahresabschluss als Informationsbasis nur mit der gebotenen Vorsicht genutzt werden.

Eine letzte, aber nicht minder bedeutende Einschränkung der Aussagefähigkeit des Jahresabschlusses über die zukünftige Unternehmensentwicklung liegt in seiner *mangelnden Vollständigkeit* begründet. Der Jahresabschluss bildet ausschließlich finanzielle Transaktionen ab. Für die Beurteilung der zukünftigen Entwicklung eines Unternehmens sind dabei auch über in Geldeinheiten messbare Daten hinausgehende Informationen wichtig. So enthält der Jahresabschluss z. B. keinerlei Informationen über die Qualität der Mitarbeiter, das Image des Unternehmens oder die Stellung im Markt. All diese immateriellen Werte dürfen nicht berücksichtigt werden, besitzen allerdings einen hohen Einfluss auf die zukünftige Entwicklung des Unternehmens. Gleiches gilt auf der Finanzierungsseite bspw. für offene, nicht genutzte Kreditlinien, die z. B. dazu führen können, dass trotz schlechter Liquiditäts- oder Kapitalstrukturkennzahlen bei der Abschlussanalyse de facto die Bestandsfähigkeit des untersuchten Unternehmens nicht gefährdet ist.

All diese Einschränkungen erklären, dass durch die Jahresabschlussanalyse allein i. d. R. *kein abschließendes Bild der zukünftigen Unternehmensentwicklung* gezeichnet werden kann. Sie bildet jedoch eine *gute Grundlage*, um ergänzt durch zusätzliche Informationen und Einschätzungen ein solches Bild zu erhalten. Daher stellen die aufgezeigten Mängel die Abschlussanalyse nicht generell in Frage, sondern warnen vor einer uneingeschränkten Aussagekraft.

Lernfragen zu 3.7

1. Erläutern Sie den Zusammenhang zwischen den Teilanalysen der Jahresabschlussanalyse und den Unternehmenszielen „Geld verdienen“ und „Verdienstquelle sichern“!

2. Kann der Verschuldungsgrad eines Unternehmens aus der Kennzahl für die Fremdkapitalquote ermittelt werden?

3. Wo liegen die Grenzen der Jahresabschlussanalyse?

Literaturhinweise zu 3.7

Baetge, J./Kirsch, H.-J./Thiele, S. [2004], Bilanzanalyse, 2. Aufl., Düsseldorf 2004, S. 1 - 4, S. 54 - 70, S. 225 - 228, S. 254 - 271, S. 336 - 340, S. 344 - 347, S. 381 - 396, S. 347 - 352.

Bitz, M./Schneeloch, D./Wittstock, W. /Patek, G. [2014], Der Jahresabschluß: Nationale und internationale Rechtsvorschriften, Analyse, Politik, 6. Aufl., München 2014, S. 460 - 465.

Coenenberg, A. G./Haller, A./Schultze, W. [2016], Jahresabschluss und Jahresabschlussanalyse, 24. Aufl., Stuttgart 2016, S. 1021 - 1196.

Hahn, H./Wilkens, K. [2000], Buchhaltung und Bilanz: Teil B. Bilanzierung, 2. Aufl., München 2000, S. 364 - 491.

Küting, K./Weber, C.P. [2015], Die Bilanzanalyse: Beurteilung von Abschlüssen nach HGB und IFRS, 11. Aufl., Stuttgart 2015.

Perridon, L./Steiner, M./Rathgeber, A. [2017], Finanzwirtschaft der Unternehmung, 17. Aufl., München 2017, S. 645 - 678.

Rehkugler, H./Poddig, T. [1998], Bilanzanalyse, 4. Aufl., München, u. a. 1998, S. 1 - 243.

Fallbeispiel Teil XII: Abschlussanalyse

Christians Praktikum dauert nun noch etwas weniger als eine Woche. Er sitzt in seinem Büro und nutzt die verbleibende Zeit, um die Situation der Großbrot AG zu analysieren. Im Studium hat er bislang gelernt, dass es prinzipiell zwei oberste Unternehmensziele gibt. Zum einen soll das Unternehmen „Geld verdienen", zum anderen muss ein Unternehmen bestrebt sein, die „Verdienstquelle zu sichern". Eine Beurteilung der ersten Zielsetzung erreicht man mittels einer erfolgswirtschaftlichen Analyse. Die Bestandsfestigkeit, die durch das Ziel „Verdienstquelle sichern" angestrebt wird, lässt sich mittels einer finanzwirtschaftlichen Analyse beurteilen. Beide Elemente sollen in seiner Analyse gleichgewichtig behandelt werden. Zunächst würde er mit der finanzwirtschaftlichen Analyse beginnen. Neben einer Kapitalstrukturanalyse möchte er auch eine horizontale Bilanzstrukturanalyse durchführen. Letztendlich ist er aber auch von der Bedeutung der Kennzahl Cash Flow überzeugt, so dass er diese als Maß für die Finanzkraft des Unternehmens ermitteln möchte. Bei der erfolgswirtschaftlichen Analyse beschränkt er sich auf ausgewählte Rentabilitätskennziffern.

Christian beginnt mit den Kennzahlen zur Kapitalstrukturanalyse. Zunächst berechnet er die seiner Meinung nach relevanten Kennziffern Eigenkapitalstruktur, Verschuldungsgrad und kurzfristige Verbindlichkeitenstruktur:

Für die Eigenkapitalquote berechnet er:

Eigenkapitalquote = 3.770.530 / 8.191.826 = 46,03 % (Vorjahr: 48,2 %)

Die Ausstattung mit Eigenkapital der Großbrot AG erscheint ihm sehr hoch. Selbst wenn ein Teil des Jahresüberschusses ausgeschüttet werden sollte und das Eigenkapital somit ein wenig abnimmt, ist die Quote dennoch vergleichsweise hoch. Diese Kennzahl ist unter dem Gesichtspunkt Bestandsfestigkeit des Unternehmens zunächst positiv zu werten. Der hohe Anteil an Eigenkapital besitzt indes auch einige Nachteile. Die Renditeforderungen der Eigenkapitalgeber sind aufgrund des damit verbundenen Risikos im Regelfall höher als die Renditeforderungen der Fremdkapitalgeber. Aus diesem Grund wird oftmals die Meinung vertreten, dass Eigenkapital „teurer" als Fremdkapital sei. Unter diesem Gesichtspunkt ist der Großbrot AG eventuell zu empfehlen, die Eigenkapitalquote auf einen Wert innerhalb einer Spannbreite branchenüblicher Verhältnisse zu senken.

Je höher die Eigenkapitalquote ist, desto geringer ist der Verschuldungsgrad, den Christian erhält, indem er das Fremdkapital durch das Eigenkapital dividiert. Christian übernimmt die obige Abgrenzung zwischen Eigen- und Fremdkapital. In diesem Fall erhält er einen Wert in Höhe von:

Verschuldungsgrad V = (3.999.922 + 421.374) / 3.770.530 = 1,17 (Vorjahr: 1,07)

Gegenüber der Kennzahl Eigenkapitalquote bringt ein so definierter Verschuldungsgrad keine wesentlichen neuen Erkenntnisse. Aus diesem Grund berechnet Christian umgehend die nächste Kennzahl „Kurzfristige Verbindlichkeitenstruktur", die man durch eine Division der kurzfristigen Verbindlichkeiten durch die gesamten Verbindlichkeiten erhält. Die Rückstellungen blendet er bei dieser Betrachtungsweise aus.

Kurzfristige Verbindlichkeitenstruktur = (827.845 + 1.054.239) / 3.999.922 = 47,05 %

Im Vorjahr betrug diese Kennzahl 45,86 %. Während die beiden vorherigen Kennzahlen als Indikatoren für das Sicherheitspotenzial angesehen werden können, ist die zuletzt berechnete Kennzahl nach Christians Meinung als Indikator für die finanzielle Stabilität der Großbrot AG wesentlich. Anhand der Kennzahl ist kein Hinweis auf eventuelle finanzielle Instabilitäten zu erkennen.

Christian ist mit seinem Tagewerk mehr als zufrieden. Bislang findet er keine Anzeichen, die auf eine bestandsgefährdende Entwicklung hindeuten würden. Er beschließt, am nächsten Tag mit der Analyse fortzufahren. Auf dem Weg zu seinem Auto begegnet er Herrn Wiedeke. Er erläutert diesem knapp seine bisherigen, vorläufigen Ergebnisse. Herr Wiedeke ist sehr froh, dass Christian ihm diese interessanten Neuigkeiten von sich aus überbringt und fragt ihn, ob er seine Ergebnisse nicht wieder vor der Abteilung Rechnungswesen präsentieren wolle. Diese sei am nächsten Freitag und wäre seiner Meinung nach ein ideales Ereignis zum Ende seines Praktikums.

Christian erinnert sich, wie nervös er vor gut einem halben Jahr gewesen war, als er ebenfalls vor dieser Gruppe sprechen sollte. Im Nachhinein hatte sich seine Angst als vollkommen unbegründet herausgestellt. Dennoch ist er wieder nervös, wenn er an den nächsten Freitag denkt. Gleichwohl kann er dieses Angebot wohl nicht ablehnen. „Selbstverständlich. Sehr gerne. Um welche Uhrzeit?", fragt er Herrn Wiedeke. „Morgens um 10 Uhr. Danach können Sie dann auch Feierabend machen. Ich möchte Ihnen nur schon einmal an dieser Stelle wieder für Ihr ausgezeichnetes Engagement danken." Auch Christian bedankt sich höflich. Dann würde diese Woche wohl noch einmal etwas anstrengender werden. Seiner Meinung nach dürfte die Analyse nur noch einen oder maximal zwei Tage in Anspruch nehmen. Allerdings muss er aber auch wieder eine Präsentation vorbereiten. Er hofft inständig, dass Petra ihm dieses Mal wieder unter die Arme greift. Ohne sie hätte die Folienerstellung damals Ewigkeiten gedauert.

Am nächsten Morgen macht sich Christian direkt wieder an die Analyse. Zunächst setzt er sich mit den Kennzahlen der horizontalen Bilanzstrukturanalyse auseinander. Neben der „Goldenen Finanzierungsregel" und der „Goldenen Bilanzregel" entschließt sich Christian zusätzlich zur Berechnung der Liquiditätskennzahl 2. Grades.

Bei der „Goldenen Finanzierungsregel" teilt man das langfristige Vermögen durch das langfristige Kapital. Als langfristiges Vermögen wird im Normalfall das Anlagevermögen angesehen. Bei dem langfristigen Kapital ist sich Christian aufgrund der vorliegenden Daten nicht sicher, welche Werte er zu diesem hinzuzählen soll. Das Eigenkapital steht der Großbrot AG zweifellos langfristig zur Verfügung. Da die Pensionsrückstellungen ebenfalls diese Eigenschaft erfüllen, entschließt sich Christian in diesem Fall, diese auch mit aufzunehmen. Bei den Verbindlichkeiten ist nur angegeben, welcher Anteil der Verbindlichkeiten kurzfristig ist. Verbindlichkeiten mit einer Restlaufzeit von über 5 Jahren werden als langfristig bezeichnet. Bei der Position „Sonstige Rückstellungen" sind ebenfalls keine Angaben bezüglich der Fristigkeit angegeben. Laut Auskunft von Frau Wiedeke sind 20 Prozent der sonstigen Rückstellungen, sowie 20 Prozent der nicht kurzfristigen Verbindlichkeiten als langfristig anzusehen.

Christians Berechnungen lauten daher wie folgt:

Goldene Finanzierungsregel (lgfr.)
= 4.328.485 / (3.770.530 + 217.729 + 0,2· 203.045 + 0,2 · (3.999.922 - 827.845 - 1.054.239)) = 0,972

Der Wert der „Goldenen Bilanzregel" ist nach der hier verwendeten Definition der Kehrwert des Ergebnisses der „Goldenen Finanzierungsregel". Er beträgt somit:

Goldene Bilanzregel = 1 / 0,972 = 1,029

Mehr Schwierigkeiten als mit der Berechnung der Werte hat Christian allerdings mit deren Interpretation. Das Ergebnis stellt Christian zufrieden. Er hat im Studium gelernt, dass die goldene Finanzierungsregel einen Wert aufweisen soll, der kleiner als 1 ist. Demgegenüber sollte der Wert der goldenen Bilanzregel nach obiger Definition größer als 1 sein. Bei der Großbrot AG trifft dies so eben zu. Dieses Ergebnis beunruhigt Christian ein wenig. Zuhause holt er noch einmal seine BWL 2-Unterlagen aus dem Schrank und vergegenwärtigt sich die Aussagekraft der erhobenen Kennzahlen. Diese Erkenntnisse lassen ihn dann ruhig schlafen.

Am nächsten Morgen kommen auf der Fahrt zur Praktikumsstelle die Gedanken von gestern wieder hoch. Ein wesentlicher Punkt, der dazu geführt hat, dass der Wert der goldenen Finanzierungsregel knapp unter 1 liegt, war die Information von Frau Wiedeke bezüglich der Fristigkeit der sonstigen Rückstellungen und Verbindlichkeiten. Er fragt sich, ab welchem Prozentsatz der Einstufung der nicht-kurzfristigen Verbindlichkeiten und sonstigen Rückstellungen als langfristig, sich bei beiden Kennzahlen ein Wert von 1 ergeben würde. Er errechnet einen Anteil von 14,6 %. Auf dem Weg zum Mittagessen begegnet er Frau Wiedeke. Er nutzt die Gelegenheit, ihre Einschätzung bezüglich der Fristigkeit der Verbindlichkeiten und sonstigen Rückstellungen erneut zu erfragen. Sie antwortet, dass die von ihr angegebenen Werte die tatsächlichen Strukturen korrekt und exakt widergeben würden. Christian ist endlich zufrieden und beschließt, sich nunmehr mit der Liquidität 2. Grades auseinander zu setzen.

Über die Forderungen hat er lange mit Daniel diskutiert. Aus diesem Grund beschließt er, diese komplett als kurzfristig einzustufen. Zudem sind die aktiven Rechnungsabgrenzungsposten im Zähler zu berücksichtigen. Die sonstigen Vermögensgegenstände hingegen lässt er bei der Berechnung der Liquidität 2. Grades außen vor, da diese laut Auskunft von Frau Wiedeke sämtlich als langfristig einzustufen seien. Als Ergebnis erhält er:

Liquidität (2. Gr.) = (519.465 + 2.052.675 + 95.705) / (827.845 + 1.054.239) = 141,75 %

„Wow!“, schießt es aus ihm heraus. Dieser Wert ist sehr zufriedenstellend. Nach seiner Ansicht müssen keine weiteren Nachforschungen im Bereich der Liquidität durchgeführt werden, da dieser Wert deutlich größer als 100 % ist. Als nächstes möchte er die Finanzkraft der Großbrot AG bewerten. Hierzu führt er eine Cash-Flow-Betrachtung durch. Vereinfachend geht er dabei davon aus, dass ausgehend vom Jahresüberschuss nur noch die Veränderung der Pensionsrückstellungen und die Abschreibungen als nicht zahlungswirksame Aufwendungen in die Betrachtung einzubeziehen sind. Leider haben die beiden die Gewinn- und Verlustrechnung nach dem Umsatzkostenverfahren aufgestellt. Aufgrund dieser Tatsache lässt sich dieser Rechnung die Höhe der Abschreibungen nicht entnehmen. Christian ist froh, dass er im Anlagengitter noch eine Spalte „Abschreibungen im Geschäftsjahr“ aufgeführt hatte, so dass sich dieser Wert schnell den Unterlagen entnehmen ließ.

Cash-Flow = 111.958 + 367.986 + 7.852 = 487.796 €

Während der Jahresüberschuss vergleichsweise gering ausfiel, liegt der Cash-Flow doch deutlich im positiven Bereich. Insgesamt ist er doch sehr angenehm überrascht, dass die finanzwirtschaftliche Analyse recht zufriedenstellende Ergebnisse hervorgebracht hat. Er erinnert sich an seinen Besuch bei der Großbrot AG während seines ersten Praktikums. Die Angestellten, insb. Herr Grote, waren sehr verunsichert gewesen. Seine Berechnungen damals hatten darüber hinaus auch ergeben, dass das Betriebsergebnis der Großbrot AG negativ war. Insofern überrascht es ihn schon, dass trotz alledem ein positiver Jahresüberschuss und Cash-Flow am Jahresende zu verzeichnen sind.

Christian geht zu Herrn Wiedeke, um ihm das zwischenzeitliche Ergebnis seiner finanzwirtschaftlichen Analyse mitzuteilen. Herr Wiedeke ist ebenfalls mit Christians Ergebnissen sehr zufrieden. Christian fragt ihn, ob er nicht überrascht sei, dass das Ergebnis insgesamt noch positiv ausgefallen sei. Immerhin deutete die Situation im Spätsommer noch auf ein anderes Ergebnis hin.

„Nun ja!“, antwortet er „nach Ihren Analysen während des ersten Praktikums haben wir im Anschluss an Ihren Vortrag während der Sitzung zunächst viel über Sie gesprochen. Anschließend haben wir dann über die Situation in der Großbrot AG diskutiert. Wir waren uns einig, dass sofortige Maßnahmen ergriffen werden sollten. Unter anderem haben wir eine prozessorientierte Zuschlagskalkulation entwickelt, um die Kosten beanspruchungsgerechter zu verteilen. Erste Erfolge aufgrund der anschließend sofort eingeleiteten Maßnahmen scheinen bereits Früchte zu tragen.“

Christian beginnt anschließend stolz die erfolgswirtschaftliche Analyse, da er den Erfolg teilweise auch als seinen persönlichen Erfolg wertet. Zunächst ermittelt er die Eigen- (EKR) und die Gesamtkapitalrentabilität (GKR). Bei der Gesamtkapitalrentabilität entscheidet er sich dafür, die Fremdkapitalzinsen aus dem Jahresüberschuss der Großbrot AG herauszurechnen, um eine Vergleichbarkeit mit anderen Tochterunternehmen der Brot & Brötchen AG zu gewährleisten.

Eigenkapitalrentabilität = 111.958 / (3.770.530 – 111.958) = 3,06 %

Bei der Berechnung entscheidet er sich im Nenner für das Eigenkapital am Jahresanfang, da sich in seinen Augen nur dieses Eigenkapital verzinst.

Bei der Ermittlung der Gesamtkapitalrentabilität beschließt er, den gesamten in der Gewinn- und Verlustrechnung unter Position 11 angegebenen Betrag als Zinsaufwand zu verstehen, obwohl dort auch „zinsähnlicher Aufwand" erfasst wurde. Seine Berechnungen für die Gesamtkapitalrentabilität ergeben:

Gesamtkapitalrentabilität = (111.958 + 287.630) / 8.191.826 = 4,88 %

Zugegebenermaßen ist auch diese Kennzahl nicht so hoch, wie er sie nach dem Gespräch mit Herrn Wiedeke erhofft hatte. Aber immerhin ist sie positiv. Letztendlich berechnet er noch die Umsatzrentabilität.

Umsatzrentabilität = 111.958 / 17.624.863 = 0,64 %

Zunächst erschreckt Christian aufgrund dieses Ergebnisses. Einerseits zeigt es ihm deutlich auf, dass die Margen nur noch minimal sind. Auf der anderen Seite sieht er sich in seiner ursprünglichen Meinung bestärkt, dass das SB-Backwarengeschäft wohl eher zukunftsträchtig sei. Diese Kennzahl bestätigt in seinen Augen dieses Argument nachhaltig, da offensichtlich mit dem klassischen Backwarengeschäft kaum noch Profit erwirtschaftet werden kann. Sämtliche Ergebnisse fasst Christian für sich noch einmal übersichtlich zusammen:

Kapitalstrukturanalyse	**Wert**
Eigenkapitalquote	46,03 %
Verschuldungsgrad	1,17
Kurzfristige Verbindlichkeitenstruktur	47,05 %
Horizontale Bilanzstrukturanalyse	
Goldene Finanzierungsregel	0,972
Goldene Bilanzregel	1,029
Liquidität 2. Grades	141,75 %
Analyse der Finanzkraft	
Cash-Flow	487.796 €
Rentabilitätsanalyse	
Eigenkapitalrentabilität	3,06 %
Gesamtkapitalrentabilität	4,88 %
Umsatzrentabilität	0,64 %

Tab. FB 42: Übersicht der gebildeten Kennzahlen

Während bei der finanzwirtschaftlichen Analyse kaum nennenswerte Probleme erkennbar sind, lassen sich bei der Rentabilitätsanalyse doch deutliche Schwachpunkte identifizieren. Am Ende seiner Überlegungen fertigt er noch eine Randnotiz an, um auf den seiner Meinung nach existierenden Investitionsstau hinzuweisen. Die Tatsache, dass ein Großteil des Anlagevermögens bereits abgeschrieben ist und Ergänzungsinvestitionen vergleichsweise wenig durchgeführt wurden, hätte er fast vergessen. Diesen Punkt möchte er am Freitag auf jeden Fall als Schlusspunkt anführen. Dabei hofft er, dass dieser Aspekt in der sich anschließenden Diskussion aufgegriffen wird.

Die nächsten Tage bereitet sich Christian gewissenhaft auf seinen Vortrag vor. Diesen meistert er wie immer sehr gut. Er schließt mit den Worten, dass aufgrund der gesicherten finanziellen Basis der Großbrot AG ein Engagement im SB-Backwarengeschäft seiner Meinung nach zukünftig erfolgsversprechend sei und merkt kritisch das Investitionsverhalten an. Nachdem er geendet hat, erntet er viel Lob für seine Arbeit. Christian fühlt sich sehr geschmeichelt, zeigt diese Reaktion doch, wie sehr seine Arbeit gewürdigt wurde. Herr Wiedeke gibt ihm mit auf den Weg, dass in dem Unternehmen immer Platz für ihn sei. Christian bedankt sich nochmals für die Möglichkeit, dass er überhaupt zwei Praktika habe absolvieren dürfen.

An diesem Abend fährt er direkt zu Petra, um mit ihr noch einmal ein schönes Wochenende mit ausgedehnten Spaziergängen zu verbringen. Am Sonntagnachmittag fährt er zurück nach Münster. Langsam kommt die Unruhe in ihm wieder auf. In drei Tagen werden die Noten der Klausuren beim Prüfungsamt ausgehängt.

Literaturverzeichnis

Adam, D. [1970], Entscheidungsorientierte Kostenbewertung, Wiesbaden 1970.

Adam, D. [1996], Planung und Entscheidung: Modelle - Ziele - Methoden, mit Fallstudien, 4. Aufl., Wiesbaden 1996.

Adam, D. [1997], Philosophie der Kostenrechnung oder der Erfolg des F. S. Felix - ein etwas anderes, „unwissenschaftliches" Buch über Kostenrechnung, Stuttgart 1997.

Adam, D. [1998], Produktions-Management, 9. Aufl., Wiesbaden 1998.

Adam, D. [2000], Investitionscontrolling, 3. Aufl., München/Wien 2000.

Agthe, K. [1959], Stufenweise Fixkostendeckung im System des Direct Costing, in: ZfB, 29. Jg., 1959, S. 404 - 418.

Agthe, K. [1963], Kostenplanung und Kostenkontrolle im Industriebetrieb, Baden-Baden 1963.

Baetge, J./Kirsch, H.-J./Thiele, S. [2004], Bilanzanalyse, 2. Aufl., Düsseldorf 2004.

Baetge, J./Kirsch, H.-J./Thiele, S. [2017], Bilanzen, 14. Aufl., Düsseldorf 2017.

Berens, W./Hoffjan, A. [1999], Jahresabschlußpolitische Sachverhaltsgestaltungen, in: WISU, Heft 10, 1999, S. 1282 - 1294.

Berens, W./Bertelsmann, R. [2002], Stichwort "Controlling", in: Küpper, H.-U./Wagenhofer, A. (Hrsg.): Handwörterbuch Unternehmensrechnung und Controlling, 4. Aufl., Enzyklopädie der Betriebswirtschaftslehre Band III, Stuttgart 2002, Sp. 280 - 288.

Berens, W./Delfmann, W./Schmitting, W. [2004], Quantitative Planung – Grundlagen, Fallstudien, Lösungen, 4. Aufl., Stuttgart 2004.

Berens, W./Schmitting, W. [1996], Neuere Entwicklungen im industriellen Rechnungswesen: Produktionsprogrammplanung im Spannungsfeld zwischen Theorie und Praxis, in: Rieper, B./ Witte, T./Berens, W. (Hrsg.), Betriebswirtschaftliches Controlling: Planung - Entscheidung - Organisation, Festschrift für Univ.-Prof. Dr. Dietrich Adam zum 60. Geburtstag, Wiesbaden 1996, S. 1 - 29.

Berens, W./Schmitting, W. [2000], Möglichkeiten der entscheidungsorientierten Kostenbewertung - beschaffungs- und absatzmarkorientierte Fundierung, in: Fischer, T. M. (Hrsg.), Kosten-Controlling - Neue Methoden und Inhalte, Stuttgart 2000, S. 53 - 77.

Bertelsmann, R. [2005], Entwicklung einer Controlling-Konzeption im verallgemeinerten Neuen Steuerungsmodell für Trägerorganisationen der gesetzlichen Unfallversicherung, Frankfurt a. M. 2005, zugl.: Münster (Westfalen), Univ., Diss., 2004.

Bitz, M./Schneeloch, D./Wittstock, W. /Patek, G. [2014], Der Jahresabschluß: Nationale und internationale Rechtsvorschriften, Analyse, Politik, 6. Aufl., München 2014.

Brachmann, H. [2001], Kostenrechnung des Kompositversicherers, Karlsruhe 2001.

Bungenstock, C. [1995], Entscheidungsorientierte Kostenrechnungssysteme - Eine entwicklungsgeschichtliche Analyse, Wiesbaden 1995, zugl.: Koblenz, Univ., Diss., 1994.

Coenenberg, A. G. [2003], Kostenrechnung und Kostenanalyse, 5. Aufl., Stuttgart 2003.

Coenenberg, A. G./Fischer, T. M./Günther, T. [2016], Kostenrechnung und Kostenanalyse, 9. Aufl., Stuttgart 2016.

Coenenberg, A. G./Haller, A./Schultze, W. [2016], Jahresabschluss und Jahresabschlussanalyse, 24. Aufl., Stuttgart 2016.

Däumler, K.-D./Grabe, J. [2015], Kostenrechnung 3, Plankostenrechnung mit Fragen und Aufgaben, Antworten und Lösungen, Testklausur, 9. Aufl., Herne/Berlin 2015.

Däumler, K.-D./Grabe, J. [2013], Kostenrechnung 1, Grundlagen mit Fragen und Aufgaben, Antworten und Lösungen, Testklausuren, 11. Aufl., Herne/Berlin 2013.

Deimel, K./Iseman, R./Müller, S. [2006], Kosten- und Erlösrechnung - Grundlagen, Managementaspekte und Integrationsmöglichkeiten der IFRS, München 2006.

Eberenz, R. [2005], Die Harmonisierung der externen und internen Rechnungslegung am Beispiel des Beiersdorf Konzerns, in: ControllerNews - Die Zeitschrift für Controlling und Unternehmensführung, Heft 1/2005, 2005, S. 40 - 42.

Ebert, G. [2012], Kosten- und Leistungsrechnung, 11. Aufl., Wiesbaden 2012.

Ewert, R./Wagenhofer, A. [2014], Interne Unternehmensrechnung, 8. Aufl., Berlin, u. a. 2014.

Fandel, G./Fey, A./Heuft, B./Pitz, T. [2009], Kostenrechnung, 3. Aufl., Berlin, u. a. 2009.
Federmann, R. [2010], Bilanzierung nach Handelsrecht, Steuerrecht und IAS-IFRS – Gemeinsamkeiten, Unterschiede und Abhängigkeiten von Handels- und Steuerbilanz unter Berücksichtigung internationaler Rechnungslegungsstandards, 12. Aufl., Berlin 2010.

Friedl, G./Hofmann, C./Pedell, B. [2017], Kostenrechnung – Eine entscheidungsorientierte Einführung, 3. Aufl., München 2017.

Götze, U. [2010], Kostenrechnung und Kostenmanagement, 5. Aufl., Berlin, u. a. 2010.

Grob, H. L. [2002], Leistungs- und Kostenrechnung, 4. Aufl., Münster (Westfalen) 2002.

Grob, H. L./Bensberg, F. [2005], Kosten- und Leistungsrechnung - Theorie und SAP®-Praxis, München 2005.

Grob, H. L. [2006], Einführung in die Investitionsrechnung - Eine Fallstudiengeschichte, 5. Aufl., München 2006.

Gutenberg, E. [1958], Einführung in die Betriebswirtschaftslehre, Wiesbaden 1958.

Haberstock, L. [2008], Kostenrechnung I - Eine Einführung mit Fragen, Aufgaben und Lösungen, bearbeitet von Breithecker, V., 13. Aufl., Berlin 2008.

Hahn, H./Wilkens, K. [2000], Buchhaltung und Bilanz: Teil B. Bilanzierung, 2. Aufl., München 2000.

Heinhold, M. [1996], Der Jahresabschluss, 4. Aufl., München 1996.

Heinhold, M. [2010], Kosten- und Erfolgsrechnung in Fallbeispielen, 5. Aufl., Stuttgart 2010.

Hoberg, P. [2005], Das Problem des richtigen AfA-Ausgangsbetrags - Ein allgemeines Modell zur Inflationserfassung, in: ZfCM, Heft 2, 2005, S. 165 - 171.

Hoitsch, H.-J./Lingnau, V. [2007], Kosten- und Erlösrechnung - Eine controllingorientierte Einführung, 6. Aufl., Berlin, u. a. 2007.

Horngren, C. T./Bhimani, A./Datar, S. M./Rajan, M. V. [2015], Management and Cost Accounting, 6. Aufl., Harlow 2015.

Horngren, C. T./Datar, S. M./Rajan, M. V. [2015], Cost Accounting - A Managerial Emphasis, 15. Aufl., Harlow 2015.

Horváth, P. [2011], Controlling, 12. Aufl., München 2011.

Hummel, S./Männel, W. [1986], Kostenrechnung 1 - Grundlagen, Aufbau und Anwendung, 4. Aufl., Wiesbaden 1986.

Junga, C. [2000], Entwicklung einer Controlling-Konzeption für Staatsanwaltschaften, Aachen 2000.

Kilger, W. [1987], Einführung in die Kostenrechnung, 3. Aufl., Wiesbaden 1987.

Kilger, W./Pampel, J./Vikas, K. [2012], Flexible Plankostenrechnung und Deckungsbeitragsrechnung, 13. Aufl., Wiesbaden 2012.

Klingebiel, N. [1996], Leistungsrechnung/Performance Measurement als bedeutsamer Bestandteil des internen Rechnungswesens, in: krp, Heft 2, 1996, S. 77 - 84.

Kraft, M. [2008], Kostentransparenz in Versicherungsunternehmen durch Deckungsbeitragsrechnungen - Controlling als informatorische Basis der Steuerung von Komposit-Versicherungsunternehmen, Karlsruhe 2008, zugl.: Münster (Westfalen), Univ., Diss., 2008.

Krönung, H.-D. [1988], Kostenrechnung und Unsicherheit - ein entscheidungstheoretischer Beitrag zu einer Theorie der Kostenrechnung, Wiesbaden 1988, zugl.: Frankfurt (Main), Univ., Diss., 1987.

Kümpel, T. [2002a], Die Kostenartenrechnung in der Vollkostenrechnung, in: WISU, Heft 1, 2002, S. 59 - 61.

Kümpel, T. [2002b], Die Kostenstellenrechnung in der Vollkostenrechnung, in: WISU, Heft 3, 2002, S. 325 - 328.

Kümpel, T. [2004], Target Costing, in: WISU, Heft 11, 2004, S. 1362 - 1366.

Küpper, H.-U. [2013], Controlling - Konzeption, Aufgaben und Instrumente, 6. Aufl., Stuttgart 2013.

Küting, K./Weber, C.P. [2015], Die Bilanzanalyse: Beurteilung von Abschlüssen nach HGB und IFRS, 11. Aufl., Stuttgart 2015.

Leffson, U. [1987], Die Grundsätze ordnungsmäßiger Buchführung, 7. Aufl., Düsseldorf 1987.
Männel, W. [1990], Leistungsrechnung, in: krp, Heft 3, 1990, S. 194 - 195.

Mellerowicz, K. [1974], Kosten und Kostenrechnung, Band II, Verfahren, 5. Aufl., Berlin 1974.

Mellerowicz, K. [1977], Neuzeitliche Kalkulationsverfahren, 6. Aufl., Freiburg im Breisgau 1977.

Mertes, M. [2000], Controlling in der Kirche: Aufgaben, Instrumente und Organisation, Gütersloh 2000.

Möller, H. P./Zimmermann, J./Hüfner, B. [2005], Erlös- und Kostenrechnung, München 2005.

Nerger, M. [2004], Kosten- und Leistungsrechnung im Fokus zeitorientierter Wettbewerbsstrategien, Hamburg 2004, zugl.: Diss., Universität Münster, 2004.

Oenning, A. [1997], Theorie betrieblicher Kuppelproduktion, Bd. 19, Umwelt und Ökonomie, Heidelberg 1997.

o.V. [2008], Das BilMoG im Überblick: Kernpunkte des Referentenentwurfs eines Gesetzes zur Modernisierung des Bilanzrechts, in: SR, Heft 1, 2008, S. 32 - 36.

Perridon, L./Steiner, M./Rathgeber, A. [2017], Finanzwirtschaft der Unternehmung, 17. Aufl., München 2017.

Precht, M./Voit, K./Kraft, R. [2005], Mathematik 2 für Nichtmathematiker – Funktionen, Folgen und Reihen, Differential- und Integralrechnung, Differentialgleichungen, Ordnung und Chaos, 7. Aufl., München/Wien 2005.

Rehkugler, H./Poddig, T. [1998], Bilanzanalyse, 4. Aufl., München, u. a. 1998.

Riebel, P. [1994], Einzelkosten- und Deckungsbeitragsrechnung - Grundfragen einer markt- und entscheidungsorientierten Unternehmensrechnung, 7. Aufl., Wiesbaden 1994.

Sandt, J. [2004], Management mit Kennzahlen und Kennzahlensystemen - Bestandsaufnahme, Determinanten und Erfolgsauswirkungen, Wiesbaden 2004, zugl.: Vallendar, Wissenschaftliche Hochschule für Unternehmensführung, Diss., 2003 (aus der Reihe: Weber, J. (Hrsg.), Schriften des Center for Controlling & Management (CCM), Bd. 14).

Schmidt, A. [2017], Kostenrechnung: Grundlagen der Vollkosten-, Deckungsbeitrags- und Plankostenrechnung sowie des Kostenmanagements, 8. Aufl., Stuttgart 2017.

Schweitzer, M./Küpper, H.-U. [2016], Systeme der Kosten- und Erlösrechnung, 11. Aufl., München 2016.

Schweitzer, M./Troßmann, E. [1998], Break-even-Analysen - Methodik und Einsatz, 2. Aufl., Berlin 1998.

Seicht, G. [2001], Moderne Kosten- und Leistungsrechnung - Grundlagen und praktische Gestaltung, 11. Aufl., Wien 2001.

Selchert, F. W. [1996], Jahresabschlussprüfung der Kapitalgesellschaften: Grundlagen – Durchführung – Bericht, 2. Aufl., Wiesbaden 1996.

Selchert, F. W./Karsten, J. [1985], Inhalt und Gliederung des Anhangs, in: BB, 1985, S. 1889 - 1894.

Steinrücke, M. [2003], Preisuntergrenzen aus betriebswirtschaftlicher Sicht - Ein Überblick, in: WiSt, Heft 12, 2003, S. 728 - 730.

Stirzel, M./Zeibig, S. [2009], Target Costing, in: Controlling – Zeitschrift für erfolgsorientierte Unternehmenssteuerung, Heft 6, 2009, S. 322 - 325.

Terveer, I. [2008], BWL-Crash-Kurs Mathematik, 2. Aufl., Konstanz 2008.

Thommen, J.-P./Achleitner, A.K. [2012], Allgemeine Betriebswirtschaftslehre, 7. Aufl., Wiesbaden 2012.

Wahle, O. [1989], Kostenrechnung II für Studium und Praxis - Ist- und Normalkostenrechnung, 3. Aufl., Bad Homburg v. d. H. 1989.

Walter, W. G./Wünsche, I. [2013], Einführung in die moderne Kostenrechnung - Grundlagen, Methoden, Neue Ansätze, 4. Aufl., Wiesbaden 2013.

Weber, J. [2005], Gestaltung der Kostenrechnung - Notwendigkeit, Optionen und Konsequenzen, Wiesbaden 2005 (aus der Reihe: Weber, J. (Hrsg.), Schriften des Center for Controlling & Management (CCM), Bd. 21).

Weber, J./Schäffer, U. [2016], Einführung in das Controlling, 15. Aufl., Stuttgart 2016.

Weber, J./Weißenberger, B. E. [2015], Einführung in das Rechnungswesen: Bilanzierung und Kostenrechnung, 9. Aufl., Stuttgart 2015.

Witt, F.-J. [1991], Deckungsbeitragsmanagement, München 1991.

Wullenkord, A. [1995], Kosten- und Erfolgs-Controlling im Konzern, München 1995, zugl.: Diss., Universität Dortmund 1994/1995.

Stichwortverzeichnis

A

Abbaubarkeit von Kosten 78, 213
Absatzerfolgsrechnung 320
Absatzkosten 152
Abschlussprüfung 342, 343
Abschreibungen 69, 88, 89, 91, 92, 93, 94, *95–101*, 98, 106, 230, 297, 300, 302, 310
  „unter Null“ 91
  arithmetisch-degressive 93
  außerplanmäßige 89, 90, 298, 303, 304, 305
  degressive 91, 93
  digitale 93
  geometrisch-degressive 93, 300
  handelsrechtliche 90
  kalkulatorische 88, 90, 94, 99, 100, 141, 142, 143
  leistungsabhängige 91, 93, 94, 300
  lineare 91, 93, 300
  planmäßige 89, 90, 298, 305
  progressive 91, 300
  Sonderabschreibungen 90
Abschreibungsausgangsbetrag 88, 89, 91, 93, 94, 106
Abschreibungsbetrag 88, 300
Abschreibungsdauer 90
Abschreibungsmethode *Siehe* Abschreibungen
Abschreibungsplan 88, 89, 298, 299
Abschreibungsverfahren *Siehe* Abschreibungen
Abschreibungswahlrecht 303
Abschreibungszeitraum 299
Absetzung für Abnutzung (AfA) 90, 300
Abweichungsanalyse 150, 183, 188, 191
Abweichungsüberschneidungen 194, 195
Abzugskapital 107, 108
Acid-Test 357
Adressatenschutz 219
AfA *Siehe* Absetzung für Abnutzung
AfA-Tabelle 90, 299
Agio 282
AGTHE, KLAUS 210
AK/HK-Prinzip 305
Aktiva 17, 219, 244
Aktivierungsfähigkeit 127
  abstrakte 233, 234, 237, 248, 249
  handelsrechtliche 234
  konkrete 234
Aktivierungsgrundsatz 127, 248, 251
Aktivierungsverbot 250, 251, 253
  konkretes 250
Aktivierungswahlrecht 310
Aktivseite der Bilanz 16, 246, 252
Akzeptanzprinzip *Siehe* Zurechnungsprinzip
allgemeine Bewertungsgrundsätze 285
Alternativkosten 86, 87
Anbauverfahren 130
andere aktivierte Eigenleistungen 321
Anderskosten 28, 29, 86, 87, 88, 102, 116
Andersleistung 30
Anhang 2, 222, 336, 337
Anlagenspiegel 254, 255, *259–65*, 337
Anlagevermögen 16, 252
Ansatzgrundsätze 233
  Aktivierungsgrundsatz 233
  Passivierungsgrundsatz 234
Ansatzregeln
  konkrete 250
Ansatzvorschriften 222
Anschaffungs- und Herstellungskosten 95, 104, 111, 112, 127, 254, 289
Anschaffungsausgabe 88, 91, 92, 93, 95

Anschaffungskosten 289, 290, 291
nachträgliche 289, 290
Anschaffungskostenprinzip 288
Anschaffungsnebenkosten 290
Anschaffungspreis 290
APT *Siehe* Arbitrage Pricing Theorie
Äquivalenzziffer 154, 155, 162
Äquivalenzziffernkalkulation 151, 154, 155
einstufige 154
mehrstufige 154, 155
Äquivalenzziffernmethode 162
Arbitrage Pricing Theorie (APT) 110
Aufsichtsrat 341
Aufwand 21
aperiodischer 28
außergewöhnlicher 28
außerordentlicher 28
betriebsbedingter 28
betriebsfremder 28
neutraler 28
nicht betriebsbedingter 28
periodenfremder 28
Aufwandsstrukturanalyse 361
Ausgabe 18, 19
Ausgabewirksamkeit 213
Ausschuss 154
Auszahlung 17, 19

B

BAB *Siehe* Betriebsabrechnungsbogen
BAETGE, JÖRG 231, 274
Banker's Rule 357
Bargeldbestand 17
Beanspruchungsgerechtigkeit 69, 93
Beibehaltungswahlrecht 304
Bemessungsgrundlage 299
Benchmarking 164
Berichterstattung 217
Beschaffungswert 18, 19
Beschäftigung 77, 78, 79, 81
Beschäftigungsabweichung 189, 190, 193, 199, 200
Beschäftigungsgrad 79, 86
Bestandsbewegungen 255
Bestandsbewertung 148
Bestandskonten 219
Bestandsveränderung 155
Bestandteile des Jahresabschlusses 336
Bestätigungsvermerk 343
Betrieb 24
betriebliche Altersversorgung 293
Betriebsabrechnungsbogen 123, 124, 133, *139–46*
Betriebserfolg 22, 25
Betriebsergebnis 2, 25, 59, 174, 191, 320
ordentliches 360
Betriebsergebniskonto 174, 176
Betriebsergebnisrechnung 176
Betriebsgewinn 25, 174
Betriebsstoffe 73, 245, 257, 295, 297
Betriebsverlust 25, 174
Betriebszweck 24
Bewertungsstetigkeit 288
Bewertungsverfahren 295
Bewertungsvorschriften 222
Bewertungswahlrecht 310
Bezugsgröße 69, 121, 128, 154, 181
Bezugsgrößenkalkulation 154, 157
Bezugsobjekt 147
Bilanz 2, 64, 244
Bilanzanalyse 352, 353, 358, 365
Bilanzanalysekennzahlen 353
Bilanzansatz
dem Grunde nach 247
der Höhe nach 285
Bilanzansatzwahlrechte 310
Bilanzaufbau 244
Bilanzgewinn 279, 324
Bilanzgliederung 244, 245
Bilanzidentität 230
Bilanzierungsentscheidung 248
Bilanzierungsfähigkeit

abstrakte 247
konkrete 247
Bilanzierungsverbot 247
Bilanzierungswahlrecht 247
Bilanzpolitik 309
bilanzpolitische Freiräume 309, 310, 312, 366
bilanzpolitische Instrumente 309, 310
Bilanzschema 16, 17, 19
Bilanzskandal 215, 350
Bilanzstichtag 220, 222, 229, 231, 244, 266, 267, 268, 271, 286, 294
Bilanzstrukturanalyse 358
horizontale 355, 358
Bilanztheorie 220
dynamische 221
organische 221
statische 220
Bilanzverlust 279
BilMoG 223
bottom-up-Ansatz 119
Break-even-Analyse 180, 204, 207, 208
Break-even-Kosten 205
Break-even-Menge 204, 205, 206, 207, 208
Break-even-Modell 204
Break-even-Punkt 205, 206
Break-even-Umsatz 205
Bruttoergebnis 174
Buchführung 2, 215, 216, 218, 219, 220, 221, 224, 228, 229, 230, 235, 320, 342, 343
doppelte 244, 320
rechtliche Grundlagen 221
Buchgeldbestand 17
buchtechnische Methode *Siehe* Kostenauflösung
Budget 119
Budgetabweichung 184, 185, 188, 199

C

Capital Asset Pricing Model (CAPM) 110
Cash-Flow 17, 358, 359
direkte Berechnung 358
indirekte Berechnung 359
Controlling 2, 33, 122
Konzern-Controlling 2
Projekt-Controlling 149
Projektkosten-Controlling 149
Unternehmens-Controlling 352
Current Ratio 357

D

Deckungsbeitrag 38, 176
relativer Stück-Deckungsbeitrag 38
Stück-Deckungsbeitrag 38
Deckungsbeitrags-Modell 206, 207, 208
Deckungsbeitragsrechnung 176
einstufige 210
mehrstufige 210
Deckungsbeitragstiefenanalyse 211
Deckungsspanne 38
Definitionsgrundsätze 232
Abgrenzung der Sache und der Zeit nach 233
Realisationsprinzip 232
Dilemma 40
Direct Costing 59, 60, 210
Disagio 282, 310, 312
Divisionskalkulation 151, 153
einstufige 151
zweistufige 151
Dokumentationsgrundsätze 228
Aufbewahrungs- und Aufstellungsgrundsatz 229
Beleggrundsatz 228
Grundsatz der internen Kontrolle 229
Grundsatz der Klarheit und Nachprüfbarkeit 229
Grundsatz der Sicherung der Vollständigkeit der Konten 228
Grundsatz der vollständigen und verständlichen Aufzeichnung 228

Grundsatz des systematischen Aufbaus der Buchhaltung 228
Dokumentationszwecke 5, 218
Durchschnittsbewertung 295
Durchschnittsmethode 105, 106, 110, 111
Durchschnittspreis 296
gewogener periodischer 296
gleitender 296
Durchschnittsprinzip *Siehe* Zurechnungsprinzip

E

EBIT 361
EBITDA 361
Economic Value Added (EVA) 110
Eigenkapital 16, 23, 86, 87, 102, 219, 254, 277, 278, 355
effektives 277
festes 277
Nominalkapital 277
rechnerisches 277
Untergliederung 278
variables 277
Eigenkapitalquote 110, 354, 355, 363, 368, 372
Eigenkapitalrendite 362, 363
Eigenverbrauch 126, 129, 130, 131, 132, 134
Ein-/Auszahlungsüberschuss 17
Einheitssorte 155
Einnahme 18, 19
Einnahmen-/Ausgabenüberschuss 19
Einzahlung 17, 19
Einzelabschluss 2
Einzelbewertung 295
Einzelfertigung 151
Einzelkosten *Siehe* Kosten
Einzelkosten- und Deckungsbeitragsrechnung 210, 213
Einzelwagnis 113
Einzelwertberichtigung 306
Eisbeispiel 36
Endkostenstelle 123
Erfolgskonto 219, 220
Erfolgslage 6
Erfolgspotenzial 6
Erfolgsquellenanalyse 360
Erfolgsrechnung 220
kurzfristige 29, 53, 54, 55, 56, 63, 147, 173, 174, 175, 210
erfolgswirksam 23
erfolgswirtschaftliche Analyse 360
Ergebnisspaltung 361
Erlöse 24, 53
Eröffnungsbilanz 219, 220
Ertrag 21
neutraler 30
Ertragsstrukturanalyse 361
EVA *Siehe* Economic Value Added

F

fertige Erzeugnisse 257
Fertigungseinzelkosten 136, 291
Fertigungsgemeinkosten 136, 292
Fertigungsgemeinkostenzuschlagssatz 136, 157
Fertigungskosten 157
Festwertverfahren 297
FiFo-Verfahren *Siehe* Verbrauchsfolgeverfahren
Finanzanlagen 253, 254
Ausleihungen 254
Daueranlagen 254
Finanzanlagevermögen 254
Finanzbuchhaltung 22, 64, 65, 86
Finanzergebnis 360
finanzwirtschaftliche Analyse 354
Fixkosten 36, 59, 85, 185, 186, 188, 189, 198, 199, 200, 207, 211
Bereichsfixkosten 212
Produktfixkosten 211
Produktgruppenfixkosten 211, 212
Spartenfixkosten 212
Unternehmensfixkosten 211, 212

Fixkostenausweis 210
Fixkostenblock 210
Fixkostendeckungsrechnung Siehe stufenweise Fixkostendeckungsrechnung
Fixkostenproportionalisierung 185, 189
Folgebewertung 285
Fonds
  Betriebsnotwendiges Vermögen 16
  Geldvermögen 16, 18, 19
  Liquide Mittel 15
  Reinvermögen 16
Forderungen 16, 19, 257, 281, 305
Forderungsabgang 18
Forderungszugang 18, 20
Fremdkapital 254
Fremdkapitalquote 110, 354, 355
Fristenkongruenz 356

G

Gebrauchsverschleiß 93
Geldvermögen *Siehe* Fonds
Gemeinkosten *Siehe* Kosten
Gemeinkostenleistung 127
Generalnorm 336
Gesamtabweichung 184, 185, 188, 189
Gesamtkapitalrendite 363
Gesamtkostenverfahren 175, 176, 280, 320, 321, 322, 323, *326*, 329, 330, 331, 332
  Kontoform 176
  Staffelform 177
Geschäfts- oder Firmenwert 253
  derivativer 253
  originärer 253
Geschäftsjahr 22
Gesetz zur Kontrolle und Transparenz im Unternehmensbereich (KonTraG) 341, 343, 344
gesetzliche Rücklage 279, 324
Gewinn- und Verlustrechnung 2, 21, 64, 110, 220, 320
Gewinnrücklage 278, 280, 324
Gewinnschwelle 204
Gewinnverwendungsentscheidung 324
Gewinnverwendungsrechnung 323
Gewinnvortrag 278, 280, 324
Gleichartigkeit 295
Gleichungsverfahren 133, 134, 135, 144
GoB *Siehe* Grundsätze ordnungsmäßiger Buchführung
GoB-System 227
Going-Concern-Prinzip 286
goldene Finanzierungsregel 356
Grenzausgabe 39
Grenzgewinn 39, 87
Grenzplankostenrechnung 191
Grenzzinssatz 109
Grundkosten 28, 114
Grundleistung 30
Grundsatz der Bilanzidentität 286
Grundsatz der Einzelbewertung *Siehe* Systemgrundsätze
Grundsatz der Fristenkongruenz 356
Grundsatz der Klarheit und Übersichtlichkeit *Siehe* Rahmengrundsätze
Grundsatz der Pagatorik *Siehe* Systemgrundsätze
Grundsatz der Vollständigkeit *Siehe* Rahmengrundsätze
Grundsatz der Wirtschaftlichkeit 295
Grundsätze ordnungsmäßiger Buchführung 222, 224, 285
  Auswirkungen 235
  Bestandteile 227
  Deduktion 226
  Gewinnung 225
  Hermeneutik 226
  Induktion 225
  nicht kodifizierte 227
  Überblick 235
Gruppenbewertung 295
GuV-Konto 320

H

Halbjahresregelung 299
Handelsgesellschaften 221
Hauptkostenstelle 122, 126
Hauptprodukt 159, 160
Hauptversammlung 324
Hermeneutik 226
Herstellkosten 127, 136, 137, 152, 157, 158, 174
Herstellungskosten 127, 289, 291, 294
Herstellungskostenprinzip 288
Hilfskostenstelle 122
Hilfsstoffe 73, 245, 257, 291, 295, 297
Höchstwertprinzip 294

I

IAS *Siehe* International Accounting Standards
Identitätsprinzip *Siehe* Zurechnungsprinzip
IFRS *Siehe* International Financial Reporting Standards
Illiquidität 31
Imparitätsprinzip 267, 269, 287, 304, 307, 365
Informationsfunktion 217
Innenfinanzierungskraft 358
Innenfinanzierungspotenzial 358
Innenkosten 82
innerbetriebliche Leistungen 53, 66, 67, 123, 126, 127, 128, 129, 130
innerbetriebliche Leistungsverrechnung 81, 124, 125, 126, 129, 135, 143, 145, 169, 183, 184
Innovationen 148
International Accounting Standards (IAS) 21, 223, 239
International Financial Reporting Standards (IFRS) 21, 223, 239
Inventur 2, 220, 231, 297
Investitionsrechnung 1, 3, 5, 7, 10, 55
Ist-Kostenrechnung 60, 110, 126

J

Jahresabschluss 215, 220, 222
  Adressaten 216
Jahresabschlussanalyse 352, 353, 365, *368–73*
Jahresabschlussprüfung 341, 343
Jahresabschlussrechnung 2
Jahresabschlusstheorie *Siehe* Bilanztheorie
Jahresabschlusszweck 217
Jahresfehlbetrag 22, 90, 278, 280
Jahresüberschuss 22, 90, 278, 280, 324

K

Kalkulation 53, 119, 147, 148
  auf Grenzkostenbasis 194
  auf Teilkostenbasis 37
  auf Vollkostenbasis 37, 194
  mitlaufende 149
Kalkulationsverfahren 150, 164, 180
  konstruktionsbegleitende 149
Kalkulationszinssatz 102, 104, 108, 109, 110, 112
kalkulatorische
  Abschreibungen 88
  Kosten 87
  Löhne 115, 116
  Mieten 115
  Wagnisse 113
  Zinsen 86, 102
kalkulatorischer
  Unternehmerlohn 115
Kapazität 77, 189, 190, 207, 292
Kapital
  betriebsnotwendiges 102, 103, 108, 109, 110, 112
  gezeichnetes 277, 279
Kapitalerhaltung 217, 218, 270
Kapitalerhaltungsgrundsätze 234, 287
  Imparitätsprinzip 234
  Vorsichtsprinzip 234
Kapitalerhaltungszweck 307

Kapitalerhöhung 277, 279
Kapitalflussrechnung 337
Kapitalgesellschaften 115, 217, 218, 221, 222, 223, 224, 230, 235, 244, 254, 277, 278, 336, 338, 341
  kleine 246
Kapitalrücklage 278, 279
Kapitalstrukturanalyse 354, 355
Kasse 15, 17
Kaufmann 217, 218, 221, 225, 247, 252, 287
KILGER, WOLFGANG 18, 119, 181
Kleinste-Quadrate-Methode 85
Kontinuität der Bewertung 286
KonTraG *Siehe* Gesetz zur Kontrolle und Transparenz im Unternehmensbereich
Kontrollzwecke 5
Konzern 24, 46, 121, 139, 140
Konzernabschluss 2
Konzernkostenrechnung 2
Konzession 253
Kosten 24, 25, 78
  Einzelkosten 37, 74, 81, 123
    fixe 81
    variable 82
  fixe 36, 81, 82, 212
  Gemeinkosten 37, 74, 80, 120, 123
    primäre 135
    sekundäre 135
    unechte 75, 82
  intervallfixe 79
  kalkulatorische 28, 86
  Plan-Kosten 85, 181, 183
    verrechnete 184
  primäre 66, 81, 82, 126, 129, 134
  sekundäre 67, 81, 82, 129
  semivariable 85
  Soll-Kosten 186, 187, 188, 189, 190, 191, 192, 193, 200
  sprungfixe 78, 79, 82
  Stückkosten 78
  variable 36, 81, 82, 83, 85
  wertmäßige 39
Kosten- und Leistungsrechnung 2, 33
Kostenart 55, 72, 82, 120
  nach Art der verbrauchten Güter und Dienstleistungen 73
  nach dem Verhalten bei Variation eines Kosteneinflussfaktors 77
  nach der Zurechenbarkeit zu einem Bezugsobjekt 74
  nach Herkunft der Kostendaten 81
Kostenartengruppe 65
Kostenartenplan 64, 65, 66, 67
Kostenartenrechnung 51, 52, 63
Kostenauflösung 82, 84, 85, 86, 188
  buchtechnische Methode 83
  mathematische Methode 83, 84
  statistischen Methode 84, 85
Kostenaufspaltung 188
Kosteneinflussfaktor 64, 77, 78, 82, 86, 194, 195
Kostenentstehung 56
Kostenerfassung 51, 64, 73
Kostenfunktion 84, 85, 205
Kostenmanagement 149, 164, 180, 208
Kostenrechnung 3, 51, 52, 216
Kostenrechnungssystem 59, 61, 181
  nach dem Sachumfang der Rechnung 59
  nach dem Zeitbezug 60
Kostenrechnungsverfahren 149, 180, 181, 204, 210
Kostenremanenz 78
Kostenstelle 56, 82, 119, 120, 121, 122, 126
  Hierachisierung 121
  nach betrieblichen Funktionen 122
  nach produktionstechnischen Gesichtspunkten 122
  nach rechentechnischen Gesichtspunkten 123
Kostenstellengruppe 121
Kostenstellenkategorien 122

Kostenstellenleiter 119, 121, 185, 190, 194, 200
Kostenstellenplan 120
Kostenstellenrechnung 52, 119, 120
Kostenträger 54, 55, 147
Kostenträger-Einzelkosten 76, 80
Kostenträgererfolgsrechnung 173
Kostenträger-Gemeinkosten 76
Kostenträgerhierarchie 147
Kostenträgerrechnung 52, 147, 148
Kostenträgerstückrechnung 148, 164, 173
Kostenträgerzeitrechnung 148, 164, 173
Kostentragfähigkeitsprinzip *Siehe* Zurechnungsprinzip
Kostenverlauf 78, 79, 80
  degressiv 78
  linear 78, 83
  progressiv 78
  proportional 78, 85
  überproportional 78
  unterproportional 78
Kostenverrechnung 51
Kreditrisiko 306
Kulanzleistung 270
Kuppelkalkulation 158
  nach der Marktpreismethode 161, 162
  nach der Restwertmethode 159, 160
Kuppelprodukt 158, 161
Kuppelproduktion 150, 158, 159, 160, 162

L

Lagebericht 2, 222, 336, 338, 339, 343
latente Steuern 251
Leerkosten 189, 292
Leistung 24, 25
  kalkulatorische 30
Leistungsarten 55
Leistungsrechnung 3
Leistungsstelle 56
Leistungsträger 54, 55, 173
Leistungsträgerstückrechnung 173
Leistungsträgerzeitrechnung 173
Leistungsverflechtungen 129, 130
  einseitige 131
  wechselseitige 129, 131, 133
Leverage-Effekt 363
Liefermenge 129, 132
LiFo-Verfahren *Siehe* Verbrauchsfolgeverfahren
Liquidationswert 104, 112
liquide Mittel 16, 258, *Siehe auch* Fonds
Liquidität 6
Liquidität 1. Grades 356
Liquidität 2. Grades 357
Liquidität 3. Grades 357
Liquiditätsgrad 356
Liquiditätssaldo 17

M

Marktpreisäquivalenzziffernmethode 162
Marktwert 104
Maschinensatzrechnung 157
Maßgeblichkeitsprinzip 223
Materialaufwandsstruktur 362
Materialeinzelkosten 135, 291
Materialgemeinkosten 135, 136, 292
Materialgemeinkostenzuschlagssatz 135, 136, 156
Materialkosten 156
mathematische Methode *Siehe* Kostenauflösung
Mehrwertsteuer 46, 261, 262, 306
MELLEROWICZ, KONRAD 210
Mengengefälle 153
Mitspracherecht 278
Mittelherkunft 16
Mittelverwendung 17

N

Nachkalkulation 149, 150
Nebenkostenstelle 122
Nebenprodukt 159, 160
Niederstwertprinzip 287, 294
  gemildertes 304

strenges 304
Nominalkapital 278
Nominalzinssatz 111
Normal-Kostenrechnung 60
Nutzenkalkül 86, 87
Nutzungsdauer 88, 90, 299
prognostizierte 93
technische 90
wirtschaftliche 88, 90

O

Opportunitätsgedanken 102, 108, 115
Opportunitätskosten 39, 40, 86, 87, 102, 115
ordentliches betriebsfremdes Ergebnis *Siehe* Finanzergebnis

P

Passiva 219, 244
Passivierungsfähigkeit
abstrakte 249, 250
Passivierungsgrundsatz 248, 249, 266
Passivierungswahlrecht 251, 310
Passivseite der Bilanz 16, 103, 246, 266
Pauschalwertberichtigung 307, 308
Periodenabgrenzung 288
periodengerechte Abgrenzung des Jahreserfolges 270
Personalaufwandsquote 362
Personengesellschaften 115, 217, 221, 222, 223, 230, 235, 246, 254, 278, 303, 336
Planbezugsgröße 194
Plankostenrechnung 180, 181, 182, *197–203*
flexible 182, 186, 191, 198, 199, 200
auf Grenzkostenbasis 191, 192, 193, 194
auf Vollkostenbasis 186, 187, 188, 191, 193, 199
starre 182, 185
Plan-Kostenrechnung 60, 110, 181
Planungszwecke 5
Plan-Verrechnungssatz 183, 184, 189, 192
PLAUT, HANS-GEORG 181
Preisabweichungen 195
Preisobergrenze 148
Preisuntergrenze 35, 148, 164
Primärkostenverrechnung 123, 125
Produktionserfolgsrechnung 320, 321
Produktionsfaktor 77, 119
Produktionskoeffizient 38
Produktionskosten 152
Produktionsmenge 77, 81, 129, 131, 132, 134, 151, 152, 153, 155, 204
Produktionsprogrammplanung *41–42*
Prozesskostenrechnung 181
Prüfung des Jahresabschlusses 341

R

Rahmengrundsätze 229
Grundsatz der Bilanzwahrheit 229
Grundsatz der Klarheit und Übersichtlichkeit 230, 232, 244, 246
Grundsatz der Richtigkeit 229
Grundsatz der Vergleichbarkeit 230
Grundsatz der Vollständigkeit 230
Grundsatz der Wirtschaftlichkeit und Wesentlichkeit 231
Realisationsprinzip 267, 288
Realzins 111
Rechenschaft 217, 218
Rechenschaftszweck 217, 307, 336
Rechnungsabgrenzungsposten 247, 281
aktiver 282
passiver 282
transitorischer 283
Rechnungslegungsstandard 21, 22, 23
Rechnungsperiode 104, 173
Rechnungssystem 1, 2, 6, 216
Rechnungswesen
betriebswirtschaftliches 1, 5, 7, 9, 15, 33, 216
externes 1, 2, 216, *3. Kapitel*
internes 1, 2

Regressionsanalyse 86
Regressionsgerade 85
Reinvermögen 16, 219, 277, *Siehe* Fonds
Rentabilitätsanalyse 362
Restbuchwert 256
  kalkulatorischer 104
Restbuchwertverfahren 105
Restwert 88, 89, 91, 159, 160
Restwertmethode 105, 106, 110, 162
Return on Investment (ROI) 363, 364
RIEBEL, PAUL 69, 71, 180, 213
Risiko 113, 114
Risikoaufschlag 109
Risikomanagement 114, 339
Risikomanagementsystem 343
Rohstoffe 19, 20, 26, 73, 158, 245, 257, 291, 295, 297
ROI *Siehe* Return on Investment
Rücklagen
  für eigene Anteile 279
  gesetzliche Rücklage *Siehe* gesetzliche Rücklage
  Gewinnrücklage *Siehe* Gewinnrücklage
  Kapitalrücklage *Siehe* Kapitalrücklage
  satzungsmäßige 280
  stille *Siehe* stille Rücklagen
Rückstellungen 108, 266, 267, 268, 269, *272–76*, 294
  Aufwandsrückstellungen 268, 270, 271
  für drohende Verluste aus schwebenden Geschäften 268, 269
  für Gewährleistungen ohne rechtliche Verpflichtungen 268, 270
  für ungewisse Verbindlichkeiten 268
  Kulanzrückstellungen 270
  Pensionsrückstellungen 108, 294

S

Sachanlagen 254
  andere Anlagen 254
  Betriebs- und Geschäftsausstattung 254
  geleistete Anzahlungen und Anlagen im Bau 254
  Grundstücke 254
  grundstücksgleiche Rechte 254
  technische Anlagen und Maschinen 254
Sachvermögen 16
Sammelbewertungsverfahren 295
Sarbanes-Oxley Act 349
SCHMALENBACH, EUGEN 221, 225
Schulden 266
Sekundärkostenverrechnung 123, 126, 129
Selbstfinanzierungsgrad 355
Selbstkosten 157, 158
Selbstkostenermittlung 137, 156, 157
Serienfertigung 151
Soll-Ist-Abweichung 149
Soll-Ist-Vergleich 5, 34
Soll-Kosten-Funktion 186
Sondereinzelkosten 76, 77
  der Fertigung 76, 77, 157, 291
  des Vertriebs 77
sonstige Forderungen 283
sonstige Verbindlichkeiten 283
Sortenfertigung 154
soziale Aufwendungen 293
statistische Methode *Siehe* Kostenauflösung
Stetigkeit
  formelle 230
  materielle 230
Steuerstundungseffekt 96, 97, 301, 311
Stichtagsbezogenheit 286
stille Reserven 104, 112
stille Rücklagen 278, 310, 311
Stufenleiterverfahren 124, 131, 132, 133, 135, 144
stufenweise Fixkostendeckungsrechnung 180, 210, 211, 212
Substanzerhaltung
  nominale 95
  reale 95
Systemgrundsätze 231

Going-Concern-Grundsatz 231
Grundsatz der Einzelbewertung 232, 287, 295
Grundsatz der Pagatorik 232, 288, 299

T

Tageswert 25, 94, 104, 112
Target Costing 149, 180
Teilkostenrechnung 59, 82
Thesaurierung 277, 323, 324
top-down-Ansatz 119
Tragfähigkeitsprinzip Siehe Zurechnungsprinzip
Transparenz 57, 341

U

Umbuchungen 255
Umlaufvermögen 16, 246, 252, 257
Umsatzerlöse 321
Umsatzkostenverfahren 174, 175, 176, 280, 320, 321, 322, 323, *325–34*, 331, 332, 371
Kontoform 175
Staffelform 174, 175
Umsatzrendite 364
Umsatzsteuer 20, 97, 290, 314, 315, *Siehe auch* Mehrwertsteuer
unfertige Erzeugnisse und Leistungen 257
Unternehmen 24
Einproduktunternehmen 68
Mehrproduktunternehmen 69
Unternehmenserfolg 22
Unternehmensfortführung 286
Unternehmenszweck 24
US-GAAP 21, 223, 239

V

Verbindlichkeiten 16, 19, 266, 281
Untergliederung 266
Verbindlichkeitenabgang 18, 20
Verbindlichkeitenstruktur 355
Verbindlichkeitenzugang 18
Verbrauchsabweichung 189, 190, 191, 193, 194, 199, 200, 201, 202
Verbrauchsfolgeverfahren 63, 296
FiFo-Verfahren 297
LiFo-Verfahren 296
Verlustvortrag 278, 280, 324
Vermögensgegenstand 251
immaterieller 252, 253
Verrechnungspreis 129, 130, 131, 133, 184
Verrechnungssatz 129
Verrechnungsweg 52
Verschuldungsgrad 354, 355
Vertriebsgemeinkosten 137
Vertriebsgemeinkostenzuschlagssatz 137
Vertriebskosten 157
Verursachungsgerechtigkeit 69, 129
Verursachungsprinzip *Siehe* Zurechnungsprinzip
Verwaltungs- und Vertriebskosten 152
Verwaltungsgemeinkosten 136, 137
Verwaltungsgemeinkostenzuschlag 136
Verwaltungskosten 152, 157, 293, 331, 332
Vollkostenkalkulation 164
Vollkostenrechnung 59, 126, 164, 180, 181
Vorkalkulation 148, 149
Vorkostenstelle 123, 126, 128, 129, 130
Vorräte 257
Vorsichtsprinzip 95, 287, 294, 365
Vorstandsgehälter 75, 76, 211

W

WACC *Siehe* Weighted Average Cost of Capital
Wagnis
Einzelwagnis 113, 114
Unternehmenswagnis 113
Wagniskosten 113, 114
Weighted Average Cost of Capital (WACC) 110
Werkstoffe 73
wertaufhellende Information 286

wertbegründende Informationen 286
Wertberichtigung von Forderungen 305, 306
Werteverzehr des Anlagevermögens 292
Wertpapiere 257
Wiederbeschaffungswert 25, 26, 88, 91, 94, 95, 104, 112, 299
  zum Bewertungsstichtag 94
  zum Wiederbeschaffungsstichtag 94
Willkürfreiheit 69
Wirtschaftlichkeit 5, 6, 64, 71, 129, 231, 232, 236, 287, 329
Wirtschaftlichkeitskontrolle 34, 60, 119, 185, 190
Wirtschaftlichkeitsprinzip 121
Wirtschaftsgüter
  geringwertige 302
Wirtschaftsprüfungsgesellschaft 341

Z

Zahlungsmittelbestand 15
Zeitverschleiß 93
Zerschlagungswert 286
Zielkostenrechnung 180, *Siehe auch* Target Costing
Zinsen
  kalkulatorische 110, 111
Zinssatz
  kalkulatorischer 109
Zirkelbeziehung 131
Zugangsbewertung 285, 289, 294, 295, 297
Zukunftswert 94
Zurechnungsprinzip 52, 63, 67, 68, 69, 71, 74
  "Akzeptanzprinzip" 70
  Durchschnittsprinzip 68, 69, 70, 71, 74, 142
  Identitätsprinzip 69
  Tragfähigkeitsprinzip 69, 147, 162
  Verursachungsprinzip 68, 71, 74, 147
Zusatzkosten 28, 29, 86, 87, 88, 102
Zusatzleistung 30
Zuschlagskalkulation 137, 151, 156, *147–72*
  differenzierte 156
  einstufige 156
  mehrstufige 156, 157, 164
Zuschlagssatz 135
Zuschreibungen 297, 304, 305
Zuschreibungsverbot 305
Zuschreibungswahlrecht 305
Zweckaufwand 28, 29
Zweckertrag 30
Zwei-Punkt-Verfahren 83
Zwischenkalkulation 149

Dieses Buch behandelt die Grundlagen des betriebswirtschaftlichen Rechnungswesens. Im Teil zum internen Rechnungswesen werden Basiskenntnisse der Kosten- und Leistungsrechnung vermittelt. Vorgestellt werden Kostenarten-, Kostenstellen- und Kostenträgerrechnung sowie ausgewählte Kostenrechnungsverfahren. Der Teil zum externen Rechnungswesen behandelt den Jahresabschluss nach HGB und Grundzüge der Jahresabschlussanalyse. Ein durchgängiges Fallbeispiel greift wesentliche Konzepte des internen und externen Rechnungswesens auf und vertieft diese. Die bewährte Konzeption ist in der überarbeiteten 14. Auflage beibehalten worden.

ISBN 3-00-015978-9
9 783000 159787